Bewertungsmodell für die lebenszykluskostenorientierte Leistungsfähigkeit von Werkzeugbaubetrieben am Beispiel von Spritzgießwerkzeugen

Von der Fakultät für Maschinenwesen
der Rheinisch-Westfälischen Technischen Hochschule Aachen
zur Erlangung des akademischen Grades eines
Doktors der Ingenieurwissenschaften
genehmigte Dissertation

vorgelegt von

Martin Hienzsch

Berichter:

Univ.-Prof. Dr.-Ing. Robert Heinrich Schmitt
Univ.-Prof. Dr.-Ing. Christian Hopmann

Tag der mündlichen Prüfung: 12. Januar 2016

ERGEBNISSE AUS DER PRODUKTIONSTECHNIK

Martin Hienzsch

Bewertungsmodell für die lebenszykluskostenorientierte Leistungsfähigkeit von Werkzeugbaubetrieben am Beispiel von Spritzgießwerkzeugen

Herausgeber:
Prof. Dr.-Ing. Dr.-Ing. E. h. Dr. h. c. Dr. h. c. F. Klocke
Prof. Dr.-Ing. Dipl.-Wirt. Ing. G. Schuh
Prof. Dr.-Ing. C. Brecher
Prof. Dr.-Ing. R. H. Schmitt

Band 01/2016

WZL | RWTH AACHEN UNIVERSITY

Fraunhofer IPT

Bibliografische Information der Deutschen Nationalbibliothek
Die Deutsche Nationalbibliothek verzeichnet diese Publikation in der Deutschen Nationalbibliografie; detaillierte bibliografische Daten sind im Internet über http://dnb.ddb.de abrufbar.

Martin Hienzsch:

Bewertungsmodell für die lebenszykluskostenorientierte Leistungsfähigkeit von Werkzeugbaubetrieben am Beispiel von Spritzgießwerkzeugen

1. Auflage, 2016

Gedruckt auf holz- und säurefreiem Papier, 100% chlorfrei gebleicht.

Apprimus Verlag, Aachen, 2016
Wissenschaftsverlag des Instituts für Industriekommunikation und Fachmedien an der RWTH Aachen
Steinbachstr. 25, 52074 Aachen
Internet: www.apprimus-verlag.de, E-Mail: info@apprimus-verlag.de

Druck: KN Digital Printforce GmbH, Stuttgart

ISBN 978-3-86359-385-8

D 82 (Diss. RWTH Aachen University, 2016)

Vorwort

Die vorliegende Dissertation entstand während meiner Tätigkeit als wissenschaftlicher Mitarbeiter am Lehrstuhl für Fertigungsmesstechnik und Qualitätsmanagement des Werkzeugmaschinenlabors WZL der Rheinisch-Westfälischen Technischen Hochschule Aachen.

Mein erster Dank gilt Herrn Professor Robert Schmitt, Inhaber des Lehrstuhls, für die Möglichkeit zur Promotion und das Vertrauen in meine Arbeit. Ich danke ihm für den kritischen Austausch zu meinem Thema, die gewährten Freiräume und die stets konstruktiven Anmerkungen. Das von ihm geschaffene herausfordernde Umfeld aus intensiver Projektarbeit und praxisnaher Forschung war mir ein steter Ansporn und hat wesentlich zum Gelingen dieser Arbeit beigetragen.

Herrn Professor Christian Hopmann danke ich für das große Interesse an meiner Arbeit und die Übernahme des Koreferates. Ferner danke ich Herrn Professor Hubertus Murrenhoff, dass er den Vorsitz der Prüfungskommission übernommen hat.

Die Arbeit wurde durch das Bundesministerium für Wirtschaft und Energie (BMWi) im Rahmen des transnationalen „Total Efficiency Control" CORNET-Projekts gefördert. Hierfür gebührt dem BMWi mein besonderer Dank. Meinem Kollegen Herrn Thomas Kühn und Herrn Martin Obermair sowie Herrn Alexander Raschendorfer des IFT der TU Wien, danke ich für die kollegiale Zusammenarbeit im Forschungsprojekt und die konstruktiven Diskussionen zum Thema. Darüber hinaus danke ich den involvierten Werkzeugbauern, die durch ihre Expertise und ihre Erfahrung die empirische Grundlage in den Forschungsprozess eingebracht haben.

Meinen Kolleginnen und Kollegen des Instituts und im Besonderen denen der Abteilung Qualitätsmanagement gilt mein Dank für die freundschaftliche, kollegiale und motivierende Zusammenarbeit der letzten Jahre. Herrn Dr. Sebastian Schmitt, Herrn Dr. Patrick Beaujean und Herrn Sean Humphrey möchte ich darüber hinaus besonders danken für die vielfältigen Diskussionen meiner Arbeit und die notwendige Kritik. Ferner danke ich Herrn Daniel Frank und Herrn Marco Fuhrmann für die abschließende Durchsicht.

Weiterhin möchte ich mich bei meinen studentischen Hilfskräften, Bachelor- und Masterarbeitern sowie Studien- und Diplomarbeitern bedanken, die in den vergangenen Jahren durch ihre Arbeit meinen Forschungsprozess unterstützt haben. Besonderes erwähnen möchte ich Herrn Kai Krüger, Herrn Marc Patzwald, Herrn Maximilian Wenner und Herrn Christoph Speitkamp.

Meiner Freundin Frau Aurelia Werth danke ich von ganzem Herzen für Ihr Verständnis, die Rücksichtnahme und die stetige Unterstützung bei allen meinen Vorhaben.

Abschließend gilt mein herzlicher Dank meiner Familie und insbesondere meinen Eltern, die mir den eingeschlagenen Weg ermöglicht und mich jederzeit vorbehaltlos unterstützt haben. Ihr Vertrauen und ihr Rat haben mir stets den Rücken gestärkt, um berufliche und private Herausforderungen zu meistern. Diese Arbeit widme ich Euch.

Aachen, im Januar 2016 Martin Hienzsch

I Inhaltsübersicht

II Inhaltsverzeichnis

III Abbildungsverzeichnis

IV Tabellenverzeichnis

V Abkürzungen

Anm.	Anmerkung
Bd.	Band
BE	Business Excellence
BMBF	Bundesministerium für Bildung und Forschung
BRICS	Brasilien, Russland, Indien, China, Südafrika
BSC	Balanced Scorecard
bspw.	beispielsweise
bzgl.	bezüglich
bzw.	beziehungsweise
ca.	circa
CAF	Common Assessment Framework
CORNET	COllective Research NETworking
d. h.	das heißt
DCF	Discounted-Cash-Flow-Verfahren
DEA	Data Envelopment Analysis
DGQ	Deutsche Gesellschaft für Qualität e.V.
DIN	Deutsches Institut für Normung e.V.
DSC	Discounted-Cash-Flow
e.V.	eingetragener Verein
EDV	elektronische Datenverarbeitung
EFQM	European Foundation for Quality Management
EQA	European Quality Award
ERP	Enterprise Resource Planning
et al.	et alii (und andere)
etc.	et cetera
EVA	Economic Value Added
evtl.	eventuell
f.	folgende Seite
ff.	fortfolgende Seiten
ggf.	gegebenenfalls

Hrsg.	Herausgeber
i.e.S.	Im engeren Sinn
IAS	International Accounting Standards
IFRS	International Financial Reporting Standards
IFT	Institut für Fertigungstechnik
ISO	Internationale Organisation für Normung
Kap.	Kapitel
LFO	Lehrstuhl für Fabrikorganisation der Universität Dortmund
MBNQA	Malcom Baldrige National Quality Award
MIS	Management Informationssystem
MIT	Massachusetts Institute of Technology
N.N.	not named
NOPAT	Net Operating Profit after Taxes
o. V.	ohne Verfasserangabe
OEM	Original Equipment Manufacturer
PDCA	Plan Do Check Act
PIMS	Profit Impact of Market Strategies
QM	Qualitätsmanagement
QZ	Qualität und Zuverlässigkeit
ROI	Return on Investment
RWTH	Rheinisch-Westfälische Technische Hochschule
S.	Seite
s.	siehe
SPC	Statistical Process Control
SWOT	Strength, Weaknesses, Opportunities, Threats
TAB	Büro für Technikfolgen-Abschätzung beim Deutschen Bundestag
TEC	Total Efficiency Control
TOSSCA	Tool Shop Scorecard
TQC	Total Quality Control
TQM	Total Quality Management
TU	Technische Universität
u. a.	unter anderem

u.v.m.	und viele mehr
UW	Unternehmenswert
v. a.	vor allem
VDI	Verein Deutscher Ingenieure e.V.
VDMA	Verband Deutscher Maschinen- und Anlagenbau
Vgl.	vergleiche
WACC	Weighted Average Cost of Capital
WWW	World Wide Web
WZB	Werkzeugbaubetrieb bzw. Werkzeugbauer
WZL	Werkzeugmaschinenlabor der RWTH Aachen
z. B.	zum Beispiel
ZWF	Zeitschrift für wirtschaftlichen Fabrikbetrieb
ZVEI	Zentralverband der elektrochemischen Industrie

1 Einleitung

„The Bitterness of Poor Quality remains long after the Sweetness of Low Price is forgotten."[1]

(Benjamin Franklin)

1.1 Ausgangsituation und Problemstellung

Die Globalisierung und ihre Auswirkungen auf die europäische Industrie werden seit über zwei Dekaden kontrovers in diversen Wissenschaftsdisziplinen diskutiert.[2] Es zeigen sich branchenübergreifende Effekte, die sich im Spannungsfeld wirtschaftlicher, politischer und sozialer Dimensionen widerspiegeln.[3] Die wirtschaftlichen Auswirkungen globalisierter Strukturen äußern sich insbesondere im Kontext eines intensivierten, internationalen Wettbewerbs, welcher den Ausgangspunkt sozio-ökonomischer Strukturwandelprozesse innerhalb betroffener Industriezweige darstellt.[4] Der grenzüberschreitende Handel stellt dabei für europäische und insbesondere deutsche Unternehmen eine Chance vor dem Hintergrund der Ausweitung des Absatzvolumens dar, zugleich aber auch eine Bedrohung durch neue Konkurrenten.[5] Die steigende Bedeutung des deutschen Außenhandels wird anhand der Entwicklung des grenzüberschreitenden Warenhandels deutlich.[6] Nach dem jährlich erscheinenden Bericht des statistischen Bundesamtes stieg der deutsche Warenexport wertmäßig von 1963 bis 2013 um den Faktor 30.[7] Der nominale Wert exportierter Waren im Jahr 2013 lag nach der World Trade Organization (WTO) bei 1,453 Billionen $ und hat sich im Vergleich zu 1963 um ungefähr den Faktor 100 vervielfacht.[8] Insbesondere die zunehmende Steigerung des deutschen Warenexports um 65 % in den Jahren 2003 bis 2013 belegt die wachsende Bedeutung der Globalisierung für Deutschland.[9] Es resultiert eine deutsche Au-

---

[1] Dieses Zitat wird vielfach anonym zitiert; andere Quellen ordnen es Benjamin Franklin zu: Vgl. Paul S. Royer, PMP: Project Health Assessment, 2014, S. 115; Hochheimer, N.: Das kleine QM-Lexikon: Begriffe des Qualitätsmanagements aus GLP, GCP, GMP und EN ISO 9000, 2011, S. 327

[2] Vgl. Kessler, J.; Steiner, C.: Facetten der Globalisierung, 2009, S. 35; Greven, M. T.: Demokratie - eine Kultur des Westens?, 1998, S. 56

[3] Vgl. Koch, E.: Globalisierung: Wirtschaft und Politik, 2014, S. V

[4] Vgl. Bartelheimer, P.; Forschungsverbund Sozioökonomische Berichterstattung: Berichterstattung zur sozioökonomischen Entwicklung in Deutschland, 2012, S. 145 ff.; Grimmer, K.; Kuhlmann, S., et al.: Innovationspolitik in globalisierten Arenen, 1999, S. 19

[5] Vgl. Fontius, J.: Megatrends und ihre Implikationen für die Logistik, 2014, S. 81; Anderheiden, M.; Huster, S., et al.: Globalisierung als Problem von Gerechtigkeit und Steuerungsfähigkeit des Rechts, 2001, S. 63; Hobuss, S.: Die andere Hälfte der Globalisierung, 2001, S. 22; Wrona, T.: Globalisierung und Strategien der vertikalen Integration, 1999, S. 136

[6] Vgl. Dietz, T.: Institutionen und Globalisierung, 2010, S. 56; Matthias Gronholz: Kulturelle globalisierung und internationale kooperation, S. 108

[7] Vgl. Statistisches Bundesamt: Deutscher Außenhandel, 2015, S. 6

[8] Vgl. World Trade Organization (WTO): International Trade Statistics 2014, 2014, S. 24 ff.; Bundeszentrale für politische Bildung: Entwicklung des grenzüberschreitenden Warenhandels, S. 2 ff.

[9] Vgl. Hartlieb, P.: Neue Partner und neue Konkurrenten, 2015, S. 25; World Trade Organization (WTO): International Trade Statistics 2013, 2013

ßenhandelsquote von 70,1 % und ein Außenhandelsüberschuss von 195 Mrd. € im Jahr 2013.[10] Deutschland zählt nach China und den USA zu den weltweit exportstärksten Volkswirtschaften.[11]

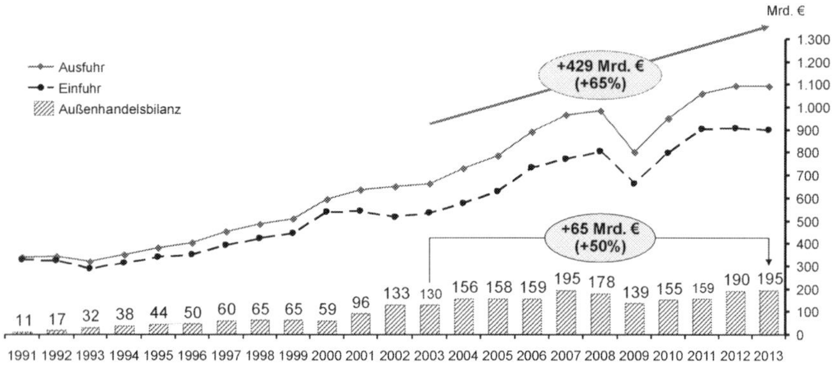

Abbildung 1-1: Entwicklung des deutschen Außenhandels sowie der Außenhandelsbilanz[12]

Die deutsche Werkzeugbaubranche stellt eine der wesentlich tangierten Branchen dar, die vor den Herausforderungen der Globalisierung steht, was zu einem anhaltenden Erosionsprozess der konventionellen Marktstrukturen geführt hat.[13] Die traditionell handwerklich geprägte Branche ist innerhalb der Wertschöpfungskette zwischen Produktentwicklung und Produktfertigung zu lokalisieren, mit dem Ziel, die notwendigen Produktionsmittel zur Verfügung zu stellen. Die deutsche Werkzeugbau-Branche beschäftigt 54.000 Mitarbeiter und generiert einen jährlichen Umsatz von 4,58 Milliarden €.[14] Im internationalen Vergleich weist der deutsche Werkzeugbau dabei eine historisch gewachsene, dominierende Stellung im Bereich der Technologie und Qualität auf, die allerdings mit erhöhten Kosten einhergeht.[15] Die wesentlichen Herausforderungen der Branche Werkzeugbau lassen sich dabei wie folgt differenzieren:

Erstens sind in der personalkostenintensiven Branche des Werkzeugbaus eine stetige Ausweitung der Absatzvolumina sowie eine verstärkte Marktdurchdringung von Werkzeugbauern aus Niedriglohnländern zu beobachten, welche von günstigeren Kostenstrukturen profitieren.[16] So betrugen die durchschnittlichen Lohnkosten pro Stunde im Jahr 2009 in Deutschland 35,60 €, wohingegen tschechische Werkzeugbauer im Durchschnitt 8,80 € je Stunde

[10] Vgl. Statistisches Bundesamt: Deutscher Außenhandel, 2015, S. 7

[11] Vgl. World Trade Organization (WTO): International Trade Statistics 2014, 2014, S. 15; a. a. O., S. 26

[12] In Anlehnung an Statistisches Bundesamt: Deutscher Außenhandel, 2015, S. 6 f.

[13] Vgl. Kozielski, S.: Integratives Kennzahlensystem für den Werkzeugbau, 2010, S. 24 ff.; Frick, L.: Erfolgreiche Geschäftsmodelle im Werkzeugbau, 2005, S. 36 ff.

[14] Vgl. Frick, L.: Erfolgreiche Geschäftsmodelle im Werkzeugbau, 2005, S. 24

[15] Vgl. Kuhlmann, K. K.: Methodik zur Gestaltung von Geschäftsprozessen im industriellen Werkzeugbau, 2011, S. 35 f.; Klotzbach, C.: Gestaltungsmodell für den industriellen Werkzeugbau, 2006, S. 60; Schuh, G.; Frick, L.: Werkzeugbau in Deutschland, 2005, S. 64

[16] Vgl. Frick, L.: Erfolgreiche Geschäftsmodelle im Werkzeugbau, 2005, S. 33; Ittner, T.; Wüllenweber, J.: Tough times for toolmakers, 2004, S. 1 f.

zahlten.[17] In Südafrika liegen die Personalkosten im Werkzeugbau aktuell bei weniger als der Hälfte des deutschen Lohnniveaus und in China sind es gar weniger als 20 %.[18] Folglich befindet sich der deutsche Werkzeugbau unter erhöhtem Kostendruck gegenüber Anbietern aus Fernost und Osteuropa, welche aufgrund günstigerer Kostenstrukturen, verringerte Einstandspreise realisieren und zunehmend Druck auf den globalen Markt ausüben.[19] Dieses Phänomen wird zudem von Seiten der Abnehmer begünstigt, da der Anschaffungspreis einen dominanten Entscheidungsfaktor in der Werkzeugbeschaffung darstellt.[20]

Zweitens zeichnen sich insbesondere asiatische Werkzeugbauer über eine maßgebliche Lernfähigkeit aus, welche eine zunehmende Nivellierung der technologischen Diskrepanz zu deutschen Werkzeugbauern erlaubt.[21] Gemäß SCHUH kann ein elementarer Qualitätsanstieg der Werkzeuge aus Niedriglohnländern identifiziert werden, der einen zukünftigen, globalen „(...) Wettbewerb qualitativ gleichwertiger Produkte“ bedingt.[22] Die verstärkte Marktdurchdringung osteuropäischer bzw. asiatischer Konkurrenten kann anhand einer Studie des Werkzeugmaschinenlabors (WZL) der Rheinisch-Westfälischen Technischen Hochschule Aachen (RWTH) belegt werden, nach der im Jahr 2009 60 % der osteuropäischen Anbieter und 78 % der asiatischen Werkzeugbauer Westeuropa mit Werkzeugen belieferten.[23] In der Folge hat es zwischen 2010 und 2013 eine wertmäßige Erhöhung der Werkzeugimporte um 35 % gegeben; die heimische Produktion wuchs hingegen nur um 21 %.[24]

Drittens ist ein rückläufiger absoluter Bedarf an Werkzeugen festzuhalten, der aus der Zunahme von Gleichteilstrategien in der Automobilindustrie als Hauptabnehmer des Werkzeugbaus resultiert.[25] In Anbetracht der Branchenstruktur des Werkzeugbaus, mit vielen klein- und mittelständischen Unternehmen, ist zumeist erschwerend eine eingeschränkte Verhandlungsposition gegenüber den Kunden festzuhalten.[26] Analog resultiert aufgrund geringer Abnahmevolumina eine schwache Position der Werkzeugbauer gegenüber den Rohstofflieferanten, sodass man der Volatilität der Rohstoffpreise unterliegt.[27]

Der Werkzeugbau besetzt ferner eine Schlüsselstellung, die sich in dem Spannungsfeld zwischen der Beschaffenheit des Werkzeugs und den Zielgrößen Zeit, Kosten und Qualität der

[17] Vgl. Kuhlmann, K. K.: Methodik zur Gestaltung von Geschäftsprozessen im industriellen Werkzeugbau, 2011, S. 35

[18] Vgl. Boos, W.; Pitsch, M., et al.: World of Tooling, 2015, S. 19, 161 ff.; Boos, W.; Pitsch, M., et al.: Tooling in China, 2015, S. 11; Boos, W.; Pitsch, M., et al.: Tooling in South Africa, 2014, S. 19; Kaufmann, L.: China champions, 2005, S. 50

[19] Vgl. Ittner, T.: Quantitative Bewertung von Kernkompetenzen in der Automobilzulieferindustrie am Beispiel des Presswerkzeugbaus, 2004, S. 21 f.

[20] Vgl. Klotzbach, C.: Gestaltungsmodell für den industriellen Werkzeugbau, 2006, S. 60

[21] Vgl. Schuh, G.; Frick, L.: Werkzeugbau in Deutschland, 2005, S. 64

[22] Vgl. Kuhlmann, K. K.: Methodik zur Gestaltung von Geschäftsprozessen im industriellen Werkzeugbau, 2011, S. 1

[23] Vgl. a. a. O., S. 35

[24] Vgl. Boos, W.; Pitsch, M., et al.: World of Tooling, 2015, S. 32 f.

[25] Vgl. Schuh, G.; Varnhagen, V., et al.: Fokus Automobilindustrie: Digitale Wertschöpfungsnetzwerke im Werkzeugbau, 2013, S. 1; Schuh, G.; Frick, L.: Werkzeugbau in Deutschland, 2005, S. 64 f.; Arnolds, H.; Heege, F., et al.: Materialwirtschaft und Einkauf, 1985, S. 76

[26] Vgl. Frick, L.: Erfolgreiche Geschäftsmodelle im Werkzeugbau, 2005, S. 24

[27] Vgl. Klotzbach, C.: Gestaltungsmodell für den industriellen Werkzeugbau, 2006, S. 58

Fertigung produzierender Unternehmen äußert.[28] Infolge der Etablierung von Konkurrenten aus Niedriglohnländern, die anhand einer geringen Lohnkostenstruktur niedrigere Anschaffungspreise für ihre Werkzeuge sicherstellen können, entwickelt sich eine Preisspirale.[29] Dementsprechend wird die Kaufentscheidung einer Vielzahl der Kunden des Werkzeugbaus zunehmend von verringerten Anschaffungspreisen determiniert.[30] In diesem Kontext zeigen sich die Auswirkungen verringerter Technologiekenntnisse von Werkzeugbauern aus den BRICS-Staaten[31] in einer verringerten Produktqualität ihrer Werkzeuge, sodass teilweise die bewusste Rückverlagerung von Beschaffungsvorgängen auf europäische Werkzeugbauer zu beobachten ist.[32] Vor diesem Hintergrund erweisen sich konventionelle, eindimensionale Investitionsentscheidungen auf Basis des Einstandspreises, die eine Betrachtung der Standzeiten hochwertiger Werkzeuge und Folgekosten unberücksichtigt lassen, als unzureichend.[33] Gemäß BRANKAMP beschreiben die Transaktions- bzw. Nutzungskosten den bedeutendsten Anteil an den Gesamtkosten aus Kundensicht.[34] Des Weiteren hebt KRAMSKI hervor, dass ein mit erhöhten Anschaffungskosten verbundenes, qualitativ ausgereiftes Werkzeug deutscher Werkzeugbauer eine günstigere Kostenstruktur über den Lebenszyklus aufweisen kann, als ein Konkurrenzprodukt aus Niedriglohnländern.[35] Mithin identifiziert REINSCH, dass die Nutzungskosten 100 bis 200 % der Erstellungskosten ausmachen können.[36] Vor diesem Hintergrund obliegt es insbesondere dem deutschen Werkzeugbau die erhöhten Anschaffungspreise, resultierend aus einer umfassenden Entwicklung, Fertigung und Erprobung, zu rechtfertigen.[37] Dabei sehen sich europäische Werkzeugbauer mit der Problemstellung konfrontiert, mittels einer präzisen Wettbewerbsdifferenzierung das Bewusstsein für anfallende Kostenpositionen innerhalb der Gesamtkosten des Werkzeugs beim Kunden zu generieren.[38] Dementsprechend sind nach TÖNSHOFF die Kostenelemente während des Produktlebenszyklus zu dokumentieren und dem Kunden der Werkzeugbaubranche zur Verfügung zu stellen, mit dem Ziel, eine Argumentation hinsichtlich erhöhter Ein-

---

[28] Vgl. Völker, M.: Konzeption ganzheitlicher Produktionssysteme für Werkzeugbaubetriebe, 2012, S. 35; ebenda; Prezewowsky, M.: Demografischer Wandel und Personalmanagement, 2007, S. 35; Brankamp, K.: Wettbewerbsfaktor Werkzeug- und Betriebsmittelbau, 1991, S. 20

[29] Vgl. Kuhlmann, K. K.: Methodik zur Gestaltung von Geschäftsprozessen im industriellen Werkzeugbau, 2011, S. 37; Klotzbach, C.: Gestaltungsmodell für den industriellen Werkzeugbau, 2006, S. 60

[30] Vgl. Bilsing, A.: Kennzahlengestützte Bewertung der technologischen Leistungsfähigkeit im Werkzeug- und Formenbau, 2007, S. 1; Klotzbach, C.: Gestaltungsmodell für den industriellen Werkzeugbau, 2006, S. 60

[31] Die BRICS-Staaten bezeichnen den Verbund der aufstrebender Volkswirtschaften aus **B**rasilien, **R**ussland, **I**ndien, **C**hina und **S**üdafrika

[32] Vgl. Schuh, G.; Varnhagen, V., et al.: Fokus Automobilindustrie: Digitale Wertschöpfungsnetzwerke im Werkzeugbau, 2013, S. 33; Frick, L.: Erfolgreiche Geschäftsmodelle im Werkzeugbau, 2005, S. 37 f.

[33] Vgl. Frick, L.: Erfolgreiche Geschäftsmodelle im Werkzeugbau, 2005, S. 38; Fricker, I.: Strategische Stringenz im Werkzeug- und Formenbau, 2005, S. 37

[34] Vgl. Frick, L.: Erfolgreiche Geschäftsmodelle im Werkzeugbau, 2005, S. 38; Brankamp, K.: Wettbewerbsfaktor Werkzeug- und Betriebsmittelbau, 1991, S. 20

[35] Vgl. Kramski, A.: Herausforderung Asien, 2004, S. 16

[36] Vgl. Reinsch, S.; Eger, M.: LCC - Leitfaden zur Verknüpfung von Angebotskalkulation und Lebenszykluskostenrechnung für Erzeugnisse des Werkzeug- und Formenbau, 2006, S. 19

[37] Vgl. Schuh, G.; Varnhagen, V., et al.: Fokus Automobilindustrie: Digitale Wertschöpfungsnetzwerke im Werkzeugbau, 2013, S. 33

[38] Vgl. Frick, L.: Erfolgreiche Geschäftsmodelle im Werkzeugbau, 2005, S. 38

standspreise bei qualitativ hochwertigen Werkzeugen zu ermöglichen.[39] Hierbei liegt ein neuartiger Weg der Vermarktung der Produkte des Werkzeugbaus vor, der bislang innerhalb des Werkzeugbaus kaum Beachtung findet.[40]

1.2 Motivation und Zielsetzung

Die zunehmende Marktdurchdringung von Werkzeugbauern aus Niedriglohnländern, deren Produktprogramm sich durch verringerte Einstandspreise auszeichnet, konfrontiert den deutschen Werkzeugbau mit dem Bedarf zur Entwicklung neuer effizienter Absatzstrategien. Aufgrund erhöhter Lohnkosten auf dem deutschen Arbeitsmarkt, die sich auf absehbare Zeit gegenüber Niedriglohnländern nicht nivellieren werden, erscheint eine Strategie der Preisführerschaft nicht zielführend. Entsprechend ist eine Wettbewerbsdifferenzierung gegenüber Konkurrenten aus Niedriglohnländern vorzunehmen, die weniger eine Strategie der Kostenführerschaft fokussiert, als vielmehr den Aspekt der Qualität betont. Folglich liegt das Potenzial deutscher Werkzeugbauer im Bereich innovativer Prozesse und neuer Technologien, welche die Grundlage für die Fertigung qualitativ hochwertiger Werkzeuge darstellen.

Im Zuge der Wettbewerbsdifferenzierung deutscher Werkzeugbauer anhand qualitativ hochwertiger Produkte bedarf es ferner eines Kommunikationsprozesses zwischen Werkzeugbauer und Kunde, welcher den Mehrwert gesteigerter Werkzeugqualität darstellt. Auf diese Weise könnten erhöhte Einstandspreise deutscher Werkzeugbauer argumentiert werden, wenn es gelingt den Mehrkosten einen nachhaltigen und quantifizierbaren Mehrnutzen durch höhere Produktqualität des Werkzeugs entgegenzusetzen. Diese Hypothese gründet auf der zuvor skizzierten Problemstellung, wonach der größte Anteil der Kosten eines Werkzeugs in dessen Nutzungsphase – beim Kunden – anfallen, wo sich die entsprechende Werkzeugqualität auswirkt.[41] Ferner wird die Hypothese durch die beobachteten Rückverlagerungstendenzen gestützt, die auf einen Mangel des Qualitätsniveaus zurückgeführt werden.[42] Entsprechend erscheint diese Annahme insbesondere dann erfolgsversprechend, wenn als Bewertungsgrundlage der vollständige Produktlebenszyklus und insbesondere die Nutzungsphase des Werkzeugs beim Kunden in die Betrachtung inkludiert werden.

Die formulierte Hypothese wird in Abbildung 1-2 exemplarisch veranschaulicht. Dabei seien die Werkzeugkosten eines deutschen Werkzeugbauers (WZB) mit Fertigstellung der Produktion des Werkzeugs mit 100 % angenommen. Zu diesem Zeitpunkt wechselt das Werkzeug physisch den Besitzer und wird an den Kunden veräußert. Zum selben Zeitpunkt zeichnet sich ein gleiches Werkzeug eines Werkzeugbauers aus den BRICS-Staaten durch niedrigere Kosten und einen vermeintlich niedrigeren Einstandspreis aus. Der Problemstellung folgend, sind zum Zeitpunkt der Beschaffung die nachfolgenden Kosten der Nutzung des Werkzeugs nicht oder nur unzureichend in die Investitionsentscheidung einbezogen. Potentiellen Kunden muss folglich die höhere Investition argumentiert werden. Im Beispiel wird suggeriert,

[39] Vgl. Tönshoff, H. K.; Eger, M.: Lebenszykluskosten in der Angebotskalkulation, 2003, S. 725 ff.

[40] Vgl. Frick, L.: Erfolgreiche Geschäftsmodelle im Werkzeugbau, 2005, S. 38

[41] Vgl. Reinsch, S.; Eger, M.: LCC - Leitfaden zur Verknüpfung von Angebotskalkulation und Lebenszykluskostenrechnung für Erzeugnisse des Werkzeug- und Formenbau, 2006, S. 19

[42] Vgl. Schuh, G.; Varnhagen, V., et al.: Fokus Automobilindustrie: Digitale Wertschöpfungsnetzwerke im Werkzeugbau, 2013, S. 33; Frick, L.: Erfolgreiche Geschäftsmodelle im Werkzeugbau, 2005, S. 37 f.

dass sich die erhöhte Produktqualität in der kostenintensiven Nutzungsphase z. B. in höheren Standzeiten, weniger Nacharbeit, kürzeren Zykluszeiten, erweiterter Funktionsintegration etc. niederschlägt. In der Folge könnten sich die Kosten in Bezug auf die gesamten Lebenszyklus amortisieren oder zumindest den Kostenunterschied über den gesamten Lebenszyklus reduzieren. Dies eröffnet dem Werkzeugbauer die Möglichkeit den Mehrwert seiner Engineering Dienstleistungen darszustellen und so neue Geschäftsmodelle zu erschließen.

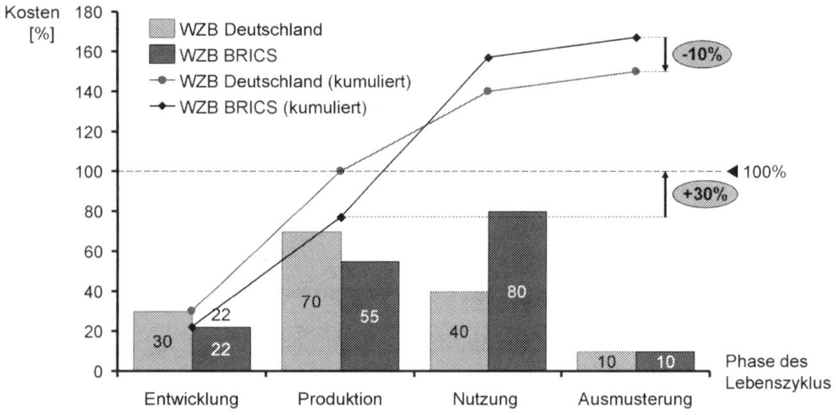

Abbildung 1-2: Darstellung der Hypothese als Konklusion der Motivation

Es besteht folglich der Bedarf, sowohl die Lebenszykluskosten als auch die Produktqualität eines Werkzeugs zu quantifizieren, um diese objektiv bewerten und transparent darstellen zu können. Das Verhältnis aus Lebenszykluskosten und Werkzeugqualität stellt dabei einen Indikator für die Leistungsfähigkeit des Werkzeugs bzw. des Werkzeugbauers dar, das sich unmittelbar in der Fertigung produzierender Unternehmen auswirkt.

Daraus ergibt sich die Zielsetzung dieser wissenschaftlichen Arbeit, ein Bewertungsmodell zu konzipieren, das die Leistungsfähigkeit von Werkzeugbauern anhand des Verhältnisses zwischen Qualität des Werkzeugs und dessen Lebenszykluskosten darstellt. Aus wissenschaftlicher Perspektive sind dabei die Korrelationen der Merkmale von Qualität und Kosten und die Modellierung eines Bewertungsansatzes von besonderem Interesse. Ferner verfolgt diese Zielsetzung eine höchst praktische Relevanz, da ein solcher Ansatz gleichermaßen dem Werkzeugbauer und seinen Kunden dienlich ist. Die Werkzeugbauer profitieren aufgrund der transparenten Darstellung ihrer Leistungsfähigkeit von der geforderten Argumentationsbasis, um nachhaltig höhere Kosten – bei erhöhter Werkzeugqualität – begründen zu können. Kunden profitieren darüber hinaus von einem Ansatz, mit dem sich die Investitionsentscheidung für ein Werkzeug wesentlich transparenter und damit nachhaltiger gestalten lässt.

Aus der Zielsetzung wird die Forschungsfrage abgeleitet, die dieser wissenschaftlichen Arbeit zugrunde gelegt wird:

FORSCHUNGSFRAGE	*Wie muss ein empirisch fundiertes Bewertungsmodell konzipiert werden, das die Leistungsfähigkeit von Werkzeugbauern basierend auf Lebenszykluskosten und Qualität der produzierten Werkzeuge berechnet, um es in der Folge in der industriellen Praxis nutzenstiftend zur Anwendung zu bringen?*

Aufgrund der Komplexität der Forschungsfrage erfolgt eine Ergänzung um Leitfragen, die den Forschungsprozess strukturieren und hilfreiche Meilensteine definieren. Durch die Beantwortung der Leitfragen werden zentrale Erkenntnisse generiert, die in der Folge helfen die übergeordnete Forschungsfrage zu beantworten.

LEITFRAGE 1	*Welche Bewertungsansätze existieren bereits in relevanten Wissenschaftsdisziplinen und welche Anforderungen können daraus abgeleitet werden?*
LEITFRAGE 2	*Wie lassen sich Experten der Branche Werkzeugbau pragmatisch einbinden, um eine empirische Datenbasis zu schaffen und eine hohe Praxisrelevanz des Bewertungsansatzes sicherzustellen?*
LEITFRAGE 3	*Welche Korrelationen bestehen zwischen Merkmalen der Qualität und der Lebenszykluskosten eines Werkzeugs und wie lassen sich diese quantifizieren?*
LEITFRAGE 4	*Wie kann der Bewertungsansatz in die praktische Anwendung überführt werden, sodass eine einfache und individuelle Nutzung sichergestellt werden kann?*

1.3 Wissenschaftstheoretische Einordung

Wissenschaftlicher Forschung der Naturwissenschaften liegt die ontologische Annahme zu Grunde, dass die Natur durch generelle, zeitlich invariante, Verhaltensmuster geprägt ist. Die Epistemologie basiert auf dieser Annahme und besagt, dass Menschen diese Muster erkennen und die Fähigkeit besitzen, diese in Form von Theorien und Modellen zu beschreiben.[43] Die wissenschaftliche Forschung gleicht dabei einem prozessualen Vorgehen, welches gemäß BINDER und KANTOWSKI mit der „Dokumentation einer Forschungsreise" vergleichbar ist.[44] In diesem Kontext erfolgt zunächst die Festlegung der grundlegenden Erkenntnisperspektive und der methodologischen Vorgehensweise, sodass eine objektive Einordnung der Forschungsresultate dieser wissenschaftlichen Arbeit sichergestellt wird. Daher erfolgt im Rahmen der grundsätzlichen Erkenntnisperspektive die Allokation der Arbeit in das Spektrum der wissenschaftlichen Theorie, wohingegen die forschungsmethodologische Vorgehensweise als eine systematische und zweckgerichtete Analyse der zu untersuchenden,

[43] Vgl. Becker, J.; Krcmar, H., et al.: Wissenschaftstheorie und gestaltungsorientierte Wirtschaftsinformatik, 2009, S. 162

[44] Vgl. Zohm, F.: Management von Diskontinuitäten, 2004, S. 5

wissenschaftlichen Fragestellungen verstanden wird.[45] ZOHM stellt dabei die Zweckmäßigkeit der Abbildung dieser beiden Dimensionen insbesondere im Kontext einer ingenieurswissenschaftlichen Arbeit heraus, die sich von der „reinen Beobachtung technischer Systeme“ differenziert und auf Grund der Themenstellung Tangentialpunkte zu betriebswirtschaftlichen Themenkomplexen zeigt.[46]

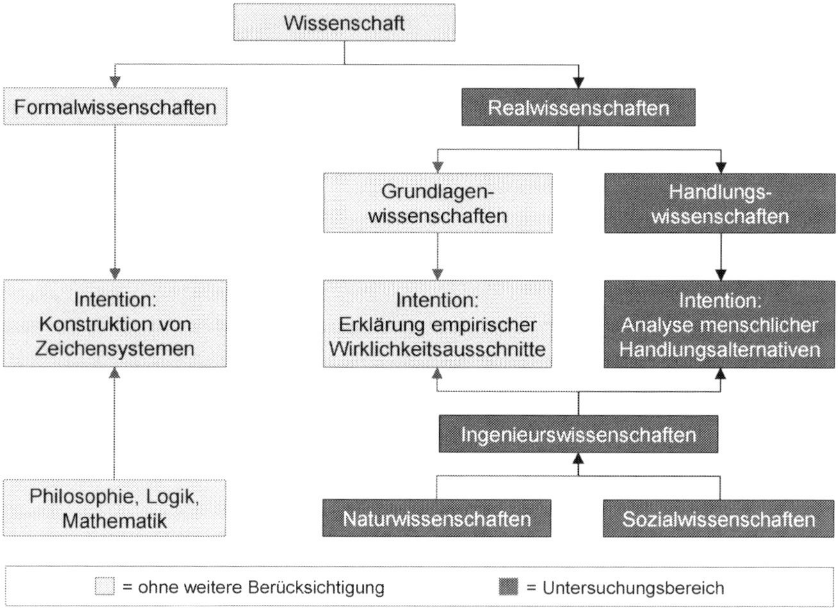

Abbildung 1-3: Einordnung der Arbeit innerhalb des Spektrums der Wissenschaft[47]

Dementsprechend wird in der Literatur eine Differenzierung zwischen Formal- und Realwissenschaften vorgenommen, welche sich bezüglich ihres methodischen Vorgehens bzw. der fokussierten Untersuchungsobjekte spezifizieren lassen.[48] Danach fokussieren formalwissenschaftliche Analysen die Untersuchung nicht existenter Objekte und die anschließende Prüfung auf Richtigkeit hinsichtlich des Ausschlusses logischer Inkonsistenzen.[49] Realwis-

---

[45] Vgl. Zohm, F.: Management von Diskontinuitäten, 2004, S. 5 f.

[46] Vgl. a. a. O., S. 5

[47] In Anlehnung an Ulrich, P.; Hill, W.: Wissenschaftstheoretische Grundlagen der Betriebswirtschaftslehre (Teil I), 1976, S. 305

[48] Vgl. Kozielski, S.: Integratives Kennzahlensystem für den Werkzeugbau, 2010, S. 5; Kornmeier, M.: Wissenschaftstheorie und wissenschaftliches Arbeiten, 2007, S. 14; Ulrich, P.; Hill, W.: Wissenschaftstheoretische Grundlagen der Betriebswirtschaftslehre (Teil I), 1976, S. 305; Behrens, C.-U.; Kirspel, M.: Grundlagen der Volkswirtschaftslehre, S. 13

[49] Vgl. Schweizer, M.: Consumer confusion im Handel, 2005, S. 8 f.; Salzer, E.: Investor Relations-Management und IPO-Erfolg, 2004, S. 21; Ulrich, P.; Hill, W.: Wissenschaftstheoretische Grundlagen der Betriebswirtschaftslehre (Teil I), 1976, S. 305 f.

senschaftliche Untersuchungsprozesse erlangen ihre Zweckmäßigkeit durch die Darstellung haptisch erfassbarer Ausschnitte der Realität und der empirischen Fundierung zugehöriger Wirkzusammenhänge.[50] Die Realwissenschaften lassen sich differenzieren in Grundlagenwissenschaften, die eine Abbildung naturwissenschaftlicher Phänomene vornehmen, und Handlungswissenschaften, deren Analysebereich innerhalb der Sozialwissenschaften zu lokalisieren ist.[51] Dabei liegt der Fokus der Handlungswissenschaften gemäß ZOHM auf dem Aufzeigen von Handlungsalternativen zur Gestaltung technischer bzw. betriebswirtschaftlicher Systeme. Dementsprechend erfolgt eine Verortung dieser wissenschaftlichen Arbeit innerhalb der Handlungswissenschaften.[52] Darüber hinaus korrespondiert die Einordnung der Arbeit innerhalb der Handlungswissenschaften unmittelbar mit der anzuwendenden Forschungsmethodologie. Dementsprechend lässt sich die Forschungsmethodologie als ein zielgerichtetes Vorgehen zur Generierung neuer Erkenntnisse bezeichnen, dessen Bestandteile einen explorativen Charakter aufweisen.[53] Mithin fokussiert eine explorative Methodologie weniger die Verifizierung theoretischer Inhalte, als vielmehr die Generierung neuer Erkenntnisse innerhalb der Realität mittels eines iterativen Prozesses des Lernens.[54]

Den zentralen Bestandteil eines iterativen Lernprozesses bildet dabei ein heuristischer Bezugsrahmen, welcher die vor dem Hintergrund der Problemstellung zu analysierenden Untersuchungsobjekte identifiziert und deren Relationen schemenhaft visualisiert.[55] Aus der Zielsetzung und der abgeleiteten Forschungsfrage dieser wissenschaftlichen Arbeit können inhaltlich die vier Objektbereiche Qualität, Werkzeugbau, Leistungsfähigkeit und Lebenszyklus identifiziert werden, zwischen denen interdependente Beziehungen bestehen. Die Systemtheorie, als fünfter Objektbereich integriert die zuvor genannten Objektbereiche durch die Bereitstellung der notwendigen theoretischen Grundlagen zur Modellbildung.

[50] Vgl. Wollenberg, K.: Volkswirtschaftslehre, 2007, S. 5; Burschel, C.: Betriebswirtschaftslehre der nachhaltigen Unternehmung, 2004, S. 194; Ulrich, P.; Hill, W.: Wissenschaftstheoretische Grundlagen der Betriebswirtschaftslehre (Teil I), 1976, S. 305

[51] Vgl. Armbrecht, W.: Innerbetriebliche Public Relations, 2013, S. 35; Kornmeier, M.: Wissenschaftstheorie und wissenschaftliches Arbeiten, 2007, S. 15 ff.; Schmidle, C. M.: Projektbasiertes Prozessmodell für ereignisorientiertes Wissensmanagement in mittleren und grösseren Bauunternehmen, 2004, S. 86

[52] Vgl. Zohm, F.: Management von Diskontinuitäten, 2004, S. 6

[53] Vgl. a. a. O., S. 8 f.

[54] Vgl. Kubicek, H.: Heuristische Bezugsrahmen und heuristisch angelegte Forschungsdesigns als Elemente einer Konstruktionsstrategie empirischer Forschung, 1977, S. 13 f.

[55] Vgl. Wittenberg, V.: Controlling in jungen Unternehmen, 2006, S. 9; Stölzle, W.: Umweltschutz und Entsorgungslogistik, 1993, S. 281; Tomczak, T.: Forschungsmethoden in der Marketingwissenschaft, 1992, S. 83 f.

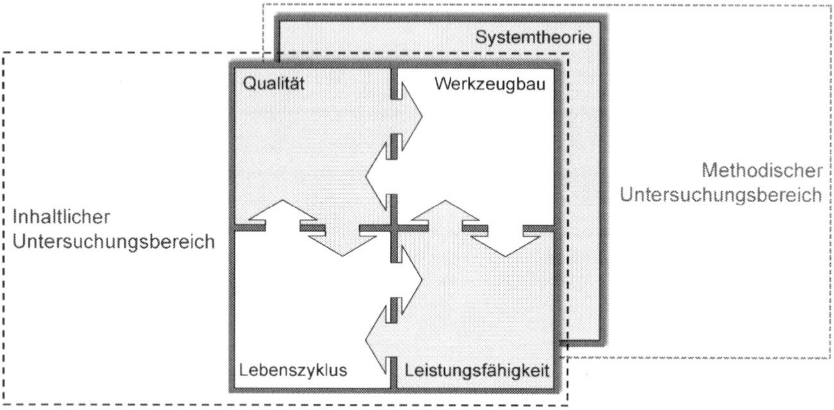

Abbildung 1-4: Heuristischer Bezugsrahmen der Arbeit

Der Forschungsprozess befindet sich gemäß DILGER im Spannungsfeld der beiden Dimensionen von Sorgfältigkeit (rigor) und Relevanz (relevance). Dabei resultiert aus dem Aspekt des „rigor" der Anspruch einer fundierten, belegbaren und exakt recherchierten Forschungsweise, welche folglich Aspekte eines methodischen bzw. systematischen Vorgehens beinhaltet. Im Gegensatz dazu fokussiert „relevance" die Zweckmäßigkeit der Forschungsergebnisse bzw. die Ausrichtung der Untersuchungsinhalte an praktischen Unzulänglichkeiten.[56] Nach den Ausführungen DILGERS ist eine eindeutige Differenzierung zwischen beiden Dimensionen im Rahmen des Forschungsprozesses vorzunehmen, mit dem Ziel, eine ausgeglichene Kombination zwischen „rigor" und „relevance" zu generieren.[57] Demnach stellt Forschung das pragmatische, praxisrelevante Produkt aus einem „der Theorie entstammenden Erkenntnisdefizit" und einem „absehbaren industriellen Bedarf" dar.[58]

1.4 Aufbau der Arbeit

Die Struktur dieser wissenschaftlichen Arbeit orientiert sich an der Strategie der angewandten Forschung nach ULRICH, welche im Kontext der erfassten Problemstellung und des resultierenden Handlungsbedarfs praxisorientierte Lösungskonzepte in einem zweckgerichteten Anwendungszusammenhang generiert.[59] Vor diesem Hintergrund stützt sich das methodologische Vorgehen ULRICHS auf eine „(...) praxisbegleitende Forschung (...)", welche innerhalb des Bereichs der angewandten Wissenschaften zu lokalisieren ist und anhand der problemorientierten Initiierung aus der Praxis pragmatische, normative Forschungsaussagen entwi-

[56] Vgl. Dilger, A.: Rigor, wissenschaftliche und praktische Relevanz, 03/2012, S. 2 ff.; Armutat, S.: Differentielles Management, 2012, S. 137

[57] Vgl. Dilger, A.: Rigor, wissenschaftliche und praktische Relevanz, 03/2012, S. 1 ff.; Scherer, A. G.; Kaufmann, I. M., et al.: Methoden in der Betriebswirtschaftlehre, 2009, S. 208 f.

[58] Vgl. Schuh, G.; Warschat, J.: Potenziale einer Forschungsdisziplin Wirtschaftsingenieurwesen, 2013, S. 35

[59] Vgl. Kozielski, S.: Integratives Kennzahlensystem für den Werkzeugbau, 2010, S. 10; Schüffler, C.: Supply Management in der Hotelbranche, 2008, S. 7; Gillmann, J.-P.: Performance Measurement in Professional Service Firms, 2002, S. 4 f.

ckelt.[60] Dabei zerfällt der Ansatz der angewandten Forschung in sieben Phasen, denen die Gewährleistung eines hinreichenden Praxisbezugs über den kompletten Forschungszyklus gemein ist. Dabei geht LATTWEIN von einem „(...) Spannungsfeld zwischen theoretisch-kognitiven Erklärungsziel und einem praxeologischen-methodologischen Gestaltungsziel" aus.[61] Mithin beginnt der wissenschaftliche Forschungsprozess in der Erfassung der praxisorientierten Problemstellung und der Ableitung eines entsprechenden Handlungsbedarfes, auf dessen Basis ein pragmatischer Lösungsvorschlag erarbeitet wird.[62] In diesem Zusammenhang endet der Forschungsprozess gemäß ULRICH in der umfangreichen Prüfung der generierten Lösungskonzepte, die im Anschluss einer Implementierung innerhalb der Praxis unterzogen werden.[63]

Im Folgenden korrespondiert die Gliederung dieser wissenschaftlichen Arbeit unmittelbar mit dem phasenweisen Vorgehen der Strategie der angewandten Forschung. Abbildung 1-5 illustriert dabei die Verknüpfung mit der Gliederung dieser Arbeit:

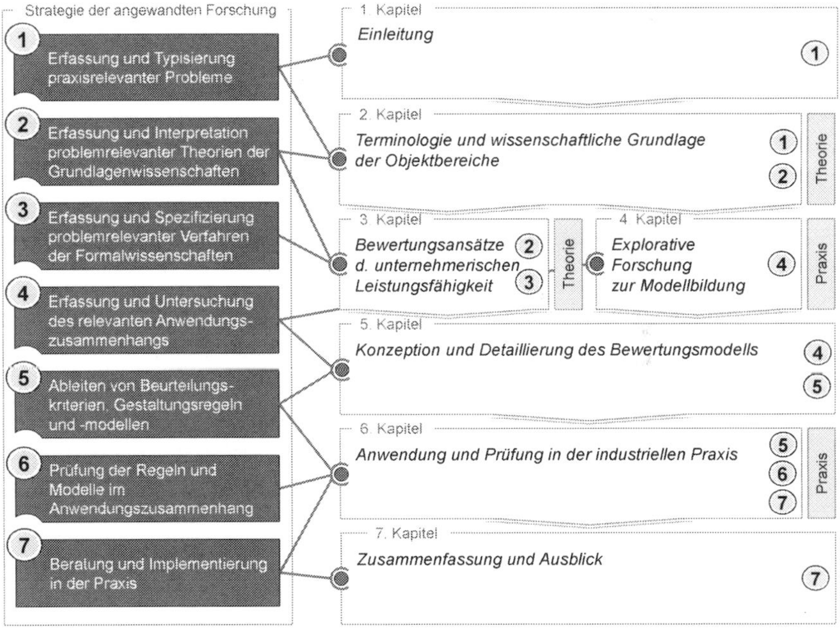

Abbildung 1-5: Aufbau dieser wissenschaftlichen Arbeit

[60] Vgl. Zerres, M.: Kritische Erfolgsfaktoren von IT-Projekten, 2011, S. 18 f.; Ulrich, H.: Systemorientiertes Management, 2001, S. 195 ff.

[61] Vgl. Lattwein, J.: Wertorientierte strategische Steuerung, 2002, S. 6

[62] Vgl. Zohm, F.: Management von Diskontinuitäten, 2004, S. 13 f.; Lattwein, J.: Wertorientierte strategische Steuerung, 2002, S. 6 f.

[63] Vgl. Kozielski, S.: Integratives Kennzahlensystem für den Werkzeugbau, 2010, S. 10; Ulrich, H.: Systemorientiertes Management, 2001, S. 195 ff.

Die vorliegende Arbeit ist in sieben Kapitel gegliedert. Das erste Kapitel umfasst eine Einführung in den Themenbereich, die Erläuterung der Problemstellung und die daraus abgeleitete Zielsetzung, die in einer Forschungsfrage formuliert wird. Hieraus folgen die Darlegung der wissenschaftstheoretischen Einordnung, die Definition des heuristischen Bezugsrahmens und abschließend der Aufbau dieser Arbeit.

Das zweite Kapitel gliedert sich anhand der Objektbereiche des heuristischen Bezugsrahmens und führt die Terminologie und theoretischen Grundlagen ein, die das notwendige Verständnis aufbauen. Demnach werden die inhaltlichen Objektbereiche Qualität, Werkzeugbau, Leistungsfähigkeit und Lebenszyklus umfassend eingeführt. Der fünfte Objektbereich der Systemtheorie ergänzt das methodische Verständnis, das notwendige Voraussetzung für die konsistente Modellbildung erörtert. Abschließend erfolgt die Eingrenzung der Objektbereiche auf die im Zusammenhang dieser Arbeit relevanten Gesichtspunkte, um den Untersuchungsbereich zu fokussieren.

Im anschließenden dritten Kapitel erfolgt eine dezidierte Betrachtung bestehender Ansätze zur Bewertung der Leistungsfähigkeit. Hierzu werden zunächst geeignete Bewertungsansätze verschiedener Wissenschaftsdisziplinen eingeführt. In der Folge werden aus der Zielsetzung und den eingeführten Objektbereichen des zweiten Kapitels notwendige Anforderungen abgeleitet und gewichtet, anhand derer die Bewertungsansätze analysiert werden. Hierzu werden zwei Analyseverfahren vorgestellt und angewendet mit dem Ziel die Objektivität der Schlussfolgerungen zu erhöhen. Abschließend werden Anforderungen an das zu entwickelnde Bewertungsmodell aus den gewonnenen Erkenntnissen zusammengefasst.

Da die Arbeit dem Anspruch folgt, hohe praktische Relevanz sicherzustellen, nimmt das vierte Kapitel einen Exkurs in die explorative Forschung vor. Hierbei werden Verfahren zur Integration von Experten vorgestellt und diskutiert, um zielgerichtete und pragmatische Ansätze zur Einbindung der insgesamt 28 Experten der Branche Werkzeugbau zu identifizieren. Die praktischen Vorgehensweisen der relevanten Verfahren werden erläutert und deren Limitationen dargestellt. Die gewonnenen Erkenntnisse der Exploration gehen in der Folge unmittelbar in die Modellbildung ein.

Das fünfte Kapitel konzipiert und detailliert auf Basis der theoretischen Vorarbeiten und der explorierten Erkenntnisse das Bewertungsmodell der Leistungsfähigkeit von Werkzeugbauern. Basierend auf der eingeführten Systemtheorie aus dem zweiten Kapitel, wird zunächst das Vorgehen zur Modellkonzeption wissenschaftlich fundiert. Darauf folgt der qualitative Modellaufbau, der die einzelnen Module strukturiert und deren Aufgaben konzipiert. Die quantitative Auslegung entspricht der Detaillierung der vier Module im Bewertungsmodell, der die Aufgabe zukommt, die gewonnenen Erkenntnisse sowohl aus theoretischer wissenschaftlicher Perspektive, als auch aus praktischer anwendungsorientierter Perspektive funktional zu integrieren.

Im Rahmen des sechsten Kapitels folgt die umfassende Prüfung des Bewertungsansatzes in der industriellen Praxis. Dabei erfolgt zunächst die Ausarbeitung eines Leitfadens mit den Experten, der das Bewertungsmodell in ein prozessuales Vorgehensmodell mit vier Phasen überführt. Hierbei steht die leichte praktische Implementierung des Anwenders im Vordergrund. Ferner erfolgt die Gültigkeitsprüfung anhand der Verifikation, Kalibrierung, Sensitivitätsanalyse und Validierung des entwickelten Bewertungsansatzes. Anhand zweier Fallbeispiele erfolgt die exemplarische Darstellung der Modellergebnisse, die abschließend kritisch reflektiert werden, um die Güte des entwickelten Ansatzes zu beurteilen.

Die Arbeit schließt im siebten Kapitel mit einer Zusammenfassung der Kapitel und dem Ausblick auf Potenziale des Bewertungsmodells bzw. weiterem Forschungsbedarf im fokussierten Themenbereich.

2 Terminologie und wissenschaftliche Grundlage der Objektbereiche

Die theoretische Fundierung dieser wissenschaftlichen Arbeit befindet sich im Spannungsfeld der fünf Objektbereiche Qualität, Werkzeugbau, Leistungsfähigkeit, Lebenszyklus und der Systemtheorie. Das zweite Kapitel führt sequentiell in die jeweiligen Objektbereiche ein, indem die Terminologie diskutiert wird, um in der Folge ein einheitliches Begriffsverständnis dieser Arbeit zugrunde zu legen. Im weiteren Verlauf erfolgt die Verwendung der Begriffe dabei stets im Kontext der nachfolgend spezifizierten Definitionen. Basierend auf dem einheitlichen Begriffsverständnis erfolgt die Erörterung der relevanten wissenschaftlichen Grundlage, die den aktuellen Stand der Technik in den unterschiedlichen Wissensgebieten darlegt. Abschließend erfolgt die gezielte Eingrenzung der Objektbereiche, um den Betrachtungsraum dieser Arbeit an der formulierten Problemstellung auszurichten.

2.1 Objektbereich Qualität

Der Objektbereich Qualität fokussiert eine hinreichende Reflexion des Qualitätsbegriffes, anhand dessen ein dieser Arbeit zu Grunde liegendes Verständnis von Qualität zu generieren ist. Im Anschluss erfolgt die Betrachtung des Bereiches Qualitätsmanagement sowie der daraus resultierenden Philosophien des Total Quality Managements und der Business Excellence, die als Ansätze für die Umsetzung eines umfassenden Qualitätsmanagements gelten.[64]

2.1.1 Qualität

Der Begriff der Qualität beinhaltet unterschiedlichste Aspekte und Sichtweisen. Daher ist es für eine auf dem Begriff Qualität aufbauende Diskussion erforderlich, zunächst die zugrunde liegenden Sichtweisen zu diskutieren und die herrschenden Meinungen voneinander abzugrenzen.[65] Folglich wird zunächst die historische Entwicklung des Begriffs aufgezeigt, bevor im Anschluss eine allgemeine Einteilung des Qualitätsbegriffs erfolgt.

2.1.1.1 Historische Entwicklung des Qualitätsbegriffs

Der etymologische Ursprung des Begriffs Qualität liegt im Lateinischen. Dort lässt sich „Qualität" von „qualis" – wie beschaffen – bzw. dem Substantiv „qualitas" – Beschaffenheit – ableiten.[66] Der dem heutigen Qualitätsverständnis enthaltende, wertende Charakter stand somit, dem lateinischen Wortstamm nach, zunächst nicht im Vordergrund, vielmehr lag der Fokus auf der eigentlichen Beschaffenheit eines Objekts bzw. der wertungsneutralen Beschreibung selbiger.[67] Im Mittelalter erfolgten erste Festlegungen von Qualitätsnormen durch die verschiedenen Zünfte, die als Zusammenschluss von Handwerksmeistern eigene Standards in

---

[64] Vgl. Zink, K. J.: TQM als integratives Managementkonzept, 2004, S. 55

[65] Vgl. Kamiske, G. F.; Brauer, J.-P.: Qualitätsmanagement von A bis Z, 2008, S. 178

[66] Vgl. Schmitt, R.; Pfeifer, T.: Qualitätsmanagement, 2010, S. 19; Linß, G.: Qualitätsmanagement für Ingenieure, 2002, S. 15; Kawlath, A.: Theoretische Grundlagen der Qualitätspolitik, 1969, S. 48

[67] Der lateinische Begriff für Bewertung lautet *„bonitas"*.

der Ausübung ihres Handwerks setzten. Im 17. Jahrhundert wurde der Begriff erneut von dem Philosophen JOHN LOCKE aufgegriffen, der zwischen subjektiver und objektiver Qualität differenziert und die objektive Qualität als die reale oder primäre Qualität auffasst. Die subjektive Qualität ist für ihn die sekundäre Qualität, welche jedoch direkt von der primären Qualität abhängt. Die philosophischen Definitionen durchziehen die nachfolgenden Epochen bis hin zur Neuzeit. Jedoch ist allen Ansichten gemein, dass die betriebliche Sichtweise der Qualität dominiert.[68] Die Entwicklungen in der Neuzeit, welche den technologischen Aspekt wieder verstärkt hervorheben, sollen im Folgenden diskutiert werden.

Eine der zentralen Persönlichkeiten in der Historie der Entwicklung des Qualitätsbegriffs stellt der Ökonom ADAM SMITH (1723-1790) dar, der mit seinen Ausführungen zur klassischen Nationalökonomie einen zu diesem Zeitpunkt neuartigen Qualitätsbegriff entwickelte.[69] Bestandteil dessen war es, den Wert von Gütern nicht durch deren Gebrauch, sondern durch deren Tauschwert zu bestimmen. Ferner war eine bedeutsame Erkenntnis, dass durch Arbeitsteilung die Produktivität gesteigert und Fehler vermieden werden können. Der amerikanische Ingenieur WINSLOW TAYLOR (1856 – 1915) führte die Trennung von planenden, ausführenden und prüfenden Tätigkeiten in der Massenfertigung ein. Erstmals wurde somit auf Basis seiner Ausführungen eine separierte Qualitätsorganisation im Produktionsprozess umgesetzt. Die Ansätze der Statistischen Prozessregelung, die SHEWART (1891 – 1967) Anfang der dreißiger Jahre des 20. Jahrhunderts entwickelte, legten den methodischen Grundstein für eine weitere bedeutende Entwicklung der Qualitätsorganisation: Deren Aufgaben wandelten sich fortan von reiner Qualitätskontrolle hin zu kontinuierlicher Überwachung und zur präventiven Verbesserung der Produktqualität.[70]

Das Verständnis des Qualitätsbegriffs sowie der Qualitätssicherung änderten sich im weiteren Verlauf des 20. Jahrhunderts, da der Trend zu einer ganzheitlichen Betrachtungsweise der Qualitätsproblematik ging.[71] Weitreichende Qualitätsstrategien wurden entwickelt, die gegenwärtig im Rahmen des Total Quality Management (TQM) angewendet werden. Dabei definiert SCHMITT den Begriff Total Quality Management als Philosophie der „systematischen Förderung eines unternehmensweiten Qualitätsdenkens", aus der eine qualitätsgerechte Unternehmensstruktur resultiert.[72]

2.1.1.2 Differenzierung des Qualitätsverständnisses

Aus der etymologischen Herkunft alleine lässt sich der Begriff der Qualität nicht hinreichend beschreiben. Diesem Umstand geschuldet wurde der Qualitätsbegriff in den unterschiedlichsten Zweigen der Wissenschaft vielfältig deklariert. Daher sind die unterschiedlichen Definitionen der Autoren in natürlicher Weise durch das ihnen zu Grunde liegende Fachgebiet

[68] Vgl. Schmitt, R.; Pfeifer, T.: Qualitätsmanagement, 2010, S. 20

[69] Vgl. Hansen, W.: Qualität und Qualitätssicherung, 1996, S. 1712

[70] Vgl. Seghezzi, H. D.; Fahrni, F., et al.: Integriertes Qualitätsmanagement, 2007, S. 9 ff.; Hansen, W.: Qualität und Qualitätssicherung, 1996, S. 1712

[71] Vgl. Borghese, H. P.: Qualitätsorientierte Gestaltung der innerbetrieblichen Kommunikation, 2007, S. 4 f.; Geiger, W.: Qualitätslehre, 1998, S. 64; Geiger, W.: Qualitätslehre, 1994, S. 43 ff.

[72] Vgl. Schmitt, R.; Pfeifer, T.: Qualitätsmanagement, 2010, S. 57; Kamiske, G. F.; Brauer, J.-P.: Qualitätsmanagement von A bis Z, 2008, S. 2

geprägt und ihrem thematischen Schwerpunkten angepasst.[73] Den breitesten Anklang findet die Unterscheidung von objektiver, subjektiver und teleologischer Qualität, sodass diese in den folgenden Ausführungen näher zu betrachten sind.[74]

2.1.1.3 Die Differenzierung der Begriffe objektiv und subjektiv

Der widersprüchliche Gebrauch der Begriffe subjektiv und objektiv sowie die polarisierenden Diskussionen über deren Abgrenzung erfordern eine klare Definition der Begriffe. Nach POPPER und KANT ist das Objektive dadurch charakterisiert, dass es „grundsätzlich von jedermann nachgeprüft und eingesehen" werden kann.[75] KANT führt hierzu aus: „Wenn es für jedermann gültig ist, sofern er nur Vernunft hat, so ist der Grund desselben objektiv hinreichend", sowie in Ergänzung dazu: „Wahrheit aber beruht auf der Übereinstimmung mit dem Objekte, in Ansehung dessen folglich die Urteile eines jeden Verstandes einstimmig sein müssen"[76]. Frei interpretiert muss das Objektive folglich „intersubjektiv nachprüfbar sein". Demgegenüber verkörpert das Subjektive jegliche Erfahrungen, die rein „auf unseren Überzeugungserlebnissen" beruhen.[77] Man geht folglich von Subjektivität aus, sofern eine Abhängigkeit von einer speziellen Person gegeben ist und somit eine Einzigartigkeit begründet wird. Im Folgenden sollen die Begriffe subjektiv und objektiv gemäß den vorangegangenen Definitionen verwendet werden, um die Begriffe der objektiven sowie der subjektiven Qualität zu untersuchen.

Der objektive Qualitätsbegriff

Eine erste Unterscheidung in objektive und subjektive Qualität trifft LISOWSKY im Jahr 1928.[78] Er greift die Beschaffenheit einer Sache als wörtliche Übersetzung von Qualität auf und erläutert, dass jedem Ding eine reale Beschaffenheit zukomme. Diese reale Beschaffenheit kann beschrieben werden durch Eigenschaften, die nur einem konkreten Ding alleine zukommen und welche insbesondere keine Beziehung zu Eigenschaften außerhalb des Dings besitzen. Die Summe dieser Eigenschaften ergibt nun die objektive Beschaffenheit. Da Beschaffenheit durch Qualität substituiert werden kann, ergibt sich somit die erste Definition der objektiven Qualität als „Summe aller objektiven Eigenschaften". Dies impliziert, dass die objektive Qualität immer eine „absolute und wertfreie Größe" sein muss, die aufgrund ihrer Allgemeingültigkeit keinerlei Interpretationsspielraum lässt.[79]

Eine deutlichere Definition der objektiven Qualität hat LINDE im Jahr 1977 vorgenommen. Er definiert die objektive Qualität eines Produkts als „Aufzählung der Produkteigenschaften und des Grades ihrer Ausgeprägtheit"[80]. Auch ZENZ beschreibt die objektive Qualität als eine neutrale Größe welche „die Beschaffenheit eines Bezugsobjekts charakterisiert"[81]. Folglich

---

[73] Vgl. Kristes, D.: Produktbezogenes Beschwerdemanagement, 2012, S. 20 f.
[74] Vgl. Kawlath, A.: Theoretische Grundlagen der Qualitätspolitik, 1969, S. 34
[75] Vgl. Popper, K. R.: Logik der Forschung, 2002, S. 18
[76] Vgl. Kant, I.: Kritik der reinen Vernunft, 1966, S. 829
[77] Vgl. Popper, K. R.: Logik der Forschung, 2002, S. 18
[78] Hier sollen die rein philosophischen Betrachtungen der Zeit vor dem 20 Jahrhundert außer Acht bleiben.
[79] Vgl. Lisowsky, A.: Qualität und Betrieb. Ein Beitrag zum Problem des wirtschaftlichen Wertens, 1928, S. 36 ff.
[80] Vgl. Linde, R.: Untersuchungen zur ökonomischen Theorie der Produktqualität, 1977, S. 6
[81] Vgl. Zenz, A.: Strategisches Qualitätscontrolling. Konzeption als Metaführungsfunktion, 1999, S. 135

existieren verschiedene Definitionen der objektiven Qualität, denen die Fokussierung auf die objektiv erfassbare Beschaffenheit gemein ist.[82]

Der subjektive Qualitätsbegriff

Der rein objektiven Auffassung des Qualitätsbegriffs steht ein subjektiver Qualitätsbegriff gegenüber. Gerade beim subjektiven Qualitätsbegriff wird deutlich, dass sich starke Parallelen zwischen dem Ausdruck der Güte und der Qualität ergeben, teilweise beide Begriffe synonym verwendet werden. In diesem Kontext wird die Erfassbarkeit und Bewertbarkeit eines solchen Qualitätsverständnisses problematisiert, sodass verschiedenste Ansätze existieren, sich wissenschaftlich mit dem subjektiven Qualitätsbegriff auseinanderzusetzen.

Gemäß LISOWSKY basiert die subjektive Qualität auf dem Begriff der Subjektbezogenheit. Unter der Subjektbezogenheit versteht LISOWSKY, die Fähigkeit eines Gegenstandes ein gegenwärtiges Bedürfnis zu befriedigen. Sobald ein Ding diese Fähigkeit besitzt hat es für ein Subjekt einen Eignungswert, worunter ein konstituierendes Merkmal eines Gegenstands des Wirtschaftens verstanden wird. Weiterhin setzt der Eignungswert das Vorhandensein eines Subjekts voraus, weshalb man im Sinne des Eignungswerts auch von subjektiver Qualität sprechen kann. Hier sei jedoch angemerkt, dass die Qualität in diesem Kontext nicht vom Subjekt an sich, sondern von den vom Subjekt empfundenen Bedürfnissen abhängig ist. Allerdings warnt LISOWSKY vor der Verwendung des Begriffs der subjektiven Qualität, da hiermit stets eine Unschärfe verbunden sei. Denn er sieht die objektive Qualität als Teil des Eignungswerts an, sodass eine Verwobenheit zwischen objektiver und subjektiver Qualität gegeben wäre.[83] Angelehnt an diese Definition von LISOWSKY formuliert LORENTZ den subjektiven Qualitätsbegriff folgendermaßen: „Unter Qualität wird also zunächst verstanden der Grad der Eignung eines Gutes für die Erreichung eines jeweils bestimmten Zweckes". Die Subjektivität wird durch „das Resultat der Wertschätzung des Verwendenden unter seinem jeweiligen Verwendungszweck" begründet.[84]

Zur Definition der subjektiven Qualität wählt LINDE einen anderen Ansatz. So erklärt er die Zunahme an subjektiver (Produkt-)Qualität durch eine erhöhte Nützlichkeit für den Konsumenten: „Die subjektive Produktqualität ist also ein Maß für die Nützlichkeit eines Produkts, ermittelt durch (psychische) Bewertung der Produkteigenschaften.[85]

2.1.1.4 Der teleologische Qualitätsbegriff

Ausgehend von der bereits beschriebenen Definition der subjektiven Qualität von LORENTZ als „Grad der Eignung eines Gutes für die Erreichung eines jeweils bestimmt Zweckes"[86] führt KAWLATH den teleologischen Qualitätsbegriff ein. Unter Teleologie wird die vollkommene Ausrichtung jeglicher Entwicklungen an den Zielen und Zwecken einer Handlung verstanden, sodass der teleologische Qualitätsbegriff den Versuch macht, sowohl das subjektive als

[82] Für weitere Informationen zum objektiven Qualitätsbegriffs: Vgl. Lorentz, S.: Qualität und Kostengestaltung, 1931, S. 683

[83] Vgl. Lisowsky, A.: Qualität und Betrieb. Ein Beitrag zum Problem des wirtschaftlichen Wertens, 1928, S. 41 ff.

[84] Vgl. Lorentz, S.: Qualität und Kostengestaltung, 1931, S. 683

[85] Vgl. Linde, R.: Untersuchungen zur ökonomischen Theorie der Produktqualität, 1977, S. 19

[86] Vgl. Lorentz, S.: Qualität und Kostengestaltung, 1931, S. 683

auch das objektive Qualitätsverständnis zu vereinen. Dies ist nach KAWLATH notwendig, da eine rein subjektive oder rein objektive Betrachtung „kein geeignetes Maß der Qualität“ liefern kann. Grund dafür ist, dass die Qualität eines Produkts sowohl von rein subjektiven Kriterien, den Nutzenvorstellungen der Erwerber, als auch von den objektiven, technischen Produkteigenschaften abhängig ist. Der Verwendungszweck ist somit Bezugspunkt der Produktqualität und somit lässt sich Qualität definieren als: „Eignung für bestimmte Zwecke“. Gemeint ist hiermit die Untersuchung der Gutseigenschaften hinsichtlich des Grads der Eignung „zur Befriedigung der betreffenden, die jeweiligen Zwecke bestimmenden Bedürfnisse.“ Damit wird die Produktqualität definiert als Abhängige zweier Variablen, dem Verwendungszweck und der Gutsbeschaffenheit. Der Verwendungszweck fußt hier auf den Bedürfnissen des Individuums und wird folglich definiert als „Komplex verschiedener konkretisierter Bedürfnisse“[87]. Das Ziel des teleologischen Qualitätsverständnisses ist es, „aus den subjektiven Qualitätsurteilen einen objektiven Maßstab abzuleiten“. Als problematisch erklärt KAWLATH hierbei, die zur Formulierung der subjektiven Qualitätsurteile als messbares Ziel benötigten Maßstäbe. Erst wenn es gelingt, die objektiven Eigenschaften einerseits, sowie den als objektives Ziel definierten Verwendungszweck andererseits zu messen, ist ein intersubjektiv nachprüfbares, und damit objektives Qualitätsurteil möglich.[88]

2.1.1.5 Weitere Qualitätsbegriffe

Über die drei beschriebenen und in der Praxis geläufigsten Sichtweisen hinaus existieren weitere Einteilungen des Qualitätsbegriffs in der Literatur. PREFI thematisiert eine weitere Definition und Analyse des Qualitätsbegriffs. Er unterscheidet nicht in subjektive oder objektive Qualität sondern in Protective Quality und Perceived Quality. Die Protective Quality, oder schützende Qualität, soll den Kunden vor negativen Erfahrungen mit dem Produkt schützen und übernimmt folglich die Funktion der traditionellen Qualitätssicherung. Somit entspricht die Protective Quality der traditionellen Qualitätssicherung. Allerdings ist dieser Qualitätsbegriff laut PREFI unvollständig. Die Korrelation zwischen Kundenzufriedenheit, als Ziel des modernen Qualitätsmanagements, und Protective Quality ist nur noch gering. So können zwei Produkte gleicher Protective Quality eine unterschiedlich hohe Kundenzufriedenheit besitzen. Der Protective Quality kommt dabei noch die Rolle der Eintrittsvoraussetzung in einen Markt zu, dient allerdings auf einem hohen Niveau nicht mehr als Differenzierungsmerkmal, da sie vielmehr einem Basismerkmal (im Sinne von KANO) gleicht, das vom Kunden vorausgesetzt wird.

Um die Betrachtung zu vervollständigen führt PREFI den Begriff der Perceived Quality, oder wahrgenommenen Qualität, ein. Die menschliche Wahrnehmung basiert auf den fünf Sinnen Sehen, Riechen, Schmecken, Hören und Tasten. Daher kann Perceived Quality definiert werden als „derjenige Teil der Qualitätsforderung, der die Wahrnehmung der Qualitätsmerkmale der betrachteten Einheit über die fünf menschlichen Sinne betrifft.“ Eine positive Qualitätswahrnehmung schafft Differenzierungspotenziale und ist „essentiell für den Markterfolg“[89]. Daher muss auch die Perceived Quality bewusst gestaltet werden.[90] Perceived Quali-

[87] Vgl. Kawlath, A.: Theoretische Grundlagen der Qualitätspolitik, 1969, S. 48 ff.
[88] Vgl. ebenda
[89] Vgl. Prefi, T.: Qualitätsorientierte Unternehmensführung, 2003, S. 20 ff.

ty zielt also darauf ab, eine gesteigerte Qualitätswahrnehmung beim Konsumenten in Verbindung mit einer effizienten Produktion zu erreichen. Aus den verschiedenen Ausführungen geht grundsätzlich die Protective Quality als objektiver Qualitätsbegriff und die Perceived Quality als ein subjektiver Qualitätsbegriff hervor.[91]

Zusammenfassend zeigt Abbildung 2-1 die unterschiedlichen Sichtweisen auf den Qualitätsbegriffs in Anlehnung an SEIDEMANN.

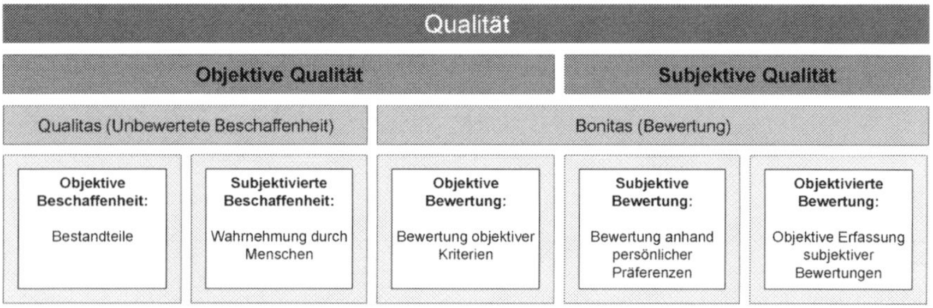

Abbildung 2-1: Aspekte des Qualitätsbegriffs[92]

2.1.1.6 Definition des Qualitätsbegriffs

In der zweiten Hälfte des 20. Jahrhunderts erfolgte die Normung des Qualitätsbegriffs als Fachbegriff des Qualitätsmanagements. Die erste Definition von Qualität als Fachbegriff des Qualitätsmanagements erfolgte 1972 durch die European Organization for Quality Control.[93] Das teleologische Qualitätsverständnis hat sich jedoch letztendlich in den Diskussionen um die Normierung durchgesetzt.[94] Die branchenübergreifende Norm für Grundlagen und Begriffe des Qualitätsmanagement ist die DIN EN ISO 9000[95]. Sie definiert Qualität als „Grad, in dem ein Satz inhärenter Merkmale Anforderungen erfüllt". Qualität wird hierbei als Überdeckungsgrad von sowohl expliziten als auch impliziten Kundenanforderungen mit dem Status quo verstanden. Folglich korreliert mit der Größe dieser Schnittmenge auch die Ausprägung der Qualität. Laut Norm stellt ein Merkmal dabei eine „kennzeichnende Eigenschaft" dar. Inhärent bedeutet in diesem Kontext, dass die Merkmale „einer Einheit innewohnend" und untrennbar mit dieser Einheit verbunden sind.[96] In der gleichen Norm wird eine Anforderung definiert als „Erfordernis oder Erwartung, das oder die festgelegt, üblicherweise vorausge-

---

[90] Vgl. Schmitt, R.; Pfeifer, T.: Qualitätsmanagement, 2010, S. 213; Prefi, T.: Qualitätsorientierte Unternehmensführung, 2003, S. 405 ff.; a. a. O., S. 20 ff.

[91] Vgl. Kristes, D.: Produktbezogenes Beschwerdemanagement, 2012, S. 24

[92] Vgl. Seidemann, J. S.: Marktanalyse zum Einfluss der Qualität auf Preise und Absatzmengen im Flaschenweinmarkt in Deutschland, 2000, S. 18

[93] Vgl. Schmitt, R.; Pfeifer, T.: Qualitätsmanagement, 2010, S. 19

[94] Vgl. Kristes, D.: Produktbezogenes Beschwerdemanagement, 2012, S. 25

[95] Zum Zeitpunkt der Verfassung dieses Kapitels ist die ISO 9000:2005 die gültige Revision, die allerdings voraussichtlich im November 2015 durch die ISO 9000:2015 abgelöst wird.

[96] Vgl. DIN Deutsches Institut für Normung e.V.: Qualitätsmanagementsysteme – Grundlagen und Begriffe, 2005, S. 18 ff.

setzt oder verpflichtend ist“[97]. GEIGER merkt zu dieser internationalen Normung an, dass es sich bei dem Begriff „Grad“ aus der Definition, keinesfalls nur um einen Grad der Erfüllung handelt.[98] Hier sei auf die Anmerkung 1 der DIN EN ISO 9000 zum Begriff Qualität verwiesen, in der es heißt: „Die Benennung Qualität kann zusammen mit Adjektiven wie schlecht, gut oder ausgezeichnet verwendet werden.“[99] Deshalb definiert GEIGER den Begriff Qualität als „Relation zwischen realisierter Beschaffenheit und geforderter Beschaffenheit“[100]. Die in Abbildung 2-2 dargestellte Waage veranschaulicht dabei das Qualitätsverständnis als „Gesamtheit der betrachteten Relationen zwischen den ermittelten und den zugehörigen vorgegebenen Merkmalswerten“[101].

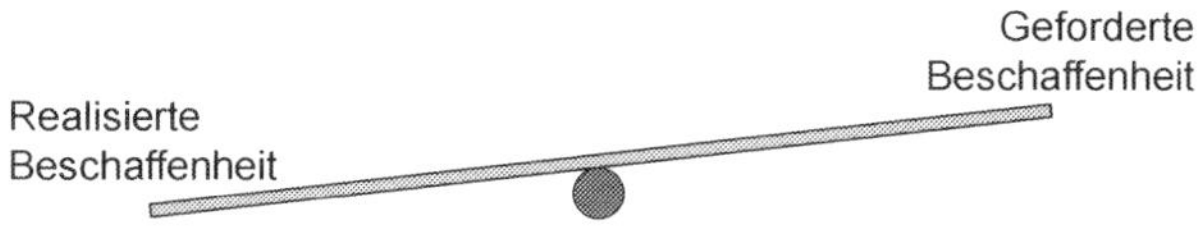

Abbildung 2-2: Veranschaulichung der Qualität als Waage[102]

DEFINITION	*Nach DIN EN ISO 9000 wird Qualität als „Grad, in dem ein Satz inhärenter Merkmale Anforderungen erfüllt“, definiert.*

Eine zu starke Fokussierung auf die (teleologische) Produktqualität ist, da sie die Prozessqualität außer Acht lässt, aus unternehmerischer Sicht nicht zielführend.[103] Hier setzt die Methodik des prozessorientierten Qualitätsmanagements an, die den Fokus auf wertschöpfende Prozesse legt. Erst diese ermöglichen es dem Unternehmen, die Anforderungen der Kunden an ein Produkt zu verwirklichen.[104] EVERSHEIM zerlegt die Prozessqualität in zwei Bestandteile. Die technische Prozessqualität lässt sich beispielsweise durch die Fehlerhäufigkeit messen. Darauf aufbauend lässt sich die wirtschaftliche Prozessqualität anhand der durch die Fehler auftretenden Kosten ermitteln.[105] Dadurch ist zwar eine hohe Prozessorientierung gegeben, diese allein reicht allerdings nicht aus, um die „dynamische Entwicklung von Unternehmen bzw. ihrer Marktumfelder“ nachzuvollziehen.[106] Ein weiteres Problem ist

---

[97] Vgl. DIN Deutsches Institut für Normung e.V.: Qualitätsmanagementsysteme – Grundlagen und Begriffe, 2005, S. 18 f.

[98] Vgl. Geiger, W.; Kotte, W.: Handbuch Qualität, 2008, S. 71

[99] Vgl. DIN Deutsches Institut für Normung e.V.: Qualitätsmanagementsysteme – Grundlagen und Begriffe, 2005, S. 18

[100] Vgl. Geiger, W.; Kotte, W.: Handbuch Qualität, 2008, S. 68

[101] Vgl. a. a. O., S. 70 f.

[102] Je mehr sich das Gleichnis in Richtung der Realisierten Beschaffenheit verschiebt, desto höher ist die Qualität: Vgl. Geiger, W.; Kotte, W.: Handbuch Qualität, 2008, S. 71

[103] Vgl. Kristes, D.: Produktbezogenes Beschwerdemanagement, 2012, S. 25; Schmitt, R.; Pfeifer, T.: Qualitätsmanagement, 2010, S. 114; Beaujean, P.; Kristes, D., et al.: Entrepreneurial Quality Management – A New Definition Of Quality, 2008, S. 2

[104] Vgl. Pfeifer, T.: Qualitätsmanagement, 2001, S. 59

[105] Vgl. Eversheim, W.: Prozeßorientiertes Qualitätscontrolling, 1997, S. 112

[106] Vgl. Schmitt, R.; Pfeifer, T.: Qualitätsmanagement, 2010, S. 113

die separierte Betrachtung von Produkt- und Prozessqualität, welche eine ganzheitliche Betrachtung der Qualität aus unternehmerischer Perspektive unmöglich macht.[107]

Wird die normative Definition der Qualität um die unternehmerische Perspektive erweitert, ergibt sich das unternehmerische Qualitätsverständnis.[108] Die unternehmerische Qualität ist dadurch ausgezeichnet, dass nicht allein die Überdeckung der inhärenten Merkmale eines Produkts (Unternehmensleistung) mit den Anforderungen (Marktforderung) untersucht wird (vgl. Abbildung 2-3). Vielmehr gelangen neben den Eigenschaften des Produkts, der Produktionsprozess und der damit verbundene Umgang mit knappen Ressourcen bzw. Potenzialfaktoren, z. B. in Form von personellen Ressourcen oder technischer Ausstattung, in den Vordergrund.

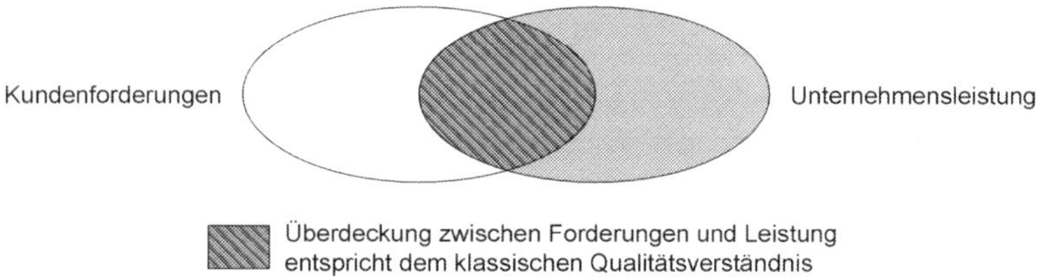

Abbildung 2-3: Klassisches Qualitätsverständnis[109]

Die unternehmerische Qualität untersucht die Überdeckung von Marktforderungen, Unternehmensausrichtung und Unternehmensfähigkeiten.[110] Das dieser Arbeit zu Grunde liegende Qualitätsverständnis soll sich v. a. an dem der unternehmerischen Qualität orientieren. Das insbesondere vom WZL der RWTH Aachen geprägte unternehmerische Qualitätsverständnis wird definiert als: „der momentane Überdeckungsgrad von Marktforderungen, Unternehmensausrichtung und Unternehmensfähigkeiten“[111], „der in Form eines Produkts manifestiert ist“[112]. Neu ist die Zerlegung der Unternehmensleistung in die Unternehmensausrichtung und -fähigkeiten (vgl. Abbildung 2-4). Nur durch die Überdeckung von Ausrichtung und Fähigkeiten können überhaupt Leistungen erzielt werden, welche den Forderungen der Kunden am Markt gegenübergestellt werden können.

[107] Vgl. Kristes, D.: Produktbezogenes Beschwerdemanagement, 2012, S. 25

[108] Vgl. Schmitt, R.; Pfeifer, T.: Qualitätsgerechte Organisationsstrukturen, 2007, S. 38

[109] Vgl. Schmitt, R.; Pfeifer, T.: Qualitätsmanagement, 2010, S. 113 ff.

[110] Vgl. a. a. O., S. 116 f.; Beaujean, P.; Kristes, D., et al.: Entrepreneurial Quality Management – A New Definition Of Quality, 2008, S. 2; Schmitt, R.; Pfeifer, T.: Qualitätsgerechte Organisationsstrukturen, 2007, S. 38 ff.

[111] Vgl. Schmitt, R.; Pfeifer, T.: Qualitätsmanagement, 2010, S. 117

[112] Vgl. Kristes, D.: Produktbezogenes Beschwerdemanagement, 2012, S. 26

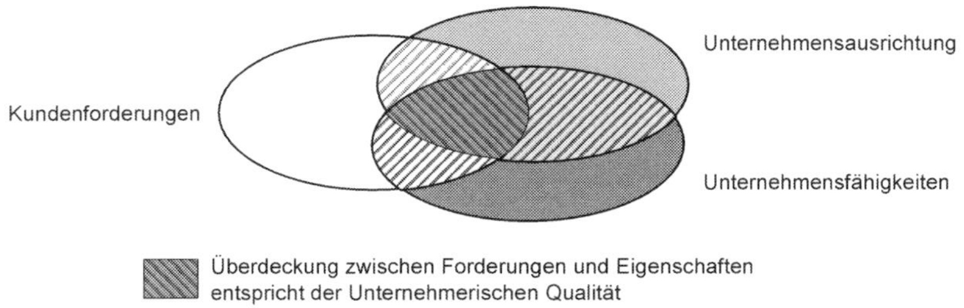

Abbildung 2-4: Unternehmerische Qualität[113]

Die Qualität im unternehmerischen Sinne bedeutet „die ressourcenoptimale, vor allem profitable Leistungserstellung für eine nachhaltige Absicherung des Unternehmenserfolgs“[114]. Diese Unterteilung resultiert aus der Erkenntnis, dass Unternehmen nur auf Basis eines reinen Abgleichs zwischen Produktanforderungen und Kundenwünschen nicht erfolgreich am Markt bestehen können.[115] Vielmehr müssen mehrere Dimensionen, wie z. B. Wollen (Unternehmensausrichtung), Sollen (Kundenforderungen) und Können (Unternehmensfähigkeiten) im Einklang sein, um die auf den Märkten vorherrschende Komplexität behaupten zu können.[116] Es wird deutlich, dass die unternehmerische Aufgabe darin besteht, den Überdeckungsgrad zwischen „Wollen“, „Sollen“ und „Können“ zu erhöhen, jedoch sind dabei zusätzliche Nebenbedingungen (Wirtschaftlichkeit) zu beachten. Um also das unternehmensspezifische Optimum zu erlangen, ist es unerlässlich, dass das Unternehmen die drei oben aufgezeigten Perspektiven einnimmt.[117]

DEFINITION | *Die unternehmerische Qualität stellt die Ausprägung der Überdeckung zwischen den Marktforderungen, der Unternehmensausrichtung und den Unternehmensfähigkeiten dar.*

GARVIN unterstreicht die Mehrdimensionalität sowie den Begriffspluralismus durch Aufzeigen unterschiedlicher, praxisorientierter Qualitätsverständnisse:[118]

- Das transzendente Verständnis beschreibt eine philosophisch-abstrakte Sichtweise und definiert Qualität als eine absolute und universelle Eigenschaft, die durch höchste Vollendung charakterisiert ist.
- Das produktbezogene Verständnis erklärt Qualität als messbare und spezifische Größe, die aus der Erfüllung allgemein festgelegter Anforderungen resultiert.
- Das kundenbezogene Verständnis definiert Qualität als die vollkommene Realisierung aller Kundenanforderungen an ein Produkt und zielt damit auf eine maximale Erfüllung der Kundenbedürfnisse ab.

---

[113] Vgl. Schmitt, R.; Pfeifer, T.: Qualitätsmanagement, 2010, S. 116 f.

[114] Vgl. ebenda

[115] Vgl. Schmitt, R.; Lenkewitz, C., et al.: Unternehmerisch umgesetzt, 2007, S. 16 f.

[116] Vgl. Schmitt, R.: Qualität in produzierenden Unternehmen Deutschlands 2010, 2011, S. 5 ff.

[117] Vgl. Pfeifer, T.; Schmitt, R.: Masing Handbuch Qualitätsmanagement, 2007, S. 38

[118] Vgl. Garvin, D. A.: What Does "Product Quality" Really Mean?, 1984, S. 25

- Das wertorientierte Verständnis beschreibt Qualität als Kosteneinflussfaktor, bei dem das Kosten-Nutzen-Verhältnis des Objektes dominiert.
- Das fertigungsorientierte Verständnis betrachtet Qualität als die Übereinstimmung zwischen fertigungsbezogenen Forderungen bei gleichzeitiger Fehlerfreiheit im Produktionsprozess.

Die von GARVIN aufgezeigten Dimensionen machen deutlich, dass Qualität nicht allein auf Produkte und ihre Eigenschaften beschränkt ist. Sowohl Produktionsprozesse und Ressourcen als auch technisches Knowhow gewinnen verstärkt an Bedeutung.[119]

Obgleich Qualitätskosten einen Eckpfeiler des Forschungsfeldes Qualität darstellen, wird von einer expliziten Betrachtung der Kostendimension von Qualität an dieser Stelle der Arbeit abgesehen.[120] In der Literatur existieren weitere Definitionen des Qualitätsbegriffes, auf die im Rahmen dieser Arbeit nicht weiter eingegangen werden soll.[121]

2.1.2 Qualitätsmanagement

Den verschiedenen Definitionen des Begriffs Qualitätsmanagement liegt eine historische Entwicklung zu Grunde, die im Folgenden erläutert wird. Der Ursprung des modernen Qualitätsmanagement liegt in der Zeit der Industrialisierung im 19. Jahrhundert. Die dort eingesetzten Spannvorrichtungen, Lehren und Eichmaße ermöglichten eine zuvor unerreichte Präzision und Reproduzierbarkeit. Der Einsatz der ersten Prüfmittel, in Form einer Materialprüfung, erfolgte 1832 am Franklin-Institut in Philadelphia. Zum Ende des 19. Jahrhunderts gehörten Prüflabors bzw. die Nutzung von Materialprüfanstalten zur unternehmerischen Praxis.[122] Zu Beginn des 20. Jahrhunderts setzte mit dem von TAYLOR (1856 – 1915) eingeführten Prinzip der Trennung von Kopf- und Handarbeit eine der Produktqualität schadende Entwicklung ein, da mit steigender Monotonie der Tätigkeiten auch die Fehleranfälligkeit der Produktion zunahm. Zuvor lag die Verantwortung für Zeit, Kosten und Qualität vereint bei jedem Mitarbeiter. Durch die Industrialisierung erfolgte eine Verlagerung der Verantwortung für Kosten auf die Arbeitsvorbereitung, der Verantwortung für Zeit auf die Fertigung und der Verantwortung der Qualität auf die Qualitätskontrolle. Die Folge war ein abnehmendes Qualitätsbewusstsein der Fertigung und ein damit einhergehender Anstieg an benötigten Qualitätsprüfern, was die Produktionskosten rasch ansteigen ließ.[123]

Durch die Prinzipien der Massenproduktion von TAYLOR, FORD und ihren Nachfolgern, kam es in der Mitte des 20 Jahrhunderts zum erstmaligen Einsatz statistischer Methoden, mit dem Ziel der Bewältigung des Qualitätsmanagements. Diese gehen ursprünglich auf

---

[119] Vgl. Pfeifer, T.: Qualitätsmanagement, 2001, S. 5

[120] Vgl. Feigenbaum, A. V.: Total quality control, 1991, S. 13; Crosby, P. B.: Quality is free, 1979, S. 11 ff.

[121] Für weitere Informationen zur Definition des Qualitätsbegriffs: Vgl. Feigenbaum, A. V.: Total quality control, 2005, S. 7; Boutellier, R.; Seghezzi, H. D.: Qualitätsmanagement an der Schwelle zum 21. Jahrhundert, 1998, S. 28; Juran, J. M.: A History of Managing for Quality. The Evolution, Trends, and Future Directions of Managing for Quality, 1995, S. 352 ff.; Juran, J. M.: Handbuch der Qualitätsplanung, 1991, S. 13 f.; Wucherer, H.: Industrielle Qualitätssicherung in der Fertigung elektronischer und elektromechanischer Bauelemente, 1981, S. 11; Crosby, P. B.: Quality is free, 1979, S. 13 ff.

[122] Vgl. Schmitt, R.; Pfeifer, T.: Qualitätsmanagement, 2010, S. 26

[123] Vgl. a. a. O., S. 26 f.; Seghezzi, H. D.; Fahmi, F., et al.: Integriertes Qualitätsmanagement, 2007, S. 16 f.

SHEWART[124] zurück, der damit den Grundstein der statistischen Prozessregelung (SPC) legte, sodass eine Optimierung der Produktionsprozesse anhand statistischer Verfahren ermöglicht wurde.[125] Dieser Zeitpunkt war die Geburtsstunde des präventiv ausgerichteten Qualitätsmanagements, dessen Hauptaufgabe nicht mehr die reine Prüfung der Qualität am Ende der Prozesskette war, sondern die gesamte Prozesskette fokussiert.[126] Auf diesem Gedanken aufbauend, prägten Persönlichkeiten wie JURAN, FEIGENBAUM, ISHIKAWA, CROSBY und DEMING die weitere Entwicklung des Qualitätsmanagements.[127] Die ersten Entwicklungen gehen auf DEMING zurück, der in Japan als der Begründer des modernen Qualitätsmanagements angesehen wird. DEMING formulierte vierzehn Punkte einer qualitätsgerechten Unternehmensverwaltung und weist in diesem Kontext auf sieben Aspekte hin, die es im Sinne einer erfolgreichen Unternehmensführung zu vermeiden gilt. DEMING postuliert vier wesentliche Wissenschaften der Qualität, wobei jeweils statistischen Methoden ein maßgeblicher Stellenwert eingeräumt wird.[128] Als Konsequenz entwickelte DEMING, auf Basis eines Ansatzes von SHEWART, den PDCA-Zyklus (Plan, Do, Check, Act), der sich die kontinuierliche Verbesserung zum Ziel setzt.[129]

JURAN befasst sich in seinem Werk Quality Control Handbook mit der Ermittlung von Qualitätskosten bzw. Fehlerkosten. Diese unterteilt er in einen unvermeidbaren Anteil (Stichproben, Prävention, Prüfung) und einen vermeidbaren Anteil (Nacharbeit, Reparatur, Kundenabwanderung).[130] Um Qualität nachhaltig zu erreichen definiert er drei Phasen des Qualitätsmanagements: Qualitätsplanung, Qualitätsregelung und Qualitätsverbesserung.[131] Trotz einiger Gemeinsamkeiten zwischen den Konzepten JURANS und DEMINGS liegt der Hauptunterschied darin, dass JURAN statistischen Methoden eine geringe Bedeutung beimisst, und vielmehr den Managementaspekt in den Vordergrund stellt.[132]

FEIGENBAUM forderte analog die Betrachtung des gesamten Produktionskreislaufs. Im Jahr 1955 führte er den Begriff Total Quality Control (TQC)[133] ein und begründete damit den ers-

---

[124] Vgl. Zollondz, H.-D.: Grundlagen Qualitätsmanagement, 2006, S. 76

[125] Vgl. Schmitt, R.; Pfeifer, T.: Qualitätsmanagement, 2010, S. 27; Beaujean, P.; Kristes, D., et al.: Entrepreneurial Quality Management – A New Definition Of Quality, 2008; Zollondz, H.-D.: Grundlagen Qualitätsmanagement, 2006, S. 61 ff.

[126] Vgl. Kristes, D.: Produktbezogenes Beschwerdemanagement, 2012, S. 27; Injac, N.: Die Entwicklung des Qualitätsmanagements im 20./21. Jahrhunder, 2007, S. 17

[127] Vgl. Ishikawa, K.: Introduction to Quality Control. Dai-3-pan Hinshitsu Kanri Nyumon, 1991; Deming, W. E.: Out of the crisis, 1988; Juran, J. M.; Gryna, F. M.: Juran's quality control handbook, 1988; Crosby, P. B.: Quality is free, 1979; Feigenbaum, A. V.: Total Quality Control. Engineering Managment, 1961

[128] Vgl. Schmitt, R.; Pfeifer, T.: Qualitätsmanagement, 2010, S. 34

[129] Vgl. Injac, N.: Die Entwicklung des Qualitätsmanagements im 20./21. Jahrhunder, 2007, S. 20; Seghezzi, H. D.; Fahmi, F., et al.: Integriertes Qualitätsmanagement, 2007, S. 137; Deming, W. E.: Out of the crisis, 1988, S. 88

[130] Vgl. Schmitt, R.; Pfeifer, T.: Qualitätsmanagement, 2010, S. 28

[131] Vgl. Injac, N.: Die Entwicklung des Qualitätsmanagements im 20./21. Jahrhunder, 2007, S. 21; Zollondz, H.-D.: Grundlagen Qualitätsmanagement, 2006, S. 93 ff.

[132] Vgl. Zollondz, H.-D.: Grundlagen Qualitätsmanagement, 2006, S. 93 f.

[133] TQC gilt als Vorgänger des heutigen TQM. Vgl. a. a. O., S. 109 ff.

ten umfassenden Qualitätsmanagementansatz.[134] TQC stützt sich dabei auf drei, bis ins heutige Qualitätsmanagement gültige Grundsätze:[135]

- Qualität wird im Wesentlichen durch die Erwartungen des Kunden bestimmt.
- Jeder Mitarbeiter ist für Qualität verantwortlich.
- Qualität wird von allen Funktionen erzeugt.

Entsprechend lautet die endgültige Definition FEIGENBAUMS von TQC: „TQC ist ein effektives System zur Koordination der Qualitätserhaltung und -verbesserung, entstanden als Resultat gemeinsamer Arbeit aller Einheiten einer Organisation, die eine solche Produktion ermöglichen." Aufbauend auf der Qualitätsstrategie des TQC entwickelte ISHIKAWA das "Company-Wide Quality Control"-Konzept, welches im Vergleich zum TQC die Mitarbeiter stärker einbezieht.[136]

Gemäß der DIN EN ISO 9000 wird Qualitätsmanagement als „aufeinander abgestimmte Tätigkeiten zum Leiten und Lenken einer Organisation bezüglich Qualität" verstanden.[137] Folglich wird die Aktivität des Managements, qualitätsbezogene Ziele zu setzen und zu verfolgen, als Qualitätsmanagement bezeichnet.[138] GEIGER beschreibt Qualitätsmanagement als aufgabenspezifisches Management, nämlich als „Management im Hinblick auf Forderungen an die Beschaffenheit der betrachteten Einheiten" oder kürzer als „qualitätsbezogenes Management"[139]. MASING verdeutlicht, dass Qualität gemanagt werden muss und konkretisiert Management in diesem Kontext folgendermaßen: „(...) auf ein Ziel hin planen, Ausführungen veranlassen, Übereinstimmung von Ergebnis und Planziel prüfen, korrigierende Maßnahmen treffen, neue Ziele setzen usw.". Ergänzend definiert PFEIFER Qualitätsmanagement als die Umsetzung von Führungsphilosophien, quantitativen Methoden als auch Techniken zur Optimierung von dienstleistenden und technischen Prozessabläufen.[140] Es stellt eine Grundhaltung bzw. das Bemühen aller Mitarbeiter einer Organisation dar, interne und externe Kundenforderungen zu verstehen, zu erfüllen und zu übertreffen.[141] Die Operationalisierung des Qualitätsmanagements ist demnach nicht auf die alleinige Motivation der Mitarbeiter zu reduzieren, sondern erfordert zudem das Bereitstellen von Fachwissen sowie die Möglichkeit, dieses Wissen auch transferieren zu können.[142] Demnach ist eine der zentralen Aufgaben des Qualitätsmanagements die Mitgestaltung und Beschreibung eines Managementsystems, welches das Zusammenwirken einzelner Aufgaben in Unternehmen regelt. Die DEUTSCHE GESELLSCHAFT FÜR QUALITÄT E.V. umschreibt modernes Qualitätsmanagement als unter-

---

[134] Vgl. Injac, N.: Die Entwicklung des Qualitätsmanagements im 20./21. Jahrhunder, 2007, S. 22

[135] Vgl. Schmitt, R.; Pfeifer, T.: Qualitätsmanagement, 2010, S. 28 f.; Zollondz, H.-D.: Grundlagen Qualitätsmanagement, 2006, S. 111

[136] Vgl. Injac, N.: Die Entwicklung des Qualitätsmanagements im 20./21. Jahrhunder, 2007, S. 22

[137] Vgl. DIN Deutsches Institut für Normung e.V.: Begriffe zum Qualitätsmanagement – Teil 11: Ergänzung zu DIN EN ISO 9000:2005, 2008, S. 21

[138] Vgl. Herrmann, J.; Fritz, H.: Qualitätsmanagement, 2011, S. 12 f.; Sprenger, R. K.: Krisenprofiteure, 2009, S. 268

[139] Vgl. Geiger, W.; Kotte, W.: Handbuch Qualität, 2008, S. 7 ff.

[140] Vgl. Pfeifer, T.: Qualitätsmanagement, 2001, S. 5

[141] Vgl. Crosby, P. B.: Quality is free, 1979, S. 13 ff.

[142] Vgl. Pfeifer, T.: Qualitätsmanagement, 2001, S. 49

nehmerisch-handlungsweisend und richtet den Fokus insbesondere auf die Mitarbeiter eines Unternehmens.[143]

Das Qualitätsmanagement kann in Teilbereiche gegliedert werden.[144] Nachfolgend sind die Qualitätsplanung sowie die Qualitätslenkung als diese Bereiche des Qualitätsmanagements beschrieben. Allen Bereichen kommt als gemeinsame Aufgabe zu, das im Unternehmen spezifiziertes Qualitätsverständnis in greifbaren Merkmalen zu erfassen und mittels einer systematischen Vorgehensweise umzusetzen.

Die Qualitätsplanung beschreibt den Teil des Qualitätsmanagements, „der auf das Festlegen der Qualitätsziele und der notwendigen Ausführungsprozesse sowie der zugehörigen Ressourcen zum Erreichen der Ziele gerichtet ist"[145]. Die Qualitätslenkung beinhaltet den „Teil des Qualitätsmanagements, der auf die Erfüllung von Qualitätsanforderungen gerichtet ist"[146].

Die dargelegten Tätigkeitsfelder werden durch Einführung des Begriffes des Qualitätscontrollings um die Controlling-Funktion erweitert.[147] Das Qualitätscontrolling versteht sich als eine Führungsfunktion, die das Qualitätsmanagement in allen Managementphasen (Willensbildung, -durchsetzung und -umsetzung) unterstützend berät.[148] In Anlehnung an SCHMITT ermöglicht das Qualitätscontrolling maßgeblich „die Erhöhung der Effektivität und Effizienz des unternehmerischen Qualitätsmanagements"[149].

2.1.2.1 Total Quality Management

Eine spezielle Entwicklung des Qualitätsmanagements stellt das Total Quality Management dar. Im deutschen Sprachgebrauch wird oft der Begriff des umfassenden Qualitätsmanagements synonym verwendet.[150] Anhand dieses ganzheitlichen Qualitätsmanagements wird Qualität schon in den frühen Phasen der Produktentwicklung erzeugt und nicht erst durch eine nachgelagerte Qualitätssicherung überprüft.[151] Der Ursprung des TQM liegt in den Qualitätsmanagementansätzen, die in Japan und Amerika in der zweiten Hälfte des 20. Jahrhunderts entwickelt wurden. So rückten um 1960 zunehmend präventive Qualitätsmaßnahmen in den Vordergrund, die auf dem Verständnis beruhten, dass Fehler dort zu beseitigen sind, wo sie entstehen und nicht erst an dem Punkt, an dem sie entdeckt werden. Hierauf basierend beeinflussten um 1990 japanische Produktions- und Unternehmensphilosophien das

---

143 Vgl. Sommerhoff, B.: Spezialstudie ExBA QM, 2005, S. 6

144 Vgl. DIN Deutsches Institut für Normung e.V.: Qualitätsmanagement - Begriffe, 1995, S. 15 ff.

145 Vgl. DIN Deutsches Institut für Normung e.V.: Begriffe zum Qualitätsmanagement – Teil 11: Ergänzung zu DIN EN ISO 9000:2005, 2008, S. 21; Seghezzi, H. D.; Fahrni, F., et al.: Integriertes Qualitätsmanagement, 2007, S. 90

146 Vgl. DIN Deutsches Institut für Normung e.V.: Begriffe zum Qualitätsmanagement – Teil 11: Ergänzung zu DIN EN ISO 9000:2005, 2008, S. 21; Pfeifer, T.: Qualitätsmanagement, 2001, S. 163

147 Vgl. Theilig, O.: Qualitätscontrolling in der Montage, 1999, S. 5

148 Vgl. Göpfert, I.: Qualitätscontrolling, 2008, S. 2; Horváth, P.: Qualitätscontrolling, 1990, S. 12

149 Vgl. Schmitt, R.; Pfeifer, T.: Qualitätsmanagement, 2010, S. 498; Göpfert, I.: Qualitätscontrolling, 2008, S. 3 f.; Hawlitzky, N.: Integriertes Qualitätscontrolling von Unternehmensprozessen, 2002, S. 86 f.

150 Vgl. Kristes, D.: Produktbezogenes Beschwerdemanagement, 2012, S. 27; DIN Deutsches Institut für Normung e.V.: Begriffe zum Qualitätsmanagement – Teil 11: Ergänzung zu DIN EN ISO 9000:2005, 2008, S. 5; Seghezzi, H. D.; Fahrni, F., et al.: Integriertes Qualitätsmanagement, 2007, S. 271

151 Vgl. Takeda, H.: Qualität im Prozess, 2009, S. 15

Qualitätsverständnis, welches durch das Konzept des Total Quality Management umgesetzt wurde.[152] Der Begriff des Total Quality Management unterliegt allerdings noch immer einer ständigen Entwicklung, sodass verschiedenste Sichtweisen und Interpretationen des Begriffs existieren.[153] In der Literatur sind weitere Auslegungen des Total Quality Managements zu finden, auf die im Kontext dieser Arbeit nicht weiter eingegangen werden soll.[154]

SCHMITT definiert Total Quality Management als Philosophie der „systematischen Förderung eines unternehmensweiten Qualitätsdenkens", aus der eine qualitätsgerechte Unternehmensstruktur resultiert. Diese Philosophie gilt es strategisch umzusetzen. Er definiert drei Basiselemente des TQM: „Total" beschreibt den ganzheitlichen Charakter, welcher erfordert, sowohl das ganze Unternehmen, als auch das Unternehmensumfeld in die Betrachtung einzubeziehen. Daraus resultiert die Einbeziehung aller Mitarbeiter des Unternehmens, der Lieferanten und auch der Kunden. Die Bedeutsamkeit dieses ganzheitlichen Charakters wird v. a. von PFEIFFER hervorgehoben, der die Qualitätsfähigkeit eines Unternehmens bedroht sieht, falls ein ganzheitlicher Qualitätsgedanke nicht existent ist.[155] Der Begriff „Quality" umfasst eine unternehmensinterne und eine unternehmensexterne Sicht. Letztere wird durch die Kundenzufriedenheit im Unternehmen berücksichtigt. Die unternehmensinterne Sicht fokussiert die Produkterstellung, Prozesse und Potenzialfaktoren in der Organisation. In Anlehnung hierzu sieht GHOBADIAN TQM als strukturierten Ansatz um Verhalten, Planungs- und Arbeitspraktiken der Organisation zu refokussieren auf eine Unternehmenskultur, die mitarbeitergestützt, problemlösungsorientiert, kundenorientiert und offen ist.[156] Der Ausdruck des „Management" umfasst alle Führungs-, Planungs-, Steuerungs- und Überwachungsaufgaben im Unternehmen. In diesem Zuge muss einerseits die Qualität als Ziel in den Vordergrund gestellt werden, andererseits muss die Führung selber durch Qualität überzeugen und eine Vorbildfunktion einnehmen. TQM darf nicht nur als Methode kommuniziert werden, sondern als ganzheitliche Philosophie und fordert konsequente Umsetzungsprogramme auf allen Unternehmensebenen.

Die Umsetzung eines TQM-Ansatzes weist einen prozessualen Charakter auf, sodass die Einführung von TQM einen mehrjährigen Prozess darstellt, innerhalb dessen TQM-Aspekte kontinuierlich weiterentwickelt werden müssen.[157] Die Umsetzung eines TQM-Ansatzes lässt sich in diesem Kontext in zwei Phasen einteilen. Vor der operativen Umsetzung erfolgt zunächst eine strategische Vorbereitung, mit dem Ziel der Formulierung einer Vision bzw. Strategie in Bezug zum Qualitätsmanagement. Dazu müssen insbesondere Führungskräfte von der TQM-Philosophie überzeugt werden, damit sie das zur Einführung von TQM notwendige Engagement aufbringen.

---

[152] Vgl. Brüggemann, H.: Grundlagen Qualitätsmanagement, 2012, S. 5 ff.

[153] Vgl. Injac, N.: Die Entwicklung des Qualitätsmanagements im 20./21. Jahrhunder, 2007

[154] Für weitere Informationen zur Definition des Begriffes Total Quality Management: Vgl. DIN Deutsches Institut für Normung e.V.: Qualitätsmanagementsysteme - Anforderungen, 2008, S. 5; Geiger, W.; Kotte, W.: Handbuch Qualität, 2005, S. 248; Zink, K. J.: TQM als integratives Managementkonzept, 2004, S. 54 ff.; DIN Deutsches Institut für Normung e.V.: Qualitätsmanagement - Begriffe, 1995

[155] Vgl. Pfeifer, T.: Qualitätsmanagement, 2001, S. 33

[156] Vgl. Ghobadian, A.; Gallear, D., et al.: Total quality management, 1998, S. 10

[157] Vgl. Schmitt, R.; Pfeifer, T.: Qualitätsmanagement, 2010, S. 56 f.

Es folgt die operative Umsetzung der strategischen Ziele. Besondere Bedeutung wird der Kommunikation des Zielprozesses durch die Geschäftsführung nach dem Top-Down-Prinzip beigemessen, um die Wichtigkeit auf allen Hierarchieebene zu verdeutlichen. Damit alle Bereiche oder Mitarbeiter ihre Aufgaben ausführen können, müssen diese das Ziel verstehen. Daher ist der Zielplanungsprozess so transparent wie möglich zu gestalten.

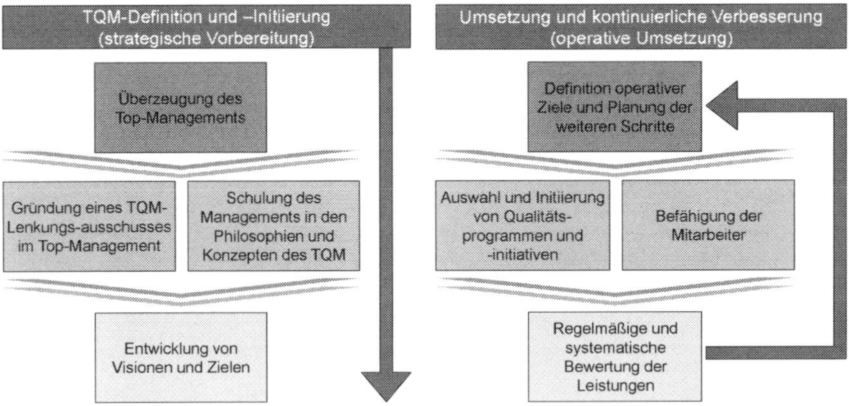

Abbildung 2-5: Strategische Vorbereitung und operative Umsetzung des TQM-Konzepts[158]

Der gesamte Umsetzungsprozess, von der strategischen Vorbereitung bis zur operativen Umsetzung, hat maßgebliche Auswirkungen auf Priorisierung, Auswahl und Einleitung geeigneter TQM-Umsetzungsprogramme.[159]

2.1.2.2 Business Excellence

Seitdem Unternehmen vermehrt Wert auf die Umsetzung des Total Quality Management legen, gilt Business Excellence als Maß für die erfolgreiche Umsetzung der aus dem TQM abgeleiteten Standards. TQM ist das Konzept und Business Excellence das Ziel.[160] Unternehmen, welche TQM erfolgreich anwenden, werden in ihrem Geschäft als hervorragend bezeichnet. Diese Eigenschaft wird als Business Excellence bezeichnet.[161] SCHMITT definiert in diesem Zusammenhang die Umsetzung von TQM als Voraussetzung für exzellente Leistung.[162] Analog ist die Aussage von TÖPFER zu bewerten. Er erklärt TQM als Gedankengut und inhaltliches Gestaltungskonzept von Business Excellence. Entscheidend hierbei ist der veränderte Fokus von einer rein konzeptionellen Betrachtung zu einer wettbewerbsentscheidenden Niveausteigerung.[163] SEGHEZZI beschreibt den, auf dem wirtschaftlichen Erfolg der TQM-Umsetzungsmodelle beruhenden, Wandlungsprozess von auf den TQM-Philosophien

[158] Vgl. Schmitt, R.; Pfeifer, T.: Qualitätsmanagement, 2010, S. 64 f.
[159] Vgl. ebenda
[160] Vgl. Zink, K. J.: TQM als integratives Managementkonzept, 2004, S. 55
[161] Vgl. Linß, G.: Qualitätsmanagement für Ingenieure, 2002, S. 420
[162] Vgl. Schmitt, R.; Pfeifer, T.: Qualitätsmanagement, 2010, S. 73
[163] Vgl. Töpfer, A.: Business Excellence, 2002, S. 14 f.

fokussierten Modellen hin zu allgemeinen Unternehmensmodellen. Das Erreichen von Spitzenleistungen, also von Exzellenz, ist das erklärte Ziel.[164]

Um das TQM-Konzept, mit dem erklärten Ziel Business Excellence, in die Praxis umzusetzen bedarf es eines griffigen Modells, welches dem Aufbau des Systems zu Grunde liegt. Zu diesem Zweck sind viele Umsetzungsmodelle entwickelt worden. Die bekanntesten liegen den jeweiligen Qualitätswettbewerben zu Grunde, deren detaillierte Erläuterung innerhalb des Kapitels 3.2.3 erfolgt.[165]

2.1.3 Zusammenfassung des Objektbereichs Qualität

Eine in der Wissenschaft weit verbreite Differenzierung des Qualitätsverständnisses nimmt eine Unterteilung in objektive, subjektive bzw. teleologische Qualität vor, deren Betrachtungsfokus jeweils variiert.[166] Weitere Sichtweisen der Qualität konnten exemplarisch anhand der Ausführungen GARVINS illustriert werden, der eine fertigungsorientierte, eine produktbezogene, eine transzendente, eine kundenbezogene sowie eine wertorientierte Sichtweise auf den Themenbereich der Qualität aufzeigt.[167] Die innerhalb dieser Arbeit fokussierte unternehmerische Qualität basiert auf dem Überdeckungsgrad der drei Bestandteile der Kundenforderungen, der Unternehmensausrichtung sowie der Unternehmensfähigkeiten.[168] Die Hauptaufgaben des Qualitätsmanagements können in die drei Teilbereiche der Qualitätsplanung, der Qualitätslenkung sowie der des Qualitätscontrollings untergliedert werden.[169]

<table>
<tr><th colspan="2">Merkmale</th><th colspan="15">Merkmalsausprägungen</th></tr>
<tr><td rowspan="4">Qualität</td><td>Qualitätsbegriff</td><td colspan="5">objektiv</td><td colspan="5">subjektiv</td><td colspan="5">teleologisch</td></tr>
<tr><td>Bestandteile der unternehm. Qualität</td><td colspan="5">Kundenforderungen</td><td colspan="5">Unternehmens-ausrichtung</td><td colspan="5">Unternehmens-fähigkeiten</td></tr>
<tr><td>Qualitätsverständnis nach Garvin</td><td colspan="3">fertigungs-orientiert</td><td colspan="3">produkt-bezogen</td><td colspan="3">transzendent</td><td colspan="3">kunden-bezogen</td><td colspan="3">wertorientiert</td></tr>
<tr><td>Teilbereiche des Qualitätsmanagements</td><td colspan="5">Qualitätsplanung</td><td colspan="5">Qualitätslenkung</td><td colspan="5">Qualitätscontrolling</td></tr>
</table>

Abbildung 2-6: Morphologie des Objektbereichs Qualität

[164] Vgl. Seghezzi, H. D.; Fahrni, F., et al.: Integriertes Qualitätsmanagement, 2007, S. 273

[165] Vgl. Schmitt, R.; Pfeifer, T.: Qualitätsmanagement, 2010, S. 65; ebenda; Seghezzi, H. D.; Fahrni, F., et al.: Integriertes Qualitätsmanagement, 2007, S. 273

[166] Vgl. Kawlath, A.: Theoretische Grundlagen der Qualitätspolitik, 1969, S. 34; a. a. O., S. 48 ff.

[167] Vgl. Kamiske, G. F.; Brauer, J.-P.: Qualitätsmanagement von A bis Z, 2008, S. 178 f.; Seidemann, J. S.: Marktanalyse zum Einfluss der Qualität auf Preise und Absatzmengen im Flaschenweinmarkt in Deutschland, 2000, S. 18 f.; Garvin, D. A.: What Does "Product Quality" Really Mean?, 1984, S. 25 ff.

[168] Vgl. Schmitt, R.; Pfeifer, T.: Qualitätsmanagement, 2010, S. 116 f.; Beaujean, P.; Kristes, D., et al.: Entrepreneurial Quality Management – A New Definition Of Quality, 2008, S. 2; Schmitt, R.; Pfeifer, T.: Qualitätsgerechte Organisationsstrukturen, 2007, S. 38 ff.

[169] Vgl. DIN Deutsches Institut für Normung e.V.: Begriffe zum Qualitätsmanagement – Teil 11: Ergänzung zu DIN EN ISO 9000:2005, 2008, S. 21; Theilig, O.: Qualitätscontrolling in der Montage, 1999, S. 5; DIN Deutsches Institut für Normung e.V.: Qualitätsmanagement - Begriffe, 1995, S. 15 ff.

Die dargelegten Zusammenhänge des Objektbereichs Qualität lassen sich in einer Morphologie[170] zusammenfassend darstellen. Infolgedessen können diese Zusammenhänge durch verschiedene Merkmale charakterisiert werden, die sich ihrerseits durch Merkmalsausprägungen beschreiben lassen.

2.2 Objektbereich Werkzeugbau

Der Werkzeugbau und dessen Erzeugnisse nehmen eine Schlüsselstellung in der Wertschöpfungskette produzierender Unternehmen ein.[171] Folglich gilt es innerhalb dieses Kapitels, auf Basis eines einheitlichen Begriffsverständnisses, die Branchen- und Unternehmensstruktur aufzuzeigen und die im Werkzeugbau vorherrschende Wettbewerbssituation darzustellen.

2.2.1 Die historische Entwicklung des Werkzeugbegriffs

Historisch betrachtet geht der Begriff des Werkzeugs bis in die Steinzeit zurück. Dort wurden Steine zu Messern oder Pflügen geformt und somit erste Werkzeuge hergestellt. In den nachfolgenden Epochen der Bronze- und Eisenzeit wurden die Steinwerkzeuge durch Metalle ersetzt. Die ersten Grundzüge des Werkzeugbaus reichen bis in das Mittelalter zurück, in dem erstmals Werkzeuge durch Schmieden hergestellt wurden. Damals wurden die verschiedenen Eigenschaften unterschiedlicher Legierungen erforscht und genutzt. Die Entwicklung dieses Forschungsgebiet setzt sich bis in die heutige Zeit fort. Im Zuge der industriellen Revolution im 19. Jahrhundert entstand der eigentliche Werkzeugbau, welcher durch die seit diesem Zeitpunkt zunehmende Industrialisierung immer komplexere Werkzeuge hervorbringt.[172]

Heute werden unter Werkzeugen in der VDI Norm 2815 Fertigungsmittel verstanden, die auf ein bestimmtes Material unmittelbar zum Zweck der Form- oder Substanzveränderung mechanischer bzw. physisch-chemischer Art einwirken.[173] In der DIN 8580 wird ein Werkzeug definiert als „Fertigungsmittel, das durch Relativbewegung gegenüber dem Werkstück unter Energieübertragung die Bildung seiner Form oder die Änderung seiner Form und Lage, bisweilen auch seiner Stoffeigenschaften bewirkt.“[174] Werkzeuge zählen nach VDI Norm 2815 zu den Betriebsmitteln. Unter Betriebsmitteln werden alle Anlagen und Einrichtungen verstanden, welche, insbesondere in der Produktion, die Voraussetzung zur Leistungserstellung erfüllen.[175] Allgemeiner werden Werkzeuge als Gegenstände bezeichnet, welche „in der menschlichen Hand oder in der Maschine unmittelbar auf ein mechanisch zu bearbeitendes Werkstück formend einwirkt“. Im Allgemeinen werden Werkzeuge als Hilfsmittel in der Pro-

---

[170] Zum Morphologiebegriff: Vgl. Gaus, W.; Muche, R.: Medizinische Statistik, 2014, S. 82; Junker, T.: Der Darwinismus-Streit in der deutschen Botanik, 2011, S. 33

[171] Vgl. Völker, M.: Konzeption ganzheitlicher Produktionssysteme für Werkzeugbaubetriebe, 2012, S. 34; Klotzbach, C.: Gestaltungsmodell für den industriellen Werkzeugbau, 2006, S. 42

[172] Vgl. Gebeshuber, R.: Der Formen- und Werkzeugbau im Wandel der Zeit, 2008, S. 3 f.

[173] Die VDI Norm 2815 galt von 1978 bis 2001. In 2001 wurde sie ersatzlos zurückgezogen, findet aber in der Praxis noch breite Anwendung.

[174] Vgl. DIN Deutsches Institut für Normung e.V.: Fertigungsverfahren - Begriffe, Einteilung, 2003, S. 5

[175] Vgl. Gutenberg, E.: Die Produktion, 1974, S. 3

duktion definiert und sind durch eine geringe Lebensdauer sowie einen niedrigen Wert im Vergleich zur Werkzeugmaschine gekennzeichnet.[176]

2.2.2 Werkzeugbau

Die semantische Analyse des Begriffs Werkzeugbau ergibt bereits die dem Werkzeugbau zu Grunde liegende Definition. Allerdings beschränkt sich das Erzeugnisspektrum des Werkzeugbaus im Allgemeinen auf wenige, sehr spezielle Werkzeuge. Die nachfolgenden Kapitel sollen daher die Branche des Werkzeugbaus sowie ihre Spezifika beschreiben und ihre Bedeutung für die Produktion hervorheben.

2.2.2.1 Definitionen des Werkzeugbaus

Mithilfe der Zerlegung und Analyse der semantischen Bestandteile des Begriffs Werkzeugbau ergibt sich dessen Aufgabe als die Herstellung von Werkzeugen.[177] In diesem Kontext sind die Erzeugnisse des Werkzeugbaus als Präzisionswerkzeuge aufzufassen, die sich von oben genannten Standard- und Sonderwerkzeugen unterscheiden.[178]

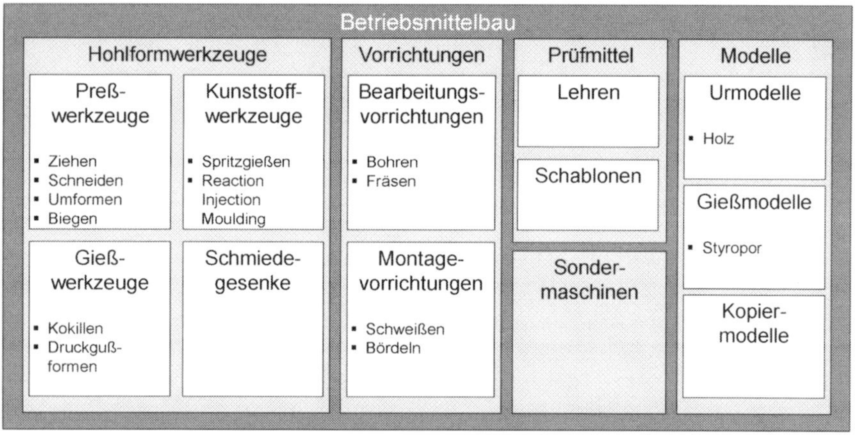

Abbildung 2-7: Erzeugnis-Spektrum im Werkzeugbau[179]

Gemäß BRANKAMP ist die synonyme Verwendung und identische Definition von Werkzeug- und Betriebsmittelbau zweckmäßig.[180] Der VEREIN DEUTSCHER INGENIEURE E.V. (VDI) definiert Betriebsmittel als Anlagen und Geräte, die eine betriebliche Leistungserstellung ermöglichen.[181] Vor diesem Hintergrund präzisieren EVERSHEIM und KLOCKE das Erzeugnisspekt-

---

[176] Vgl. Arentzen, U.: Gabler Wirtschafts-Lexikon, 1997, S. 8

[177] Vgl. Gebeshuber, R.: Der Formen- und Werkzeugbau im Wandel der Zeit, 2008, S. 2; Frick, L.: Erfolgreiche Geschäftsmodelle im Werkzeugbau, 2005, S. 20

[178] Vgl. Frick, L.: Erfolgreiche Geschäftsmodelle im Werkzeugbau, 2005, S. 19 f.

[179] Vgl. Eversheim, W.; Klocke, F.: Werkzeugbau mit Zukunft, 1998, S. 24 f.

[180] Vgl. Brankamp, K.: Wettbewerbsfaktor Werkzeug- und Betriebsmittelbau, 1991, S. 5

[181] Vgl. Nebl, T.: Produktionswirtschaft, 2004, S. 144 ff.; Kern, W.: Handwörterbuch der Produktionswirtschaft, 1979, S. 354

rum des Betriebsmittel- bzw. Werkzeugbaus und nehmen eine Klassifizierung in die fünf Kategorien Hohlformwerkzeuge, Vorrichtungen, Prüfmittel, Sondermaschinen und Modelle vor:[182]

Eine Vorrichtung stellt laut DIN 6300 ein Fertigungsmittel dar, „das Werkstücke während des formändernden Fertigungsverfahrens in einer bestimmten Lage, zum Werkzeug gerichtet, fixiert."[183] Dabei lassen sich Vorrichtungen in Montagevorrichtungen, die der Fixierung von zu fügenden Bauteilen dienen, und Bearbeitungsvorrichtungen unterteilen, mit denen Bauteile eingespannt werden können.[184]

Eine weitere Kategorie des Werkzeugbaus nach EVERSHEIM und KLOCKE stellen Prüfmittel dar, die als während eines Prüfprozesses zum Einsatz kommende Messmittel definiert sind.[185] Dabei obliegt es (gemäß DIN 9001) den Messmitteln, die Überwachung der Prozesse sicherzustellen.[186] Folglich lässt sich generalisieren, dass mittels Prüfmitteln interessierende Prüfmerkmale geprüft und überwacht werden.[187]

Schließlich sind als weitere Gruppen des Betriebsmittelbaus Sondermaschinen zu nennen, die jeweils spezifisch an den jeweiligen Anwendungsfall angepasst werden und auf Grund der hohen Investitionen vornehmlich in der Serienproduktion Anwendung finden. Modelle werden hauptsächlich in der urformenden Produktion verwendet und können als Urmodelle die Teilegeometrie abbilden.[188]

Die im Werkzeugbau hergestellten Werkzeuge werden als Holformwerkzeuge charakterisiert, die sich durch „eine teilweise oder vollständige Abbildung der Werkstückform auf der Werkzeuggeometrie" beschreiben lassen.[189] Die Klassifizierung der Hohlformwerkzeuge erfolgt dabei anhand des Fertigungsverfahrens, in dem sie Verwendung finden. Mithin werden bei der Urformung von Bauteilen Gießwerkzeuge eingesetzt, die je nach verwendetem Material einer unterschiedlichen Nomenklatur unterliegen. Während beim Urformen von metallischen Werkstücken Druckgussformen und Kokillen eingesetzt werden, finden beim Spritzgießen von Kunststoffen Spritzgießwerkzeuge Anwendung.[190] Infolgedessen wird der Begriff Form für eine Auswahl von Werkzeugen in der Urformung benutzt, bei denen die Form des Werkstücks nicht durch eine Relativbewegung des Werkzeugs, sondern durch das Befüllen eines Hohlraums mit dem verflüssigten Material und anschließender Erstarrung entsteht.[191] An ein

---

[182] Vgl. Völker, M.: Konzeption ganzheitlicher Produktionssysteme für Werkzeugbaubetriebe, 2012, S. 34; Frick, L.: Erfolgreiche Geschäftsmodelle im Werkzeugbau, 2005, S. 20

[183] Vgl. DIN Deutsches Institut für Normung e.V.: Vorrichtungen für die Fixierung der Lage von Werkstücken während formändernder Fertigungsverfahren – Benennungen und deren Abkürzungen, 2009, S. 6

[184] Vgl. Frick, L.: Erfolgreiche Geschäftsmodelle im Werkzeugbau, 2005, S. 20; Eversheim, W.; Klocke, F.: Werkzeugbau mit Zukunft, 1998, S. 27; Pollack, A.: Entwicklung eines Informationssystems zur strategischen Planung des Werkzeugbaus, 1995, S. 8

[185] Vgl. DIN Deutsches Institut für Normung e.V.: Mess- und Prüfmittelüberwachung – Planen, Verwalten und Einsetzen von Mess- und Prüfmitteln, 2006, S. 4

[186] Vgl. DIN Deutsches Institut für Normung e.V.: Qualitätsmanagementsysteme - Anforderungen, 2008, S. 38

[187] Vgl. Westkämper, E.; Warnecke, H.-J.: Einführung in die Fertigungstechnik, 2010, S. 33; Eversheim, W.; Klocke, F.: Werkzeugbau mit Zukunft, 1998, S. 27

[188] Vgl. Eversheim, W.; Klocke, F.: Werkzeugbau mit Zukunft, 1998, S. 27 f.

[189] Vgl. a. a. O., S. 25

[190] Vgl. a. a. O., S. 26

[191] Vgl. Frick, L.: Erfolgreiche Geschäftsmodelle im Werkzeugbau, 2005, S. 20

Spritzgießwerkzeug werden in diesem Kontext eine Vielzahl an Anforderungen gestellt. Sie sind „Systeme höchster Präzision, die in der Regel als Unikate oder nur in Kleinstserien hergestellt werden“[192]. Sie arbeiten im Dauereinsatz und müssen häufig mehrere Millionen Teile fertigen. Dabei zeichnen sie sich durch eine hohe Vielfalt an unterschiedlichen Einsatzmöglichkeiten aus und weisen ein breites Spektrum bzgl. der Werkstoffwahl, Produktgröße, Oberflächen- und Geometriegestaltung auf. Während ihres Einsatzes sind sie thermischen und mechanischen Belastungen ausgesetzt. Die maßgebliche Komplexität bei der Nutzung des Werkzeugs liegt in der durch Erhitzen und Abkühlen hervorgerufenen Schwindung des Materials während des Produktionsprozesses. Dennoch wird höchste Präzision und Zuverlässigkeit erwartet, um die geforderten Bauteilgenauigkeiten realisieren zu können. Daraus lässt sich ein mehrdimensionales Zielbild aus formteil-, konstruktions-, werkstoff- und kostenabhängigen Faktoren formulieren. Der Schwerpunkt dieser Arbeit liegt in der Betrachtung von Spritzgießwerkzeugen, stellvertretend für andere Präzisionswerkzeuge.

DEFINITION *Im Folgenden werden unter Werkzeugen Hohlformwerkzeuge verstanden und im Speziellen Spritzgussformen als Spezifikation der Kunststoffwerkzeuge.*

2.2.2.2 Einfluss des Werkzeugbaus auf die Produktion

Die Aufgabe des Werkzeugbaus ist die Herstellung von Betriebsmitteln, die zur Leistungserstellung benötigt werden. Die Leistungsfähigkeit vieler produzierender Unternehmen hängt maßgeblich vom Werkzeugbau und der zugehörigen Stellung in der Prozesskette ab.[193] Er fungiert dabei als Bindeglied zwischen der Produktentwicklung und der Produktion, macht eine industrielle Produktion erst möglich und beeinflusst somit die Leistungsfähigkeit der gesamten Wertschöpfungskette in besonderem Maße.[194] Der Kunde beginnt in der Regel mit der Planung und Vorbereitung der Produktion, indem die für die Herstellung erforderlichen Prozessschritte bestimmt werden. In diesem Zusammenhang werden auch die notwendigen Werkzeuge spezifiziert.

Der optimale Standort des Werkzeugbaus in der Gesamtprozesskette muss einerseits hinreichend nah an der Produktentwicklung sein, andererseits sich in der Nähe der Serienfertigung befinden. Während der Produktentwicklung besteht Bedarf an Mustern oder Prototypen. Hier hat der Werkzeugbau starken Einfluss auf Produktinnovationen. Innerhalb der Serienfertigung müssen die Werkzeuge vom Werkzeugbauer zur Produktion transportiert werden. Der Erfolg innerhalb des Werkzeugbaus basiert auf dem Simultaneous Engineering, bei dem der Werkzeugbau nicht nur die Werkzeuge für die Herstellung fertigt, sondern auch in die Entwicklung der Produkte beim Kunden mit Bezug auf den Fertigungsprozess eingebunden ist. In dieser Phase kann der Werkzeugbau die Prozessinnovationen und die Produktivi-

[192] Vgl. Menges, G.; Michaeli, W., et al.: Spritzgießwerkzeuge, 2007, S. 91
[193] Vgl. Eversheim, W.; Klocke, F.: Werkzeugbau mit Zukunft, 1998, S. 1
[194] Vgl. Schuh, G.; Boos, W.: Forschungsbericht 2011/2012, 2012, S. 19; Frick, L.: Erfolgreiche Geschäftsmodelle im Werkzeugbau, 2005, S. 21; Schuh, G.; Klocke, F., et al.: Härtetest für Werkzeug- und Formenbauer, 2004; Brankamp, K.: Wettbewerbsfaktor Werkzeug- und Betriebsmittelbau, 1991, S. 99

tät maßgeblich beeinflussen.[195] Des Weiteren hat der Werkzeugbau maßgebliche Auswirkungen auf die Time-to-Market und die im Fertigungsprozess realisierte Qualität.[196]

Die besondere Stellung des Werkzeugbaus wird verdeutlicht durch die Betrachtung der klassischen Zielgrößen: Kosten, Zeit und Qualität.[197] Beim Spritzgießen stellt oft der Rohstoff einen wesentlichen Kostentreiber dar, der aber nur bedingt beeinflusst werden kann.[198] Die Produktionskosten hängen hingegen maßgeblich von den Kosten für das eigentliche Werkzeug, als auch dessen Instandhaltungs- und Reparaturkosten ab.[199] Gemäß SCHUH können durch das Produktionswerkzeug bereits 60 % der gesamten Produktionskosten determiniert sein.[200] Zudem sei angemerkt, dass die Lebenszykluskosten maßgeblich durch die Produktivität des Werkzeugs bestimmt werden. Damit ist die Werkzeugverfügbarkeit ein unmittelbarer Einflussfaktor auf die Gesamtkosten. Die Gesamtentwicklungszeit eines Produkts kann nur simultan mit einer Leistungssteigerung im Werkzeugbau einhergehen.[201] Der Werkzeugbau ist daher oft der letzte Stellhebel für weitere Durchlaufzeitverkürzungen.[202] Neben der Durchlaufzeitverkürzung spielt auch die Time-to-Market eine entscheidende Rolle, da sich die Produktlebenszyklen immer weiter verkürzen und somit eine zügige Auftragsabwicklung im Werkzeugbau einen direkten Einfluss auf den Erfolg des nachgelagerten Produkts hat.[203] Bezüglich der Qualität sei angemerkt, dass an ein Werkzeug i.A. ein bis drei ISO-Toleranzklassen höhere Anforderungen gestellt werden, als an das zu fertigende Produkt.[204] Laut Verband Deutscher Maschinen- und Anlagenbauer (VDMA) ist der Werkzeugbau verantwortlich für 90 % der Profitabilität und Qualität bei der Produktherstellung.[205]

Die Schlüsselposition des Werkzeugbaus wird folglich insbesondere dadurch verdeutlicht, dass durch die Werkzeugqualität Ausschuss verringert werden kann oder durch Funktionsintegration nachgelagerter, manueller Tätigkeiten in kürzeren Taktzeiten mit geringerem Materialaufwand produziert werden kann.[206]

---

[195] Vgl. Schuh, G.: Operative Exzellenz im Werkzeug- und Formenbau, 2010, S. 12; Frick, L.: Erfolgreiche Geschäftsmodelle im Werkzeugbau, 2005, S. 182; Schuh, G.; Klocke, F., et al.: Härtetest für Werkzeug- und Formenbauer, 2004; Eversheim, W.; Klocke, F.: Werkzeugbau mit Zukunft, 1998, S. 106

[196] Vgl. Schuh, G.: Operative Exzellenz im Werkzeug- und Formenbau, 2010

[197] Vgl. Eversheim, W.; Klocke, F.: Werkzeugbau mit Zukunft, 1998, S. 1

[198] Vgl. Johannaber, F.; Michaeli, W.: Handbuch Spritzgießen, 2004, S. 1212

[199] Vgl. Eversheim, W.; Klocke, F.: Werkzeugbau mit Zukunft, 1998, S. 96

[200] Vgl. Schuh, G.: Operative Exzellenz im Werkzeug- und Formenbau, 2010, S. 13

[201] Vgl. Brankamp, K.: Wettbewerbsfaktor Werkzeug- und Betriebsmittelbau, 1991, S. 5

[202] Vgl. Schuh, G.: Operative Exzellenz im Werkzeug- und Formenbau, 2010, S. 13

[203] Vgl. Schuh, G.; Varnhagen, V., et al.: Fokus Automobilindustrie: Digitale Wertschöpfungsnetzwerke im Werkzeugbau, 2013, S. 11; Schuh, G.: Operative Exzellenz im Werkzeug- und Formenbau, 2010, S. 13; Klotzbach, C.: Gestaltungsmodell für den industriellen Werkzeugbau, 2006, S. 46

[204] Vgl. Eversheim, W.; Klocke, F.: Werkzeugbau mit Zukunft, 1998, S. 1 ff.; Brankamp, K.: Wettbewerbsfaktor Werkzeug- und Betriebsmittelbau, 1991, S. 110 f.

[205] Vgl. Kuhlmann, K. K.: Methodik zur Gestaltung von Geschäftsprozessen im industriellen Werkzeugbau, 2011, S. 33; Dambon, O.; Arntz, K.: Ressourceneffiziente Produktauslegung, 2010, S. 160

[206] Vgl. Eversheim, W.; Klocke, F., et al.: Werkzeugbau mit Zukunft, 1999, S. 290 ff.

2.2.2.3 Einteilung der Unternehmen in der Branche Werkzeugbau

Betrachtet man die Ausgangssituation im Werkzeugbau kann zwischen internem und externem Werkzeugbau unterschieden werden. Eine grundlegende Unterscheidung lässt sich anhand der Zielsetzung vornehmen.[207]

Der interne Werkzeugbau ist in der Form einer Abteilung, eines Cost-Centers oder eines Profit-Centers ein Bestandteil des Unternehmens bzw. einem Mutterunternehmen untergeordnet. Das Unternehmen ist also einerseits der Kunde des Werkzeugbauers, welcher dem Unternehmen gegenüber als Lieferant auftritt. Andererseits wird die besonders enge Bindung dadurch verstärkt, dass das Gesamtunternehmen gleichzeitig auch Kapitalgeber für den Werkzeugbauer ist. Das übergeordnete Ziel, also auch das Ziel des Werkzeugbauers, ist die Maximierung des Erfolgs des Gesamtunternehmens. Abbildung 2-8 zeigt die drei Integrationsformen des internen Werkzeugbaus im Hinblick auf Ausrichtung, Arbeitsweise und Vor- und Nachteile:

	Abteilung	Cost-Center	Profit-Center
Ausrichtung	aufgabenorientiert	kostenorientiert	leistungsorientiert
Arbeitsweise	Umlage der Kosten auf andere Abteilungen	Eigenverantwortung bezüglich der Kosten	Eigenverantwortung bezüglich des Betriebsergebnisses
Vorteile	▪ Mittel zur Werkzeugherstellung weitestgehend unbeschränkt	▪ Kostensenkung durch Kostenverantwortung	▪ Kostensenkung durch Kostenverantwortung ▪ Möglichkeit des unternehmensexternen Vergleichs
Nachteile	▪ Hohe Kosten durch fehlende Kostenverantwortung	▪ Rentabilitätsvergleichbarkeit mit externen Werkzeugbaubetrieben nur bedingt möglich	▪ Höherer administrativer Aufwand

Abbildung 2-8: Integrationsart des internen Werkzeugbaus[208]

Ist der interne Werkzeugbau als Abteilung organisiert, so werden die von ihm verursachten Kosten auf andere Abteilungen umgelegt. Dadurch kann der interne Werkzeugbau grundsätzlich losgelöst von den Kosten agieren und trägt keine Kostenverantwortung. Im Allgemeinen wird dieser Zustand als nachteilig angesehen, da häufig durch die fehlende Kostenverantwortung Mehrausgaben ohne Mehrwert verursacht werden. Um diesem Umstand entgegenzuwirken kann der interne Werkzeugbau als Cost-Center organisiert werden. Als Cost-Center trägt der Werkzeugbau dann die Kostenverantwortung, was sich grundsätzlich in einer Kostensenkung und einer effizienteren Ressourcennutzung wiederspiegelt.[209] Darüber hinaus kann sich der Werkzeugbau bedingt, nämlich auf Kostenbasis, mit externen Wettbe-

---

[207] Vgl. Frick, L.: Erfolgreiche Geschäftsmodelle im Werkzeugbau, 2005, S. 23 f.; Eversheim, W.; Klocke, F.: Werkzeugbau mit Zukunft, 1998, S. 3 ff.

[208] Vgl. Kuhlmann, K. K.: Methodik zur Gestaltung von Geschäftsprozessen im industriellen Werkzeugbau, 2011, S. 27

[209] Vgl. a. a. O., S. 27 f.; Eversheim, W.; Klocke, F.: Werkzeugbau mit Zukunft, 1998, S. 75 ff.

werbern vergleichen und ebenfalls seine Leistung am Markt anbieten. Die meisten internen Werkzeugbauer sind als Cost-Center organisiert. Zuletzt kann der interne Werkzeugbau sich bzgl. der Aufbauorganisation auch als Profit-Center organisieren. Er stellt dann einen eigenständigen Bereich im Unternehmen dar und vereinbart somit zu erreichende Ziele mit dem Unternehmen. Voraussetzung hierfür ist eine eigene Leistungsrechnung. Dadurch wird die Kostenstruktur noch einmal transparenter als beim Cost-Center. Dem gegenüber steht ein erhöhter administrativer Aufwand.[210]

Im Gegensatz zum internen Werkzeugbau arbeitet der externe Werkzeugbau als (handels-) rechtlich eigenständiges Unternehmen und weist damit beliebige Kapitalgeber auf.[211] Ziel des externen Werkzeugbaus ist daher die eigene Gewinnmaximierung durch Lieferung von Leistungen an den Kunden. Dabei kann der externe Werkzeugbauer entweder eigenständig am Markt agieren oder im Unternehmensverbund organisiert sein.[212] Im Gegensatz zu unternehmensinternen Werkzeugbauern haben externe Werkezugbauer ein breites Kundenspektrum, jedoch besitzen sie auch eine geringere Bindung zum Kunden als dies bei einem internen Werkzeugbauer der Fall ist.[213] Dadurch kann das durch Auslastungsschwankungen bedingte Risiko minimiert werden.[214] Die Organisation des Werkzeugbauers ist dabei entweder produkt- oder technologieorientiert. Ursprünglich sind Werkzeugbauer technologieorientiert, sodass ihre Abteilungen anhand der benötigten Technologien organisiert sind. Mittlerweile finden sich jedoch immer mehr Werkzeugbauer, die produktorientiert aufgebaut sind. Dabei sind Abteilungen gemäß den verschiedenen Leistungen und Erzeugnissen des Werkzeugbauers zusammengefasst.[215] Die meisten Werkzeugbauunternehmen spezialisieren sich auf eine bestimmte Werkzeugart. In Verbindung mit der Zusammenarbeit mit verschiedenen Kunden entsteht eine starke Wissenskonzentration.[216]

Externe Werkzeugbaubetriebe sind oftmals kleine bzw. mittelständische Unternehmen (KMU). Im Gegensatz dazu sind ihre Kunden oftmals große Konzerne. Daraus resultiert eine weitere Herausforderung an die Werkzeugbauer, da Preise, Liefertermine und Zahlungsmodalitäten oftmals durch die Konzerne diktiert werden. Dadurch geraten die kleinen und mittelständischen Betriebe unter starken Druck und müssen, z. B. durch operative Excellence, neue Differenzierungsstrategien finden.[217]

Aus den beiden obigen Beschreibungen des internen sowie des externen Werkzeugbaus wird ersichtlich, dass an den internen Werkzeugbau in einigen Bereichen implizit höhere Anforderungen als an externe Werkzeugbauer gestellt werden. So wird gerade bei einem inter-

---

[210] Vgl. Kuhlmann, K. K.: Methodik zur Gestaltung von Geschäftsprozessen im industriellen Werkzeugbau, 2011, S. 27 f.; Eversheim, W.; Klocke, F.: Werkzeugbau mit Zukunft, 1998, S. 75 ff.

[211] Vgl. Völker, M.: Konzeption ganzheitlicher Produktionssysteme für Werkzeugbaubetriebe, 2012, S. 36

[212] Vgl. Eversheim, W.; Klocke, F.: Werkzeugbau mit Zukunft, 1998, S. 3 f.

[213] Vgl. Spennemann, F.: Gestaltung von Organisationsstrukturen im Werkzeugbau, 2001, S. 12; Eversheim, W.; Klocke, F.: Werkzeugbau mit Zukunft, 1998, S. 74; Gutenberg, E.: Die Produktion, 1974, S. 3

[214] Vgl. Kuhlmann, K. K.: Methodik zur Gestaltung von Geschäftsprozessen im industriellen Werkzeugbau, 2011, S. 28

[215] Vgl. Eversheim, W.; Klocke, F.: Werkzeugbau mit Zukunft, 1998, S. 74

[216] Vgl. Kuhlmann, K. K.: Methodik zur Gestaltung von Geschäftsprozessen im industriellen Werkzeugbau, 2011, S. 28

[217] Vgl. Völker, M.: Konzeption ganzheitlicher Produktionssysteme für Werkzeugbaubetriebe, 2012, S. 36 f.

nen Werkzeugbauer Verfügbarkeit, Schnelligkeit und Service vorausgesetzt, dennoch muss dieser die gleichen preislichen Voraussetzungen erfüllen wie seine externen Konkurrenten.[218]

Eine weitere Differenzierung zwischen internen und externen Werkzeugbauern kann nach SPENNEMANN durch die Bedeutung unterschiedlicher Kundenaufträge für die Unternehmen erfolgen. Grundsätzlich gibt es im Werkzeugbau die in Abbildung 2-9 dargestellten Auftragsarten. Dabei werden die Unternehmensprozesse stark durch die Art der Aufträge beeinflusst. Je nachdem, ob es sich um einen Neuauftrag, Ähnlich- oder Wiederholungsauftrag, Änderungsauftrag, Reparaturauftrag, Eilauftrag oder Instandhaltungsauftrag handelt, ändern sich die Anforderungen entsprechend.[219]

	Werkzeugbau-Typ	Intern			Extern
	Rechtsform / Status	Abteilung	Cost-Center	Profit-Center	Eigenständiges Unternehmen
Auftragsart	Neuauftrag	●			●
	Wiederholauftrag	◑			◑
	Änderungsauftrag	●			●
	Reparatur- / Wartungsauftrag	●			◑
	Dringender Reparatur- / Wartungsauftrag	◑			○
	Kundenstruktur	Ein Kunde (Unternehmen)		Wenige Kunden	Viele Kunden

Legende: ● =hohe Bedeutung ◑ =weniger Bedeutung ○ =keine Bedeutung

Abbildung 2-9: Auftragsarten im Werkzeugbau[220]

Bei Neu- und Wiederholungsaufträgen werden jeweils vollständig neue und individuelle Werkzeuge hergestellt, wohingegen im Fall der Wiederholungsaufträge auf bereits vorhandene Konstruktionen und NC-Programme zurückgegriffen werden kann. Änderungsaufträge fassen Änderungen von Neuaufträgen und Änderungen bereits bestehender Produkte zusammen. Die Änderungsaufträge bei Neuaufträgen werden oftmals durch Designänderungen der Kunden induziert. Reparatur- und Wartungsaufträge stehen in unmittelbaren Zusammenhang mit der Produktion. Um den dadurch bedingten Stillstand der Produktion möglichst gering zu halten, werden diese besonders zeitkritischen Aufträge, soweit möglich, durch den internen Werkzeugbau abgedeckt.[221] Dabei stellen 35 % aller Aufträge Eilaufträge mit sehr

[218] Vgl. Kozielski, S.: Integratives Kennzahlensystem für den Werkzeugbau, 2010, S. 24 f.; Fricker, I.: Strategische Stringenz im Werkzeug- und Formenbau, 2005, S. 24

[219] Vgl. Klotzbach, C.: Gestaltungsmodell für den industriellen Werkzeugbau, 2006, S. 48; Frick, L.: Erfolgreiche Geschäftsmodelle im Werkzeugbau, 2005, S. 29; Eversheim, W.; Klocke, F.: Werkzeugbau mit Zukunft, 1998, S. 20

[220] Vgl. Spennemann, F.: Gestaltung von Organisationsstrukturen im Werkzeugbau, 2001, S. 13

[221] Vgl. a. a. O., S. 12 f.

kurzer Durchlaufzeit dar. Reparaturen beanspruchen etwa 35-40 % der Kapazitäten und benötigen sehr schnelle Reaktionszeiten, um die Stillstände in der Produktion des Kunden zu minimieren.[222] Allgemein lässt sich festhalten, dass ein Großteil dieser Aufträge aus der Automobilindustrie, aber auch aus der Haushaltsgeräte- und der Telekommunikationsbranche stammen.[223]

2.2.3 Struktur der Branche Werkzeugbau

Zur dezidierten Struktur des deutschen Werkzeugbaus existieren nur vereinzelte Daten, da in Deutschland ansässige Unternehmen mit weniger als 20 Mitarbeitern zu keinerlei Angaben hinsichtlich amtlicher Statistiken verpflichtet sind. Vielmehr basieren die meisten Studien auf nicht repräsentativen Stichproben.[224] Daher sollen im Folgenden die Statistiken des VDMA sowie eigene Studien des Werkzeugmaschinenlabor (WZL) der RWTH dargestellt werden.[225]

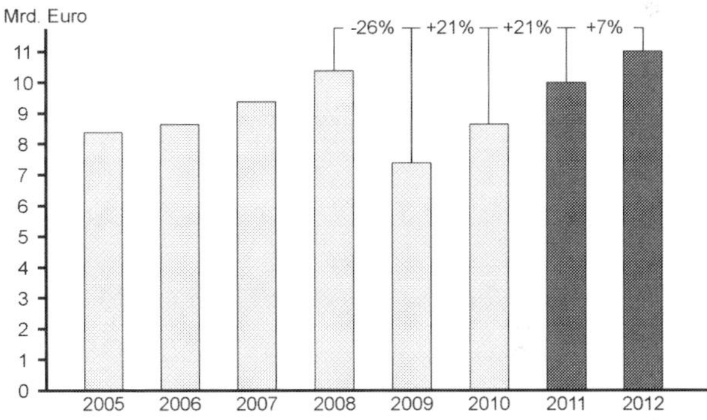

Abbildung 2-10: Umsatzentwicklung der Branche Werkzeugbau[226]

Die Branche des (externen) Werkzeugbaus hat durch die Folgen der vergangenen Wirtschaftskrise, ebenso wie fast alle anderen Wirtschaftszweige, unter Umsatzeinbrüchen gelitten. Die in Abbildung 2-10 dargestellte Statistik zeigt die Entwicklung des Umsatzes von 2005 bis ins Jahr 2012. Die Statistik zeigt ebenfalls, dass (unter Berücksichtigung der Prognosen des VDMA) bereits 2011 wieder das Vorkrisen-Niveau erreicht wurde. Die Zahlen repräsentieren dabei den Umsatz der gesamten Sparte Präzisionswerkzeuge, welche sich im Jahr 2011 wie in Abbildung 2-11 gezeigt aufteilte.

[222] Vgl. Gebeshuber, R.: Der Formen- und Werkzeugbau im Wandel der Zeit, 2008, S. 5; Eversheim, W.; Klocke, F., et al.: Orientierung für den Werkzeug- und Formenbau - Mit Benchmarking von den Besten lernen, 2002, S. 5

[223] Vgl. Fravel, D.; Lechitz, H., et al.: Tools, Dies, and Industrial Molds, 2002, S. 14

[224] Vgl. Hantsch, G.; Schneider, A.: Strukturelle Situation im Werkzeugbau, 1997

[225] Vgl. Kuhlmann, K. K.: Methodik zur Gestaltung von Geschäftsprozessen im industriellen Werkzeugbau, 2011, S. 28; Boos, W.: Methodik zur Gestaltung und Bewertung von modularen Werkzeugen, 2008, S. 29

[226] Vgl. VDMA: Die Präzisionswerkzeugbaubranche in Zahl & Bild, 2012

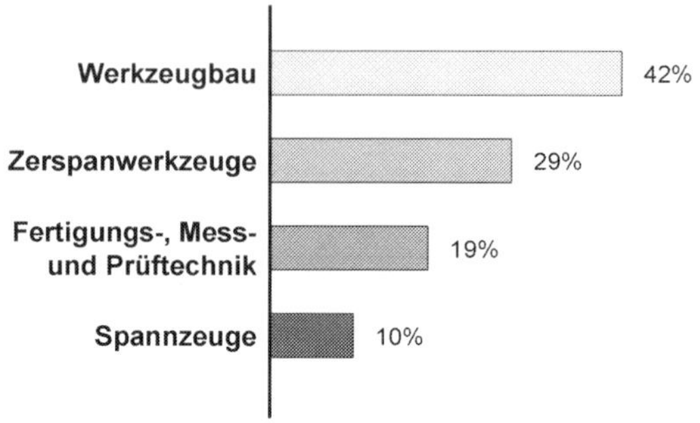

Abbildung 2-11: Aufteilung der Branche Werkzeugbau[227]

Der Werkzeugbau, welcher dem vorher definierten Formenbau entspricht, nimmt hierbei mit 42 % den größten Umfang ein. Aus den vorliegenden Daten wird ersichtlich, dass der Werkzeugbau deutlich besser aus der Krise gekommen ist, als andere Wirtschaftszweige.[228] Trotz dieser offensichtlich positiven Entwicklung seit der Finanzkrise ist das aktuelle Umfeld der Werkzeugbauer auf Grund konjunktureller Schwankungen keinesfalls von Stabilität geprägt. Neben der konjunkturellen Entwicklung gilt es die Umsatzverteilung in der Branche des Werkzeugbaus zu betrachten.

Tabelle 2-1: Umsatzverteilung nach FRICK[229]

Umsatz (€ Mio.)	Deutschland	USA	Japan	China	Taiwan
Blechverarbeitung	2.534	1.643	1.432	1.840	
Spritzguss	1.935	1.339	1.507	1.760	
Druckguss	289	304	374	360	
Sonstiges	621	1.221	273	430	
Gesamt	5.379	4.508	3.586	4.500	1.285

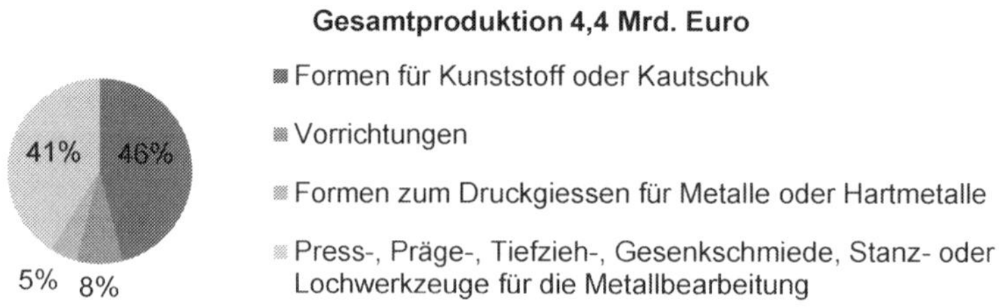

Abbildung 2-12: Struktur der Produktion im Werkzeugbau 2012

[227] Vgl. Kuhlmann, K. K.: Methodik zur Gestaltung von Geschäftsprozessen im industriellen Werkzeugbau, 2011, S. 29

[228] Vgl. VDMA: Die Präzisionswerkzeugbaubranche in Zahl & Bild, 2012, S. 2 ff.; Völker, M.: Konzeption ganzheitlicher Produktionssysteme für Werkzeugbaubetriebe, 2012, S. 39; Pergler, R.: Generation Werkzeugbau 2.0, 2010, S. 6

[229] Vgl. Frick, L.: Erfolgreiche Geschäftsmodelle im Werkzeugbau, 2005, S. 24

Aus der obigen Tabelle 2-1 und der Abbildung 2-12 wird ersichtlich, dass gerade der Kunststoffwerkzeugbau und der Blechverarbeitungsbau wichtige Stützen der deutschen Industrie sind. Ein ähnliches Bild zeigt sich auch in anderen Industrienationen. Daneben lässt sich festhalten, dass die Branche des Werkzeugbaus in Deutschland durch eine sehr heterogene Struktur bzw. verschiedenste Erzeugnisse gekennzeichnet ist. Es kommt hinzu, dass die Branche zurzeit einem fundamentalen Wandel unterworfen ist, weg von der handwerklich geprägten, hin zur industriellen Orientierung.[230]

Mithin sehen sich Werkzeugbauer in der Regel großvolumigen bzw. zeitintensiven Aufträgen gegenübergestellt, sodass der Anteil einzelner Aufträge am Gesamtumsatz beträchtlich ist. Dies ist dem Umstand geschuldet, dass die Branche des Werkzeugbaus durch die vergleichsweise hohe Dichte spezialisierter Fachleute charakterisiert ist.[231]

Tabelle 2-2: Unternehmensgröße nach der Mitarbeiterzahl gemäß FRICK

Mitarbeiter	Deutschland	USA	Japan	China	Taiwan
<19	4.000	5.500	10.913	13.968	1.282
20-99	1.500	1.599	1.080	5.704	613
100-249	130	157	121	687	74
>250	20	22	11	295	31
Gesamt	5.650	7.278	12.125	20.654	2.000

Die Mitarbeiterverteilung (Tabelle 2-2) zeigt, dass ca. 97,3 % der Werkzeugbauunternehmen in Deutschland weniger als 100 Mitarbeiter haben. Demgegenüber nennt der VDMA, dass nur ein Prozent der WZB-Unternehmen in Deutschland mehr als 100 Mitarbeiter beschäftigt. Die Ausnahme stellen dabei unternehmensinterne Werkzeugbauer der Automobilhersteller und anderer produzierender Großunternehmen dar, welche teilweise mehr als 1000 Mitarbeiter beschäftigen. Die kleineren Betriebe sind dabei eher handwerklich geprägt, wohingegen die wenigen großen Betriebe industrielle Strukturen aufweisen.

Die Hauptabnehmer der Werkzeuge sind neben der Haushaltsgeräteindustrie auch die Telekommunikationsbranche sowie die Automobilindustrie, sodass sich bzgl. der Standortsstruktur häufig ein homogenes Bild zeigt. Dabei ist die regionale Konzentration der Werkzeugbauer auf den Umkreis von größeren Zentren beispielsweise der Automobilindustrie charakteristisch. Dies lässt sich auch im internationalen Vergleich als branchentypisch identifizieren.[232]

Eine andere Betrachtungsweise dieser Branche geht von der Fertigungsart und dem Erzeugnisspektrum aus. Ein Werkzeug kann ein äußerst komplexes Fertigungsmittel darstellen, da die Oberflächengüte und die Präzision von formgebenden Teilen maßgeblich die Qualität der herzustellenden Produkte beeinflussen.

[230] Vgl. Schuh, G.; Boos, W., et al.: Der Werkzeugbau im Wandel, 2012, S. 72

[231] Vgl. VDMA: Die Präzisionswerkzeugbaubranche in Zahl & Bild, 2012

[232] Vgl. Schuh, G.; Boos, W., et al.: Life Cycle Cost-Orientated Service Models for Tool and Die Companies, 2009, S. 1; Klotzbach, C.: Gestaltungsmodell für den industriellen Werkzeugbau, 2006, S. 56; Holmes, J.; Rutherford, T., et al.: Innovation in the Automotive Tool, Die and Mould Industry, 2005, S. 3

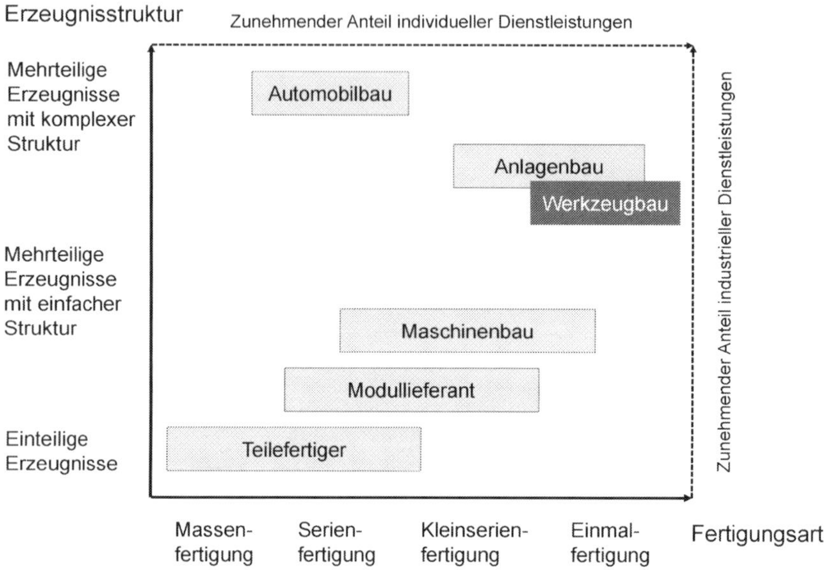

Abbildung 2-13: Einordnung Fertigungsart und Erzeugnisstruktur[233]

Da ein Werkzeug im Regelfall aus einer Vielzahl einzelner Komponenten besteht, ist dessen Herstellung äußerst ressourcenintensiv und bedarf Erfahrung und Expertise, um die geforderten Toleranzen einhalten zu können.[234] Folglich wird das Erzeugnisspektrum direkt von der Wahl der Fertigungsart beeinflusst (Abbildung 2-13). Dabei nimmt der Werkzeugbau eine Position ein, die sich im Vergleich zu anderen Branchen durch eine geringe Wiederholbarkeit in der Fertigung bzw. Einmalfertigung auszeichnet. Mit diesem Aspekt geht ein zunehmender Anteil individueller Produktleistungen einher. Die Erzeugnisse des Werkzeugbaus sind in der Regel mehrteilig und weisen einfache bis komplexe Strukturen auf.

2.2.4 Wettbewerbssituation in der Branche Werkzeugbau

Eine allgemeine Theorie zur Wettbewerbssituation liefert PORTER. Er beschreibt in seinem Werk fünf grundlegende Wettbewerbskräfte.[235] Die Stärke dieser fünf Wettbewerbskräfte bestimmt die Rentabilität der Branche. Sie entscheidet darüber, ob Unternehmen Umsätze in Höhe der Kapitalkosten erwirtschaften können. Zusätzlich werden Preise, Unkosten und der Investitionsbedarf der Unternehmen durch die fünf Kräfte determiniert.[236]

[233] Vgl. Frick, L.: Erfolgreiche Geschäftsmodelle im Werkzeugbau, 2005, S. 22

[234] Vgl. Haasler, B.: Hochtechnologie und Handarbeit, 2004, S. 220; Klocke, F.; Arntz, K.: Technologien für den Werkzeug- und Formenbau von morgen., 2004, S. 19

[235] Vgl. Porter, M. E.: Wettbewerbsvorteile, 1999, S. 29

[236] Vgl. a. a. O., S. 29 ff.

Die fünf grundlegenden Wettbewerbskräfte lauten:

- Bedrohung durch neue Anbieter
- Verhandlungsstärke der Lieferanten
- Verhandlungsstärke der Abnehmer
- Rivalität unter den bestehenden Wettbewerbern
- Bedrohung durch Ersatzprodukte und -dienste

In den nächsten fünf Kapiteln werden diese Wettbewerbskräfte ausgeführt und hinsichtlich der Branche Werkzeugbau mit Kontext gefüllt.

2.2.4.1 Bedrohung durch neue Anbieter

Die erste von PORTER beschriebene Wettbewerbskraft ist die Bedrohung durch neue Anbieter. In der Branche des Werkzeugbaus kommen neue Anbieter insbesondere aus Osteuropa, China oder Südostasien. Eine Studie des WZLs aus dem Jahr 2009 zeigt, dass 60 % der osteuropäischen Werkzeugbauer bereits Europa beliefern. Bei chinesischen und sudostasiatischen Anbietern ist der Anteil der Werkzeugbauer, die Europa beliefern, mit 78 % sogar noch höher.[237] Folglich ist zwar der Verbrauch an Kunststoffen in der Vergangenheit gestiegen, allerdings sinkt der prozentuale Anteil an in Westeuropa gefertigten Produkten, während in Südostasien ein deutliches Wachstum zu verzeichnen ist.[238]

Der Wettbewerbsvorteil der osteuropäischen und asiatischen Werkzeugbauer entsteht durch die deutlich niedrigeren Lohnkosten. Dadurch können Werkzeuge zu geringeren Preisen angeboten werden. Im Jahr 2012 lagen die Arbeitskosten je geleisteter Stunde, gemittelt über die gesamte Privatwirtschaft, in Deutschland bei 31,00 €. In osteuropäischen Ländern lagen die Arbeitskosten deutlich darunter. So liegen die Arbeitskosten je Stunde in der Tschechischen Republik bei 10,70 €, in Polen bei 7,20 € und in Bulgarien bei 3,70 €.[239] In China lagen die Arbeitskosten je Stunde im Jahr 2010 durchschnittlich bei 2,25 €, sodass der chinesische Werkzeugbau in der Lage ist, starken Druck auf europäische Werkzeugbauer auszuüben.[240] Bisher konnten sich europäische Unternehmen durch eine höhere Qualität der Produkte gegenüber osteuropäischen und asiatischen Anbietern differenzieren.[241] Allerdings erreichen immer mehr asiatische Betriebe ein europäisches Qualitätsniveau.[242] Dennoch zeigt die gegenwärtige Lage, dass die chinesischen Werkzeugbauer v. a. den Markt für weniger anspruchsvolle Produkte bedienen. Um dieser Entwicklung entgegenzuwirken, kaufen chinesische Werkzeugbauer allerdings gezielt Kompetenzen ein. Auch vor dem Hintergrund qualifizierter, chinesischer Werkzeugbauer bleibt die deutsche Werkzeugbaubranche konkurrenzfähig, da in Deutschland Material und Energie günstiger als in China sind und auf chinesische Einfuhren zusätzliche Zoll- und Transportkosten anfallen. Hierdurch wird die Preisdif-

---

[237] Vgl. Schuh, G.: Toolmaking for the future, 2009, S. 13 f.

[238] Vgl. Schmidt, S.: Der europäische Werkzeugbau im internationalen Wettbewerb, 2004, S. 26

[239] Vgl. Statistisches Bundesamt: Vergleich der Arbeitskosten und Lohnnebenkosten 2012

[240] Vgl. Schröder, C.: Industrielle Arbeitskosten im internationalen Vergleich, 2010, S. 6

[241] Vgl. Schuh, G.: Toolmaking for the future, 2009, S. 19

[242] Vgl. Pergler, R.: Generation Werkzeugbau 2.0, 2010, S. 75; Klocke, F.: Werkzeugbau in China - Chance oder Bedrohung?, 2006, S. 5

ferenz zwischen deutschen und chinesischen Erzeugnissen zunehmend nivelliert. Hinzu kommt immer wieder Kritik an den chinesischen Werkzeugbauern bzgl. der Qualität sowie mangelhafter Oberflächengüte auf, die zu intensiven Nacharbeiten führt. Auch das Änderungsmanagement gestaltet sich auf Grund der schwierigen Kommunikation der technischen Inhalte als unzureichend.[243] Zuletzt treten auch vermehrt Unternehmen aus anderen Branchen als Wettbewerber auf. Beispielsweise produzieren ehemalige Rapid-Prototyping Anbieter mittlerweile auch ganze Werkzeuge und nutzen die Chancen, die durch Rapid Tooling geboten werden.[244]

2.2.4.2 Verhandlungsstärke der Lieferanten

Werkzeugbaubetriebe beziehen typischerweise Werkzeugmaschinen, Automatisierungstechnik, spanende Präzisionswerkzeuge, Rohstoffe und IT-Systeme. Aufgrund der relativ geringen Abnahmemengen haben die Lieferanten dieser Produkte eine vergleichsweise starke Verhandlungsmacht. Vorteile für den Werkzeugbau ergeben sich allenfalls, wenn der Werkzeugbau Teil eines großen Unternehmens (interner Werkzeugbau) ist und dadurch größere Mengen abnimmt.[245] Der primär in Werkzeugbaubetrieben verarbeitete Rohstoff ist Stahl.[246] Nach dem drastischen Einbruch des Stahlpreises, ausgehend von einem Allzeithoch von über 1200$ pro Tonne im Jahr 2008, auf 300$ pro Tonne infolge der Finanzkrise, stabilisierte sich der Stahlpreis in den Jahren bis Ende 2011 auf einen Stand, der etwa der Hälfte des Vorkrisenniveaus entspricht.[247]

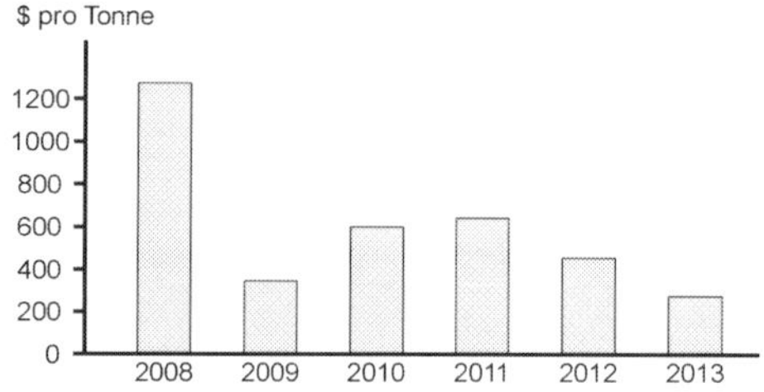

Abbildung 2-14: Stahlpreisentwicklung seit 2008[248]

Die Entwicklung des Stahlpreises unterliegt allerdings starken, kurzfristigen Schwankungen.[249] Insbesondere die hohe Volatilität erschwert eine genaue Planung für kleine Unternehmen. Diesen fehlen oft die finanziellen Mittel, um entweder große Volumina abzunehmen oder kurzfristige Preisschwankungen auszunutzen.[250]

---

[243] Vgl. Klocke, F.: Werkzeugbau in China - Chance oder Bedrohung?, 2006, S. 56

[244] Vgl. Schuh, G.: Operative Exzellenz im Werkzeug- und Formenbau, 2010, S. 15; Frick, L.: Erfolgreiche Geschäftsmodelle im Werkzeugbau, 2005, S. 33

[245] Vgl. Frick, L.: Erfolgreiche Geschäftsmodelle im Werkzeugbau, 2005, S. 32

[246] Vgl. ebenda

[247] Vgl. Kuhlmann, K. K.: Methodik zur Gestaltung von Geschäftsprozessen im industriellen Werkzeugbau, 2011, S. 36; Matthies, K.: Anstieg der Rohstoffpreise setzt sich fort, 2010, S. 347 f.

[248] Vgl. London Metal Exchange: LME Steel Billet, 2013

[249] Vgl. Statistisches Bundesamt: Preise und Preisindizes für gewerbliche Produkte, 2013

[250] Vgl. Kuhlmann, K. K.: Methodik zur Gestaltung von Geschäftsprozessen im industriellen Werkzeugbau, 2011, S. 36

2.2.4.3 Verhandlungsstärke der Abnehmer

Der Abnehmermarkt der Werkzeughersteller ist gekennzeichnet, durch die „rasche Anpassungsnotwendigkeit an Kundenwünsche, durch hohe Typen- und Variantenvielfalt, kurze Lieferzeiten, rasanten technischen Fortschritt, entsprechend hohen Qualitätsanforderungen sowie immer komplexer werdenden Produkten."[251] Dabei wird die zentrale Herausforderung des Werkzeugbaus darin gesehen, „kundenindividuelle Lösungen zu marktfähigen Preisen anzubieten."[252] Die Abnehmer der Werkzeugbaubetriebe stellen oft große Unternehmen dar, z. B.die Automobilindustrie. Dadurch werden Preise sowie Zahlungsmodalitäten oft an die Werkzeugbauer diktiert und die Liefertermine mit der Produktion des Kunden synchronisiert. Um den Nachfragerückgang sowie den Preisverfall in den Jahren nach der Krise zu kompensieren, haben viele Werkzeugbauer ihre Produkte unter den eigenen Herstellungskosten angeboten. Daraus entwickelte sich ein Preiskampf, der im Jahr 2009 dazu führte, dass viele Werkzeugbauer in die Verlustzone gerieten.[253] Seitdem hat sich die Marktsituation für die Werkzeugbauer leicht gebessert. Bedingt durch die zunehmende Derivatisierung der Automobilisten in Kombination mit immer kürzeren Produktlebenszyklen, stieg die Nachfrage nach Werkzeugen an und erhöhte die Anforderungen bzgl. Lieferzeit sowie Zuverlässigkeit.[254] Zusammenfassend ist die Marktsituation jedoch als kritisch zu bewerten. Insbesondere der durch günstige, qualitativ hochwertige Werkzeuge aus Asien und Osteuropa weiter verstärkte Preiskampf, wird durch die Abnehmer als Druckmittel eingesetzt werden.[255]

2.2.4.4 Rivalität unter den bestehenden Wettbewerbern

Um Produktionsressourcen auszulasten und dadurch Wettbewerbsfähigkeit zu suggerieren, müssen immer mehr interne Werkzeugbauer externe Aufträge akquirieren. Die Folge ist eine drastische Erhöhung des Angebots in den vergangenen Jahren.[256] Bedingt durch die Überkapazitäten, den in den vorangegangen Kapiteln beschrieben Preisverfall und die Finanzkrise 2008 brach der Umsatz im Jahr 2009 um 26% ein. [257] Das Niveau von 2008 konnte erst im Jahr 2012 übertroffen werden und steigt seitdem stetig. Abbildung 2-15 zeigt die Umsatzentwicklung anhand von Spritzgießwerkzeugen in Deutschland nach 2010 und vergleicht hierbei produzierte Werkzeuge, mit dem Import und Export. Die Grafik illustriert, dass seit 2010 die Produktion im Mittel um 8 % pro Jahr gewachsen ist, so dass sich ein Gesamtwachstum von 25 % im Zeitraum von 2010 bis 2013 ergibt. Die Exporte sind in dem gleichen Zeitraum um 20 % gestiegen. Demgegenüber sind die Importe im Vergleichszeitraum um 50% gestiegen.[258] In der Folge ist das Verhältnis importierter zu produzierten Werkzeugen

---

[251] Vgl. Gebeshuber, R.: Der Formen- und Werkzeugbau im Wandel der Zeit, 2008

[252] Vgl. Bock, M.; Gellißen, B.: Werkzeugbau in turbulentem Umfeld, 2010, S. 904

[253] Vgl. Pergler, R.: Generation Werkzeugbau 2.0, 2010, S. 6; Schuh, G.: Operative Exzellenz im Werkzeug- und Formenbau, 2010, S. 15

[254] Vgl. Zwanzig, F.: Taktung der Unikatfertigung am Beispiel des Werkzeugbaus, 2010, S. 23 f.; Gebeshuber, R.: Der Formen- und Werkzeugbau im Wandel der Zeit, 2008, S. 2 f.

[255] Vgl. Frick, L.: Erfolgreiche Geschäftsmodelle im Werkzeugbau, 2005, S. 37

[256] Vgl. a. a. O., S. 33

[257] Vgl. Pergler, R.: Generation Werkzeugbau 2.0, 2010, S. 6; Schuh, G.: Operative Exzellenz im Werkzeug- und Formenbau, 2010, S. 14

[258] Vgl. Boos, W.; Pitsch, M., et al.: World of Tooling, 2015, S. 31 ff.

von etwa 1/4 auf 1/3 gestiegen und belegt somit die zunehmende Marktdurchdringung ausländischer Werkzeugbauer.

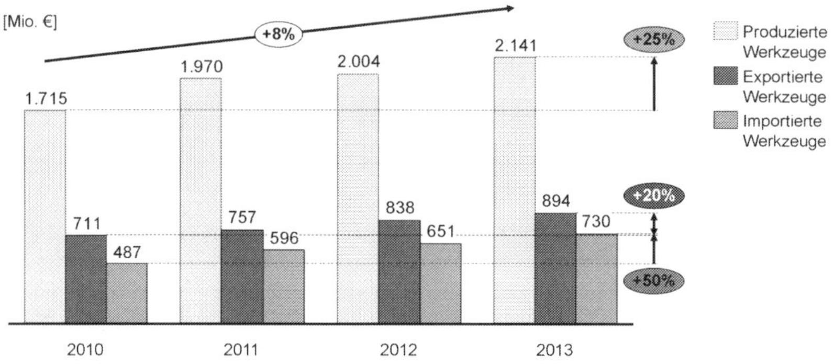

Abbildung 2-15: Umsatzentwicklung von Spritzgießwerkzeugen in Deutschland seit 2010[259]

Diese Entwicklung hat durch den konstanten Preisdruck aus Asien und Osteuropa weiterhin Bestand und kann durch die erhöhte Nachfrage sowie die konstante Senkung der Produktionskosten nur teilweise neutralisiert werden.[260]

Neben dem Preisdruck innerhalb der Wettbewerber bestehen weitere Herausforderungen, wie z. B. zusätzlicher Kapitalbedarf, Angst vor Abwanderung geistigen Eigentums und eine erhöhte Nachfrage nach umfassenden Serviceleistungen zu einem niedrigen Preis.[261] Im globalen Wettbewerb sehen sich hierbei v. a. kleine Werkzeugbauer vor massive Probleme gestellt, denn es fehlt ihnen an Ressourcen, um den Kunden einen weltweiten Servicedienst anzubieten, der dem Niveau lokaler Werkzeugbauer entspricht.[262]

2.2.4.5 Bedrohung durch Ersatzprodukte und -dienste

Eine Bedrohung durch Ersatzprodukte gibt es im klassischen Sinne nicht, da das Werkzeug an sich auf Grund seines individuellen Anwendungsfalls nicht ersetzt werden kann. Einzig substitutionsgefährdet ist das mit dem Werkzeug gefertigte Produkt.[263] Das Angebot der Werkzeugbauer muss sich allerdings von der reinen Betrachtung des Werkzeugs lösen und darüber hinaus Dienstleistungen, z. B. Garantie-Services, als zusätzlich wertschöpfenden Bestandteil des Produkts anbieten.[264]

---

[259] In Anlehnung an Boos, W.; Pitsch, M., et al.: World of Tooling, 2015, S. 33

[260] Vgl. Völker, M.: Konzeption ganzheitlicher Produktionssysteme für Werkzeugbaubetriebe, 2012, S. 167; Kuhlmann, K. K.: Methodik zur Gestaltung von Geschäftsprozessen im industriellen Werkzeugbau, 2011, S. 38

[261] Vgl. Menezes, J.: European Mould Making, 2004

[262] Vgl. Tang, D.; Eversheim, W., et al.: A new generation of cooperative development paradigm in the tool and die making branch: strategy and technology, 2004, S. 303 ff.

[263] Vgl. Kuhlmann, K. K.: Methodik zur Gestaltung von Geschäftsprozessen im industriellen Werkzeugbau, 2011, S. 39

[264] Vgl. Schuh, G.: Toolmaking for the future, 2009, S. 32 f.

2.2.4.6 Zusammenfassende Darstellung der Wettbewerbssituation

KUHLMANN fasst das Wettbewerbsumfeld in der von PORTER entwickelten Darstellung zusammen. Diese ist nachfolgend dargestellt:

Abbildung 2-16: Wettbewerbssituation im Werkzeugbau[265]

2.2.5 Zusammenfassung des Objektbereichs Werkzeugbau

Unter einem Werkzeug wird ein Präzisionswerkzeug verstanden, dem eine Form- oder Substanzveränderung des Werkstücks anhand mechanischer oder physisch-chemischer Verfahren obliegt.[266] Folglich umfasst das Erzeugnisspektrum des Werkzeugbaus neben der Fertigung von Werkzeugen auch die Herstellung von Vorrichtungen, Prüfmitteln, Modellen und Sondermaschinen.[267] Dabei lässt sich die Struktur der Branche über eine ausgeprägte Fragmentierung spezifizieren, innerhalb derer zumeist kleine und mittelständische Unternehmen Werkzeuge mit Unikats- bzw. Kleinseriencharakter erstellen. Infolgedessen kann eine Differenzierung zwischen internen Werkzeugbauern als Bestandteil eines übergeordneten Konzerns und externen Werkzeugbaubetrieben, die eine Maximierung des ökonomischen Erfolgs auf dem freien Markt fokussieren, vorgenommen werden.[268] Die Wettbewerbssituation des Werkzeugbaus kann anhand des industrieökonomischen Modells „Porter's Five

[265] Vgl. Kuhlmann, K. K.: Methodik zur Gestaltung von Geschäftsprozessen im industriellen Werkzeugbau, 2011; Porter, M. E.: Wettbewerbsvorteile, 1999

[266] Vgl. Frick, L.: Erfolgreiche Geschäftsmodelle im Werkzeugbau, 2005, S. 19 f.; Eversheim, W.: Wettbewerbsfaktor Produktionstechnik, 1999, S. 282; Pollack, A.: Entwicklung eines Informationssystems zur strategischen Planung des Werkzeugbaus, 1995, S. 6

[267] Vgl. Kozielski, S.: Integratives Kennzahlensystem für den Werkzeugbau, 2010, S. 15; Eversheim, W.; Klocke, F.: Werkzeugbau mit Zukunft, 1998, S. 25

[268] Vgl. Völker, M.: Konzeption ganzheitlicher Produktionssysteme für Werkzeugbaubetriebe, 2012, S. 36; Kozielski, S.: Integratives Kennzahlensystem für den Werkzeugbau, 2010, S. 17 f.; Frick, L.: Erfolgreiche Geschäftsmodelle im Werkzeugbau, 2005, S. 23; Eversheim, W.; Klocke, F.: Werkzeugbau mit Zukunft, 1998, S. 3 f.

Forces" illustriert werden, bei dem ein unmittelbarer Zusammenhang zwischen der Attraktivität einer Branche und den Ausprägungen von fünf Wettbewerbskräften besteht.[269]

	Merkmale	Merkmalsausprägungen				
Werkzeugbau	Ausprägungen von Werkzeugen	Sonderwerkzeuge	Handwerkzeuge	Standardwerkzeuge	Präzisionswerkzeuge	
	Marktzugang im Werkzeugbau	Interner Werkzeugbau		Externer Werkzeugbau		
	Elemente der Wertschöpfungskette	Auftragsakquise	Werkzeugentwicklung	Arbeitsplanung	Werkzeugproduktion	
	Erzeugnisspektrum des Werkzeugbaus	Modelle	Vorrichtungen	Prüfmittel	Sondermaschinen	Werkzeuge
	Porter's Five Forces	Wettbewerber in der Branche	Potenzielle Konkurrenten	Lieferanten	Ersatzprodukte	Abnehmer

Abbildung 2-17: Morphologie des Objektbereichs Werkzeugbau

Dabei befinden sich sowohl der lokale als auch der globale Werkzeugbau in einer verschärften Marktsituation, die von einer volatilen Preisentwicklung des Rohstoffs Stahl und einer zunehmenden Gleichteilstrategie in der Automobilindustrie geprägt ist.[270] Der deutsche Werkzeugbau nimmt im internationalen Vergleich eine Spitzenstellung in den Bereichen der Technologie sowie der Qualität ein und befindet sich im direkten Wettbewerb mit Anbietern aus Osteuropa und Asien, die auf Grund der dortigen Personalkostenstrukturen Werkzeuge zu verringerten Einstandspreisen anbieten können.[271] Vor dem Hintergrund einer verschärften Wettbewerbssituation des lokalen und globalen Werkzeugbaus obliegt es deutschen Werkzeugbauern, die erhöhten Einstandspreise eines Werkzeugs zu rechtfertigen.[272]

2.3 Objektbereich Leistungsfähigkeit

Der Leistungsfähigkeit als Grundlage des Unternehmenserfolgs wird in der Wissenschaft ein hoher Stellenwert eingeräumt.[273] Im Rahmen dieses Kapitels gilt es zunächst Definitionen von Leistungsfähigkeit aufzuzeigen. Dabei finden im Kontext der Leistungsfähigkeit zumeist die Begriffe der Wettbewerbsstrategie sowie der Wettbewerbsfähigkeit Verwendung.[274] Dem Umstand Rechnung tragend, dass ein kausaler Zusammenhang zwischen den Begrifflichkei-

---

[269] Vgl. Fricker, I.: Strategische Stringenz im Werkzeug- und Formenbau, 2005, S. 126; Porter, M. E.: Wettbewerbsvorteile, 1999, S. 29

[270] Vgl. London Metal Exchange: LME Steel Billet, 2013, S. 3; Kuhlmann, K. K.: Methodik zur Gestaltung von Geschäftsprozessen im industriellen Werkzeugbau, 2011, S. 36; Schuh, G.; Frick, L.: Werkzeugbau in Deutschland, 2005, S. 64

[271] Vgl. Kuhlmann, K. K.: Methodik zur Gestaltung von Geschäftsprozessen im industriellen Werkzeugbau, 2011, S. 38; Klotzbach, C.: Gestaltungsmodell für den industriellen Werkzeugbau, 2006, S. 60; Schuh, G.; Frick, L.: Werkzeugbau in Deutschland, 2005, S. 64 ff.

[272] Vgl. Frick, L.: Erfolgreiche Geschäftsmodelle im Werkzeugbau, 2005, S. 38; Tönshoff, H. K.; Eger, M.: Lebenszykluskosten in der Angebotskalkulation, 2003, S. 725 ff.; Brankamp, K.: Wettbewerbsfaktor Werkzeug- und Betriebsmittelbau, 1991, S. 18 f.

[273] Vgl. Matevska, J.: Rekonfiguration komponentenbasierter Softwaresysteme zur Laufzeit, 2010, S. 46

[274] Vgl. Orlowski, D.: Die internationale Wettbewerbsfähigkeit einer Volkswirtschaft, 1982, S. 180

ten existiert, ist eine Differenzierung der Begriffe vorzunehmen. Mithin gelten Wettbewerbsstrategien als Basis eines wettbewerbsfähigen Unternehmens, während Leistungsfähigkeit aus der Wettbewerbsfähigkeit resultiert.[275] Anschließend werden Möglichkeiten für Unternehmen aufgezeigt, sich anhand generischer bzw. hybrider Wettbewerbsstrategien im Markt zu positionieren und einen Unternehmenserfolg zu generieren.

2.3.1 Begriffsverständnis der Leistungsfähigkeit

Der Begriff der Leistungsfähigkeit findet in der Wissenschaft eine weitläufige Anwendung und kann unterschiedliche Sachverhalte beschreiben.[276] Dementsprechend beschreibt Leistung in der Physik die nach der Zeit differenzierte Arbeit, während sich die Arbeit aus dem Produkt von Kraft und Weg zusammensetzt.[277] Dieser Zusammenhang lässt sich auf die menschliche Physiologie übertragen, in der die Leistungsfähigkeit synonym zur körperlichen Leistung verwendet wird.[278] Folglich wird hierbei die Fähigkeit, mittels Muskelkraft eine physikalische Arbeit zu erbringen, als Leistungsfähigkeit beschrieben, die von einer Vielzahl genetischer Parameter, wie bspw. dem Geschlecht und dem Körperbau, beeinflusst werden kann.[279] SCHNABEL fasst in diesem Zusammenhang die Leistungsfähigkeit als die „Gesamtheit der personellen Voraussetzungen für die Bewältigung bestimmter Leistungsanforderungen" auf.[280] BALSER und WALTER präzisieren diesen Aspekt und heben die Dynamik der Leistungsfähigkeit hervor, indem sie Leistungsfähigkeit als „eine in der Lerntätigkeit und durch körperliche Entwicklung entstandene zeitweilig habituelle Funktionspotenz" auffassen.[281] Infolgedessen lässt sich die Leistungsfähigkeit als habituell bestimmte Ausprägung psychologischer und physischer Prozesse auffassen, die einen direkten Einfluss auf die mögliche Leistung haben.[282]

Eine andere Definition betrieblicher Leistungsfähigkeit geht von messbaren Kennzahlen eines Unternehmens aus.[283] So wird laut MARWEDE die Leistungsfähigkeit durch die beiden erfassbaren, transparenten Kennzahlen des Umsatzes und der Jahresbilanzsumme ausge-

---

[275] Vgl. Seubert, C.-M. F.: Build, Ally or Acquire, 2010, S. 104; Arvanitis, S.; Hollenstein, H., et al.: Internationale Wettbewerbsfähigkeit: wo steht der Standort Schweiz?, op. 2005, S. 150; Porter, M. E.: Wettbewerbsstrategie, 1999, S. 33

[276] Vgl. Chu, Z.: Neues verkehrswissenschaftliches Journal NVJ - Ausgabe 10, 2014, S. 19; Gekle, M.: Taschenlehrbuch Physiologie, 2010, S. 592; Gunkel, C.: Sportliche Leistungsfähigkeit unter besonderen klimatischen Bedingungen, 2010, S. 5

[277] Vgl. Knechtle, B.: Aktuelle Sportphysiologie, 2002, S. 18

[278] Vgl. ebenda

[279] Vgl. Gekle, M.: Taschenlehrbuch Physiologie, 2010, S. 592

[280] Vgl. Barth, B.: Trainingslehre - Trainingswissenschaft, 2011, S. 43

[281] Vgl. Lenz, A.: Möglichkeiten zur Förderung der körperlichen Leistungsfähigkeit in der Schule, dargestellt am Beispiel der aeroben Ausdauer 6-8-jähriger Schüler, 2005, S. 5

[282] Vgl. Barth, B.: Trainingslehre - Trainingswissenschaft, 2011, S. 43 Weitere Informationen zur physiologischen Leistungsfähigkeit: Vgl. Henneke, D.: Personalcontrolling und demografischer Wandel, 2014, S. 86; Klatte, B.: Wissensmanagement und Kommunikation in Gruppen, 2013, S. 22; Barth, B.: Trainingslehre - Trainingswissenschaft, 2011, S. 43; Förster, T.: Verfahren zur Bewertung von Humankapital und ihre Eignung für das Value Reporting, 2007, S. 4 f.; Prezewowsky, M.: Demografischer Wandel und Personalmanagement, 2007, S. 69 f.; Kaluza, B.; Blecker, T., et al.: Wertschöpfungsnetzwerke, 2006, S. 161

[283] Vgl. Kruppke, H.; Otto, M., et al.: Human Capital Management, 2006, S. 70

drückt.[284] Dieser Ansicht liegt der Gedanke zu Grunde, dass der Umsatz durch den Absatz von erzeugten Produkten generiert wird und folglich mit Zahlungsströmen verbunden werden kann, die in das Unternehmen reinvestiert werden können und somit die Existenz des Betriebs sichern.[285]

Eine leicht abgewandelte Bedeutung wird dem Begriff der Leistungsfähigkeit vor dem Hintergrund zugeschrieben, dass im deutschsprachigen Raum in den Bereichen des Controllings und der Unternehmensführung vermehrt der Ausdruck Performance (Leistung, Leistungsverhalten, Leistungsfähigkeit) Verwendung findet.[286] Basierend auf der dominanten Nutzung angloamerikanischer Literatur in der deutschsprachigen Wissenschaft und die zunehmende Durchdringung englischsprachiger Standards in Unternehmen, wie z. B. IAS oder IFRS, kommt es zu einer synonymen Anwendung beider Begrifflichkeiten.[287] Neben den oben genannten, v. a. in der Technik geläufigen Übersetzungen für den Begriff Performance, lässt sich dieser auch mit dem deutschen Ausdruck Performanz übersetzen.[288] Performanz kann dabei zum einen eine Inszenierung oder Handlung beschreiben, zum anderen illustriert dieser Begriff in der Sprachwissenschaft die konstituierende Funktion von Sprache.[289] NULLMEIER verbindet diese verschiedenen Bedeutungen von Performanz und definiert diese als eine Handlung, die sich aus dem Dekodieren von Sprache und Zeichen, v. a. auch von Kennzahlen, ableiten lässt.[290]

Auch im Bereich der Wirtschaftswissenschaften bzw. des Portfoliomanagements ist die Leistungsfähigkeit bzw. Performance durchaus populär und wird in diesem Kontext als Anlageertrag eines Wertpapiers bzw. eines Portfolios definiert.[291] NEELY ET AL. generalisieren den Performancebegriff und legen Performance als „efficency and effectiveness of actions“ fest.[292] Diese Definition ist äquivalent zum Qualitätsmodell des ISO 9126-3, die Leistungsfähigkeit mit einer Effizienz gleichsetzt, die sich aus der Ressourcenbeanspruchung und dem Zeitverhalten zusammensetzt.[293] Mithin erfasst HOFFMANN Performance als „Beitrag zur Erreichung der Ziele einer Organisation.“[294] Diese Ziele können dabei sowohl von Einzelpersonen als auch von internen bzw. externen Gruppen realisiert werden.[295] WETTSTEIN fokussiert in seinen Ausführungen relevante Anspruchsgruppen bzw. Stakeholder, deren Zufriedenheit

---

[284] Vgl. Rinck, M.: Contracting zur Abwärmenutzung auf landwirtschaftlichen Biogasanlagen, 2014, S. 54; Michel, N.: Finanzierung von KMU unter steuerlichen Aspekten, 2010, S. 4

[285] Vgl. Weber, M.: Schnelleinstieg Kennzahlen, 2006, S. 225; Tautscher, A.: Die öffentliche Wirtschaft, 1953, S. 331 ff.

[286] Vgl. Hubig, L.: Die Universität: Leistungsmessung und -bewertung in einer komplexen Organisation, 2009, S. 115; Schmeisser, W.; Clausen, L.: Controlling und Berliner Balanced Scorecard Ansatz, 2009, S. 1

[287] Vgl. Kozielski, S.: Integratives Kennzahlensystem für den Werkzeugbau, 2010, S. 48

[288] Vgl. Hubig, L.: Die Universität: Leistungsmessung und -bewertung in einer komplexen Organisation, 2009, S. 115

[289] Vgl. Kozielski, S.: Integratives Kennzahlensystem für den Werkzeugbau, 2010, S. 48 f.; Oster, M.; Ernst, W., et al.: Performativität und Performance, 2008, S. 217 ff.

[290] Vgl. Rademacher, C.: Deutsche Kommunen im Demographischen Wandel, 2013, S. 38 f.

[291] Vgl. Hilgers, D.: Performance-Management, 2008, S. 30 f.

[292] Vgl. Neely, A. D.: Business performance measurement, 2002, S. 145

[293] Vgl. Matevska, J.: Rekonfiguration komponentenbasierter Softwaresysteme zur Laufzeit, 2010, S. 46

[294] Vgl. Bröse, K.: Konzeption eines Performance Management Systems auf Basis von Key Performance Indicators zur Steuerung von Prozessen und IT in der Telekommunikation, 2006, S. 27

[295] Vgl. ebenda

mit Performance einhergeht. Folglich wird Performance als „Grad der Zufriedenheit“ spezifiziert.[296] KOZIELSKI greift die Ausführungen von NEELY sowie WETTSTEIN auf und hebt zwei zentrale Aspekte von Performance hervor. Mithin verweist er auf die „Güte der Nutzenstiftung gegenüber den Anspruchsgruppen eines Unternehmens“, des Weiteren fokussiert KOZIELSKI die „Effizienz und Effektivität der zur Nutzenstiftung erforderlichen Unternehmensprozesse.“[297]

Grundlage der vorliegenden Arbeit stellen die letztgenannten Definitionen dar, denen jeweils gemein ist, dass eine Korrelation von Leistungsfähigkeit, Effizienz und Effektivität aufgezeigt wird:[298]

DEFINITION | *Leistungsfähigkeit beschreibt die Ausprägung von Effektivität und Effizienz einer Unternehmung ihre Ziele und die ihrer Stakeholder zu erreichen.*

Im Rahmen dieser wissenschaftlichen Arbeit bezieht sich die Leistungsfähigkeit im Speziellen auf die Realisierung des maximalen Kundennutzens.

2.3.2 Abgrenzung zur Wettbewerbsfähigkeit

In der ökonomischen Literatur erfährt die Wettbewerbsfähigkeit keine durchgängige Definition.[299] TILLACK und EPSTEIN definieren Wettbewerbsfähigkeit als das Potenzial einer Unternehmung, den Marktanteil für einzelne Produkte bzw. für das komplette Produktportfolio zu erhalten oder auszuweiten.[300] Dabei beinhaltet die Wettbewerbsfähigkeit statische und dynamische Anteile, die jeweils individuellen Zielsetzungen dienen. Während die statische Komponente die aktuell vorherrschende Wettbewerbsfähigkeit des Unternehmens bewertet, analysiert die dynamische Komponente den zukünftigen Markterfolg.[301] Diese Festlegung ähnelt der allgemeinen, auf BALASSA zurückgehenden Definition, die Wettbewerbsfähigkeit als „ability to sell“ auffasst. Hierbei legt BALASSA seinen Ausführungen die Idee zu Grunde,

---

[296] Vgl. Hain, M.: Die Performance von öffentlichen Unternehmen am Beispiel von Wohnungsunternehmen in Deutschland, 2008, S. 41

[297] Vgl. Kozielski, S.: Integratives Kennzahlensystem für den Werkzeugbau, 2010, S. 49

[298] Weitere Ausführungen zum Begriff der Leistungsfähigkeit: Vgl. Henneke, D.: Personalcontrolling und demografischer Wandel, 2014, S. 86; Klatte, B.: Wissensmanagement und Kommunikation in Gruppen, 2013, S. 22; Heesen, B.: Investitionsrechnung für Praktiker, 2012, S. 7; Disch, B.: Versicherungen mit Beitragsrückgewähr, 2011, S. 70; Schubert, T.: Finanzierungsbeschränkungen von Unternehmen in Ostdeutschland, 2011, S. 25; Förster, T.: Verfahren zur Bewertung von Humankapital und ihre Eignung für das Value Reporting, 2007, S. 4 f.; Prezewowsky, M.: Demografischer Wandel und Personalmanagement, 2007, S. 69; Kaluza, B.; Blecker, T., et al.: Wertschöpfungsnetzwerke, 2006, S. 161; Lenz, A.: Möglichkeiten zur Förderung der körperlichen Leistungsfähigkeit in der Schule, dargestellt am Beispiel der aeroben Ausdauer 6-8-jähriger Schüler, 2005, S. 5; Jost, S.: Moderationsmethode und implizites Wissen in einem Evaluationsworkshop der Helvetia Patria Schweiz, 2003, S. 1; Staudt, E.: Kompetenzentwicklung und Innovation, 2002, S. 101; Tautscher, A.: Die öffentliche Wirtschaft, 1953, S. 331

[299] Vgl. Pirscher, F.; Mothes, V.: Wettbewerbsfähigkeit landwirtschaftlicher Unternehmen in Transformationsländern, dargestellt an Beispielen aus Lettland, Litauen und Polen, 2000, S. 2

[300] Vgl. Tillack, P.; Epstein, D. B.: Methodische Ansätze zur Bestimmung der Wettbewerbsfähigkeit landwirtschaftlicher Unternehmen in Transformationsländern, 2000, S. 1

[301] Vgl. a. a. O., S. 1 f.

dass eine wettbewerbsfähige Volkswirtschaft auf internationalen Märkten erfolgreich agiert.[302]

In der angloamerikanischen Literatur findet sich die Definition der Wettbewerbsfähigkeit gemäß PRAHALD und HAMEL, die eine wettbewerbsfähige Position im Markt bzw. einen Wettbewerbsvorteil auf überlegene Ressourcen zurückführt.[303] Laut ORTH streben Unternehmen eine der Konkurrenz überlegene Ressourcennutzung an, die in der Lage ist, Wettbewerbsvorteile zu generieren. Auf Grundlage dieser Wettbewerbsvorteile ist ein wettbewerbsfähiges Unternehmensergebnis realisierbar.[304] Mithin präzisiert ORTH die Wettbewerbsfähigkeit als „Sicherung des Unternehmenserfolgs (...) durch Etablierung, Behauptung und Umsetzung von Wettbewerbsvorteilen“[305]. Folglich ergibt sich gemäß PORTER Wettbewerbsfähigkeit aus „der Summe und der Wirkung von Wettbewerbsvorteilen, die bei gleichwertigen Leistungen aus vergleichsweise geringeren Herstellungskosten oder aus qualitativ besseren Leistungen resultieren.“[306] Des Weiteren definiert ALDINGTON Wettbewerbsfähigkeit als die Kompetenz eines Unternehmens, Produkte und Serviceleistungen in besserer Qualität zu geringeren Kosten als die heimischen bzw. internationalen Konkurrenten anzubieten.[307] Im Rahmen dieser Arbeit ist eine synonyme Verwendung der Begriffe Leistungsfähigkeit und Wettbewerbsfähigkeit nicht durchgängig zielführend, sodass anhand der Illustration des Begriffs der Wettbewerbsfähigkeit die Alleinstellungs- sowie Unterscheidungsmerkmale gegenüber der Leistungsfähigkeit aufgezeigt wurden.

2.3.3 Wettbewerbsstrategien als Bestandteil der Leistungsfähigkeit

Die Bedeutung einer an die im Markt vorherrschenden Bedingungen angepassten Wettbewerbsstrategie für das erfolgreiche Agieren eines Unternehmens kann kaum überschätzt werden und steht in direkter Beziehung zur Leistungsfähigkeit eines Betriebs.[308] Demgemäß spezifiziert PORTER Wettbewerbsstrategien als „das Streben sich innerhalb einer Branche, (...), günstig zu platzieren.“[309] Dabei vertritt PORTER die Auffassung, dass Wettbewerbsstrategien leistungsfähige Unternehmen generieren, die eine „gewinnbringende Position“ gegenüber den Konkurrenten innerhalb der Branche behaupten können.[310] SEUBERT greift den Ansatz PORTERS auf und illustriert anhand des klassischen Structure-Conduct-Performance Paradigmas die zentrale Stellung der Wettbewerbsstrategie.[311] Diese Kausalkette zeigt den Einfluss der Wettbewerbsumwelt (Structure) mit den klassischen Wettbewerbskräften auf die Wettbewerbsstrategie (Conduct) auf, die dynamische Reaktionen auf ein verändertes Marktumfeld bieten muss. Diese Vorstellung geht mit den Auffassungen PORTERS einher, der in

302 Vgl. Lehmann, H.: Lohnstückkosten und Wettbewerbsfähigkeit, 2003, S. 4
303 Vgl. Prahalad, C.; Hamel, G.: The core competence of the corporation, 1990, S. 79 ff.
304 Vgl. Orth, U.: Wettbewerbsfähigkeit durch Kundenorientierung, 2000, S. 3
305 Vgl. a. a. O., S. 5
306 Vgl. Tillack, P.; Epstein, D. B.: Methodische Ansätze zur Bestimmung der Wettbewerbsfähigkeit landwirtschaftlicher Unternehmen in Transformationsländern, 2000, S. 1
307 Vgl. Diez, W.: Die internationale Wettbewerbsfähigkeit der deutschen Automobilindustrie, 2012, S. 5
308 Vgl. Schulze, M.: Prozesskostenorientierte Gestaltung von Wertschöpfungsketten, 2008, S. 35; Porter, M. E.: Wettbewerbsstrategie, 1999, S. 33
309 Vgl. Porter, M. E.: Wettbewerbsvorteile, 1999, S. 25
310 Vgl. ebenda
311 Vgl. Seubert, C.-M. F.: Build, Ally or Acquire, 2010, S. 104; Träger, S.: Wettbewerbsmanagement, 2008, S. 31

der Ökonomie als Begründer des strategischen Managements bzw. der Wettbewerbsstrategien gilt und dessen Formulierung einer Wettbewerbsstrategie in der Verknüpfung von Unternehmen und Umwelt besteht.[312] Schließlich steht die Wettbewerbsstrategie im direkten Zusammenhang zum Unternehmenserfolg bzw. zur Performance, welche wie in Kapitel 2.3.1 als Leistungsfähigkeit aufgefasst werden kann.[313]

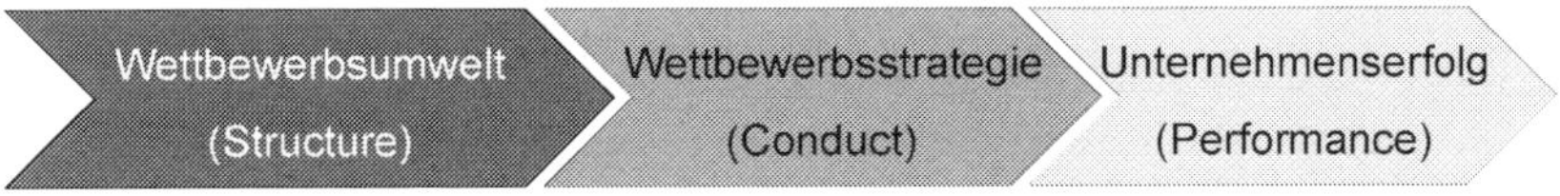

Abbildung 2-18: Klassisches Structure-Conduct-Performance Paradigma[314]

Im Rahmen dieses Kapitels sollen dabei die beiden wichtigsten Formen von Wettbewerbsstrategien, generische und hybride Strategien, sowie ihre Ausprägungen aufgezeigt und ihre Auswirkungen auf den Unternehmenserfolg dargestellt werden.[315]

2.3.3.1 Generische Wettbewerbsstrategien

Entsprechend der etymologischen Wortherkunft des Begriffs generisch, das vom lateinischen *genus* (Gattung) abstammt und „in Beziehung zu oder Kennzeichen einer ganzen Gruppe oder Klasse" bedeutet, werden unter generischen Strategien allgemein formulierte und in verschiedenen Branchen anwendbare Wettbewerbsstrategien verstanden.[316] Im Bereich der generischen Wettbewerbsstrategien sind die Ausführungen PORTERS wegweisend, der diese als strategiebasierte Konfigurationen auffasst, die in diversen Kontexten verwendbar sind.[317] Zur Auswahl der optimalen Wettbewerbsstrategie stellen sich PORTER zwei Fragestellungen. So gilt es, die langfristige Rentabilität einer Branche und folglich einer einzelnen Unternehmung zu analysieren, da sich anhand dieser die Attraktivität eines Industriesektors bestimmen lässt. Des Weiteren sind Faktoren zu identifizieren, die die relative Wirtschaftsposition innerhalb des Industriezweigs bestimmen.[318] KIRCHGEORG bemerkt, dass sowohl die Attraktivität einer Branche als auch die bestimmenden Faktoren einer Dynamik unterliegen, sodass Wettbewerbsstrategien die Aufgabe zuteil wird, nicht nur auf die Umwelt zu reagieren, sondern sie vielmehr im Sinne der Unternehmung zu gestalten.[319] Nach PORTER können strategische Konfigurationen das Kräftegleichgewicht der Wettbewerbskräfte zu Gunsten der Unternehmung verändern, sodass durch frühzeitige Reaktion auf die Veränderungen der Marktbedingungen ein zeitlicher Vorteil gegenüber der Konkurrenz generiert werden kann.

---

[312] Vgl. Offenburger, O.: Patent und Patentrecherche, 2015, S. 17; Thomas, P.: Mass Customization als Wettbewerbsstrategie in der Finanzdienstleistungsbranche, 2008, S. 87

[313] Vgl. Seubert, C.-M. F.: Build, Ally or Acquire, 2010, S. 103 f.

[314] In Anlehnung an Seubert, C.-M. F.: Build, Ally or Acquire, 2010, S. 104

[315] Vgl. Amann, M.: Bedeutung von Produktionskompetenz im Supply Chain Management, 2009, S. 52 f.

[316] Vgl. Vedung, E.: Evaluation im öffentlichen Sektor, 1999, S. 169; Werner, F. C.: Wortelemente lateinisch-griechischer Fachausdrücke in der Biologie, Zoologie und vergleichenden Anatomie, 1956, S. 190

[317] Vgl. Kimmeskamp, V.: Konfigurationen von Messelogistikdienstleistern, 2011, S. 50

[318] Vgl. Porter, M. E.: Wettbewerbsstrategie, 1999, S. 25

[319] Vgl. Kirchgeorg, M.: Wettbewerbsstrategie, 2014, S. 1

Diese Nutzbarmachung des Wandels geschieht durch angepasste Wettbewerbsstrategien.[320] Dabei kann es während der Existenz des Produktes auf dem Markt zu einem Wechsel der generischen Wettbewerbsstrategien kommen, um eine adäquate Reaktion auf gegebene Marktbedingungen vorzunehmen.[321] Die drei von Porter entwickelten generischen Wettbewerbsstrategien der Kostenführerschaft, der Differenzierung sowie der Segmentierung finden in der Wissenschaft eine breite Anwendung und werden im Folgenden dargestellt.[322] Die Unterscheidungsmerkmale der jeweiligen Strategien bestehen in der Ausprägung des strategischen Zielobjekts sowie des strategischen Vorteils.[323]

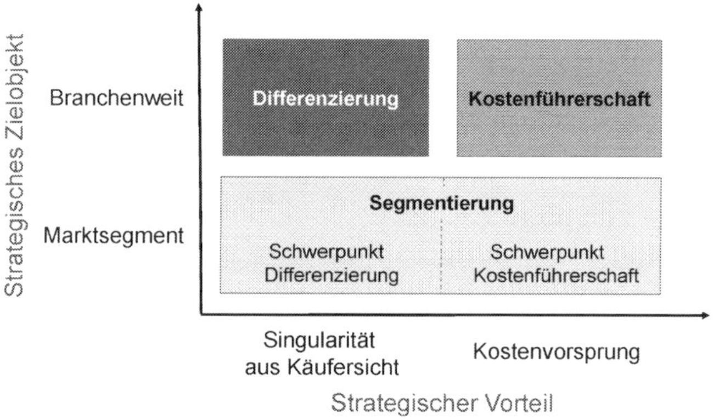

Abbildung 2-19: Generische Wettbewerbsstrategien nach PORTER[324]

2.3.3.1.1 Kostenführerschaft

Die Strategie der Kostenführerschaft resultiert aus Lernkurven- bzw. Erfahrungseffekten und fokussiert die geringsten Kosten innerhalb der gesamten Branche, basierend auf Skaleneffekten, unternehmensinternen Produktionstechnologien oder Zugang zu günstigen Ressourcen.[325] HUBER spezifiziert die Kosten eines Produkts bzw. einer Dienstleistung, die sich neben geringen Anschaffungskosten auch durch verminderte Lebenszykluskosten als Kosten der Nutzungs- und Entsorgungsphase für den Kunden auszeichnen.[326] Mithin existiert innerhalb einer Branche jeweils ein alleiniger Kostenführer.[327] PORTER bemerkt, dass der Unter-

[320] Vgl. Frick, L.: Erfolgreiche Geschäftsmodelle im Werkzeugbau, 2005, S. 104; Porter, M. E.: Wettbewerbsstrategie, 1999, S. 65

[321] Vgl. Blersch, G.: Deregulierung und Wettbewerbsstrategie, 2007, S. 194

[322] Vgl. Komorek, C.: Integrierte Produktentwicklung, 1998, S. 171

[323] Vgl. Porter, M. E.: Wettbewerbsstrategie, 1999, S. 75

[324] In Anlehnung an Pekrul, S.: Strategien und Maßnahmen zur Steigerung der Wettbewerbsfähigkeit deutscher Bauunternehmen, 2006, S. 86; Porter, M. E.: Wettbewerbsstrategie, 1999, S. 75; Kaluza, B.: Herausforderung Materialwirtschaft, 1997, S. 9

[325] Vgl. Sonnenschein, M.: Strategien für neue Geschäfte, 2001, S. 158; Porter, M. E.: Wettbewerbsvorteile, 1999, S. 38

[326] Vgl. Huber, J.: Kostenführerschaft – Produktführerschaft – Kundenpartnerschaft, 2000, S. 1

[327] Vgl. Niederauer, C.: Aktuelle Relevanz der generischen Wettbewerbsstrategien nach Porter, 2007, S. 5

nehmenserfolg im Zuge der Kostenführerschaft durch einen überdurchschnittlichen Ertrag je Produkt und durch einen Kostenvorsprung gegenüber der Konkurrenz generiert wird, der einen Schutz vor dem Eintreten neuer Wettbewerbskräfte in die Wettbewerbsarena bietet.[328] Das Produktportfolio eines Kostenführers umfasst in der Regel weniger luxuriöse Produkte als vielmehr breitgefächerte und in verschiedenen Geschäftsfeldern absetzbare Standardprodukte bzw. Massenprodukte, sodass die aus Skaleneffekten bzw. Economies of Scale resultierenden Vorteile genutzt werden.[329] Dabei verzichten Kostenführer auf jegliche Zusatzleistungen und beschränken das Produkt auf seinen grundsätzlichen Nutzen.[330] HUBER präzisiert die Beschaffenheit der Produkte, die ein gewisses Qualitätsmaß nicht unterschreiten dürfen, da Service- bzw. Qualitätsmängel nicht durch Niedrigpreise kompensiert werden können.[331]

2.3.3.1.2 Differenzierung

Ein weiteres von PORTER genanntes Konzept, das sich durch eine überdurchschnittliche Rentabilität auszeichnet, ist die Differenzierung. Dabei gilt es für differenzierende Unternehmen ihre Produkte derart zu gestalten, dass sie vom Kunden in nicht-preislichen Dimensionen als einzigartig wahrgenommen werden.[332] Diese Einzigartigkeit äußert sich in einer fehlenden Substituierbarkeit und besteht in einer Zusammenstellung von Merkmalen, die die Mehrzahl der Kunden als wichtig erachtet.[333] Des Weiteren gilt es Differenzierungsmerkmale zu wählen, die nicht nur objektiv einen Unterschied zu Konkurrenzprodukten begründen, sondern auch für die Abnehmer wahrnehmbar sind.[334] SCHREYÖGG definiert den Zweck einer Differenzierungsstrategie bei bestimmten Produkten oder Dienstleistungen Unterschiede herzustellen und „sie aus der Zone der Homogenität herauszuführen“[335]. In den unterschiedlichen Branchen können jeweils mehrere erfolgreiche differenzierende Unternehmen nebeneinander existieren, die jeweils anhand verschiedener Angebotsattribute eine Einzigartigkeit ihrer Produkte hervorrufen.[336] Nach BAIN zeichnen sich differenzierte Märkte durch oligopolistische Anbieterstrukturen und Kunden aus, die über heterogene Vorstellungen bezüglich optimaler Leistungen verfügen.[337] Gemäß PORTER realisiert ein differenzierendes Unternehmen überdurchschnittliche Rentabilität und eine hohe Markenloyalität, wenn die erhöhten Verkaufspreise über den Zusatzkosten liegen, die für die Realisierung der Einmaligkeit von Produkten aufgewendet werden müssen.[338] Die durch die Differenzierung der Produkte her-

---

[328] Vgl. Sonnenschein, M.: Strategien für neue Geschäfte, 2001, S. 158

[329] Vgl. Kaspar, C. M.: Individualisierung und mobile Dienste am Beispiel der Medienbranche ; Ansätze zum Schaffen von Kundenmehrwert, 2006, S. 112; Huber, J.: Kostenführerschaft – Produktführerschaft – Kundenpartnerschaft, 2000, S. 2; Porter, M. E.: Wettbewerbsvorteile, 1999, S. 38 f.

[330] Vgl. Müller, B.: Porters Konzept generischer Wettbewerbsstrategien, 2007, S. 15

[331] Vgl. Huber, J.: Kostenführerschaft – Produktführerschaft – Kundenpartnerschaft, 2000, S. 1

[332] Vgl. Müller, B.: Porters Konzept generischer Wettbewerbsstrategien, 2007, S. 15

[333] Vgl. Sonnenschein, M.: Strategien für neue Geschäfte, 2001, S. 159

[334] Vgl. Porter, M. E.: Wettbewerbsvorteile, 1999, S. 41

[335] Vgl. Kaspar, C.; Hagenhoff, S.: Differenzierungsstrategien für digitale Medienprodukte, 2003

[336] Vgl. Müller, B.: Porters Konzept generischer Wettbewerbsstrategien, 2007, S. 15

[337] Vgl. Kaspar, C.; Hagenhoff, S.: Differenzierungsstrategien für digitale Medienprodukte, 2003, S. 6

[338] Vgl. Frick, L.: Erfolgreiche Geschäftsmodelle im Werkzeugbau, 2005, S. 104; Sonnenschein, M.: Strategien für neue Geschäfte, 2001, S. 159; Porter, M. E.: Wettbewerbsvorteile, 1999, S. 41

vorgerufene, gesteigerte Markenloyalität bewirkt eine verringerte Preisempfindlichkeit beim Kunden.[339]

2.3.3.1.3 Segmentierung

Im Gegensatz zu den beiden zuvor genannten Wettbewerbsstrategien, die sich auf eine branchenweiten Positionierung der Unternehmen beruhen, bezieht sich die Strategie der Segmentierung bzw. der Konzentration auf die Nutzung von Marktnischen.[340] Im Rahmen der Segmentierung werden Märkte zunächst nach Faktoren, wie z. B. Regionen, Produkt- und Kundengruppen aufgeteilt, bevor das Unternehmen einen dieser Teilbereiche auswählt und jegliche strategische Maßnahmen auf dieses Segment ausrichtet.[341] Der Idee der Segmentierung liegt das Prinzip zu Grunde, dass ein Unternehmen ein begrenztes Wettbewerbsfeld wirkungsvoller bzw. effizienter bearbeiten kann als den Gesamtmarkt und eine kleine Kundengruppe mit speziellen Bedürfnissen existiert, die von bisherigen Anbietern nicht erfüllt werden.[342] Daher kann die Strategie der Konzentration als Kostenführerschaft oder Differenzierung ausgeprägt sein, da innerhalb einer Segmentierungsstrategie sowohl Kostenvorteile als auch ein starker Differenzierungsgrad angestrebt werden können.[343] Dabei werden im Zuge eines Kostenschwerpunkts die Unterschiede im Kostenverhalten einzelner Segmente betont, während der Differenzierungsschwerpunkt gezielte Bedürfnisse von Abnehmern fokussiert.[344] Eine grobe Festlegung des Schwerpunkts ist nicht zielführend, vielmehr gilt es, ein strukturell attraktives Segment auszuwählen und sich eindeutig innerhalb eines Kosten- bzw. Differenzierungsschwerpunktes zu positionieren, um überdurchschnittliche Leistungen zu erbringen. Innerhalb einer Branche können ähnlich wie bei der Differenzierungsstrategie mehrere Konzentrationsstrategien nebeneinander bestehen, unter der Voraussetzung, dass unterschiedliche Zielsegmente mit präzise gewählten Schwerpunkten bearbeitet werden.[345]

PORTER illustriert die Notwendigkeit einer klaren Positionierung bzgl. der Kostenführerschaft oder der Differenzierungsstrategie bzw. des Kosten- oder Differenzierungsschwerpunkts anhand seiner Unvereinbarkeitshypothese.[346] Unternehmen, die keine klare Positionierung vornehmen, befinden sich „zwischen den Stühlen" („stuck-in-the-middle"), sodass kein Wettbewerbsvorteil generiert werden kann.[347] Gemäß PORTER zeichnen sich Produkte solcher Unternehmen weder durch eine Kostenführerschaft noch durch eine einzigartige Wahrnehmung durch den Abnehmer aus.[348] Anhand des Return on Investment (ROI), einer dem Rechnungswesen entlehnten Kennzahl, die die Gesamtrentabilität einer Unternehmung widergibt, zeigt PORTER die Unvorteilhaftigkeit einer Wettbewerbsstrategie „zwischen den Stühlen"

---

[339] Vgl. Frick, L.: Erfolgreiche Geschäftsmodelle im Werkzeugbau, 2005

[340] Vgl. Sonnenschein, M.: Strategien für neue Geschäfte, 2001, S. 161

[341] Vgl. ebenda

[342] Vgl. Effert, D.: Qualitäts- und Preisimage bei Banken, 2010, S. 106; a. a. O., S. 111; Porter, M. E.: Wettbewerbsstrategie, 1999, S. 75; Porter, M. E.: Wettbewerbsvorteile, 1999, S. 42; Kaluza, B.: Herausforderung Materialwirtschaft, 1997, S. 8

[343] Vgl. Effert, D.: Qualitäts- und Preisimage bei Banken, 2010, S. 111 f.

[344] Vgl. Porter, M. E.: Wettbewerbsvorteile, 1999, S. 42

[345] Vgl. a. a. O., S. 43 f.

[346] Vgl. Schuh, G.: Produktkomplexität managen, 2014, S. 91 f.

[347] Vgl. Müller, B.: Porters Konzept generischer Wettbewerbsstrategien, 2007, S. 17

[348] Vgl. a. a. O., S. 17 f.

auf.[349] Mithin ist eine Differenzierungsstrategie mit einem Anstieg der Stückkosten verbunden, wohingegen die Strategie der Kostenführerschaft sich durch hohe Aufwendungen für Standardisierungsmaßnahmen auszeichnet.[350] Folglich ist eine Positionierung innerhalb des kritischen Bereichs gemäß Porter nicht rentabel und sollte vermieden werden:

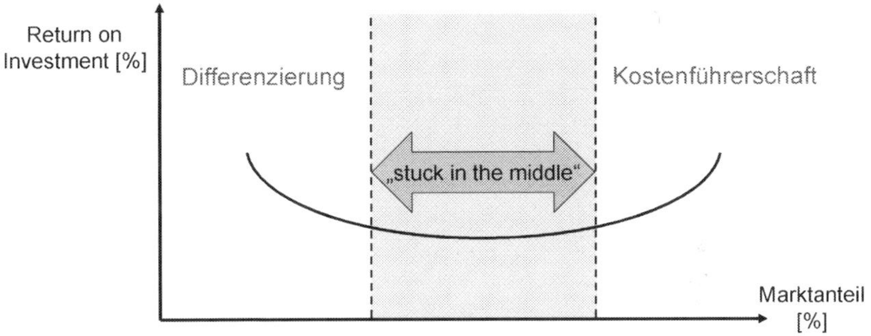

Abbildung 2-20: Unvereinbarkeitshypothese nach PORTER[351]

2.3.3.2 Hybride Wettbewerbsstrategien

An PORTERS Unvereinbarkeitshypothese, nach der Unternehmen, die keine der drei entwickelten generischen Wettbewerbsstrategien verfolgen, einen Wettbewerbsnachteil erleiden, gab es in der Wissenschaft immer wieder Kritik, sodass alternative Strategien zu den generischen Wettbewerbsstrategien PORTERS entwickelt wurden.[352] PORTER stützt seine Ausführungen dabei auf einen Dreiklang von Argumenten, der in der modernen Literatur teilweise starke Ablehnung erfährt. PORTER belegt zum einen „die stuck-in-the-middle-Problematik" anhand seiner Konvexitätshypothese, die ein Paradoxon in der gleichzeitigen Verfolgung von Kostenführerschaft und Differenzierungsstrategie zeichnet. Während differenzierende Unternehmen auf einen geringen Marktanteil und exklusive Produkte zielen, fokussieren Kostenführer eine hohe Marktdurchdringung, um größenbedingte Kostendegressionen nutzbar zu machen. Folglich basieren beide Strategien auf konträren Marktanteilsbedarfen.[353] Zum anderen ist Bestandteil PORTERS Konzentrationsprinzips, dass jegliche Organisationsstrukturen, die Unternehmenskultur sowie die Ressourcennutzung und die Wertschöpfungskette auf den Wettbewerbsvorteil und den Ausbau der gewählten Strategie fixiert sein müssen. Jedoch verlangt die Realisierung einer Differenzierung bzw. einer Kostenführerschaft einander widersprechende Strukturen und Prozesse.[354] Des Weiteren legt die Konsistenzhypothese die Entstehung eines „Zielkonflikts zwischen den Maßnahmen, die bei einer Verfolgung mehre-

[349] Vgl. Dahlhaus, C.: Investitions-Controlling in dezentralen Unternehmen, 2009, S. 173
[350] Vgl. Schuh, G.: Produktkomplexität managen, 2014, S. 91
[351] Vgl. a. a. O., S. 92; Pfaff, D.: Competitive intelligence in der Praxis, 2005, S. 113
[352] Vgl. Schuh, G.: Produktkomplexität managen, 2014, S. 91 f.; Sonnenschein, M.: Strategien für neue Geschäfte, 2001, S. 162
[353] Vgl. Hussmann, C.: Mass Customization, 2010, S. 39
[354] Vgl. Kaluza, B.: Herausforderung Materialwirtschaft, 1997, S. 10

rer Strategien gleichzeitig nötig sind" dar.[355] Mithin basieren die beiden Strategien entweder auf Kosteneinsparungen, die eine Differenzierung erschweren, oder Maßnahmen zur Differenzierung, die Kostenminderungen ausschließen.[356] Diese konfliktären Maßnahmen von Kostenführerschaft und Differenzierung lassen PORTER einen möglichen Strategieverbund als unrentabel auffassen.[357]

Gemäß KALUZA zeigte sich jedoch in der Vergangenheit verstärkt, dass Unternehmen auch erfolgreich operieren können, während sie in verschiedenen Dimensionen überlegen und gleichzeitig mehrere Geschäftsfelder mit konträren Strategien bedienen.[358] Folglich wurden in den 1990er Jahren vor dem Hintergrund der nachfrageseitigen sowie technologischen Entwicklungen und veränderter organisatorischer Möglichkeiten neuartige, alternative Strategiekonzepte erarbeitet und empirisch fundiert.[359] Unter hybriden Wettbewerbsstrategien wird dabei entgegen PORTERS Unvereinbarkeitshypothese eine synchrone Umsetzung von Kosten- und Differenzierungsvorteilen präferiert, sodass CORSTEN und WILL in ihrer Simultanitätshypothese von einer „gleichzeitigen Realisierung von Kostenführerschaft und Differenzierung" ausgehen.[360] BRUNS präzisiert diese Festlegung und verweist vor dem Hintergrund einer hybriden Wettbewerbsstrategie auf die gleichzeitige Umsetzung der Wettbewerbsvorteile von Kostenführerschaft und Differenzierung, die am gleichen Ort der Wertschöpfungskette realisiert werden.[361] Dieses Begriffsverständnis steht im direkten Zusammenhang mit dem Begriff hybrid, der sich von dem lateinischen Ausdruck hybrida ableitet und einen „durch Kreuzung verschiedener Dinge" entstandenen Sachverhalt beschreibt.[362] Empirisch wird die erfolgreiche Anwendbarkeit von hybriden Wettbewerbsstrategien durch eine Studie von MILLER und DESS belegt, die auf den strategischen Daten von 715 Geschäftseinheiten der Konsum- und Güterindustrie aus der PIMS-Datenbank (Profit Impact of Market Strategy) beruht.[363] Dabei umfasst die PIMS-Datenbank 4000 strategische Geschäftseinheiten, die jährlich ca. 400 Einzelinformationen bezüglich der aktuellen Marktsituation und Faktoren an die Datenbank übermitteln, die den Erfolg bzw. Misserfolg der Unternehmung begründen.[364] Diese Studie von MILLER und DESS kommt zum Resultat, dass Unternehmen, welche die Strategie der Kostenführerschaft und der Differenzierung gleichzeitig anwenden, sehr erfolgreich auf Märkten bestehen können.[365] Zudem bemerkte JENNER in einer empirischen Um-

[355] Vgl. Hussmann, C.: Mass Customization, 2010, S. 40

[356] Vgl. Himpel, F.: Spektrum des Produktions- und Innovationsmanagements, 2008, S. 36 f.

[357] Vgl. Hussmann, C.: Mass Customization, 2010, S. 40

[358] Vgl. Sonnenschein, M.: Strategien für neue Geschäfte, 2001, S. 162

[359] Vgl. Thomas, P.: Mass Customization als Wettbewerbsstrategie in der Finanzdienstleistungsbranche, 2008, S. 95; Kaluza, B.: Herausforderung Materialwirtschaft, 1997, S. 8

[360] Vgl. Slamanig, M.: Produktwechsel als Problem im Konzept der Mass Customization, 2011, S. 109; Peters, M.; Zelewski, S.: Wettbewerbsstrategische Konsequenzen von Maßnahmen nachhaltigen Wirtschaftens in der Sachgüterproduktion, 2009, S. 290

[361] Vgl. Bruns, A.: Simultan hybride Qualitätsstrategie im Privatkundengeschäft von Kreditinstituten, 2006, S. 74

[362] Vgl. Hoerning, A.: Hybrides Kapital im Jahresabschluss, 2011, S. 11; Wolski, W.: PONS grosses Schulwörterbuch Deutsch, 2010, S. 525

[363] Vgl. Thomas, P.: Mass Customization als Wettbewerbsstrategie in der Finanzdienstleistungsbranche, 2008, S. 95; Piller, F. T.: Mass Customization, 2006, S. 185

[364] Vgl. Hammer, R.: Planung und Führung, 2009, S. 112 f.

[365] Vgl. Thomas, P.: Mass Customization als Wettbewerbsstrategie in der Finanzdienstleistungsbranche, 2008, S. 95

frage unter 220 deutschen Unternehmen, dass bereits im Jahr 1998 den hybriden Wettbewerbsstrategien ein stark ausgeprägter Stellenwert eingeräumt wurde.[366] Die theoretische Fundierung hybrider Wettbewerbsstrategien basiert auf MURRAY, der eine gleichzeitige Realisierung von Differenzierung und Kostenführerschaft als vorteilhaft ansieht: „(...), by combining both generic strategies successfully, a firm should be able to outcompete rivals that pursue only one strategy“[367]. Die Argumentation MURRAYS hebt den Zusammenhang zwischen einer Kostenführerschaft sowie Skaleneffekten hervor und zeigt, dass im Rahmen einer Differenzierung die Kaufentscheidung der Kunden von anderen Faktoren als dem Preis beeinflusst wird. Dementsprechend resultiert also der Wettbewerbsvorteil von Kostenführerschaft und Differenzierung aus konträren Quellen, die jedoch in den Unternehmen einer Vielzahl verschiedener Branchenstrukturen zu finden sind. Folglich leitet MURRAY die Schlussfolgerung her, dass eine Synthese beider generischer Wettbewerbsstrategien möglich ist.[368]

Die Nutzung der Wettbewerbsvorteile von Kostenführerschaft und Differenzierung kann simultan oder gleichzeitig stattfinden, die damit verbundene Optimierung erfolgt lokal oder global.[369] Folglich nimmt FLECK eine Klassifizierung anhand der zeitlichen und örtlichen Dimension in sequentielle hybride, multilokale hybride und simultane hybride Wettbewerbsstrategien vor.[370]

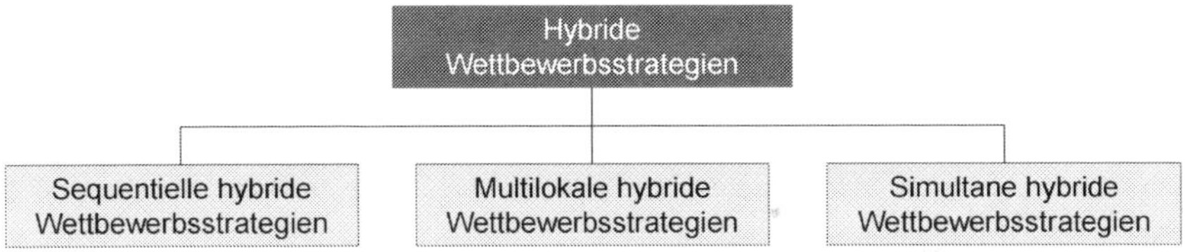

Abbildung 2-21: Klassifizierung hybrider Wettbewerbsstrategien nach FLECK[371]

Sequenziell hybride Wettbewerbsstrategien basieren auf einer zeitlichen Entkopplung der durch eine Kostenführerschaft sowie eine Differenzierung resultierenden Wettbewerbsvorteile.[372] Mithin stützen sich auch multilokale hybride Wettbewerbsstrategien auf eine Trennung von Kostenführerschaft und Differenzierung, jedoch handelt es sich hierbei um eine räumliche Entkopplung. Folglich werden die jeweiligen Wettbewerbsvorteile zwar zeitgleich, allerdings an unterschiedlichen geographischen Lokalitäten innerhalb der Wertschöpfungskette, realisiert.[373] Im Gegensatz dazu verzichten simultan hybride Wettbewerbsstrategien auf eine

---

[366] Vgl. Schuh, G.: Produktkomplexität managen, 2014, S. 93

[367] Vgl. Murray, A.: A Contingency View of Porter's "Generic Strategies", 1988, S. 396

[368] Vgl. Bömer, C. J.: Strategisches Bankmanagement, 2000, S. 398

[369] Vgl. Slamanig, M.: Produktwechsel als Problem im Konzept der Mass Customization, 2011, S. 110; Bruns, A.: Simultan hybride Qualitätsstrategie im Privatkundengeschäft von Kreditinstituten, 2006, S. 68

[370] Vgl. Sonnenschein, M.: Strategien für neue Geschäfte, 2001, S. 162

[371] In Anlehnung an Slamanig, M.: Produktwechsel als Problem im Konzept der Mass Customization, 2011, S. 110; Sonnenschein, M.: Strategien für neue Geschäfte, 2001, S. 163; Kaluza, B.: Herausforderung Materialwirtschaft, 1997, S. 11

[372] Vgl. Camphausen, B.: Strategisches Management, 2007, S. 95

[373] Vgl. Himpel, F.: Spektrum des Produktions- und Innovationsmanagements, 2008, S. 48

räumliche oder zeitliche Entkopplung, sondern fokussieren eine zeitgleiche Verwirklichung beider Wettbewerbsvorteile am gleichen Ort der Wertschöpfungskette.[374]

DEFINITION | *Im weiteren Verlauf der Arbeit werden unter dem Begriff Wettbewerbsstrategien jeweils hybride Strategien verstanden.*

Im Gegensatz zu den generischen Wettbewerbsstrategien PORTERS stützen sich hybride Strategien nicht nur auf einen strategischen Erfolgsfaktor, sondern auf eine Vielzahl strategischer Erfolgspositionen.[375]

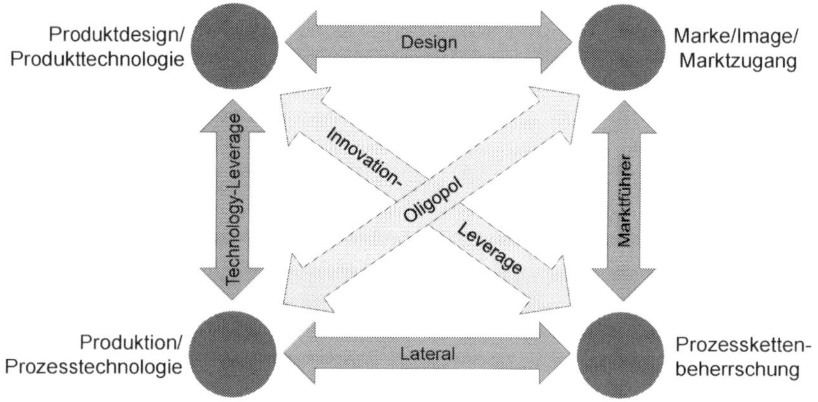

Abbildung 2-22: Referenzstrategien nach SCHUH[376]

PÜMPIN beschreibt dabei strategische Erfolgspositionen als zentrale Fähigkeiten, mit denen interne sowie externe Nutzungspotenziale genutzt werden können. Strategische Erfolgspositionen sind in der Lage, eine Konkurrenzüberlegenheit zu generieren, die einen langfristigen Unternehmenserfolg sichert.[377] PILLER definiert dieses Konsortium strategischer Erfolgspositionen als „(...) konsistentes, schwer imitierbares und die herrschenden (technologischen und marktlichen) Trade-offs beachtendes Set an Wertaktivitäten"[378]. Vor diesem Kontext nimmt SCHUH eine Klassifizierung anhand von sechs Referenzstrategien vor, die mittels 30 Strategie-Audits entwickelt wurden und die Verteidigung von vier als relevant identifizierten Erfolgspositionen fokussieren. SCHUH weist die Produktion/Prozesstechnologie, die Prozesskettenbeherrschung, die Marke/Image/Marktzugang und das Produktdesign/ die Produkttechnologie als branchenübergreifende strategische Erfolgspositionen aus.[379] Dabei wird eine Wettbewerbsarena durch zwei gegenüberstehende strategische Erfolgspositionen auf-

[374] Vgl. Camphausen, B.: Strategisches Management, 2007, S. 97; Bruns, A.: Simultan hybride Qualitätsstrategie im Privatkundengeschäft von Kreditinstituten, 2006, S. 74

[375] Vgl. Slamanig, M.: Produktwechsel als Problem im Konzept der Mass Customization, 2011, S. 111

[376] In Anlehnung an Frick, L.: Erfolgreiche Geschäftsmodelle im Werkzeugbau, 2005, S. 105; Schuh, G.: Referenzstrategien in einer vernetzten Welt, 2002, S. 27

[377] Vgl. Bergmans, B.: Banken-Handbuch Firmenkundenmarketing, 2007, S. 45

[378] Vgl. Piller, F. T.: Mass Customization, 2006, S. 189

[379] Vgl. Schuh, G.: Referenzstrategien in einer vernetzten Welt, 2002, S. 26 f.

gespannt, die den Referenzstrategien einen hybriden Charakter verleihen.[380] Infolgedessen stellt SCHUH die Hypothese auf, dass der Erfolg eines Unternehmens von der eindeutigen Positionierung innerhalb einer dieser Strategietypen bestimmt wird, die von einem Zielkonflikt zweier strategischer Erfolgspositionen geprägt sind.[381]

2.3.4 Zusammenfassung des Objektbereichs Leistungsfähigkeit

Der Ausdruck Leistungsfähigkeit zeichnet sich durch ein vielfältiges Begriffsverständnis aus, dessen Anwendungsspektrum sich sowohl in der Physiologie des Menschen als auch in der Unternehmensmodellierung und dem Portfoliomanagement befindet.[382] In der Unternehmensführung werden Leistungsfähigkeit und Performance zumeist synonym verwendet und charakterisieren die Effektivität und die Effizienz einer Unternehmung.[383]

	Merkmale	Merkmalsausprägungen					
Leistungsfähigkeit	Leistungsfähigkeit	Physiologische Leistungsfähigkeit			Performance		
	Wettbewerbsstrategien	generisch			hybrid		
	Generische Strategien	Kostenführerschaft		Differenzierung		Segmentierung	
	Hybride Strategien	sequentiell		multilokal		simultan	
	Referenzstrategien nach Schuh	Design	Oligopol	Marktführer	Technology-Leverage	Innovation-Leverage	Lateral

Abbildung 2-23: Morphologie des Objektbereichs Leistungsfähigkeit

Einen fundamentalen Bestandteil von Leistungsfähigkeit bilden generische und hybride Wettbewerbsstrategien, die auf die vorherrschenden Marktbedingungen anzupassen sind.[384] Die Entwicklung generischer Wettbewerbsstrategien und deren Klassifizierung in Kostenführerschaft, Differenzierung und Segmentierung gehen auf PORTER zurück.[385] Gemäß der Unvereinbarkeitshypothese PORTERS fokussiert jede der generischen Wettbewerbsstrategien einen klar abgegrenzten strategischen Vorteil, sodass eine Vermischung von Wettbewerbsvorteilen als unrentabel angesehen wird.[386] Infolgedessen basieren hybride Wettbewerbsstrategien auf der Simultanitätshypothese nach CORSTEN und WILL, bei der eine gleichzeitige

[380] Vgl. Frick, L.: Erfolgreiche Geschäftsmodelle im Werkzeugbau, 2005, S. 104; Schuh, G.: Referenzstrategien in einer vernetzten Welt, 2002, S. 26

[381] Vgl. Frick, L.: Erfolgreiche Geschäftsmodelle im Werkzeugbau, 2005, S. 105; Schuh, G.: Referenzstrategien in einer vernetzten Welt, 2002, S. 27

[382] Vgl. Möhrle, M. G.; Isenmann, R.: Technologie-Roadmapping, 2008, S. 332; Holz, M.; Da-Cruz, P.: Demografischer Wandel in Unternehmen, 2007, S. 101; Schmidt, R. F.; Lang, F.: Physiologie des Menschen, 2007, S. 929

[383] Vgl. Neely, A. D.: Business performance measurement, 2002, S. 145

[384] Vgl. Seubert, C.-M. F.: Build, Ally or Acquire, 2010, S. 104

[385] Vgl. Alcalde Rasch, A.: Erfolgspotential Instandhaltung, 2000, S. 37

[386] Vgl. Schuh, G.: Produktkomplexität managen, 2014, S. 91

Realisierung mehrerer Wettbewerbsvorteile angestrebt wird.[387] Dabei wird zwischen sequentiell, multilokal und simultan hybriden Wettbewerbsstrategien differenziert.[388]

2.4 Objektbereich Lebenszyklus

Der Objektbereich Lebenszyklus betrachtet den Lebenszyklus von Produkten und stellt einen Auszug der in der Literatur verbreiteten Produktlebenszyklusmodelle vor. Vor dem Hintergrund des dynamischen, zyklischen Verhaltens von Produkten werden die Lebenszykluskosten definiert und bekannte Kostenmodelle für Lebenszyklen aufgeführt und kritisch diskutiert. Die Kostenmodelle werden abschließend auf ihre Verwendung in der Branche Werkzeugbau geprüft.

2.4.1 Begriffsverständnis von Lebenszyklen

Die semantischen Bestandteile des Begriffs „Lebenszyklus" lassen auf den „periodischen Ablauf von etwas" schließen.[389] Dabei stammt das Substantiv „Zyklus" etymologisch aus dem Altgriechischen und ist mit „kýklos", dem Kreis, verwandt.[390] Das Konzept des Lebenszyklus stellt ein weitverbreitetes Modell in den Wirtschaftswissenschaften dar, mit dem die Entwicklung von Produkten in verschiedenen Märkten illustriert werden kann.[391] Dabei findet das Konzept nicht nur Anwendung im Marketing und im strategischen Management, sondern kann auch auf eine Vielzahl betrieblicher Aufgabenbereiche ausgeweitet werden.[392] Im Allgemeinen dient der Produktlebenszyklus dabei der Prognose von Umsatz- und Absatzentwicklungen der auf dem Markt befindlichen Produkten und Dienstleistungen.[393] Der Begriff des Lebenszyklus basiert auf der Vorstellung, dass Produkte einem Wandel unterliegen, der einem biologischen Zyklus ähnelt.[394] Solange die Produkte am Markt existieren, durchlaufen sie unterschiedliche Phasen.[395] Der Produktlebenszyklus ist nicht zwangsläufig auf einzelne Produkte beschränkt, sondern umfasst auch den Lebenszyklus einer gesamten Produktgattung oder von Produktmärkten.[396] Dabei werden Lebenszyklusphasen des Wachstums und des Verfalls miteinander verknüpft, um eine Analogie zur Entwicklung des Gewinns bzw. Umsatzes herzustellen.[397] Simultan versucht man bestimmte Gesetzmäßigkeiten während der begrenzten Lebenszeit eines Produktes zu erkennen und strategische Empfehlungen für die Produktpolitik zu entwickeln.[398] Daher definiert BROCKHOFF den Lebenszyklus von Produkten als „die erwartete oder die in der Vergangenheit empirisch festgestellte Entwicklung

---

[387] Vgl. Rösner, J.: Service - ein strategischer Erfolgsfaktor von Industrieunternehmen?, 1998, S. 245

[388] Vgl. Kaluza, B.: Herausforderung Materialwirtschaft, 1997, S. 11

[389] Vgl. o.V.: Duden - Die deutsche Rechtschreibung, 2013

[390] Vgl. Parashkevov, B.: Wörter und Namen gleicher Herkunft und Struktur, 2004, S. 370

[391] Vgl. Fischer, M.: Produktlebenszyklus und Wettbewerbsdynamik, 2001, S. 1

[392] Vgl. ebenda

[393] Vgl. Kreutzer, R.: Praxisorientiertes Marketing, 2010, S. 196; Schätzl, A.: Analyse des Produktlebenszyklus-Konzepts und sein Anwendungsbereich im Marketing, 2010, S. 4

[394] Vgl. Kopfsguter, M.: Produktlebenszyklus - Theorie und praktische Anwendung, 2012, S. 2

[395] Vgl. Mütze, M.; Senff, T.: Immobilieninvestitionen, 2009, S. 277; Kuder, M.: Kundengruppen und Produktlebenszyklus, 2005, S. 7

[396] Vgl. Kreutzer, R.: Praxisorientiertes Marketing, 2010, S. 196

[397] Vgl. Matys, E.: Praxishandbuch Produktmanagement, 2005, S. 118; Fischer, M.: Produktlebenszyklus und Wettbewerbsdynamik, 2001, S. 1

[398] Vgl. Scheurer, H.-U.: Problembereiche des Produktlebenszyklus-Modells, 2009, S. 3

des Absatzes eines Produktes, erfasst in geeigneter Dimensionierung, während eines Zeitabschnitts, innerhalb dessen sich das Produkt am Markt befindet (Produktlebenszeit)". [399] In dieser Festlegung wird deutlich, dass der Lebenszyklus eines Produktes mit der Einführung in den Markt beginnt und mit Verschwinden vom Markt endet. Dabei kann der Lebenszyklus eines Produktes stark variieren, allen Lebenszyklen ist jedoch eine ähnliche chronologische Abfolge bestimmter Lebenszyklusphasen gemein.[400]

Erstmalig tauchte der Begriff im Jahre 1957 auf, als er im Rahmen eines Neuproduktplanungsprozesses bei der Unternehmensberatung Booz, Allen und Hamilton Anwendung fand.[401] Bereits vorher existierten Ausführungen, die verschiedenen Marktbedingungen während eines Produktlebens die entsprechenden Managementanforderungen zuzuordnen versuchten. Hierbei sei DEAN erwähnt, der bereits 1950 das Konzept des Produktlebenszyklus beschrieb, ohne jedoch den zugehörigen Begriff einzuführen.[402] Die Forschung des Produktlebenszyklus und die Frage nach der Existenz idealtypischer Verlaufsmuster des Absatzes sowie des Umsatzes fand ab den 1960er Jahren breite Beachtung und resultiert in einer Vielzahl wissenschaftlicher Publikationen zum Thema Produktlebenszyklus.[403]

2.4.2 Verbreitete Theorien des Lebenszyklus

In der Literatur lässt sich eine Vielzahl unterschiedlicher Theorien des Produktlebenszyklus finden, die sich zumeist in der Anzahl und Bezeichnung einzelner Phasen des Produktlebenszyklus unterscheiden.[404] Nach der Produktlebenszyklustheorie gemäß VERNON werden drei Phasen eines Produktes unterschieden.[405] Das erste Stadium des Produktlebenszyklus wird durch ein neues Produkt definiert. Dabei nimmt VERNON an, dass dieses Produkt in dem Markt des Landes vertrieben wird, in dem es auch entwickelt wurde. In dieser frühen Phase des Produktlebenszyklus geht man von einer geringen produzierten Stückzahl und einem hohen Preis für das neue Produkt aus. Der Einführungsphase kommt eine entscheidende Bedeutung zu, da sich in dieser Zeitspanne entscheidet, ob die Produktidee die Grundlage für ein erfolgreiches Produkt bildet. Vor diesem Hintergrund kommt es zu erhöhten Ausgaben im Bereich des Marketings und der Vertriebsorganisation.[406] Im Folgenden findet ein Wechsel des Produkts von der Phase des neuen in das Stadium des reifenden Produkts statt.[407] Dieser Abschnitt des Produktlebenszyklus ist durch größere Stückzahlen und damit einhergehenden Preissenkungen sowie den Eintritt neuer Wettbewerber gekennzeichnet. Die steigenden Absatzzahlen während der Wachstumsphase werden durch die Marketingaktivitäten der vorhergehenden Phase und die breitere Bekanntheit des neuen Produkts begründet. Des Weiteren sind in dieser Phase anfängliche Anlaufschwierigkeiten überwunden

[399] Vgl. Kuder, M.: Kundengruppen und Produktlebenszyklus, 2005, S. 14

[400] Vgl. Mütze, M.; Senff, T.: Immobilieninvestitionen, 2009, S. 277; Scheurer, H.-U.: Problembereiche des Produktlebenszyklus-Modells, 2009, S. 5

[401] Vgl. Olbrich, R.: Marketing, 2006, S. 69

[402] Vgl. Fischer, M.: Produktlebenszyklus und Wettbewerbsdynamik, 2001, S. 1 f.

[403] Vgl. a. a. O., S. 74

[404] Vgl. Dreßler, K.: Der Lebenszyklus der deutschen Automobilindustrie, 2006, S. 122

[405] Vgl. Amschlinger, M. C.: Internationalisierung im Mittelstand, 2011, S. 46

[406] Vgl. Kuder, M.: Kundengruppen und Produktlebenszyklus, 2005, S. 21

[407] Vgl. Jungmittag, A.: Internationale Innovationsdynamik, Spezialisierung und Wirtschaftswachstum in der EU, 2006, S. 58

und Lernkurveneffekte kommen zum Tragen, sodass die Wachstumsphase durch eine effiziente Produktion charakterisiert werden kann.[408] In der letzten Phase des Lebenszyklus liegt ein reifes Produkt vor, das aus weitgehend standardisierten Fertigungsprozessen hervorgeht. In der Regel wird eine Massenproduktion angestrebt, die die Herstellungskosten für das Produkt weiter sinken lässt.[409] Im Zuge der Reifephase wächst der Markt zwar weiterhin, jedoch ist beim Absatz eine rückläufige Tendenz zu verzeichnen. Dies ist v. a. auf den erhöhten Wettbewerb und in den Markt eindringende Ersatzprodukte mit verbesserten Produkteigenschaften zurückzuführen.[410]

Auch HIRSCH unterscheidet während eines Lebenszyklus drei Phasen, die jedoch eine von VERNON teilweise verschiedene Nomenklatur aufweisen. So wird das erste Stadium des Produktlebenszyklus als „Wachstum- und Reifehase" deklariert, wohingegen die anderen Phasen sowohl bzgl. der Bezeichnung als auch vom Inhalt von VERNON übernommen wurden.[411] PATTON präzisiert den Produktlebenszyklus als „zeitbezogene, systematische Entwicklung von Produkten in Anlehnung an die Entwicklung natürlicher Lebewesen."[412] Damit wird die Ähnlichkeit zu den in der Natur auftretenden Alterungsprozessen unterstrichen.[413] Demzufolge hebt PATTON in seinen Ausführungen drei zentrale Aspekte hervor. So verweist er auf die Einführungsphase, das Wachstum und die Reifephase, die von einem Produkt nacheinander durchlaufen werden. Neben diesen drei Phasen führt er ein viertes Stadium ein, das den Rückgang bzw. die Sättigungsphase eines Produktes beschreibt.[414] Während der einzelnen Phasen zeigen sich beim Gewinn sowie bei der Ausbringungsmenge bestimmte, immer wiederkehrende Verläufe.[415] Während in der Wachstumsphase der Gewinn stark ansteigt und bei reifen Produkten eine rückläufige Tendenz aufweist, ist auch in der Reifephase noch eine steigende Ausbringungsmenge erkennbar. Zuletzt betont PATTON, dass während jeder Phase jeweils eigene Anforderungen an das Unternehmen gestellt werden. Folglich treffen Marketing, Produktion und Kostenkontrolle die Aufgabe, sich den Rahmenbedingungen der jeweiligen Phasen anzupassen.[416] Die einzelnen Phasen des Produktlebenszyklus nach PATTON sowie der zugehörige Verlauf der Nachfrage lassen sich anhand der nachstehenden Abbildung erkennen. Hierbei sind zu Beginn und am Ende des Produktlebenszyklus eine geringe Nachfrage zu erwarten, während in der Mitte des Lebenszyklus mit einem hohen absoluten Wert der Nachfrage zu rechnen ist. Die Veränderungsraten verhalten sich hierzu konträr, da anfangs hohe Wachstumsraten beim Absatz zu verzeichnen sind, die im Laufe des Produktlebenszyklus stetig abnehmen.[417]

---

[408] Vgl. Kuder, M.: Kundengruppen und Produktlebenszyklus, 2005, S. 21
[409] Vgl. Kutschker, M.; Schmid, S.: Internationales Management, 2008, S. 437 f.
[410] Vgl. Kuder, M.: Kundengruppen und Produktlebenszyklus, 2005, S. 21
[411] Vgl. Franz, M.: Brachflächenentwicklung und die institutionelle Dimension von Nachhaltigkeit, 2008, S. 54; Jungmittag, A.: Internationale Innovationsdynamik, Spezialisierung und Wirtschaftswachstum in der EU, 2006, S. 59
[412] Vgl. Fischer, M.: Produktlebenszyklus und Wettbewerbsdynamik, 2001, S. 2
[413] Vgl. a. a. O., S. 1 f.
[414] Vgl. Janzik, L.: Motivanalyse zu Anwenderinnovationen in Online-Communities, 2012, S. 55 ff.
[415] Vgl. Pohl, J.: Adaption von Produktionsstrukturen unter Berücksichtigung von Lebenszyklen, 2014, S. 28; Vahrenkamp, R.: Produktionsmanagement, 2008, S. 25
[416] Vgl. Fischer, M.: Produktlebenszyklus und Wettbewerbsdynamik, 2001, S. 3
[417] Vgl. Pepels, W.: Marketing, 2004, S. 426

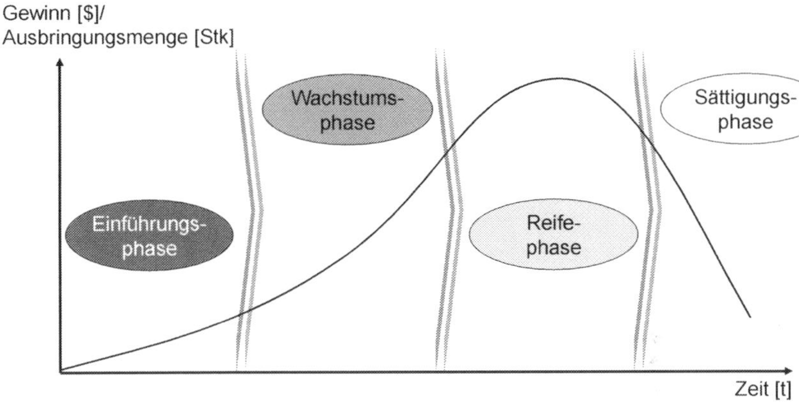

Abbildung 2-24: Produktlebenszyklusphasen[418]

Neben einem Produktlebenszyklus, der in drei bzw. vier Phasen zerfällt, ist auch eine Unterteilung in fünf Phasen möglich. Mithin geht MEFFERT von den fünf Phasen Einführung, Wachstum, Reife, Sättigung sowie Degeneration aus.[419] Die Einführungsphase ist durch den Eintritt des Produkts in den Markt und einem langsamen Wachstum des Produkts gekennzeichnet.[420]

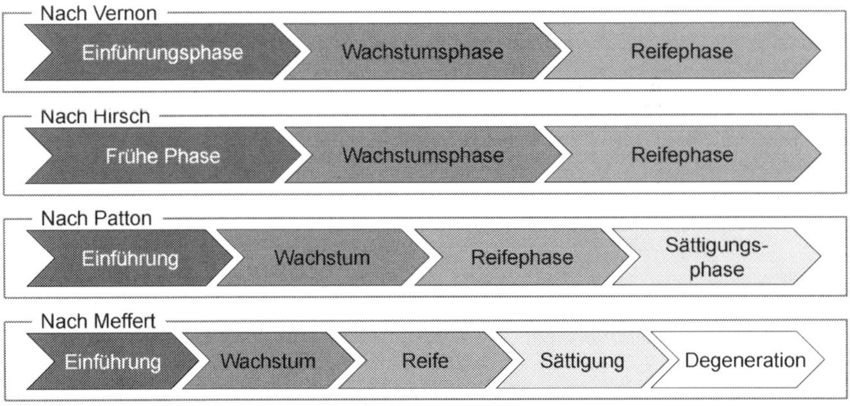

Abbildung 2-25: Phasen konventioneller Produktlebenszyklus-Modelle

[418] In Anlehnung an Raasch, C.: Der Patentauslauf von Pharmazeutika als Herausforderung beim Management des Produktlebenszyklus, 2010, S. 13; Kuder, M.: Kundengruppen und Produktlebenszyklus, 2005, S. 16

[419] Vgl. Olbrich, R.: Marketing, 2006, S. 70

[420] Vgl. Kuder, M.: Kundengruppen und Produktlebenszyklus, 2005, S. 16; Breyer-Mayländer, T.: Einführung in das Medienmanagement, 2004, S. 106

In der Wachstumsphase nimmt die Marktdurchdringung schnell zu, während in der darauffolgenden Reifephase das Umsatzwachstum auf Grund des gestiegenen Wettbewerbs stetig abnimmt. Im Verlauf der Sättigungsphase sinken Umsatz und Gewinn zunächst, bevor es in der Degenerationsphase zu starken Rückgängen von Gewinnen sowie des Verkaufsvolumens kommt.[421]

In Ergänzung zu den fünfphasigen Produktlebenszyklen wurde ein integriertes Lebenszykluskonzept nach PFEIFFER und BISCHOF entwickelt.[422] Hierbei werden dem konventionellen Produktlebenszyklus zwei Phasen (Beobachtungs- und Entstehungszyklus) vor- und eine Phase (Entsorgung) nachgelagert. Während des Beobachtungszyklus wird das technische Umfeld analysiert und die Marktsituation eruiert. Im darauffolgenden Entstehungszyklus stehen Forschung, Entwicklung und das Anlaufen der Fertigung des neuen Produkts im Vordergrund.[423]

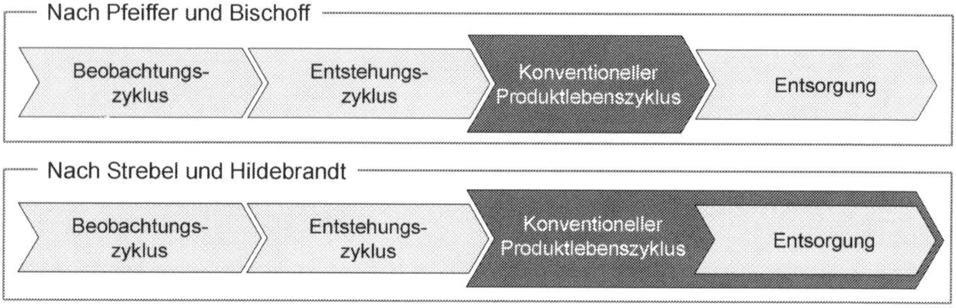

Abbildung 2-26: Modifizierte Modelle eines Produktlebenszyklus

In der auf Arbeiten von STREBEL und HILDEBRANDT basierenden, nachgelagerten Phase wird die Entsorgung des Produkts in das Konzept des konventionellen Produktlebenszyklus integriert.[424] Die beiden modifizierten Konzepte eines Produktlebenszyklus sind in der obigen Abbildung aufgezeigt.

DEFINITION

Unter einem Lebenszyklus werden die modifizierten bzw. integrierten Konzepte eines Produktlebenszyklus verstanden, die anhand einer Vor- bzw. Nachlagerung einzelner Phasen die konventionellen Lebenszyklen erweitern.

2.4.3 Lebenszykluskosten von Produkten

Der Begriff Lebenszykluskosten erfährt in der Literatur keine durchgehend konsistente Definition und ist je nach Branche, Wissenschaft oder Perspektive unterschiedlich definiert.[425] Dies wird bereits an den in der Fachliteratur verwendeten Begrifflichkeiten deutlich. Während

---

421 Vgl. Olbrich, R.: Marketing, 2006, S. 70 f.

422 Vgl. Kuder, M.: Kundengruppen und Produktlebenszyklus, 2005, S. 22 f.; Faßbender-Wynands, E.: Umweltorientierte Lebenszyklusrechnung, 2001, S. 46

423 Vgl. Kuder, M.: Kundengruppen und Produktlebenszyklus, 2005, S. 22 ff.

424 Vgl. a. a. O., S. 22 f.

425 Vgl. Theis, F.: Lebenszyklusorientierte Betriebskosten bei gebäudetechnischen Anlagen, 2011, S. 44

man im deutschen Sprachgebrauch von „Lebenszykluskosten“ spricht, verwendet man in den USA synonym „Life Cycle Costing“ und in Kanada sowie Großbritannien „Whole Life Costs“[426]. Zudem findet sich in der Literatur auch immer wieder der Begriff Total-Cost-of-Ownership, dem eine ähnliche Definition wie den Lebenszykluskosten zu Grunde liegt, sodass keine klare Differenzierung zwischen beiden Begriffen möglich ist.[427]

Unter Lebenszykluskosten wird die Summe aller Kosten verstanden, die sich während des Produktlebenszyklus ergeben. Neben den Anschaffungskosten des Produkts seien auch Nutzungskosten in Form von Betriebs- und Instandhaltungskosten erwähnt.[428] In diesem Kontext muss weiterhin zwischen den Lebenszykluskosten eines einzelnen Produkts bzw. einem Produkt als Menge von Exemplaren differenziert werden. Bei der generellen Betrachtung eines Produkts sind jegliche Kosten zu berücksichtigen, die im Zuge der Planung, Fertigung, Entwicklung sowie des Vertriebs aller Exemplare anfallen. Vor dem Hintergrund eines einzelnen Exemplars sind lediglich Aufwendungen einzubeziehen, die bei der Fertigung und Nutzung des Produkts auftreten.[429]

Das NATIONAL INSTITUTE OF STANDARDS AND TECHNOLOGY definiert Lebenszykluskosten im Kontext eines Facility Managements, indem es Lebenszykluskosten über „total discounted dollar cost of owning, operating, maintaining, and disposing of a building or building system“ definiert.[430] Neben dieser Definition existieren zahlreiche weitere Ansätze, die den Begriff der Lebenszykluskosten auf das Gebäude- und Immobilienmanagement übertragen und damit den Stellenwert der Lebenszykluskosten in dieser Branche hervorheben. Auch im technischen Bereich kommt den Lebenszykluskosten eine entscheidende Bedeutung zu. Gemäß dem VERBAND DEUTSCHER MASCHINEN- UND ANLAGENBAUER E.V. (VDMA) wird unter Lebenszykluskosten „...die Summe aller zum bestimmungsmäßigen Gebrauch einer geeignet ausgelegten Maschine oder Anlage erforderlichen Aufwendungen von der Anschaffung bis zur Entsorgung...“ verstanden.[431] BARRINGER versteht unter dem Begriff Lebenszykluskosten die über einen Lebenszyklus angenommenen Gesamtkosten eines Systems in den Phasen Entwicklung, Produktion, Betrieb und Instandhaltung.[432] In Anlehnung hierzu definiert HEISE den Begriff Lebenszykluskosten allgemeiner, indem er sie als „totale Kosten eines Produktes, Systems oder Projektes während seiner gesamten Lebensdauer einschließlich der dadurch ausgelösten Kosten in anderen Unternehmensbereichen“ auffasst.[433]

Gemäß der DIN EN 1325-1 werden Lebenszykluskosten als Aufwendungen definiert, die für den Erwerb und die Nutzung eines Produktes während eines Zeitintervalls innerhalb des Produktlebenszyklus anfallen.[434] In einer anderen Norm findet sich eine leicht abweichende Definition. So werden in der Norm DIN EN 60300-3-3 Lebenszykluskosten als summierte Kosten eines Erzeugnisses über seinen Lebenszyklus festgelegt. Dabei setzen sich die Le-

---

[426] Vgl. Nitzsche, F.: Modell eines lebenszyklusorientierten PPP-Angebotsprozesses, 2009, S. 131
[427] Vgl. Schweiger, S.: Lebenszykluskosten optimieren, 2009, S. 38
[428] Vgl. Burghardt, M.: Einführung in Projektmanagement, 2013, S. 172
[429] Vgl. a. a. O., S. 173
[430] Vgl. Gleich, R.; Sauter, R.: Operational Excellence, 2008, S. 383
[431] Vgl. Kiel, E.: Antriebslösungen, 2007, S. 512
[432] Vgl. Gleich, R.; Sauter, R.: Operational Excellence, 2008, S. 383
[433] Vgl. Heise, W.: Das kleine 1 x 1 der Zuverlässigkeit und LCC, 2009, S. 94
[434] Vgl. Schweiger, S.: Lebenszykluskosten optimieren, 2009, S. 44

benszykluskosten aus den Produktkosten und den Haltungskosten zusammen. Zu Produktkosten zählen Entwicklungskosten, Herstellungskosten, Installationskosten sowie Garantiekosten, während unter Haltungskosten vornehmlich Betriebskosten, Instandhaltungskosten, Reparaturkosten, Ausfall- und Entsorgungskosten verstanden werden.[435]

DEFINITION

Im Rahmen dieser Arbeit werden unter Lebenszykluskosten die kumulierten Aufwendungen verstanden, die von der Anschaffung, über die Nutzung bis zur Entsorgung eines Investitionsguts in dessen Lebenszyklus anfallen, um den bestimmungsmäßigen Gebrauch zu ermöglichen.

2.4.4 Kostenmodelle für Lebenszyklen

In der Literatur existiert eine Vielzahl von Modellen zur Berechnung der Lebenszykluskosten. Die bedeutendsten quantitativen Modellkonzepte sollen im Folgenden kurz dargelegt werden. Zwangläufige Voraussetzung aller Modelle zur Berechnung der Lebenszykluskosten ist eine eindeutige Festlegung ihrer Aufgabenstellung und die Existenz eines Referenzoutputs eines Investitionsguts. Mithin muss eine Vergleichbarkeit der Leistungen gegeben sein.[436] Vor diesem Hintergrund gilt es eine Quantifizierbarkeit der Eingangsgrößen sicherzustellen, da jegliche Optimierung auf einer Messung beruht.[437] Zudem müssen die zur Berechnung der Lebenszykluskosten angewendeten Daten lebenszyklusorientiert sein, um eine eindeutige Zuordnung der Kosten zu den einzelnen Lebenszyklusphasen vornehmen zu können. In diesem Kontext müssen eine einheitliche Zuordnungsvorschrift und eine genormte Berechnungsweise gewährleistet sein.[438] Dennoch sollte ein flexibles Kostenmodell vorliegen, das entsprechend den verschiedenen Anwendungsfällen angepasst werden kann. Hierbei obliegt es dem Kostenmodell einen optimalen Kompromiss zwischen Flexibilität und standardisierter Vorgehensweise darzustellen.[439] Nur im Fall jeweils gleicher Annahmen sind die Ergebnisse der Lebenszyklusberechnungen repräsentativ und können miteinander in Beziehung gesetzt werden.[440] Alle Kostenmodelle für Lebenszyklen verfolgen das Ziel, sämtliche während des Produktlebenszyklus auftretenden Kosten zu erfassen und der zugehörigen Produktart zuzurechnen.[441] Auf diese Weise soll die Prognostizierbarkeit der in den einzelnen Produktlebensphasen auftretenden Kosten gewährleistet werden.[442]

PFOHL beschreibt das Betrachtungsobjekt der Lebenszykluskostenrechnung als „zielorientierte Planung und Kontrolle sämtlicher mit der Entwicklung, Vermarktung und Entsorgung eines Objekts erfolgsbeeinflussender Faktoren“[443]. REBITZER verweist in seiner Definition stärker auf die während der Produktion des Produkts anfallenden Kosten, indem er die Auf-

---

[435] Vgl. Eser, B.: Erzielung nachhaltig hoher Büroimmobilienwerte, 2009, S. 39
[436] Vgl. Schweiger, S.: Total Cost of Ownership, 2008, S. 37
[437] Vgl. Schweiger, S.: Lebenszykluskosten optimieren, 2009, S. 40
[438] Vgl. Heise, W.: Das kleine 1 x 1 der Zuverlässigkeit und LCC, 2009, S. 95; Schweiger, S.: Lebenszykluskosten optimieren, 2009, S. 40
[439] Vgl. Schweiger, S.: Lebenszykluskosten optimieren, 2009, S. 40
[440] Vgl. Schweiger, S.: Total Cost of Ownership, 2008, S. 39
[441] Vgl. Hönninger, J. A.: Wertorientierte Steuerung dezentraler Entscheidungsträger im Produktlebenszyklus, 2010, S. 81
[442] Vgl. Giudice, F.; La Rosa, G., et al.: Product design for the environment, 2006, S. 132
[443] Vgl. Geißdörfer, K.: Total Cost of Ownership (TCO) und Life Cycle Costing (LCC), 2009, S. 18

wendungen von Forschung, Produktion, Nutzung und Entsorgung am Ende des Lebenszyklus als Lebenszykluskosten auffasst.[444] Eine allgemeinere Festlegung findet sich bei HEISE. Er definiert die Lebenszykluskostenrechnung als ein Instrument, mit dem die gesamten Kosten eines Produkts, eines ganzen Systems oder eines Projekts über den Lebenszyklus geplant und beeinflusst werden können.[445] Dabei arbeitet er grundlegende Merkmale einer Lebenszykluskostenrechnung heraus. So betont er, dass die Lebenszykluskostenrechnung eine ganzheitliche Betrachtung anstrebt, um in diesem Sinne die als totale Kosten definierten Lebenszykluskosten zu erfassen. Diese Analyse ist periodenübergreifend und langfristig orientiert. Zudem hebt HEISE den Zweck der Lebenszykluskostenrechnung hervor, indem er sie der Kostenoptimierung unterstellt. Das Ziel einer optimalen Kostenverteilung wird über die drei Stellhebel Planung, Steuerung und Kontrolle erreicht. Hierzu werden jegliche Kosten und Erlöse, die während der einzelnen Lebenszyklusphasen anfallen, systematisch erfasst und analysiert.[446] Die Lebenszykluskostenrechnung muss dabei schon in den frühen Phasen der Konstruktion ansetzen, da bereits in der Entwicklung eines Produkts ein Großteil der späteren Kosten festgelegt wird.[447] So geht man in der Literatur davon aus, dass während der Konzeption und Konstruktion bereits 70-85 % der später anfallenden Kosten spezifiziert werden.[448] Schließlich kommt der Lebenszykluskostenrechnung die Beantwortung der Fragestellung zu, ob sich die erfassten Lebenszykluskosten mittels der voraussichtlichen Erlöse amortisieren lassen.[449] Einem Großteil der Kostenmodelle für Lebenszyklen ist gemein, dass eine Differenzierung zwischen einmalig und mehrmalig auftretenden Kosten stattfindet. Des Weiteren werden die anfallenden Kosten einzelner Abschnitte des Produktlebenszyklus, wie Anschaffung, Nutzung oder Instandhaltung zugeordnet.[450] Die resultierenden Lebenszykluskosten ergeben sich in der Regel durch Aufsummieren der einzelnen Kostenelemente.[451]

Einer in der Praxis weit verbreiteter Ansatz stellt die amerikanische Richtlinie SAE-ARP 4293 dar.[452] Diese in Zusammenarbeit zwischen Automobil- sowie Luft- und Raumfahrtindustrie entwickelten Standards verbindet die Theorie der Lebenszykluskosten mit einem kompletten Produktlebenszyklus und bewertet die anfallenden Kosten während Forschung und Entwicklung, Beschaffung, Vertrieb und jeglichen Services rund um das Produkt. Diese auf verschiedene Branchen anwendbaren Richtlinien werden anschließend von der SOCIETY OF AUTOMOTIVE ENGINEERS FOR THE AEROSPACE RECOMMENDED PRACTICE auf die Spezifika der Luft- und Raumfahrtindustrie bezogen.[453]

Im europäischen Raum hat sich die Norm DIN IEC 60300-3-3 durchgesetzt, die ein Grundgerüst für die Lebenszyklusberechnung darstellt.[454] Die von der INTERNATIONAL ELECTROCHEMICAL COMMISSION erstellte Richtlinie ist ebenfalls auf weite Bereiche der Industrie anwendbar

[444] Vgl. Geißdörfer, K.: Total Cost of Ownership (TCO) und Life Cycle Costing (LCC), 2009, S. 17
[445] Vgl. Heise, W.: Das kleine 1 x 1 der Zuverlässigkeit und LCC, 2009, S. 94
[446] Vgl. ebenda
[447] Vgl. a. a. O., S. 100
[448] Vgl. Geißdörfer, K.: Total Cost of Ownership (TCO) und Life Cycle Costing (LCC), 2009, S. 18
[449] Vgl. Heise, W.: Das kleine 1 x 1 der Zuverlässigkeit und LCC, 2009, S. 94 f.
[450] Vgl. Schweiger, S.: Lebenszykluskosten optimieren, 2009, S. 39
[451] Vgl. a. a. O., S. 57
[452] Vgl. a. a. O., S. 40
[453] Vgl. Giudice, F.; La Rosa, G., et al.: Product design for the environment, 2006, S. 129
[454] Vgl. Schweiger, S.: Lebenszykluskosten optimieren, 2009, S. 40

und stellt eine generelle Vorgehensweise zur Berechnung der Lebenszykluskosten dar.[455] Hierzu wird auf häufig anzutreffende Kostenfaktoren verwiesen und die Berechnung der Lebenszykluskosten anhand von Beispielen illustriert. Dabei wird eine Zuordnung einzelner Kostenpositionen zu einmalig und mehrmalig auftretenden Kosten vorgenommen. Dies entspricht der DIN IEC 60300 zugrunde liegenden Definition eines Produktlebenszyklus als „time interval between a product´s conception and its disposal“[456]. Gleichzeitig werden Lebenszykluskosten als „cumulative cost of a product over ist life cycle“ angesehen.[457] Vor dem Hintergrund dieser Definitionen darf die Lebenszykluskostenrechnung als ein dynamischer Prozess angesehen werden, bei dem im Rahmen einer wirtschaftlichen Analyse die Lebenszykluskosten eines Produkts erfasst werden. Um eine genaue Einordnung der Kosten vornehmen zu können, wird in der DIN IEC 60300 auf eindeutige Festlegungen der einzelnen Kostenelemente geachtet, sodass jegliche Kostentreiber zu einem der fünf Kategorien „Concept and Definition“, „Design and Development“, „Manufacturing and Installation“, „Operation and Maintenance“ sowie „Disposal“ angerechnet werden können.[458] Die DIN IEC 60300 verweist dabei auf die Analyse der Lebenszykluskosten in den frühen Phasen der Produktentstehung, da hier bereits ein Großteil der später anfallenden Kosten festgelegt wird. Zudem geht man davon aus, dass ein zuverlässiges Produkt notwendiger Bestandteil effektiver Kostenreduktionen ist.[459]

In der deutschen Industrie findet zunehmend eine vom VEREIN DEUTSCHER INGENIEURE entworfene Richtlinie Anwendung. Die auf Grundlage der VDI 2884 durchgeführte Berechnung der Lebenszykluskosten wird zur Abschätzung der Kosten technischer Anlagen und zur Ermittlung einer Kostenverteilung über den Produktlebenszyklus genutzt.[460] Die Analyse der Lebenszykluskosten kann dabei aus der Sicht des Herstellers oder des Nutzers der Anlage erfolgen. Dabei werden jedoch unterschiedliche Zielsetzungen mit einer Betrachtung der Lebenszykluskosten verfolgt. So ist der Betreiber einer Anlage auf eine Kaufentscheidung zwischen alternativen Fabrikaten fokussiert, die seiner Unternehmung am meisten dienlich ist, während Hersteller anhand der Lebenszykluskosten den Verlauf der in späteren Lebenszyklusphasen anfallenden Kosten prognostizieren möchten. Beiden Perspektiven ist gemein, dass mittels des Ergebnisses der Analyse ein Höchstmaß an Effizienz generiert werden soll.[461] Der Richtlinie gemäß VDI 2884 liegt eine ganzheitliche Betrachtungsweise zu Grunde, die neben Kosten auch Erlöse in die Analyse einbezieht. Diese umfassende Berücksichtigung jeglicher Kosten äußert sich beispielsweise nicht nur in der Einbeziehung der Raumkosten, sondern auch in der Analyse der Lagerkosten für Ersatzteile. Die Berechnung der Lebenszykluskosten basiert auf der Kapitalwertmethode, bei dem alle Ein- und Auszahlungen mit Hilfe eines Kalkulationszinsfußes auf einen Zeitpunkt abgezinst werden.[462] Das An-

---

455 Vgl. Giudice, F.; La Rosa, G., et al.: Product design for the environment, 2006, S. 129

456 Vgl. a. a. O., S. 131

457 Vgl. ebenda

458 Vgl. a. a. O., S. 129 ff.

459 Vgl. Herrmann, C.: Ganzheitliches Life Cycle Management, 2010, S. 146

460 Vgl. Reichel, J.; Müller, G., et al.: Betriebliche Instandhaltung, 2009, S. 288

461 Vgl. Dettmer, T.: Nichtwassermischbare Kühlschmierstoffe auf Basis nachwachsender Rohstoffe, 2006, S. 164 f.

462 Vgl. Herrmann, C.: Ganzheitliches Life Cycle Management, 2010, S. 145; Eser, B.: Erzielung nachhaltig hoher Büroimmobilienwerte, 2009, S. 40

wendungsgebiet der VDI 2884 beschränkt sich dabei vornehmlich auf Bauwerke, Produktionsmittel und Fahrzeuge.[463]

Dem Umstand Rechnung tragend, dass kein einheitliches Berechnungsmodell der Lebenszykluskosten in der Praxis existiert, versuchte der VERBAND DEUTSCHER MASCHINEN- UND ANLAGENBAUER E.V. eine einheitliche Richtlinie zu entwickeln. Das VDMA-Einheitsblatt ist eng mit der Norm VDI 2884 verwandt und wird v. a. in der standardisierten Berechnung der Lebenszykluskosten für Anlagen und Maschinen angewandt. Auf diese Weise soll eine Vergleichbarkeit der Ergebnisse von Lebenszykluskostenberechnungen erreicht werden.[464] Die Vorgehensweise des VDMA- Einheitsblatts beruht auf der Zuordnung der Kostenpositionen zu den Phasen Entstehung, Betrieb und Verwertung. Die einzelnen Elemente werden in Tabellen aufgelistet und anschließend addiert. Im Gegensatz zur VDI 2884 bleiben beim VDMA-Einheitsblatt die aus der Verwendung der Maschine hervorgehenden Erlöse unberücksichtigt.[465]

Mithin ist allen Definitionen von Lebenszykluskosten und den zugrunde liegenden Berechnungsmodellen gemein, dass der Lebenszyklus eines Produkts in unterschiedliche Phasen aufgeteilt wird, denen die entsprechend entstehenden Kosten zugeordnet werden. Diese Kostenelemente werden in der Regel summiert, um die Lebenszykluskosten als die gesamten über den Produktlebenszyklus anfallenden Kosten zu erhalten. Unterschiede lassen sich v. a. bei den betrachteten Produkten, dem Lebenszyklus zu Grunde gelegten Zeitintervall sowie den in die Berechnung einbezogenen Kosten finden.[466]

2.4.5 Lebenszykluskosten im Werkzeugbau

Die Methoden der Lebenszykluskostenrechnung existieren bereits seit einem Vierteljahrhundert. Jedoch finden sie erst seit einigen Jahren auch Anwendung in der Praxis, zuvor beschränkte man sich auf deren theoretische Untersuchung.[467] Gerade in den letzten zehn Jahren haben Unternehmen im Werkzeugbau die Möglichkeit erkannt, mittels einer Lebenszykluskostenrechnung die Kosten von Anlagen oder Werkzeugen über den Lebenszyklus des Produkts abzuschätzen. Dabei zeigen sich die Herausforderungen gerade in den Bereichen einer schnellen und präzisen Kalkulation, zumal die untersuchten Werkzeuge in der Regel Einzelstücke darstellen und so ein einheitliches Vorgehen meist nicht möglich ist.[468]

HEISE stellt eine mögliche Ausprägung der Berechnung der Lebenszykluskosten im Werkzeugbau dar. Bei der praktischen Anwendung des Modells verweist HEISE auf die enge Verknüpfung zwischen der technischen Dokumentation und den Bereich Instandhaltung.[469] Daher stellt die Basis für eine erfolgreiche Zusammenarbeit von Systemlieferant- und Betrei-

---

[463] Vgl. Dettmer, T.: Nichtwassermischbare Kühlschmierstoffe auf Basis nachwachsender Rohstoffe, 2006, S. 164

[464] Vgl. Schweiger, S.: Lebenszykluskosten optimieren, 2009, S. 57

[465] Vgl. Herrmann, C.: Ganzheitliches Life Cycle Management, 2010, S. 146

[466] Vgl. Brem, S.; Krämer, g.: Total Cost of Ownership als Instrument des Beschaffungsmanagements, 2008, S. 29 f.

[467] Vgl. Ewert, R.; Wagenhofer, A.: Interne Unternehmensrechnung, 2014, S. 286; Heise, D.: Unternehmensmodellbasiertes IT-Kostenmanagement als Bestandteil eines integrativen IT-Controllings, 2013, S. 129

[468] Vgl. Schuh, G.; Boos, W.: Forschungsbericht 2012/2013, 2013, S. 6; Schuh, G.; Kubosch, A., et al.: Lebenszyklusorientierte Werkzeugkalkulation, 2004, S. 5

[469] Vgl. Heise, W.: Das kleine 1 x 1 der Zuverlässigkeit und LCC, 2009, S. 101

berunternehmen das Instandhaltungshandbuch oder ein andere Datei dar, die die Instandhaltung dokumentiert. Auf Grundlage der Zuverlässigkeit und der Ausfallwahrscheinlichkeit einzelner Bauteile, können die Kosten für Reparatur und Wartung der Maschinen über den Lebenszyklus ermittelt werden. Möglichkeiten zur Kostenreduktion liegen dabei in der Entscheidung, wann ein Teil ausgetauscht und in welchem Umfang es regelmäßig gewartet werden muss. Hierbei müssen Sicherheitsüberlegungen einbezogen werden, die den Einfluss des Bauteilausfalls auf das komplette System und die resultierenden Kosten berücksichtigen. So führt eine zu häufige Wartung des Werkzeugs zu erhöhten Instandhaltungskosten, während späte Wartungsarbeiten in geringem Umfang zu einem möglichen Produktionsausfall führen können. Neben dem Instandhaltungsverfahren verweist HEISE auf die Störungs- und Sicherheitsanalyse, die neben möglichen Störungsursachen auch effiziente Vorsorgemaßnahmen und durch den Ausfall des Werkzeugs entstehende Schäden untersucht. Hierbei gilt es eine optimale Positionierung zwischen Risiken und den Zielen des Unternehmens zu finden.[470]

Gemäß SCHUH werden die Lebenszykluskosten eines Werkzeugs von einzelnen Parametern beeinflusst, die es durch Untersuchung des Herstellungsprozesses zu ermitteln gilt. Entsprechend dem Anwendungsfall liegen verschiedene Ausprägungen von Werkzeug und Formteil vor, sodass bei der Berechnung der Lebenszykluskosten unterschiedliche Werkzeugkonzepte berücksichtigt werden müssen.[471] Nach der Definition des Werkzeugkonzeptes wird die vollständige Prozesskette von der Entwicklung des Werkzeugs bis zur Inbetriebnahme beim Kunden untersucht. Hieraus lässt sich ein Ablaufmodell entwickeln, das die Vorgehensweise der Auftragsdurchführung darstellt. Dabei können den verschiedenen Prozessschritten die entsprechenden Kosteneinflussgrößen zugeordnet werden.[472] Mittels Analyse der Fertigungsprozesskette von Werkzeug- und Formteil werden die Kosten beeinflussenden Einflussgrößen erfasst und zu Kostentreibern aggregiert. Als Kostentreiber werden dabei nur Faktoren definiert, die einen nicht zu vernachlässigen Einfluss auf die Kosten haben.[473] Auf diese Weise sind die Ursachen für die Entstehung von Kosten in den einzelnen Phasen des Lebenszyklus direkt zuzuordnen.[474] In diesem Kontext sind keine allgemeingültigen Lebenszyklen verwendbar, da die Herstellung von Werkzeugen auf Unikate oder Kleinserien ausgerichtet ist, deren Spezifika es im Lebenszyklus zu berücksichtigen gilt.[475] Im folgenden Schritt wird anhand von Kalkulationsdaten der Einfluss von Kostentreibern während der einzelnen Prozessschritte quantifiziert. Zudem gilt es die Kostentreiber den einzelnen Phasen des Produktlebenszyklus zuzuordnen, sodass durch Variation der Parameter verschiedene Szenarien in die Berechnung der Lebenszykluskosten integriert werden können. Dabei ist eine isolierte Betrachtung einzelner Kostentreiber keineswegs zielführend, sondern es gilt auch die Abhängigkeiten der Kostentreiber untereinander zu berücksichtigen.[476] Durch gezielte Anpassung einzelner Faktoren und Erstellung von Verbrauchs- sowie Kostenfunktionen kann

---

[470] Vgl. Heise, W.: Das kleine 1 x 1 der Zuverlässigkeit und LCC, 2009, S. 101 ff.
[471] Vgl. Schuh, G.; Kubosch, A., et al.: Lebenszyklusorientierte Werkzeugkalkulation, 2004, S. 11
[472] Vgl. ebenda
[473] Vgl. Binder, U.: Schnelleinstieg Controlling - mit Arbeitshilfen online, 2013, S. 239
[474] Vgl. Schuh, G.; Boos, W.: Werkzeugbau Akademie Forschungsbericht 2012/2013, S. 6
[475] Vgl. a. a. O., S. 6 f.
[476] Vgl. Schuh, G.; Boos, W.: Forschungsbericht 2010/2011, 2011, S. 26; Schuh, G.; Kubosch, A., et al.: Lebenszyklusorientierte Werkzeugkalkulation, 2004, S. 12

ein Optimum ermittelt werden, sodass minimale Kosten über den Lebenszyklus erreicht werden können. Die Ermittlung der notwendigen Kostenfunktionen erfolgt auf Basis der in den einzelnen Prozessschritten auftretenden Kosten, sodass jeder Lebenszykluskostenberechnung eine Analyse der zur Herstellung des Werkzeugs benötigten Ressourcen vorhergeht.[477]

2.4.6 Kritik am Konzept des Lebenszyklus

Das Konzept des Produktlebenszyklus ist in der Wissenschaft keineswegs unumstritten und stößt in der Literatur an vielen Stellen auf Kritik.[478] DHALLA und YUSEPH kritisieren den Grundgedanken dieses Konzepts, der den Lebenszyklus eines Produkts mit den Phasen eines biologischen Kreislaufs vergleicht. Dabei verweisen sie auf die Spezifika einzelner Produkte, die eine Herleitung eines branchenübergreifenden, allgemeingültigen Produktlebenszyklus erschweren. Folglich kann ein idealisiertes Modell, das stets aus den gleichen Phasen mit identischen Phasenlängen besteht, die Realität nur unzureichend abbilden. Vielmehr bedarf es einer Anpassung des Konzepts des Produktlebenszyklus an die spezifische Produktkategorie.[479] Zudem bemängeln die beiden Autoren, dass eine trennscharfe Unterscheidung zwischen den einzelnen Lebenszyklusphasen in der Realität nicht möglich ist.[480] Deshalb erschwert dieser Aspekt die Lokalisierung des Produkts innerhalb des Produktlebenszyklus.[481] Zudem geht BÜTTNER auf das Anwendungsgebiet des Konzepts ein und betont, dass das Konzept sich weniger für eine Prognose zukünftiger Marktentwicklungen eignet, als vielmehr eine ex-post Untersuchung unterstützen kann.[482]

Auch das auf dem Produktlebenszykluskonzept aufbauende Modell der Lebenszykluskosten erfährt in der Literatur Zweifel. Die Kritik beruht in diesem Kontext auf der nicht einheitlichen Festlegung, welche Kostenpositionen bei der Berechnung der Lebenszykluskosten berücksichtigt werden.[483] Jedoch ist ersichtlich, dass nur bei standardisierten Annahmen eine Vergleichbarkeit der Ergebnisse von Lebenszykluskostenberechnungen gewährleistet werden kann, die eine optimale Entscheidung zwischen Investitionsalternativen erlaubt.[484] In der Wissenschaft ist dennoch keine konsistente Vorgehensweise zur Ermittlung der Lebenszykluskosten bzw. ein einheitlicher Begriff der Lebenszykluskosten definiert.[485] Zudem führt WÜBBENHORST die „Ungewissheit der Informationen über das Eintreten von Umweltzuständen bzw. Situationen“ an. Mithin existiert eine Vielzahl von Faktoren, die erheblichen Einfluss auf die Märkte und damit auf den Produktlebenszyklus ausüben können, sodass eine valide Berechnung der Lebenszykluskosten kaum möglich erscheint. Folglich sieht WÜBBENHORST die auf Lebenszyklusberechnungen basierenden Entscheidungen als risikobehaftet und un-

---

[477] Vgl. Schuh, G.; Kubosch, A., et al.: Lebenszyklusorientierte Werkzeugkalkulation, 2004, S. 11 ff.

[478] Vgl. Fischer, M.: Produktlebenszyklus und Wettbewerbsdynamik, 2001, S. 12

[479] Vgl. Walluschnig, M.: Produktlebenszyklus und bestandsmanagement in der halbleiterindustrie, 2013, S. 35; Kuder, M.: Kundengruppen und Produktlebenszyklus, 2005, S. 37

[480] Vgl. Jacobs, J.: Produktlebenszyklusorientiertes Controlling am Beispiel des produktbezogenen Businessplans, 2011, S. 35

[481] Vgl. Walluschnig, M.: Produktlebenszyklus und bestandsmanagement in der halbleiterindustrie, 2013, S. 35

[482] Vgl. a. a. O., S. 36 f.

[483] Vgl. Heise, W.: Das kleine 1 x 1 der Zuverlässigkeit und LCC, 2009, S. 130

[484] Vgl. ebenda

[485] Vgl. Heise, D.: Unternehmensmodellbasiertes IT-Kostenmanagement als Bestandteil eines integrativen IT-Controllings, 2013, S. 128

sicher an.[486] Auch HEISE betont das eingeschränkte Kompetenzspektrum der Lebenszyklus-kostenrechnung, die eine Kalkulation von zukünftigen Ereignissen aufgrund mangelnder Prognostizierbarkeit von späteren Kosten nur begrenzt erlaubt.[487] Des Weiteren wird die alleinige Fokussierung der Lebenszykluskostenrechnung auf die anfallenden Kosten thematisiert, die eine Betrachtung der Erlöse außer Acht lässt. Die Vernachlässigung des mit einer Investitionsalternative verbundenen Nutzens erschwert folglich die optimale Entscheidung zwischen verschiedenen Optionen.[488] Einer Vielzahl von Kritiken ist gemein, dass die Berechnung der Lebenszykluskosten nicht als verlässliches Instrument einer effizienten Unternehmensführung angesehen wird. Vielmehr erkennt man die Lebenszykluskostenrechnung als eine Idee an, die in Kombination mit weiteren Ansätzen einen Beitrag zur effizienten Entscheidungsfindung leisten kann, jedoch nicht als alleiniges Instrument ein Kostenoptimum generieren kann.[489]

2.4.7 Zusammenfassung des Objektbereichs Lebenszyklus

Der Begriff des Lebenszyklus ist geprägt durch die Philosophie, dass Produkte einem periodischen, den biologischen Zyklus nachahmenden Wandel unterliegen.[490] Konventionelle Produktlebenszyklen unterstellen eine zeitliche Abhängigkeit des Gewinns bzw. der Ausbringungsmenge eines Produktes in Abhängigkeit der Lebenszyklusphase.[491] Zugrundeliegend sind insbesondere mehrphasige Lebenszyklusmodelle, deren Ursprung in den Wirtschaftswissenschaften auszumachen ist. Der vierphasige Lebenszyklus nach PATTON, mit den immanenten Phasen der Einführung, des Wachstums, der Reife sowie der Sättigung stellt dabei eines der weitverbreitetsten Modelle dar.[492] Neben den konventionellen Lebenszyklen existieren in der Literatur modifizierte bzw. integrierte Produktlebenszykluskonzepte, die auf den konventionellen Modellen basieren und dabei den ursprünglichen Zyklen weitere Phasen vor- oder nachlagern.[493] Die Kritik am Konzept des Lebenszyklus verweist auf die Unvereinbarkeit der Spezifika einzelner Branchen bzw. Produkte mit einem standardisierten, einheitlichen Lebenszyklus, sodass es sinnvoll erscheint ein dem spezifischen Anwendungsfall angepassten Lebenszyklus zu definieren.[494]

---

[486] Vgl. Brem, S.; Krämer, g.: Total Cost of Ownership als Instrument des Beschaffungsmanagements, 2008, S. 78

[487] Vgl. Heise, D.: Unternehmensmodellbasiertes IT-Kostenmanagement als Bestandteil eines integrativen IT-Controllings, 2013, S. 129

[488] Vgl. a. a. O., S. 128

[489] Vgl. Heise, D.: Unternehmensmodellbasiertes IT-Kostenmanagement als Bestandteil eines integrativen IT-Controllings, 2013, S. 131

[490] Vgl. o.V.: Duden - Die deutsche Rechtschreibung, 2013; Kopfsguter, M.: Produktlebenszyklus - Theorie und praktische Anwendung, 2012, S. 2

[491] Vgl. Raasch, C.: Der Patentauslauf von Pharmazeutika als Herausforderung beim Management des Produktlebenszyklus, 2010, S. 13; Kutschker, M.; Schmid, S.: Internationales Management, 2008, S. 439; Olbrich, R.: Marketing, 2006, S. 70; Kuder, M.: Kundengruppen und Produktlebenszyklus, 2005, S. 16

[492] Vgl. Kuder, M.: Kundengruppen und Produktlebenszyklus, 2005, S. 16; Fischer, M.: Produktlebenszyklus und Wettbewerbsdynamik, 2001, S. 1

[493] Vgl. Kuder, M.: Kundengruppen und Produktlebenszyklus, 2005, S. 22 f.

[494] Vgl. Walluschnig, M.: Produktlebenszyklus und bestandsmanagement in der halbleiterindustrie, 2013, S. 35; Kuder, M.: Kundengruppen und Produktlebenszyklus, 2005, S. 37

	Merkmale	Merkmalsausprägungen				
Lebenszyklus	Lebenszyklus	konventionell	integriert			
	Phasen eines drei-phasigen Lebenszyklus	Einführung	Wachstum	Reife		
	Phasen eines vier-phasigen Lebenszyklus	Einführung	Wachstum	Reife	Sättigung	
	Phasen eines fünf-phasigen Lebenszyklus	Einführung	Wachstum	Reife	Sättigung	Degeneration
	Bestandteile eines integrierten Lebenszyklus	Beobachtungs-zyklus	Entstehungs-zyklus	Konventioneller Lebenszyklus	Entsorgung	
	Synonyme für Begriff Lebenszykluskosten	Life Cycle Costing	Whole Life Costs	Total Cost of Ownership		
	Anwendungsbereiche der Lebenszykluskosten	Immobilienmanagement	Technik			

Abbildung 2-27: Morphologie des Objektbereichs Lebenszyklus

Dabei lassen sich die Lebenszykluskosten bzw. die Total Cost of Ownership als die Summe aller Kosten während des Produktlebenszyklus definieren, die neben den Anschaffungskosten auch die Nutzungskosten umfassen.[495] Mithin findet die Berechnung der Produktlebenszykluskosten im Werkzeugbau Verwendung, um die Kosten von Anlagen oder Werkzeugen über den Lebenszyklus abzuschätzen.[496] Basierend auf diesen Ergebnissen werden systematisch Kostentreiber innerhalb der Prozesskette eines Werkzeugs identifiziert und anhand der Variation einzelner Parameter ein Optimum der Lebenszykluskosten hergeleitet werden.[497]

2.5 Objektbereich Systemtheorie

In nahezu jedem wissenschaftlichen Erkenntnisprozess bedarf es formaler Konzepte, die es erlauben, reale Phänomene zu strukturieren, zu analysieren und zu interpretieren.[498] Die Systemtheorie, die ursprünglich aus dem Erkenntnisprozess der Sozialwissenschaften stammt, liefert hierzu einen allgemeinen Denkansatz. Aufgrund der fachbezogenen Unabhängigkeit und der strukturierten Möglichkeit zur Erfassung komplexer Zusammenhänge, hat die Systemtheorie heutzutage, in vielfältiger Anwendung, Einzug in unterschiedliche Wissenschaftsdisziplinen genommen. Aufgrund ihres abstrakten, disziplinübergreifenden Charakters wird die Systemtheorie als Meta-Theorie bzw. als Theorie der Theoriebildung bezeichnet.[499] Die Systemtheorie kann somit mit einheitlicher Terminologie und strukturierter Betrach-

[495] Vgl. Burghardt, M.: Einführung in Projektmanagement, 2013, S. 172; Schweiger, S.: Lebenszykluskosten optimieren, 2009, S. 38

[496] Vgl. Schuh, G.; Boos, W.: Forschungsbericht 2012/2013, 2013, S. 6; Schuh, G.; Kubosch, A., et al.: Lebenszyklusorientierte Werkzeugkalkulation, 2004, S. 5

[497] Vgl. Schuh, G.; Kubosch, A., et al.: Lebenszyklusorientierte Werkzeugkalkulation, 2004, S. 11 ff.

[498] Vgl. Troitzsch, K. G.: Modellbildung und Simulation in den Sozialwissenschaften, 1990, S. 1

[499] Vgl. Teubner, A.: Organisations- und Informationssystemgestaltung, 1997, S. 8

tungsweise im Forschungsprozess dienlich sein, anhand von Modellen und Methoden Beschreibungen und Erklärungen von betrachteten Sachverhalten zu liefern. Im Rahmen der Systemanalyse wird auf die Terminologie der Systemtheorie zurückgegriffen, um aus den Beobachtungen über ein vorliegendes System ein Modell abzuleiten, anhand dessen der Einfluss von Änderungen auf das System untersucht werden kann.[500]

Nachfolgend wird die Einführung in die historische Entwicklung und die Terminologie der Systemtheorie beschrieben. Darauf aufbauend wird die Rolle von Systemen im organisatorischen bzw. unternehmerischen Kontext erörtert, bevor das Vorgehen zur Modellbildung erläutert wird. Abschließend werden die Restriktionen der Modellbildung aufgezeigt. In Hinblick auf die Zielstellung dieser Arbeit wird der Objektbereich auf die im Kontext relevanten Sachverhalte fokussiert. Für weitergehende Informationen sei auf die aufgeführte Fachliteratur verwiesen.

Die wissenschaftliche Diskussion des überwiegend aus der Soziologie geprägten Objektbereiches ist die notwendige Voraussetzung für die anvisierten Ausarbeitungen dieser Forschungsarbeit im fünften Kapitel.

2.5.1 Die allgemeine Systemtheorie

Die Systemtheorie entstand in den 1920er Jahren für mechanische Darstellungen isolierbarer, kausaler Zusammenhänge und meristische (d. h. aus Segmenten zusammengestellte) Behandlungsweisen für theoretische Problemstellungen, da bestehende Verfahren nicht mehr genügten. Der Ursprung ist entsprechend vorwiegend in der biosozialen Wissenschaft und der technologischen Entwicklung zu sehen.[501] In verschiedenen Disziplinen entstanden unabhängig voneinander spezifische Systemtheorien aus deren Generalisierung sich die allgemeine Systemtheorie entwickelte.[502] Diese allgemeine Systemtheorie liefert auch die Grundvorstellung für die Anwendung der Systemtheorie in der Managementlehre nach ULRICH, die dieser Arbeit zu Grunde liegt.[503]

2.5.1.1 Der Systembegriff

Der Begriff des Systems entstammt dem Altgriechischen und symbolisiert eine Zusammenstellung oder auch Zusammensetzung. Der Ausdruck impliziert, dass keinerlei Aussagen über Eigenschaften getroffen werden, sondern lediglich eine Konstellation aus Teilen zu einer Gesamtheit vorliegt.[504] Nach KRIEGER ist ein System ein zusammengestelltes „irgendwie geordnetes Ganzes“[505]. In Ergänzung definiert VON BERTALANFFY ein System als eine Anzahl von in Wechselwirkungen stehenden Elementen, welche durch quantitative Maße charakterisiert werden.[506] MALIK erweitert diese Betrachtungsweise und beschreibt ein System als eine

[500] Vgl. Krallmann, H.: Systemanalyse im Unternehmen, 1996, S. 5
[501] Vgl. Bertalanffy, L. v.: General system theory, 1969, S. 12 f.
[502] Vgl. a. a. O., S. 32 f.
[503] Vgl. Rüegg-Stürm, J.: Organisation und organisationaler Wandel, 2003, S. 77
[504] Vgl. a. a. O., S. 21
[505] Vgl. Krieger, D. J.: Einführung in die allgemeine Systemtheorie, 1996, S. 12
[506] Vgl. Bertalanffy, L. v.: Zu einer allgemeinen Systemlehre, 1972, S. 32

„Einheit von mechanisch, energetisch oder informativ miteinander verbundenen Teilen, die andere Funktionen hervorbringt als die einzelnen Teile für sich allein“[507].

DEFINITION	*Ein System bezeichnet eine „Einheit von mechanisch, energetisch oder informativ miteinander verbundenen Teilen, die andere Funktionen hervorbringt als die einzelnen Teile für sich allein“ (Malik, F., 2008, S. 57).*

Dabei sieht MALIK ein System als denjenigen Ausschnitt der Welt, der bezüglich eines bestimmten Zweckes und der dadurch bestimmten Funktionalität interessiert. Eine modellierte Abbildung eines Systems beschreibt, was über die Konfiguration des Systems bekannt ist.[508]

DEFINITION	*„Menge von geordneten Elementen mit Eigenschaften, die durch Relationen verknüpft sind. Die Menge der Relationen zwischen den Elementen eines Systems ist seine* Struktur. *Unter* Element *versteht man einen Bestandteil eines Systems, der innerhalb dieser Gesamtheit nicht weiter zerlegt werden kann. Die Ordnung bzw. die Struktur der Elemente eines Systems ist im Sinn der Systemtheorie seine Organisation. Die Begriffe der Organisation und der Struktur sind also identisch.“(Springer Gabler Verlag, 2014)*

Die kennzeichnenden Merkmale eines Systems nach KRALLMANN (vgl. Abbildung 2-28) lassen sich in fünf Elemente gliedern: [509]

- Systemgrenzen
- Systemelemente
- Systembeziehungen
- Input/Output
- Systemzweck

Die Systemgrenzen umfassen das betrachtete System und grenzen es gegenüber seiner Umwelt ab. Sie bilden somit eine Abgrenzung zwischen dem betrachteten und dem nicht berücksichtigten Teil eines umfassenderen Gesamtsystems. Die Systemelemente werden als nicht weiter zerlegbare Teile eines Systems aufgefasst. Die Systembeziehungen (auch Relationen) bilden die Beziehungen zwischen den einzelnen Elementen des Systems ab. In der Unternehmung werden die Relationen durch den Austausch von Energie, Gütern oder Informationen abgebildet. Ein System interagiert immer auch mit seiner Umwelt, folglich dem Bereich, der explizit nicht im Betrachtungsfokus des Systems liegt. Diese Beziehungen, die über die Systemgrenzen hinausgehen, werden als Input bzw. Output bezeichnet. Bezogen auf ein Unternehmen sind dies Informations-, Material- oder Energieströme. Durch die Beziehung nach außen ist ein System zu einer ständigen Anpassung an seine Umwelt gezwungen. Das Systemziel wird bei sozialen oder sozio-technischen Systemen ergänzt, bei denen die Menschen wesentliche Systemelemente darstellen. Ein solches System hat in der

---

[507] Vgl. Malik, F.: Unternehmenspolitik und corporate governance, 2008, S. 57
[508] Vgl. ebenda
[509] Vgl. Krallmann, H.: Systemanalyse im Unternehmen, 1996, S. 11 ff.; a. a. O., S. 6 ff.

Regel das Ziel der langfristigen Selbsterhaltung. In der Unternehmung liegen weiterhin Gewinn- oder Leistungsziele vor, die es ggf. zu integrieren gilt.

2.5.1.2 Konzepte der allgemeinen Systemtheorie

Nach ROPHOL umfasst der Systembegriff die drei Aspekte des funktionalen, des strukturellen und des hierarchischen Systemkonzepts (Abbildung 2-28).[510] Diese Systemkonzepte sind jedoch nicht isoliert zu betrachten, sondern ergänzen sich gegenseitig und stellen Akzentuierungen von Teilaspekten innerhalb eines Gesamtkonzeptes dar.

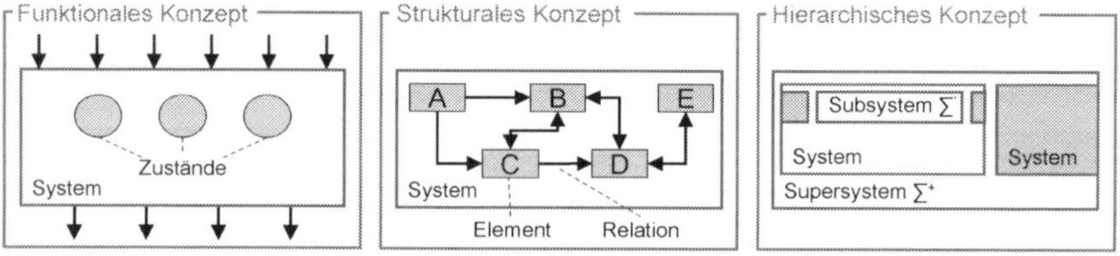

Abbildung 2-28: Konzepte der Systemtheorie[511]

Das funktionale Konzept betrachtet das System als „Blackbox". Es wird allein durch Inputs, Outputs und Zustände beschrieben. Dabei wird von einer materiellen Konkretisierung und der Darstellung des inneren Aufbaus des Systems abgesehen. Anstatt Elemente des Systems zu beschreiben, stellt man dar, wie das System agiert. Die Systemtheorie wird nach diesem Konzept als eine funktionalistisch erklärende Theorie gesehen. Dabei werden Systeme als Lösungsansätze bei Problemen betrachtet. Den Gegensatz beschreibt die kausal erklärende Theorie, in der Systeme als Zustände betrachtet werden, welche durch äußere Ursachen mechanisch bedingt werden. Eine funktionale Analyse mittels der allgemeinen Systemtheorie erklärt ein Problem anhand der Generierung „funktional äquivalenter Lösungen"[512]. Das strukturale Systemkonzept beschreibt ein System als Komposition miteinander interagierender Elemente. Die Komposition als Ganzes ist dabei mehr als die Summe ihrer Elemente. Dabei wird das „Mehr" durch die Relationen zwischen den Elementen gebildet. Die Vielfalt möglicher Beziehungsgeflechte innerhalb eines Systems kann dabei unterschiedliche Systemeigenschaften hervorrufen. Es hängt von der Beschaffenheit der Elemente ab, wie gut sich diese in das System integrieren lassen. Die einzelnen Elemente dürfen daher nicht isoliert betrachtet werden, sondern müssen in ihrer Interdependenz zu anderen Elementen im System gesehen werden. Das hierarchische Konzept beschreibt den Gedanken, dass Teile eines Systems wiederum als Subsystem, das System selbst wiederum als Teil eines umfassenderen Systems (eines Supersystems) angesehen werden können.

[510] Vgl. Ropohl, G.: Allgemeine Technologie, 2009, S. 75 f.; Mertins, K.; Siebert, G.: Prozeßorientiertes Benchmarking, 1997, S. 4 f.

[511] Vgl. Ropohl, G.: Allgemeine Systemtheorie, 2012, S. 63 ff.; Ropohl, G.: Allgemeine Technologie, 2009, S. 76

[512] Vgl. Krieger, D. J.: Einführung in die allgemeine Systemtheorie, 1996, S. 18

2.5.1.3 Klassifizierung von Systemen

Nachdem im vorherigen Abschnitt auf die Grundlagen der allgemeinen Systemtheorie eingegangen wurde, werden nun die verschieden Arten von Systemen erläutert. Die verschiedenen Systemmerkmale erlauben es Systeme nach Art und Weise zu differenzieren.

Beispiele für gängige Klassifizierungen finden sich in ROPHOL[513] und KRALLMANN[514], aus deren Ausführungen sich die nachfolgende Morphologie (vgl. Abbildung 2-29) zur Unterteilung deskriptiver Merkmale für Systeme ableiten lässt. Entsprechend der etymologischen Wortherkunft des Begriffes Morphologie, der sich von den beiden altgriechischen Begriffen morphé (Gestalt) und lógos (Lehre) ableiten lässt, befasst sich die morphologische Systematik der Systeme mit der Wissenschaft der Ausprägungen einzelner Systeme.[515] Dabei können Systeme durch verschiedene Merkmale charakterisiert werden, die entsprechend ihres Fokus bei der Beschreibung des Systems zu einzelnen Gruppen zusammengefasst werden können. So bedient sich ROPOHL der Systemmerkmale Konzept, Abbildungsbereich, Entstehungsart sowie Abgrenzung, um den grundsätzlichen Aufbau eines Systems zu illustrieren. Den Systemmerkmalen Funktion, Attributwerte und Struktur obliegt die Darstellung der zeitlichen Änderung des Systems, während die Systemmerkmale Funktion, Bestimmtheit, Anzahl der Relationen sowie Anzahl der Subsysteme den Schwerpunkt auf die Thematisierung der inhaltlichen Ausgestaltung des Systems legen.[516] Die den einzelnen Merkmalen zugeordneten Werte werden als Merkmalsausprägungen bezeichnet.[517] ROPOHL verwendet dabei eine diskrete Skala und ordnet den verschiedenen Merkmalen jeweils zwei bis vier Merkmalsausprägungen zu. So wird beispielsweise in Bezug auf die Entstehungsart eines Systems zwischen einer natürlichen oder einer künstlichen Entstehung differenziert. Ein weiteres den grundsätzlichen Aufbau des Systems beschreibendes Merkmal stellt die Abgrenzung dar. Hierbei steht die Untersuchung im Vordergrund, ob das Untersuchungsobjekt zu anderen Systemen abgeschlossen, relativ isoliert oder offen ist. Zur Illustration der zeitlichen Änderung des Systems kann das Merkmal Struktur die beiden Merkmalsausprägungen starr oder flexibel annehmen. Auch die Betrachtung der Funktion des Systems dient der Untersuchung der zeitlichen Veränderung. Hierbei können Systeme entweder eine statische und dauerhafte Funktion aufweisen oder eine Funktion besitzen, in der die Zeit als Einflussvariable entscheidend ist, sodass die Funktion des Systems einer dynamischen Änderung unterliegt. Das Systemmerkmal Funktion kann auch der Darstellung der inhaltlichen Ausgestaltung eines Systems dienen. Dabei ist die Funktion in einem mathematischen Kontext zu interpretieren, sodass ein linearer, quadratischer oder mehrdimensionaler Zusammenhang als Merkmalsausprägungen angenommen werden können. Auch die Anzahl der Relationen eines Systems zu anderen Systemen können die inhaltliche Ausgestaltung abbilden. Dabei wird eine vierstufige Skalierung verwendet, die sich in sehr einfache, einfache, komplexe und sehr komplexe Relationsgefüge gliedert. Auch bei der Anzahl der im System vorhandenen Subsysteme bedient man sich dieser Merkmalsausprägungen.[518]

---

[513] Vgl. Ropohl, G.: Systemtechnik - Grundlagen und Anwendung, 1975, S. 31 f.
[514] Vgl. a. a. O., S. 8 f.
[515] Vgl. o.V.: Duden - Die deutsche Rechtschreibung, 2013
[516] Vgl. Ropohl, G.: Systemtechnik - Grundlagen und Anwendung, 1975, S. 31
[517] Vgl. Gaus, W.; Muche, R.: Medizinische Statistik, 2014, S. 82
[518] Vgl. Ropohl, G.: Systemtechnik - Grundlagen und Anwendung, 1975, S. 31

	Systemmerkmale	Merkmalsausprägungen			
Grundsätzlicher Aufbau	Konzept	funktional	struktural	hierarchisch	
	Abbildungsbereich	konkret	abstrakt		
	Entstehungsart	natürlich	künstlich		
	Abgrenzung	abgeschlossen	relativ isoliert	offen	
Zeitliche Änderung	Funktion	statisch	dynamisch		
	Attributwerte	kontinuierlich	diskret		
	Struktur	starr	flexibel		
Inhaltliche Ausgestaltung	Funktion	linear	quadratisch	mehrdimensional	
	Bestimmtheit	stochastisch	deterministisch		
	Anzahl Relationen	sehr einfach	einfach	komplex	sehr komplex
	Anzahl Subsysteme	sehr einfach	einfach	komplex	sehr komplex

Abbildung 2-29: Morphologische Systematik der Systeme in Anlehnung an Ropohl[519]

2.5.1.4 Komplexität von Systemen

Der Begriff „Komplexität" meint in der Systemtheorie die sich ergebende, nicht völlig fassbare Vielfalt der Verhaltensmöglichkeiten, die von der Anzahl und Verschiedenheit der Elemente im System, ihren Verbindungen untereinander und der Art ihrer Verknüpfung, d. h. den Relationen zwischen den Elementen, bestimmt wird. In den Anfängen der allgemeinen Systemtheorie stellte die Komplexität das zentrale Problem dar. Es bestand ein Komplexitätsgefälle zwischen dem System und seiner Umwelt, bei dem die Umwelt durchweg komplexer ist als das System selbst. Dieses Gefälle begründete die Frage, wie ein System mit seiner komplexeren Umwelt umgehen kann. Dem System fehlt per se die Kapazität, um auf alles, was in der Umwelt geschieht, entsprechend zu reagieren. Vielmehr muss das System explizit Informationen bündeln oder ignorieren. Die Komplexität wird klassischerweise mit den Begriffen „Element" und „Relation" beschrieben.[520]

Das Erschaffen eines Systems kann somit als die Reduktion von Komplexität gesehen werden. Mithin stellt die Komplexität den Entstehungsgrund für Systeme dar. Durch die Abgrenzung von System und Umwelt wird einerseits Komplexität ausgeschlossen, andererseits zugleich eine systemeigene Komplexität geschaffen. Die Systeme bauen sich in einer bereits geordneten, komplexen Umwelt auf, welche die Möglichkeitsbedingungen für Systeme begrenzt. Nachdem das System durch eine Unterscheidung geschaffen wurde, ist es notwen-

[519] Vgl. Ropohl, G.: Systemtechnik - Grundlagen und Anwendung, 1975, S. 31
[520] Vgl. Luhmann, N.: Einführung in die Systemtheorie, 2009, S. 167 ff.

dig, dieses System von der Umwelt zu unterscheiden. Die Umwelt umfasst das, was nicht in dem System eingeschlossen ist und steht daher immer im Bezug zum System. Folglich besteht eine starke Korrelation zwischen System und Umwelt.[521]

Die Komplexität wird reduziert, indem die Anzahl an Elementen in einem System vermindert wird und in eine Ordnung, d. h. in Relationen zueinander, gebracht wird. Dies kann dann als die Struktur oder Ordnung einen Systems betrachtet werden. Welche Prozesse das System ausführt, wird dabei von der Organisation des Systems bestimmt.[522] In diesem Zusammenhang existieren in der Literatur weitere Ausführungen zum Themenfeld der Kybernetik, auf die im Rahmen dieser Arbeit nicht detaillierter eingegangen werden soll.[523]

2.5.2 Die Unternehmung als produktives soziales System

Nach ULRICH gehören Unternehmen zu der Kategorie der sozialen Systeme. Im Gegensatz zu anderen sozialen Systemen haben sie allerdings keinen Selbstzweck. Folglich sind sie nicht primär für ihre Mitglieder bestimmt, sondern haben den Zweck, Leistungen für Institutionen und Individuen in ihrer Umwelt zu erzeugen.[524] Die systemorientierte Betriebswirtschaftslehre bietet die Möglichkeit, Beschreibungs- und Erklärungsmodelle zu liefern. Dazu liefern die Systemtheorie und die Kybernetik als Steuerungs-, Regelungs- und Informationstheorie Hypothesen über charakteristische Eigenschaften und Verhaltensweisen von Unternehmen.[525] Die Aufgabe der empirischen Forschung besteht in der Untersuchung, ob diese allgemeinen Hypothesen für konkrete Unternehmen verifiziert oder falsifiziert werden müssen. Das Ziel stellt die Analyse dar, inwieweit sich konkrete Tatsachen oder Ereignisse erklären lassen.[526] Dabei kann man die typischen Merkmale der Problemsituationen am besten mit Hilfe „von Begriffen der Systemtheorie wie Vernetztheit, Komplexität, Rückkopplung usw. darstellen“[527].

Die allgemeine Systemtheorie wird als besonders geeignet für die Beschreibung von betrieblichen Systemen, Funktionsweisen und Strukturen angesehen (terminologische und deskriptive Funktion). Mit den ihr eigenen Zielen, Systemgesetze zu erkennen und mathematisch zu erfassen, bietet sie Möglichkeiten zur „Beschreibung und Erklärung der Eigenschaften, Zustände und Verhaltensweisen künstlich geschaffener Systeme“. Zusätzlich lassen sich „generelle Aussagen über die Auswirkungen organisatorischer Gestaltungshandlungen auf die Funktionsweise und die Struktur des betrieblichen Systems aufstellen (heuristische Funkti-

[521] Vgl. Krieger, D. J.: Einführung in die allgemeine Systemtheorie, 1996, S. 13 ff.

[522] Vgl. a. a. O., S. 20 f.

[523] Für weitere Informationen hinsichtlich der Komplexität von Systemen: Vgl. Malik, F.: Unternehmenspolitik und corporate governance, 2008, S. 23; Checkland, P.: Systems thinking, systems practice, 1981, S. 75 ff.

[524] Vgl. Ulrich, H.: Systemorientiertes Management, 2001, S. 14

[525] Weitere Informationen zur Kybernetik: Vgl. Ropohl, G.: Allgemeine Technologie, 2009, S. 72; Malik, F.: Unternehmenspolitik und corporate governance, 2008, S. 23; Dieckmann, J.: Schlüsselbegriffe der Systemtheorie, 2006, S. 176; Krieger, D. J.: Einführung in die allgemeine Systemtheorie, 1996, S. 26; Bertalanffy, L. v.: Vorläufer und Begründer der Systemtheorie, 1984, S. 25; Checkland, P.: Systems thinking, systems practice, 1981, S. 75 ff.; Probst, G. J.: Kybernetische Gesetzeshypothesen als Basis für Gestaltungs- und Lenkungsregeln im Management, 1981, S. 73 f.; Wiener, N.: Cybernetics or control and communication in the animal and the machine, 1961

[526] Vgl. Ulrich, H.: Systemorientiertes Management, 2001, S. 23

[527] Vgl. Ulrich, H.; Probst, G.: Anleitung zum ganzheitlichen Denken und Handeln, 2001, S. 16

on). Können daraus plausible, empirisch überprüfbare Hypothesen gewonnen werden, so sind die Voraussetzungen für eine Theoriebildung erfüllt (empirisch-kognitive Funktion)". Die Ansatzpunkte zur organisatorischen Gestaltung betrieblicher Systeme ergeben sich aus der Verbindung der allgemeinen Systemtheorie mit dem regelungstechnischen Ansatzpunkt.[528]

Die Unternehmung kann dabei entsprechend der allgemeinen Systemtheorie als „ein offenes, zielorientiertes, produktives, soziales System" betrachtet werden.[529] Als Elemente des Systems kommen dabei materielle (z. B. Gebrauchs- und Verbrauchsgüter) und immaterielle Realgüter (z. B. menschliche Arbeitsleistungen, Energien, Informationen) und Nominalgüter (z. B. Geld) zum Einsatz, welche durch die verschiedenen Realisationsstufen zur Endleistung des Systems (z. B. Eingangs-, Zwischen-, Ausgangsgüter) formiert werden. Die Innen- und Außenbeziehungen der Unternehmung zu seiner Umwelt sind dabei gekennzeichnet durch „materielle, soziale, kommunikative und wertmäßige Dimensionen der Unternehmung"[530].

Als die drei wichtigen Dimensionen eines Systems für die Managementlehre beschreibt MALIK die Systemik, den Inhalt und die Form. Die Systemik umfasst dabei den logischen Aufbau des Managementsystems und muss der Strukturlogik eines funktionierenden Systems folgen. Damit ist sie mit der Logik eines kybernetischen Systems konsistent, da die Kybernetik eines Systems „dessen Funktionieren bestimmt und umgekehrt". Neben der Systemik sind die richtigen Inhalte für die Richtigkeit des Managementsystems notwendig. Die Form beschreibt letztendlich allein die Darstellung und kann daher variiert werden.[531]

2.5.3 Modellierung von Systemen

Die Modellierung von Systemen ist eine der häufigsten Formen, um die Komplexität von Systemen zu verringern. Bei der Analyse von Systemen innerhalb des Unternehmens wird häufig auf die Modellierung zurückgegriffen. Sie kommt beispielweise bei der Erfassung des Ist-Zustandes, bei der Organisationsmodellierung und dem Aufbau von Managementinformationssystemen zum Einsatz.[532]

2.5.3.1 Definition des Modellbegriffs

Der indogermanische Modellbegriff findet bereits zu Zeiten des römischen Reiches im architektonischen und künstlerischen Kontext Verwendung in Form des lateinischen „modulus"[533]. Etymologisch ist die Bedeutung mit „Maß oder Maßstab" zu übersetzten, allerdings wurde der Terminus seitdem sehr heterogen in unterschiedlichen Zusammenhängen und Wissenschaften verwendet, um eine Abbildung eines realen Objekts zu beschreiben.[534]

---

[528] Vgl. Fuchs, H.: Systemtheorie, 1972, S. 137 f.

[529] Vgl. Bleicher, K.: Die Entwicklung eines systemorientierten Organisations- und Führungsmodells der Unternehmung, 1972, S. 235

[530] Vgl. a. a. O., S. 236

[531] Vgl. Malik, F.: Unternehmenspolitik und corporate governance, 2008, S. 58; Probst, G. J.: Kybernetische Gesetzeshypothesen als Basis für Gestaltungs- und Lenkungsregeln im Management, 1981, S. 73 f.

[532] Vgl. Krallmann, H.: Systemanalyse im Unternehmen, 1996, S. 11 f.

[533] Vgl. Stachowiak, H.: Allgemeine Modelltheorie, 1973, S. 129

[534] Vgl. Kastens, U.; Kleine Büning, H.: Modellierung, 2005, S. 16 f.; Stachowiak, H.: Modelle, Konstruktion der Wirklichkeit, 1983, S. 23

Die Entwicklung des Modellbegriffs erfährt unter Kopernikus erstmals im 16. Jahrhundert die Anwendung im wissenschaftstheoretischen Kontext, motiviert durch den Wunsch, die Planetenstellung prognostizieren zu können.[535] In der Folge wird der Modellbegriff bis in die Mitte des 20. Jahrhunderts weiter aus unterschiedlichen wissenschaftlichen und künstlerischen Perspektiven diskutiert.[536] Nach GOODMAN wird kaum ein Begriff im wissenschaftlichen Diskurs undifferenzierter verwendet, da ein Modell vielfältige Ausgestaltung annehmen kann.[537] Ein Modell ist nach CORSTEN eine strukturgleiche (isomorphe) oder strukturähnliche (homomorphe) Abbildung eines realen Betrachtungsobjekts.[538] Nach ZELEWSKI sind Modelle „alle problemrepräsentierenden Artefakte, die in der Absicht erschaffen wurden, ein problemkonstituierendes Diskrepanzempfinden zu beseitigen."[539]

MÜLLER geht davon aus, dass heutzutage alle Wissenschaftsdisziplinen unter dem Modellbegriff eine Abstraktion realer Objekte verstehen, die leichter zu untersuchen sind.[540] Demnach dient ein Modell zur Reduzierung der Komplexität, das bestimmte Eigenschaften realer Objekte zweckbestimmt formalisiert.[541] Nach HOFFMANN wird diese Reduktion durch die Vereinfachung und Approximation der Sachverhalte erreicht.[542] REICHLE konkretisiert diese Auffassung als die Aufgabe, Verhältnisse, Beziehungen und Strukturen begreifbar zu machen, die für einen konkreten Anwendungsbereich Gültigkeit besitzen und so dessen Gesetzmäßigkeiten definieren.[543] In einer ähnlichen Interpretation definiert DÖRNER den Modellbegriff als ein Abbild, das durch Replikation eines Ausschnitts der Realität konstruiert wird.[544] Nach STACHOWIAK wird der allgemeine Modellbegriff durch drei Hauptmerkmale charakterisiert:

- Abbildungsmerkmal,
- Verkürzungsmerkmal,
- Pragmatisches Merkmal

und ein Modell als eine Zusammenstellung von *Individuen* und *Attributen* angenommen. Ein Individuum ist in diesem Zusammenhang ein individuell unterscheidbares, nicht weiter zu zerlegendes Teilobjekt. Unter Attribute („zuteilbare Beschaffenheiten") werden Eigenschaften von Individuen oder anderen Attributen, von Beziehungen oder Relationen zwischen Individuen oder Attributen usw. verstanden.[545]

[535] Vgl. Stachowiak, H.: Modelle, Konstruktion der Wirklichkeit, 1983, S. 39 f.
[536] Vgl. Reichle, I.; Siegel, S., et al.: Visuelle Modelle, 2008, S. 9; Dörner, D.: Modellbildung und Simulation, 1984, S. 337; Stachowiak, H.: Modelle, Konstruktion der Wirklichkeit, 1983, S. 42 ff.; Mayntz, R.: Formalisierte Modelle in der Soziologie, 1967, S. 11 ff.
[537] Vgl. Goodman, N.: Sprachen der Kunst, 1995, S. 164
[538] Vgl. Corsten, H.: Lexikon der Betriebswirtschaftslehre, 2000, S. 664
[539] Vgl. Zelewski, S.: Grundlagen, 1994, S. 53
[540] Vgl. Müller, J. A.: Dynamische Modellbildung in der Ökonomie, 1990, S. 11
[541] Vgl. a. a. O., S. 12
[542] Vgl. Hoffmann, K.-H.; Witterstein, G.: Mathematische Modellierung, 2013, S. 1
[543] Vgl. Reichle, I.; Siegel, S., et al.: Visuelle Modelle, 2008, S. 9
[544] Vgl. Dörner, D.: Modellbildung und Simulation, 1984, S. 337
[545] Vgl. Stachowiak, H.: Allgemeine Modelltheorie, 1973, S. 131 ff.

Die Hauptmerkmale des allgemeinen Modellbegriffs nach STACHOWIAK werden im Folgenden erläutert. Durch Ihre Allgemeingültigkeit finden sie vielfache Anwendungen in jüngeren wissenschaftlichen Arbeiten.[546]

1. Das Abbildungsmerkmal kennzeichnet, dass Modelle stets etwas abbilden oder repräsentieren, also Modelle von etwas sind. Dabei können die Originale natürlicher oder künstlicher Form sein, oder selbst Modelle von etwas sein. Eine Abbildung schließt dabei die Zuordnung von Modell-Attributen zu Original-Attributen ein.[547]

2. Das Verkürzungsmerkmal sagt aus, dass ein Modell nicht alle Attribute eines Originals abbildet, sondern nur diejenigen, die dem Ersteller des Modells als relevant erscheinen. Zu wissen, dass nicht alle Attribute des Originals abgebildet werden können und die Kenntnis, welche der Attribute abgebildet werden müssen, setzt die Kenntnis aller Attribute des Originals voraus. Dies ist jedoch in den seltensten Fällen gegeben, sofern es sich bei dem Gründer des Originals und dem Schaffer des Modells um dieselbe Person handelt. Nur in diesem einen Fall lässt sich aus den möglichen Attributklassenbildungen eine bestimmte Attributklasse dem Original-Modell-Vergleich eindeutig zuordnen.[548]

3. Das pragmatische Merkmal relativiert den Modellbegriff. Da Modelle ihren Originalen an sich nicht eindeutig zugeordnet sind, erfüllen sie eine Ersatzfunktion:[549]
   - „für bestimmte – erkennende und/oder handelnde, modellbenutzende – Subjekte
   - innerhalb bestimmter Zeitintervalle und
   - unter Einschränkung auf bestimmte gedankliche und tatsächliche Operationen“[550]

   Dies beschreibt, dass Modelle nicht nur Modelle von etwas sind, sondern auch Modelle für jemanden. Des Weiteren erfüllen sie ihre Funktionen innerhalb eines Zeitintervalls und dienen einem bestimmten Zweck. Daher ist es notwendig nicht nur zu berücksichtigen, wovon etwas ein Modell darstellt, sondern auch für wen, wann und zu welchem Zweck es dient.[551]

Wissenschaftliche Modelle können im Allgemeinen genauso wie Originalsysteme als Systeme behandelt werden.[552] Neben dem Modellbegriff STACHOWIAKS, der unter einem Modell primär eine Abbildung des realen Systems versteht, wird nach neuerem Verständnis die Modellierung eher als eine aktive, interpretatorische Konstruktionsleistung gesehen. Dem analytisch beschreibenden Aspekt folgt somit eine schöpferische, planerische Komponente.[553,]

---

[546] Vgl. Ropohl, G.: Allgemeine Technologie, 2009, S. 84; Krallmann, H.: Systemanalyse im Unternehmen, 1996, S. 13 ff.; Spur, G.; Mertins, K., et al.: Integrierte Unternehmensmodellierung, 1993, S. 10 f.

[547] Vgl. Stachowiak, H.: Allgemeine Modelltheorie, 1973, S. 131

[548] Vgl. ebenda

[549] Vgl. Stachowiak, H.: Modelle, Konstruktion der Wirklichkeit, 1983, S. 118

[550] Vgl. Stachowiak, H.: Allgemeine Modelltheorie, 1973, S. 132

[551] Vgl. a. a. O., S. 132 ff.

[552] Vgl. a. a. O., S. 138

[553] Vgl. Fink, A.: Grundlagen der Wirtschaftsinformatik, 2005, S. 92; Böhm, R.; Fuchs, E., et al.: System-Entwicklung in der Wirtschafts-Informatik, 1993, S. 18

Demnach ist die Unternehmensmodellierung als aktive Gestaltung des Unternehmens zu verstehen, die zukünftige Gestaltungsalternativen aufzeigt (Soll-Modell).[554]

Den aufgelisteten Definitionen sind wesentliche Merkmale gemein, wenngleich die Betrachtungsperspektive aus durchaus unterschiedlichen Wissenschaftsdisziplinen erfolgt. Schließlich können folgende Modelleigenschaften subsummiert werden:

1. Modelle abstrahieren ein reales Phänomen
2. Modelle reduzieren die Komplexität
3. Modelle fokussieren Ausschnitte
4. Modelle formalisieren Zusammenhänge

Aus der Konsolidierung der aufgelisteten Eigenschaften wird eine Modelldefinition für diese Arbeit zu Grunde gelegt, die sich ihrerseits als Konsolidierung der recherchierten Merkmale kennzeichnet:

DEFINITION | *Ein Modell ist eine theoretische Konstruktion, die durch fokussieren und/ oder abstrahieren realer Phänomene die Komplexität reduziert, um zweckbestimmt formale Zusammenhänge abzubilden.*

In den folgenden Ausführungen wird der Modellbegriff entsprechend verstanden und verwendet.

2.5.3.2 Von der Modell- zur Systemtheorie

Bei der Bildung eines Modells kommen die oben beschriebenen Merkmale (Abbildungsmerkmal, Verkürzungsmerkmal, pragmatisches Merkmal) zum Tragen. Systeme sind dagegen Modelle der Wirklichkeit, die es ermöglichen, die „Erkenntnis komplexer Gegenstandsbereiche ganzheitlich zu organisieren“[555]. Die bekannte „allgemeine Systemtheorie“, die in Kapitel 2.5.1 beschrieben wird, bietet sich dabei als Formalismus zur Modellbildung an. Sie alleine reicht allerdings nicht aus, um ein realistisches Modell, beispielsweise einer Maschine oder einer Organisation, zu bilden. Neben der für den formalen oder konzeptuellen Bereich definierten Systemtheorie müssen für ein bestimmtes Sachgebiet oder empirisches Feld entwickelte Theorien herangezogen werden, aus denen substanzielle Aussagen über die spezifische Beschaffenheit des Wirklichkeitsausschnitts gewonnen werden, welcher im Modell beschrieben werden soll. Diese materialistischen Theorien sind meist empirische Beobachtungen oder Theorien. Metaphysische Theorien ermöglichen es, verallgemeinerte Vorstellungen von Zusammenhängen während der Konstruktion des Modells einzubinden. Mit metaphysischen Theorien sind Erfahrungswirklichkeiten gemeint, die nur sprachlich plausibel zu erklären sind aber nicht konkret beobachtet werden können. Eine schematische Darstellung dieser Zusammenhänge zeigt ROPHOL nach Abbildung 2-30: Der Beobachter, als Teil der Umwelt / der realen Ganzheit, erstellt zwecks Ausrichtung auf ein bestimmtes Ziel (Intentionalität) mittels der Systemtheorie und metaphysischer bzw. empirischer Theorien das Systemmodell, als Ausschnitt des Ganzen und der Bedürfnisse des Beobachters. Bei der Bil-

[554] Vgl. Krcmar, H.; Schwarzer, B.: Prozeßorientierte Unternehmensmodellierung, 1994, S. 14 f.
[555] Vgl. Ropohl, G.: Allgemeine Technologie, 2009, S. 305

dung von Systemmodellen gibt es kein allein „richtiges“ Ergebnis. Auf der anderen Seite kann ein Modell auch nicht beliebig gestaltet werden.[556]

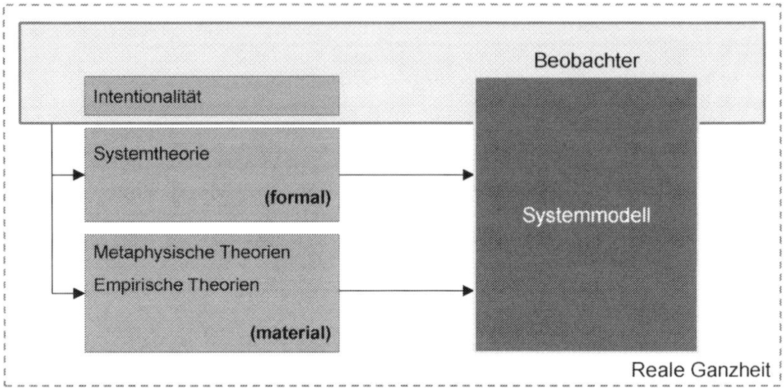

Abbildung 2-30: Systemtheorie und Modellkonstruktion[557]

2.5.3.3 Modelltypen im Kontext

Im zuvor ausgeführten Kapitel zur Definition des Modellbegriffs wurde deutlich, dass der Begriff aus unterschiedlichen Perspektiven verwendet und entsprechend des Fokus der Betrachtung ausgelegt wird. Folglich sind die Definitionen des Modellbegriffs meist allgemeingültiger Natur. Nachstehend sollen daher mögliche Modelltypen der Theorie aufgezeigt werden, die helfen das Verständnis weiter zu differenzieren.

HOFFMANN fokussiert bei seiner Modellbetrachtung die mathematische Formalisierung und differenziert zwei grundsätzliche Modelltypen. Erstens die qualitativen Modelle, die vorwiegend in Wirtschaftswissenschaften eingesetzt werden und das Ziel haben, einen qualitativen Prozess zu entwickeln. Zweitens den quantitativen Modellansatz, der der Berechnung numerischer Werte dient und vorwiegend in den Natur- und Ingenieurwissenschaften zur Anwendung kommt.[558] CORSTEN konkretisiert den Modellbegriff und nimmt eine Differenzierung zwischen drei Arten von Modellen vor:[559]

- Beschreibungsmodelle
- Erklärungsmodelle
- Entscheidungsmodelle

Beschreibungsmodelle fokussieren die Darstellung der Realität und bedienen sich dabei einer objektiven Sichtweise.[560] Hierzu illustrieren sie ein System anhand seiner gegenwärtigen

[556] Vgl. a. a. O., S. 84 ff.
[557] Vgl. Ropohl, G.: Allgemeine Technologie, 2009, S. 84
[558] Vgl. Hoffmann, K.-H.; Witterstein, G.: Mathematische Modellierung, 2013, S. 1
[559] Vgl. Corsten, H.: Lexikon der Betriebswirtschaftslehre, 2000, S. 664
[560] Vgl. a. a. O., S. 20

Ausprägung bzw. der Entwicklung in der Vergangenheit. Das Betrachtungsobjekt von Beschreibungsmodellen stellen folglich die Elemente tatsächlicher Systeme sowie deren Relationen zueinander dar.[561] Erklärungsmodelle lösen sich ein Stück weit von diesem Höchstmaß an Neutralität und verfolgen ein theoretisches Erklärungsziel. Mithin kommt ihnen die Aufgabe zu, reale Sachverhalte zu erklären und auf die in den Beschreibungsmodellen aufgeworfenen Fragen die entsprechenden Antworten zu geben.[562] Zur Fundierung ihrer Inhalte untersuchen Erklärungsmodelle die Korrelationen der Elemente realer Systeme und ihrer Verbindung zur Systemumwelt, mit dem Ziel, ein Verständnis für das Systemverhalten des Betrachtungsobjekts zu erlangen.[563]

Des Weiteren definiert CORSTEN Entscheidungsmodelle, die eine Ableitung entsprechender Handlungsmaßnahmen fokussieren. Hierbei findet eine Entscheidung anhand der Bewertung unterschiedlicher Handlungsalternativen auf Grundlage einer Zielfunktion statt.[564] Durch die Zielsetzung, eine Empfehlung für eine optimale Handlungsalternative zu geben, entfernt man sich von einer objektiven Betrachtung des Systems und stützt die Entscheidung zunehmend auf eine subjektive, zweckbezogene Sichtweise. Folglich sind Entscheidungsmodelle vornehmlich als Entscheidungshilfe bei der Bewertung einzelner Systeme anzusehen.[565] In der Literatur existieren weitere Differenzierungen des Modellbegriffs, auf die im Folgenden nicht vertiefend eingegangen werden soll.[566]

2.5.4 Methoden der Modellbildung

Um die dem System innewohnende Komplexität greifbar zu machen, wird auf Methoden zur Modellbildung zurückgegriffen. Typische Modellierungszwecke sind beispielsweise die Entwicklung von Anwendungssystemen, die Dokumentation, Analyse und Optimierung von Geschäftsprozessen, das Wissensmanagement oder die Simulation von Fertigungsanlagen. Aus der Vielzahl an Anwendungsbereichen ergeben sich unterschiedliche Anforderungen an die Modellierung, sodass entsprechend verschiedene Modellierungsmethoden existieren.[567] Die Prozesse der Systemanalyse und Modellbildung sind dabei keine getrennten Prozesse, sondern werden vielmehr kongruent durchlaufen.[568] Im Folgenden werden unterschiedliche Sichtweisen und Vorgehen der Modellbildung vorgestellt.

Die Analyse komplexer Systemen greift zurück auf die Erkenntnisse der allgemeinen Systemtheorie (vgl. Kap. 2.5.1.1). Entsprechend der kennzeichnenden Merkmale eines Systems (Systemgrenzen, -element, -beziehungen) beschreibt SPECKER den Vorgang zur Analyse komplexer Systeme mit den Schritten:

---

[561] Vgl. Sucky, E.: Koordination in Supply Chains, 2004, S. 44

[562] Vgl. Corsten, H.; Corsten, M.: Betriebswirtschaftslehre, 2014, S. 21

[563] Vgl. Sucky, E.: Koordination in Supply Chains, 2004, S. 44

[564] Vgl. Corsten, H.; Corsten, M.: Betriebswirtschaftslehre, 2014, S. 21

[565] Vgl. a. a. O., S. 261

[566] Für weitere Informationen bezühlich der Modelltypen: Vgl. Haun, M.: Handbuch Robotik, 2013, S. 59; Richter, M.: Modelle wissensintensiver Dienstleistungen, 2012, S. 78; Bandow, G.; Holzmüller, H. H.: "Das ist gar kein Modell!", 2009, S. 27; Gessmann, R.: Ein internetbasiertes Gebäudedatenrepositorium als lebenszyklusorientierte Integrationsplattform, 2008, S. 24

[567] Vgl. Fink, A.: Grundlagen der Wirtschaftsinformatik, 2005, S. 91

[568] Vgl. Bossel, H.: Systeme, Dynamik, Simulation, 2004, S. 26

Tabelle 2-3: Analyse komplexer Systeme nach Specker[569]

#	Vorgehen der Systemanalyse
1	Systemgrenzen definieren
2	Analyse der Systemhierarchien
3	Aspektweise Analyse des Systems und seiner Operationen
4	Analyse der Beziehungen

In sozio-technischen Unternehmen stellen die Tätigkeiten das zentrale Kriterium des Systems dar (Tätigkeitstheorie). Diese werden durch Handlungen und Operationen abgebildet.[570] SPECKER definiert diese Operationen als die tiefst liegenden Subsysteme eines soziotechnischen Systems. Diese werden im Sinne einer „Blackbox" als Elementarfunktion betrachtet. Um die Komplexität des Systems greifbar zu machen, werden diese Operationen aspektweise modelliert. Entsprechend können die beschrieben elementaren Operationen eines sozio-technischen Systems anhand vier verschiedener Perspektiven modelliert werden, die jeweils auf einem unterschiedlichen Systemniveau (vgl. 2.5.1.4 CHECKLAND zu Emergenz und Hierarchie) betrachtet werden können:[571]

- Die Prozesssicht betrachtet das System als sachlogische oder zeitliche Abfolge der Operationen. Prozesse sind in sich geschlossene Einheiten dieser Operationenabfolge.
- Die Funktionssicht betrachtet verwandte oder ähnliche Operationen. Die Funktionen sind daher geschlossene Einheiten von verwandten und ähnlichen Elementarfunktionen.
- Die Objektsicht betrachtet die Elemente des Systems. Die Objekte sind dabei in sich relativ geschlossene Einheiten von Bearbeitungselementen.
- Die Aufgabensicht betrachtet die Stellen- bzw. Personenzuordnung der Operationen. Die Aufgaben werden dabei als in sich relativ geschlossene Einheiten von Operationen betrachtet, die verschiedenen Stellen, bzw. Personen zugeordnet werden.

Die hier beschriebenen Sichten sind dabei nicht allumfassend. Nach STUR ET AL. existieren vielmehr unendlich viele Sichten, wobei der Modellersteller definiert, welche Sichtweisen zur Anwendung kommen.[572]

Das methodische Vorgehen der Modellbildung liefert einen Ansatz, um die Komplexität beschreibbar zu machen. Modelle dienen dabei der Steigerung bzw. Erleichterung des Verständnisses und der Kommunikation über das System mit seinen Komponenten und Beziehungen.[573] Es stellt nach KRALLMANN einen iterativen, durch ständige Rückkoppelungen ge-

---

[569] Vgl. Specker, A.: Modellierung von Informationssystemen, 2001, S. 30 ff.
[570] Vgl. Leont'ev, A. N.: Tätigkeit, Bewußtsein, Persönlichkeit, 1977, S. 34 ff.
[571] Vgl. Specker, A.: Modellierung von Informationssystemen, 2001, S. 30 ff.
[572] Vgl. Spur, G.; Mertins, K., et al.: Integrierte Unternehmensmodellierung, 1993, S. 15
[573] Vgl. Baldi, S.: Grundlagen der Wirtschaftsinformatik, 1999, S. 70

kennzeichneten Prozess dar. Der Ablauf zur Modellbildung eines Systems lässt sich dabei in verschiedene Phasen unterteilen:[574]

- Auswahl oder Bildung des Modells
- Bearbeitung des Modells zur Informationsgewinnung
- Durchführung der Modellexperimente
- Analogieschlüsse ableiten
- Übertragung der Modellerkenntnisse auf das Original

BÖHM ET AL. unterscheiden den Vorgang der Modellbildung von Systemen basierend auf zwei Abstraktionsvorgängen (Abbildung 2-31):[575]

- 1. Abstraktionsstufe: In einem teilweise bewussten und teilweise unbewussten Vorgang wird das reale oder irreale System in ein Gedankenmodell transformiert.
- 2. Abstraktionsstufe: Das entstandene Gedankenmodell wird mit Hilfe von Sprache, Figuren, Bildern, Grafiken, Zahlen, Gleichungen, etc. dargestellt und dabei nochmals abstrahiert (d. h. vereinfacht dargestellt).

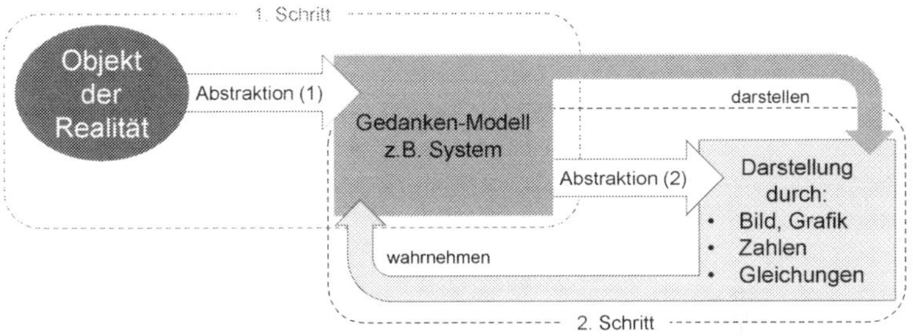

Abbildung 2-31: Phasen der Entwicklung eines Modells[576]

Nach MÜLLER wird der Modellbildungsprozess in zwei wesentlichen Schritten realisiert[577]:

1. Zuerst erfolgt die qualitative Systemanalyse, die das zu modellierende System gegenüber der Umwelt abgrenzt (Makroanalyse). Systemimmanent erfolgt die Definition der wesentlichen Elemente und Relationen (Mikroanalyse). Die verbleibenden Elemente werden der Umwelt zugeordnet. Die Beziehungen zwischen System und Umwelt werden in Form von Eingangsgrößen (Inputs) und Ausgangsgrößen (Outputs) abgebildet. Bei den Inputs wird ferner differenziert in Steuer- und Störgrößen in Abhängigkeit ihrer Beeinflussbarkeit.
2. Die quantitative Systemanalyse verfolgt das Ziel in einem iterativen Verfahren, basierend auf zur Verfügung stehender Information, das System mathematisch zu formalisieren. Grundsätzlich lassen sich die dabei zur Verfügung stehenden Informationen in

[574] Vgl. Krallmann, H.: Systemanalyse im Unternehmen, 1996, S. 19 f.
[575] Vgl. Böhm, R.; Fuchs, E., et al.: System-Entwicklung in der Wirtschafts-Informatik, 1993, S. 16
[576] In Anlehnung an Baldi, S.: Grundlagen der Wirtschaftsinformatik, 1999, S. 70; Böhm, R.; Fuchs, E., et al.: System-Entwicklung in der Wirtschafts-Informatik, 1993, S. 17
[577] Vgl. Müller, J. A.: Dynamische Modellbildung in der Ökonomie, 1990, S. 20 f.

zwei Arten differenzieren. Die a-priori Informationen sind sowohl die wissenschaftlichen Erkenntnisse zu dem System und seinen Elementen, als auch deren Beziehung untereinander. Darüber hinaus existieren zumeist empirische Informationen, als Erfahrungswerte der Vergangenheit, die wichtige Informationen über das Systemverhalten enthalten.

Die vorgestellten Ansätze zeigen, dass die Vorgehensweise zur Modellbildung in Abhängigkeit der Granularität der Perspektive, als auch vor dem Hintergrund heterogener wissenschaftlicher Fachbereiche unterschiedlich ausgelegt wird. In nachfolgender Abbildung 2-32 sind die Vorgehensweisen in prozessualer Darstellung zusammengefasst:

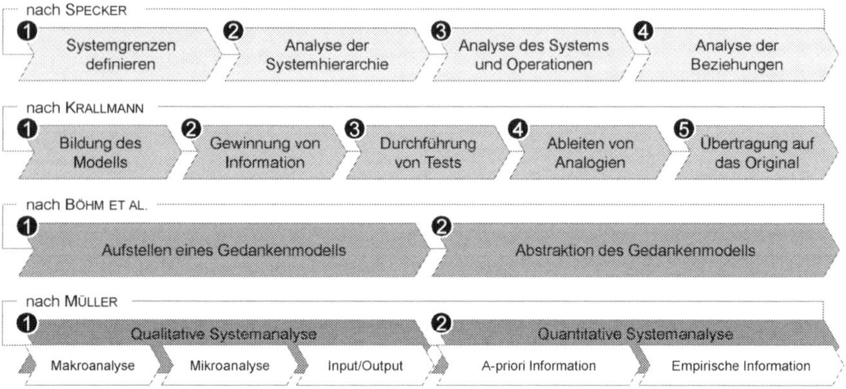

Abbildung 2-32: Prozesse der Modellbildung[578]

Im weiteren Verlauf der Arbeit wird das Vorgehen zur Modellbildung dieser Forschungsarbeit an den Prozess von MÜLLER angelehnt werden.

2.5.5 Limitation von Modellen

Modelle sind grundsätzlich von Fehlern behaftet, sodass die Modellbildung weniger als Abbild der Wirklichkeit, sondern vielmehr als Konstruktion einer Wirklichkeit zu betrachten ist.[579] Vor diesem Hintergrund wird versucht, die Gültigkeit des Modells für seinen Zweck in Hinblick auf die vier Aspekte Verhaltensgültigkeit, Strukturgültigkeit, Empirische Gültigkeit und Anwendungsgültigkeit zu belegen.[580] Die Gültigkeit von Modellen als Abbildungen der Wirklichkeit ist auf Grund verschiedener Aspekte nicht uneingeschränkt vorhanden, die insbesondere auf der Subjektivität einer Modellbildung sowie auf Ungenauigkeiten von techni-

[578] Vgl. Specker, A.: Modellierung von Informationssystemen, 2001, S. 30 ff.; Krallmann, H.: Systemanalyse im Unternehmen, 1996, S. 19 f.; Böhm, R.; Fuchs, E., et al.: System-Entwicklung in der Wirtschafts-Informatik, 1993, S. 16; Müller, J. A.: Dynamische Modellbildung in der Ökonomie, 1990, S. 20 f.

[579] Vgl. Stachowiak, H.: Modelle, Konstruktion der Wirklichkeit, 1983, S. 14

[580] Vgl. Bossel, H.: Systeme, Dynamik, Simulation, 2004, S. 61

schen Verfahren zur Messung der vom Modell benötigten Daten beruhen.[581] Eine maßgebliche Einschränkung im Kontext der Modellbildung stellt die menschliche Wahrnehmung der in der Realität existierenden Zusammenhänge dar, die auf limitierten sensorischen und kognitiven Fähigkeiten gründet.[582] Infolgedessen können bereits in den Annahmen über das zu erfassende Problem Subjektivitäten zum Tragen kommen, die in einer verfälschten Problemformulierung sowie in einer anschließenden, unzureichenden Bildung von Hypothesen resultieren.[583] Dementsprechend sind auch die nachgelagerten Stufen der Formulierung eines qualitativen Modells bzw. die nachfolgende Quantifizierung innerhalb des Modellierungsprozesses fehlerbehaftet, was sich in einer Diskrepanz zwischen den erfassten Daten und den tatsächlich vorliegenden Verhältnissen äußert. Des Weiteren birgt die Implementierung des Modells anhand der Verwendung fehlerhafter Algorithmen eine weitere mögliche Fehlerquelle.[584] Die abschließende Interpretation der erhobenen Daten ist von einer maßgeblichen Subjektivität der auswertenden Personen geprägt, sodass ungenaue oder verfälschte Ergebnisse die Folge darstellen. Vor diesem Hintergrund bedarf es im Rahmen des Modellierungsprozesses einer systematischen und schrittweisen Gültigkeitsprüfung, die den Fokus auf die Schwachstellen der Phasenübergänge richtet.[585] Gemäß KRALLMANN kann eine derartige Gültigkeitsprüfung aus den vier zentralen Methoden der Verifikation, der Kalibrierung, der Sensitivitätsanalyse sowie der Validierung bestehen.[586]

- Verifikation – Überprüfung der Daten und deren korrekten Umsetzung im Modell
- Kalibrierung – Verhaltensprüfung des Modells und Angleichung an die Realität
- Sensitivitätsanalyse – Feststellung der Empfindlichkeit der Ergebniswerte
- Validierung – Bewertung der „Güte" des Modells, um den Zweck zu erfüllen.

2.5.6 Zusammenfassung des Objektbereichs Systemtheorie

Die Merkmale eines Systems setzen sich aus Systemgrenzen, Systemelementen, Systembeziehungen, Input bzw. Output sowie einem definierten Systemzweck zusammen.[587] Dabei kann gemäß ROPOHL das Konzept eines Systems einen funktionalen, strukturalen bzw. hierarchischen Aufbau aufweisen.[588]

---

[581] Vgl. Vom Brocke, J.: Referenzmodellierung, 2003, S. 32; Krallmann, H.; Frank, H., et al.: Systemanalyse im Unternehmen, 2002, S. 40

[582] Vgl. Mescheder, B.; Sallach, C.: Wettbewerbsvorteile durch Wissen, 2012, S. 10

[583] Vgl. Dornes, N.: Alternative Risikomodellierungs-, Risikoanalyse- und Bewertungsmethode: Risikomanagement ohne komplexe mathematische Modelle, 2014, S. 38 f.

[584] Vgl. Krallmann, H.: Systemanalyse im Unternehmen: Prozessorientierte Methoden der Wirtschaftsinformatik, 2007, S. 77 f.

[585] Vgl. Krallmann, H.; Frank, H., et al.: Systemanalyse im Unternehmen, 2002, S. 41 f.

[586] Vgl. Krallmann, H.: Systemanalyse im Unternehmen: Prozessorientierte Methoden der Wirtschaftsinformatik, 2007, S. 78 f.

[587] Vgl. Krallmann, H.: Systemanalyse im Unternehmen, 1996, S. 6 ff.

[588] Vgl. Ropohl, G.: Allgemeine Systemtheorie, 2012, S. 63 ff.; Ropohl, G.: Allgemeine Technologie, 2009, S. 76

	Merkmale	Merkmalsausprägungen					
System- und Modelltheorie	Merkmale eines Systems	Systemgrenzen	Systemelemente	Systembeziehungen	Input/ Output	Systemzweck	
	Konzepte der allg. Systemtheorie	Funktionales Konzept	Strukturales Konzept	Hierarchisches Konzept			
	Arten von Systemen	geschlossen	offen	künstlich	natürlich	real	ideell
	Merkmale des Modellbegriffs	Abbildungsmerkmal	Verkürzungsmerkmal	Pragmatisches Merkmal			
	Arten von Modellen	Beschreibungsmodelle	Erklärungsmodelle	Entscheidungsmodelle			

Abbildung 2-33: Morphologie des Objektbereichs System- und Modelltheorie

In diesem Kontext kann zwischen geschlossenen, offenen, künstlichen, natürlichen, realen sowie ideellen Systemen differenziert werden.[589] Im Gegensatz dazu fungieren Modelle in Abhängigkeit der Intention als Beschreibungsmodelle, Erklärungsmodelle bzw. Entscheidungsmodelle und können über Abbildungsmerkmale, Verkürzungsmerkmale sowie pragmatische Merkmale charakterisiert werden.[590]

2.6 Zwischenfazit

Das zweite Kapitel hat die relevanten Objektbereiche, die den heuristischen Bezugsrahmen dieser wissenschaftlichen Arbeit aufspannen eingeführt. Hierzu wurde jeweils zu Beginn die relevante Terminologie diskutiert und ein einheitliches Begriffsverständnis abgeleitet, das in der Folge dieser Arbeit zugrunde gelegt wird. Ferner wurde der Stand der Wissenschaft in den einzelnen Objektbereichen mit Hinblick auf die Zielsetzung dieser Arbeit dargelegt und kritisch reflektiert. Die Erkenntnisse aus der Einführung eines jeden Objektbereichs wurden zusammengefasst und in individuelle Morphologien übertragen. Diese Morphologien werden abschließend aufgegriffen und dienen der anwendungsbezogenen Eingrenzung des Untersuchungsbereichs. Die Eingrenzung dient der Fokussierung und schafft das notwendige Verständnis als Voraussetzung für die weitere Vorgehensweise dieser Arbeit.

[589] Vgl. Ropohl, G.: Systemtechnik - Grundlagen und Anwendung, 1975, S. 31

[590] Vgl. Corsten, H.: Lexikon der Betriebswirtschaftslehre, 2000, S. 664; Stachowiak, H.: Allgemeine Modelltheorie, 1973, S. 131 ff.

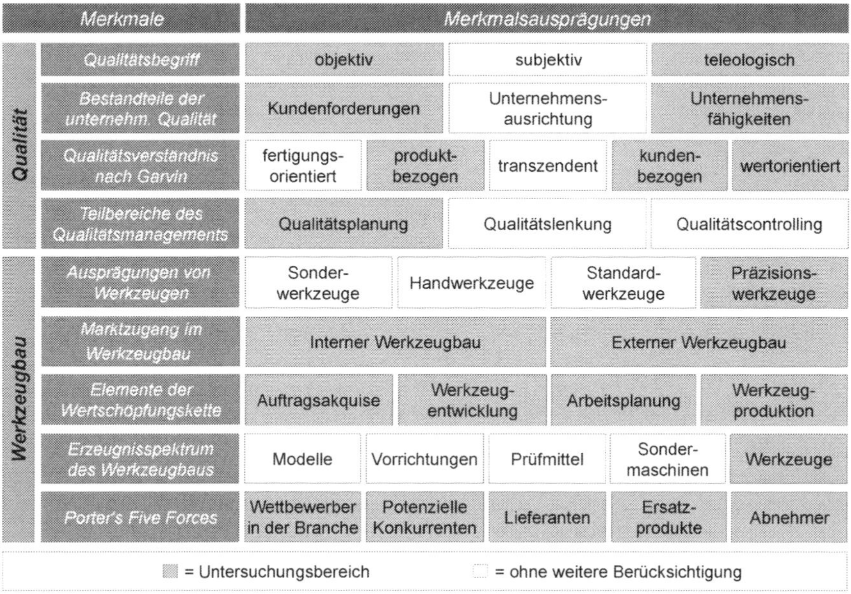

Abbildung 2-34: Eingrenzung der Objektbereiche (I/II)

Das Qualitätsverständnis wird in der Folge auf die objektiv bzw. teleologisch wahrnehmbaren Produkteigenschaften fokussiert, die im Sinne der unternehmerischen Qualität, den Überdeckungsgrad zwischen Unternehmensfähigkeiten und Kundenforderungen beschreiben. Im Rahmen der Zielsetzung der Entwicklung eines Modells zur Leistungsbewertung von Werkzeugbauern steht dabei die nutzenmaximierende Auslegung der Produktqualität für den Kunden im Fokus, was als planerische Aufgabe des Qualitätsmanagements verstanden wird.

Aus dem Objektbereich Werkzeugbau folgt die Fokussierung auf die Produktion von Präzisionswerkzeugen, im Speziellen von Hohlformwerkzeugen für die Herstellung von Spritzgussteilen aus Kunststoffen. Dabei wird nicht zwischen internen und externen Werkzeugbaubetrieben differenziert. Die Bewertung der Leistungsfähigkeit inkludiert dabei die vollständige Wertschöpfungskette des Werkzeugbaus und ist unabhängig von der jeweiligen Wettbewerbsposition des betrachteten Werkzeugbaubetriebs.

Unter Leistungsfähigkeit wird im Rahmen dieser wissenschaftlichen Arbeit die Effektivität und Effizienz eines Unternehmens bzw. Werkzeugbaubetriebes, zur Realisierung des maximalen Kundennutzens, verstanden. Entsprechend erscheint die synonyme Verwendung des Ausdrucks Performance, als Effizienz und Effektivität einer Unternehmung, zweckmäßig.[591] Da-

[591] Vgl. Möhrle, M. G.; Isenmann, R.: Technologie-Roadmapping, 2008, S. 332; Holz, M.; Da-Cruz, P.: Demografischer Wandel in Unternehmen, 2007, S. 101; Schmidt, R. F.; Lang, F.: Physiologie des Menschen, 2007, S. 929; Neely, A. D.: Business performance measurement, 2002, S. 145

bei basiert die Generierung von Leistungsfähigkeit auf hybriden bzw. Referenzstrategien, die eine gleichzeitige Realisierung mehrerer Wettbewerbsvorteile fokussieren.[592]

	Merkmale	Merkmalsausprägungen					
Leistungsfähigkeit	Leistungsfähigkeit	Physiologische Leistungsfähigkeit	Performance				
	Wettbewerbsstrategien	generisch	hybrid				
	Generische Strategien	Kostenführerschaft	Differenzierung	Segmentierung			
	Hybride Strategien	sequentiell	multilokal	simultan			
	Referenzstrategien nach Schuh	Design	Oligopol	Marktführer	Technology-Leverage	Innovation-Leverage	Lateral
Lebenszyklus	Lebenszyklus	konventionell	integriert				
	Phasen eines drei-phasigen Lebenszyklus	Einführung	Wachstum	Reife			
	Phasen eines vier-phasigen Lebenszyklus	Einführung	Wachstum	Reife	Sättigung		
	Phasen eines fünf-phasigen Lebenszyklus	Einführung	Wachstum	Reife	Sättigung	Degeneration	
	Bestandteile eines integrierten Lebenszyklus	Beobachtungs-zyklus	Entstehungs-zyklus	Konventioneller Lebenszyklus	Entsorgung		
	Synonyme für Begriff Lebenszykluskosten	Life Cycle Costing	Whole Life Costs	Total Cost of Ownership			
	Anwendungsbereiche der Lebenszykluskosten	Immobilienmanagement	Technik				
Systemtheorie	Merkmale eines Systems	System-grenzen	System-elemente	System-beziehungen	Input/ Output	System-zweck	
	Konzepte der allg. Systemtheorie	Funktionales Konzept	Strukturales Konzept	Hierarchisches Konzept			
	Arten von Systemen	geschlos-sen	offen	künstlich	natürlich	real	ideell
	Merkmale des Modellbegriffs	Abbildungsmerkmal	Verkürzungsmerkmal	Pragmatisches Merkmal			
	Arten von Modellen	Beschreibungsmodelle	Erklärungsmodelle	Entscheidungsmodelle			

▒ = Untersuchungsbereich ☐ = ohne weitere Berücksichtigung

Abbildung 2-35: Eingrenzung der Objektbereiche (II/II)

Der Begriff Lebenszyklus basiert auf der idealisierten Vorstellung, dass Produkte einem periodischen und chronologischen Ablauf einzelner Lebenszyklusphasen unterliegen. Diese

[592] Vgl. Rösner, J.: Service - ein strategischer Erfolgsfaktor von Industrieunternehmen?, 1998, S. 245

Phasen weisen unterschiedliche Spezifika hinsichtlich des Gewinns, der Kosten oder der Ausbringungsmenge des am Markt befindlichen Produkts auf und werden zeitlich determiniert.[593] Es existieren generische Lebenszyklusmodelle, die als Grundlage eingebracht werden. Der Kritik an diesen Modellen ist gemein, dass ihre Aussagekraft im spezifischen Anwendungsfall unzureichend ist, sodass konsequenterweise ein Lebenszyklus für Spritzgießwerkzeuge zu entwickeln ist. Entsprechend der einzelnen Phasen eines Produktlebenszyklus lassen sich die anfallenden Kosten des Produktes zuordnen, deren Summe als Lebenszykluskosten verstanden wird.[594]

Die Merkmale eines Systems setzen sich aus Systemgrenzen, Systemelementen, Systembeziehungen, Input bzw. Output sowie einem definierten Systemzweck zusammen.[595] In diesem Kontext wird ein offenes, künstliches und ideelles System konstruiert.[596] Modelle fungieren in Abhängigkeit der Intention als Beschreibungsmodelle, Erklärungsmodelle bzw. Entscheidungsmodelle.[597] Das zu entwickelnden Bewertungsmodell dient der Bestimmung der Leistungsfähigkeit und kann vordergründig als Erklärungsmodell interpretiert werden. Darüber hinaus dient es der Entscheidungsfindung, wenn es dem Werkzeugbauer gelingt Verbesserungspotenziale abzuleiten.

---

[593] Vgl. o.V.: Duden - Die deutsche Rechtschreibung, 2013; Kopfsguter, M.: Produktlebenszyklus - Theorie und praktische Anwendung, 2012, S. 2; Raasch, C.: Der Patentauslauf von Pharmazeutika als Herausforderung beim Management des Produktlebenszyklus, 2010, S. 13; Kutschker, M.; Schmid, S.: Internationales Management, 2008, S. 439; Olbrich, R.: Marketing, 2006, S. 70; Kuder, M.: Kundengruppen und Produktlebenszyklus, 2005, S. 16

[594] Vgl. Burghardt, M.: Einführung in Projektmanagement, 2013, S. 172; Schweiger, S.: Lebenszykluskosten optimieren, 2009, S. 38

[595] Vgl. Krallmann, H.: Systemanalyse im Unternehmen, 1996, S. 6 ff.

[596] Vgl. Ropohl, G.: Systemtechnik - Grundlagen und Anwendung, 1975, S. 31

[597] Vgl. Corsten, H.: Lexikon der Betriebswirtschaftslehre, 2000, S. 664; Stachowiak, H.: Allgemeine Modelltheorie, 1973, S. 131 ff.

3 Ansätze zur Bewertung der unternehmerischen Leistungsfähigkeit

Das dritte Kapitel erweitert die Betrachtung um eine Analyse bestehender wissenschaftlicher und praktischer Ansätze zur Bewertung der unternehmerischen Leistungsfähigkeit. Dies ermöglicht einen fundierten Überblick der existenten Methoden und deren Prüfung in Hinblick auf ihre Eignung im Werkzeugbau. Darüber hinaus wird eruiert, inwieweit bestehende Methoden der Zielsetzung dieser wissenschaftlichen Arbeit dienlich sind und welche Potentiale bei aktuellen Ansätzen bestehen.

Hierzu werden zu Beginn elementare Begriffe und Grundlagen eingeführt, die vielen Modellen gemein sind und für das weitere Verständnis notwendig sind. Darauf folgend werden Ansätze unterschiedlicher Perspektiven aus Wissenschaft und Praxis zur Bewertung der Leistungsfähigkeit kurz vorgestellt. Dabei erfolgt in der wirtschaftswissenschaftlichen Literatur zumeist eine Differenzierung zwischen kapitalorientierten und strategischen Ansätzen, die aufgegriffen und um das Cluster der prozess- bzw. qualitätsorientierten Methoden erweitert wird.[598] In der Folge werden Anforderungen aus der Wissenschaft und Praxis abgeleitet und mittels eines paarweisen Vergleichs gewichtet. Abschließend erfolgt die Analyse der eruierten Ansätze auf den Erfüllungsgrad der gewichteten Anforderungen mittels zweier unterschiedlicher Methoden.

3.1 Grundlagen bestehender Bewertungsansätze

Zu Beginn werden erklärungsbedürftige Begriffe und Grundlagen vorhandener Bewertungsansätze erläutert, die einer Vielzahl der Verfahren zur Bewertung der Leistungsfähigkeit eines Unternehmens zu Grunde liegen und im Rahmen einer wissenschaftlichen Argumentation einer präzisen sowie einheitlichen Definition bedürfen.[599]

Shareholder Value

Der Begriff des Shareholder Value gründet auf den Ausführungen von RAPPAPORT aus dem Jahr 1986 und fokussiert die Interessen der Eigentümer.[600] Daher repräsentiert der Shareholder Value den Wert des im Unternehmen gebundenen Eigenkapitals und verfolgt die Steigerung des Unternehmenswertes, die sich in einer Maximierung des Aktionärsvermögens sowie des freien Cash Flows äußert.[601] Gemäß BANZHAF kann das Aktionärsvermögen anhand des Marktwertes des Eigenkapitals illustriert werden, welches auf dem Produkt zwischen Aktienpreis und der Menge ausgegebener Aktien basiert. Dementsprechend lässt sich der vorherrschende Aktienpreis durch die Erwartungen der Anteilseigner hinsichtlich der zu-

598 Vgl. Kozielski, S.: Integratives Kennzahlensystem für den Werkzeugbau, 2010, S. 57; Hilgers, D.: Performance-Management, 2008, S. 64; Schomann, M.: Wissensorientiertes Performance Measurement, 2001, S. 59; Riedl, J.: Unternehmungswertorientiertes Performance Measurement, 2000, S. 22

599 Vgl. Mayring, P.: Einführung in die qualitative Inhaltsanalyse, 2002, S. 21

600 Vgl. Metten, M.: Corporate Governance, 2010; a. a. O., S. 156; Stiefl, J.; Westerholt, K. v.: Wertorientiertes Management, 2008, S. 4 f.

601 Vgl. Voigt, C.: Unternehmensbewertung, 2005, S. 42

künftigen Rendite charakterisieren, sodass Bewertungsansätze im Rahmen des Shareholder Value die Maximierung der Eigentümerrendite quantifizieren.[602]

Stakeholder Value

Die etymologische Herkunft des Begriffes Stakeholder beruht auf dem angloamerikanischen Ausdruck „stake“ (Interesse an einer Sache), sodass Stakeholder jegliche Personengruppen umfassen, die ein Interesse an der ökonomischen Entwicklung eines Unternehmens aufweisen.[603] Im Kontext des Stakeholder Value obliegt es folglich der Unternehmung, neben den Ansprüchen der Anteilseigner auch die Interessen weiterer Interessengruppen zu berücksichtigen.[604] Dabei liegt der Fokus der Stakeholder auf der Maximierung der „ökonomischen Rente, die sie durch Einbringung und Bindung an die Unternehmung erwirtschaften.“[605] Vor diesem Hintergrund befinden sich Stakeholder-Value-Ansätze im Spannungsfeld der Ansprüche von Shareholdern sowie diverser Stakeholder, sodass der Unternehmung die Aufgabe zukommt, den Nutzen aller am Unternehmen beteiligten Interessensgruppen zu steigern.[606]

Kennzahlen

Der Begriff der Kennzahl wird in der Literatur synonym mit den Begriffen der Kontrollgröße, der Messgröße sowie der Kennziffer verwendet und wird innerhalb der wissenschaftlichen Argumentation als ein Instrument verstanden, das gemäß BOUFFIER als Zahl bzw. Zahlenverhältnis eine betriebswirtschaftliche Aussage erlaubt.[607] In Erweiterung hierzu fassen REICHMANN und LACHNIT Kennzahlen als Hilfsmittel einer Analyse auf, die quantitativ messbare Zusammenhalte in aggregierter Form erfassen.[608] Infolgedessen zeichnen sich Kennzahlen insbesondere durch einen Informationscharakter aus, der eine Quantifizierbarkeit sowie eine Spezifizität ökonomischer Sachverhalte ermöglicht. Vor diesem Hintergrund lassen sich Kennzahlen in absolute Zahlen bzw. Verhältniskennzahlen differenzieren.[609] Verhältniskennzahlen beschreiben nach GLASER Beziehungszahlen, welche das Verhältnis unterschiedlicher Zahlen untereinander darstellen.[610] Im Gegensatz dazu basieren absolute Zahlen auf Einzelzahlen sowie daraus hervorgehenden Summen, Differenzen und Mittelwerten.[611] Folglich liegt das Anwendungsspektrum von Kennzahlen in der Beschreibung von

---

[602] Vgl. Düsterlho, J.-E.: Das Shareholder-Value-Konzept, 2003, S. 5

[603] Vgl. Geiersbach, K.: Der Beitrag der Internen Revision zur Corporate Governance: Eine ökonomische Analyse vor dem Hintergrund der Mindestanforderungen an das Risikomanagement bei Kreditinstituten (MaRisk), 2011, S. 54

[604] Vgl. Benker, A.: Vor- und Nachteile einer kapitalmarktorientierten Unternehmensführung, 2008, S. 35

[605] Vgl. Geiersbach, K.: Der Beitrag der Internen Revision zur Corporate Governance: Eine ökonomische Analyse vor dem Hintergrund der Mindestanforderungen an das Risikomanagement bei Kreditinstituten (MaRisk), 2011, S. 54 f.

[606] Vgl. Pöschl, H.: Strategische Unternehmensführung zwischen Shareholder-Value und Stakeholder-Value, 2013, S. 165

[607] Vgl. Kozielski, S.: Integratives Kennzahlensystem für den Werkzeugbau, 2010, S. 53

[608] Vgl. Hofmann, E.; Nothardt, F.: Logistics Due Diligence, 2009, S. 78

[609] Vgl. Schneyder, W. v.: Kennzahlen für die Personalentwicklung, 2007, S. 11

[610] Vgl. Glaser, C.: Leasing A - Z, 2012, S. 13

[611] Vgl. Fleßa, S.; Nickel, S.: Grundzüge der Krankenhaussteuerung, 2008, S. 160; Zdrowomyslaw, N.; Kasch, R., et al.: Betriebsvergleiche und Benchmarking für die Managementpraxis, S. 73

Eigenschaften bzw. Mengen sowie der Beschreibung schwer erfassbarer Relationen. Nach SIEGWART besteht der Zweck einer Verwendung von Kennzahlen in der Analyse der Entwicklung interessierender Sachverhalte sowie einer resultierenden Ableitung von Maßnahmen.[612] Vor diesem Hintergrund kann die geordnete Menge an Kennzahlen, die in einem mathematischen bzw. sachlogischen Verhältnis zueinander stehen und eine konsistente Analyse einer wirtschaftlichen bzw. technischen Problemstellung erlaubt, in der Wissenschaft als Kennzahlensystem definiert werden.[613]

3.2 Ansätze zur Bewertung der Leistungsfähigkeit

Nachfolgend werden verschiedene Ansätze zur Bewertung der Leistungsfähigkeit beschrieben. Dabei wird eine Differenzierung nach kapitalorientierten, strategischen sowie prozess- bzw. qualitätsorientierten Ansätze vorgenommen, was konform zu gängigen Unterteilungen innerhalb der betriebswirtschaftlichen bzw. werkzeugbauspezifischen Literatur ist.[614] Diese Klassifizierung basiert auf der verwendeten Systematik zur Ermittlung der relevanten Größen, die innerhalb der einzelnen Ansätze maßgeblich variieren können.[615]

3.2.1 Kapitalorientierte Ansätze

Kapitalorientierten Ansätzen zur Bewertung der Leistungsfähigkeit ist gemein, dass sie eine starke quantitative Orientierung aufweisen, die die Entwicklung des Kapitals bzw. der Liquidität einer Unternehmung fokussieren.[616] Infolgedessen zeigt sich eine Konformität zum Leitgedanken des sogenannten Shareholder Value, in dessen Zentrum sich die Maximierung des Unternehmenswertes befindet.[617] Die im Folgenden aufgeführten Ansätze bedienen sich der Messgrößen des Eigenkapitals bzw. des Cashflows sowie entsprechend abgeleiteter Größen, sodass eine Entsprechung mit der zuvor aufgeführten Definition von Leistungsfähigkeit vorliegt.

Kapitalwertmethode

Im Rahmen der Kapitalwertmethode werden jegliche Ein- und Auszahlungen auf einen Bezugszeitpunkt abgezinst, der dem Beginn der Investition bzw. der betrachteten Unternehmung entspricht.[618] Dabei werden lediglich monetäre Zahlungsströme betrachtet, die einen unmittelbaren Zusammenhang zur Unternehmung aufweisen.[619] Mithin entspricht der Diskontierungsfaktor einem Kalkulationszinsfuß, der die Verzinsung einer risikofreien Alternativan-

---

612 Vgl. Kozielski, S.: Integratives Kennzahlensystem für den Werkzeugbau, 2010, S. 54

613 Vgl. Preißler, P. R.: Betriebswirtschaftliche Kennzahlen, 2008, S. 17

614 Vgl. Kozielski, S.: Integratives Kennzahlensystem für den Werkzeugbau, 2010, S. 57; Hilgers, D.: Performance-Management, 2008, S. 64; Schomann, M.: Wissensorientiertes Performance Measurement, 2001, S. 59; Riedl, J.: Unternehmungswertorientiertes Performance Measurement, 2000, S. 22

615 Vgl. Kozielski, S.: Integratives Kennzahlensystem für den Werkzeugbau, 2010, S. 58 f.

616 Vgl. Ney, M.: Wirtschaftlichkeit von Interaktionsplattformen, 2006, S. 24; Wiehle, U.: Unternehmensbewertung, 2005, S. 30 ff.; Hahn, D.; Hungenberg, H.: PuK. Wertorientierte Controllingkonzepte, 2001, S. 86 ff.

617 Vgl. Schierenbeck, H.; Wöhle, C. B.: Grundzüge der Betriebswirtschaftslehre, 2011, S. 473; Wellner, K.-U.: Shareholder-Value und seine Weiterentwicklung zum Market Adapted Shareholder-Value Approach, 2001, S. 119

618 Vgl. Heesen, B.: Investitionsrechnung für Praktiker, 2012, S. 32

619 Vgl. Keitel, D.: Die Kapitalwertmethode und die Grenzen ihrer Anwendung, 2014, S. 6 f.

lage beschreibt.[620] Infolgedessen lässt sich der Kapitalwert anhand der nachstehenden Gleichung ermitteln:[621]

$$K_0 = \sum_{t=0}^{n} \frac{(E_t - A_t)}{(1+i)^t}$$

K_0 ≙ Kapitalwert zum Zeitpunkt t = 0

$E_t - A_t$ ≙ Einzahlungs- bzw. Auszahlungsüberschüsse in Periode t

i ≙ Kalkulationszinssatz

n ≙ Nutzungsdauer des Investitionsobjekts bzw. der Unternehmung (in Jahren)

Vermögensendwertmethode

Die Vermögensendwertmethode nimmt im Gegensatz zur Kapitalwertmethode keine Abzinsung der Differenz aus Ein- bzw. Auszahlungen in Periode t auf den Beginn der Investition vor, sondern bezieht die während der Nutzungsdauer anfallenden Zahlungen auf den Endzeitpunkt einer Unternehmung.[622] Folglich beschreibt ein positiver Endwert den Mehrwert bzw. die Vorteilhaftigkeit einer Investition gegenüber einer Anlage der Mittel zu den durch den Kalkulationszinsfuß gegeben Konditionen.[623] Dabei endet der Untersuchungszeitraum am Ende der Investitionslaufzeit.[624] Folglich äußert sich die Vorteilhaftigkeit eines Projekts in einem positiven Endwert, sodass eine Konsistenz zwischen Kapitalwert- und Endwertmethode hinsichtlich der Beurteilung von Unternehmungen gegeben ist. Der Endwert eines Investitionsprojekts lässt sich anhand folgender Formel bestimmen:[625]

$$C_T = C_0 \times (1+i)^T$$

C_T ≙ Endwert einer Zahlungsreihe

C_0 ≙ Kapitalwert einer Zahlungsreihe

i ≙ Kalkulationszinssatz

T ≙ Nutzungsdauer (in Jahren)

Annuitätenmethode

Während die Kapitalwert- und die Vermögensendwertmethode auf Berechnungen mittels der Einnahmen bzw. Ausgaben einzelner Perioden basieren, findet im Kontext der Annuitätenmethode eine Gegenüberstellung der durchschnittlichen, jährlichen Ausgaben statt.[626] Somit handelt es sich bei einer Annuität um eine gleichmäßig verteilte Zahlungsreihe, sodass die durch die Investition realisierte Vermögensmehrung gleichförmig über den betrachteten Zahlungszeitraum verteilt wird.[627] Weiterhin erfolgt vor dem Hintergrund der Annuitätenberechnung die Multiplikation zwischen dem Kapitalwert einer Investition und einem Annuitätenfak-

---

620 Vgl. Gondring, H.: Handbuch Immobilienwirtschaft, 2001, S. 785
621 Vgl. Schneeberger, W.; Peyerl, H.: Betriebswirtschaftslehre für Agrarökonomen, 2011, S. 291
622 Vgl. Ossadnik, W.: Controlling, 2006, S. 194
623 Vgl. Spur, G.: Handbuch Spanende Fertigung, 2012, S. 56 ff.
624 Vgl. Corbat, P.: Betriebswirtschaft für die Projektleitung, 2012, S. 172
625 Vgl. Spur, G.: Handbuch Spanende Fertigung, 2012, S. 56 ff.; Haunerdinger, M.; Probst, H.-J.: BWL leicht gemacht, 2008, S. 132; Ossadnik, W.: Controlling, 2006, S. 194
626 Vgl. Jung, H.: Controlling, 2014, S. 133
627 Vgl. Röhrich, M.: Grundlagen der Investitionsrechnung, 2014, S. 78

tor, der die ausgewogene Verteilung des Kapitalwerts auf alle Nutzungsperioden realisiert.[628] Dabei liegt der Berechnung der Annuität folgende Gleichung zu Grunde:[629]

$$AN = C_0 \times \frac{(1+i)^T \times i}{(1+i)^T - 1}$$

$AN \triangleq Annuität\ der\ Investition$

$C_0 \triangleq Kapitalwert\ der\ Investition$

$i \triangleq Kalkulationszinssatz$

$T \triangleq Investitionsdauer$

Substanzwertverfahren

Der Substanzwert eines Unternehmens entspricht einem erfassten Wert, der auf der Summation aller für die Reproduktion des Unternehmens im Fall einer Fortführung notwendigen Kosten basiert.[630] Folglich umfasst der Substanzwert sowohl alle materiellen sowie immateriellen, als auch betriebsnotwendigen bzw. nicht-betriebsnotwendigen Vermögensgegenstände einer Unternehmung, die um die Verbindlichkeiten des Betriebs bereinigt werden.[631] Dementsprechend illustriert der Substanzwert den Wert eines Unternehmens. Insbesondere die immateriellen Güter sind in der Regel nicht valide zu bestimmen, sodass die Ermittlung des Substanzwertes in der Praxis zumeist auf den Wiederbeschaffungswerten der materiell erfassbaren Vermögensgüter beruht.[632] Folgende Formel stellt die Berechnung des Substanzwertes dar:[633]

$$\begin{aligned} Substanzwert = & \sum Wiederbeschaffungspreise\ des\ betriebsnotwendigen\ Vermögens \\ & - Fremdkapital\ zu\ Nominalwerten \\ & + Liquidationswerte\ des\ nicht\ betriebsnotwendigen\ Vermögens \end{aligned}$$

Liquidationswertverfahren

Die Anwendung des Liquidationswertverfahrens erfolgt im Kontext von Geschäftsaufgaben sowie Sanierungsfällen.[634] Im Gegensatz zum Substanzwertverfahren erfolgt die Ermittlung des Liquidationswertes nicht auf Basis der in Bilanzen ausgewiesenen Werte, sondern anhand fiktiver Preise für die Vermögensgegenstände, welche mögliche Käufer zu zahlen bereit sind.[635] Des Weiteren werden von der Summe der Veräußerungserlöse das im Unternehmen gebundene Fremdkapital sowie die für die Zerschlagung des Betriebs notwendigen Kosten abgezogen.[636] Dementsprechend präzisiert der Liquidationswert die „absolute Wertuntergrenze beim Unternehmensverkauf", da die zu erzielenden Veräußerungserlöse mit

---

[628] Vgl. Obermeier, T.; Gasper, R.: Investitionsrechnung und Unternehmensbewertung, 2008, S. 71; Westkämper, E.; Warnecke, H.-J.: Einführung in die Fertigungstechnik, 2004, S. 49

[629] Vgl. Horst, Klaus W. ter: Investition, 2009, S. 69

[630] Vgl. Waldegge, S. H.: Steigerung des Unternehmenswertes, 2009, S. 68; Haasis, H.: Mittelstand hat Zukunft, 2007, S. 590 f.

[631] Vgl. IHK Lüneburg-Wolfsburg: Preisfrage, 2014, S. 3 f.; Wiehle, U.: Unternehmensbewertung, 2005, S. 30

[632] Vgl. Becker, H. P.: Investition und Finanzierung, 2009, S. 78

[633] Vgl. Wiehle, U.: Unternehmensbewertung, 2005, S. 30

[634] Vgl. Voigt, C.: Unternehmensbewertung, 2005, S. 28; Wiehle, U.: Unternehmensbewertung, 2005, S. 32

[635] Vgl. IHK Lüneburg-Wolfsburg: Preisfrage, 2014, S. 3 f.

[636] Vgl. Becker, H. P.: Investition und Finanzierung, 2009, S. 77

einem zunehmenden Liquidationszeitraum steigen.[637] Untenstehende Gleichung spezifiziert die Berechnung des Liquidationswertes:[638]

$$Liduidationswert = \sum \begin{pmatrix} Veräußerungspreise \\ aller\ Vermögensgegenstände \\ -Fremdkapital\ zu\ Nominalwerten \\ -\ Kosten\ der\ Liquidation \end{pmatrix}$$

Ertragswertverfahren

Das Ertragswertverfahren zeichnet sich im Vergleich zum Substanzwert- bzw. Liquidationswertverfahren durch die Berücksichtigung des zukünftigen Wachstums eines Unternehmens aus.[639] Vor diesem Hintergrund werden die Gewinne zukünftiger Planungszeiträume geschätzt und in einem anschließenden Schritt mit einem Opportunitätszinssatz diskontiert.[640] Dieser Diskontierungszins ist jedoch nicht eindeutig definiert, sodass WIEHLE auf den unmittelbaren Zusammenhang zwischen ermittelten Unternehmenswert (UW) und der Wahl des Diskontierungsfaktors verweist. Des Weiteren basiert der Ertragswert auf einer ewigen Rente, die zu einer konstanten Ausschüttung an die Inhaber des Unternehmens äquivalent ist.[641] Zur Berechnung dieses Faktors werden die Gewinne der vergangenen Planungsperiode genutzt, die im Allgemeinen einen Zeitraum von drei bis fünf Jahren umfasst.[642]

$$UW = \sum_{t=1}^{n} \frac{Jahresüberschuss_t}{(1+i)^t} + \frac{Restwert_n}{(1+i)^n}$$

Mittelwertverfahren

Das Mittelwertverfahren gründet auf der Kombination aus dem Substanzwert- sowie des Ertragswertverfahrens, indem die vergangenheits- bzw. die gegenwartsorientierte Berechnungsweise des Substanzwertverfahrens mit der Zukunftsperspektive des Ertragswertverfahrens anhand eines festen, multiplikativen Faktors verknüpft wird.[643] Die Anwendung dieser Methode findet insbesondere im Fall von in der Vergangenheit liegenden Gewinnen in Verbindung mit maßgeblichen Investitionen in zukünftigen Planungsperioden Anwendung, die während der kommenden Geschäftsperioden zu verringerten oder niedrigen Ertragswerten führen. Dabei stellt das Mittelwertverfahren einen pragmatischen Ansatz dar, der auf Grund des geringen Aufwandes dieser Methode v. a. in kleinen bzw. mittelständischen Unternehmen genutzt wird.[644]

$$Mittelwert = Faktor \times Ertragswert + Faktor \times Substanzwert$$

[637] Vgl. Blodig, M.: Unternehmensnachfolge: Handbuch und Checklisten für eine erfolgreiche Übergabe, 2014, S. 28

[638] Vgl. Wiehle, U.: Unternehmensbewertung, 2005, S. 33

[639] Vgl. Brück, M.: Steueroptimierter Unternehmenskauf, 2010, S. 53

[640] Vgl. Klamar, N.; Sommer, U., et al.: Der effiziente MetA Prozess, 2013, S. 98

[641] Vgl. Wendlinger, P.: Immobilienkennzahlen, 2012, S. 187; Voigt, C.: Unternehmensbewertung, 2005, S. 29; Wiehle, U.: Unternehmensbewertung, 2005, S. 34

[642] Vgl. Wiehle, U.: Unternehmensbewertung, 2005, S. 34 f.

[643] Vgl. Reese, J. F.: Die Bewertung von Immaterialgüterrechten, 2005, S. 39; Voigt, C.: Unternehmensbewertung, 2005, S. 33

[644] Vgl. Wiehle, U.: Unternehmensbewertung, 2005, S. 36 f.

Stuttgarter Verfahren

Das Stuttgarter Verfahren basiert auf dem Grundprinzip des Mittelwertverfahrens und findet vornehmlich im Rahmen der Analyse nicht börsennotierter Unternehmen durch die staatliche Finanzverwaltung Anwendung.[645] Innerhalb dieser Methodik stellt die Summe aller Vermögenswerte abzüglich des Fremdkapitals den Vermögenswert eines Unternehmens dar, zu dem in einem weiteren Schritt der fünffache Ertragshundertsatz addiert wird. Infolgedessen ermittelt sich der Ertragshundertsatz aus den nachhaltig erzielten Gewinnen, die in den letzten drei Geschäftsperioden ermittelt werden konnten.[646] Die resultierende Summe aus Vermögenswert und fünffachen Ertragshundertsatz wird schließlich zur Ermittlung des Unternehmenswertes mit dem sogenannten Hundertsatz multipliziert, der einen Faktor zur Einbeziehung des Zinssatzes bezeichnet:[647]

$$UW = Hundertsatz \times (Vermögenswert + 5 \times Ertragshundertsatz)$$

Multiplikatorverfahren

Das Multiplikatorverfahren beruht auf der grundsätzlichen Prämisse, am Beginn der Analyse die Bewertung eines vergleichbaren Unternehmens in Relation zu den beiden Kennziffern Umsatz und Gewinn zu setzen.[648] Anschließend erfolgen die Untersuchung des zu bewertenden Unternehmens und das Aufzeigen der identischen Relationen, sodass eine Vergleichbarkeit der Ergebnisse gewährleistet werden kann. Vor diesem Hintergrund können auf Grund der Marktposition bzw. zukünftiger Wachstumspotenziale Zu- oder Abschläge vorgenommen werden, welche die Gleichartigkeit der Untersuchung zunehmend fundieren. Zur Ermittlung des Unternehmenswertes wird die Bezugsgröße des zu bewertenden Unternehmens anhand eines Multiplikators angepasst.[649] Die in den einzelnen Branchen üblichen Multiplikatoren werden in getakteten Abständen an die vorherrschende Marktsituation angepasst, um Fehleinschätzungen des Unternehmenswertes systematisch ausschließen zu können.[650]

$$UW = Bezugsgröße\ des\ zu\ bewertenden\ Unternehmens \times Multiplikator$$

Discounted-Cash-Flow-Verfahren (Entity Ansatz)

Eine der in der Praxis gebräuchlichsten Methoden zur Unternehmensbewertung stellt das Discounted-Cash-Flow-Verfahren (DCF) dar, welches die tatsächlichen Zahlungsmittelüberschüsse als Grundlage der Berechnung verwendet.[651] Auf Grund der Orientierung an den tatsächlichen Zahlungsströmen vermeidet das Discounted-Cash-Flow-Verfahren die verfälschende Beeinflussung der buchhalterischen Jahresüberschüsse durch den Zeitpunkt der

---

645 Vgl. Löffler, C.: Steuerrechtliche Wertfindung aus Sicht der betriebswirtschaftlichen Steuerlehre, 2008, S. 145 ff.; Müller, P.: Wettbewerbsvorteile für Finanzdienstleister durch die Nutzung des Internet, 2006, S. 30 ff.

646 Vgl. Nagl, A.: Der Businessplan, 2011, S. 225 ff.

647 Vgl. Wiehle, U.: Unternehmensbewertung, 2005, S. 38 f.

648 Vgl. Voigt, C.: Unternehmensbewertung, 2005, S. 33

649 Vgl. Peiffer, A.: Discounted Cash Flow-Verfahren versus Multiplikator-Verfahren, 2014, S. 35 ff.; Stoltze, T.: Werttreiber- versus branchenorientierte Auswahl von Vergleichsunternehmen, 2009, S. 41

650 Vgl. Wiehle, U.: Unternehmensbewertung, 2005, S. 42 f.

651 Vgl. Bösl, K.: Praxis des Börsengangs, 2004, S. 160 ff.

Rechnungslegung.[652] Entsprechend der zur Berechnung verwendeten Cash Flows sowie der Kapitalisierungszinsen kann innerhalb des Discounted-Cash-Flow-Verfahren zwischen dem Entity, dem Equity und dem Adjusted Present Value Ansatz differenziert werden, die unter der Prämisse identischer Anfangsbedingungen bzw. einer einheitlichen Kapitalstruktur zu gleichwertigen Ergebnissen führen.[653] Im Rahmen des Entity-Verfahrens erfolgt die Unternehmensbewertung aus der Perspektive aller Kapitalgeber, indem die Abzinsung des zukünftigen, frei verfügbaren Cash Flows der Kapitalgeber auf den Bewertungszeitpunkt anhand des Weighted Average Cost of Capital (WACC) erfolgt.[654] Dementsprechend dient die Größe des WACC der Ermittlung des Marktwertes des Eigenkapitals. Folgende Gleichung illustriert die Berechnung des Discounted-Cash-Flow-Verfahrens in der Ausprägung als Entity Ansatz:[655]

$$UW = \sum_{t=1}^{n} \frac{Free\ Cash\ Flows_t}{(1+i)^t} + \frac{Restwert_n}{(1+i)^n} - Nettoverschuldung - Pensionsrückstellungen$$

Discounted-Cash-Flow-Verfahren (Equity Ansatz)

Die Analyse des Unternehmenswertes basiert im Rahmen des Equity Ansatz auf den Einzahlungsüberschüssen, die den Eigenkapitalgebern zugeordnet werden können.[656] Infolgedessen erfolgt die Ausweisung des Eigenkapitals ohne einen vorherigen Abzug des Fremdkapitals. Der zur Diskontierung genutzte Cash Flow wird durch den um die Fremdkapitalzinsen korrigierte Free Cash Flow repräsentiert, sodass die Fremdkapitalzinsen der Kapitalgeber keinen expliziten Bestandteil innerhalb der Berechnungsgrundlage des Equity Verfahrens darstellen.[657] Mithin gründet die Erfassung des relevanten Cash Flows auf dem sogenannten Flow to Equity Verfahren.[658] Die abschließende Ermittlung des Marktwertes des im Unternehmen vorhandenen Eigenkapitals beruht auf der Summation der Eigenkapitalkosten sowie des nicht betriebsnotwendigen Vermögens:[659]

$$UW = \sum_{t=1}^{n} \frac{Flow\ to\ Equity_t}{(1+i_{EK})^t} + \frac{Restwert_n}{(1+i_{EK})^n} + nicht\ betriebsnotwendiges\ Vermögen$$

Discounted-Cash-Flow-Verfahren (Adjusted Present Value Ansatz)

Die Berechnung des Unternehmenswertes anhand des Adjusted Present Value Ansatzes stützt sich auf eine systematische Zerlegung der Zielgröße in einzelne Komponenten, sodass eine Transparenz hinsichtlich der Entstehungsorte einzelner Wertbeiträge gewährleistet

---

652 Vgl. Pölert, A.: Aktionärsorientierte Unternehmensführung, 2007, S. 135

653 Vgl. Stiefl, J.; Westerholt, K. v.: Wertorientiertes Management, 2008, S. 26 f.

654 Vgl. Funk, W.; Rossmanith, J.: Internationale Rechnungslegung und Internationales Controlling, 2011, S. 449 f.; Fackler, M.; Schacht, U.: Praxishandbuch Unternehmensbewertung, 2008, S. 23 f.

655 Vgl. Wiehle, U.: Unternehmensbewertung, 2005, S. 44 f.

656 Vgl. Fackler, M.; Schacht, U.: Praxishandbuch Unternehmensbewertung, 2008, S. 97

657 Vgl. Schumacher, S.: Die Analyse und Bewertung der Luxus Cars GmbH anhand des Discounted-Cashflow-Verfahrens, 2012, S. 36; Wiehle, U.: Unternehmensbewertung, 2005, S. 46

658 Vgl. Lukas, A.: Unternehmensbewertung und intellektuelles Kapital, 2004, S. 93

659 Vgl. Wiehle, U.: Unternehmensbewertung, 2005, S. 46 f.

ist.[660] Unter der Annahme einer vollständigen Eigenfinanzierung erfolgt zunächst die Ermittlung des Unternehmenswertes, der das operative Ergebnis der Unternehmung ausweist.[661] Im Folgenden findet eine Wertkorrektur (Adjusted Present Value) statt, bei der die zunächst vernachlässigte Fremdkapitalstruktur, Unternehmenssteuereffekte sowie der Einkommenssteuereffekt Berücksichtigung finden. Schließlich stellt der um das Fremdkapital bereinigte Gesamtwert des Unternehmens den gesuchten Marktwert des Eigenkapitals dar:[662]

$$UW = \sum_{t=1}^{n} \frac{Free\ Cash\ Flows_t}{(1+i_{EK})^t} + \frac{Restwert_n}{(1+i_{EK})^n} + \sum_{t=1}^{n} \frac{i_{fk} \times FK_t \times s}{(1+i_{fk})^t} - Nettoverschuldung$$

Sum of the parts-Bewertung

Die Sum of the parts-Unternehmensbewertung eignet sich insbesondere im Rahmen der Untersuchung von Unternehmen, die sich durch die Kombination einer Vielzahl konträrer bzw. unterschiedlicher Geschäftstätigkeiten auszeichnen.[663] Diese spezielle Form des Multiplikatorverfahrens folgt der Auffassung, dass einzelne Bereiche eines Unternehmens auf spezifischen Wachstums- und Renditemustern basieren, die jeweils eine eigene Bewertung des betroffenen Bereiches erforderlich machen.[664] Folglich steht am Anfang dieses Verfahrens eine Aufteilung des Unternehmens in zusammenhängende Bereiche hinsichtlich der Untersuchungskriterien des Umsatzes bzw. Erfolgsgrößen. Diese Bereichsgrößen gilt es mit Bewertungsmultiplikatoren zu multiplizieren, die sich auf der Grundlage der Daten ausgewählter Vergleichsunternehmen spezifizieren lassen.[665] Anhand der Addition der einzelnen Bereichswerte folgt der Wert des Gesamtunternehmens, der im Weiteren zur Ermittlung des Eigenkapitalwertes um die Nettoverschuldung sowie Pensionsrückstellungen bereinigt wird.[666]

$$\begin{gathered} Wert\ des\ Eigenkapitals = \\ Bezugsgröße\ Division\ A \times Multiplikator\ der\ Benchmark \\ +Bezugsgröße\ Division\ B \times Multiplikator\ der\ Benchmark \\ +Bezugsgröße\ Division\ n \times Multiplikator\ der\ Benchmark \\ -Nettoverschuldung - Pensionsrückstellungen \end{gathered}$$

Net Operating Profit after Taxes

Der Net Operating Profit after Taxes (NOPAT) repräsentiert den operativen Nettogewinn nach Steuern und beschreibt folglich den Profit eines Unternehmens.[667] Dabei liegt der Er-

[660] Vgl. Beyer, F.: Wertorientierte Unternehmensführung: Anreizsysteme für das mittlere Management, 2014, S. 26; Pauly-Grundmann, D.: Markenbewertung, 2010, S. 86 f.

[661] Vgl. Schumacher, S.: Die Analyse und Bewertung der Luxus Cars GmbH anhand des Discounted-Cashflow-Verfahrens, 2012, S. 32

[662] Vgl. Wiehle, U.: Unternehmensbewertung, 2005, S. 48 f.

[663] Vgl. Schönefelder, L.: Unternehmensbewertungen im Rahmen von Fairness Opinions, 2008, S. 136

[664] Vgl. Dombret, A. R.: Übernahmeprämien im Rahmen von MetA-Transaktionen, 2006, S. 21

[665] Vgl. Wiehle, U.: Unternehmensbewertung, 2005, S. 54

[666] Vgl. Heese, V.: Aktienbewertung mit Kennzahlen, 2011, S. 123 f.; Wiehle, U.: Unternehmensbewertung, 2005, S. 54 f.

[667] Vgl. Probst, J.: Controlling leicht gemacht, 2007, S. 196

mittlung des unternehmerischen Profits die grundsätzliche Annahme einer vollständigen Eigenkapitalfinanzierung zu Grunde, innerhalb derer der operative Erfolg als die einzige Zielgröße fungiert.[668] Die Ermittlung des Unternehmenswertes auf Basis des NOPAT wird anhand der folgenden Formel vorgenommen:[669]

$$UW = Eigenkapital + langfristige\ Rückstellungen + verzinsliches\ Fremdkapital$$

Economic Value Added

Die Ausweisung der Größe Economic Value Added (EVA) erfolgt anhand eines Übergewinnverfahrens, nach dessen Grundsatz der Unternehmensgewinn nicht nur die Kapitalkosten zu decken hat, sondern erst die verbliebenen Einnahmen einen zusätzlichen Wert für den Investor generieren.[670] Zur Berechnung des EVA erfolgt zunächst eine Gegenüberstellung der bereinigten Gewinngröße NOPAT und dem vom Unternehmen investierten Kapital, sodass eine Untersuchung verschiedener Unternehmensteile unabhängig von ihrer Finanzierungsstruktur gewährleistet ist.[671] Zur Realisierung eines Wertes im Sinne des EVA bedarf es einer positiven Differenz zwischen der resultierenden Rendite sowie den Kosten für das betriebsnotwendige Kapital.[672] Die Multiplikation dieser Differenz mit dem investierten Kapital illustriert die periodische Wertsteigerung bzw. Wertvernichtung eines Unternehmens. Infolgedessen wird zur Berechnung des Unternehmenswertes die Summe aus investiertem Kapital sowie der einzelnen Werte des EVA aus den Folgeperioden gebildet:[673]

$$UW = Investiertes\ Kapital + \sum_{t=1}^{n} \frac{EVA_t}{(1+i)^t} + \frac{Restwert_n}{(1+i)^n} - Nettoverschuldung - Pensionsrückstellungen$$

Return on Investment

Der Return on Investment (ROI) beschreibt die Gesamtrentabilität einer Unternehmung und findet im Rahmen der Analyse der finanzpolitischen sowie der betrieblichen Leistungsfähigkeit Anwendung.[674] Mithin berechnet sich der ROI als Produkt aus Umsatzrendite und Kapitalumschlag, sodass die Entwicklung des ROI die Nutzung des eingesetzten Kapitals illustriert. Folglich basiert eine Steigerung des ROI auf einer Reduzierung der Kosten bzw. einer

---

[668] Vgl. Camphausen, B.: Strategisches Management, 2007, S. 185; Wiehle, U.: Unternehmensbewertung, 2005, S. 58

[669] Vgl. Wiehle, U.: Unternehmensbewertung, 2005, S. 59

[670] Vgl. Hofbauer, E.: Kapitalkosten bei der Unternehmensbewertung in den Emerging Markets Europas, 2011, S. 41; Schröder, R. W.; Wall, F.: Controlling zwischen Shareholder Value und Stakeholder Value, 2009, S. 179 f.

[671] Vgl. Schmeisser, W.; Rönsch, M., et al.: Shareholder Value Approach versus Corporate Social Responsibility, 2009, S. 29

[672] Vgl. Wolter, P.: Die monetäre Quantifizierung des personalen Faktors im Rahmen von Unternehmensbewertungen, 2011, S. 66 f.

[673] Vgl. Wiehle, U.: Unternehmensbewertung, 2005, S. 56 f.

[674] Vgl. Dahlhaus, C.: Investitions-Controlling in dezentralen Unternehmen, 2009, S. 173; Papenhoff, M.; Schmitz, F.: BWL für Mediziner im Krankenhaus, 2009, S. 89; Posluschny, P.: Die wichtigsten Kennzahlen, 2007, S. 16

Erhöhung des Kapitalumschlags.[675] Vor diesem Hintergrund repräsentiert gemäß LACHNIT der Return on Investment „die durchschnittliche Investitionsrendite" eines Unternehmens, anhand derer sich der relative Erfolg des investierten Kapitals nach Abzug der Fremdkapitalkosten beziffern lässt.[676] Dementsprechend wird der ROI anhand des nachstehenden mathematischen Zusammenhangs beschrieben:[677]

$$ROI = Umsatzrendite \times Kapitalumschlag$$

DuPont-Kennzahlensystem

Das auf DUPONT DE NEMOURS AND COMPANY zurückgehende Berechnungsmodell stellt eines der ältesten bzw. populärsten Kennzahlensysteme dar und findet bereits seit 1919 Verwendung.[678] Im Zentrum dieses Kennzahlensystems steht die Beeinflussung bzw. Steigerung des ROI, der als Gesamtkapitalrendite die Ertragsrate des eingesetzten Kapitals darstellt.[679]

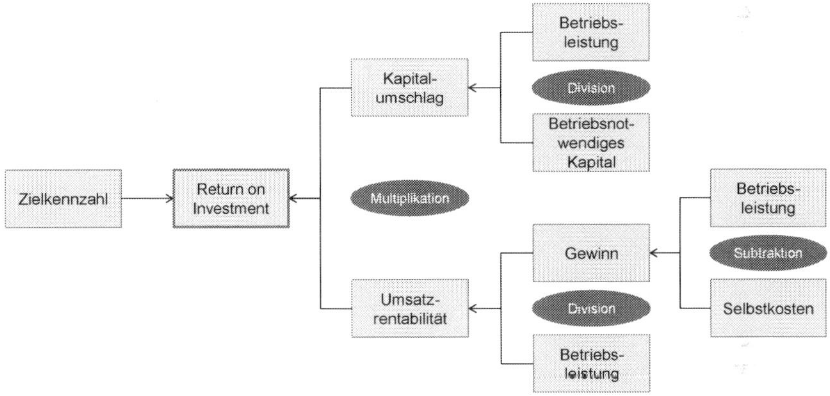

Abbildung 3-1: Kennzahlenpyramide nach DUPONT[680]

Demnach besteht das Bestreben einer Unternehmung weniger in einer Steigerung des Gewinns als vielmehr in der Maximierung des Ergebnisses pro eingesetzter Kapitaleinheit. Innerhalb des Kennzahlensystems sind einzelne Gliederungsebenen identifizierbar, die auf der obersten Ebene aus Verhältniskennzahlen und auf den darunterliegenden Einheiten aus absoluten Ziffern bestehen. An der Spitze dieses Systems befindet sich die Zielkennzahl

[675] Vgl. Posluschny, P.: Die wichtigsten Kennzahlen, 2007, S. 16

[676] Vgl. Lachnit, L.: Bilanzanalyse, 2004, S. 215 f.

[677] Vgl. Preißler, P. R.: Betriebswirtschaftliche Kennzahlen, 2008, S. 162

[678] Vgl. Böhmdörfer, F.; Kralicek, G.: Kennzahlen für Geschäftsführer: - Bilanzanalyse und Jahresabschlussszenarien - Controlling und Cash-Management - Investitionsentscheidungen und Unternehmensbewertung, 2013, S. 183; Stephan, J.: Finanzielle Kennzahlen für Industrie- und Handelsunternehmen, 2006, S. 20

[679] Vgl. Kozielski, S.: Integratives Kennzahlensystem für den Werkzeugbau, 2010, S. 58

[680] In Anlehnung an Böhmdörfer, F.; Kralicek, G.: Kennzahlen für Geschäftsführer: - Bilanzanalyse und Jahresabschlussszenarien - Controlling und Cash-Management - Investitionsentscheidungen und Unternehmensbewertung, 2013, S. 183

ROI, die sich aus dem Produkt von Umsatzrentabilität und Kapitalumschlag ergibt.[681] Folglich basiert das DuPont-Kennzahlensystem auf der Ansicht, dass über die beiden Parameter der Umsatzrentabilität bzw. des Kapitalumschlags ein direkter Einfluss auf die Gesamtkapitalrendite einer Unternehmung ausgeübt werden kann.[682] Die Kennzahlenpyramide (vgl. Abbildung 3-1) illustriert das dem DuPont-Kennzahlensystem zu Grunde liegende Berechnungsschema.

ZVEI-Kennzahlensystem

Das im Jahr 1970 publizierte ZVEI-Kennzahlensystem beruht auf Ausführungen des betriebswirtschaftlichen Ausschusses des ZENTRALVERBANDES DER ELEKTROCHEMISCHEN INDUSTRIE (ZVEI) in Deutschland und stellt eine Erweiterung des DuPont-Kennzahlensystems dar.[683] Dabei lässt sich das ZVEI-System als eine Reaktion auf den Mangel einer Vielzahl unterschiedlicher Kennzahlen innerhalb des DuPont-Kennzahlensystems charakterisieren. Infolgedessen umfasst das ZVEI-Kennzahlensystem 88 Haupt- und 122 Hilfskennzahlen, die innerhalb einer zweistufigen Untersuchung anhand einer Wachstums- und einer Strukturanalyse verknüpft sind.[684] Im Kontext der Wachstumsanalyse erfolgt ein Vergleich zwischen zwei aufeinanderfolgenden Geschäftsperioden hinsichtlich der Geschäftsvolumina, Personal und Erfolg. Im Gegensatz dazu beruht die Strukturanalyse auf der Zielkennzahl der Eigenkapitalrentabilität, die anhand eines hierarchisch gegliederten und mathematisch verknüpften Musters in ihre Einflussfaktoren zerlegt wird.[685]

Rentabilität-Liquidität-Kennzahlensystem

Das von REICHMANN und LACHNIT im Jahr 1977 entworfene Rentabilität-Liquidität- Kennzahlensystem (RL-Kennzahlensystem) lässt sich gegenüber anderen Kennzahlensystemen über das Alleinstellungsmerkmal zweier Spitzenkennzahlen, der Rentabilität und der Liquidität, charakterisieren.[686] Mithin setzt sich das RL-Kennzahlensystem aus den zwei Bereichen, eines allgemeinen Teils sowie eines sogenannten Sonderteils, zusammen. Während die Kennzahlen des allgemeinen Teils branchenunabhängig in die Analyse aller Unternehmen einfließen, fokussieren die Kennziffern innerhalb des Sonderteils die firmenindividuellen Spezifika.[687] Dabei basiert das RL-Kennzahlensystem auf 39 Kennzahlen, die entsprechend des gewählten Analysezeitraums individuell angepasst werden können.[688]

---

681 Vgl. Schmitt, R.; Pfeifer, T.: Qualitätsmanagement, 2010, S. 517

682 Vgl. a. a. O., S. 517 f.

683 Vgl. Kozielski, S.: Integratives Kennzahlensystem für den Werkzeugbau, 2010, S. 58; Schmitt, R.; Pfeifer, T.: Qualitätsmanagement, 2010, S. 518

684 Vgl. Böhmdörfer, F.; Kralicek, G.: Kennzahlen für Geschäftsführer: - Bilanzanalyse und Jahresabschlussszenarien - Controlling und Cash-Management - Investitionsentscheidungen und Unternehmensbewertung, 2013, S. 183 f.; Gladen, W.: Kennzahlen- und Berichtssysteme, 2003, S. 72

685 Vgl. Joos-Sachse, T.: Controlling, Kostenrechnung und Kostenmanagement, 2002, S. 284

686 Vgl. Gladen, W.: Kennzahlen- und Berichtssysteme, 2003, S. 75 ff.

687 Vgl. Joos-Sachse, T.: Controlling, Kostenrechnung und Kostenmanagement, 2002, S. 285 f.

688 Vgl. Böhmdörfer, F.; Kralicek, G.: Kennzahlen für Geschäftsführer: - Bilanzanalyse und Jahresabschlussszenarien - Controlling und Cash-Management - Investitionsentscheidungen und Unternehmensbewertung, 2013, S. 186

3.2.2 Strategische Ansätze

Die verstärkte Entwicklung strategischer Messansätze zu Beginn der 1990er Jahre stellt eine Reaktion auf die Kritik an herkömmlichen finanzwirtschaftlichen Kennzahlensystemen dar.[689] Folglich liegt der Fokus strategischer Ansätze auf der Erfassung der unternehmerischen Leistungsfähigkeit aus verschiedenen Perspektiven auf Basis finanzieller sowie nicht monetärer Kennzahlen, welche gemäß obiger Definition zweckmäßige Messgrößen der Leistungsfähigkeit darstellen.[690] Im Folgenden umfasst das Portfolio strategischer Ansätze sowohl Konzepte zur branchenunabhängigen Bewertung als auch Ansätze zur strategischen Untersuchung von Unternehmen innerhalb des Werkzeugbaus.

Portfolio Analyse

Die Portfolio Analyse stellt eines der ersten Instrumente der strategischen Unternehmensbewertung dar und wurde am Ende der 1960er Jahre konzipiert.[691] Dabei findet das Modell insbesondere im Rahmen der Klassifizierung und Priorisierung diversifizierter Unternehmen Anwendung, denen die Entscheidung der Kapitalverwendung hinsichtlich der unterschiedlichen Geschäftsfelder obliegt.[692]

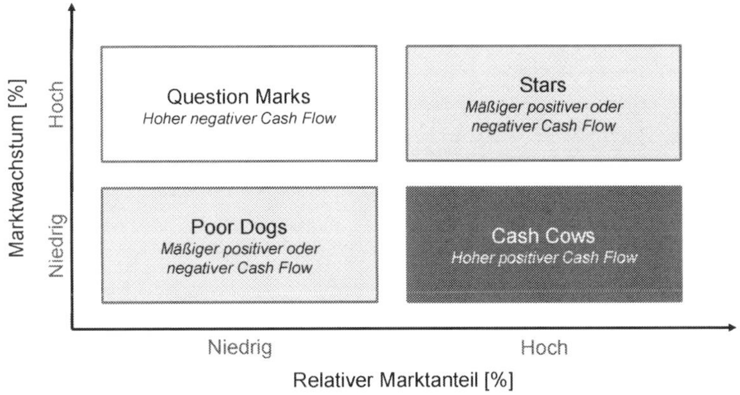

Abbildung 3-2: Marktwachstum-Marktanteil Portfolio (Boston Consulting Group)[693]

Gemäß Porter existieren in der Wissenschaft zahlreiche Ausprägungen der Portfolio-Analyse, wobei maßgebliche Verwendung in der Praxis v. a. das Marktwachstum-Marktanteil

[689] Vgl. Kozielski, S.: Integratives Kennzahlensystem für den Werkzeugbau, 2010, S. 59

[690] Vgl. ebenda; Aumayr, K. J.: Erfolgreiches Produktmanagement, 2009, S. 254; Hartel, D. H.: Consulting und Projektmanagement in Industrieunternehmen, 2009, S. 58

[691] Vgl. Camphausen, B.: Strategisches Management, 2007, S. 117 ff.

[692] Vgl. Gleich, R.: Balanced Scorecard, 2012, S. 162

[693] In Anlehnung an Hutzschenreuter, T.: Allgemeine Betriebswirtschaftslehre, 2009, S. 368; Porter, M. E.: Wettbewerbsstrategie, 1999, S. 450

Portfolio der Boston Consulting Group (BCG) sowie das Unternehmensposition-Branchenattraktivität Portfolio von McKinsey bzw. General Electric finden.[694]

Das Marktwachstum-Marktanteil Portfolio der Boston Consulting Group basiert auf den beiden Dimensionen des relativen Marktanteils, der im Verhältnis zum stärksten Wettbewerber quantifiziert wird, und des Marktwachstums.[695] Die Ausprägung der beiden Größen erlaubt Rückschlüsse auf die Wettbewerbsposition und die benötigten finanziellen Mittel der untersuchten Geschäftsfelder. Vor diesem Hintergrund erfährt das Portfolio eine Unterteilung in die vier Quadranten der „Cash Cows", „Stars", der „Question Marks" sowie der „Poor Dogs"[696].

Im Kontext der 3×3-Matrix nach McKinsey bzw. General Electric bestehen die Achsen des Portfolios aus der Branchenattraktivität sowie der Wettbewerbsposition der Geschäftseinheit.[697] Hierbei entscheidet die Lokalisation der Geschäftseinheit über die strategische Aufgabe des Unternehmens, die zwischen Investition bzw. Desinvestition sowie einem Gleichgewicht zwischen finanziellen Input und Output variieren kann.[698] Infolgedessen verfolgen beide Ausprägungen der Portfolio Analyse das Ziel, anhand einer qualitativen Unternehmensbewertung strategische Handlungsempfehlungen abzuleiten.[699]

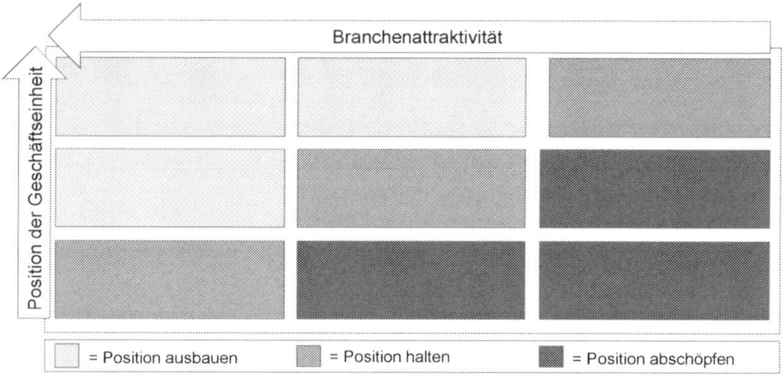

Abbildung 3-3: Unternehmensposition-Branchenattraktivität Portfolio[700]

Strengths-Weaknesses-Opportunities-Threats Analyse

Die Strengths-Weaknesses-Opportunities-Threats Analyse (SWOT Analyse) stellt eine Technik dar, die insbesondere in frühen Phasen der Strategie- und Absatzplanung Anwen-

[694] Vgl. Porter, M. E.: Wettbewerbsstrategie, 1999, S. 449

[695] Vgl. Hutzschenreuter, T.: Allgemeine Betriebswirtschaftslehre, 2009, S. 367 f.; Papenhoff, M.; Schmitz, F.: BWL für Mediziner im Krankenhaus, 2009, S. 27; Macharzina, K.; Wolf, J.: Unternehmensführung, 2008, S. 363

[696] Vgl. Peitsch, A. L.: Strategisches Management in Regionen, 2005, S. 92

[697] Vgl. Porter, M. E.: Wettbewerbsstrategie, 1999, S. 453 ff.

[698] Vgl. Wirtz, B. W.: Mergers & Acquisitions Management, 2003, S. 148 f.

[699] Vgl. Brunner, F.: Wertstiftende Strategien im Bankgeschäft, 2009, S. 63 f.

[700] In Anlehnung an McKinsey bzw. General Electric: Vgl. Porter, M. E.: Wettbewerbsstrategie, 1999, S. 454

dung findet.[701] Dabei werden die Stärken, Schwächen, Chancen und Risiken eines Unternehmensbereiches oder einer vollständigen Unternehmung identifiziert und systematisch in tabellarischer Form protokolliert.[702] Folglich werden die internen Faktoren (Stärken und Schwächen) den externen Faktoren einer Umweltanalyse (Chancen und Risiken) gegenübergestellt, sodass anhand dieser Bestandsaufnahme eine strukturierte, strategische Unternehmensbewertung stattfinden kann.[703] Infolgedessen besteht das Anwendungsspektrum der SWOT Analyse in der Situationsanalyse sowie der Strategieformulierung.[704]

Balanced Scorecard

Die im Jahr 1992 publizierte Balanced Scorecard (BSC) beruht auf der Zusammenarbeit von KAPLAN bzw. NORTON sowie von zwölf amerikanischen Unternehmen und gründet auf dem Prinzip, die mehrdimensionale Leistung eines Unternehmens nicht ausschließlich durch ein Konsortium verschiedener, monetärer Kennzahlen zu illustrieren, sondern anhand der vom Unternehmen definierten Unternehmensstrategie aufzuzeigen.[705] Dementsprechend resultiert der Erfolg eines Unternehmens maßgeblich aus der Ausprägung nicht finanzieller Größen, sodass die BSC eine Erweiterung konventioneller, finanzieller Kennzahlen um zukunftsorientierte Leistungstreiber vornimmt.[706] Diese Indikatoren erlauben Rückschlüsse auf die zukünftige Leistung des Unternehmens und identifizieren die wesentlichen Einflussgrößen auf die unternehmerische Leistungserstellung. Der Ausgangspunkt der Balanced Scorecard stellt die im Unternehmen vorherrschende visionäre Zielvorstellung dar, auf deren Grundlage im Weiteren eine unternehmerische Mission entwickelt wird.[707] Dabei präzisiert die Unternehmensmission eine zu verfolgende Strategie sowie deren Umsetzung in konkrete Aktionen.[708] Vor diesem Hintergrund erfolgt die Ableitung einzelner Perspektiven der BSC, die über Ursache- bzw. Wirkungsbeziehungen verbunden werden. Innerhalb der Finanzperspektive, der Kundenperspektive, der Lern- und Entwicklungsperspektive sowie der Perspektive innerer Geschäftsprozesse werden die strategischen Ziele sowie die zugehörigen Kennzahlen, Zielwerte und Maßnahmen definiert.[709] Mithin präzisiert die finanzielle Perspektive die monetären Ziele des Unternehmens, sodass KAPLAN und NORTON die Messung der Erfolgsmaximierung anhand von Rentabilitäts- und Wachstumsgrößen vornehmen. Die Kundenperspektive basiert sowohl auf Ergebnisgrößen als auch auf strategischen Kennzahlen, anhand derer die Erfassung dieser Aspekte im Rahmen des Marktanteils, der Kundentreue bzw. der Kundenzufriedenheit stattfindet.[710] Des Weiteren liegt der Fokus der Perspektive innerer Prozesse auf den Größen Wirtschaftlichkeit, Effizienz und Effektivität der internen

[701] Vgl. Bertheau, N.: Handelsblatt Management-Bibliothek, 2005, S. 128
[702] Vgl. Homburg, C.: Quantitative Betriebswirtschaftslehre, 2000, S. 134
[703] Vgl. Freyer, W.: Tourismus-Marketing, 2007, S. 315; Schmidbauer, K.; Knödler-Bunte, E.: Das Kommunikationskonzept, 2004, S. 95
[704] Vgl. Wiesner, K. A.: Strategisches Tourismusmarketing, 2006, S. 63
[705] Vgl. Gleich, R.: Balanced Scorecard, 2012, S. 5; Schmeisser, W.; Clausen, L.: Controlling und Berliner Balanced Scorecard Ansatz, 2009, S. 38 f.
[706] Vgl. Fiege, R.: Social Media Balanced Scorecard, 2012, S. 112
[707] Vgl. Schmitt, R.; Pfeifer, T.: Qualitätsmanagement, 2010, S. 519 f.
[708] Vgl. Probst, H.-J.: Balanced Scorecard leicht gemacht, 2007, S. 9
[709] Vgl. Frädrich, S. G.; Wuerz, T.: Günter, der innere Schweinehund, wird Chef, 2009, S. 49
[710] Vgl. Fitzner, D.: Die Balanced Scorecard, 2007, S. 18 ff.

Prozesse, während die Lern- und Erfahrungsperspektive in die Dimensionen des Menschen, der Systeme sowie der Prozesse zerfällt und die Entwicklung des langfristigen, unternehmerischen Wachstums betrachtet.[711] Folglich lässt sich gemäß WEBER die BSC anhand ihrer „Ausgewogenheit zwischen den operativen und strategischen Zielen, finanziellen und nicht finanziellen Kennzahlen, sowie Spät- und Frühindikatoren" charakterisieren.[712]

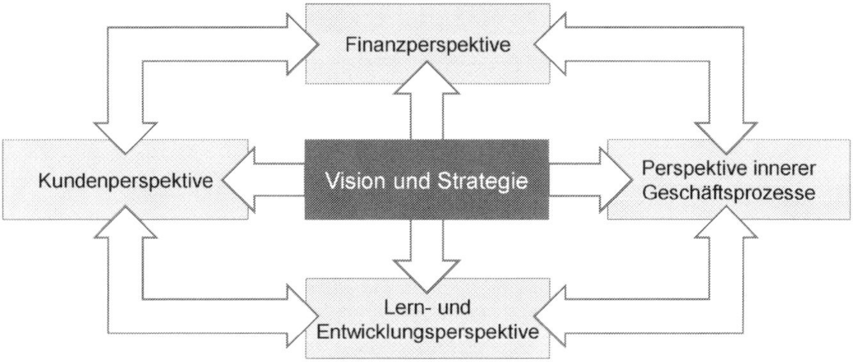

Abbildung 3-4: Perspektiven der Balanced Scorecard[713]

Data Envelopment Analysis

Die Data Envelopment Analysis (DEA) wurde in den 1970er Jahren von CHARNES und COOPER entwickelt und greift den Zielkonflikt zwischen einer pragmatischen Informationsaggregation und einer breitgefächerten bzw. tiefgreifenden Analyse unternehmerischer Performance auf.[714] Hierbei unterliegen spezifische Entscheidungseinheiten bzw. produktive Einheiten innerhalb der Unternehmung, sogenannte Decison Making Units, einer einzelnen, individuellen Analyse.[715] Folglich erfolgt die Erfassung der Decision Making Units auf Grundlage ähnlicher sowohl monetärer als auch nicht monetärer Inputs und Outputs, sodass eine Vergleichbarkeit der Ergebnisse gewährleistet ist.[716] Der managementorientierten Forderung nach einer pragmatischen Aggregation Rechnung tragend, nutzt die DEA den Quotient aus Input und Output als Spitzenkennzahl der verschiedenen Decision Making Units. Dementsprechend lässt sich auf Basis der DEA die relative Effizienz bzw. Ineffizienz eines Unternehmensbereichs angeben, sodass in diesem Kontext eine Priorisierung innerhalb der Ent-

[711] Vgl. Kozielski, S.: Integratives Kennzahlensystem für den Werkzeugbau, 2010, S. 67 ff.

[712] Vgl. Fitzner, D.: Die Balanced Scorecard, 2007, S. 5

[713] In Anlehnung an Steinbach, F.: Balanced Scorecard im Corporate Real Estate- und Facility Management, 2006, S. 26

[714] Vgl. Weinblat, J.: Data Envelopment Analysis - Brancheninterne Effizienzanalyse auf Basis von Unternehmensbilanzdaten, 2014, S. 19; Kozielski, S.: Integratives Kennzahlensystem für den Werkzeugbau, 2010, S. 70

[715] Vgl. Ramanathan, R.: An introduction to data envelopment analysis, 2003, S. 25 f.

[716] Vgl. von Kortzfleisch, H. F. O.; Walsh, G., et al.: Produktivität von Customization Services, 2014, S. 74; Haimes, Y. Y.; Steuer, R. E.: Research and practice in multiple criteria decision making, 2000, S. 308

scheidungseinheiten stattfinden kann. Der durch Inputs sowie Outputs determinierte Produktivitätsbegriff steht somit im Zentrum dieses Konzepts und erlaubt auf Basis der erhobenen Daten die Bestimmung einer linearen Best-Practice-Produktionsfunktion.[717]

Tool Shop Scorecard nach EVERSHEIM

Das Modell der Tool Shop Scorecard (TOSSCA) nach EVERSHEIM basiert auf einem gemeinsamen Projekt aus dem Jahr 2002 zwischen dem WZL der RWTH Aachen und einem internen Werkzeugbauer eines Automobilkonzerns.[718] Dabei liegt die Kompetenz von TOSSCA in einer systematischen Formulierung der Zieldefinition sowie einer zugehörigen Zielkontrolle. Mithin erlaubt ein kontinuierlicher Soll-Ist-Abgleich die frühzeitige Erfassung von Planabweichungen, denen mit entsprechenden Gegenmaßnahmen zu begegnen ist. Die entsprechende Visualisierung erfolgt innerhalb eines Spinnennetzdiagramms.[719] Zur strategischen und operativen Steuerung eines Unternehmens werden im Kontext von TOSSCA die acht Zielkriterien Qualität, Preisniveau, Termintreue, Flexibilität, Zufriedenheit und Motivation der Mitarbeiter, Auslastung sowie Kostendeckung festgelegt.[720]

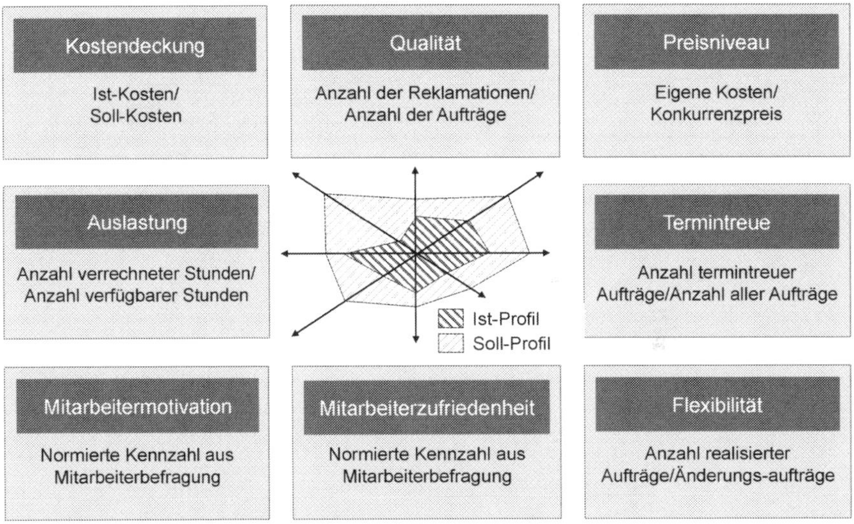

Abbildung 3-5: Tool Shop Scorecard nach EVERSHEIM[721]

Obenstehende Abbildung illustriert die acht Zielkriterien sowie deren konkrete Ausprägungen innerhalb der Tool Shop Scorecard nach EVERSHEIM.

Strategisches Informationssystem nach POLLACK

---

[717] Vgl. Kozielski, S.: Integratives Kennzahlensystem für den Werkzeugbau, 2010, S. 70 f.

[718] Vgl. Eversheim, W.; Schröder, J., et al.: Mit TOSSCA zum Werkzeugbau der Zukunft, 2002, S. 44

[719] Vgl. Kozielski, S.: Integratives Kennzahlensystem für den Werkzeugbau, 2010, S. 75 f.

[720] Vgl. a. a. O., S. 76

[721] In Anlehnung an Eversheim, W.; Schröder, J., et al.: Mit TOSSCA zum Werkzeugbau der Zukunft, 2002, S. 46

Das strategische Informationssystem nach POLLACK stammt aus dem Jahr 1995 und stellt eine Methode des kennzahlenbasierten Controllings innerhalb der Analyse von Werkzeugbauern dar.[722] Vor diesem Hintergrund basiert das Modell auf einem Zielsystem, das anhand der Bedürfnisse des Werkzeugbaus spezifiziert wurde und die Modellierung strategischer Handlungsalternativen erlaubt.[723] Die Dimensionen der Handlungsalternativen umfassen neben dem Leistungsangebot auch den Abnehmerstamm, die Wertschöpfungskette, das Personal, die Produktionsmittel, das EDV-System, die Organisation, den Standort, das Kapital sowie den Lieferantenstamm. Dabei kann jede der Dimensionen durch Beschreibungsgrößen in extremalen Ausprägungen präzisiert werden, die eine eindeutige Einordnung der Unternehmen erlauben.[724] Des Weiteren stützt sich das strategische Informationssystem nach POLLACK auf einen empirischen Datenfundus, der anhand einer Regressionsanalyse die kausalen Zusammenhänge zwischen den Dimensionen der Handlungsalternativen sowie den Einfluss auf strategische Zielgrößen aufzeigt und eine entsprechende Optimierung der verfolgten Ziele gewährleistet.[725]

Integratives Kennzahlensystem nach KOZIELSKI

Das im Jahr 2010 konzipierte, integrative Kennzahlensystem nach KOZIELSKI fokussiert die Generierung und Realisierung von Strategien innerhalb des Werkzeugbaus, indem eine Position zwischen strategischem und operativem Management besetzt wird.[726] Dabei gründet das Kennzahlensystem auf drei Bestandteilen, die sich als ein Basiskennzahlensystem, ein Bewertungssystem sowie eine Scorecard präzisieren lassen. Mithin behandelt das zu Grunde liegende Basiskennzahlensystem die Unternehmensbereiche Ressourcen, Unternehmensorganisation, Unternehmensprozesse, Kunden, Leistungsangebot sowie das wirtschaftliche Finanzergebnis eines Unternehmens, die jeweils anhand einer hierarchischen Strukturierung in Hauptaspekte, Teilaspekte, Basiskennzahlen und Betriebsdaten klassifiziert werden können. Des Weiteren nimmt KOZIELSKI im Rahmen der Strategieumsetzung eine Differenzierung zwischen der Positionierung und der Wertschöpfung innerhalb des Unternehmens vor. Während die Positionierung anhand der Kunden und des Leistungsangebots das Außenverhältnis beschreibt, untersucht die Wertschöpfung das Innenverhältnis des Werkzeugbauers anhand der Bereiche Prozesse, Organisation und Ressourcen.[727] Im Folgenden findet eine Aggregation der Basiskennzahlen zu Bewertungsgrößen statt, die im Kontext des Bewertungssystems mittels mathematischer Verknüpfungen verbunden werden. Infolgedessen erfolgt ein anschließender Abgleich zwischen den erfassten Bewertungsgrößen sowie den Daten vergleichbarer Wettbewerber, bevor anhand einer Scorecard eine Verbindung der Bewertungsgrößen sowie der strategischen, unternehmerischen Ziele stattfindet.[728]

---

[722] Vgl. Kozielski, S.: Integratives Kennzahlensystem für den Werkzeugbau, 2010, S. 74

[723] Vgl. Pollack, A.: Entwicklung eines Informationssystems zur strategischen Planung des Werkzeugbaus, 1995, S. 75

[724] Vgl. Kozielski, S.: Integratives Kennzahlensystem für den Werkzeugbau, 2010, S. 74 f.; Pollack, A.: Entwicklung eines Informationssystems zur strategischen Planung des Werkzeugbaus, 1995, S. 128

[725] Vgl. Kozielski, S.: Integratives Kennzahlensystem für den Werkzeugbau, 2010, S. 74 f.

[726] Vgl. a. a. O., S. 3

[727] Vgl. a. a. O., S. 95 ff.

[728] Vgl. a. a. O., S. 105 ff.

3-Säulen-Konzept nach NUSSER

Das 3-Säulen-Konzept nach NUSSER basiert auf den Ausführungen innerhalb eines Arbeitsberichtes des Büros für Technikfolgen-Abschätzung beim Deutschen Bundestages (TAB) und fokussiert die strategische Bewertung forschungsintensiver Branchen.[729] Dabei stehen im Mittelpunkt dieses qualitativen Bewertungskonzeptes verschiedene, den Erfolg einer Unternehmung maßgeblich beeinträchtigende Standortfaktoren, die anhand von Ursache-/Wirkungsbeziehungen verknüpft sind und unterschiedliche strategische Handlungsempfehlungen aufzeigen.[730] Infolgedessen bilden gesamtwirtschaftliche bzw. sektorspezifische Standortfaktoren und betriebliche Leistungsprozesse die drei Säulen des Modells. Dementsprechend illustriert NUSSER den unmittelbaren Zusammenhang dieser Standortfaktoren und der resultierenden Wettbewerbsvorteile in Form eines Technologie-, Differenzierungs-, Qualitäts-, Kosten- sowie Flexibilitätsvorsprungs.[731]

Kennzahlensystem nach SCHOTT

Das Kennzahlensystem nach SCHOTT geht auf Ausführungen in den 1950er Jahren zurück und stellt ein multikriterielles Kennzahlensystem dar, welches auf den drei Kernbereichen Produktivität, Rentabilität und Wirtschaftlichkeit basiert.[732] Gemäß SCHOTT ist die Rentabilität durch einen direkten Zusammenhang zum Unternehmenserfolg gekennzeichnet, während die Produktivität das Verhältnis zwischen dem Output sowie den zur Arbeitserstellung notwendigen Stunden einer Arbeitskraft untersucht.[733] Die Wirtschaftlichkeit einer Unternehmung erlaubt unmittelbare Rückschlüsse über den „Gesundheitszustand eines Unternehmens"[734]. Der Ansicht strategischer Ansätze folgend, nimmt SCHOTT eine Verbindung finanzieller sowie nicht monetärer Größen vor, die anhand kausaler Zusammenhänge verknüpft werden.[735] Als managementorientiertes Kennzahlensystem dient es als Instrument zur Führungsunterstützung, indem erhobene Daten systematisch ausgelesen und verdichtet werden. Des Weiteren liegt der Fokus dieses Ansatzes auf dem Erkennen von Relationen, der Entwicklung von Zielprojektionen sowie der Kontrolle der unternehmerischen Leistungserstellung.[736]

Tableau de Bord

Das Tableau de Bord stellt ein seit den 1950er Jahren v. a. im französischsprachigen Raum verbreitetes Kennzahlensystem dar, das insbesondere nicht finanzielle Aspekte als Erfolgsfaktoren einer Unternehmung identifiziert. Mithin bestehen die vier untersuchten Themenkomplexe des Tableau de Bord in den Aktivitäten, den Kosten, den Vorräten sowie den Finanzen.[737] Hierbei verfolgt das Tableau de Bord den Ansatz, jegliche relevanten Organisati-

---

[729] Vgl. Nusser, M.; Wydra, S., et al.: Forschungs- und wissensintensive Branchen, 2007, S. 5 ff.
[730] Vgl. a. a. O., S. 35
[731] Vgl. a. a. O., S. 75
[732] Vgl. Sandt, J.: Management mit Kennzahlen und Kennzahlensystemen, 2004, S. 50
[733] Vgl. Zapp, W.: Kennzahlen im Krankenhaus, 2010, S. 5
[734] Vgl. Greiling, D.: Performance measurement in Nonprofit-Organisationen, 2009, S. 91
[735] Vgl. Sandt, J.: Management mit Kennzahlen und Kennzahlensystemen, 2004, S. 50 f.
[736] Vgl. Greiling, D.: Performance measurement in Nonprofit-Organisationen, 2009, S. 91
[737] Vgl. Jung, H.: Controlling, 2014, S. 169; Printz, T.: Performance Measurement, 2008, S. 40

onseinheiten einer Unternehmung zu erfassen und eine dem Namen entsprechende, grafische Anordnung als Armaturenbrett bzw. Instrumententafel vorzunehmen.[738] Infolgedessen erlaubt diese Darstellungsweise dem Management des Unternehmens, eine Bewertung der einzelnen Aktivitäten hinsichtlich der Erreichung der verfolgten Unternehmensstrategie vorzunehmen.[739] Demnach erfolgt im Rahmen des Tableau de Bord eine systematische Verbindung zwischen den Entscheidungsfeldern des Unternehmens sowie der Unternehmensstrategie. Die zur Messung benötigten Kennzahlen lassen sich von den Unternehmenszielen ableiten und zerfallen in Prozess- sowie Ergebnisindikatoren. Beiden Arten von Indikatoren obliegt die Illustration des zu realisierenden Ziels, des gegenwärtig vorherrschenden Niveaus sowie der bisherigen Entwicklung.[740]

3.2.3 Prozess- und qualitätsorientierte Ansätze

Innerhalb der prozess- und qualitätsorientierten Ansätze werden Verfahren zur Bewertung der unternehmerischen Leistungsfähigkeit aufgezeigt, die sich im Spannungsfeld zwischen der technologischen Betrachtung der Unternehmensprozesse sowie einem ganzheitlichen Qualitätsmanagement befinden.[741] Folglich kann die Betonung der technologischen Leistungsfähigkeit bzw. einer unternehmerischen Leistungsfähigkeit im Sinne des Qualitätsmanagements innerhalb der aufgezeigten Modelle erheblich variieren. Gemeinsamkeiten zeigen sich insbesondere in der Analyse der Effektivität bzw. Effizienz von unternehmensinternen Prozessen, was als Grundlage zur Quantifizierung der Leistungsfähigkeit genutzt wird.

Bewertung der technologischen Leistungsfähigkeit nach UNTIEDT

Die technologische Bewertung nach UNTIEDT aus dem Jahr 2009 quantifiziert die unternehmerische Leistungsfähigkeit anhand der Ausgestaltung der technologischen Prozesse.[742] Dabei gliedert sich das Modell in vier Teilmodelle, die mittels formeller Zusammenhänge verknüpft sind. Mithin fokussiert das Teilmodell der Technologie die Analyse der verwendeten Produkt- bzw. Produktionstechnologien, während das untergeordnete Zielmodell die inhaltlichen und formalen Ziele des Anwenders spezifiziert. Das Kontextmodell nimmt eine Systemabgrenzung vor, indem externe Einflussfaktoren aufgezeigt werden.[743] Im Gegensatz dazu obliegt es dem Technologie-Rating-Modell, eine Verknüpfung der übrigen Teilmodelle vorzunehmen sowie die Leistungsfähigkeit der unternehmensinternen, technologischen Prozesse anhand von Leistungsziffern zu quantifizieren.[744]

Technologische Bewertung nach BILSING

Die technologische Bewertung nach BILSING gründet auf einem im Jahr 2007 entworfenen Kennzahlensystem, das auf die Bedürfnisse der einzelnen Interessensgruppen innerhalb des

[738] Vgl. Eberlein, J.: Betriebliches Rechnungswesen und Controlling, 2010, S. 322
[739] Vgl. Piser, M.: Strategisches Performance Management, 2004, S. 142
[740] Vgl. Jung, H.: Controlling, 2014, S. 169 f.
[741] Vgl. Kozielski, S.: Integratives Kennzahlensystem für den Werkzeugbau, 2010, S. 57 ff.
[742] Vgl. Untiedt, D.: Technologie Rating: Modell zur Bewertung der technologischen Leistungsfähigkeit produzierender Unternehmen, 2009, S. 50
[743] Vgl. ebenda
[744] Vgl. a. a. O., S. 131

Werkzeugbaus ausgerichtet ist.[745] Dabei stützt sich das Modell auf ein Zielsystem zur Analyse des unternehmerischen Technologieeinsatzes, das die vier Unterziele Produktivität, Flexibilität, Qualität und Kompetenz enthält. Infolgedessen identifiziert BILSING das Produktspektrum, die Ressourcen, die Fertigungsprozesse sowie die Prozessketten als vier übergeordnete, technologische Einflussbereiche, die im Rahmen einzelner Kennwerte beziffert werden.[746] Dementsprechend fokussiert die technologische Bewertung nach BILSING die Herausforderung, die auf Produktionsebene relevanten Faktoren der Fertigungsprozesse, der Personalleistungsfähigkeit und der Ressourcennutzung in einem konsistenten Modell zusammenzuführen und mittels einer wissenschaftlichen Methodik zu verknüpfen. In diesem Kontext wird eine Bewertung des Technologieeinsatzes ermöglicht.[747] Insbesondere die Leistungsfähigkeit des Personals innerhalb des Betrachtungsbereiches der Produktion stellt gemäß BILSING einen maßgeblichen Einflussfaktor auf eine effiziente Ressourcennutzung dar.[748]

Kernkompetenzansatz nach PRAHALAD und HAMEL

Der Kernkompetenzansatz nach PRAHALD und HAMEL fokussiert die Analyse der unternehmensinternen Kompetenzen, die als Alleinstellungsmerkmal gegenüber Konkurrenten Wettbewerbsvorteile generieren können.[749] In diesem Kontext werden Kernkompetenzen als systematische Konzentration von unternehmensspezifischen Ressourcen und Fähigkeiten aufgefasst, die eine überproportionale Nutzenstiftung aus Sicht des Kunden erlauben. Gemäß PRAHALAD und HAMEL zeichnen sich Kernkompetenzen durch ihren Wert hinsichtlich ihres Beitrags zum leistungsimmanenten Kundennutzen, ihrer Einzigartigkeit gegenüber Wettbewerbern sowie der fehlenden Imitierbarkeit aus.[750] Folglich generiert die Ausgestaltung dieser Merkmale sowie die fehlende Transparenz von Kernkompetenzen gegenüber den Wettbewerbern unternehmerische Leistungsfähigkeit.[751]

Benchmarking

Die Methode des Benchmarkings geht auf CAMP zurück, der im Jahr 1979 bei dem Technologie- und Dienstleistungsunternehmen Xerox Corporation ein sogenanntes „competitive benchmarking" vornahm und im Rahmen der „Suche nach besseren Vorgehensweisen und Lösungen außerhalb der eigenen Welt" die Effizienz des untersuchten Unternehmens nachhaltig steigern konnte.[752] In der jüngeren Literatur definiert HORVÁTH Benchmarking als „kontinuierlichen Prozess, bei dem Produkte, Dienstleistungen und insbesondere Prozesse und Methoden betrieblicher Funktionen über mehrere Unternehmen hinweg verglichen wer-

---

745 Vgl. Bilsing, A.: Kennzahlengestützte Bewertung der technologischen Leistungsfähigkeit im Werkzeug- und Formenbau, 2007, S. 25 ff.

746 Vgl. Kozielski, S.: Integratives Kennzahlensystem für den Werkzeugbau, 2010, S. 76 f.

747 Vgl. Bilsing, A.: Kennzahlengestützte Bewertung der technologischen Leistungsfähigkeit im Werkzeug- und Formenbau, 2007, S. 35 ff.

748 Vgl. a. a. O., S. 65 f.

749 Vgl. Wollersheim, J.: Dynamic Capabilities im Kontext von Mergers & Acquisitions, 2010, S. 27 ff.

750 Vgl. Untiedt, D.: Technologie Rating: Modell zur Bewertung der technologischen Leistungsfähigkeit produzierender Unternehmen, 2009, S. 23

751 Vgl. Prahalad, C.; Hamel, G.: The core competence of the corporation, 1990, S. 80 f.

752 Vgl. Balzert, S.: Prozessmanagement, 2010, S. 133; Kozielski, S.: Integratives Kennzahlensystem für den Werkzeugbau, 2010, S. 60

den."[753] Folglich besteht das Potential des Benchmarkings insbesondere in der Bewertung von Stärken und Schwächen der eigenen, unternehmerischen Leistungsfähigkeit, die es in Relation zu anderen Konkurrenten zu betrachten gilt. Vor diesem Hintergrund wird zwischen internen, wettbewerbsorientierten, funktionalen und generischen Benchmarkings differenziert.[754] Mithin liegt der Fokus interner Benchmarkings auf einem Vergleich unternehmensinterner Abteilungen bzw. Sparten, während wettbewerbsorientierte Benchmarkings eine Gegenüberstellung hinsichtlich externer, direkter Konkurrenten erlauben. Des Weiteren besteht das Untersuchungsobjekt funktionaler Benchmarkings in der Analyse ähnlicher Prozesse verschiedener Branchen, wohingegen ein generisches Benchmarking den Vergleich gleicher Funktionen innerhalb verschiedener Branchen anstrebt.[755] Infolgedessen variieren die relevanten Beurteilungskriterien zwischen den Kosten, der Qualität, der Termintreue, der Produktivität sowie der Lern- und Entwicklungsperspektive einer Unternehmung.[756] Dementsprechend basieren die Ausprägungen eines Benchmarkings auf der Bewertung der internen, unternehmerischen Leistungsfähigkeit hinsichtlich monetärer bzw. nicht finanzieller Kriterien, die in Relation zum Leistungspotenzial weiterer Unternehmen gebracht werden.[757]

EFQM-Modell

Die im Jahr 1988 als gemeinnützige Organisation 14 führender, europäischer Unternehmen gegründete European Foundation for Quality Management (EFQM) verleiht seit 1992 den European Quality Award (EQA), innerhalb dessen eine Bewertung auf Grundlage des EFQM-Modells stattfindet.[758] Dieses europäische Referenzmodell für Business Excellence gründet auf den drei zentralen Aspekten des Total Quality Management und nimmt folglich eine simultane Untersuchung von Menschen, Prozessen und Ergebnissen vor.[759] Schließlich basiert das Grundschema eines ganzheitlichen EFQM-Modells auf neun zentralen Kriterien, die unmittelbar mit dem Erfolg eines Unternehmens korrelieren und in die Bereiche der Ergebnisse sowie der Befähiger differenziert werden.[760] Dabei stellen diese neun Kriterien die Voraussetzung für die Bewertung der unternehmerischen Leistungsfähigkeit dar, innerhalb derer eine Punktebewertung hinsichtlich der einzelnen Kriterien erfolgt.[761]

---

[753] Vgl. Schröder, M.: Benchmarking in der Seniorenpflege, 2008, S. 5

[754] Vgl. Reisbeck, T.; Schöne, L. B.: Immobilien-Benchmarking, 2009, S. 50

[755] Vgl. Kozielski, S.: Integratives Kennzahlensystem für den Werkzeugbau, 2010, S. 61; Krupp, T.: Benchmarking als Controlling-Instrument für die Kontraktlogistik, 2006, S. 57

[756] Vgl. Tauberger, A.: Controlling für die öffentliche Verwaltung, 2008, S. 238

[757] Vgl. Anderes, D.: Benchmarking, 2009, S. 65 f.

[758] Vgl. Brauer, J.-P.; Kostka, C.: EFQM, 2013, S. 635; Kozielski, S.: Integratives Kennzahlensystem für den Werkzeugbau, 2010, S. 70 f.; EFQM: Die Grundkonzepte der Excellence, 2003, S. 2

[759] Vgl. Kozielski, S.: Integratives Kennzahlensystem für den Werkzeugbau, 2010, S. 70 f.

[760] Vgl. Weigert, J.: Der Weg zum leistungsstarken Qualitätsmanagement, 2010, S. 241 f.

[761] Vgl. Stockmann, R.: Evaluation und Qualitätsentwicklung, 2006, S. 39

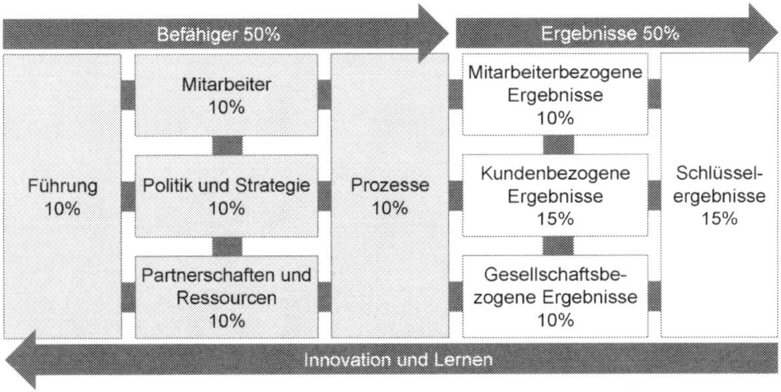

Abbildung 3-6: Bewertungsprinzip des EFQM-Modells[762]

Demzufolge sind sowohl die Befähiger- als auch die Ergebniskriterien durch eine eigene Bewertungsskala gekennzeichnet, die durch eine Spanne von 0 % bis 100 % charakterisiert ist und fünf Referenzpunkte mit eindeutigen Formulierungen für das entsprechende Bewertungsniveau aufweist.[763] Im Rahmen der zugehörigen fünf Befähigerkriterien (Führung, Mitarbeiterorientierung, Politik und Strategie, Ressourcen, Prozesse) findet eine Bewertung auf Basis der internen Vorgehensweise eines Unternehmens statt, während die vier Ergebniskriterien (Mitarbeiterzufriedenheit, Kundenzufriedenheit, Geschäftliche Verantwortung und Image, Geschäftsergebnisse) die qualitative Ausprägung der realisierten, unternehmerischen Ergebnisse analysiert.[764] Eine anschließende Multiplikation der vergebenen Punktwerte und der entsprechenden Gewichtungen liefert eine Gesamtpunktzahl, die Werte zwischen 0 und 1000 annehmen kann.[765] Die am Ende dieses Bewertungsprozesses ermittelten Ergebnisse können dabei sowohl zur Bewertung innerhalb des EQA als auch zur kontinuierlichen und systematischen Verbesserung der unternehmerischen Leistungserstellung Verwendung finden.[766]

AWFM-Modell

Das Aachener Werkzeug- und Formenbau Management (AWFM) basiert auf den Ausarbeitungen des WZL der RWTH Aachen und den zugehörigen Erfahrungen im Benchmarking von Werkzeugbauern.[767] In Analogie zum EFQM-Modell findet im Rahmen des AWFM-Modells eine Untersuchung der beiden Bereiche der Ergebnisse sowie der Befähiger statt.

---

[762] In Anlehnung an Brauer, J.-P.; Kostka, C.: EFQM, 2013, S. 635; Moll, A.; Kohler, G.: Excellence-Handbuch, 2013, S. 48

[763] Vgl. Kozielski, S.: Integratives Kennzahlensystem für den Werkzeugbau, 2010, S. 71 ff.; Schmitt, R.; Pfeifer, T.: Qualitätsmanagement, 2010, S. 66 ff.

[764] Vgl. Reschl-Rühling, G.: Personelle und organisatorische Umstrukturierung in Einrichtungen der stationären Altenpflege, 2004, S. 134 f.

[765] Vgl. Weigert, J.: Der Weg zum leistungsstarken Qualitätsmanagement, 2010, S. 241

[766] Vgl. Schmitt, R.; Pfeifer, T.: Qualitätsmanagement, 2010, S. 66 ff.

[767] Vgl. Kozielski, S.: Integratives Kennzahlensystem für den Werkzeugbau, 2010, S. 74

Dementsprechend charakterisiert den Bereich der Ergebnisse die Betrachtung vergangenheitsorientierter Aspekte, während die Kategorie der Befähiger den Fokus der Analyse auf die Einflussfaktoren des zukünftigen, unternehmerischen Potentials legt.[768]

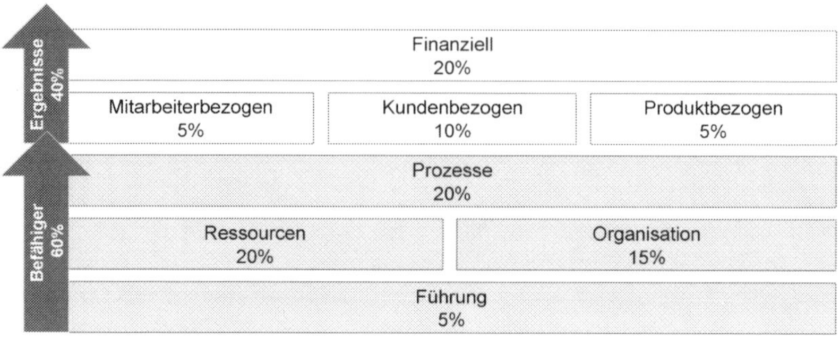

Abbildung 3-7: Bewertungsprinzip des AWFM-Modells[769]

Dabei unterteilt sich der Bereich Ergebnisse in die Kategorien finanzielle Ergebnisse, kundenbezogene Ergebnisse, mitarbeiterbezogene Ergebnisse bzw. produktbezogene Ergebnisse, die eine Abbildung des Leistungsspektrums sowie der unterschiedlichen Anspruchsgruppen des Werkzeugbauers erlauben. Der Bereich Befähiger untergliedert sich in die Kriterien Prozesse, Ressourcen, Organisation bzw. Führung und betrachtet die zur Erzielung der unternehmerischen Ergebnisse notwendigen Faktoren.[770] Vor dem Hintergrund der Wahl der genannten Subkategorien wird die Prämisse des AWFM-Modells deutlich, die Untersuchung auf quantitativ messbare und objektiv erfassbare Daten zu stützen. Auf Grundlage der erhobenen Daten und einer Gewichtung der Kriterien mittels Prozentangaben lassen sich normierte Kennzahlen entwickeln, die die Erstellung einer Rangfolge innerhalb verschiedener Werkzeugbauer erlaubt.[771]

Common Assessment Framework

Das Modell des Common Assessment Framework (CAF) stellt ein gemeinsames, europäisches Qualitätsbewertungssystem dar, das im Jahr 2000 auf der Ersten Europäischen Qualitätskonferenz vorgestellt wurde und einen Leistungsvergleich innerhalb von Organisationen des öffentlichen Sektors auf nationaler, regionaler oder kommunaler Ebene fokussiert.[772] Das in Anlehnung an das EFQM-Modell entstandene Konzept beruht auf den neun Kategorien Führungseigenschaften, Personalmanagement, Strategie und Planung, Partnerschaften und Ressourcen, Prozess- und Veränderungsmanagement, mitarbeiterbezogene Ergebnisse, kunden-/bürgerbezogene Ergebnisse, gesellschaftsbezogene Ergebnisse sowie den Leistungsergebnissen der Organisation. Dabei findet eine Unterteilung der Kategorien in Ergeb-

[768] Vgl. Kozielski, S.: Integratives Kennzahlensystem für den Werkzeugbau, 2010, S. 74

[769] In Anlehnung an Frick, L.: Erfolgreiche Geschäftsmodelle im Werkzeugbau, 2005, S. 51

[770] Vgl. a. a. O., S. 51 f.

[771] Vgl. Kozielski, S.: Integratives Kennzahlensystem für den Werkzeugbau, 2010, S. 74; Frick, L.: Erfolgreiche Geschäftsmodelle im Werkzeugbau, 2005, S. 51

[772] Vgl. Bundesministerium des Inneren: Common Assessment Framework (CAF), 2002, S. 5 f.

nis- und Befähigerkriterien statt, deren Bewertung auf Basis der Beobachtungen und Erfahrungen eines staatlich bestellten Prüfers erfolgt.[773]

Deming Prize

Der jährlich vergebene Deming Prize wird seit 1951 von der JAPANESE UNION OF SCIENTISTS AND ENGINEERS verliehen und nimmt eine Unternehmensbewertung auf dem Gebiet des Company Wide Qualitity Control hinsichtlich unterschiedlicher Unternehmenskategorien vor.[774] Während die Verleihung des Deming Prize ursprünglich auf dem Einsatz diverser statistischer Methoden beruhte, erfolgt die Bewertung mittlerweile auf Basis der Grundprinzipien des Total Quality Managements. Infolgedessen bedient man sich in Rahmen der Bewertung keines formellen Modells, sondern erstellt eine Checkliste mit Hauptkriterien, deren Ausprägungen im Unternehmen systematisch analysiert werden.[775] Dabei findet eine Vergabe des Preises in zwei Kategorien statt, sodass der Deming Prize for Individuals an einzelne Personen im Bereich der Forschung bezüglich des TQM und der Deming Application Prize an Unternehmen mit herausragenden Leistungen in Verbindung mit der Anwendung von TQM verliehen wird.[776] Mithin beinhaltet das Modell zehn Kriterien, die sich in 63 Subkategorien aufteilen lassen und den Prozess einer ständigen Verbesserung, die Ausprägung eines ganzheitlichen Qualitätsmanagement sowie den Einsatz statistischer Bewertungsmethoden erfassen.[777]

Malcom Baldrige National Quality Award

Der seit 1988 verliehene Malcom Baldrige National Quality Award (MBNQA) des UNITED STATES DEPARTMENT OF COMMERCE und des NATIONAL INSTITUTE OF STANDARDS AND TECHNOLOGY fokussiert das Bewusstsein eines untrennbaren Zusammenhangs von Qualität und der Leistungsfähigkeit eines Unternehmens.[778] Dabei wird die Auszeichnung in den drei Kategorien der produzierenden Unternehmen, der Dienstleistungsunternehmen und der kleinen bzw. mittelständischen Unternehmen mit weniger als 500 Mitarbeitern vergeben.[779] Die Bewertungskriterien des MBNQA lehnen sich an Prinzipien des TQM an und bestehen aus sieben Hauptkriterien, denen jeweils einzelne Punktwerte als Gewichtungsfaktoren zugeordnet werden und die in weitere, verfeinerte Subkriterien zerfallen.[780] Schließlich werden die Hauptkriterien anhand der Unternehmensführung (120 Punkte), der strategischen Planung (85 Punkte), der Kunden- und Marktorientierung (85 Punkte), der Information und Analyse (90 Punkte) der Mitarbeiterorientierung (85 Punkte), des Prozessmanagements (85 Punkte) sowie der Ergebnisse und Leistungen (450 Punkte) illustriert.[781] Vor dem Hintergrund der

---

[773] Vgl. Bundesministerium des Inneren: Common Assessment Framework (CAF), 2002, S. 6 ff.

[774] Vgl. Schmitt, R.; Pfeifer, T.: Qualitätsmanagement, 2010, S. 69

[775] Vgl. ebenda

[776] Vgl. ebenda; Bergbauer, A. K.: Die Unternehmensqualität messen - den europäischen Qualitätspreis gewinnen, 1999, S. 122; Union of Japanese Scientists and Engineers: Introduction of The Deming Prize, S. 6 f.

[777] Vgl. Knispel, K.: Qualitätsmanagement im Bildungswesen, 2008, S. 118; Bergbauer, A. K.: Die Unternehmensqualität messen - den europäischen Qualitätspreis gewinnen, 1999, S. 122

[778] Vgl. Schmitt, R.; Pfeifer, T.: Qualitätsmanagement, 2010, S. 70

[779] Vgl. ebenda; Pepels, W.: Produkt- und Preismanagement im Firmenkundengeschäft, 2006, S. 924

[780] Vgl. Göbl, M.: Die Beurteilung von Dienstleistungen, 2003, S. 90 ff.

[781] Vgl. Giebel, M.: Wertsteigerung durch Qualitätsmanagement, 2011, S. 81 f.

maximal erreichbaren Punktzahlen der einzelnen Kategorien wird die Bedeutung der Geschäftsergebnisse deutlich, die neben der Kundenzufriedenheit insbesondere auch die unternehmensspezifischen Leistungsergebnisse umfassen.[782]

Ludwig-Erhard-Preis

Der seit 1997 vergebene Ludwig-Erhard-Preis entspricht einer deutschen Qualitätsauszeichnung, die Unternehmen auf Grund ihrer Spitzenleistungen im Wettbewerb prämiert. Dabei basiert der Preis auf der Initiative Ludwig-Erhard-Preis, deren Bestreben in der Auseinandersetzung mit den Prinzipien des TQM sowie dessen Umsetzung in deutschen Unternehmen besteht.[783] Folglich schließt der Ludwig-Erhard-Preis die Diskrepanz zwischen einzelnen Auszeichnungen auf Landesebene in Deutschland sowie dem European Quality Award, sodass die erfolgreiche Teilnahme insbesondere von kleinen und mittelständischen Unternehmen als Voraussetzung für die Partizipation am EQA anerkannt wird.[784] Vor diesem Hintergrund basiert das Bewertungsschema des Ludwig-Erhard-Preises auf dem Grundprinzip sowie den zugehörigen Kategorien des EFQM-Modells.[785]

3.2.4 Konsolidierung bestehender Bewertungsansätze

Innerhalb der Ansätze zur Bewertung der Leistungsfähigkeit kann zwischen kapitalorientierten, strategischen bzw. prozess- und qualitätsorientierten Methoden unterschieden werden, deren Bewertungsgrundlage mitunter maßgeblich divergiert.[786] Im Rahmen kapitalorientierter Ansätze ist ein grundsätzliches Vorgehen erkennbar, bei dem die Analyse der unternehmerischen Leistungsfähigkeit auf der Untersuchung der Rentabilitätskennzahl Return on Investment bzw. hiervon abgeleiteter Größen beruht.[787] Dabei stellt insbesondere der Discounted Cash Flow in den drei Ausführungen des Entity, Equity oder Adjusted Present Value Ansatzes eine typische Methode dar, welche das grundsätzliche Vorgehen der Ermittlung einer kapitalorientierten Kennziffer anhand einer einzelnen Formel erkennen lässt.[788] In Analogie zeigen die dargestellten Kennzahlensysteme verwandte Vorgehensweisen auf, deren relevanten Zielgrößen variieren können.[789] Die genutzten mathematischen und logischen Ver-

[782] Vgl. Curkovic, S.; Melnyk, S., et al.: Validating the Malcolm Baldrige National Quality Award Framework through structural equation modelling, 2000, S. 765 ff.

[783] Vgl. Schmitt, R.; Pfeifer, T.: Qualitätsmanagement, 2010, S. 72

[784] Vgl. Bohrer, H.: Erfolgsfaktor Qualität, 2012, S. 103 ff.; Schmitt, R.; Pfeifer, T.: Qualitätsmanagement, 2010, S. 72; Müller, Joachim F. W: Organisationsentwicklung und Personalentwicklung im Qualitätsmanagement der Einrichtungen des Sozial- und Gesundheitswesens am Beispiel Altenhilfe, 2004, S. 237 f.

[785] Vgl. Schmitt, R.; Pfeifer, T.: Qualitätsmanagement, 2010, S. 72

[786] Vgl. Kozielski, S.: Integratives Kennzahlensystem für den Werkzeugbau, 2010, S. 57; Hilgers, D.: Performance-Management, 2008, S. 59 ff.; Schomann, M.: Wissensorientiertes Performance Measurement, 2001, S. 59 ff.; Riedl, J.: Unternehmungswertorientiertes Performance Measurement, 2000, S. 22 ff.

[787] Vgl. Kozielski, S.: Integratives Kennzahlensystem für den Werkzeugbau, 2010, S. 58 f.; Schmitt, R.; Pfeifer, T.: Qualitätsmanagement, 2010, S. 517 f.; Dahlhaus, C.: Investitions-Controlling in dezentralen Unternehmen, 2009, S. 173; Papenhoff, M.; Schmitz, F.: BWL für Mediziner im Krankenhaus, 2009, S. 89; Posluschny, P.: Die wichtigsten Kennzahlen, 2007, S. 16

[788] Vgl. Wiehle, U.: Unternehmensbewertung, 2005, S. 44 f.; Bösl, K.: Praxis des Börsengangs, 2004, S. 160 ff.

[789] Vgl. Schmitt, R.; Pfeifer, T.: Qualitätsmanagement, 2010, S. 517; Gladen, W.: Kennzahlen- und Berichtssysteme, 2003, S. 75 ff.; Joos-Sachse, T.: Controlling, Kostenrechnung und Kostenmanagement, 2002, S. 284

knüpfungen können anhand des DuPont-Kennzahlensystems repräsentiert werden, welches die komplexen Verflechtungen einzelner Formeln beispielhaft beleuchtet.

Vor dem Hintergrund strategischer Ansätze kann sich das Ausmaß der Nutzung finanzieller bzw. nicht monetärer Größen stark unterscheiden.[790] Während qualitative Ansätze, wie beispielsweise die Portfolio-Analyse, auf einer Analyse ausschließlich auf Basis von nicht monetären Kenngrößen bzw. subjektiven Einschätzungen des Assessors gründen, basieren die Balanced Scorecard bzw. die daraus resultierende Tool Shop Scorecard nach EVERSHEIM auf einem systematischen Vergleich des Ist- bzw. des Sollzustands anhand finanzieller und nicht monetärer Größen.[791] Strategische Kennzahlensysteme, exemplarisch in Form des integrativen Kennzahlensystems nach KOZIELSKI, bedienen sich ebenfalls eines Konsortiums qualitativer bzw. quantitativer Daten, die mathematisch zu übergeordneten Parameter aggregiert werden und in dieser Darstellung eine umfassende Bewertung der unternehmerischen Leistungsfähigkeit erlauben.

Prozess- und qualitätsorientierte Ansätze basieren auf den beiden Zieldimensionen der technologischen Bewertung der unternehmensinternen Prozesse sowie einem ganzheitlichen Qualitätsmanagement.[792] Während ressourcenorientierte Ansätze, wie z. B. die technologische Bewertung nach BILSING, verstärkt den Fokus auf technologische Prozesse, die resultierende Ressourceneffizienz und eine entsprechende formelle Bewertung legen, konzentrieren sich das EFQM- sowie das abgeleitete, werkzeugbauspezifische AWFM-Modell auf die Beeinflussung der unternehmerischen Leistungsfähigkeit anhand von Ergebnis- und Befähigerkriterien.[793] Die verschiedenen Auszeichnungen im Kontext der Business Excellence lassen sich exemplarisch anhand des Malcom Baldrige National Quality Award illustrieren und bewerten die Leistungsfähigkeit eines Unternehmens anhand der Implementierung eines ganzheitlichen Qualitätsmanagements, welche sich nicht nur in quantifizierbaren Daten, sondern insbesondere auch in qualitativen Daten äußert.[794]

Folgend sollen die in der Literatur recherchierten Modelle anhand der Symbolik der Harvey Balls katalogisiert und vergleichend zusammengefasst werden.[795] Hierbei erfolgt eine Unterscheidung zwischen den drei Erfüllungsstufen „Anforderung erfüllt", „Anforderung teilweise erfüllt", „Anforderung nicht erfüllt". Die Erfüllungskriterien werden durch die Betrachtung des zur Anwendung des Modells nötigen Aufwandes, dem Vorliegen einer ganzheitlichen Betrachtung sowie eines formellen bzw. mathematischen Zusammenhangs, der Möglichkeit zur

---

[790] Vgl. Kozielski, S.: Integratives Kennzahlensystem für den Werkzeugbau, 2010, S. 59; Aumayr, K. J.: Erfolgreiches Produktmanagement, 2009, S. 254; Hartel, D. H.: Consulting und Projektmanagement in Industrieunternehmen, 2009, S. 58

[791] Vgl. Brunner, F.: Wertstiftende Strategien im Bankgeschäft, 2009, S. 63 f.; Fitzner, D.: Die Balanced Scorecard, 2007, S. 5

[792] Vgl. Kozielski, S.: Integratives Kennzahlensystem für den Werkzeugbau, 2010, S. 57 ff.

[793] Vgl. Weigert, J.: Der Weg zum leistungsstarken Qualitätsmanagement, 2010, S. 241 f.; Bilsing, A.: Kennzahlengestützte Bewertung der technologischen Leistungsfähigkeit im Werkzeug- und Formenbau, 2007, S. 35 ff.

[794] Vgl. Giebel, M.: Wertsteigerung durch Qualitätsmanagement, 2011, S. 81 f.; Bergbauer, A. K.: Die Unternehmensqualität messen - den europäischen Qualitätspreis gewinnen, 1999, S. 122; Union of Japanese Scientists and Engineers: Introduction of The Deming Prize, S. 6 f.

[795] Vgl. Kuhlmann, A. S.: Konstruktion und Implementierung eines Optimierungsmodells für den Kombinierten Güterverkehr, 2013, S. 164

Ableitung von Handlungsempfehlungen, der Reproduzierbarkeit der Ergebnisse durch eine objektive Analyse sowie der Allgemeingültigkeit hinsichtlich des Einsatzes der Modelle repräsentiert. Zur eindeutigen Definition des Grades der Ausfüllung einzelner Harvey Balls bedarf es einer skizzenhaften Erläuterung der extremalen Ausprägungen. Demnach zeichnet sich ein geringer Aufwand der Anwendung durch die Bewertung der unternehmerischen Leistungsfähigkeit anhand einer einzelnen Formel aus, während ein hoher Aufwand durch die Nutzung einer Vielzahl verschiedener Formeln resultiert, welche anhand komplexer, mathematischer bzw. logischer Operatoren verknüpft sind. Mithin kann das Untersuchungsobjekt einer Bewertungsmethode lediglich einzelne Aspekte bzw. Unternehmensbereiche fokussieren oder eine ganzheitliche Betrachtung anhand der Analyse der umfassenden Unternehmensstrukturen bzw. Wertschöpfungsketten implizieren. Ein formeller Zusammenhang ist im vollen Umfang gegeben, falls die Untersuchung auf mathematischen Funktionen bzw. verknüpften Formeln basiert und unter Ausschluss qualitativer Daten erfolgt. Im direkten Zusammenhang dazu steht die Reproduzierbarkeit der Ergebnisse, welche auf einem standardisierten Vorgehen mittels eindeutig definierten Formeln basiert, sodass ein hohes Maß an Objektivität gewährleistet werden kann. Im Gegensatz dazu zeichnen sich auf qualitativen Daten beruhende Verfahren durch verfälschende, subjektive Einflüsse aus, die eine Reproduktion der Modellierungsergebnisse im erheblichen Maße erschweren. Das Kriterium der Ableitung von Handlungsempfehlungen ist als vollständig erfüllt anzusehen, falls sich aus der Anwendung der Methode konkrete Handlungsvorschläge erschließen, welche den Zweck einer Maximierung der unternehmerischen Leistungsfähigkeit verfolgen. Vor diesem Hintergrund erlaubt die Darstellung einer einzelnen Kennzahl keine Generierung konkreter Handlungsempfehlungen bzw. von Verbesserungsempfehlungen. Des Weiteren beschreibt das Kriterium der Allgemeingültigkeit den Aspekt einer universellen Anwendungsmöglichkeit der betrachteten Bewertungsmethode. Dabei fokussiert eine allgemeingültige Modellierungsstruktur insbesondere die sachgemäße Erfassung der unterschiedlichen Charakteristika innerhalb des werkzeugbauspezifischen Erzeugnisspektrums.

Die Bewertung der unternehmerischen Leistungsfähigkeit im Rahmen kapitalorientierter Verfahren, die sich auf Grund der Vielzahl verschiedener, modifizierter Vorgehensweisen durch eine starke zahlenmäßige Durchdringung innerhalb der Literatur auszeichnen, erfolgt anhand der Entwicklung des Kapitals bzw. der Liquidität einer Unternehmung.[796] Vor diesem Hintergrund ist eine Konsistenz zum Grundprinzip des Shareholder Value erkennbar, in dessen Fokus die Maximierung des Unternehmenswertes liegt.[797]

---

[796] Vgl. Ney, M.: Wirtschaftlichkeit von Interaktionsplattformen, 2006, S. 24; Hahn, D.; Hungenberg, H.: PuK. Wertorientierte Controllingkonzepte, 2001, S. 86 ff.

[797] Vgl. Schierenbeck, H.; Wöhle, C. B.: Grundzüge der Betriebswirtschaftslehre, 2011, S. 473; Wellner, K.-U.: Shareholder-Value und seine Weiterentwicklung zum Market Adapted Shareholder-Value Approach, 2001, S. 119

Legende

● Anforderung erfüllt
◐ Anforderung teilweise erfüllt
○ Anforderung nicht erfüllt

Kapitalorientierte Ansätze

	Geringer Aufwand der Anwendung	Ganzheitliche Betrachtung	Formeller Zusammenhang	Ableitung von Handlungsempfehlungen	Reproduzierbarkeit der Ergebnisse	Allgemeingültigkeit
Kapitalwertmethode	●	○	●	○	●	●
Vermögensendwertmethode	●	○	●	○	●	●
Annuitätenmethode	●	○	●	○	●	●
Substanzwertverfahren	●	○	●	○	●	●
Liquidationswertverfahren	●	○	●	○	●	●
Ertragswertverfahren	●	○	●	○	●	●
Mittelwertverfahren	●	○	●	○	●	●
Stuttgarter Verfahren	●	○	●	○	●	●
Multiplikatorverfahren	●	○	●	○	●	●
DSC (Entity Ansatz)	●	○	●	○	●	●
DSC (Equity Ansatz)	●	○	●	○	●	●
DSC (Adjusted Present Value)	●	○	●	○	●	●
Sum of the parts-Bewertung	◐	◐	●	○	●	●
NOPAT	●	○	●	○	●	●
Economic Value Added	●	◐	●	○	●	●
Retun on Investment	●	◐	●	○	●	●
DuPont-Kennzahlensystem	○	●	●	○	◐	●
ZVEI-Kennzahlensystem	○	●	◐	○	◐	●
RL-Kennzahlensystem	○	●	◐	○	◐	●

Abbildung 3-8: Überblick der kapitalorientierten Ansätze

Allgemein zeichnen sich die kapitalorientierten Ansätze jeweils durch eine ähnliche Vorgehensweise aus, die auf der Anwendung eines formellen, branchenübergreifend anwendbaren Zusammenhangs mit variierenden, methodenspezifischen Zielgrößen beruht.

Zu Beginn der 1990er Jahre ist die Wissenschaft von einer starken Verbreitung strategischer Bewertungsansätze geprägt, die eine Reaktion auf die zunehmende Kritik an finanzwirtschaftlichen Verfahren zur Bewertung der unternehmerischen Leistungsfähigkeit darstellen.[798] Dabei liegt strategischen Ansätzen die grundsätzliche Methodik zu Grunde, die Leistungsfähigkeit einer Unternehmung anhand einer Komposition finanzieller und insbesondere

[798] Vgl. Kozielski, S.: Integratives Kennzahlensystem für den Werkzeugbau, 2010, S. 59

nicht monetärer Kennzahlen zu erfassen.[799] Durch die verstärkte Analyse anhand qualitativer Daten folgen Einschränkungen der objektiven Reproduktion von Modellierungsergebnissen. Weiterhin zeichnet sich das inhomogene Cluster der strategischen Ansätze durch die Ableitung von Handlungsalternativen bzw. Verbesserungsvorschlägen aus.

Legende

● Anforderung erfüllt

◐ Anforderung teilweise erfüllt

○ Anforderung nicht erfüllt

Strategische Ansätze	Geringer Aufwand der Anwendung	Ganzheitliche Betrachtung	Formeller Zusammenhang	Ableitung von Handlungsempfehlungen	Reproduzierbarkeit der Ergebnisse	Allgemeingültigkeit
Portfolio Analyse	●	●	○	●	○	●
SWOT Analyse	●	●	○	●	○	●
Balanced Scorecard	◐	●	○	●	◐	●
Data Envelopment Analysis	○	◐	●	○	●	●
TOSSCA	◐	●	○	●	◐	○
Str. Inform.-syst. nach Pollack	◐	◐	●	◐	●	○
Int. Kennzahlensyst. Kozielski	◐	◐	●	○	●	○
3-Säulen-Konzept nach Nusser	◐	◐	○	◐	◐	○
Kennzahlensystem nach Schott	○	○	●	○	●	●
Tableau de Bord	●	◐	○	◐	◐	●

Abbildung 3-9: Überblick der strategischen Ansätze

Die prozess- und qualitätsorientierten Verfahren zur Bewertung der unternehmerischen Leistungsfähigkeit beruhen auf den beiden Zieldimensionen der technologischen Bewertung der Unternehmensprozesse sowie eines ganzheitlichen Qualitätsmanagements.[800] Folglich liegt der Schwerpunkt der Analyse dieser Modelle entweder auf Seiten der technologischen Leistungsfähigkeit oder einer Leistungsfähigkeit im Sinne einer ausgeprägten Qualitätsauffassung. Insbesondere Ansätze zur Analyse der technologischen Leistungsfähigkeit unternehmensinterner Prozesse zeichnen sich durch komplexe, formelle Verknüpfungen aus, während Auszeichnungen im Bereich des Business Excellence auf einem ähnlichen Untersuchungsschema anhand der Symbiose aus quantitativen und qualitativen Daten basieren.

[799] Vgl. Kozielski, S.: Integratives Kennzahlensystem für den Werkzeugbau, 2010, S. 59; Aumayr, K. J.: Erfolgreiches Produktmanagement, 2009, S. 254; Hartel, D. H.: Consulting und Projektmanagement in Industrieunternehmen, 2009, S. 58

[800] Vgl. Kozielski, S.: Integratives Kennzahlensystem für den Werkzeugbau, 2010, S. 57 ff.

Legende

● Anforderung erfüllt
◑ Anforderung teilweise erfüllt
○ Anforderung nicht erfüllt

Prozess-/Qualitätsor. Ansätze	Geringer Aufwand der Anwendung	Ganzheitliche Betrachtung	Formeller Zusammenhang	Ableitung von Handlungsempfehlungen	Reproduzierbarkeit der Ergebnisse	Allgemeingültigkeit
Techn. Leistungsf. nach Untiedt	○	◑	●	◑	●	◑
Techn. Bewertung nach Bilsing	◑	◑	●	◑	●	○
Kernkomp. Prahalad/Hamel	●	●	○	●	◑	●
Benchmarking	◑	●	○	◑	◑	●
EFQM-Modell	◑	◑	◑	◑	●	●
AWFM-Modell	◑	◑	◑	◑	●	○
Common Assessment Framew.	◑	◑	○	◑	◑	◑
Deming Prize	◑	◑	◑	◑	◑	●
MBNQA	○	◑	◑	◑	◑	●
Ludwig-Erhard-Preis	◑	◑	◑	◑	◑	●

Abbildung 3-10: Überblick der prozess-/qualitätsorientierten Ansätze

3.3 Anforderungen an die Bewertungsmodelle

Zur Analyse der recherchierten Ansätze zur Bewertung der unternehmerischen Leistungsfähigkeit bedarf es der Herleitung eines differenzierten Anforderungsprofils, welches eine spätere, valide Analyse erlaubt. Das Anforderungsprofil wird dabei aus der Zielsetzung dieser wissenschaftlichen Arbeit (vgl. 1.Kapitel) sowie aus den Erkenntnissen der eingeführten Objektbereiche (vgl. 2. Kapitel) abgeleitet und um grundlegende Anforderungen ergänzt. Dabei erfolgt eine Unterteilung der Anforderungen hinsichtlich ihres Ursprungs in der Wissenschaft bzw. Praxis. Gemäß BREEING und KNOSALA stellt die dezidierte Entwicklung eines Anforderungskataloges die Voraussetzung einer zielgerichteten Analyse dar, sodass im Folgenden sowohl allgemeine als auch spezifische Anforderungen an Modelle zur Bewertung der unternehmerischen Leistungsfähigkeit abgeleitet werden.[801] Dabei umfassen die wissenschaftlichen Anforderungen neben universellen Aspekten aus der Wissenschaft auch unmittelbare, aus der Modelltheorie resultierende Relationen. Im Gegensatz dazu kann im Kontext praktischer Anforderungen eine Differenzierung hinsichtlich des Ursprungs bei Unternehmen, insbesondere kleinen und mittelständischen Unternehmungen, sowie der Branche des Werkzeugbaus erfolgen. Anschließend erfolgt eine Konsolidierung der Anforderungen, die anhand eines paarweisen Vergleiches gewichtet werden.

[801] Vgl. Breiing, A.; Knosala, R.: Bewerten technischer Systeme: Theoretische und methodische Grundlagen bewertungstechnischer Entscheidungshilfen, 1997, S. 97 ff.

3.3.1 Anforderungen aus der Wissenschaft

Vor dem Hintergrund wissenschaftlicher Anforderungen gilt es generelle Ansprüche aufzuzeigen, mit denen Modellierungen unabhängig vom konkreten Anwendungsfall konfrontiert sind. Im Kontext dieser wissenschaftlichen Anforderungen erfolgt eine weitere Differenzierung zwischen allgemeinen, wissenschaftlichen Aspekten sowie spezifischen, modelltheoretischen Ansprüchen an Bewertungsmodelle. Folglich werden im Rahmen dieser Arbeit spezifische, modelltheoretische Ansprüche an Bewertungsansätze als eine Teilmenge der allgemeinen Anforderungen aus der Wissenschaft betrachtet.

3.3.1.1 Allgemeine Anforderungen aus der Wissenschaft

Die allgemeinen Anforderungen aus der Wissenschaft zeichnen sich gemäß SCHRÖDER durch einen übergreifenden, universellen Charakter aus, sodass eine Übertragung auf eine Vielzahl von Modellen, unabhängig von der konkreten Problemstellung, möglich ist. Folglich entwickelt SCHRÖDER sechs allgemeine Anforderungen, die die Anwendbarkeit, die Praktikabilität, die Benutzerfreundlichkeit, die Nachvollziehbarkeit, die Anpassungsfähigkeit sowie die Ergebnisqualität umfassen und Interdependenzen untereinander aufweisen:[802]

- Die Anwendbarkeit eines Modells gründet auf dem geforderten Höchstmaß an Realitätsbezug einer Modellierung und spiegelt sich in der Verfügbarkeit von notwendigen Daten wider. Mithin illustriert SCHRÖDER den fehlenden Praxiszusammenhang einer theoretisch fundierten Methodik, welche jedoch nicht über einen Zugang zu den erforderlichen Daten verfügt.
- Des Weiteren stellt die Praktikabilität eine zentrale Anforderung dar, die sich anhand kurzer Einarbeitungs- sowie Vorbereitungszeiten hinsichtlich der Anwendung einer Methodik charakterisieren lässt. Zudem zeichnet sich Praktikabilität durch ein effizientes Verhältnis zwischen Aufwand bzw. Nutzen sowie anhand der Möglichkeit einer zeitnahen Präsentation der Ergebnisse nach Abschluss der Datenerfassung aus.
- Die Benutzerfreundlichkeit eines Modells beschreibt die zielgerichtete Ausgestaltung bzw. Anwendung von Auswertungswerkzeugen und umfasst insbesondere die Einsatzmöglichkeit von IT-Tools.
- Darüber hinaus gründet die Nachvollziehbarkeit einer Methodik auf einer transparenten Auswertung der zuvor erhobenen Daten sowie einer Limitierung der Untersuchungskriterien, die aus einer dem Anwendungszweck angemessenen Detailierungstiefe resultiert.
- Unter der Anpassungsfähigkeit einer Modellierung definiert SCHRÖDER die Möglichkeit, auf dynamische Randbedingungen flexibel reagieren zu können. In diesem Kontext ist eine Modifizierbarkeit durch Anpassung einzelner Elemente der Methodik bzw. eine Erweiterbarkeit anhand der Integration neuer methodischer Bausteine zu gewährleisten.

[802] Vgl. Schröder, J.: Benchmarking von Entwicklungsbereichen im Maschinenbau, 2003, S. 37 f.

- Die Ergebnisqualität eines Modells stellt gemäß SCHRÖDER eine weitere, allgemeine Anforderung dar, welche sich anhand des zweckgerichteten Informationsgehaltes quantifizieren lässt.

In Anlehnung hierzu entwickelt KOZIELSKI einen grundsätzlichen Anforderungskatalog, der auf den vier Aspekten Anwendbarkeit, Wirtschaftlichkeit, Benutzerfreundlichkeit und Anpassungsfähigkeit basiert. Dabei betont KOZIELSKI im Rahmen der Anwendbarkeit eines Modells insbesondere die Existenz eines geeigneten Anwendungsleitfadens, der sich im direkten Zusammenhang mit einer anwendungsgerechten Verfügbarkeit entsprechender Daten befindet. Weiterhin bedingt die Wirtschaftlichkeit einer Modellierung ein angemessenes Verhältnis aus dem Aufwand der Datenbeschaffung und dem Nutzen, der aus der Datennutzung bzw. der zugehörigen Auswertung resultiert. Des Weiteren korreliert die Benutzerfreundlichkeit eines Modells mit einer dem Anwendungsfall angemessenen Anzahl an Messgrößen sowie der Existenz von Auswertungswerkzeugen, während KOZIELSKI unter Anpassungsfähigkeit die flexible und bedarfsgerechte Modifikation der Modellierung hinsichtlich der gegebenen Rahmenbedingungen definiert.[803]

Zudem identifiziert LÜHN die Möglichkeit der Ableitung von Handlungsempfehlungen als weitere allgemeine Anforderung. In diesem Kontext zeichnen sich Modelle durch einen hohen Grad der Unterstützung aus, der neben einer Bewertung der unternehmerischen Leistungsfähigkeit auch das Generieren von Handlungsempfehlungen erlaubt. Infolgedessen findet eine systematische Auswahl zwischen Handlungsalternativen statt, sodass die Anwendung des Modells eine gezielte Steigerung der Prozesseffektivität bzw. -effizienz erlaubt.[804]

Mithin spezifiziert GAU die Reproduzierbarkeit des Modellierungsergebnisses als eine allgemeine, wissenschaftliche Anforderung an Bewertungsmodelle, sodass das Ergebnis einer Bewertung unter gleichen Randbedingungen stets identisch ist. Dementsprechend erfordert es eine Modellierungsstruktur, welche sich durch eine Maximierung der Genauigkeit bzw. Zuverlässigkeit durch einen Ausschluss verfälschender, subjektiver Einflüsse charakterisieren lässt.[805]

Dementsprechend ergeben sich aus der Betrachtungsperspektive der allgemeinen Ansprüche aus der Wissenschaft folgende, aggregierte Anforderungen:

- Benutzerfreundlichkeit
- Anpassungsfähigkeit
- Ableitung von Handlungsempfehlungen
- Reproduzierbarkeit des Modellierungsergebnisses

3.3.1.2 Spezifische Anforderungen aus der Wissenschaft

Die aus der Modelltheorie resultierenden Anforderungen an Bewertungsmodelle sind von den Ausführungen einzelner Autoren geprägt (vgl. hierzu auch Kapitel 2.5.3). Mithin entwickeln SPUR ET AL. einen detaillierten Anforderungskatalog an Modellierungsmethoden, die

803 Vgl. Kozielski, S.: Integratives Kennzahlensystem für den Werkzeugbau, 2010, S. 78 f.
804 Vgl. Lühn, A.: Quantitative internationale Konzernsteuerplanung, 2009, S. 66 f.
805 Vgl. Gau, C.: Geostatistik in der Baugrundmodellierung, 2011, S. 158 f.

hinsichtlich der zweckmäßigen Anwendung sowie der zielführenden Analyse anhand verschiedener Modelle zu beachten sind:[806]

- Vollständige Abbildung aller für die Analyse des Untersuchungsobjektes relevanten Betriebselemente
- Maximierung der Realitätsnähe sowie anwenderfreundliche Modellerstellung, die eine aktive Beteiligung der späteren Nutzer während der Modellentwicklung erlaubt
- Durchgängige Verwendbarkeit des Modells hinsichtlich der Pflichtenhefterstellung, Softwarespezifikation sowie der Implementierung

Gemäß BECKER ET AL. kann eine weitere Präzisierung dieser Anforderungen im Rahmen eines Kataloges allgemeiner Grundsätze ordnungsgemäßer Modellierung vorgenommen werden, der auf sechs einzelnen Grundsätzen mit wechselseitigen Beziehungen basiert. Dementsprechend lassen sich die von BECKER ET AL. entwickelten Anforderungen anhand der Kriterien Richtigkeit, Relevanz, Wirtschaftlichkeit, Klarheit, Vergleichbarkeit sowie einem systematischen Aufbau repräsentieren:[807]

- Die Richtigkeit eines Modells weist eine syntaktische sowie eine semantische Komponente auf, die sich bezüglich der zu Grunde liegenden Bezugsobjekte unterscheiden. Dabei beschreibt die syntaktische Richtigkeit die Konformität zu einem übergeordneten Metamodell, in dem die genutzten Informationsobjekte und Notationsregeln erfasst sind. Im Gegensatz dazu illustriert die semantische Ausprägung von Richtigkeit die Struktur- und Verhaltenstreue hinsichtlich eines Idealsystems.
- Die Relevanz stellt die Notwendigkeit dar, lediglich die relevanten Relationen entsprechend des Modellierungszwecks abzubilden. In diesem Kontext gelten Zusammenhänge als relevant, die eine Nutzenmaximierung der Modellverwendung bewirken.
- Der Grundsatz der Wirtschaftlichkeit limitiert die Tiefe der Modellintensität zu Gunsten der Reduzierung der Kosten im Rahmen der Modellerstellung.
- Die Klarheit einer Modellierung umfasst die Strukturiertheit, die Übersichtlichkeit sowie Lesbarkeit eines Modells, sodass ein standardisierter Umgang mit Informationsobjekten gewährleistet ist.
- Die Vergleichbarkeit einer Methode fokussiert die Kompatibilität mit anderen Modellen sowie ein einheitliches Metamodell, welches die Konsistenz eines Portfolios unterschiedlicher Modellierungen gewährleistet. Dabei kann nur durch objektive Modellierungsstrukturen die Übertragbarkeit bzw. Vergleichbarkeit einzelner Untersuchungsergebnisse gewährleistet werden.
- Die unterschiedlichen Perspektiven einer Analyse gilt es anhand eines systematischen Aufbaus zu integrieren und innerhalb eines sichtübergreifenden Metamodells zu definieren, das eine konsistente Nutzung der einzelnen Sichtweisen erlaubt.

---

[806] Vgl. Spur, G.; Mertins, K., et al.: Integrierte Unternehmensmodellierung, 1993, S. 25

[807] Vgl. Becker, J.; Rosemann, M., et al.: Grundsätze ordnungsmäßiger Modellierung, 1995, S. 437 ff.

In Ergänzung hierzu formuliert FINK die Forderung nach der Minimierung unnötiger Kompliziertheit, die als zentrales Erfolgskriterium innerhalb der Modellierung identifiziert wird. In diesem Kontext können die Vermeidung komplexer Modelle sowie die systematische Suche nach Analogien bzw. Ähnlichkeiten als Spezifikationen dieser Forderung erfasst werden.[808] Neben diesen generellen Anforderungen der Modelltheorie existieren in der Literatur eine Vielzahl konkretisierter, modelltheoretischer Anforderungen, die insbesondere im Rahmen des Modellierungsprozesses Anwendung finden und den detaillierten Modellierungsfall fokussieren.[809] Vor diesem Hintergrund verweisen MERTINS ET AL. auf die modelltheoretischen Forderungen nach Anwendungsorientierung, Veränderbarkeit, Offenheit bzgl. Form und System, Offenheit bzgl. unterschiedlicher Sichten und Anwenderunterstützung. Dabei umfasst die Anwenderorientierung die strukturierte Aufbereitung von Daten hinsichtlich der Anwendung, die Redundanzen sowie einen hohen Abstraktionsgrad von Informationen vermeidet. Mithin lässt sich Veränderbarkeit über die Möglichkeit der Anpassung des Modells hinsichtlich neuer Relationen charakterisieren, während die Offenheit bzgl. Form und System die Kompatibilität unterschiedlicher Informationsstrukturen und -typen darstellt.[810] Weiterhin ist die Offenheit bzgl. unterschiedlicher Sichten durch die Berücksichtigung verschiedener Perspektiven der beteiligten Akteure gekennzeichnet, die eine effizientere Kommunikation während des Modellierungsprozesses sichert. Darüber hinaus umfasst die Anwenderunterstützung im Sinne einer benutzerfreundlichen Handhabung Modelle, die auf dem Einsatz von rechnergestützten Werkzeugen im Rahmen des Modellierungsprozesses gründen.[811]

Dementsprechend ergeben sich aus der Betrachtungsperspektive der spezifischen Ansprüche aus der Wissenschaft folgende, aggregierte Anforderungen:

- Vollständige Abbildung
- Wirtschaftlichkeit

3.3.2 Anforderungen aus der Praxis

Im Rahmen der Anforderungen aus der Praxis liegt der Fokus auf den Charakteristika von Unternehmen, insbesondere von kleinen und mittelständischen Betrieben sowie auf der Branche des Werkzeugbaus. Diese Anforderungen resultieren unmittelbar aus dem inhaltlichen Betrachtungsfokus dieser Arbeit. Auf diesen Spezifika basierend, werden Anforderungen an Bewertungsmodelle abgeleitet, welche systematisch den konkretisierten Einsatzzweck bzw. das definierte Anwendungsspektrum einer Modellierung berücksichtigen. Mithin zeigt sich ein unmittelbarer Zusammenhang zwischen dem Erfüllungsgrad praktischer Anforderungen sowie der Praxistauglichkeit bzw. Akzeptanz des Modells.[812] Dabei illustrieren die allgemeinen Anforderungen aus der Praxis universelle Ansprüche an Bewertungsmodelle, die sich aus einer unternehmerischen Tätigkeit ergeben, während spezifische, praktische

---

[808] Vgl. Fink, A.: Grundlagen der Wirtschaftsinformatik, 2005, S. 104 f.

[809] Vgl. Mertins, K.; Süssenguth, W., et al.: Modellierungsmethoden für rechnerintegrierte Produktionsprozesse, 1994, S. 19

[810] Vgl. Spur, G.; Mertins, K., et al.: Integrierte Unternehmensmodellierung, 1993, S. 26

[811] Vgl. Mertins, K.; Süssenguth, W., et al.: Modellierungsmethoden für rechnerintegrierte Produktionsprozesse, 1994, S. 20

[812] Vgl. Schröder, J.: Benchmarking von Entwicklungsbereichen im Maschinenbau, 2003, S. 37; Hudson, M.; Smart, A., et al.: Theory and practice in SME performance measurment systems, 2001, S. 1100 ff.

Anforderungen aus den Charakteristika werkzeugbauspezifischer Wertschöpfung resultieren. Dieser Strukturierung liegt der triviale Zusammenhang zu Grunde, dass Werkzeugbaubetriebe eine Teilmenge jeglicher Unternehmen darstellen.

3.3.2.1 Allgemeine Anforderungen aus der Praxis

Gemäß KRCMAR und SCHWARZER erfüllen Modelle innerhalb der unternehmerischen Wertschöpfung eine gestaltungsorientierte Funktion, indem Modellen sowohl die Abbildung gegenwärtiger als auch zukünftiger Realität obliegt. Vor diesem Hintergrund stellt die Modellierung den „Ausgangspunkt für Verbesserungen der Unternehmensgestaltung" dar und unterliegt dabei vier zentralen Anforderungen:[813]

- Die innerhalb der unternehmerischen Wertschöpfung verwendeten Modelle fokussieren die Generierung von Transparenz, die das Beziehungsgeflecht der im Unternehmen vorhandenen Elemente erkennen lässt.
- Der Zweck von Maßnahmen der Modellierung stellt insbesondere die Erklärung der unternehmerischen Funktionsweise dar.
- Die Anwendung von Modellen soll die Kommunikation innerhalb des Unternehmens erleichtern und fördern, sodass die Leistungsfähigkeit behindernde Komplexitäten abgebaut werden können.
- Neben der Darstellung umfasst das Anwendungsspektrum von Modellen die Analyse unterschiedlicher Lösungen, die einen technischen oder organisatorischen Zusammenhang aufweisen können.

HORNBOSTEL präzisiert diesen Anforderungskatalog, indem sechs Kategorien von Anforderungen entwickelt werden, welche insbesondere im Rahmen der Modellierung innerhalb von Industrieunternehmen zu beachten sind. In diesem Kontext nimmt HORNBOSTEL folglich eine Differenzierung in die Abbildung der Funktionsstruktur eines Unternehmens, die Darstellung der Abläufe in einem Unternehmen, die Abbildung der Datenstrukturen, die Unterstützung der Schwachstellenanalyse, die Simulation von Informationsverarbeitungsprozessen und allgemeine Kriterien vor.[814] Dabei umfasst die Abbildung der Funktionsstruktur die strukturierte Illustration von Aufgaben sowie Funktionen mit zugehörigen Teilfunktionen, während die Darstellung der im Unternehmen vorhandenen Abläufe das Aufzeigen zeitlicher und logischer Relationen von verschiedenen Funktionen beinhaltet. Die Anforderung der Abbildung von Datenstrukturen gründet auf der Notwendigkeit, existierende Daten und deren Relationen zueinander aufzuzeigen. Im Gegensatz dazu fokussiert die Unterstützung der Schwachstellenanalyse die systematische Untersuchung des Ist-Zustandes, welche die Identifikation von Verbesserungspotenzialen gewährleistet. In Analogie dazu beschreibt die Forderung nach einer Simulation von Informationsverarbeitungsprozessen Modellierungsstrukturen, die eine für Simulationszwecke notwendige Basis bereitstellen. Mithin erfolgt die Anwendung von in Unternehmen etablierten Methoden auf konstruierte Szenarien, die potenzielle Marktsituationen simulieren und folglich ein Mindestmaß an Flexibilität hinsichtlich des Simulati-

[813] Vgl. Krcmar, H.; Schwarzer, B.: Prozeßorientierte Unternehmensmodellierung, 1994, S. 3

[814] Vgl. Hornbostel, D.: Methode zu Modellierung der Informationsverarbeitung in Industrieunternehmen, 1995, S. 21

onsvermögens einzelner Modellierungen voraussetzen.[815] Innerhalb der allgemeinen Kriterien definiert HORNBOSTEL eine Vielzahl genereller Anforderungen an Modelle, die eine zielgerichtete Anwendung fokussieren und insbesondere eine der Realität entsprechenden Nomenklatur sowie die Vergleichbarkeit der erstellten Modelle umfassen. Zudem betont HORBOSTEL die Bildung einzelner Perspektiven innerhalb der Modellierung, welche die Reduzierung von Komplexitäten der modellierten Strukturen erlauben.[816]

Des Weiteren reduzieren SPUR ET AL. die Anforderungen an Modelle, die aus den Spezifika einzelner Unternehmen resultieren, auf wenige zentrale Aspekte. Dabei stellt die Zerlegung des vollständigen Produktionsprozesses in Teilaufgaben und Funktionen die Grundlage einer ausgewogenen Analyse von unternehmensinternen Produktionsfaktoren sowie der zugehörigen Relationen dar. Vor diesem Hintergrund obliegt es der Unternehmensmodellierung, die innerhalb der Wertschöpfungskette relevanten Informationen abzubilden und den Datenfluss zwischen einzelnen Stellen im Unternehmen zu illustrieren. Anhand dieser Vorgehensweise kann zwischen Grundfunktionen, die einen unmittelbaren Arbeitsfortschritt im Produktionsprozess repräsentieren, und Querschnittsfunktionen, welche eine Optimierung von Grundfunktionen erlauben, differenziert werden.[817] Des Weiteren zeigen SPUR ET AL. „die aus der unternehmensindividuellen Zielhierarchie abgeleiteten spezifischen Ziele“ als Grundlage einer Modellierung auf, die den Ausgangspunkt konkreter bzw. aus dem Modell resultierender Maßnahmen darstellen. Vor diesem Hintergrund besteht die Notwendigkeit, quantifizierbare Ziele auf den unterschiedlichen Ebenen der Zielhierarchie zu formulieren und Relationen zwischen einzelnen Maßnahmen sowie dem Unternehmenserfolg zu entwickeln.[818]

Im Rahmen der Wettbewerbsfähigkeit von kleinen und mittelständischen Unternehmen verweist das BUNDESMINISTERIUM FÜR WIRTSCHAFT auf die zentrale Rolle des Eigentümers bzw. Geschäftsführers, dessen Entscheidungen die strategische Positionierung und die Dynamik des Unternehmens unmittelbar beeinflussen. Vor diesem Hintergrund bedarf es der Berücksichtigung einer strategischen Perspektive innerhalb eines Bewertungsmodells, sodass ein Bewertungsergebnis hinsichtlich der Leistungsfähigkeit eines Unternehmens neben der vom Unternehmen gewählten Strategie auch die relevanten Wettbewerbsvorteile erfasst.[819]

Dementsprechend ergeben sich aus der Betrachtungsperspektive der allgemeinen Ansprüche aus der Praxis folgende aggregierte Anforderungen:

- Erklärung der unternehmerischen Funktionsweise
- Strategiebezug

[815] Vgl. Heitmann, K.: Sichere Prognosen für die Produktionsoptimierung mittels stochastischer Modelle, 1999, S. 121; Hornbostel, D.: Methode zu Modellierung der Informationsverarbeitung in Industrieunternehmen, 1995, S. 21 ff.

[816] Vgl. Hornbostel, D.: Methode zu Modellierung der Informationsverarbeitung in Industrieunternehmen, 1995, S. 34 f.

[817] Vgl. Spur, G.; Mertins, K., et al.: Integrierte Unternehmensmodellierung, 1993, S. 21 f.

[818] Vgl. a. a. O., S. 19 f.

[819] Vgl. Bundesministerium für Wirtschaft: Kleine und mittlere Unternehmen, 1995, S. 5 ff.

3.3.2.2 Spezifische Anforderungen aus der Praxis

Die Anforderungen der Branche des Werkzeugbaus lassen sich gemäß KOZIELSKI in die vier branchenbezogenen Aspekte Allgemeingültigkeit, Erfolgsfaktoren, Ganzheitlichkeit und Integrativität differenzieren.[820] Mithin gründet die Anforderung der Allgemeingültigkeit auf der Notwendigkeit, dass die im Modell abgebildeten Zusammenhänge auf die komplette Branche des Werkzeugbaus anwendbar sind und eine Vergleichbarkeit zwischen einzelnen Unternehmungen anhand der erhobenen Daten sicherstellen.[821] Des Weiteren stellen die von KOZIELSKI im Rahmen des Wettbewerbs „Excellence in Production" identifizierten Erfolgsfaktoren eine weitere branchenbezogene Anforderung dar und fungieren innerhalb einer Bewertungssystematik als umfassendes Zielsystem.[822] Darüber hinaus illustriert KOZIELSKI die Ganzheitlichkeit als weitere Anforderung an Bewertungsmodelle, die im Spannungsfeld verschiedener Sichtweisen neben der Perspektive des Managements auch die Wahrnehmung der Konstruktion und Entwicklung, der Arbeitsplanung, der Werkzeugproduktion bzw. die Interessenskonflikte weiterer werkzeugbauspezifischer Anspruchsgruppen fokussiert. Als die bedeutendste Anforderung von Bewertungsmodellen innerhalb des Werkzeugbaus identifiziert KOZIELSKI die Integrativität einer Modellierung. Dabei ist eine Analogie zu den Ausführungen SCHUHS zu erkennen: „Die zentrale Antwort auf die Herausforderungen des einundzwanzigsten Jahrhunderts ist die Integrativität."[823] Folglich erkennt SCHUH in der „umfassende[n] Betrachtung des Gesamtsystems" eine Möglichkeit, die zunehmende Komplexität in der Produktion zu steuern.[824]

Des Weiteren zeichnet sich die stark fragmentierte Branche des Werkzeugbaus durch eine Vielzahl kleiner und mittelständischer bzw. handwerklich organisierter Unternehmen aus, welche auf Basis von Schätzungen des VERBANDS DEUTSCHER MASCHINEN- UND ANLAGENBAU zu 80 % eine Belegschaft von weniger als 20 Mitarbeitern aufweisen.[825] Vor diesem Hintergrund bedarf es einer Modellierungsstruktur, welche auf dem Einsatz von im Werkzeugbau erfassbaren bzw. quantifizierbaren Daten beruht und durch einen hohen Grad der Standardisierung gekennzeichnet ist. Folglich berücksichtigt die Umsetzbarkeit eines Modells sowohl die organisatorischen als auch finanziellen Randbedingungen einer Unternehmung.

Zwei elementare Anforderungen an werkzeugbauspezifische Ansätze resultieren aus der strategischen Herausforderung der Werkzeugbaus, den Wert der Qualität von Werkzeugen

---

[820] Vgl. Kozielski, S.: Integratives Kennzahlensystem für den Werkzeugbau, 2010, S. 80 f.

[821] Vgl. Pohl, J.: Adaption von Produktionsstrukturen unter Berücksichtigung von Lebenszyklen, 2014, S. 47; Müller, N.-D.: Modell für die Beherrschung und Reduktion von Nachfrageschwankungen, 2013, S. 68; Kozielski, S.: Integratives Kennzahlensystem für den Werkzeugbau, 2010, S. 80 f.; Peters, P.: Entwicklung und empirische Bestätigung eines Selbstbewertungsmodells für das Quality Gates Management, 2010, S. 73

[822] Vgl. Kozielski, S.: Integratives Kennzahlensystem für den Werkzeugbau, 2010, S. 80

[823] Vgl. Schuh, G.: Produktkomplexität managen, 2005, S. 3

[824] Vgl. ebenda

[825] Vgl. Völker, M.: Konzeption ganzheitlicher Produktionssysteme für Werkzeugbaubetriebe, 2012, S. 36; Kozielski, S.: Integratives Kennzahlensystem für den Werkzeugbau, 2010, S. 16; Frick, L.: Erfolgreiche Geschäftsmodelle im Werkzeugbau, 2005, S. 24

für produzierende Unternehmen aufzuzeigen.[826] Im Rahmen der zunehmenden Etablierung von Wettbewerbern aus Niedriglohnländern, die auf Basis einer geringen Kostenbasis tiefe Einstandspreise für ihre Werkzeuge gewährleisten können, herrscht eine verschärfte Marktsituation.[827] Mithin gründet die Kaufentscheidung einer Vielzahl der Kunden des Werkzeugbaus lediglich auf den niedrigsten Anschaffungspreisen.[828] Gemäß BRANKAMP werden vor diesem Hintergrund neben den Transaktionskosten auch die Nutzungskosten außer Acht gelassen, die den größten Anteil innerhalb der Gesamtkosten des Werkzeugs aus Sicht des Kunden repräsentieren.[829] In Ergänzung dazu illustriert KRAMSKI, dass ein mit gesteigerten Einstandspreisen verbundenes und qualitativ hochwertiges Werkzeug deutscher Werkzeugbauer über den Lebenszyklus betrachtet geringere Kosten als ein günstigeres Konkurrenzprodukt aus Fernost verursacht.[830] Nach CLEVELAND und BRANKAMP basiert der größte Anteil der Total Cost of Ownership auf der Nutzung des Werkzeugs, zumal der Werkzeugbau einen direkten Einfluss auf die Leistungsfähigkeit der Produktion und die dort entstehenden Kosten aufweist.[831] Infolgedessen obliegt es insbesondere dem deutschen Werkzeugbau, auf Basis einer systematischen Wettbewerbsdifferenzierung das Bewusstsein beim Kunden für relevante Kostenpositionen innerhalb der Total Cost of Ownership des Werkzeugs zu schaffen.[832] Dementsprechend sind nach TÖNSHOFF die Kosten über dem Produktlebenszyklus zu quantifizieren und den internen bzw. externen Kunden des Werkzeugbaus zur Verfügung zu stellen, sodass eine Argumentation bezüglich gesteigerter Anschaffungskosten bei qualitativ ausgereiften Werkzeugen stattfinden kann.[833] Vor diesem Hintergrund benötigt es eine Modellierungsstruktur, die eine produktlebenszyklusbezogene Bewertung anhand der Lebenszykluskosten vornimmt und die über den Lebenszyklus erfasste Leistungsfähigkeit eines Werkzeugs bzw. eines Werkzeugbauers beziffert.[834] Dabei befindet sich die Anforderung eines Qualitätsbezuges im Rahmen werkzeugbauspezifischer Ansätze in einem direkten, kausalen Zusammenhang zu einer produktlebenszyklusbezogenen Bewertung. Dementsprechend obliegt es Bewertungsmodellen, die beiden Dimensionen der Lebenszykluskosten sowie der Qualität eines Werkzeugs interdependent zu kombinieren, sodass ein unmittelbarer Einfluss gesteigerter Qualität auf das Ausmaß der Lebenszykluskosten quantifizierbar wird.[835] Die beiden Anforderungen einer produktlebenszyklusbezogenen Bewertung sowie eines entsprechenden Qualitätsbezuges stellen dabei die Basis eines neuartigen Modellie-

[826] Vgl. Frick, L.: Erfolgreiche Geschäftsmodelle im Werkzeugbau, 2005, S. 36; Kramski, A.: Herausforderung Asien, 2004, S. 16; Tönshoff, H. K.; Eger, M.: Lebenszykluskosten in der Angebotskalkulation, 2003, S. 725 ff.

[827] Vgl. Kuhlmann, K. K.: Methodik zur Gestaltung von Geschäftsprozessen im industriellen Werkzeugbau, 2011, S. 37; Klotzbach, C.: Gestaltungsmodell für den industriellen Werkzeugbau, 2006, S. 60

[828] Vgl. Bilsing, A.: Kennzahlengestützte Bewertung der technologischen Leistungsfähigkeit im Werkzeug- und Formenbau, 2007, S. 1; Klotzbach, C.: Gestaltungsmodell für den industriellen Werkzeugbau, 2006, S. 60

[829] Vgl. Frick, L.: Erfolgreiche Geschäftsmodelle im Werkzeugbau, 2005, S. 36 f.; Brankamp, K.: Wettbewerbsfaktor Werkzeug- und Betriebsmittelbau, 1991, S. 18 f.

[830] Vgl. Kramski, A.: Herausforderung Asien, 2004, S. 16

[831] Vgl. Frick, L.: Erfolgreiche Geschäftsmodelle im Werkzeugbau, 2005, S. 38; Brankamp, K.: Wettbewerbsfaktor Werkzeug- und Betriebsmittelbau, 1991, S. 20

[832] Vgl. Frick, L.: Erfolgreiche Geschäftsmodelle im Werkzeugbau, 2005, S. 38

[833] Vgl. Tönshoff, H. K.; Eger, M.: Lebenszykluskosten in der Angebotskalkulation, 2003, S. 725 ff.

[834] Vgl. Frick, L.: Erfolgreiche Geschäftsmodelle im Werkzeugbau, 2005, S. 38

[835] Vgl. Heidemann, A.: Integrale Planung der Gebäudetechnik, 2014, S. 43; Schweiger, S.: Lebenszykluskosten optimieren, 2009, S. 74; Kramski, A.: Herausforderung Asien, 2004, S. 16

rungskonzeptes der Erfassung der Leistungsfähigkeit dar, das bisweilen in der Branche des Werkzeugbaus keine Anwendung findet und eine ganzheitliche Betrachtung der Kostenstruktur eines Werkzeuges erlauben würde.[836]

Dementsprechend ergeben sich aus der Betrachtungsperspektive der spezifischen Ansprüche aus der Praxis folgende, aggregierte Anforderungen:

- Allgemeingültigkeit
- Produktlebenszyklusbezogene Bewertung
- Qualitätsbezug
- Standardisierung

3.3.3 Konsolidierte Anforderungen

Im Rahmen der konsolidierten Anforderungen erfolgt eine Aggregation des differenzierten Anforderungsprofils. Folglich bedarf es einer Verdichtung der allgemeinen und spezifischen Anforderungen, unterschieden hinsichtlich ihres Ursprungs in der Wissenschaft, der Modelltheorie, den Spezifika von Unternehmen bzw. der Branche Werkzeugbau, auf einige zentrale Ansprüche an Bewertungsmodelle. Vor diesem Hintergrund kann eine Reduktion des Anforderungsprofils auf die zwölf Ansprüche Benutzerfreundlichkeit, Anpassungsfähigkeit, Ableitung von Handlungsempfehlungen, Reproduzierbarkeit des Modellierungsergebnisses, vollständige Abbildung, Wirtschaftlichkeit, Erklärung der unternehmerischen Funktionsweise, Strategieperspektive, Allgemeingültigkeit, Standardisierung, Qualitätsbezug und eine produktlebenszyklusbezogene Bewertung erfolgen.

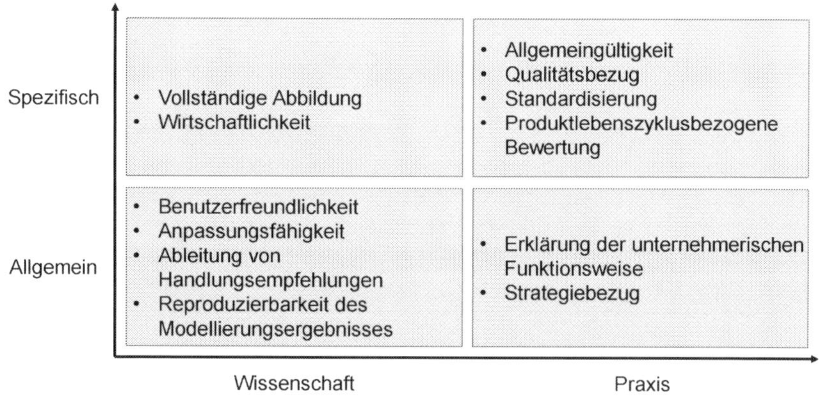

Abbildung 3-11: Illustration der konsolidierten Anforderungen

[836] Vgl. Frick, L.: Erfolgreiche Geschäftsmodelle im Werkzeugbau, 2005, S. 38

3.3.4 Gewichtung des Anforderungsprofils mittels Paarweisen Vergleichs

Zur Berücksichtigung der konkreten Bedeutung einzelner Anforderungen eines differenzierten Anforderungsprofils erfolgt eine Gewichtung der für die spätere Analyse notwendigen Kriterien. Dabei basiert die relative Gewichtung der Anforderungen auf der Methode des paarweisen Vergleichs, innerhalb dessen jeweils zwei Kriterien paarweise verglichen werden.[837] Im Rahmen dieser Methodik kann erfasst werden, ob zwei Anforderungen eine identische Bedeutung (1) oder ein Kriterium einen übergeordneten (2) bzw. untergeordneten Stellenwert (0) aufweist.[838] Folgende Formel erlaubt die Normierung der Gewichtungsfaktoren, ausgedrückt durch die entsprechenden Zeilensummen, auf einen Wertebereich zwischen 1 und 10. Dabei werden der Berechnung der einzelnen Gewichtungsfaktoren die konventionellen Rundungsregeln zu Grunde gelegt.

$$9 \times \frac{x_i - x_{min}}{x_{max} - x_{min}} + 1 = Gewichtungsfaktor$$

Mit:

$x_i \triangleq$ *Zeilensumme der i-ten Anforderung;* $i \in [1;12]$

$x_{min} \triangleq$ *minimale Zeilensumme*

$x_{max} \triangleq$ *maximale Zeilensumme*

Die wissenschaftlichen Anforderungen beschreiben relevante Kriterien an ein Bewertungsmodell, welches unabhängig von einer konkreten Branche Verwendung finden kann, während praktische Anforderungen den Einsatz innerhalb des Werkzeugbaus bzw. von kleinen und mittelständischen Unternehmen fokussieren. Im Rahmen des Clusters der Anforderungen aus der Wissenschaft dominiert die Bedeutung der Benutzerfreundlichkeit, welche einen unmittelbaren Einfluss auf den mit der Anwendung der Methode verbundenen Aufwand aufweist. Der Anforderung der Reproduzierbarkeit hinsichtlich des Modellierungsergebnisses kann ebenfalls ein hoher Stellenwert, basierend auf der Notwendigkeit einer objektiven Analyse, innerhalb der wissenschaftlichen Ansprüche zugeordnet werden. Im Gegensatz dazu weist der Aspekt der vollständigen Abbildung auf Grund seines starken theoretischen Hintergrundes eine untergeordnete Bedeutung auf. Mithin illustriert die Anpassungsfähigkeit einen sekundären Anspruch, zumal diese Anforderung lediglich kleinere Modifikationen der Modellierungsstruktur zwecks der Optimierung hinsichtlich eines konkreten Kriteriums erlaubt, ohne dabei generelle Änderungen des Bewertungsschemas vorzunehmen.

Im Kontext der Ansprüche aus der Praxis verfügt die Anforderung einer produktlebenszyklusbezogenen Bewertung über eine dominante Bedeutung. In diesem Kontext stehen insbesondere deutsche Werkzeugbauer vor der strategischen Herausforderung, produzierenden Unternehmen den Wert von qualitativ hochwertigen Werkzeugen anhand der anfallenden Lebenszykluskosten bzw. der entsprechenden Ressourceneffizienz zu vermitteln.[839]

---

[837] Vgl. Drews, G.; Hillebrand, N.: Lexikon der Projektmanagement-Methoden, 2010, S. 130 ff.; Pfeifer, T.; Schmitt, R.: Masing Handbuch Qualitätsmanagement, 2007, S. 485

[838] Vgl. Kamiske, G. F.: Handbuch QM-Methoden, 2013, S. 66

[839] Vgl. Kramski, A.: Herausforderung Asien, 2004, S. 16

		Allgemeine Anforderungen						Spezifische Anforderungen							
		Benutzerfreundlichkeit	Anpassungsfähigkeit	Ableitung von Handlungsempfehlungen	Reprod. des Modellierungsergeb.	Vollständige Abbildung	Wirtschaftlichkeit	Erklärung der untern. Funktionsweise	Strategiebezug	Allgemeingültigkeit	Qualitätsbezug	Standardisierung	Produktlebenszyklusbezog. Bewertung	Zeilensumme x_i	Gewichtungsfaktor
Allgemeine Anforderungen	Benutzerfreundlichkeit		2	2	1	2	2	2	2	2	2	2	0	19	9
	Anpassungsfähigkeit	0		1	0	1	0	1	1	0	2	0	0	6	2
	Ableitung von Handlungsempfehlungen	0	1		0	2	1	1	1	1	1	0	0	8	3
	Reproduzierbarkeit des Modellierungsergebnisses	1	2	2		2	2	2	2	2	2	2	0	19	9
	Vollständige Abbildung	0	1	0	0		0	0	1	0	1	0	0	3	1
	Wirtschaftlichkeit	0	2	1	0	2		2	2	1	2	0	0	12	5
Spezifische Anforderungen	Erklärung der untern. Funktionsweise	0	1	1	0	2	0		1	0	1	0	0	6	2
	Strategiebezug	0	1	1	0	1	0	1		0	0	0	0	4	1
	Allgemeingültigkeit	0	2	1	0	2	1	2	2		2	1	0	13	6
	Qualitätsbezug	0	0	1	0	1	0	1	2	0		0	0	5	2
	Standardisierung	0	2	2	0	2	2	2	2	1	2		0	15	7
	Produktlebenszyklusbez. Bewertung	2	2	2	2	2	2	2	2	2	2	2		22	10

Abbildung 3-12: Paarweise Vergleich zur Gewichtung der konsolidierten Anforderungen

Folglich bedarf es insbesondere einer produktlebenszyklusbezogenen Quantifizierung der Leistungsfähigkeit eines Werkzeugs, anhand derer eine standardisierte Evaluierung von Werkzeugbauern erfolgen kann.[840] Einen ebenfalls ausgeprägten Stellenwert weist der Anspruch einer Standardisierung auf, sodass innerhalb der kleinen und mittelständischen Struk-

[840] Vgl. Frick, L.: Erfolgreiche Geschäftsmodelle im Werkzeugbau, 2005, S. 38; Tönshoff, H. K.; Eger, M.: Lebenszykluskosten in der Angebotskalkulation, 2003, S. 725 ff.

tur des Werkzeugbaus, die für die Nutzung des Modells benötigten Ressourcen minimiert werden können.[841] Der Orientierung an der Strategie eines Unternehmens kommt lediglich eine verminderte Bedeutsamkeit zu, die sich in der mittelfristigen bzw. volatilen Dynamik einer unternehmerischen Strategiedefinition begründet.

Abbildung 3-12 zeigt die Bewertung der Anforderungen mittels paarweisen Vergleichs. Nachfolgende Abbildung 3-13 illustriert die Priorisierung der Anforderungen als Ergebnis der Bewertung und baut somit eine klare Rangfolge der erarbeiteten Anforderungen auf.

Anforderung	Gewichtungsfaktor	Rang
Produktlebenszyklusbezogene Bewertung	10	1
Benutzerfreundlichkeit	9	2
Reproduzierbarkeit des Modellierungsergebnisses	9	2
Standardisierung	8	3
Allgemeingültigkeit	6	4
Wirtschaftlichkeit	5	5
Ableitung von Handlungsempfehlungen	3	6
Qualitätsbezug	2	7
Erklärung der unternehmerischen Funktionsweise	2	7
Anpassungsfähigkeit	2	7
Strategiebezug	1	8
Vollständige Abbildung	1	8

Abbildung 3-13: Relative Bedeutung der einzelnen Anforderungen

3.4 Analyse bestehender Ansätze

Folgend werden die vorgestellten Ansätze zur Bewertung der unternehmerischen Leistungsfähigkeit auf Basis zweier verschiedener Methoden auf Ihre Eignung zur Erfüllung der definierten Anforderungen analysiert. Hierzu erfolgt zunächst eine K.O.-Analyse, innerhalb derer das Portfolio von Bewertungsansätzen dezimiert wird.[842] Im Anschluss obliegt es der dualen Analyse die verbleibenden Bewertungsmodelle zu priorisieren, bevor abschließend die Diskussion der Ergebnisse erfolgt.

---

[841] Vgl. Völker, M.: Konzeption ganzheitlicher Produktionssysteme für Werkzeugbaubetriebe, 2012, S. 36; Kozielski, S.: Integratives Kennzahlensystem für den Werkzeugbau, 2010, S. 16

[842] Vgl. Kohl, D.: Six Sigma leicht gemacht, 2011, S. 218; Moser, R.: Ausländische Direktinvestitionen, 2008, S. 171

3.4.1 Eingrenzung der vorgestellten Bewertungsansätze

Zur Eingrenzung der vorgestellten Ansätze wird eine K.O.-Analyse durchgeführt, durch die sich die Anzahl recherchierter Methoden schrittweise reduziert. Hierzu werden in einem ersten Schritt die Merkmalsausprägungen zu den identifizierten Anforderungen aus Kapitel 3.3 eruiert. In einem zweiten Schritt erfolgt dann die Eingrenzung auf relevante Merkmalsausprägungen der einzelnen Anforderungen.[843] Im dritten Schritt der K.O.-Analyse werden die Ansätze, die nicht im Untersuchungsbereich der vorliegenden Arbeit liegen, selektiert. Diese gezielte Dezimierung erlaubt die Fokussierung auf wenige aber relevante Bewertungsansätze im Rahmen der späteren, dualen Analyse.

3.4.1.1 Ableiten der Merkmalsausprägungen

Auf Basis der in Kapitel 3.3 identifizierten Anforderungen an Modelle zur Bewertung der Leistungsfähigkeit einer Unternehmung lassen sich die zugehörigen Merkmalsausprägungen entwickeln. Im Kontext des Merkmals einer produktlebenszyklusbezogenen Bewertung kann zwischen Modellierungsstrukturen, welche eine vollständige Lebenszyklusorientierung aufweisen, bzw. Modellen, die eine produktlebenszyklusbezogene Analyse unterlassen, differenziert werden (vgl. hierzu auch Kapitel 2.4). Der Anspruch der Benutzerfreundlichkeit untersucht die beiden Dimensionen des Aufwandes, die neben dem Anwendungsaufwand auch die notwendigen Aufwendungen zur Auswertung des Bewertungsergebnisses umfassen. Infolgedessen zeichnen sich die zugehörigen Merkmalsausprägungen der Benutzerfreundlichkeit durch einen hohen bzw. niedrigen Anwendungsaufwand aus, der mit einer vereinfachten bzw. komplexen Ergebnisinterpretation gepaart sein kann. Die Reproduzierbarkeit des Modellierungsergebnisses kann erheblich innerhalb der Anwendung einer qualitativen Vorgehensweise, einer Kombination aus einem quantitativen und qualitativen Vorgehen bzw. einer rein quantitativen Methodik divergieren. Dabei kann die Standardisierung eines Bewertungsansatzes vom konkreten Anwendungsfall tangiert werden oder unbeeinflusst bleiben. Weiterhin lassen sich die Merkmalsausprägungen der Allgemeingültigkeit anhand des typischen Anwendungsfeldes eines Bewertungsansatzes sowie einer entsprechenden Transferierbarkeit auf die Branche des Werkzeugbaus ableiten. In diesem Kontext können branchenübergreifende Methoden identifiziert werden, die in verschiedensten Industriezweigen Verwendung finden und werkzeugbauspezifische Bewertungsansätze, die der Modellierung der Charakteristika des Werkzeugbaus gerecht werden. Ebenfalls besteht die Möglichkeit, dass Bewertungsansätze trotz eines breiten Anwendungsspektrums keine Übertragbarkeit auf den Werkzeugbau erlauben. Des Weiteren kann die Wirtschaftlichkeit eines Modells ein ungünstiges Nutzen-Aufwand-Verhältnis, bei dem der Aufwand den dominierenden Faktor darstellt oder ein günstiges Nutzen-Aufwand-Verhältnis, innerhalb dessen der Nutzen einer Methodenanwendung überwiegt, aufweisen.[844] Im Rahmen des Merkmals der Ableitung von Handlungsempfehlungen können Bewertungsansätze teilweise Handlungsempfehlungen generierende Ergebnisse implizieren, wohingegen die Anforderung des Qualitätsbezugs die Merkmalsausprägungen einer nicht vorhandenen, partiellen oder vollständigen Qualitätsorientierung aufweisen kann. Demzufolge analysieren Bewertungsmodelle entweder vereinzel-

[843] Vgl. Gardini, M.; Dahlhoff, H.: Management internationaler Dienstleistungen, 2004, S. 227
[844] Vgl. Reimann, G.: Moderne Eignungsbeurteilung mit der DIN 33430, 2009, S. 115

te oder mehrere Anspruchsgruppen einer Unternehmung, sodass eine Differenzierung hinsichtlich der Erklärung der unternehmerischen Funktionsweise zwischen einer eindimensionalen oder mehrdimensionalen Perspektive zweckmäßig erscheint.[845] Innerhalb des Merkmals Strategiebezug soll zwischen einer strategischen, einer operativen Untersuchung bzw. einer Kombination beider Dimensionen unterschieden werden. Dabei basieren strategische Ansätze auf einer langfristigen Unternehmensplanung, während sich operative Bewertungsmethoden durch einen kurzfristigen Zeithorizont auszeichnen.[846] Darüber hinaus unterscheidet sich eine operative bzw. strategische Analyse hinsichtlich der Granularität des Betrachtungsobjekts. Infolgedessen fokussieren operative Modelle eine Untersuchung auf Ebene einzelner, detaillierter Prozesse, wohingegen strategische Ansätze vornehmlich die umfassenden Relationen innerhalb des Gesamtunternehmens darstellen.[847] Des Weiteren kann die Analyse einer vollständigen Abbildung auf einer mikroökonomischen, mesoökonomischen oder makroökonomischen Ebene stattfinden. Dabei umfassen die Untersuchungsobjekte einer mikroökomischen Betrachtung neben privaten Haushalten auch Unternehmen als kleinste Einheit einer Wirtschaft, während die Makroökonomie das Handeln einzelner Staaten bzw. Volkswirtschaften umfasst.[848] Im Gegensatz dazu stellt die Mesoökonomie eine Symbiose beider Perspektiven dar, indem deren Untersuchungsobjekte neben mikroökonomischen auch makroökonomische Charakteristika aufweisen.[849]

Abbildung 3-14 zeigt die resultierende Morphologie, die die Anforderungen aus Kapitel 3.3 und ihre eruierten Merkmalsausprägungen illustriert (S. 144).

3.4.1.2 Auswahl relevanter Merkmalsausprägungen

Vor dem Hintergrund der eingeschränkten Existenz von produktlebenszyklusbezogenen Bewertungsansätzen gestaltet sich die Einschränkung der K.O.-Kriterien auf eine vollständige Realisierung einer Lebenszyklusorientierung als kritisch. Insbesondere in der Branche des Werkzeugbaus stellt eine produktlebenszyklusbezogene Bewertung ein neuartiges Modellierungskonzept zur Erfassung der unternehmerischen Leistungsfähigkeit dar, welches bisweilen auf Grund der mangelnden Verfügbarkeit in der Branche des Werkzeugbaus keinerlei Anwendung findet. Jedoch ließe sich anhand einer produktlebenszyklusorientierten Analyse eine umfassende, ressourcenorientierte Betrachtung der Lebenszykluskosten eines Werk-

[845] Vgl. Granig, P.: Innovationsbewertung, 2007, S. 71 f.

[846] Vgl. Jung, H.: Allgemeine Betriebswirtschaftslehre, 2014, S. 566; Rabl, K.: Strukturierung strategischer Planungsprozesse, 2013, S. 15; Himpel, F.; Winter, F.: Arbeitsbuch zum Operations Management, 2008, S. 8; Busch, A.; Dangelmaier, W., et al.: Marktspiegel Supply Chain Management Systeme, 2003, S. 164; Kötzle, A.; Göbel, E., et al.: Strategisches Management, 1997, S. 246

[847] Vgl. Bröse, K.: Konzeption eines Performance Management Systems auf Basis von Key Performance Indicators zur Steuerung von Prozessen und IT in der Telekommunikation, 2006, S. 77; Greiner, P.; Stark, K., et al.: Baubetriebslehre - Projektmanagement, 2005, S. 299; Hurlebaus, T.: Strategiekonforme Organisationsgestaltung von Krankenhäusern, 2004, S. 325

[848] Vgl. Wildmann, L.: Module der Volkswirtschaftslehre, 2010, S. 127; Englmann, F. C.: Makroökonomik, 2007, S. 3; Dressler, H.: Problemlösen mit Entscheidungstabellen, 1975, S. 6

[849] Vgl. Kesting, S.; Biesecker, A.: Mikroökonomik, 2003, S. 19; Boettcher, E.; Herder-Dornreich, P., et al.: Jahrbuch für neue politische Ökonomie, 1986, S. 155

zeuges realisieren.[850] Dementsprechend erfolgt vorerst keine Einschränkung der Untersuchung hinsichtlich lebenszyklusorientierter Bewertungsansätze.

Im Rahmen der Benutzerfreundlichkeit stellen sowohl Bewertungsansätze mit einem hohen als auch einem niedrigen Anwendungsaufwand in Kombination mit einer erleichterten Ergebnisinterpretation geeignete Merkmalsausprägungen dar. Entsprechend werden Methoden mit aufwendiger Ergebnisinterpretation aus dem Untersuchungsbereich ausgeklammert.

Zur Gewährleistung einer ausgeprägten Reproduzierbarkeit des Modellierungsergebnisses eignen sich gemäß Kapitel 3.2.4 insbesondere quantitative Methoden, welche keine subjektiven, verfälschenden Einflüsse aufweisen und anhand eines mathematischen bzw. logischen Zusammenhangs einen hohen Grad an Objektivität innerhalb der Untersuchung gewährleisten. Dabei basiert die Differenzierung zwischen einer qualitativen bzw. quantitativen Bewertung auf messtheoretisch festgelegten Merkmalen. Dementsprechend zeichnen sich quantitative Daten durch eine unmittelbare Messbarkeit aus, während im Rahmen der qualitativen Untersuchung Merkmale über eine Zuordnung von Einheiten zu einzelnen Kategorien klassifiziert werden. Auf Grund des verringerten Messniveaus qualitativer Daten resultiert eine verringerte Aussagekraft einer qualitativen Analyse.[851] Folglich werden im Rahmen einer K.O.-Analyse rein qualitative Vorgehensweisen ausgeschlossen. Mithin erlaubt die Modifikation quantitativer Ansätze anhand qualitativer Faktoren die Berücksichtigung „subjekt- und situationsbezogener Aussagen“[852].

Vor dem Hintergrund der Vielzahl kleiner und mittelständischer organisierter Werkzeugbaubetriebe, welche anhand von Schätzungen des VERBANDS DEUTSCHER MASCHINEN- UND ANLAGENBAU zu 80 % eine Belegschaft von unter 20 Mitarbeitern aufweisen, bedarf es einer standardisierten Modellierungsstruktur.[853] Dementsprechend stellt die Standardisierung eines vom Anwendungsfall unabhängigen Vorgehens ein notwendiges K.O.-Kriterium dar. In Analogie dazu werden im Kontext des Merkmals der Wirtschaftlichkeit Bewertungsmodelle mit einem ungünstigen Nutzen-Aufwand-Verhältnis selektiert. Folglich bedarf es einer Modellierung, die sich anhand eines geringen Aufwands der Anwendung sowie einer relevanten bzw. die unternehmensinternen Entscheidungen beeinflussenden Wirkung charakterisieren lässt.

Zur Gewährleistung eines ausgeprägten Nutzens des Modellierungsergebnisses sollte die Möglichkeit zur Ableitung von Handlungsempfehlungen gegeben sein. Folglich obliegt Bewertungsmodellen die Generierung von Kennziffern, welche ohne weiteren Aufwand im Kontext des übergeordneten, unternehmerischen Wertschöpfungsprozesses interpretierbar sind und somit eine Handlungsempfehlung implizieren.

Der Grad der Erklärung der unternehmerischen Funktionsweise kann anhand einer eindimensionalen bzw. mehrdimensionalen Perspektive beschrieben werden. Während eine eindimensionale Beschreibung vornehmlich die Interessen einer einzelnen Interessensgruppe

[850] Vgl. Frick, L.: Erfolgreiche Geschäftsmodelle im Werkzeugbau, 2005, S. 38

[851] Vgl. Ayaß, R.: Qualitative Methoden der Medienforschung, 2011, S. 17

[852] Vgl. Flick, U.: Qualitative Forschung. Theorie, Methoden, Anwendung in Psychologie und Sozialwissenschaften, 1995, S. 12

[853] Vgl. Völker, M.: Konzeption ganzheitlicher Produktionssysteme für Werkzeugbaubetriebe, 2012, S. 36; Kozielski, S.: Integratives Kennzahlensystem für den Werkzeugbau, 2010, S. 16; Frick, L.: Erfolgreiche Geschäftsmodelle im Werkzeugbau, 2005, S. 24

abbildet, sind mehrdimensionale Analysen in der Lage, die Interessenskonflikte verschiedener Stakeholder sowie deren weitläufige Relationen zu illustrieren. Infolgedessen stellt die mehrdimensionale Perspektive eines Bewertungsansatzes eine weitere Festanforderung im Rahmen der K.O.-Analyse dar.

Basierend auf dem inhaltlichen Fokus dieser Arbeit einer validen Bewertung der Leistungsfähigkeit von Werkzeugbauern, bedarf es Modellierungsstrukturen, welche die uneingeschränkte Anwendbarkeit in der Branche des Werkzeugbaus erlauben. Dabei ermöglichen neben werkzeugbauspezifischen Ansätzen insbesondere branchenspezifische sowie branchenübergreifende Modelle mit einer Transferierbarkeit auf den Sektor des Werkzeugbaus die Quantifizierung der unternehmerischen Leistungsfähigkeit eines Werkzeugbauers.

Im Kontext des Merkmals der Anpassungsfähigkeit bedarf es einer Modellierungsstruktur, welche die Anpassung an individuelle Bedürfnisse erlaubt. Vor dem Hintergrund der Anforderung eines Strategiebezugs von Bewertungsmodellen können neben strategischen Ansätzen auch die Kombination einer operativen und strategischen Analyse als relevante Merkmalsausprägungen identifiziert werden. Dementsprechend weist die Leistungsfähigkeit einer Unternehmung insbesondere eine längerfristige Zeitkomponente auf, welche durch die kurzfristige Fokussierung eines operativen Bewertungsmodells nicht erfasst werden kann.[854] Des Weiteren kann im Rahmen dieser Arbeit eine operative Untersuchung auf der Ebene einzelner Prozesse dem Themenschwerpunkt nicht genügen, da der Fokus der unternehmerischen Leistungsfähigkeit auf der Performance eines Gesamtunternehmens liegt.[855]

Weiterhin liegt der inhaltliche Betrachtungsfokus dieser Arbeit auf der Untersuchung von Werkzeugbaubetrieben und deren Produkten, sodass gemäß NUSSER im Kontext der auf in- und ausländischen Märkten operierenden Unternehmen die Analyse auf einer mikroökonomischen Ebene zweckmäßig erscheint.[856]

Das zentrale Merkmal des Qualitätsbezugs werkzeugbauspezifischer Bewertungsmodelle basiert auf der strategischen Herausforderung dieser Branche, den Wert der Qualität von Werkzeugen für produzierende Unternehmen aufzuzeigen.[857] Vor diesem Hintergrund kann ein partieller oder vollständiger Qualitätsbezug als relevantes Merkmal bzw. als K.O.-Kriterium im Rahmen der folgenden Eingrenzung identifiziert werden.

---

[854] Vgl. Schuh, G.; Stich, V.: Enterprise-Integration, 2014, S. 83; Rabl, K.: Strukturierung strategischer Planungsprozesse, 2013, S. 15; Himpel, F.; Winter, F.: Arbeitsbuch zum Operations Management, 2008, S. 8; Busch, A.; Dangelmaier, W., et al.: Marktspiegel Supply Chain Management Systeme, 2003, S. 164

[855] Vgl. Bröse, K.: Konzeption eines Performance Management Systems auf Basis von Key Performance Indicators zur Steuerung von Prozessen und IT in der Telekommunikation, 2006, S. 77; Greiner, P.; Stark, K., et al.: Baubetriebslehre - Projektmanagement, 2005, S. 299; Hurlebaus, T.: Strategiekonforme Organisationsgestaltung von Krankenhäusern, 2004, S. 325

[856] Vgl. Nusser, M.; Wydra, S., et al.: Forschungs- und wissensintensive Branchen, 2007, S. 74

[857] Vgl. Frick, L.: Erfolgreiche Geschäftsmodelle im Werkzeugbau, 2005, S. 36; Kramski, A.: Herausforderung Asien, 2004, S. 16; Tönshoff, H. K.; Eger, M.: Lebenszykluskosten in der Angebotskalkulation, 2003, S. 725 ff.

Merkmale	Merkmalsausprägungen			
Produktlebenszyklus-bezogene Bewertung	Keine Lebens-zyklusorientierung	Vollständige Lebens-zyklusorientierung		
Benutzerfreundlichkeit	Niedriger Anwendungs-aufwand bei erschwerter Ergebnis-interpretation	Hoher Anwendungs-aufwand bei erschwerter Ergebnis-interpretation	Niedriger Anwendungs-aufwand bei vereinfachter Ergebnis-interpretation	Hoher Anwendungs-aufwand bei vereinfachter Ergebnis-interpretation
Reproduzierbarkeit des Modellierungsergebnisses	Qualitative Vorgehensweise	Qualitative & quantitative Vorgehensweise	Quantitative Vorgehenswiese	
Standardisierung	Vom Anwendungsfall abhängiges Vorgehen	Vom Anwendungsfall unabhängiges Vorgehen		
Allgemeingültigkeit	Branchen-ungebundener Ansatz, nicht auf WZB übertragbar	Branchen-ungebundener Ansatz, auf WZB übertragbar	Branchen-spezifischer Ansatz, auf WZB übertragbar	Werkzeugbau-spezifischer Ansatz
Wirtschaftlichkeit	Ungünstiges Nutzen-Aufwand-Verhältnis	Günstiges Nutzen-Aufwand-Verhältnis		
Ableitung von Handlungsempfehlungen	Keine Empfehlung implizierendes Ergebnis	Empfehlung implizierendes Ergebnis		
Qualitätsbezug	Keine Qualitätsorientierung	Partielle Qualitätsorientierung	Vollständige Qualitätsorientierung	
Erklärung der untern. Funktionsweise	Eindimensionale Perspektive	Mehrdimensionale Perspektive		
Anpassungsfähigkeit	Starre Modellierungsstruktur	Flexible Modellierungsstruktur		
Strategiebezug	Operative Untersuchung	Strategische und operative Untersuchung	Strategische Untersuchung	
Vollständige Abbildung	Makroökonomische Ebene	Mesoökonomische Ebene	Mikroökonmoische Ebene	

☐ = ohne weitere Berücksichtigung ▒ = Untersuchungsbereich

Abbildung 3-14: Merkmale und relevante Merkmalsausprägungen

Die Morphologie (Abbildung 3-14) veranschaulicht die Auswahl relevanter Merkmalsausprägungen, welche den Untersuchungsbereich eingrenzen. Die Nicht-Erfüllung einer Merkmalsausprägung stellt in der Folge ein K.O.-Kriterium dar.

3.4.1.3 Selektion mittels K.O.-Analyse

Die systematische Selektion der recherchierten Ansätze zur Bewertung der unternehmerischen Leistungsfähigkeit erfolgt anhand der identifizierten K.O.-Kriterien. Dementsprechend basiert die Selektion eines Bewertungsansatzes auf der einfachen bzw. mehrfachen Nichterfüllung von K.O.-Kriterien, wobei im Folgenden jeweils die Selektion anhand des offensichtlichsten Kriteriums repräsentiert wird.

Der Anspruch der Benutzerfreundlichkeit umfasst die beiden Dimensionen des Anwendungsaufwands sowie der Ergebnisinterpretation, sodass es insbesondere einer Modellierungsstruktur bedarf, welche eine vereinfachte Ergebnisauswertung erlaubt. Folglich lassen im Kontext der Benutzerfreundlichkeit folgende Ansätze aufgrund einer erschwerten Ergebnisinterpretation selektieren:

- Kennzahlensystem nach Schott
- Bewertung der technologischen Leistungsfähigkeit nach Untiedt
- Common Assessment Framework

Die Reproduzierbarkeit eines Modellierungsergebnisses steht in einem unmittelbaren Zusammenhang zur Vorgehensweise eines Modells. Eine qualitative Vorgehensweise weist subjektive, verfälschende Einflüsse auf, welche die Reproduzierbarkeit einer Modellierung negativ beeinflussen.[858] Vor diesem Hintergrund können folgende Ansätze dem Anspruch einer objektiven, reproduzierbaren Vorgehensweise nicht genügen:

- Portfolio Analyse
- SWOT Analyse
- Tableau de Bord
- Kernkompetenzansatz nach Prahalad/Hamel
- Benchmarking

Die Anforderung der Standardisierung fokussiert ein schematisches, vom Anwendungsfall unabhängiges Vorgehen. Dementsprechend zeichnet sich folgender Ansatz durch eine mangelnde Eignung zur Leistungsbewertung auf Grund eines variierenden, von der Anwendungssituation beeinflussten Vorgehens aus:

- Data Envelopment Analysis

Die Allgemeingültigkeit analysiert die Übertragbarkeit einzelner Modelle auf die Branche des Werkzeugbaus, sodass sich nachstehender Ansatz wegen einer erschwerten Transferierbarkeit für eine werkzeugbauspezifische Leistungsbewertung nicht eignet:

- 3-Säulen-Konzept nach Nusser

Der Anspruch der Wirtschaftlichkeit untersucht das Verhältnis von Nutzen, resultierend aus der Auswertung eines Modellergebnisses, und Aufwand hinsichtlich der Anwendung eines Modells. Auf Grund eines Ungleichgewichts dieser Relation in Form eines ungünstigen Nutzen-Aufwand-Verhältnisses, lassen sich im Kontext der Wirtschaftlichkeit folgende Ansätze selektieren:

- DuPont-Kennzahlensystem
- ZVEI-Kennzahlensystem
- RL-Kennzahlensystem

[858] Vgl. Ayaß, R.: Qualitative Methoden der Medienforschung, 2011, S. 17

Es bedarf einer Modellierungsstruktur, die die Ableitung von möglichst konkreten Handlungsempfehlungen leicht ermöglicht. Infolgedessen können folgende Bewertungsansätze im Kontext eines keine Empfehlung implizierenden Ergebnisses aussortiert werden:

- Economic Value Added
- Return on Investment

Ein zur werkzeugbauspezifischen Leistungsbewertung notwendiger Qualitätsbezug kann zwischen einer vollständigen oder partiellen Qualitätsorientierung differenzieren. Nachstehende Ansätze weisen einen mangelnden Qualitätsbezug auf:

- Kapitalwertmethode
- Vermögensendwertmethode
- Annuitätenmethode
- Substanzwertverfahren
- Liquidationswertverfahren
- Ertragswertverfahren
- Mittelwertverfahren

Die Erklärung der unternehmerischen Funktionsweise analysiert die Einbeziehung verschiedener, unternehmensinterner bzw. -externer Perspektiven innerhalb der Leistungsbewertung einer Unternehmung. Vor dem Hintergrund einer eindimensionalen Perspektive können folgende Ansätze der Anforderung der Erklärung der unternehmerischen Funktionsweise nicht gerecht werden:

- Multiplikatorverfahren
- DSC (Entity Ansatz)
- DSC (Equity Ansatz)
- DSC (Adjusted Present Value)

Das Kriterium der Anpassungsfähigkeit illustriert die Integration bzw. entsprechende modellhafte Berücksichtigung einzelner Spezifika, welche aus einer konkreten Anwendungssituation resultieren. Diesem Anspruch kann das nachfolgende Bewertungsmodell auf Grund einer starren, unflexiblen Modellierungsstruktur nicht genügen:

- Stuttgarter Verfahren

Vor dem Hintergrund des inhaltlichen Fokus dieser Arbeit einer werkzeugbauspezifischen Leistungsbewertung bedarf es Modellierungsstrukturen, welche eine längerfristige Zeitkomponente der Leistungsfähigkeit anhand einer vornehmlich strategischen Untersuchung erfassen.[859] Folglich gewährleistet die operative Analyse des nachstehenden Ansatzes nur eine unzureichende Quantifizierung der werkzeugbauspezifischen Leistungsfähigkeit:

- NOPAT

[859] Vgl. Schuh, G.; Stich, V.: Enterprise-Integration, 2014, S. 83; Rabl, K.: Strukturierung strategischer Planungsprozesse, 2013, S. 15; Himpel, F.; Winter, F.: Arbeitsbuch zum Operations Management, 2008, S. 8; Busch, A.; Dangelmaier, W., et al.: Marktspiegel Supply Chain Management Systeme, 2003, S. 164

Im Rahmen der vollständigen Abbildung können Modelle klassifiziert werden, deren mikroökonomische Untersuchungsebene die Analyse der Leistungsfähigkeit eines Werkzeugbaubetriebes erlaubt. Dementsprechend kann folgender Ansatz auf Grund einer Analyse auf makro- bzw. mesoökonomischer Ebene selektiert werden:

- Sum of the parts-Bewertung

Die K.O.-Analyse reduziert die relevanten Methoden um 74,4 % (von 39 verbleiben 10), die im Rahmen des Untersuchungsbereichs von Interesse sind. In Anhang X.I findet sich in Ergänzung eine Visualisierung der K.O.-Analyse für alle vorgestellten Methoden. Die nachfolgenden Bewertungsansätze werden als relevant eingestuft und werden weitergehend analysiert:

- Balanced Scorecard
- TOSSCA
- Strategisches Informationssystem nach POLLACK
- Integratives Kennzahlensystem nach KOZIELSKI
- Technologische Bewertung nach BILSING
- EFQM-Modell
- AWFM-Modell
- Deming Prize
- MBNQA
- Ludwig-Erhard-Preis

3.4.2 Vorstellung der Analysemethoden

Die Analyse der verbleibenden Bewertungsansätze für die Leistungsfähigkeit von Werkzeugbauern wird anhand zweier unterschiedlicher Methoden durchgeführt werden, um die Objektivität der Analyse zu erhöhen. Nachfolgend werden die beiden Analysemethoden eingeführt.

3.4.2.1 Kepner-Tregoe-Matrix

Die Kepner-Tregoe-Matrix dient der Entscheidungsfindung bzw. der Auswahl von Alternativen und basiert auf einem komplexen Prozess der Informationssammlung und -verwertung. Vor diesem Hintergrund zeichnet sich die Kepner-Tregoe-Matrix als eine detaillierte Methodik aus, welche auf Basis einer ausführlichen Recherche innerhalb des entsprechenden Untersuchungsfeldes ein Höchstmaß an Objektivität gewährleistet.[860] In diesem Kontext lässt sich die breite Verwendung dieser Priorisierungsmethode in verschiedensten industriellen Bereichen erklären.[861] Dementsprechend kann die Vorgehensweise der Kepner-Tregoe-Matrix anhand weniger, zentraler Verfahrensschritte verdeutlich werden:

---

[860] Vgl. Simon, W.: GABALs großer Methodenkoffer Managamenttechniken, 2005, S. 177 ff.; Hicks, M. J.: Problem solving in business and management, 2004, S. 367 f.; Hansen, W.; Kamiske, G. F., et al.: Qualitätsmanagement im Unternehmen, 1995, S. 12 f.

[861] Vgl. Bronner, A.: Handbuch der Rationalisierung, 2003, S. 176 ff.; Heidack, C.: Betriebspsychologie/Betriebssoziologie, 1983, S. 270

1. Nach einer differenzierten Recherche des relevanten Untersuchungsfeldes, welche in der vorliegenden wissenschaftlichen Arbeit erfolgt ist, schließt sich die Generierung und Gewichtung zugehöriger Anforderungen an. Dabei verdeutlichen einzelne Kriteriengewichtungen die Bedeutung der verschiedenen Anforderungen, hinsichtlich derer eine Bewertung der Alternativen erfolgen soll.[862] Das Ziel der Entwicklung entsprechender Anforderungen bildet im Kontext der Kepner-Tregoe-Matrix die eindeutige Unterscheidung zwischen primären und sekundären Anforderungen, welche sich anhand der Gewichtung über Punktwerte kategorisieren lassen.[863] Hierzu wurde innerhalb des Kapitels 3.3.4 eine Gewichtung der identifizierten Anforderungen vorgenommen.
2. Der folgende Schritt im Rahmen des Vorgehens der Kepner-Tregoe-Matrix sieht die Reduktion der recherchierten Alternativen vor, indem alternative Möglichkeiten, welche nicht den geplanten Verwendungszweck erfüllen können, selektiert werden (vgl. Kapitel 3.4.1.3).[864]
3. Anschließend erfolgt die Ermittlung des Erfüllungsgrades der verbliebenen Alternativen hinsichtlich der identifizierten Anforderungen. Zur jeweiligen Quantifizierung des Erfüllungsgrades einzelner Kriterien erfolgt die Zuordnung von Punktwerten zu den alternativen Konzepten.
4. Durch die folgende Multiplikation zwischen dem Erfüllungsgrad sowie der Gewichtung der verschiedenen Kriterien lässt sich für jede Alternative ein einzelner Ergebniswert ermitteln, welcher das Potential dieser Alternative im entsprechenden Untersuchungsbereich repräsentiert.[865]
5. Das weitere Vorgehen steht im unmittelbaren Zusammenhang mit der Art der untersuchten Alternativen. Folglich kann sich der Untersuchung eine Widrigkeitsmatrix anschließen, die insbesondere bei Alternativen mit statistisch behafteten Eintrittswahrscheinlichkeiten negativer Ereignisse Anwendung findet.[866] Im Rahmen dieser wissenschaftlichen Arbeit erscheint dies jedoch nicht weiter sinnvoll und wird daher nicht umgesetzt.

3.4.2.2 Auswahlverfahren nach PUGH

Das Auswahlverfahren nach PUGH ist eine Methodik zur Priorisierung von Konzeptideen, welche insbesondere im Rahmen von Six Sigma Verbesserungsprojekten verwendet wird.[867] Dabei erlaubt die Nutzung der Pugh-Matrix die Identifikation eines geeigneten Konzepts zur

[862] Vgl. Lifka, S.: Entscheidungsanalysen in der Immobilienwirtschaft, 2009, S. 82; Schweizer, P.: Systematisch Lösungen finden, 2008, S. 206 f.

[863] Vgl. Fink, A.; Siebe, A.: Handbuch Zukunftsmanagement, 2011, S. 341

[864] Vgl. Strutz, H.: Handbuch Personalmarketing, 1993, S. 789

[865] Vgl. Baier, P.: Praxishandbuch Controlling: Controlling-Instrumente, Unternehmensplanung und Reporting, 2013, S. 183; Chang, C. M.: Service systems management and engineering, 2010, S. 126

[866] Vgl. Simon, W.: GABALs großer Methodenkoffer Managamenttechniken, 2005, S. 185 ff.

[867] Vgl. Meran, R.; John, A., et al.: Six Sigma+Lean Toolset, 2014, S. 321 f.; Kubiak, T.; Benbow, D. W.: The certified six sigma black belt handbook, 2009, S. 429; Martin, J. W.: Operational excellence, 2008, S. 105

optimalen Erfüllung der Kundenwünsche, indem ein systematischer Vergleich von Handlungsalternativen stattfindet.[868] Diese Untersuchung erfolgt dabei anhand von Analysekriterien, welche sich aus dem Kontext des Untersuchungsobjektes ableiten lassen und anschließend priorisiert bzw. gewichtet werden. Die Systematik des Auswahlverfahrens nach PUGH kann auf Basis der nachstehenden Prozessschritte aufgezeigt werden:

1. In einer Matrixform werden die konkurrierenden Konzeptideen mit einem Referenzkonzept verglichen, welches entweder ein ausführlich analysiertes Standardkonzept oder fiktives Referenzkonzept mittlerer Güte darstellt.[869] Dementsprechend zeichnet sich dieses Referenzkonzept durch jeweils mittlere Erfüllungsgrade hinsichtlich der Untersuchungskriterien aus, sodass bei diesem Standard weder eine vollständige Erfüllung noch eine gänzliche Untererfüllung einzelner Anforderungen vorliegt.[870] Die zu analysierenden Handlungsalternativen werden folglich mit diesem Standard bezüglich der jeweiligen Kriterien verglichen, wobei eine bessere Bewertung als das Standardkonzept mit einem Plus (+) bzw. eine der Referenz unterlegene Erfüllung eines Kriteriums mit einem Minus (-) illustriert wird. Bei einer Übereinstimmung mit dem Standard erfolgt innerhalb der Matrix die Eintragung einer Null (0).[871]
2. Im Folgenden wird eine Summe aus den Priorisierungen der einzelnen Kriterien ermittelt, wobei mit einem (+) bewertete Kriterien positiv und analog dazu mit einem (-) erfasste Anforderungen negativ in die Berechnung eingehen.[872] Infolgedessen resultiert aus den Summen innerhalb der Pugh-Matrix ein unmittelbarer Überblick über dominierende Alternativen sowie den Grund ihrer relativen Vorteilhaftigkeit. Des Weiteren lassen sich Schwächen und Stärken einzelner Alternativen bezüglich der unterschiedlichen Kriterien anhand der Eintragung der Vorzeichen erkennen.[873]

3.4.3 Anwendung der Analysemethoden

Das Kapitel 3.4.3 fokussiert die duale Analyse anhand der Kepner-Tregoe-Matrix bzw. des Auswahlverfahrens nach PUGH mit dem Ziel, eine eindeutige Priorisierung der recherchierten Bewertungsansätze hinsichtlich der Bewertungsmöglichkeit der werkzeugbauspezifischen Leistungsfähigkeit zu generieren. Vor diesem Hintergrund erfolgt zunächst die Ermittlung der Erfüllungsgrade einzelner Bewertungsansätze im Hinblick auf die identifizierten Anforderungen, welche die Grundlage der darauffolgenden Analyse darstellt.

---

[868] Vgl. Tayntor, C. B.: Six Sigma Software Development, 2007, S. 167 f.; Bertels, T.: Rath & Strong's six sigma leadership handbook, 2003, S. 105

[869] Vgl. Mollenhauer, J.-P.; Lunau, S.: Design for Six Sigma+Lean Toolset, 2007, S. 156

[870] Vgl. Jones, D.: Decision-making for dummies, 2014, S. 148; Kamps, T.: Systematic chasing for economic success, 2013, S. 24 f.

[871] Vgl. Weiss, S. I.: A value approach to product and systems development, 2013, S. 64

[872] Vgl. Taylor, Z.; Ranganathan, S.: Designing High Availability Systems, 2013, S. 14.14 ff.; Pyzdek, T.; Keller, P. A.: The Six Sigma handbook, 2010, S. 399; Kubiak, T.; Benbow, D. W.: The certified six sigma black belt handbook, 2009, S. 429

[873] Vgl. Land, S. K.; Smith, D. B., et al.: Practical support for lean six sigma software process definition, 2008, S. 205; Mollenhauer, J.-P.; Lunau, S.: Design for Six Sigma+Lean Toolset, 2007, S. 157 f.

3.4.3.1 Erfüllungsgrade einzelner Bewertungsansätze

Die Ermittlung der Erfüllungsgrade der einzelnen Bewertungsansätze basiert auf der Zuordnung von Punktwerten im Kontext eines jeweiligen Kriteriums zu den verschiedenen Bewertungsmethoden. Dabei findet eine Punktespanne von null bis vier Punkten Verwendung, innerhalb derer das Ausmaß der Erfüllung einer Anforderung mit der Höhe der Punktzahl zunimmt. Vor dem Hintergrund einer transparenten Punktevergabe findet im Folgenden die Beschreibung der jeweiligen extremalen Ausprägungen inklusive des zugehörigen Mittelwertes (zwei Punkte) eines Kriteriums statt. Dabei bezieht sich der Kriterienkatalog auf die im Untersuchungsbereich liegenden Merkmalsausprägungen, die zuvor in Kapitel 3.4.1.2 – für die vorangestellte K.O.-Analyse – identifiziert worden sind:

- Hinsichtlich der Anforderung einer produktlebenszyklusbezogenen Bewertung wird eine nicht vorhandene Lebenszyklusorientierung mit null Punkten bewertet, wohingegen ein vollständig lebenszyklusgerechte Modellierungsstruktur die Zuordnung von vier Punkten erfährt. Dementsprechend stellt eine in Ansätzen erkennbare, jedoch unvollständig realisierte Berücksichtigung eine partielle Lebenszyklusorientierung dar, welche den zugehörigen Mittelwert der Bewertung darstellt.
- Die Anforderung der Benutzerfreundlichkeit enthält die beiden Dimensionen der Ergebnisinterpretation sowie des Anwendungsaufwands. Auf Grund obiger K.O.-Analyse (vgl. Kapitel 3.4.1.3) zeichnen sich die verbliebenen Bewertungsansätze jeweils durch eine vereinfachte, zielführende Ergebnisinterpretation aus. Das Unterscheidungsmerkmal lässt sich folglich durch den Anwendungsaufwand charakterisieren, der von niedrig bis hoch variieren kann. Infolgedessen lässt sich ein mittlerer Aufwand hinsichtlich der Anwendung anhand eines Erfüllungsgrades von zwei Punkten erfassen.
- Die Reproduzierbarkeit des Modellierungsergebnisses ist durch ein quantitatives Vorgehen geprägt, sodass die Höhe der vergebenen Punkte mit der Ausprägung einer quantitativen Modellierung bzw. einem zunehmenden Ausschluss qualitativer, subjektiver Tendenzen korreliert. Eine Vorgehensweise, welche zu gleichwertigen Anteilen aus qualitativen bzw. quantitativen Strukturen besteht, zeichnet sich folglich anhand eines mittleren Erfüllungsgrades aus.
- Der Erfüllungsgrad der Standardisierung lässt sich anhand der Gleichartigkeit des Vorgehens im Kontext verschiedener Anwendungsfälle charakterisieren, sodass Vorgehen mit stark variierenden Verfahrensschritten niedrigere Punktwerte als schematische, stringente Methoden erhalten. Vor diesem Hintergrund kann ein Verfahren, dessen Vorgehensweise zu 50 % in Abhängigkeit der Anwendungssituation variiert, anhand eines Erfüllungsgrades von zwei Punkten erfasst werden.
- Die Anforderung der Allgemeingültigkeit zeichnet sich durch den Aspekt der Anwendbarkeit bzw. der Transferierbarkeit eines Modells auf die Branche des Werkzeugbaus aus. Infolgedessen besteht ein unmittelbarer Zusammenhang zwischen dem entsprechenden Erfüllungsgrad sowie der Möglichkeit, werkzeugbauspezifische Charakteristika in die Modellierungsstruktur zu integrieren bzw. in der Bewertung zu berücksich-

tigen. Folglich weisen Bewertungsmodelle, welche nicht uneingeschränkt auf die Branche des Werkzeugbaus transferierbar sind bzw. deren Anwendbarkeit vom werkzeugbauspezifischen Anwendungsfall abhängt, einen durchschnittlichen Erfüllungsgrad auf.

- Gemäß der vorherigen K.O.-Analyse fokussiert die duale Analyse lediglich Ansätze mit einem günstigen Nutzen-Aufwand-Verhältnis. Dennoch kann innerhalb der betrachteten Bewertungsmodelle neben dem Nutzen insbesondere der dafür benötigte Aufwand variieren, sodass ein maximierter Nutzen bei minimalem Aufwand den Erfüllungsgrad des Kriteriums der Wirtschaftlichkeit positiv beeinflusst. Ein in diesem Kontext identifizierbares, mittleres Verhältnis aus Nutzen bzw. Aufwand kann anhand von zwei Punkten quantifiziert werden.
- Im Rahmen des Kriteriums der Ableitung von Handlungsempfehlungen bedarf es Bewertungsansätzen, deren Ergebnis eine Empfehlung impliziert. Dabei kann zwischen Modellen differenziert werden, deren Ergebnis eine korrekte Interpretation des Assessors benötigt, sowie Ansätzen, deren Resultat unmittelbar Handlungsalternativen zur Verbesserung der unternehmerischen Leistungsfähigkeit aufzeigt. Dementsprechend kann Verfahren, welche eines durchschnittlichen Interpretationsaufwandes bedürfen, ein mittlerer Erfüllungsgrad zugeordnet werden.
- Der Qualitätsbezug der betrachteten Modelle unterscheidet zwischen einer partiellen bzw. vollständigen Qualitätsorientierung. Dabei zeigt sich die Tendenz, dass strategische Verfahren auf Grund eines partiellen Qualitätsbezugs vornehmlich wenige Punkte erhalten. Im Gegensatz dazu zeichnen sich aus dem Qualitätsmanagement resultierende Ansätze durch eine vollständige Berücksichtigung des Qualitätsgedankens aus. Bewertungsmodell, welche die unternehmerische Leistungsfähigkeit anhand einer prozessorientierten Analyse untersuchen, lassen sich anhand eines mittleren Qualitätsbezugs charakterisieren.
- Die zu untersuchenden Bewertungsansätze weisen eine mehrdimensionale Perspektive hinsichtlich der Erklärung der unternehmerischen Funktionsweise auf. Daher kann die Anzahl erfasster Sichtweisen innerhalb einer mehrdimensionalen Untersuchungsperspektive im Zuge der stetigen Ausweitung der betrachteten Unternehmensbereiche zunehmen. Folglich weist eine umfassende, abteilungsübergreifende Methodik einen erhöhten Erfüllungsgrad jener Anforderung auf. Vor diesem Hintergrund kann Methoden mit einer durchschnittlichen Anzahl erfasster Sichtweisen ein mittlerer Erfüllungsgrad zugeordnet werden.
- Eine flexible Modellierungsstruktur erlaubt die Anpassung des Modells auf den konkreten Anwendungsfall. In diesem Kontext kann eine flexible Modellierung zwischen leicht und schwer auf die spezifische Anwendungssituation adaptierbaren Vorgehensweisen variieren, sodass der nötige Aufwand zur Anpassung des Modells als Anhaltspunkt zur Punktevergabe dient. Infolgedessen weisen Modelle mit einem durchschnittlichen Adaptionsaufwand einen mittleren Grad der Kriterienerfüllung auf.

- Der inhaltliche Fokus dieser wissenschaftlichen Arbeit liegt auf der Leistungsfähigkeit von Werkzeugbaubetrieben, die sich insbesondere anhand einer langfristigen Zeitkomponente charakterisieren lässt. Folglich korreliert eine zunehmende Zweckmäßigkeit eines Modells hinsichtlich des Strategiebezugs mit einer Ausweitung einer strategischen und der Vermeidung einer operativ-kurzfristigen Untersuchung.[874] Neben der zeitlichen Komponente stellt die Granularität des Untersuchungsobjekts ein weiteres Unterscheidungsmerkmal zwischen operativen und strategischen Analysen dar. Da im Rahmen dieser Arbeit insbesondere die Leistungsfähigkeit des Gesamtunternehmens zu untersuchen ist, zeichnen sich operative Analysen auf der Ebene einzelner Prozesse durch einen verminderten Erfüllungsgrad aus.[875] Infolgedessen kann vor dem Hintergrund eines präferierten langfristigen Zeitbezuges sowie eines umfassenden Betrachtungsbereiches eine erhöhte Kriterienerfüllung innerhalb strategischer Modellierungsstrukturen identifiziert werden. Mithin stellen Modellierungen mit sowohl operativen als auch strategischen Tendenzen den entsprechenden Mittelwert der Anforderung des Strategiebezugs dar.
- Die mikroökomische Ebene der zu untersuchenden Ansätze fokussiert die Analyse der Leistungsfähigkeit einzelner Werkzeugbaubetriebe. Dabei kann eine absolute, von der Konkurrenz losgelöste, oder eine relative Leistungsbewertung erfolgen, welche zusätzlich eine vollständige Allokation innerhalb der Branche erlaubt und auf Grund des erhöhten Nutzenpotenzials einen maximierten Erfüllungsgrad aufweist. Dementsprechend kann Modellen, welche neben einer absoluten unternehmerischen Leistungsbewertung auch eine schemenhafte relative Positionierung erlauben, ein mittlerer Erfüllungsgrad von zwei Punkten zugewiesen werden.

Vor diesem Hintergrund ergeben sich innerhalb der nachstehenden Morphologie entsprechende Anhaltspunkte zur Ermittlung des zugehörigen Grades der Kriterienerfüllung:

[874] Vgl. Schuh, G.; Stich, V.: Enterprise-Integration, 2014, S. 83; Rabl, K.: Strukturierung strategischer Planungsprozesse, 2013, S. 15; Himpel, F.; Winter, F.: Arbeitsbuch zum Operations Management, 2008, S. 8; Busch, A.; Dangelmaier, W., et al.: Marktspiegel Supply Chain Management Systeme, 2003, S. 164

[875] Vgl. Bröse, K.: Konzeption eines Performance Management Systems auf Basis von Key Performance Indicators zur Steuerung von Prozessen und IT in der Telekommunikation, 2006, S. 77; Greiner, P.; Stark, K., et al.: Baubetriebslehre - Projektmanagement, 2005, S. 299; Hurlebaus, T.: Strategiekonforme Organisationsgestaltung von Krankenhäusern, 2004, S. 325

Anforderungen	Erfüllungsgrad				
	0	1	2	3	4
Produktlebenszyklus-bezogene Bewertung	Keine Lebenszyklus-orientierung	...	Partielle Lebenszyklus-orientierung	...	Vollständige Lebenszyklus-orientierung
Benutzerfreundlichkeit	Minimaler Anwendungs-aufwand	...	Mittlerer Anwendungs-aufwand	...	Maximaler Anwendungs-aufwand
Reproduzierbarkeit des Modellierungs-ergebnisses	Vorgehen mit starken qualitativen Tendenzen	...	Qualitatives und quantitatives Vorgehen	...	Vollständig quantitatives Vorgehen
Standardisierung	Geringe Standardisierung	...	Zu 50% vom Anwendungsfall abh. Vorgehen	...	Vollständige Standardisierung
Allgemeingültigkeit	Stark eingeschränkte Transferierbarkeit	...	Leicht eingeschränkte Transferierbarkeit	...	Uneingeschränkte Transferierbarkeit
Wirtschaftlichkeit	Verringerter Nutzen, erhöhter Aufwand	...	Nutzen und Aufwand im Gleichgewicht	...	Erhöhter Nutzen, verringerter Aufwand
Ableitung von Handlungs-empfehlungen	Hoher Aufwand der Ergebnis-interpretation	...	Mittlerer Aufwand der Ergebnis-interpretation	...	Geringer Aufwand der Ergebnis-interpretation
Qualitätsbezug	Leichte Qualitäts-orientierung	...	Mittlere Qualitäts-orientierung	...	Starke Qualitäts-orientierung
Erklärung der untern. Funktionsweise	Geringe Zahl erfasster Perspektiven	...	Durchschnittliche Zahl erfasster Perspektiven	...	Hohe Zahl erfasster Perspektiven
Anpassungsfähigkeit	Hoher Adaptionsaufwand	...	Mittlerer Adaptionsaufwand	...	Geringer Adaptionsaufwand
Strategiebezug	Analyse mit starken operativen Tendenzen	...	Operative und Strategische Analyse	...	Strategische Analyse
Vollständige Abbildung	Absolute Leistungs-bewertung	...	Absolute und leicht relative Leistungs-bewertung	...	Absolute und relative Leistungs-bewertung

Abbildung 3-15: Morphologie der Erfüllungsgrade einzelner Anforderungen

Die folgende Matrix ordnet jedem Bewertungsansatz einen Punktwert von null bis vier Punkten zu, welcher die Erfüllung der zugehörigen Anforderung darstellt:

0 = Anforderung nicht erfüllt

4 = Anforderung vollständig erfüllt

	Produktlebenszyklusbezog. Bewertung	Benutzerfreundlichkeit	Reprod. des Modellierungsergebnisses	Standardisierung	Allgemeingültigkeit	Wirtschaftlichkeit	Ableitung von Handlungsempfehlungen	Qualitätsbezug	Erklärung der untern. Funktionsweise	Anpassungsfähigkeit	Strategiebezug	Vollständige Abbildung
Balanced Scorecard	0	3	1	1	1	3	4	0	4	3	1	3
TOSSCA	0	4	1	1	2	4	4	1	4	3	2	3
Str. Informationssyst. Pollack	0	0	3	2	1	1	1	0	3	0	0	2
Int. Kennzahlensyst. Kozielski	0	2	4	2	3	1	1	1	2	1	1	3
Techn. Bewertung Bilsing	1	1	3	3	3	1	1	1	1	0	0	1
EFQM-Modell	0	3	2	2	2	1	2	4	3	3	3	2
AWFM-Modell	0	3	2	2	4	2	2	4	3	3	3	1
Deming Prize	0	2	1	1	2	1	2	4	2	2	1	2
MBNQA	0	1	1	2	2	1	2	4	2	2	2	2
Ludwig-Erhard-Preis	0	2	2	1	2	2	1	4	2	2	1	2

Abbildung 3-16: Erfüllungsgrade der Ansätze hinsichtlich definierter Anforderungen

Demzufolge zeigen die Erfüllungsgrade innerhalb obiger Matrix insbesondere die Unvollkommenheit vorhandener Ansätze hinsichtlich des Kriteriums der produktlebenszyklusbezogenen Bewertung auf, sodass sich eine Vielzahl betrachteter Bewertungsmodelle anhand einer nicht vorhandenen Lebenszyklusorientierung klassifizieren lässt. Des Weiteren ist eine ähnliche Einstufung des EFQM-Modells sowie des AWFM-Modells erkennbar, die sich in der unmittelbaren Verwandtschaft beider Methoden begründet. Neben diesen beiden Aspekten kann eine ausgeprägte Diversität der untersuchten Ansätze hinsichtlich der einzelnen Kriterien identifiziert werden, welche auf einem breiten Spektrum der zugeordneten Punktwerte basiert.

3.4.3.2 Vorgehen anhand der Kepner-Tregoe-Matrix

Auf Basis der in Kapitel 3.4.3.1 identifizierten Erfüllungsgrade erfolgt die Priorisierung recherchierter Bewertungsansätze anhand der Kepner-Tregoe-Matrix:

			Alternative Ansätze									
Anforderungen	Gewichtung	Best-Case	Balanced Scorecard	TOSSCA	Str. Informationssyst. Pollack	Int. Kennzahlensyst. Kozielski	Techn. Bewertung Bilsing	EFQM-Modell	AWFM-Modell	Deming Prize	MBNQA	Ludwig-Erhard-Preis
Produktlebenszyklusbez. Bewertung	10	4	0	0	0	0	1	0	0	0	0	0
Benutzerfreundlichkeit	9	4	3	4	0	2	1	3	3	2	1	2
Reproduzierbarkeit des Modellierungsergebnisses	9	4	1	1	3	4	3	2	2	1	1	2
Standardisierung	8	4	1	1	2	2	3	2	2	1	2	1
Allgemeingültigkeit	6	4	1	2	1	3	3	2	4	2	2	2
Wirtschaftlichkeit	5	4	3	4	1	1	1	1	2	1	1	2
Ableitung von Handlungsempfehlungen	3	4	4	4	1	1	1	2	2	2	2	1
Qualitätsbezug	2	4	0	1	0	1	1	4	4	4	4	4
Erklärung der untern. Funktionsweise	2	4	4	4	3	2	1	3	3	2	2	2
Anpassungsfähigkeit	2	4	3	3	0	1	0	3	3	2	2	2
Strategiebezug	1	4	1	2	0	1	0	3	3	1	2	1
Vollständige Abbildung	1	4	3	3	2	3	1	2	1	2	2	2
Endsumme		232	95	118	65	108	101	109	125	77	77	88
Relativer Fit [%]		100	40,9	50,9	28,0	46,6	43,5	47,0	53,9	33,2	33,2	37,9

Abbildung 3-17: Anwendung der Kepner-Tregoe-Matrix

Dabei findet für jeden Ansatz die Multiplikation zwischen dem Ausmaß der Erfüllung eines Kriteriums sowie der zugehörigen Kriteriengewichtung statt. Durch die Summation der einzelnen Produkte lässt sich eine resultierende Endsumme für jedes Bewertungsmodell ermitteln. Zur Veranschaulichung der jeweiligen Endwerte kann den unterschiedlichen Ansätzen ein relativer Fit zugeordnet werden, welcher die Zweckmäßigkeit jedes Modells hinsichtlich der Leistungsbewertung innerhalb der Branche des Werkzeugbaus beschreibt. Folglich kann ein fiktiver Best-Case ermittelt werden, der bezüglich jedes Kriteriums einen optimalen Erfüllungsgrad von vier Punkten aufweist und folglich vor dem Hintergrund der werkzeugbauspezifischen Leistungsbewertung einen Fit von 100 % repräsentiert. Infolgedessen lassen sich die untersuchten Bewertungsmethoden mit dieser optimalen Ausprägung vergleichen, sodass im Vergleich ein relativer Fit für jede Methode erfasst werden kann.

Im Rahmen der Kepner-Tregoe-Matrix lässt sich eine eindeutige Priorisierung der zu untersuchenden Ansätze zur Bewertung der unternehmerischen Leistungsfähigkeit ermitteln. Folglich weist das werkzeugbauspezifische AWFM-Modell eine Endsumme von 125 Punkten bzw. einen relativen Fit von 53,9 % auf, sodass dieses Modell zur Quantifizierung der Leistungsfähigkeit innerhalb der Branche des Werkzeugbaus vor dem Hintergrund der definierten Anforderungen am geeignetsten erscheint. Eine nahezu gleichermaßen hohe Bewertung zeigt sich im Kontext der Tool Shop Scorecard nach EVERSHEIM (50,9 %), welche insbesondere auf Grund einer ausgeprägten Benutzerfreundlichkeit sowie einer wirtschaftlichen Vorgehensweise eine Endsumme von 118 Punkten erhält.

Mit einem Abstand in Höhe von ca. 4 % folgen das EFQM-Modell (47,0 %) sowie das integrative Kennzahlensystem nach KOZIELSKI (46,6 %). Die ähnliche Einstufung beider Modelle basiert auf vergleichbaren Erfüllungsgraden im Kontext stark gewichteter Anforderungen, sodass dem auf KOZIELSKI zurückgehenden Bewertungsansatz eine Punktzahl von 108 Punkten bzw. dem EFQM-Modell ein Punktwert von 109 Punkten zugeordnet werden kann. Die technologische Bewertung nach BILSING kann die Anforderungen einer werkzeugbauspezifischen Leistungsbewertung zu 43,5 % erfüllen. Die zugehörige Punktzahl von 101 Punkten gründet dabei v. a. auf der in Grundzügen vorhandenen Berücksichtigung von Ressourceneffizienz. Dabei kann die Gewichtung der Anforderung einer produktlebenszyklusbezogenen Bewertung mit 10 Punkten die mittlere Erfüllung der übrigen, schwächer gewichteten Kriterien kompensieren. Im Gegensatz dazu wird die Bewertungsstruktur der Balanced Scorecard den Analysekriterien lediglich zu 40,9 % gerecht.

Der Ludwig-Erhard-Preis zeigt einen relativen Fit von 37,9 % und erlaubt folglich eine werkzeugbauspezifische Leistungsbewertung, welche sich leicht über dem Niveau der beiden Business Excellence Auszeichnungen des Deming Prize (33,2 %) sowie des Malcolm Baldrige National Quality Award (33,2 %) befindet. Die überlegenere Positionierung des Ludwig-Erhard-Preises, quantifiziert durch einen um 4,7 % höheren relativen Fit gegenüber dem Deming Prize bzw. dem MBNQA, basiert auf einer leichten Vorteilhaftigkeit hinsichtlich der Benutzerfreundlichkeit, der Reproduzierbarkeit des Modellierungsergebnisses sowie der Wirtschaftlichkeit. Der identische relative Fit des Deming Prize sowie des MBNQA beruht auf sich ähnelnden Vorgehensweisen, welche hinsichtlich der unterschiedlichen Kriterien vergleichbare Erfüllungsgrade aufweisen.

Gemäß den Ergebnissen der Kepner-Tregoe-Matrix stellt das strategische Informationssystem nach POLLACK die ungeeignetste Modellierungsstruktur dar, welche innerhalb des Priorisierungsvorgehens 65 von 232 möglichen Punkten erreicht und somit einen relativen Fit von 28,0 % generiert. Das vergleichsweise schlechte Einstufung, hinsichtlich der definierten Ansprüche an Bewertungsmodelle innerhalb des Werkzeugbaus, gründet vornehmlich auf der geringen Erfüllung der gewichtigen Kriterien der produktlebenszyklusbezogenen Bewertung, der Benutzerfreundlichkeit, der Allgemeingültigkeit sowie der Wirtschaftlichkeit.

Allen analysierten Ansätzen ist eine Modellierungsstruktur gemein, welche keine Lebenszyklusorientierung aufweist bzw. den Grundgedanken der Ressourceneffizienz lediglich in Ansätzen realisiert (vgl. technologische Bewertung nach BILSING). Mithin konnte die produktlebenszyklusbezogene Bewertung als zentrale Anforderung innerhalb der werkzeugbauspezifischen Leistungserfassung identifiziert werden, sodass der Erfüllungsgrad dieser Anforderung die realisierte Endsumme maßgeblich beeinflusst. Die Gewichtung einer produktlebenszyklusbezogenen Bewertung in Verbindung mit der zugehörigen Kriterienerfüllung in Form von null bzw. einem Punkt erlaubt es keinem der Ansätze, eine Endsumme von über 118 Punkten zu erreichen. Im Vergleich mit einem fiktiven Best-Case, welcher eine Endsumme von 232 Punkten repräsentiert, überschreitet somit keiner der untersuchten Ansätze einen relativen Fit von 53,9 %.

3.4.3.3 Vorgehen anhand des Auswahlverfahrens nach PUGH

Weiterhin wird zur Objektivierung der Priorisierung, der nach der K.O.-Analyse verbliebenen Bewertungsansätze, das Auswahlverfahrens nach PUGH, welches die zu untersuchenden Methoden hinsichtlich der einzelnen Anforderungen mit einem Referenzkonzept vergleicht, angewendet. Das fiktive Referenzkonzept soll eine durchschnittliche Aufgabenerfüllung repräsentieren, sodass jenes Konzept im Rahmen einer Punktespanne von null bis vier Punkten einen Erfüllungsgrad von jeweils zwei Punkten aufweist. Dementsprechend illustriert innerhalb des nachfolgenden Priorisierungsschemas ein Plus (+) die im Vergleich zum Referenzkonzept bessere Kriterienerfüllung, welche unmittelbar aus den in Kapitel 3.4.3.1 erfassten Erfüllungsgraden der einzelnen Ansätze resultiert. In Analogie dazu repräsentieren eine Null (0) eine zum Standard äquivalente Erfüllung der Anforderungen bzw. ein Minus (-) die entsprechende suboptimale Befriedigung identifizierter Kriterien. Durch die Addition der mit einem Plus (+) erfassten Kriteriengewichtungen sowie die entsprechende Subtraktion der mit einem Minus (-) bewerteten Gewichtungen lässt sich für die einzelnen Ansätze ein jeweiliger Endwert ermitteln. Folglich repräsentieren negative Endsummen eine schlechtere Aufgabenerfüllung als das Referenzkonzept, wohingegen positive Werte eine Überlegenheit gegenüber dem Standard darstellen. Dementsprechend lässt sich das Nullniveau von null Punkten anhand des fiktiven Referenzkonzeptes charakterisieren. Eine optimale Ausprägung im Rahmen eines Best-Case zeichnet sich durch eine Punktzahl von 58 Punkten aus, wohingegen eine vollständige Untererfüllung jeglicher Kriterien im Kontext eines Worst-Case durch 58 Punkte erfasst werden kann. Auf Basis der resultierenden Spanne von 116 Punkten und den zugehörigen Endsummen kann jedem Bewertungsansatz ein relativer Fit zugeordnet werden. Folglich repräsentiert im Kontext der Allokation dieser Werte das Standard- bzw. Referenzkonzept einen Fit von 50 %, wohingegen der Worst-Case eine Aufgabenerfüllung von 0 % bzw. der Best-Case einen Fit von 100 % aufweisen.

+ = Besser als Referenz

- = Schlechter als Referenz

0 = Äquivalent zur Referenz

Anforderungen	Gewichtung	Worst-Case	Referenz	Best-Case	Alternative Ansätze: Balanced Scorecard	TOSSCA	Str. Informationssyst. Pollack	Int. Kennzahlensyst. Kozielski	Techn. Bewertung Bilsing	EFQM-Modell	AWFM-Modell	Deming Prize	MBNQA	Ludwig-Erhard-Preis
Produktlebenszyklusbez. Bewertung	10	-	0	+	-	-	-	-	-	-	-	-	-	-
Benutzerfreundlichkeit	9	-	0	+	+	+	-	0	-	+	+	0	-	0
Reproduzierbarkeit des Modellierungsergebnisses	9	-	0	+	-	-	+	+	+	0	0	-	-	0
Standardisierung	8	-	0	+	-	-	0	0	+	0	0	-	0	-
Allgemeingültigkeit	6	-	0	+	-	0	-	+	+	0	+	0	0	0
Wirtschaftlichkeit	5	-	0	+	+	+	-	-	-	-	0	-	-	0
Ableitung von Handlungsempfehlungen	3	-	0	+	+	+	-	-	-	0	0	0	0	-
Qualitätsbezug	2	-	0	+	-	-	-	-	-	+	+	+	+	+
Erklärung der untern. Funktionsweise	2	-	0	+	+	+	+	0	-	+	+	0	0	0
Anpassungsfähigkeit	2	-	0	+	+	+	-	-	-	+	+	0	0	0
Strategiebezug	1	-	0	+	-	0	-	-	-	+	+	-	0	-
Vollständige Abbildung	1	-	0	+	+	+	0	+	-	0	-	0	0	+
Summe +		0	0	12	6	6	2	3	3	5	6	1	1	2
Summe -		12	0	0	6	4	8	6	9	2	2	5	4	4
Summe 0		0	12	0	0	2	2	3	0	5	4	6	7	6
Gewichtete Summe +		0	0	58	22	22	11	16	23	16	22	2	2	3
Gewichtete Summe -		58	0	0	36	29	38	23	35	15	11	33	33	22
Endsumme		-58	0	58	-14	-7	-27	-7	-12	1	11	-31	-31	-19
Relativer Fit [%]		0	50	100	37,9	44,0	26,7	44,0	40,0	50,9	59,5	23,3	23,3	33,6

Abbildung 3-18: Anwendung des Auswahlverfahrens nach PUGH

In Analogie zur Darstellungsweise der Kepner-Tregoe-Matrix (Kapitel 3.4.3.2) kann die ermittelte Priorisierung auf Basis des erfassten relativen Fits klassifiziert werden. Vor dem Hintergrund der Ergebnisse des Auswahlverfahrens nach PUGH stellt das AWFM-Modell die zweckmäßigste Modellierung zur Bewertung der Leistungsfähigkeit eines Werkzeugbauers dar und weist einen relativen Fit von 59,5 % auf. Dementsprechend kann im Rahmen von sechs Kriterien eine überdurchschnittliche bzw. in zwei Fällen eine unterdurchschnittliche Erfüllung der Anforderungen identifiziert werden. Das branchenübergreifend anwendbare EFQM-Modell, auf deren grundsätzlicher Struktur das AWFM-Modell basiert, kann die Anforderungen zu 50,9 % erfüllen. Dabei kann dem EFQM-Modell eine Endsumme von einem Punkt zugeordnet werden, sodass dieses Verfahren eine dem Referenzkonzept leicht überlegene Vorgehensweise repräsentiert.

Die Tool Shop Scorecard nach EVERSHEIM lässt sich anhand eines relativen Fits von 44,0 % charakterisieren und weist folglich eine identische Einstufung wie das integrative Kennzahlensystem nach KOZIELSKI auf. Vor dem Hintergrund eines Vergleichs mit dem Referenzkonzept, welches auf Grund seiner durchschnittlichen Kriterienerfüllung auf einem Fit von 50,0 % beruht, zeichnen sich beide Verfahren anhand einer leicht unterdurchschnittlichen Modellierungsstruktur aus. Die technologische Bewertung nach BILSING verfügt über einen Fit von 40,0 %, wobei dieses Ergebnis mit der erhöhten Anzahl negativer Vorzeichen korreliert. Demnach lassen sich im Kontext der technologischen Bewertung nach BILSING jeweils neunmal ein Minus bzw. dreimal ein Plus identifizieren.

Die Balanced Scorecard kann einer werkzeugbauspezifischen Leistungsbewertung zu 37,9 % bzw. der Ludwig-Erhard-Preis zu 33,6 % gerecht werden. Dabei befinden sich zwar positive und negative Vorzeichen insbesondere bei der Balanced Scorecard im Gleichgewicht, jedoch tritt ein unterdurchschnittlicher Erfüllungsgrad v. a. bei stark gewichteten Untersuchungskriterien auf, sodass eine Endsumme von -14 Punkten resultiert.

Einen Erfüllungsgrad von jeweils unter 30,0 % weisen die Ansätze des strategischen Informationssystems nach POLLACK (26,7 %), des Deming Prize (23,3 %) sowie des MBNQA (23,3 %) auf. Den jeweiligen Ansätzen sind erheblich divergierende Verhältnisse aus negativen und positiven Vorzeichen gemein, innerhalb derer die Anzahl eines Minus dominiert. Infolgedessen basieren diese Bewertungsmodelle jeweils auf einer Modellierungsstruktur, welche die identifizierten Kriterien lediglich in einem geringen Maße erfüllt. Exemplarisch kann der Deming Prize als jenes Verfahren innerhalb der Analyse identifiziert werden, welches die größte Diskrepanz hinsichtlich der Anzahl von Plus und Minus aufweist. Folglich befindet sich im Rahmen des Deming Prize die Anzahl von über- zu unterdurchschnittlichen Erfüllungsgraden im Verhältnis von eins zu fünf. Infolgedessen zeichnen sich sowohl der Deming Prize als auch der MBNQA durch eine Endsumme von -31 Punkten aus. Demzufolge weisen jene Ansätze eine dem Referenzkonzept, repräsentiert durch das Nullniveau von null Punkten, deutlich unterlegene Kriterienerfüllung auf.

Gemäß den Ergebnissen des Auswahlverfahrens nach PUGH zeigen lediglich die beiden Verfahren des AWFM-Modells bzw. des EFQM-Modells, deren grundsätzliche Modellierungsstruktur deutliche Gemeinsamkeiten aufweist, eine überdurchschnittliche Kriterienerfüllung in Form eines relativen Fits von über 50,0 % auf. Die restlichen Bewertungsansätze repräsentieren anhand negativer Endsummen Vorgehensweisen, welche einem Referenzkonzept mittlerer Güte unterlegen sind. In diesem Kontext fällt insbesondere ins Gewicht, dass keines der untersuchten Verfahren eine dem Referenzkonzept äquivalente bzw. überlegene produktlebenszyklusbezogene Bewertung erlaubt.

3.4.4 Diskussion der Ergebnisse

Der Vergleich der Ergebnisse beider Analyseverfahren zeigt eine ähnliche Priorisierung bestehender Bewertungsansätze, sodass die Rangordnung der priorisierten Verfahren lediglich marginal abweicht. Folglich zeichnet sich das werkzeugbauspezifische AWFM-Modell sowohl anhand der Untersuchung mittels der Kepner-Tregoe-Matrix als auch im Rahmen des Auswahlverfahrens nach PUGH als dasjenige Modell aus, welches die Anforderungen einer Leistungsbewertung in der Branche des Werkzeugbaus am besten erfüllt. An der Stelle zwei und drei beider Priorisierungen variieren jeweils die Tool Shop Scorecard nach EVERSHEIM bzw. das EFQM-Modell, deren grundsätzliche Modellierungsstruktur innerhalb des AWFM-Modells implementiert wurde. Des Weiteren identifizieren beide Analyseinstrumente den Deming Prize, den Malcom Baldrige National Quality Award sowie das strategische Informationssystem nach POLLACK als Bewertungsmodelle, welche den Spezifika der werkzeugbauspezifischen Leistungsbewertung nur unzureichend gerecht werden. In diesem Kontext kann sich die jeweilige Reihenfolge der drei Ansätze unterscheiden, sodass gemäß der Kepner-Tregoe-Matrix das strategische Informationssystem nach POLLACK die schwächste Modellierungsstruktur aufweist, während anhand des Auswahlverfahrens nach PUGH insbesondere der Deming Prize sowie der MBNQA den geringsten relativen Fit aufweisen.

Die zentralen Differenzen zwischen den Ergebnissen gemäß der Kepner-Tregoe-Matrix bzw. dem Auswahlverfahren nach PUGH basieren auf der Zuweisung des relativen Fits, welcher die Erfüllung der identifizierten Anforderungen charakterisiert. Mithin erfahren die untersuchten Ansätze im Allgemeinen im Rahmen des Auswahlverfahrens nach PUGH eine negativere Bewertung. Dennoch lokalisieren beide Priorisierungsverfahren die untersuchten Bewertungsmethoden innerhalb eines relativen Fits zwischen 20 % und 60 %. Vor dem Hintergrund einer resultierenden Spannweite des relativen Fits von 40 Prozentpunkten können gleichverteilte Drittel identifiziert werden, die jeweils eine Breite von ca. 13,33 Prozentpunkten aufweisen. Der folgenden Abbildung obliegt eine vergleichende Allokation der Resultate beider Priorisierungsverfahren hinsichtlich der Einordnung innerhalb der identifizierten Ergebnisdrittel.

Trotz der Differenzen hinsichtlich der detaillierten Ausprägung des relativen Fits zeigen beide Priorisierungsverfahren umfassende Übereinstimmungen innerhalb der Zuordnung einzelner Bewertungsansätze zu den jeweiligen Ergebnisdritteln. Folglich erfasst die Kepner-Tregoe-Matrix das AWFM-Modell, die Tool Shop Scorecard nach EVERSHEIM, sowie das EFQM-Modell als jenes Drittel analysierter Modelle, welches die identifizierten Anforderungen am besten erfüllt. Gemäß dem Auswahlverfahren nach PUGH ist dieses obere Drittel um die Tool Shop Scorecard nach EVERSHEIM zu reduzieren, welche innerhalb des mittleren Ergebnisdrittels lokalisiert wird. Des Weiteren befinden sich jeweils das integrative Kennzahlensystem nach KOZIELSKI, die technologische Bewertung nach BILSING, die Balanced Scorecard sowie der Ludwig-Erhard-Preis im Mittelfeld beider Priorisierungsmethoden. Die Ansätze des Deming Prize, des Malcolm Baldrige National Quality Award sowie des strategischen Informationssystems nach POLLACK stellen jene drei Bewertungsmodelle dar, welche im Rahmen der Bewertung der werkzeugbauspezifischen Leistungsfähigkeit den Anforderungen am wenigsten gerecht werden. Somit weisen die Strukturen jener Drittel, welche sich unmittelbar aus den Ergebnissen der Kepner-Tregoe-Matrix bzw. des Auswahlverfahrens nach PUGH ergeben, umfassende Übereinstimmungen auf.

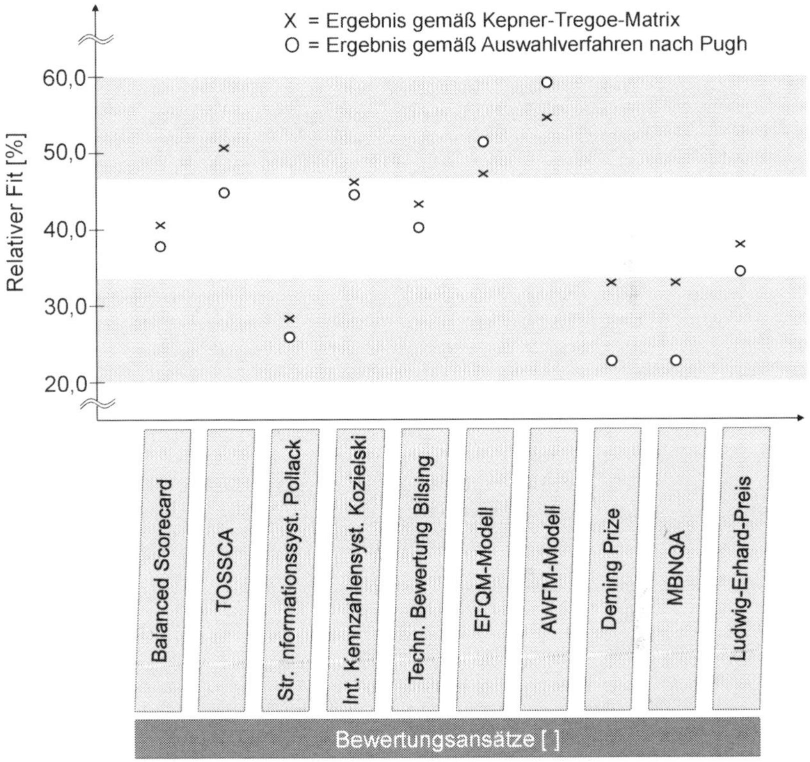

Abbildung 3-19: Qualitativer Vergleich der Ergebnisse beider Priorisierungsverfahren

Beide Analyseinstrumente verdeutlichen die Unvollkommenheit existenter Ansätze zur Bewertung der Leistungsfähigkeit innerhalb der Branche des Werkzeugbaus, zumal bestehende Bewertungsmodelle die Anforderungen einer werkzeugbauspezifischen Leistungsbewertung jeweils zu weniger als 60 % erfüllen können. Dieser Aspekt basiert insbesondere auf der fehlenden Berücksichtigung der zentralen Anforderung einer produktlebenszyklusorientierten Bewertung. Mithin zeichnen sich prozess- und qualitätsorientierte Ansätze zwar über einen bestehenden Qualitätsbezug aus, jedoch mangelt es existenten Bewertungsansätzen an der Möglichkeit zur Integration der über den Lebenszyklus eines Werkzeugs anfallenden Kosten.

Nachfolgende Abbildung 3-20 fasst die Ergebnisse der beiden Analysemethoden abschließend tabellarisch zusammen.

Rang	Ergebnisse Kepner-Tregoe-Matrix		Ergebnisse Auswahlverfahren nach Pugh	
1	AWFM-Modell	53,9%	AWFM-Modell	59,5%
2	TOSSCA	50,9%	EFQM-Modell	50,9%
3	EFQM-Modell	47,0%	TOSSCA	44,0%
4	Int. Kennzahlensyst. Kozielski	46,6%	Int. Kennzahlensyst. Kozielski	44,0%
5	Techn. Bewertung Bilsing	43,5%	Techn. Bewertung Bilsing	40,0%
6	Balanced Scorecard	40,9%	Balanced Scorecard	37,9%
7	Ludwig-Erhard-Preis	37,9%	Ludwig-Erhard-Preis	33,6%
8	Deming Prize	33,2%	Str. Informationssyst. Pollack	26,7%
9	MBNQA	33,2%	Deming Prize	23,3%
10	Str. Informationssyst. Pollack	28,0%	MBNQA	23,3%

Abbildung 3-20: Quantitativer Vergleich der Ergebnisse beider Priorisierungsverfahren

3.5 Zwischenfazit

Das dritte Kapitel hat 39 Ansätze zur Bewertung der Leistungsfähigkeit von Unternehmen aus unterschiedlichen wissenschaftlichen und praktischen Perspektiven eingeführt. Mitunter variieren die Systematiken und die Absichten erheblich zwischen den einzelnen Verfahren. In der Folge wurde aus der Zielsetzung, den Objektbereichen und allgemeinen Ansprüchen dieser wissenschaftlichen Arbeit ein gewichtetes Anforderungsprofil erarbeitet und mittels einer K.O.-Analyse eine Eingrenzung auf relevante Bewertungsansätze vorgenommen. Die relevanten Ansätze wurden in der Folge durch zwei etablierte Analysemethoden auf ihre Eignung im Kontext priorisiert. Die duale Analyse diente dabei der Objektivierung der Analyse und zeigte für beide Analysemethoden weitestgehend ähnliche Ergebnisse.

Insbesondere konnte die geforderte Lebenszyklusorientierung in keinem der bestehenden Bewertungsansätze überzeugen. Entsprechend erklärt sich das Potential existenter Modellierungsstrukturen, die keine Argumentation bezüglich gesteigerter Anschaffungskosten bei qualitativ überlegenen Werkzeugen gewährleisten.[876] Infolge dieser fehlenden Lebenszyklusorientierung erlauben die untersuchten Ansätze lediglich eine suboptimale Erfassung der

[876] Vgl. Tönshoff, H. K.; Eger, M.: Lebenszykluskosten in der Angebotskalkulation, 2003, S. 725 ff.

Leistungsfähigkeit eines Werkzeugbauers (vor dem Hintergrund der Zielsetzung in dieser Arbeit). Folglich erreicht keiner der analysierten Ansätze innerhalb der Kepner-Tregoe-Matrix und des Auswahlverfahrens nach PUGH einen relativen Fit von über 60 %.

Schlussfolgernd wird der Handlungsbedarf bestärkt, einen Bewertungsansatz zu entwickeln, der die Leistungsfähigkeit von Werkzeugbauern basierend auf Lebenszykluskosten in Relation zur Werkzeugqualität quantifiziert.[877] Das aufgestellte Anforderungsprofil wird hierzu aufgegriffen und in eine Anforderungsliste konsolidiert, die dem nachfolgend zu entwickelnden Bewertungsmodell zugrunde gelegt wird.

A_1: Produktlebenszyklusbezogene Bewertung – Die Modellierung muss den Produktlebenszyklus eines Werkzeugs für die Bestimmung der Leistungsfähigkeit integrieren.

A_2: Benutzerfreundlichkeit – Der Anwendungsaufwand muss minimiert und die Ergebnisinterpretation übersichtlich und intuitiv zugänglich ermöglicht werden, um die praktische Anwendung sicherzustellen.

A_3: Reproduzierbarkeit – Die Modellierungsergebnisse müssen reproduzierbar sein, was eine quantitative Modellierungsstruktur empfiehlt.

A_4: Standardisierung – Die Bewertungssystematik ist unabhängig vom Anwendungsfall

A_5: Wirtschaftlichkeit – Der Aufwand muss den Nutzen rechtfertigen.

A_6: Ableiten von Handlungsempfehlungen – Die Ergebnisse des Bewertungsmodells erlauben Handlungsempfehlungen abzuleiten.

A_7: Qualitätsbezug – Die Qualität der produzierten Werkzeuge ist als wesentliches Bewertungskriterium in den Ansatz zu integrieren.

A_8: Anpassungsfähigkeit – Der Bewertungsansatz ist an die individuellen Bedürfnisse des Werkzeugbauers anpassbar.

A_9: Strategiebezug – Das Bewertungsmodell unterstützt die strategischen Positionierung und Entscheidungsfindung.

A_{10}: Vollständige Abbildung – Es sind relevante Daten aus mikroökonomischer Perspektive zu definieren, die eine vollständige Bewertung des Werkzeugbauers ermöglicht.

[877] Vgl. Frick, L.: Erfolgreiche Geschäftsmodelle im Werkzeugbau, 2005, S. 38

4 Explorative Forschung zur Modellbildung

Das vierte Kapitel erweitert die Betrachtung um empirische Erkenntnisse aus der Branche Werkzeugbau, um dem Anspruch nach wissenschaftlicher als auch praktischer Relevanz nachzukommen.[878] Neben dem bisher aus der Theorie aufgebauten Verständnis und den damit verbundenen Feststellungen, erfolgt durch den Einbezug von Praxiswissen eine dezidiertere Wissensgrundlage, die eine realitätsgetreue Fundierung des Modells garantiert. Neben den aufgezeigten Objektbereichen und den vorgestellten Bewertungsansätzen aus der Theorie wird mit der Einbindung des Expertenwissens die Wissensgrundlage komplettiert.

Im Rahmen des transnationalen CORNET[879] Forschungsprojekts TEC (Total Efficiency Control), widmeten sich das Werkzeugmaschinenlabor WZL der RWTH Aachen, das Institut für Fertigungstechnik (IFT) der TU Wien und ein Konsortium von 14 deutschen und österreichischen Unternehmen der Werkzeugbaubranche der effizienteren und transparenteren Darstellung des Ressourcenverbrauchs von Spritzgießwerkzeugen. Damit wurde die übergeordnete Zielsetzung verfolgt, dem europäischen Werkzeugbau Optionen zur nachhaltigen Positionierung im globalen Wettbewerb aufzuzeigen. Im Fokus stand hierbei die Steigerung der Ressourceneffizienz, um das in Europa etablierte hohe Qualitätsniveau zu sichern und nachhaltig vermarkten zu können.[880] Da diese Arbeit im Rahmen des TEC Projekts entstand, sollen die Erkenntnisse aus diesem Projekt und insbesondere die Expertise und die Erfahrung der insgesamt 28 Experten aus der Industrie in die Modellentwicklung einfließen. Durch den Einbezug des Praxiswissens wird sichergestellt, dass das zu entwickelnde Bewertungsmodell auf realen und relevanten Daten und Fakten aufbaut.

Zu Beginn des Kapitels erfolgt die wissenschaftliche Einführung in relevante Ansätze der empirischen Sozialforschung. Mithin werden die explanative und explorative Forschung erläutert und die Auswahl des im Kontext zielführendsten Ansatz dargelegt. Es folgen die Differenzierung und die Auswahl der explorativ-empirischen Erhebungsmethoden, die im Rahmen dieser Arbeit angewendet worden sind. Anschließend werden die methodischen Grundlagen, die Vorgehensweise und die Durchführung zu den selektierten explorativ-empirischen Erhebungsmethoden erläutert. Abschließend folgen die Darstellung der eruierten Ergebnisse und das Zwischenfazit mit kritischer Reflektion der gewonnenen Erkenntnisse.

4.1 Ansätze der empirischen Sozialforschung

Die Arbeit folgt dem systemtheoretischen Ansatz nach ULRICH. In Anlehnung an dessen Phasenmodell erfolgt die Erfassung und Untersuchung des relevanten Anwendungszusam-

[878] Vgl. Dilger, A.: Rigor, wissenschaftliche und praktische Relevanz, 03/2012

[879] CORNET steht für Collective Research Networking – Das Programm bezeichnet die Vernetzung von nationalen und regionalen Programmen der Gemeinschaftsforschung in Europa und wird von der AiF koordiniert. In 2014 sind Ministerien und Projektträger aus sieben Ländern und Regionen beteiligt.

[880] Vgl. Hienzsch, M.; Heine, I.: Projekte zu Mitarbeitermotivation und Ressourceneffizienz, 2013; Schmitt, R.; Schuh, G., et al.: Resource Consumption Calculation Tool to Enhance Efficiency in Production Processes, 2013; Schuh, G.; Schmitt, R., et al.: „Kostengünstigere“ Werkzeuge durch Lebenszykluskostenbetrachtung, 2013

menhangs.[881] BORTZ und DÖRING haben eine idealisierte Klassifikation der empirischen Forschungsmethoden in explorative und explanative Untersuchungen vorgenommen, die nachfolgend erläutert wird (vgl. Abbildung 4-1).[882]

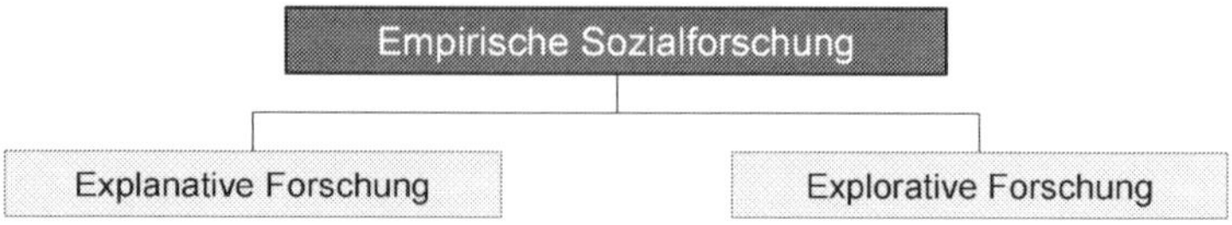

Abbildung 4-1 - Ansätze der empirischen Sozialforschung

4.1.1 Explanative Forschung

Die explanative Sozialforschung beschäftigt sich mit der Überprüfung von Hypothesen und stützt sich zumeist auf quantitative Methoden.[883] Die Explanation geht von einem positivistischen Zusammenspiel interner und externer Faktoren aus und untersucht kausale Zusammenhänge mit der Fragestellung, welche externen Faktoren interne Zustände verursachen.[884] Dabei werden aufgestellte Hypothesen auf der Basis statistischer Untersuchungen entweder widerlegt oder akzeptiert. Ziel ist es, logische oder mathematische Zusammenhänge und Prinzipien zu eruieren. Es wurden zahlreiche unterschiedliche Methoden der quantitativen Forschung konstruiert, die von einfachen Befragungsmethoden, über Fragebögen, statistische Verfahren bis hin zu experimentellen Untersuchungen reichen.[885]

4.1.2 Explorative Forschung

Der explanativen Forschung steht die explorativ-empirische Sozialforschung gegenüber. Gemäß der etymologischen Wortherkunft des Begriffs „explorativ“, der seinen Ursprung im lateinischen Ausdruck „explorare“ hat, geht man im Kontext der explorativen Forschung von einer Sachverhalte erkundenden bzw. erforschenden Untersuchung aus.[886] Während die explanative Forschung die Überprüfung von Theorien zum Gegenstand hat, ist das Ziel der explorativen Forschung theoriegenerierender Natur und stellt daher vornehmlich auf qualitative Verfahren ab.[887] Die explorative Forschung untersucht nicht das Ausmaß eines Merkmals, sondern seinen Charakter.[888] Dazu sollte explorative Forschung ein der explanativen Untersuchung vorgeschalteter Prozess sein. Erst durch die Exploration eines Objektbereichs können sinnvoll Hypothesen aufgestellt werden.[889] Entsprechend besteht die Kernaufgabe der explorativen Forschung in der Auffindung von Hypothesen. Mithin verweist MAYER auf

[881] Vgl. Ulrich, H.: Systemorientiertes Management, 2001, S. 168 ff.
[882] Vgl. Bortz, J.; Döring, N.: Forschungsmethoden und Evaluation, 2006, S. 356 ff.
[883] Vgl. a. a. O., S. 356; Moser, H.: Instrumentenkoffer für die Praxisforschung, 2003, S. 22 f.; Hug, T.: Einführung in die Forschungsmethodik und Forschungspraxis, 2001, S. 22
[884] Vgl. Cropley, A. J.: Qualitative Forschungsmethoden, 2002, S. 13
[885] Vgl. Hug, T.: Einführung in die Forschungsmethodik und Forschungspraxis, 2001, S. 22
[886] Vgl. Wermke, M.: Duden in 12 Bänden, 1998-2002
[887] Vgl. Moser, H.: Instrumentenkoffer für die Praxisforschung, 2003, S. 23
[888] Vgl. Cropley, A. J.: Qualitative Forschungsmethoden, 2002, S. 14
[889] Vgl. Bortz, J.; Döring, N.: Forschungsmethoden und Evaluation, 2006, S. 356

das Ziel einer Exploration, welches in der ausführlichen Untersuchung von Themengebieten besteht, die bislang keine oder nur wenig Beachtung in der wissenschaftlichen Untersuchung gefunden hat.[890]

Eine in der Literatur häufig verwendete Unterscheidung besteht in der Differenzierung zwischen quantitativen und qualitativen explorativen Untersuchungsmethoden.[891] Das Unterscheidungsmerkmal liegt in der Methodik zur Erhebung der notwendigen Daten, die der Fundierung aufgestellter Hypothesen dienen. Die qualitative Untersuchung stützt sich hierbei auf Erhebungstechniken, mit denen qualitative Daten generiert werden können. Die Aufgabe dieser Daten liegt in der Entwicklung neuer Theorien und Hypothesen sowie in der Erfassung von Merkmalen des Untersuchungsobjekts.[892] KRUSE erfasst diesen Sachverhalt als „qualitative Repräsentation“[893]. Im Gegensatz zur qualitativen Forschung beschäftigt sich die quantitative Untersuchung mit der Fragestellung, wie häufig bestimmte Merkmale bzw. Merkmalsausprägungen auftreten. Folglich wird die quantitative Forschung v. a. im Rahmen der statistischen Repräsentation verwendet, sodass sie nicht wie die qualitative Forschung der Hypothesenfindung, sondern vielmehr der Hypothesenprüfung dient.[894] Vor dem Hintergrund dieser verschiedenen Zielsetzungen basiert die quantitative Forschung auf einem sehr breiten Stichprobenumfang, da hier eine Repräsentativität für die Grundgesamtheit gegeben sein muss.[895]

4.1.3 Auswahl des empirischen Forschungskonzepts

Die explanative Forschung baut auf den Ergebnissen der explorativen Forschung auf, indem sie versucht, die aufgestellten Hypothesen mit der Hilfe mathematisch-statistischer Verfahren zu bewerten. Folglich werden die Grundlagen der explanativen Forschung durch vorhergehende explorative Untersuchungen erst erstellt.[896] KUBICEK greift diese Trennung auf und kritisiert die rein explanative Forschung als „Prüfung tendenziell beliebiger Hypothesen“. Zur Konstruktion und Weiterentwicklung von Hypothesen ist die explorative Forschung qualifiziert. In Anlehnung hierzu ergänzt KUBICEK, dass die quantitative Forschung nicht die Bestätigung bestehender Theorien fokussiert, sondern die Identifikation der Relationen innerhalb des Untersuchungsobjekts anstrebt.[897] Durch die enge Kopplung der explorativen Forschung an die Praxis lassen sich pragmatische Wissensziele effektiver erreichen.[898] Darüber hinaus weist STIER auf die wissenschaftstheoretischen Probleme der explanativen Forschung hin,

---

[890] Vgl. Mayer, H. O.: Interview und schriftliche Befragung, 2008, S. 38 f.

[891] Vgl. Innerhofer, E.: Strategische Innovationen in der Hotellerie, 2012, S. 131

[892] Vgl. a. a. O., S. 131 f.

[893] Vgl. Kruse, J.: Einführung in die qualitative Interviewforschung, 2009, S. 79

[894] Vgl. Stumpf, M.: Erfolgskontrolle der Integrierten Kommunikation, 2005, S. 84

[895] Vgl. Mayer, H. O.: Interview und schriftliche Befragung, 2008, S. 38 f.

[896] Vgl. Bortz, J.; Döring, N.: Forschungsmethoden und Evaluation, 2006, S. 356 ff.

[897] Vgl. Kruse, J.: Einführung in die qualitative Interviewforschung, 2009, S. 12

[898] Vgl. Kubicek, H.: Heuristische Bezugsrahmen und heuristisch angelegte Forschungsdesigns als Elemente einer Konstruktionsstrategie empirischer Forschung, 1977, S. 12 f.

denn nach der in der Wissenschaft mittlerweile weitestgehend akzeptierten Schule des kritischen Rationalismus[899] lassen sich Hypothesen nicht absolut verifizieren.[900]

Aufgrund der Zielsetzung die Werkzeugbau-Experten mit Ihrer Erfahrung und Expertise einzubinden, um die Praktikabilität und Relevanz des zu entwickelnden Modells sicherzustellen, wird in Anlehnung an KUBICEK, hierzu die explorative Sozialforschung methodologisch zu Grunde gelegt.

4.2 Differenzierung der explorativ-empirischen Erhebungsmethoden

Nach der Auswahl der explorativen Sozialforschung als Forschungsansatz zur Einbindung der Experten, erfolgt nun die Darstellung der wesentlichen explorativ-empirischen Erhebungsmethoden. Es existieren vielfältige qualitative Methoden der Datenerhebung, aus denen, in Abhängigkeit vom Untersuchungsfall, die am besten geeignete ausgewählt werden muss.[901] In der Literatur finden sich unterschiedliche Strukturierungsansätze. BERG unterscheidet vier wesentliche Kapitel: [902]

- Interviews
- Feldforschung
- Nonreaktive Verfahren
- Inhaltsanalyse

SPÖHRING benennt drei „Basismethoden nicht-standardisierter Datenerhebung“:[903]

- Teilnehmende Beobachtung
- Qualitative Interviews
- Qualitative Inhaltsanalyse

Darüber hinaus nennt er vier „kontextnahe Untersuchungsanordnungen“:[904]

- Gruppendiskussionsverfahren
- Objektive Hermeneutik
- Biographische Methode
- Handlungsforschung und Frauenforschung

Eine systematische Darstellung nach Strukturierung der Erhebungsmethode erfolgt von FLICK (vgl. Abbildung 4-2). Demnach können die Erhebungen einerseits nach dem Grad ihrer Strukturierung, andererseits nach dem strukturierenden Element differenziert werden. Die

---

[899] Der kritische Rationalismus baut auf den Erkenntnistheoretischen Werken von POPPER auf und soll an dieser Stelle nicht Bestandteil der Ausführungen in dieser Arbeit sein. Es sei dazu verwiesen auf: Vgl. Popper, K. R.: Logik der Forschung, 2002; Stier, W.: Empirische Forschungsmethoden, 1996

[900] Vgl. Stier, W.: Empirische Forschungsmethoden, 1996, S. 5 ff.

[901] Eine umfassende Aufzählung mit entsprechenden Literaturverweisen findet sich bspw. in: Vgl. Bortz, J.; Döring, N.: Forschungsmethoden und Evaluation, 2006, S. 315 ff.

[902] Vgl. a. a. O., S. 307

[903] Vgl. ebenda

[904] Vgl. ebenda; Haass, M.: Rundfunk in Schweden, 2002, S. 277

aufgeführten Erhebungsmethoden werden in der Folge beschrieben, bevor eine Auswahl für den weiteren Verlauf der Arbeit getroffen wird.[905]

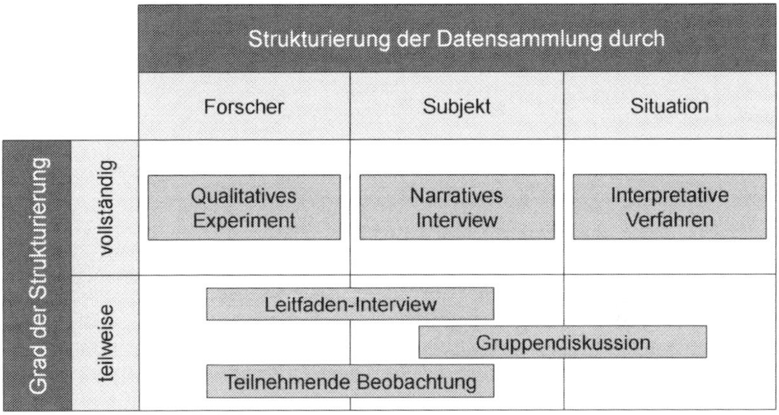

Abbildung 4-2: Darstellung nach FLICK[906]

4.2.1 Qualitatives Experiment

Das qualitative Experiment zeichnet sich durch eine vollständige Strukturierung durch den Forscher aus. KLEINING geht in seiner Definition des qualitativen Experiments von einem nach den „wissenschaftlichen Regeln vorgenommenen Eingriff in einen (sozialen) Gegenstand zur Erforschung seiner Struktur“ aus.[907] In Analogie zu einem natürlichen Experiment greift der Forscher strukturiert in Zusammenhänge ein. Durch gezielte Eingriffe in den Betrachtungsbereich und eine systematische Variation der Variablen soll anhand der erfassten Veränderungen die Struktur des Untersuchungsobjekts erforscht werden.[908] Die Rolle des untersuchten Subjekts verringert sich auf die eines Exempels.[909] Unterschiede zu quantitativen Experimenten existieren insbesondere in der Durchführung. Das qualitative Experiment zielt nicht auf die Ermittlung von Wirkzusammenhängen zwischen unabhängigen und abhängigen Variablen ab. Vielmehr werden ganzheitliche Systemänderungen und entsprechende Systemreaktionen untersucht. Beispiele für qualitative Experimente sind das Trennen einer Population oder das Zusammenführen zweier Populationen. Daraus wird ersichtlich, dass diese Art von Experimenten teils signifikante Eingriffe in soziale Strukturen bedingen.[910] Das

---

905 Vgl. Flick, U.: Handbuch Qualitative Sozialforschung, 1991, S. 159

906 Vgl. ebenda

907 Vgl. Dawidowski, C.; Korte, H.: Literaturdidaktik empirisch, 2009, S. 242

908 Vgl. ebenda

909 Vgl. Mayring, P.: Einführung in die qualitative Sozialforschung, 2002, S. 58 ff.; Flick, U.: Handbuch Qualitative Sozialforschung, 1991, S. 264

910 Vgl. Bortz, J.; Döring, N.: Forschungsmethoden und Evaluation, 2006, S. 386 ff.

qualitative Experiment findet Anwendung, wenn Strukturen im Gegenstandsbereich untersucht werden sollen, die nicht durch einfache Deskription zugänglich sind.[911]

4.2.2 Narratives Interview

Das narrative Interview stellt eine besondere Form des offenen Interviews dar und wird v. a. im Rahmen der Erstellung von Biographien genutzt.[912] Der Interviewer nutzt einen Erzählanstoß bzw. eine Eingangsfrage, um ein Interview zu verschiedenen Lebensepisoden des Befragten zu beginnen.[913] Narrative Interviews können scharf gegenüber sonstigen Interviewtechniken abgegrenzt werden. Sie zeichnen sich durch eine vollständige Strukturierung durch das Subjekt aus, sodass bei dieser Methode das Subjekt im Vordergrund steht. Mithin soll das Subjekt aus dem Stehgreif die Geschichte eines Objektbereichs erzählen. Dabei besteht typischerweise der größte Teil eines narrativen Interviews aus der Erzählung selbsterlebter Ereignisse.[914] Es sollen folglich nicht die Reaktionen auf einen durch den Forscher hervorgerufenen Stimulus untersucht werden.[915] Vielmehr soll das Subjekt Episoden aus seinem Leben erzählen.[916] Zur erfolgreichen Durchführung eines narrativen Interviews gilt, ein für den Befragten relevantes Thema zu wählen und ihm auf diese Weise das Gefühl zu vermitteln, einen Expertenstatus zu besitzen.[917] Während der Erzählung erfolgt daher in der Regel keine Interaktion des Forschers mit dem Subjekt. Eventuell auftretende Fragen werden in einer nachgeschalteten Phase geklärt.[918] Allgemein zeichnet sich das narrative Interview mithin durch „den höchsten Grad an Hörerorientiertheit und den niedrigsten Grad an Fremdstrukturierung“ aus.[919]

4.2.3 Interpretative Verfahren

Der dritte Typ quantitativer Methoden, welcher durch eine vollständige Charakterisierung gekennzeichnet ist, sind die interpretativen Verfahren. In diesem Zusammenhang sind die Ansätze der objektiven Hermeneutik und der Konversationsanalyse von Bedeutung. Mit Hilfe der objektiven Hermeneutik soll durch Anwendung der hermeneutischen Kunstlehre die Gültigkeit von Analysen überprüft werden.[920] Grundsätzlich sollen mit diesem Verfahren Informationen aus Texten extrahiert werden.[921]

---

[911] Vgl. Mey, G.; Mruck, K.: Handbuch Qualitative Forschung in der Psychologie, 2010, S. 252 f.; Mayring, P.: Einführung in die qualitative Sozialforschung, 2002, S. 61

[912] Vgl. Rosinski, U.: Narratives Interview als Methode zum Verstehen von Lebensprozessen, 2009, S. 4; Flick, U.: Handbuch Qualitative Sozialforschung, 1991, S. 179

[913] Vgl. Bortz, J.; Döring, N.: Forschungsmethoden und Evaluation, 2006, S. 315; Flick, U.: Handbuch Qualitative Sozialforschung, 1991, S. 179

[914] Vgl. Schnell, R.; Hill, P. B., et al.: Methoden der empirischen Sozialforschung, 2008, S. 389; Flick, U.: Handbuch Qualitative Sozialforschung, 1991, S. 182 ff.

[915] Vgl. Moser, H.: Instrumentenkoffer für die Praxisforschung, 2003, S. 96

[916] Vgl. Engel, S.: Das Narrative Interview in der qualitativen Sozialforschung, 2013, S. 1

[917] Vgl. Bortz, J.; Döring, N.: Forschungsmethoden und Evaluation, 2006, S. 318

[918] Vgl. ebenda; a. a. O., S. 316 ff.; Mayring, P.: Einführung in die qualitative Sozialforschung, 2002, S. 72 ff.

[919] Vgl. Kruse, J.: Einführung in die qualitative Interviewforschung, 2009, S. 54

[920] Vgl. Wernet, A.: Einführung in die Interpretationstechnik der objektiven Hermeneutik, 2009, S. 15 ff.; Bente, G.; Vorderer, P., et al.: Lehrbuch der Medienpsychologie, 2004, S. 385; Flick, U.: Handbuch Qualitative Sozialforschung, 1991, S. 158

[921] Vgl. Kleemann, F.; Krähnke, U., et al.: Interpretative Sozialforschung, 2013, S. 14

4.2.4 Leitfaden-Interview

Als erste Methode mit teilweiser Strukturierung der Datenerhebung nennt FLICK mit dem Leitfaden-Interview eine der gängigsten Formen qualitativer Befragungen. Darunter fasst er alle teilstrukturierten Interviews, Leitfaden-, problemzentrierte und fokussierte Interviews zusammen.[922] Der Leitfaden ist das Grundgerüst der Befragung, welcher sukzessive abgearbeitet wird. Dieser kann laut GLÄSER als eine „vorbereitete Liste offener Fragen" aufgefasst werden, die als Struktur des Interviews dient.[923] Gleichzeitig lässt er genug Freiraum um spontan neue Fragen bzw. Antworten, die erst während des Interviews durch die Interaktion der Interviewpartner entstehen, ebenfalls zu berücksichtigen. Durch die flexible Handhabung des Fragenkatalogs zeichnet sich das Leitfadeninterview durch ein breites, nahezu themenunspezifisches Anwendungsspektrum aus.[924] GLÄSER unterscheidet zwei mögliche Anwendungsfälle des Leitfadeninterviews:[925]

- Im Interview sollen mehrere Themenbereiche angesprochen werden, die durch den Zweck der Untersuchung und nicht durch die Äußerungen des Befragten determiniert werden.
- Das Interview dient der Erhebung einzelner, konkreter Informationen.

Dabei sind Leitfaden-Interviews üblicherweise in die drei Teile strukturiert: Hauptfragen, Detaillierungsfragen und Angaben zur Sozialstatistik.[926] Anwendungsgebiete sind bspw. die theoriegeleitete Forschung bei konkreten Fragestellungen oder die Forschung bei größeren Stichproben.[927]

4.2.5 Gruppendiskussion

Die Gruppendiskussion wird in der Literatur zumeist als „Sonderform der mündlichen Befragung" definiert.[928] Gemäß LAMNEK handelt es sich bei einer Gruppendiskussion um „ein multilaterales Gespräch von Gruppenmitgliedern unter relativ kontrollierbaren Bedingungen, sozusagen unter den Augen des Forschers"[929]. Dabei liegt eine teilweise Strukturierung durch das Subjekt bzw. die Subjekte vor. Als Charakteristikum ist feststellbar, dass die Situation die Grundlage verschiedener Gruppendiskussionsverfahren ist und der Forscher lediglich die Diskussion moderiert. Die Gruppendynamik kann dazu führen, dass die Subjekte Informationen preisgeben, die sie in dieser Art in einem bilateralen Interview nicht erwähnt hätten. FLICK ET AL. präzisieren diesen Aspekt und verdeutlichen, dass in „der Dynamik einer Diskussion (...) durch wechselseitige Stimulation das wesentlich Gemeinte zur Sprache kommt" und durch eine realistische Gesprächssituation sowie die Spontanität der Teilneh-

[922] Vgl. Flick, U.: Handbuch Qualitative Sozialforschung, 1991, S. 158
[923] Vgl. Gläser, J.; Laudel, G.: Experteninterviews und qualitative Inhaltsanalyse als Instrumente rekonstruierender Untersuchungen, 2004, S. 107
[924] Vgl. Mayer, H.: Pflegeforschung anwenden, 2007, S. 181
[925] Vgl. Gläser, J.; Laudel, G.: Experteninterviews und qualitative Inhaltsanalyse als Instrumente rekonstruierender Untersuchungen, 2004, S. 107
[926] Vgl. Bortz, J.; Döring, N.: Forschungsmethoden und Evaluation, 2006, S. 314 ff.
[927] Vgl. Mayring, P.: Einführung in die qualitative Sozialforschung, 2002, S. 71
[928] Vgl. Mayer, H.: Pflegeforschung anwenden, 2007, S. 191
[929] Vgl. Lamnek, S.: Qualitative Sozialforschung, 2005, S. 27; Gessner, T.: Berufsvorbereitende Massnahmen als Sozialisationsinstanz, 2003, S. 196

menden eine hohe Validität der Ergebnisse gesichert ist.[930] Diese Erkenntnis beruht auf der Annahme, dass subjektive Bedeutungsstrukturen zumeist in einen sozialen Kontext eingebunden sind und bei einem einzelnen Teilnehmer Hemmungen bestehen können, diese Informationen preiszugeben. In einer Gruppe fällt es leichter, diese Barrieren zu überwinden, sodass die kollektiven Einstellungen dem Forscher während einer Gruppendiskussion ersichtlich werden.[931] Zusätzlich kann der in der Gruppe stattfindende Meinungsbildungsprozess beobachtet werden.[932] Gruppendiskussionen können auf vielfältige Art und Weise gestaltet werden, da Sie durch eine Reihe von Faktoren, bspw. die Anzahl der Teilnehmer, Homogenität, Dauer, etc. definiert wird. Die Ergebnisse der Gruppendiskussion eignen sich zur Theoriebildung, indem die Thematik gezielt durch den Forscher vorgegeben wird.[933] Die zentralen Ziele einer Gruppendiskussion lassen sich gemäß LAMNEK folgendermaßen beschreiben:[934]

- Erfassung der Meinung des Einzelnen in der Gruppensituation
- Erfassung der Meinung der ganzen Gruppe
- Untersuchung der Verhaltensweisen der kompletten Gruppe
- In der Gruppe auftretende Prozesse, die Einfluss auf die Meinung des Einzelnen bzw. der Gruppe haben

Mithin wird deutlich, dass eine Gruppendiskussion die Erfassung von Parametern erlaubt, die die Meinungsbildung und das Handeln beeinflussen.[935]

4.2.6 Teilnehmende Beobachtung

Als letzte Methode wird die teilnehmende Beobachtung, eine Standardmethode der Feldforschung, beschrieben. Gemäß DENZIN handelt es sich hierbei um eine „Feldstrategie, die gleichzeitig Dokumentenanalyse, Interviews mit Interviewpartnern und Informanten, direkte Teilnahme und Beobachtung sowie Introspektion kombiniert“[936]. Dies geht mit der Festlegung von KORNMEIER und SCHNEIDER einher, die eine Beobachtung als „systematische Erfassung von sinnlich wahrnehmbaren Verhaltensweisen bzw. Eigenschaften von Personen im Augenblick ihres Auftretens durch den Beobachter“ auffassen.[937] Charakteristisch für eine teilnehmende Beobachtung ist die aktive Partizipation des Forschers an dem zu beobachtenden Ereignis. Es kommt zu einer stärkeren persönlichen Bindung, wodurch die Innenperspektive der betrachteten Situation erfahrbar wird. HUG hebt diesen Sachverhalt hervor, in-

[930] Vgl. Flick, U.: Handbuch Qualitative Sozialforschung, 1991, S. 186
[931] Vgl. Mayring, P.: Einführung in die qualitative Sozialforschung, 2002, S. 77
[932] Vgl. Bünte, C.: Der Marken-Optimizer, 2006, S. 80
[933] Vgl. Bortz, J.; Döring, N.: Forschungsmethoden und Evaluation, 2006, S. 320; Flick, U.: Handbuch Qualitative Sozialforschung, 1991, S. 319 ff.
[934] Vgl. Lamnek, S.: Qualitative Sozialforschung, 2005, S. 31
[935] Vgl. Häder, M.: Empirische Sozialforschung, 2006, S. 69 f.; Mayring, P.: Einführung in die qualitative Sozialforschung, 2002, S. 78
[936] Vgl. Flick, U.: Qualitative Forschung. Theorie, Methoden, Anwendung in Psychologie und Sozialwissenschaften, 1995, S. 157
[937] Vgl. Kornmeier, M.; Schneider, W.: Wissenschaftstheorie und wissenschaftliches Arbeiten, 2006, S. 187

dem er bemerkt, dass der Beobachter „in das soziale Geschehen, das Gegenstand der Beobachtung ist, einbezogen ist."[938] Die Methode eignet sich nach MAYRING besonders, falls:[939]

- Der Gegenstand der Betrachtung tief in soziale Strukturen eingebettet ist
- Der Gegenstandsbereich nicht, oder nur schwer von außen erfahrbar ist
- Die Fragestellung hauptsächlich explorativer Natur ist

Ferner hebt MAYRING die Intention einer teilnehmenden Beobachtung hervor und zeigt auf, dass der Forscher eine starke Nähe zum Betrachtungsgegenstand aufbauen will, die einer „Innenperspektive" ähnelt.[940]

4.3 Auswahl der explorativ-empirischen Erhebungsmethoden

Nach der Darstellung und Strukturierung relevanter explorativ-empirischer Erhebungsmethoden werden die resultierenden Anforderungen an selbige, die sich im Rahmen dieser Forschungsarbeit ergeben, dargestellt. Anschließend erfolgt die Auswahl geeigneter explorativ-empirischer Erhebungsmethoden, die im Weiteren zur Anwendung kommen werden.

4.3.1 Anforderungen an die explorativ-empirischen Erhebungsmethoden

Die Anforderungen an die explorativ-empirischen Erhebungsmethoden ergeben sich aus:

- dem Forschungsgegenstand
- dem Ziel der Erhebung
- der Zusammensetzung der begleitenden Industriepartner

Der Forschungsgegenstand dieser Arbeit ist die Bewertung der Leistungsfähigkeit von Werkzeugbauern basierend auf Lebenszykluskosten produzierter Spritzgießwerkzeuge. Ausgehend von einer theoretischen Betrachtung der wissenschaftlichen Grundlagen wird das Forschungsfeld mit Hilfe von Experten der Branche Werkzeugbau anwendungsbezogen exploriert. Neben der Generierung von Praxiswissen sichert der explorativ empirische Ansatz die Praxisrelevanz und praktische Reliabilität des zu entwickelnden Modells.

Ziel der Exploration ist die Erhebung wesentlicher Zusammenhänge zwischen Qualitätskennzahlen und Lebenszykluskosten. Die Qualitätskennzahlen definieren hierbei eindeutige Anforderungen an ein Werkzeug, deren Auswirkung auf die Kosten entlang des Lebenszyklus eines Werkzeugs quantifizierbar gemacht werden sollen. Neben der funktionalen Untersuchung gilt es die eigentlichen Korrelationen zwischen Qualitätskennzahlen einerseits und Lebenszykluskosten andererseits, in Form von Elastizitäten zu erheben. Aus der Komposition von theoretischer und praktischer Untersuchung können dann Lösungsansätze für die Forschungsfrage entwickelt werden. Da diese Arbeit im Rahmen des Forschungsprojekts TEC entstanden ist (vgl. Einführung zu diesem Kapitel), wurden 14 Unternehmen der Branche Werkzeugbau aus Deutschland und Österreich, die das Projekt unmittelbar begleiteten kontinuierlich einbezogen. Darüber hinaus wurden vereinzelt weitere interessierte Werk-

[938] Vgl. Hug, T.: Einführung in die Forschungsmethodik und Forschungspraxis, 2001, S. 268

[939] Vgl. Mayring, P.: Einführung in die qualitative Sozialforschung, 2002, S. 80 ff.

[940] Vgl. a. a. O., S. 81; ferner im Kontext interessant: Vgl. Gordon, N. J.; Fleisher, W. L.: Effective interviewing and interrogation techniques, 2011, S. 105 ff.

zeugbauer und Werkzeugbaudienstleister mit Ihrer Expertise hinzugezogen. Die Industriepartner eint ihr jeweils weitrechendes Know-how in verschiedenen Bereichen des Werkzeugbaus, sodass die Erhebung relevanten Praxiswissens garantiert werden sollte, um eine solide Datenbasis für das Modell aufzubauen. Durch die unterschiedlichen Tätigkeitsschwerpunkte im Bereich der Branche Werkzeugbau, variierende Spezialisierungen und differierende Zielgruppen, ergibt sich zugleich eine recht heterogene Struktur der Unternehmen.

4.3.2 Auswahl der explorativ-empirischen Erhebungsmethoden

Vor dem Hintergrund der skizzierten Anforderungen an die explorativ-empirischen Erhebungsmethoden wird deutlich, dass insbesondere drei konkrete Aspekte bei der Auswahl geeigneter Explorationsmethoden Berücksichtigung finden müssen: Die Anzahl der Befragten, deren individuelle Expertise im Fachgebiet Werkzeugbau und aus Letzterem resultierend die heterogene Zusammensetzung der Gruppe von Befragten. Aufgrund des geringen Stichprobenumfangs sind quantitative Verfahren grundsätzlich nicht zielführend.[941] Insofern werden weiterhin nur qualitative Verfahren der Exploration in Erwägung gezogen.

Qualitative Experimente kommen insbesondere bei der Verhaltensforschung von Populationen zum Einsatz und sind daher hier nicht zielführend.[942] Narrative Interviews erfassen die Erfahrungen von Befragten und zielen auf die exakte Verschriftlichung dieser ab. Ihr Anwendungsgebiet ist vornehmlich die Erstellung von Biographien und ist daher hier ebenfalls nicht überzeugend.[943] Auch die Ansätze der Hermeneutik und Konversationsanalyse, welche den interpretativen Verfahren zuzuordnen sind, sind im Kontext dieser Arbeit nicht anwendbar. Eine teilnehmende Beobachtung setzt die aktive Partizipation des Forschers im Forschungsobjekt voraus. Dieser Umstand ist nicht immer gegeben, sodass auch dieses Verfahren nicht geeignet erscheint. Aus den vorgestellten qualitativen Erhebungsmethoden erscheinen zwei Verfahren im Rahmen dieser Arbeit besonders geeignet, um den skizzierten Anforderungen und den zuvor erwähnten drei wesentlichen Aspekten zu entsprechen: Das Experteninterview als Derivat des Leitfaden-Interviews und die Gruppendiskussion sind die beiden relevanten explorativ-empirischen Erhebungsmethoden, die zum einen inhaltlich zielführend, darüber hinaus praktikabel und ökonomisch anwendbar sind, um die Experten in das Projekt einzubinden.

---

[941] Vgl. Bortz, J.; Döring, N.: Forschungsmethoden und Evaluation, 2006, S. 71
[942] Vgl. a. a. O., S. 386 ff.
[943] Vgl. Flick, U.: Handbuch Qualitative Sozialforschung, 1991, S. 182 ff.

4.4 Grundlagen und Vorgehensweise der Experteninterviews

Als explorativ-empirische Erhebungsmethode wurde für die Einzelbefragungen das Leitfaden-Interview ausgewählt, im Speziellen ein leitfadengeführtes Experteninterview. Nachfolgend werden die Grundlagen und die Durchführung dieser Erhebungsmethode dargestellt.

4.4.1 Auswahl der Experten

Experteninterviews stellen eine wichtige Methode der qualitativen Datenerhebung dar und dienen dabei insbesondere in der Explorationsphase dem Forschungsprozess.[944] Die Definition eines Experten unterscheidet sich mitunter wesentlich nach Anwendungsfall und Wissenschaftsdisziplin. Den Forderungen der Autoren ist gemein, dass der interviewte Experte ein besonderes Wissen über den Gegenstand der Forschung hat und daraufhin als Experte ausgewählt wird.[945] DEEKE präzisiert diese Fragestellung: „Die Antwort auf die Frage, wer oder was Experten sind, fällt in Abhängigkeit vom Untersuchungsgegenstand und darauf bezogenem theoretisch-analytischen Forschungsansatz ganz unterschiedlich aus. [...] Als Experten könnte man diejenigen Personen bezeichnen, die in Hinblick auf einen interessierenden Sachverhalt als Sachverständige in besonderer Weise kompetent sind."[946] Dieses Wissen macht ihn für die Befragung einzigartig und qualifiziert ihn als Experten.[947] Für die Qualität der Daten und damit für die Qualität der Forschungsergebnisse ist die Auswahl der Experten von besonderer Bedeutung.[948] MEUSER und NAGEL bedienen sich zur Auswahl des Experten des „Entscheidungsansatzes", bei dem die Entscheidungskompetenz den Befragten als Experten auszeichnet.[949] Ein Indiz dafür kann beispielsweise die Verantwortung sein, die einer Person im Unternehmen zukommt.[950] So gilt es gemäß MEUSER und NAGEL zu prüfen, ob der Befragte „in irgendeiner Weise Verantwortung trägt für den Entwurf, die Implementierung oder die Kontrolle einer Problemlösung oder wer über einen privilegierten Zugang zu Informationen über Personengruppen oder Entscheidungsprozesse verfügt."[951] Dieser Auffassung folgt auch SPRONDEL, indem er Experten über spezialisiertes Sonderwissen identifiziert.[952] Ein weiteres Charakteristikum eines Experten besteht darin, dass sein Wissen für den Forschungsgegenstand bzw. die Untersuchung relevant ist.[953] Dieser Aspekt illus-

---

[944] Vgl. Bogner, A.; Menz, W.: Das theoriegenerierende Experteninterview. Erkenntnisse, Wissensformen, Interaktion, 2005, S. 7

[945] Vgl. Gläser, J.; Laudel, G.: Experteninterviews und qualitative Inhaltsanalyse, 2010, S. 9 ff.; Bogner, A.; Littig, B., et al.: Interviewing experts, 2009, S. 3 ff.; Bogner, A.; Menz, W.: Das theoriegenerierende Experteninterview. Erkenntnisse, Wissensformen, Interaktion, 2005, S. 39 ff.; Lamnek, S.: Qualitative Sozialforschung, 2005, S. 333

[946] Vgl. Bröckelmann, C.: Bewegte Schule - ein Konzept für die Sekundarstufe I an Gymnasien?, 2013, S. 40; Kräuter, M.; Oberlander, W., et al.: Arbeitsmarktchancen für Geisteswissenschaftler, 2009, S. 15

[947] Vgl. Flick, U.: Handbuch Qualitative Sozialforschung, 1991, S. 218

[948] Vgl. Gläser, J.; Laudel, G.: Experteninterviews und qualitative Inhaltsanalyse, 2009, S. 117

[949] Vgl. Meuser, M.; Nagel, U.: Expertenwissen und Experteninterview, 1994, S. 182

[950] Vgl. ebenda

[951] Vgl. Graz, D.; Kraimer, K.: Qualitativ-empirische Sozialforschung: Konzepte, Methoden, Analysen., 1991, S. 443

[952] Vgl. Sprondel, W. M.; Grathoff, R.: Alfred Schütz und die Idee des Alltags in den Sozialwissenschaften, 1979, S. 141

[953] Vgl. Graz, D.; Kraimer, K.: Qualitativ-empirische Sozialforschung: Konzepte, Methoden, Analysen., 1991, S. 443

triert, dass die Anerkennung als Experte auch mit der Einschätzung des Interviewers korreliert.[954]

Zur Auswahl geeigneter Experten schlägt GORDEN folgende vier Fragen vor:[955]

- Wer verfügt über die relevanten Informationen?
- Wer ist in der Lage, präzise Informationen zu geben?
- Wer ist bereit, Informationen zu geben?
- Welche der Informanten sind verfügbar?

Dabei korrelieren die letzten beiden Fragen mit der Arbeitsbelastung und der Einbindung der Befragten in relevante Entscheidungen, da ein fundiertes Wissen mit einer Involvierung in die entsprechenden Sachverhalte einhergeht.[956]

Grundsätzlich ist davon auszugehen, dass die benötigten Informationen nicht bei einem Experten konsolidiert vorliegen. Selbst in diesem Fall ist die Beschränkung auf ein einzelnes Interview nicht zielführend, da dies scheitern könnte. Angebracht ist daher die Durchführung mehrerer Interviews mit anschließender Konsolidierung der Informationen.[957] Mithin hält es GLÄSER für „ratsam, Informationen über einen Sachverhalt von mehreren Interviewpartnern einzuholen, also zu triangulieren“[958]. Vor diesem Hintergrund spricht DENZIN von einer Triangulation von Zeit, Raum und Personen, sodass die Untersuchung zu verschiedenen Zeitpunkten an unterschiedlichen Orten mit möglichst mehreren Personen stattzufinden hat.[959]

In das Forschungsprojekt waren 14 Werkzeugbaubetriebe mit insgesamt 28 Experten aus Deutschland und Österreich involviert, die aus Eigeninteresse an der Problemstellung das Projekt durch Ressourcen und Expertise unterstützt haben (siehe hierzu auch Kapitel 4.3.1). Die Betriebe wurden durch überwiegend Geschäftsführer, Entwicklungs- und Konstruktionsexperten, als auch Produktionsleiter vertreten. Diese eint langjährige Erfahrung und aufgebaute Expertise im Forschungsfeld, sodass diese ausnahmslos als Experten i.e.S. anzusehen sind.[960]

4.4.2 Ausgestaltungsformen von Experteninterviews

Neben der Auswahl der Experten ist die Wahl der Kommunikationsform von entscheidender Bedeutung. Klassische Kommunikationsformen sind beispielsweise telefonische Befragun-

[954] Vgl. Bogner, A.; Littig, B., et al.: Das Experteninterview. Theorie, Methode, Anwendung, 2005, S. 37

[955] Vgl. Levasier, M.: Globaler Standortwettbewerb und räumliche Fragmentierungsprozesse bei Büroimmobilien-Investitionen am Beispiel São Paulo, 2010, S. 124; Gorden, R. L.: Interviewing, 1975, S. 196 f.

[956] Vgl. Graz, D.; Kraimer, K.: Qualitativ-empirische Sozialforschung: Konzepte, Methoden, Analysen., 1991, S. 443 f.; Gorden, R. L.: Interviewing, 1975, S. 203

[957] Vgl. Gläser, J.; Laudel, G.: Experteninterviews und qualitative Inhaltsanalyse, 2009, S. 117

[958] Vgl. ebenda

[959] Vgl. Lauth, H.-J.; Pickel, G., et al.: Methoden der vergleichenden Politikwissenschaft, 2009, S. 205

[960] Zur weiteren Auslegung des Expertenbegriffs: Vgl. Gläser, J.; Laudel, G.: Experteninterviews und qualitative Inhaltsanalyse, 2010, S. 9 ff.; Bogner, A.; Menz, W.: Das theoriegenerierende Experteninterview. Erkenntnisse, Wissensformen, Interaktion, 2005, S. 39 ff.; Amann, K.: "Guck mal, Du Experte". Wissenschaftliche Expertise unter ethnographischer Beobachtung und wissenssoziologischer Rekonstruktion, 1994, S. 33 ff.; Hitzler, R.: Wissen und Wesen des Experten. Ein Annäherungsversuch - Zur Einleitung, 1994, S. 13 ff.

gen, schriftliche Befragungen oder die persönliche Befragung. Bei einer telefonischen Befragung entfallen zwar die Reisekosten für den Interviewer, jedoch fehlt der persönliche Kontakt zwischen den Interviewpartnern.[961] Dadurch ist die Interviewsituation deutlich schwieriger zu steuern und Informationen gehen verloren.[962] Diese Probleme existieren grundsätzlich auch bei einer schriftlichen Befragung. Darüber hinaus muss der Interviewte seine Antworten verschriftlichen, was im Allgemeinen zu besonders kurzen Antworten führt. Ebenfalls fällt die Kommunikation über den auditiven Kanal weg, wodurch ebenfalls Informationen verloren gehen.[963] Die genannten Nachteile prädestinieren das persönliche Experteninterview aufgrund seiner methodischen Vorteile die zu einem höheren Informationsgewinn führen.[964] Im Rahmen der Arbeit sind alle genannten Formen der Kommunikation genutzt worden, da das zugrundeliegende Forschungsprojekt über zweieinhalb Jahre vom Autor geleitet und von den Experten kontinuierlich begleitet wurde.

Bzgl. der Art von Experteninterviews lassen sich unterschiedliche Formen differenzieren:

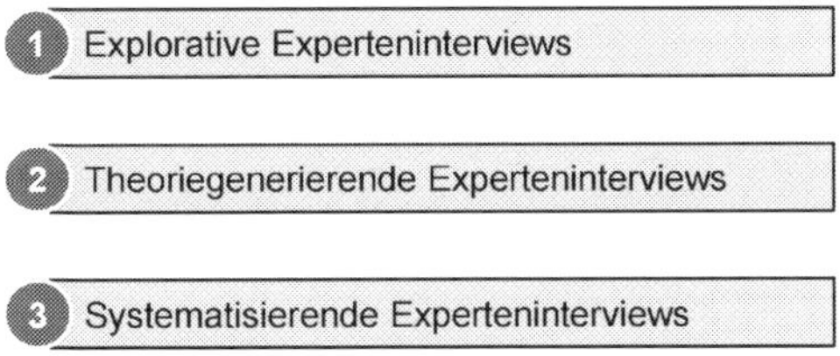

Abbildung 4-3: Typologie der Experteninterviews nach BOGNER

BOGNER unterscheidet drei verschiedene Formen der Expertenbefragung. Differenzierungsmerkmal ist die unterschiedliche Zielsetzung.[965] Diese ist häufig einhergehend mit den unterschiedlichen Phasen, in denen sich ein Forschungsprozess befindet. Die drei Formen werden nachfolgend erläutert.

4.4.2.1 Explorative Experteninterviews

Explorative Experteninterviews finden besonders am Anfang eines Forschungsprozesses ihre Anwendung und dienen einer anfänglichen Orientierung innerhalb der zu untersuchenden Zusammenhänge. Sie dienen einer ersten thematischen Strukturierung, welche es dem Forscher ermöglicht, Hypothesen zu generieren. Schwerpunktmäßig erfolgt eine thematische Sondierung der mit dem Forschungsfeld verknüpften Begriffe, jedoch wird kein Anspruch auf

[961] Vgl. Mattmüller, R.: Integrativ-Prozessuales Marketing, 2012, S. 112 f.
[962] Vgl. Häder, M.: Empirische Sozialforschung, 2006, S. 249 f.; Karmasin, F.; Karmasin, H.: Einführung in Methoden und Probleme der Umfrageforschung, 1977, S. 222
[963] Vgl. Mayer, H. O.: Interview und schriftliche Befragung, 2008, S. 98 ff.
[964] Vgl. Gläser, J.; Laudel, G.: Experteninterviews und qualitative Inhaltsanalyse, 2009, S. 154
[965] Vgl. Bogner, A.; Menz, W.: Das theoriegenerierende Experteninterview. Erkenntnisse, Wissensformen, Interaktion, 2005, S. 36 ff.

Vollständigkeit, Vergleichbarkeit oder Standardisierbarkeit der Daten erhoben, sodass hierdurch eine Abgrenzung von den beiden anderen Typen stattfinden kann.[966]

Im Zusammenhang dienten explorative Interviews der Identifikation der qualitätsrelevanten Indikatoren eines Spritzgießwerkzeugs zu Beginn des Forschungsprozesses. Neben der theoretischen Identifikation wurde aus praktischer Sicht eruiert, welche Faktoren sich eignen würden, um die Qualität eines Werkzeugs möglichst eindeutig zu beschreiben.

4.4.2.2 Theoriegenerierende Experteninterviews

Das theoriegenerierende Experteninterview geht auf MEUSER und NAGEL zurück.[967] Es dient nicht mehr nur der Katalyse des Forschungsprozesses, sondern zielt auf die Dokumentation der subjektiven Aspekte des Expertenwissens und der Rekonstruktion impliziter Entscheidungsregeln.[968] Die Entscheidungsmaximen der Experten werden zur Generierung der Theorie genutzt. Durch leitfadenorientierte Interviews und eine geeignete Auswahl der Experten können aussagekräftige Theorien generiert werden.[969] In diesem Kontext nehmen MEUSER und NAGEL eine Differenzierung zwischen Betriebs- und Kontextwissen vor.[970] Im Zusammenhang mit Betriebswissen geben Experten „Auskunft über ihr eigenes Handlungsfeld“[971]. Mithin ist Betriebswissen mit einem „objekttheoretischen Fragen- und Aussagekomplex“ verknüpft.[972] Im Rahmen einer Untersuchung mittels Kontextwissen werden Experten als eine homogene Zielgruppe definiert, deren „Kontextbedingungen des Handels“ es anhand von Experteninterviews zu analysieren gilt.[973] Jedoch stellt Kontextwissen keine valide Grundlage zur Formulierung von Theorien dar, sodass im Rahmen von theoriegenerierenden Experteninterviews Betriebswissen verwendet wird.[974]

Auf den Ergebnissen der ersten Explorationen aufbauend, wurden im weiteren Verlauf dieser Arbeit theoriegenerierende Experteninterviews eingesetzt, um aufgestellte Hypothesen in Wirkzusammenhänge zu überführen. Dies führte zur Konsolidierung und Gruppierung der qualitätsrelevanten Konstruktionsparameter. Ferner wurden die Experten in die Entwicklung des Referenzlebenszyklus eingebunden. Hierzu wurden Sie gebeten den wissenschaftlichen Recherchen mit den Lebenszyklen ihrer eigenen Spritzgießwerkzeuge abzugleichen.

---

[966] Vgl. Bogner, A.; Littig, B., et al.: Das Experteninterview. Theorie, Methode, Anwendung, 2005, S. 64; Bogner, A.; Menz, W.: Das theoriegenerierende Experteninterview. Erkenntnisse, Wissensformen, Interaktion, 2005, S. 36 ff.; a. a. O., S. 30 ff.

[967] Vgl. Meuser, M.; Nagel, U.: ExpertInneninterviews - vielfach erprobt, wenig bedacht. Ein Beitrag zur qualitativen Methodendiskussion, 2005, S. 71 ff.

[968] Vgl. Bogner, A.; Littig, B., et al.: Das Experteninterview. Theorie, Methode, Anwendung, 2005, S. 66

[969] Vgl. Bogner, A.; Menz, W.: Das theoriegenerierende Experteninterview. Erkenntnisse, Wissensformen, Interaktion, 2005, S. 38 f.

[970] Vgl. Brinkmann, C.; Deeke, A., et al.: Experteninterviews in der Arbeitsmarktforschung, 1995; Graz, D.; Kraimer, K.: Qualitativ-empirische Sozialforschung: Konzepte, Methoden, Analysen., 1991

[971] Vgl. Graz, D.; Kraimer, K.: Qualitativ-empirische Sozialforschung: Konzepte, Methoden, Analysen., 1991, S. 445

[972] Vgl. a. a. O., S. 447

[973] Vgl. a. a. O., S. 445

[974] Vgl. a. a. O., S. 447

4.4.2.3 Systematisierende Experteninterviews

Als dritten Typ nennt BOGNER die systematisierenden Experteninterviews, die auf „aus Praxis gewonnen[en], reflexiv verfügbar[en] und spontan kommunizierbar[en] Handlungs- und Erfahrungswissen“ basieren.[975] Ziel ist es, durch die Extraktion von exklusivem Fachwissen systematisch Wissen zu erzeugen. Hierbei wird der Vorstellung Rechnung getragen, dass der Experte über ein Fachwissen verfügt, welches dem Forscher nicht zugänglich ist. Mithin kommt dem Experten die Rolle eines Ratgebers zu, der den Forscher über spezifische Sachverhalte aufklären kann.[976] Es kommen wiederum leitfadenorientierte Interviewtechniken zum Einsatz. In Abgrenzung zu den theoriegenerierenden Interviews sind die Leitfäden allerdings deutlich stärker ausdifferenziert, um der Forderung nach Vergleichbarkeit, Vollständigkeit und Standardisierbarkeit der Daten gerecht zu werden.[977]

Systematisierende Experteninterviews sind in der Praxis am weitesten verbreitet.[978] Auch im Rahmen dieser Arbeit wurden systematisierende Experteninterviews durchgeführt. Insbesondere in den späteren Phasen des Projekts eignet sich diese Methode, um die wesentlichen empirischen Parameter des Bewertungsmodells durch die Experten zu erheben. Mithin wurden die Kostenpositionen innerhalb des Lebenszyklus ebenso wie deren Korrelation zu qualitativen Anforderungen auf diese Weise erhoben.

4.4.3 Planung, Durchführung und Auswertung der Expertenbefragung

Grundsätzlich können Experteninterviews in die drei Schritte Vorbereitung, Durchführung und Auswertung gegliedert werden. Aufgrund der methodischen Vorteile der persönlichen Befragung wird im Folgenden diese Erhebungsmethode exemplarisch ausgeführt.

Die Vorbereitung impliziert die theoretische und wissenschaftliche Einarbeitung seitens des Forschers, um das notwendige Wissen für den Betrachtungsraum aufzubauen.[979] In dieser Phase wird ein Leitfaden für das Interview erstellt, der die Forschungsfragen strukturiert und präzisiert. Mithin wird während der Vorbereitung die Notwendigkeit einzelner Informationen im Hinblick auf die Beantwortung der Forschungsfrage definiert.[980] Der Forscher muss sicherstellen, dass er vom Experten als angemessener Gesprächspartner wahrgenommen wird.[981] Der Leitfaden dient der Strukturierung des Gesprächsablaufs und stellt bei richtiger Anwendung die Offenheit des Gesprächs sicher.[982] In diesem Zusammenhang verweist

975 Vgl. Bogner, A.; Littig, B., et al.: Das Experteninterview. Theorie, Methode, Anwendung, 2005, S. 64 f.

976 Vgl. ebenda

977 Vgl. Bogner, A.; Menz, W.: Das theoriegenerierende Experteninterview. Erkenntnisse, Wissensformen, Interaktion, 2005, S. 37 f.

978 Vgl. a. a. O., S. 38 f.

979 Vgl. Kühl, S.; Strodtholz, P., et al.: Handbuch Methoden der Organisationsforschung, 2008, S. 38

980 Vgl. Gläser, J.; Laudel, G.: Experteninterviews und qualitative Inhaltsanalyse, 2009, S. 34; Kühl, S.; Strodtholz, P., et al.: Handbuch Methoden der Organisationsforschung, 2008, S. 38

981 Vgl. Meuser, M.; Nagel, U.: ExpertInneninterviews - vielfach erprobt, wenig bedacht. Ein Beitrag zur qualitativen Methodendiskussion, 2005, S. 448

982 Vgl. Gläser, J.; Laudel, G.: Experteninterviews und qualitative Inhaltsanalyse, 2009, S. 142; Graz, D.; Kraimer, K.: Qualitativ-empirische Sozialforschung: Konzepte, Methoden, Analysen., 1991, S. 448 f.

MEUSER auf eine „lockere, unbürokratische Führung“[983]. Er stellt also nicht einen zwingenden Gesprächsablauf dar, sondern die enthaltenen Leitfragen dienen als Gedankenstütze für den Forscher. MEUSER und NAGEL verweisen hierbei auf die Notwendigkeit eines ausgewogenen Kompromisses zwischen Offenheit und Strukturiertheit.[984] Hierbei gilt es zu beachten, dass die im Leitfaden enthaltenen Fragen keineswegs tendenziös formuliert sind, sodass Ansichten und Äußerungen des Befragten verzerrt werden könnten.[985] BONDORF verdeutlicht die Bedeutsamkeit eines solchen Leitfadens, indem er den Interviewleitfaden mit einer „prozessuale[n] Steuerungsfunktion“ assoziiert, die den Befragten auf die relevanten Untersuchungsgegenstände lenkt und eine Vergleichbarkeit der durchgeführten Interviews gewährleistet.[986] BOGNER präzisiert den Zweck eines Interviewleitfadens, indem ein Leitfaden während des Gesprächs das „spezifische Erkenntnisinteresse des Forschers“ zum Ausdruck bringt.[987] GLÄSER hebt hierbei die Notwendigkeit von Fragestellungen hervor, die „bei erwartungsgemäßer Beantwortung ein an einen natürlichen Gesprächsverlauf angenähertes, alle erforderlichen Themen behandelndes, Gespräch möglich machen“[988]. PFADENHAUER spezifiziert diesen Gedanken, indem er bei dem Ablauf des Interviews den „kulturell üblichen Gewohnheiten des Miteinander-Redens“ eine zentrale Bedeutung einräumt.[989] Eine konsequente Orientierung an dem zuvor erstellten Leitfaden sichert, dass der Befragte zu allen fokussierten Themenbereichen Informationen liefert.[990] Dabei hebt BONDORF hervor, dass durch gezielte Fragestellungen eine „hohe Zuverlässigkeit der Ergebnisse“ generiert werden kann.[991] Die Ausgestaltung der Vorstrukturierung sowie die damit einhergehende Formulierung der Fragestellung greift SCHNELL als Differenzierungsmerkmal von Interviews auf und unterscheidet dabei offene, teilstrukturierte sowie stark strukturierte Interviews.[992] Im Kontext von Experteninterviews, die sich durch im Vorfeld formulierte Leitfragen und eine daraus resultierende klare Gesprächsstruktur auszeichnen, geht man von einer teilstrukturierten Interviewform aus.[993] Ein weiterer im Vorfeld zu beachtender Aspekt stellt die Sicherstellung eines narrativen Interviews dar, weil explizites „Wissen nicht einfach abgefragt werden kann“, sondern während eines Prozesses entwickelt und rekonstruiert werden muss.[994] LIEBOLD hebt in diesem Kontext die Notwendigkeit von Fragestellungen mit erzählendem Charakter hervor.[995]

Nach der Vorbereitung folgt die Durchführung des Interviews basierend auf den Recherchen und dem erstellten Leitfaden. Für ein gutes Experteninterview muss einerseits der Experte

---

[983] Vgl. Graz, D.; Kraimer, K.: Qualitativ-empirische Sozialforschung: Konzepte, Methoden, Analysen., 1991, S. 448

[984] Vgl. Bogner, A.; Littig, B., et al.: Das Experteninterview. Theorie, Methode, Anwendung, 2005, S. 106

[985] Vgl. Cropley, A. J.: Qualitative Forschungsmethoden, 2002, S. 100

[986] Vgl. Bondorf, C.: Strategisches Kompetenzmanagement im Unternehmenskontext, 2009, S. 134

[987] Vgl. Bogner, A.; Littig, B., et al.: Das Experteninterview. Theorie, Methode, Anwendung, 2005, S. 106

[988] Vgl. Gläser, J.; Laudel, G.: Experteninterviews und qualitative Inhaltsanalyse, 2009, S. 143; Vgl. Kühl, S.; Strodtholz, P., et al.: Handbuch Methoden der Organisationsforschung, 2008, S. 35 f.

[989] Vgl. Bogner, A.; Littig, B., et al.: Das Experteninterview. Theorie, Methode, Anwendung, 2005, S. 13

[990] Vgl. Mayer, H. O.: Interview und schriftliche Befragung, 2012, S. 38

[991] Vgl. Bondorf, C.: Strategisches Kompetenzmanagement im Unternehmenskontext, 2009, S. 130

[992] Vgl. ebenda

[993] Vgl. a. a. O., S. 130 f.

[994] Vgl. Bogner, A.; Littig, B., et al.: Das Experteninterview. Theorie, Methode, Anwendung, 2005, S. 50 ff.

[995] Vgl. Kühl, S.; Strodtholz, P., et al.: Handbuch Methoden der Organisationsforschung, 2008, S. 35 f.

ein Interesse am Thema haben, andererseits gilt es einige Verhaltensgrundsätze einzuhalten. Der Interviewer sollte:[996]

- aktiv zuhören
- im Gespräch Anknüpfungspunkte für die nächste Frage suchen
- nicht Verstandenes erklären
- wenn nötig, detailliert nachfragen
- Kompetenz zeigen
- die Bewertung von Aussagen des Experten vermeiden
- eine gute Atmosphäre während des Gesprächs schaffen

Es wird also deutlich, dass dem Interviewer während des Gesprächs vornehmlich die Aufgabe zukommt, den Gesprächsablauf zu steuern und auf die zielführende Beantwortung der Fragen zu achten.[997] Zudem gilt es, den Experten nicht während des Gesprächs durch spontan generierte Fragen zu verunsichern, sodass die Forschungsergebnisse keineswegs durch Emotionsäußerungen verfälscht werden. Mithin vertritt BORTZ den Standpunkt, kritische Fragen erst am Gesprächsende zu stellen.[998]

Im Anschluss erfolgt die Auswertung der im Interview gewonnenen Informationen. Diese Auswertung dient gemäß MEUSER und NAGEL „im Vergleich der Interviews überindividuell-gemeinsame Wissensbestände herauszuarbeiten"[999]. Falls Tonbandaufnahmen angefertigt worden sind, müssen diese zunächst transkribiert bzw. in Schriftform gebracht werden.[1000] Eine etablierte Methode zur Auswertung von Experteninterviews stellt dabei die Qualitative Inhaltsanalyse dar.[1001] Diese Methode weist zwei Alleinstellungsmerkmale auf, die die Erfassung und Analyse weitreichender Zusammenhänge betreffen. So wird einerseits nicht der Ursprungstext untersucht, sondern es werden im Vorfeld aus dem Text extrahierte Informationen analysiert. Des Weiteren werden vor der Untersuchung Kategorien erstellt, die eine Einordnung der Informationen ermöglichen.[1002] Folglich dient die von GLÄSER und LAUDEL entwickelte Methode dem Ziel, aus Texten nicht nur quantitative Aussagen abzuleiten, sondern auch umfangreiche qualitative Informationen zu filtern.[1003] Zur Auswertung und Aufbereitung von Interviews bestehen diverse weitere Verfahren, auf die nicht weiter eingegangen wird. Diesbezüglich sei auf die entsprechende Literatur verwiesen.[1004]

---

[996] Vgl. Gläser, J.; Laudel, G.: Experteninterviews und qualitative Inhaltsanalyse, 2009, S. 172 ff.; Cropley, A. J.: Qualitative Forschungsmethoden, 2002, S. 100 f.

[997] Vgl. Bortz, J.; Döring, N.: Forschungsmethoden und Evaluation, 2006, S. 311

[998] Vgl. ebenda

[999] Vgl. Bogner, A.; Littig, B., et al.: Das Experteninterview. Theorie, Methode, Anwendung, 2005, S. 103

[1000] Vgl. Bogner, A.; Littig, B., et al.: Interviewing experts, 2009, S. 35 f.

[1001] Vgl. Gläser, J.; Laudel, G.: Experteninterviews und qualitative Inhaltsanalyse, 2009, S. 197 ff.

[1002] Vgl. a. a. O., S. 46 f.

[1003] Vgl. a. a. O., S. 199

[1004] Weiterführende Literatur: Vgl. Gläser, J.; Laudel, G.: Experteninterviews und qualitative Inhaltsanalyse, 2010, S. 191 ff.; Bogner, A.; Littig, B., et al.: Interviewing experts, 2009, S. 235 ff.; Meuser, M.; Nagel, U.: Vom Nutzen der Expertise. ExpertInneninterviews in der Sozialberichterstattung, 2005, S. 267 ff.; Mayring, P.: Einführung in die qualitative Sozialforschung, 2002; Flick, U.: Handbuch Qualitative Sozialforschung, 1991

4.4.4 Erkenntnisgrenzen

Experteninterviews haben seit den neunziger Jahren an Bedeutung in der empirischen Sozialforschung hinzugewonnen. Sie wurden vielfach und mit Erfolg angewandt, jedoch nur selten methodisch reflektiert. MEUSER und NAGEL haben bereits 1991 eine Diskussion der Expertenbefragung als eigenständige Methode begonnen.[1005] Sie subsumieren, dass Experteninterviews lediglich zur Erhebung von „Wissensbestände[n] im Sinne von Erfahrungsregeln" adäquat sind. Folglich eignen sie sich nicht für die „Analyse von Basisregeln" oder „universale[r] konstitutive[r] Strukturen"[1006]. Weiterhin kritisiert PRENGEL, dass der Fragende mittels seiner „nonverbale[n] und verbale[n] Reaktionen" einen nicht unerheblichen Einfluss auf „die Äußerungen des Befragten" ausüben kann.[1007] Folglich ist eine vollkommene Validität der ermittelten Informationen nicht gesichert und es sind Fehlinterpretationen der Fragestellung seitens des Experten möglich. BOGNER und VOELZKOW illustrieren, dass die Erkenntnisse aus Experteninterviews lediglich Tendenzen darstellen, aber keine uneingeschränkte Repräsentativität und Allgemeingültigkeit postulieren können.[1008] Des Weiteren wird in der Literatur auf eine unzureichende theoretische Fundierung des Experteninterviews verwiesen, die nach BOGNER und MENZ als „methodologische Mehrdeutigkeit" interpretiert wird.[1009] BOGNER verweist in diesem Kontext auf ein „grundsätzliches Konstruktionsproblem", indem er die Frage aufwirft, nach welchen Kriterien Experten für ein Experteninterview ausgewählt werden und aus welchen Gründen dem Befragten der Status als Experte zukommt.[1010] Dabei gilt es diese Frage vor dem Hintergrund der untersuchten Fragestellung iterativ immer wieder zu beantworten, sodass eine Verallgemeinbarkeit des Expertenbegriffs nicht möglich erscheint.[1011] TRINCZEK führt an, es gebe kein aus abstrakten Vorüberlegungen abgeleitetes, richtiges Verfahren der qualitativen Forschung, sondern lediglich das Argument der Gegenstandsadäquanz und postuliert das Experteninterview als geeignete Methode zur Befragung von Managern.[1012]

Letztlich wird in der Literatur der Einfluss der Erwartungshaltung des Befragten auf das Ergebnis der Erhebung kontrovers diskutiert. Während MEUSER und NAGEL den Standpunkt vertreten, dass „Faktoren wie Alter, Geschlecht, Sympathie oder Vorurteile „in der Erhebungssituation weder technisch noch methodisch kontrollierbar" sind, verweisen ABELS und BEHRENS deutlich auf den persönlichen Einfluss jedes Experten.[1013]

[1005] Vgl. Kassner, K.; Wassermann, P.: Nicht überall, wo Methode draufsteht, ist auch Methode drin. Zur Problematik der Fundierung von ExpertInneninterviews, 2005, S. 95

[1006] Vgl. Meuser, M.; Nagel, U.: ExpertInneninterviews - vielfach erprobt, wenig bedacht. Ein Beitrag zur qualitativen Methodendiskussion, 2005, S. 91

[1007] Vgl. Prengel, A.: Handbuch Qualitative Methoden in der Erziehungswissenschaft, 1997, S. 371

[1008] Vgl. Fischer, T. E.: Unternehmenskommunikation und Neue Medien, 2006, S. 16

[1009] Vgl. Behse-Bartels, G.: Subjektivität in der qualitativen Forschung, 2009, S. 103; Hedderich, I.; Hecker, A.: Belastung und Bewältigung in integrativen Schulen, 2009, S. 59

[1010] Vgl. Bogner, A.; Littig, B., et al.: Das Experteninterview. Theorie, Methode, Anwendung, 2005, S. 104

[1011] Vgl. ebenda

[1012] Vgl. Trinczek, R.: Wie befrage ich Manager? Methodische und methodologische Aspekte des Experteninterviews als qualitativer Methode empirischer Sozialforschung, 2005, S. 220 f.

[1013] Vgl. Bogner, A.; Littig, B., et al.: Das Experteninterview. Theorie, Methode, Anwendung, 2005, S. 107

4.5 Grundlagen und Vorgehensweise der Gruppendiskussion

Die zweite explorativ-empirische Forschungsmethode, die dieser Arbeit zugrunde liegt ist die Gruppendiskussion. Nachfolgend wird diese Methode eingeführt. Dabei erfolgt die Erläuterung zur Methode sowie analog zum vorherigen Kapitel die Beschreibung der Planung, Durchführung und Auswertung. Ebenso wird die Methode kritisch hinterfragt, um die Erkenntnisgrenzen zu identifizieren.

4.5.1 Auswahl der Diskussionsteilnehmer

Zunächst soll an dieser Stelle die Gruppendiskussion näher beleuchtet und im Kontext der qualitativen Datenerhebungsverfahren verordnet werden. Nach SCHNELL ET AL. lassen sich die verschiedenen qualitativen Ergebungsmethoden nach dem Grad ihrer Strukturierung und der Zahl der Teilnehmer darstellen (vgl. Tabelle 4-1).[1014] Entsprechend ist die den Experteninterviews korrespondierende Erhebungsmethode – bei mehreren Teilnehmern – die Gruppendiskussion. Die Kombinationen mehrerer Erhebungsmethoden, oft auch Methodentriangulation genannt, soll allgemein den Erkenntnisgewinn dadurch erhöhen, dass spezifische Schwächen einzelner Methoden durch den Einsatz anderer kompensiert werden.[1015]

Tabelle 4-1: Differenzierung Gruppendiskussionen nach dem Grad ihrer Strukturierung

Grad der Strukturierung	Einzelbefragung	Gruppenbefragung
wenig	Experteninterview	Gruppendiskussion
teilweise	Leitfadengespräch	Gruppenbefragung
stark	Einzelinterview	Gruppeninterview

In der Literatur wird eine Gruppengröße von ca. 5 bis 15 Personen empfohlen.[1016] Grundsätzlich erlauben größere Gruppen aufgrund der heterogenen Zusammensetzung bessere Ergebnisse, können aber im Gegensatz zu kleinen Gruppen auch eine hohe Anzahl an schweigenden Personen hervorbringen.[1017]

Gruppendiskussionen wurden mit den Experten der 14 Unternehmen im Rahmen regelmäßiger Treffen des zugrundeliegenden Forschungsprojekts durchgeführt. Die angestrebte Gruppengröße wurde dabei nie überschritten und lag stets im empfohlenen Zielbereich. Zusätzliche Heterogenität könnte durch die Auswahl der Diskussionsteilnehmer erzeugt werden. Obwohl alle Industriepartner in der Werkzeugbaubranche aktiv sind, sind sie in verschiedene Bereiche und Nischen der Branche diversifiziert, was unterschiedliche Perspektiven auf die jeweiligen Themen ermöglichte.

[1014] Vgl. Schnell, R.; Hill, P. B., et al.: Methoden der empirischen Sozialforschung, 2008, S. 323
[1015] Vgl. Lamnek, S.: Gruppendiskussion, 2005, S. 65
[1016] Vgl. Lamnek, S.: Qualitative Sozialforschung, 2005, S. 104; Mayring, P.: Einführung in die qualitative Sozialforschung, 2002, S. 77
[1017] Vgl. Kühn, T.; Koschel, K.-V.: Gruppendiskussionen, 2011, S. 76 ff.; Lamnek, S.: Qualitative Sozialforschung, 2005, S. 104 ff.

4.5.2 Planung, Durchführung und Auswertung der Gruppendiskussion

Der Literatur folgend wurden Gruppendiskussionen durchgeführt, um die erhobenen Erkenntnisse aus den Einzelinterviews zu präzisieren und weiterzuentwickeln.[1018] Weiterhin wurden die Anregungen aus den Gruppendiskussion stets zur Weiterentwicklung, Inspiration und kritischen Reflexion der erzielten Zwischenergebnisse genutzt. LAMNEK nennt einige Punkte, die im Vorfeld der Durchführung als vorbereitende Maßnahme einer Gruppendiskussion notwendig sind:[1019]

- Konkretisierung und Präzisierung des Untersuchungsziels
- Entwicklung eines flexibel zu handhabenden Diskussionsleitfadens
- Auswahl der Diskussionsteilnehmer
- Festlegung von Ort, Zeit und ungefährer Dauer der Diskussion
- Reservierung von Raum und Geräten
- Auswahl von Moderator und Hilfspersonal
- Einladung der Diskussionsteilnehmer, von Moderator und Hilfspersonal
- Besorgung der Aufnahmegeräte und deren Aufbau

Die Konkretisierung und Präzisierung des Untersuchungsziels ergibt sich aus dem formulierten Ziel der Arbeit. Entsprechende Diskussionsleitfaden wurde in Anlehnung an die Leitfaden der Einzelbefragungen für jede Diskussion vorbereitet und auf den konkreten Projektabschnitt zugeschnitten. Ort, Zeit und die Dauer der Diskussionen wurde individuell für jede Gruppenbefragung festgelegt und ergaben sich aus den Möglichkeiten der Projekttreffen.

Nachdem die vorbereitenden Maßnahmen durchgeführt sind, folgt die tatsächliche Gruppendiskussion. Eine allgemeingültige Formulierung des idealen Handlungsablaufs ist nicht möglich, da die Dynamik jeder Gruppendiskussion durch viele Parameter beeinflusst wird und folglich nicht zu standardisieren ist.[1020] Die während der Diskussion entstehende Dynamik wird dabei gezielt als Erkenntnisquelle genutzt.[1021] Um eine grobe Strukturierung auf einer Metaebene durchzuführen, können die von KELMAN entwickelten Theorien der Meinungsbildung im Gruppenprozess (Compliance, Identification und Internalisation) auf die Gruppendiskussion angewandt werden:[1022]

In der ersten Phase (Compliance) findet noch keine eigene Meinungsbildung statt. Stattdessen antizipieren die Teilnehmer die Erwartungen der Forscher und der anderen Teilnehmer, sodass Erkenntnisse in dieser Phase nur über eine geringe Aussagekraft verfügen. Mithin

[1018] Vgl. Lamnek, S.: Qualitative Sozialforschung, 2005, S. 108 ff.; Mayring, P.: Einführung in die qualitative Sozialforschung, 2002, S. 76 ff.

[1019] Vgl. Lamnek, S.: Qualitative Sozialforschung, 2005, S. 120

[1020] Vgl. Bortz, J.; Döring, N.: Forschungsmethoden und Evaluation, 2006, S. 294 ff.; Flick, U.: Qualitative Sozialforschung. Theorie, Methoden, Anwendung in Psychologie und Sozialwissenschaften, 2006, S. 136; Lamnek, S.: Qualitative Sozialforschung, 2005, S. 120 f.

[1021] Vgl. Flick, U.: Qualitative Sozialforschung. Theorie, Methoden, Anwendung in Psychologie und Sozialwissenschaften, 2006, S. 132

[1022] Vgl. Lamnek, S.: Qualitative Sozialforschung, 2005, S. 121; Knörzer, M.: Schulentwicklung in Salem, 2004, S. 197; Kelman, H. C.: Processes of opinion change, 1961

findet in dieser Phase eine Explikation des weiteren Vorgehens statt, in der den Teilnehmern das Lösen einer gemeinsamen Aufgabe aufgezeigt wird.[1023] Häufig findet in der ersten Phase auch eine kurze Vorstellung der Teilnehmer untereinander statt, in der der Diskussionsleiter versucht, ein Zusammengehörigkeitsgefühl zu generieren.[1024] In der zweiten Phase (Identification) erfolgt dann eine erste Meinungsbildung der Teilnehmer anhand von provokanten Thesen oder der Darstellung des Problems.[1025] Häufig beobachtet man die Bildung von Meinungslagern in dieser Phase. Erst während der letzten Phase (Internalisation) treten tiefgründig persönliche Ansichten hervor.

Tabelle 4-2: Phasenmodell der Gruppendiskussion nach NIEßEN

Diskussionsphase	*Erscheinungsform*	*Hypothese über Ursachen*
1. Fremdheit	Vorsichtige Wendungen; Unverbindlichkeit; Rückversicherung	Unsichere, weil fremde Situation; Aushandeln der „Definition"
2. Orientierung	Vorfühlen; stimulierende und provokative Äußerungen	Wunsch nach Gewissheit; Suche nach Gemeinsamkeiten
3. Anpassung	Rücksichtnahme auf vorhergegangene Äußerungen; Nachreden	Bedürfnis nach Zustimmung; Freude an der Bestätigung eigener Meinungsdispositionen; Gruppe als „objektive Instanz"
4. Vertrautheit	Stellungnahme gegenüber anderen Gruppenmitgliedern; übereinstimmende Aussagen; Ergänzende Zwischenrufe; Konsens	Bekanntsein der Einstellungen der Gruppenmitglieder; Wohlbehagen im Kollektiv; Furcht vor Isolierung
5. Konformität	Einheitliche Gruppenmeinung; kein Abweichen einzelner; „Monologe", Zurückfallen auf bestimmte Themen; Parteinahme gegen Außenseiter; Abwehr von Führungsversuchen; Vertuschen von Entgleisungen	Ansteckung; „Gruppensuggestion"; Identifizierung; Sorge um den Zusammenhalt der Gruppe
6. Abklingen der Diskussion	Abklingen der Spannung; Nachlassen der Intensität der Diskussion; Unaufmerksamkeit; Wiederholungen	Genügen an der hergestellten Konformität; Ermüdung

Ein weiteres Phasenmodell für Gruppendiskussionen geht auf die Ausführungen von POLLOCK zurück.[1026] Es wurde durch VON HAGENS konkretisiert und schließlich durch NIEßEN um

[1023] Vgl. Flick, U.: Qualitative Sozialforschung. Theorie, Methoden, Anwendung in Psychologie und Sozialwissenschaften, 2006, S. 136

[1024] Vgl. ebenda

[1025] Vgl. a. a. O., S. 136 f.

[1026] Vgl. Pollock, F.: Gruppenexperiment, 1955

eine sechste Phase ergänzt.[1027] Demnach durchläuft eine Gruppendiskussion mit neu zusammengestellten Teilnehmern die sechs Phasen nach Tabelle 4-2.[1028]

Im Projektkontext sind in Anlehnung an POLLOCK, VON HAGENS und NIEßEN insbesondere die späten drei Phasen von Interesse, da sich die Experten – mit Ausnahme des ersten Treffens – kannten und meist in ähnlicher Konstellation erneut diskutierten.[1029] In diesen letzten Phasen befindet sich die Gruppe nach KELMAN auf der Ebene der „Internalisation", sodass der größte Erkenntnisgewinn zu erwarten ist. Im Gegensatz zu Einzelbefragungen zeichnen sich die Ergebnisse durch eine höhere Signifikanz aus.[1030] Zudem sichert die Interaktion der Teilnehmer untereinander, gepaart mit einer offenen Gesprächsführung eine weitreichende und zumeist auch erkenntnisfördernde Themenvielfalt.[1031]

4.5.3 Erkenntnisgrenzen

In der Literatur finden sich einige Vor- und Nachteile der Gruppendiskussion als Methode der qualitativen Datenerhebung. LAMNEK greift daher in seinem Werk auf eine sehr umfassende Darstellung von KROMREY zurück.[1032] Nachfolgend sind die für diese Arbeit wesentlichen Vor- und Nachteile konsolidiert dargestellt:

Tabelle 4-3: Vor- und Nachteile der Gruppendiskussion

Vorteile	*Nachteile*
Teilnehmer lenken gegenseitig die Aufmerksamkeit auf bisher vernachlässigte Aspekte	Hohe Schweiger-Quote; Einschüchterung durch andere Gruppenmitglieder
Freimütige und offenherzige Beiträge	Gruppendynamik kann Diskussionsverlauf stören
Zugang zu Material, das latent im Vorbewussten der Befragten liegt	Monopolisierung der Diskussion durch Einzelne
Lieferung von Unterlagen zur Hypothesenbildung	Gefahr durch Abschweifen vom eigentlichen Thema
Erfassung eines breiten Meinungsspektrums	Hohe Anforderung an die Kooperationsbereitschaft
Diskussionsprozess offenbart Meinungsdispositionen	Auf einzelne Gruppenmitglieder bezogene Auswertung nahezu unmöglich
Mehr Material mit geringerem Aufwand (Kosten- und Zeitersparnis)	Hoher Nachbereitungsaufwand

[1027] Vgl. Lamnek, S.: Qualitative Sozialforschung, 2005, S. 121; Niessen, M.: Gruppendiskussion, 1977

[1028] Vgl. Knörzer, M.: Schulentwicklung in Salem, 2004, S. 196; Spöhring, W.: Qualitative Sozialforschung, 1989, S. 223

[1029] Vgl. Friedrichs, J.: Methoden empirischer Sozialforschung, 1990, S. 251

[1030] Vgl. Bortz, J.; Döring, N.: Forschungsmethoden und Evaluation, 2006, S. 303 f.

[1031] Vgl. Lamnek, S.: Qualitative Sozialforschung, 2010, S. 372 f.

[1032] Vgl. Kromrey, H.: Gruppendiskussionen: Erfahrungen im Umgang mit einer weniger häufigen Methode empirischer Sozialwissenschaft, 2005, S. 110 ff.; Lamnek, S.: Qualitative Sozialforschung, 2005, S. 74 ff.

4.6 Zwischenfazit

Das vierte Kapitel hat die theoretischen Grundlagen und das praktische Vorgehen zur Exploration der empirischen Datengrundlage für das Bewertungsmodell ausgearbeitet. Damit wird die bisherige Betrachtung der vorangegangenen Kapitel 2 und 3, die aus wissenschaftstheoretischer Perspektive erfolgte, um eine zweite, praxisorientierte-empirische Perspektive erweitert.

Die Arbeit entstand im Rahmen des TEC-Forschungsprojekts mit einem Konsortium von 14 Unternehmen der Branche Werkzeugbau aus Österreich und Deutschland. Insgesamt waren 24 Werkzeugbau-Experten mit heterogener Expertise aus vorwiegend Führungspositionen (Eigentümer, Prokuristen, Geschäftsführer, Konstruktions- und Produktionsleiter) involviert. Die Experten eint ihre ausgeprägte, langjährige Erfahrung in der Branche und resultierend ihr umfassendes Know-how über die Branche Werkzeugbau. Da der zentrale Anspruch dieser Arbeit ist, eine hohe praktische Relevanz sicherzustellen, wurden diese Experten von Anbeginn in den Forschungsprozess einbezogen.

Hierzu bedarf es der wissenschaftlichen Grundlagen der empirischen Sozialforschung, die zu Beginn dieses Kapitels eingeleitet wurden. Mithin wurden die beiden prinzipiellen Forschungsansätze der Explanation und Exploration gegenübergestellt. Die Explanation dient primär der quantitativen Hypothesenprüfung und ist somit vorwiegend als prüfender Ansatz zu verstehen. Demgegenüber kommt der Exploration die Aufgabe zu, Wissen über zumeist wenig erforschte Sachverhalte qualitativ oder quantitativ zu erheben. Die qualitative Exploration widmet sich dabei der Hypothesenformulierung, wohingegen die quantitative Exploration vor allem der statistischen Repräsentation dient. Im Rahmen dieser Arbeit wurde ein explorativer Ansatz ausgewählt und für das weitere Vorgehen zugrunde gelegt.

In der Folge wurden potentielle explorativ-empirische Erhebungsmethoden vorgestellt und ihre jeweiligen generischen Vor- und Nachteile identifiziert. Darauf aufbauend wurde anhand des Forschungsschwerpunkts, dem Ziel der Exploration und der Zusammensetzung der Experten Anforderungen an die potentiellen Erhebungsmethoden formuliert. Aufgrund der Anzahl der Experten, deren heterogener Expertise und langjähriger Erfahrung sind quantitative Explorations-Verfahren per se nicht zielführend. Mit dem Experteninterview als Derivat des Leitfaden-Interviews und der Gruppendiskussion konnten zwei explorativ-empirische Erhebungsmethoden identifiziert werden, die zum einen den theoriegenerierten Anforderungen standhalten, inhaltlich zielführend und überdies pragmatisch anwendbar sind. Die beiden geeigneten Methoden wurden in der Folge näher erläutert und die Planung, das Vorgehen und deren inhärenten Limitationen aufgeführt. Das Experteninterview zeigte sich als beste Methode, um Praxiswissen zu generieren, wohingegen die Gruppendiskussionen primär zur Konsolidierung unterschiedlicher Auffassungen erfolgreich genutzt werden konnte.

Die Exploration von Expertenwissen stellt eine fundamentale Notwendigkeit dar, auf der das Bewertungsmodell der Leistungsfähigkeit aufbaut. Hierbei ist das primäre Ziel, die theoretischen Erkenntnisse – aus dem zweiten und dritten Kapitel – um eine fundierte empirische Datenbasis zu erweitern. Zugleich wird dem sekundären Ziel Rechnung getragen, durch maßgeblichen Einbezug von Experten im Forschungsprozess sicherzustellen, dass das Modell die notwendige Praxisrelevanz und -tauglichkeit aufweist. Die Ergebnisse werden im folgenden fünften Kapitel, als variable oder konstante Eingangsgrößen in das Bewertungsmodell eingebracht und dezidiert im Rahmen der Modellkonzeption erläutert.

Um die Vertrautheit und Sensibilität der generierten Daten zu sichern, wurden diese durchgängig anonymisiert.

5 Konzeption und Detaillierung des Bewertungsmodells

Das fünfte Kapitel dient der Konzeption des Bewertungsmodells, das die theoretischen Erkenntnisse der betrachteten Objektbereiche und die explorativ-empirisch erhobenen Erkenntnisse der Experten der Branche Werkzeugbau integriert. Das Ziel des Bewertungsmodells ist die Berechnung der Lebenszykluskosten in Abhängigkeit der qualitativen Werkzeugauslegung eines beliebigen Spritzgießwerkzeugs als Indikator für die Leistungsfähigkeit eines Werkzeugs bzw. eines Werkzeugbauers. In Hinblick auf eine leichte Zugänglichkeit, gute Verständlichkeit und die nachfolgende Überführung in die industrielle Praxis, ist das Bewertungsmodell in inhaltlich abgegrenzte Module gegliedert.

In einem ersten Schritt erfolgt die Erläuterung der Vorgehensweise zur Modellbildung, die sich aus Kapitel 2.5, Objektbereich Systemtheorie, ableitet. Darauf aufbauend wird die Struktur des Bewertungsmodells auf modularer Ebene in einem Grobkonzept vorgestellt. Letztlich erfolgt in einem dritten Schritt die modulimmanente Detaillierung.

5.1 Vorgehen zur Modellkonzeption

Im zweiten Kapitel dieser Forschungsarbeit wurde in die System- und Modelltheorie eingeführt, um die wissenschaftliche Grundlage für die Modellkonzeption zu legen. Es wurden wesentliche Ansätze zur Systemmodellierung vorgestellt. Ein Bewertungsmodell zur Bestimmung der Leistungsfähigkeit im Werkzeugbau stellt ein System im definierten Sinn dar. Der Ansatz nach MÜLLER[1033] (vgl. Kapitel 2.5.4) wurde als sinnvolles Vorgehen für die Modellierung in dieser Arbeit identifiziert. Abbildung 5-1 zeigt das Vorgehen nach MÜLLER in prozessualer Darstellung und die Adaption in Hinblick auf das zu konzipierende Bewertungsmodell in dieser Forschungsarbeit:

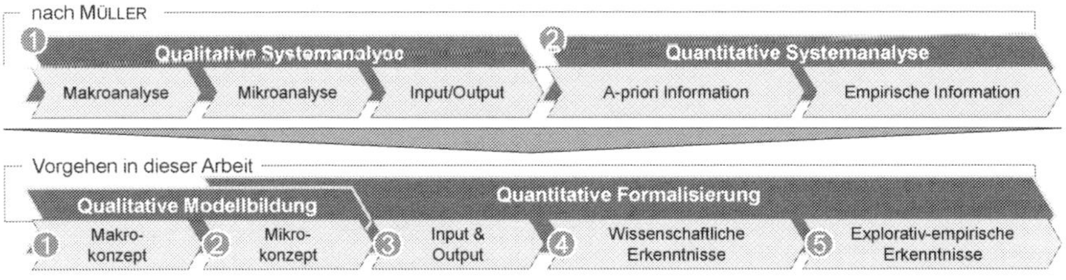

Abbildung 5-1: Vorgehen zur Modellkonzeption

Die Adaption des Vorgehens von MÜLLER besteht im Wesentlichen in der Anpassung der Begrifflichkeiten unter Berücksichtigung der Integration des allgemeinen Systemkonzepts nach ROPOHL (vgl. Kapitel 2.5.1.2).[1034] Das Vorgehen gliedert sich in den qualitativen Modelaufbau und die quantitative Formalisierung. Der qualitativen Modellbildung kommt hierbei die Rolle zu, den konzeptionellen Bezugsrahmen top-down für das Bewertungsmodell zu

[1033] Vgl. Müller, J. A.: Dynamische Modellbildung in der Ökonomie, 1990, S. 20

[1034] Vgl. Ropohl, G.: Allgemeine Technologie, 2009, S. 75 ff.; Mertins, K.; Siebert, G.: Prozeßorientiertes Benchmarking, 1997, S. 4 f.

konstruieren. Folglich wird die Grobstruktur des Modells aus den aufgenommenen Erkenntnissen im Forschungsprozess ex ante definiert. Die quantitative Formalisierung entspricht der inhaltlichen Ausgestaltung der aufgebauten Struktur und somit der Detaillierung des Bewertungskonzepts und der Erläuterung der funktionalen Zusammenhänge. Ferner werden die wissenschaftlichen theoretischen und die explorativ-empirischen Erkenntnisse integriert. Da das Bewertungsmodell sowohl präskriptive, als auch deskriptive Eigenschaften aufweist, können die Phasen jedoch nicht getrennt voneinander betrachtet werden. Entgegen der sequentiellen Suggestion in Abbildung 5-1, müssen die Phasen der quantitativen Formalisierung als parallel iterativ verlaufender Prozess verstanden werden.

Die fünf Phasen der qualitativen und quantitativen Modellbildung werden kurz erläutert:

1. **Makrokonzept** – Abgrenzung des Bewertungsmodells gegenüber der Umwelt und Beschreibung des hierarchischen Aufbaus des Modells. Die hierarchische Struktur des Bewertungsmodells ergibt sich aus der Komposition interagierender Systeme und Subsysteme. Ein System wird im Folgenden als Modul bezeichnet; Subsysteme werden als Elemente innerhalb der Module konstruiert.

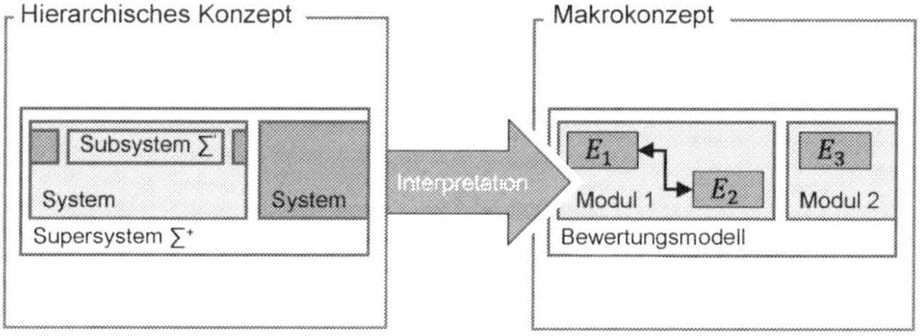

Abbildung 5-2: Abstraktion des hierarchischen Aufbaus des Bewertungsmodells

2. **Mikrokonzept** – Beschreibung der Anforderungen an die einzelnen, inhaltlich abgegrenzten Module des Bewertungsmodells. Der strukturelle Aufbau der Module gliedert sich in Elemente (E_i), die den funktionalen Zusammenhang eines Moduls darstellen und deren Interaktion die Aufgabe eines jeden Moduls festlegt.

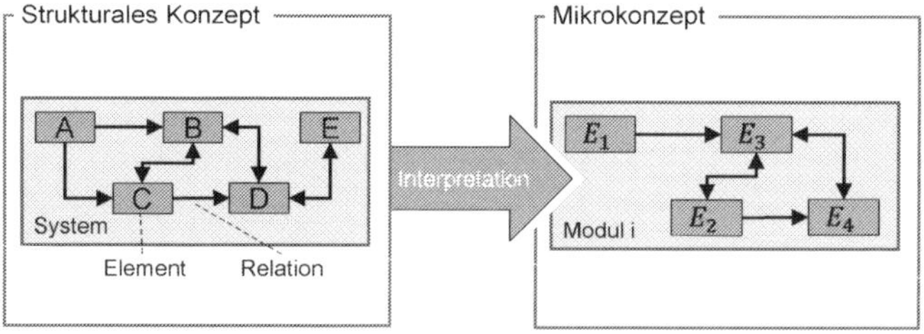

Abbildung 5-3: Abstraktion des strukturellen Aufbaus des Bewertungsmodells

3. **Input und Output** – Die Funktionen des Bewertungsmodells können als triviale mathematische Gleichungen formuliert werden.[1035] Der zu erzielende Output y_j (Leistungsfähigkeit von Werkzeugbauern) stellt eine Funktion in Abhängigkeit zu definierender Variablen x_i dar. Das Bewertungsmodell hat folglich den funktionalen Zusammenhang $f(x_i)$ abzubilden, der sich durch partielle oder totale Faktorvariation der Variablen x_i ergibt.

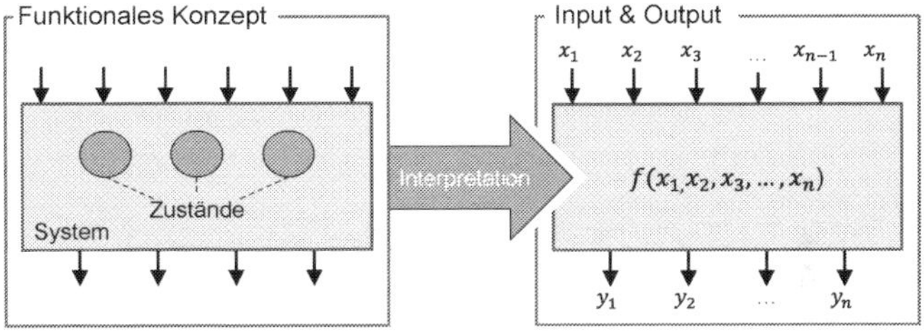

Abbildung 5-4: Abstraktion der Funktion des Bewertungsmodells

4. **Wissenschaftliche Erkenntnisse** – Basierend auf dem Stand der Wissenschaft wurden Erkenntnisse zur Problemstellung erarbeitet und in Anforderungen an das zu erstellende Bewertungsmodell überführt. Diese sind in Form von Axiomen formuliert worden und stellen notwendige und hinreichende Bedingungen für die Detaillierung des mathematisch-funktionalen Modells dar.
5. **Explorativ-empirische Erkenntnisse** – In Kapitel 1 wurde das Vorgehen zur Einbindung von Experten aus der Branche Werkzeugbau vorgestellt. Ihre Erfahrung und das damit verbundene Wissen sichert die angestrebte Praxisrelevanz des Bewertungsmodells. Die Experten wurden im Wesentlichen aus drei Gründen in die Modellerstellung einbezogen:
   - Definition der modellendogenen und -exogenen Parameter
   - Sicherstellung der pragmatischen Zielsetzung des Bewertungsmodells
   - Verifizierung und Validierung der (Teil-) Ergebnisse

5.2 Qualitativer Aufbau des Bewertungsmodells

Nachdem das Vorgehen zum Aufbau des Bewertungsmodells skizziert ist, erfolgt die Ausgestaltung. Die aufgezeigten Erkenntnisse aus wissenschaftlicher Sicht dienen der Strukturierung des Modells und werden um wesentliche praktische Erkenntnisse der involvierten Experten erweitert. Somit wird der Anspruch auf Wissenschaftlichkeit und hohe praktische Relevanz sichergestellt. Das Vorgehen des qualitativen Modellaufbaus folgt dabei den zuvor beschriebenen Konzepten in Anlehnung an ROPOHL[1036].

Die Bewertung der Leistungsfähigkeit von Werkzeugbauern erfolgt basierend auf dem Vergleich von kumulierten Lebenszykluskosten, die sich aus der qualitativen Auslegung eines

---

[1035] Vgl. Ropohl, G.: Allgemeine Systemtheorie, 2012, S. 59 ff.

[1036] Vgl. Ropohl, G.: Allgemeine Technologie, 2009, S. 75 ff.; Mertins, K.; Siebert, G.: Prozeßorientiertes Benchmarking, 1997, S. 4 f.

Werkzeugs ergeben. Das Bewertungsmodell ermöglicht in einem ersten Schritt die Prognose kumulierter Lebenszykluskosten für ein beliebiges Referenzwerkzeug. Der Vergleich wird anschließend durch die Auslegung von bis zu zwei Varianten ermöglicht, die durch die Anwendung des Bewertungsmodells durch den Werkzeugbauer – oder mehrere – resultieren. Der Betrachtungsfokus des Bewertungsmodells wird durch einen konzeptionellen Bezugsrahmen definiert, der einen Ordnungsrahmen für die handlungsbezogenen Erkenntnisse des Modells aufbaut und so die Komplexität reduziert.[1037] Als konzeptioneller Bezugsrahmen dient der Referenzlebenszyklus für Spritzgießwerkzeuge, der im Vorfeld mit den Experten definiert worden ist (vgl. Abbildung 5-5):

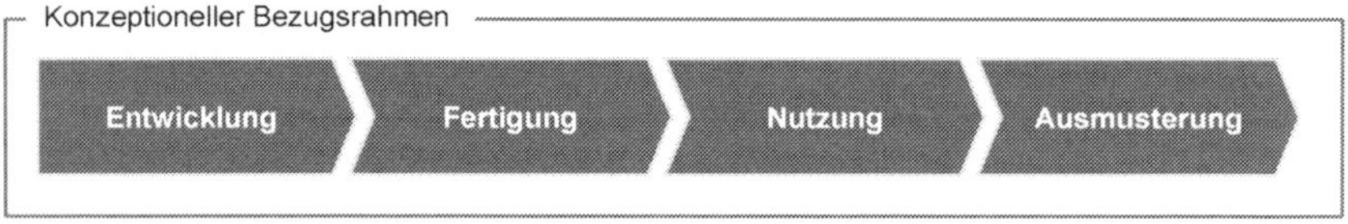

Abbildung 5-5: Konzeptioneller Bezugsrahmen

Der Referenzlebenszyklus als konzeptioneller Bezugsrahmen impliziert die Annahme, dass sich ein jedes Spritzgießwerkzeug mit Hilfe dieser Phasen abbilden und in der Folge auch berechnen bzw. bewerten lässt. Da der Referenzlebenszyklus als Ergebnis der Komposition wissenschaftlicher und praktischer Erfahrung entstanden ist (vgl. Kapitel 2 und Kapitel 4) kann davon ausgegangen werden, dass die Annahme zutreffend ist. Zugleich stellt der konzeptionelle Bezugsrahmen die Systemgrenze der Betrachtung dar, sodass darüber hinausgehende Einflüsse keine Berücksichtigung finden.

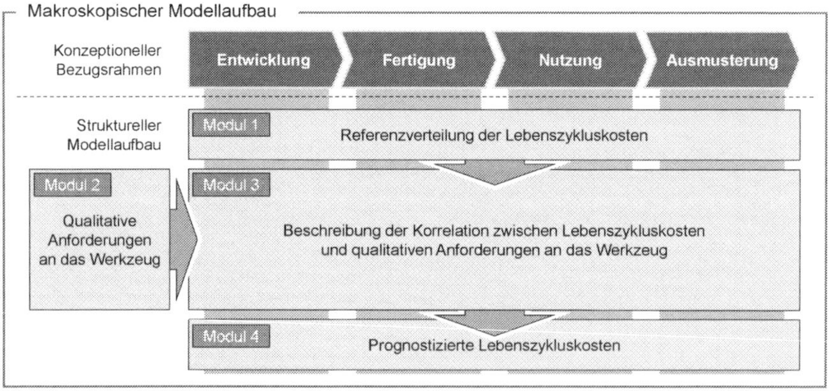

Abbildung 5-6: Makroskopischer Aufbau des Bewertungsmodells

[1037] Vgl. Richter, M.: Theorie und Praxis der Wirtschaftsprüfung II, 1999, S. 265

Ausgehend von dem konzeptionellen Bezugsrahmen gliedert sich das Bewertungsmodell in 4 Module, die das Modell in seiner makroskopischen Form aufbauen (vgl. Abbildung 5-6). In der Folge werden die Module eingeführt, ihre grundsätzliche Funktion erläutert und ihre Interdependenzen aufgezeigt.

Das erste Modul bildet die Grundlage für die Leistungsbewertung von Werkzeugbauern. Hierzu wird eine Referenzkostenverteilung als Heuristik benötigt. Der Referenzlebenszyklus, der auf der vorherigen Seite als konzeptioneller Bezugsrahmen für das Modell eingeführt worden ist, stellt den Ausgangspunkt der Betrachtung dar. Es erfolgt eine Detaillierung des Referenzlebenszyklus und alsdann dessen Erweiterung um phasenimmanente Kostenpositionen, mit dem Ziel eine Referenzkostenverteilung über den Lebenszyklus eines Spritzgießwerkzeugs zu erstellen. Als Ergebnis wird eine generische Verteilung der Kosten für Spritzgießwerkzeuge aufgenommen, die im Sinne der „Total Cost of Ownership" (vgl. Kapitel 2.4.3) den kumulierten Aufwand für ein beliebiges Referenzwerkzeug darstellt.[1038]

Das zweite Modul erfasst die qualitativen Anforderungen an ein beliebiges Spritzgießwerkzeug. Diese Anforderungen werden in der Praxis in Form eines Lastenhefts vom Kunden definiert und anschließend in technische Anforderungen bzw. konstruktive Merkmale überführt. Die konstruktiven Merkmale dienen daher als Indikator für die qualitativen Werkzeuganforderungen. Sie stellen zugleich die Eingangsvariablen des Modells dar. Die qualitativen Anforderungen an das Referenzwerkzeug müssen in der Folge vergleichbar sein, um beliebige Spritzgießwerkzeuge nach ihren Anforderungen differenzieren zu können. Hierzu wird eine Logik in Form einer Morphologie entwickelt, die die Anforderungen normiert und so den Werkzeugvergleich ermöglicht.

Im dritten Modul erfolgt die Verknüpfung zwischen qualitativen Anforderungen und deren unidirektionaler Auswirkungen auf die generische Referenzkostenverteilung. Hierzu werden Korrelationen erarbeitet, die die Veränderungen der qualitativen Anforderungen auf die Kosten im Lebenszyklus beurteilen. Basierend auf der zuvor in Modul 1 festgelegten generischen Kostenverteilung wird so die Grundlage für die Berechnung der prognostizierten Lebenszykluskosten gelegt.

Im vierten Modul erfolgt die Berechnung der prognostizierten Lebenszykluskosten für das Referenzwerkzeug und daraus resultierend der Leistungsfähigkeitsindex. Hierzu werden die Korrelationen mit den normierten Werten aus dem Anforderungsprofil verknüpft, um eine Verteuerung bzw. Vergünstigung durch geänderte Anforderungen abzubilden. Die Veränderung wird durch Summation in den einzelnen Kostenpositionen dem bestehenden Referenzlebenszyklus addiert bzw. subtrahiert, sodass sich für jede einzelne Kostenposition im Lebenszyklus veränderte Werte ergeben. Die kumulierten Kostenpositionen ergeben, die prognostizierten Gesamtkosten des Referenzwerkzeugs in Abhängigkeit der qualitativen Anforderungen. Das Verhältnis prognostizierter Lebenszykluskosten und qualitativer Auslegung führt in der Folge zur Bewertung der Leistungsfähigkeit.

[1038] Vgl. Wannenwetsch, H.: Erfolgreiche Verhandlungsführung in Einkauf und Logistik, 2009, S. 23 ff.

5.3 Quantitative Formalisierung des Bewertungsmodells

Nachdem das Grobkonzept als qualitativer Aufbau des Modells vorgestellt wurde, erfolgt die Detaillierung der einzelnen Module. Da die eingebundenen Werkzeugbauer, als Experten, die Parametrierung des Modells durch ihr Know-how im Wesentlichen ermöglicht haben, beinhaltet das Vorgehen zur Modellbildung sowohl explorativ-empirische als auch wissenschaftstheoretische Erkenntnisse. Die Entwicklung erfolgte dabei in einem iterativen Prozess, der die hohe Praktikabilität als auch die wissenschaftliche Relevanz sicherstellt.

Die Implementierung des quantitativen Modellaufbaus erfolgt in Microsoft Excel.

5.3.1 Modul 1 – Referenzkostenverteilung als heuristischer Bezugsrahmen

Dem ersten Modul kommt die Aufgabe zu, die Lebenszykluskosten bzw. deren Verteilung für ein Spritzgießwerkzeug als Grundlage für die Leistungsbewertung in das Modell einzubringen. Hierzu wird zu Beginn ein qualitativ durchschnittlich komplexes Spritzgießwerkzeug angenommen, das in der Folge als Referenzwerkzeug bezeichnet wird.[1039] Die zugehörige Kostenverteilung dieses Spritzgießwerkzeugs über dessen Lebenszyklus wird folglich als Referenzkostenverteilung bezeichnet.

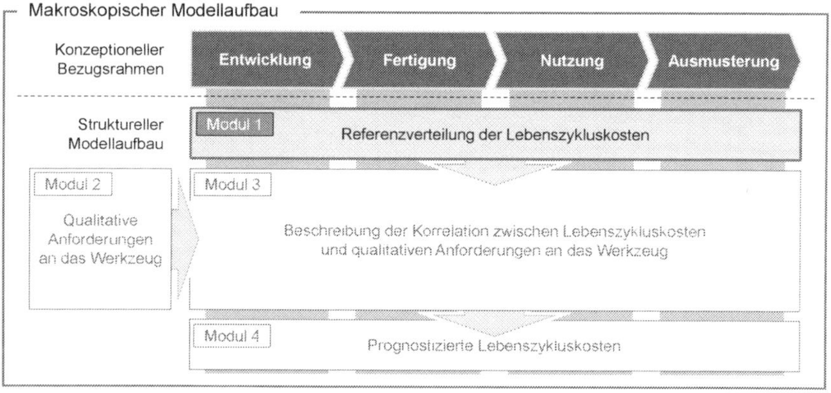

Abbildung 5-7: Strukturelle Verortung von Modul 1 im Bewertungsmodell

Referenzlebenszyklus

Der eingeführte Referenzlebenszyklus muss ausgehend von den vier Hauptphasen weiter detailliert werden. Hierzu wurden in der Literatur recherchierte Produktlebenszyklen auf ihre Eignung im Werkzeugbau gesichtet und zu einem Diskussionsvorschlag zusammengeführt. Dieser wurde folgend von den Experten mit dem eigenen Verständnis abgeglichen und individuell angepasst. Abschließend wurden die individuellen Produktlebenszyklen der Experten in einem Workshop diskutiert und zu einem allgemeingültigen Referenzlebenszyklus auf der

[1039] Die zugrundliegende Annahme eines qualitativ durchschnittlich komplexen Spritzgießwerkzeugs wird in Modul 2, Kapitel 0 eindeutig definiert.

zweiten Ebene (Subphasen) konsolidiert. Hierbei wurden folgende Anforderungen obligatorisch berücksichtigt:

- Der Lebenszyklus eines beliebigen Spritzgießwerkzeug muss vollständig abgebildet werden können.
- Die Bezeichnungen der Subphasen wurde so gewählt, dass sie spezifisch und zugleich allgemeingültig sind, um ein eindeutiges Verständnis aufzubauen.
- Die Auflösung der Subphasen wurde so gewählt, dass sich alle Experten mit der generierten Sequenz identifizieren.

Die Ergebnisse dieses Prozesses werden nachfolgend ausgeführt.

Die Entwicklungsphase als erste Hauptphase wird in 5 Subphasen auf zweiter Ebene (Anfrage, Angebot, Beauftragung, Konzeptionierung und Konstruktion) differenziert. Sie besteht zunächst aus der Anfrage des Kunden beim Werkzeugbauer. Bezüglich der Anfrage wird seitens des Werkzeugbauers ein Angebot erstellt und dem Kunden unterbreitet. Kommt es zum Vertrag erfolgt anschließend die Beauftragung des Werkzeugbauers durch den Kunden. Im nächsten Schritt wird das Konzept des Werkzeugs finalisiert und die Konstruktion erstellt. So ergibt sich die prozessuale Differenzierung der Entwicklungsphase entsprechend nachfolgender Abbildung.

Abbildung 5-8: Subphasen der Hauptphase "Entwicklung"

Die Fertigungsphase wird in insgesamt 8 Subphasen unterteilt, beginnt mit der Feinplanung des beauftragten Werkzeugs, gefolgt von der Beschaffung und endend mit der Inbetriebnahme des Werkzeugs beim Kunden. Sobald die Programmierung der Maschinen abgeschlossen ist, erfolgt die mechanische Fertigung. Anschließend erfolgt die Montage des Werkzeugs, die Try-Out-Phase, eine Vorserienproduktion und schließlich die Inbetriebnahme des Werkzeugs beim Kunden. Der Fertigungsprozess ist auf dem betrachteten Abstraktionsniveau relativ homogen, was die Abstimmung der Experten wesentlich erleichterte. Die 8 Subphasen des Referenzlebenszyklus auf zweiter Ebene sind Abbildung 5-9 zu entnehmen.

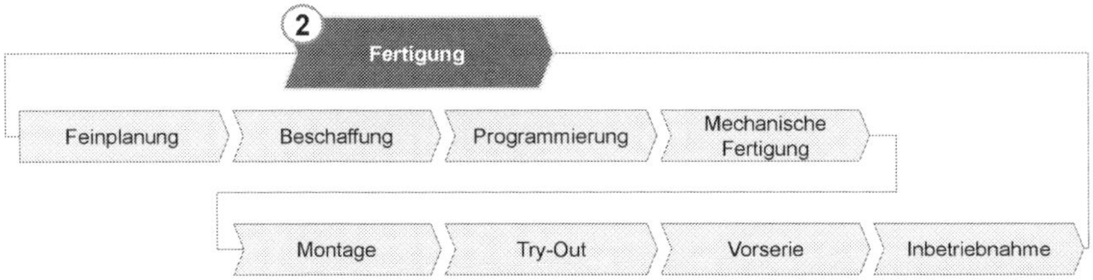

Abbildung 5-9: Subphasen der Hauptphase "Fertigung"

Nach Abschluss der Fertigung geht das Werkzeug in die Nutzung über. An dieser Schnittstelle findet der physische Übergang des Werkzeugs vom Werkzeugbauer zum Kunden statt. In den Expertengesprächen zeigte sich, dass grundsätzlich mit dem Übergang des Besitzes am Werkzeug auch das Wissen über dessen Nutzung abnimmt. Dies variiert insbesondere in Abhängigkeit eines internen oder externen Werkzeugbaubetriebes.

Abbildung 5-10: Subphasen der Hauptphase "Nutzung"

Sobald das Werkzeug beim Kunden in Betrieb genommen wurde, befindet sich das Werkzeug in der Nutzungsphase seines Lebenszyklus, die sich in insgesamt 5 Subphasen differenzieren lässt. Zu Beginn steht die Serienfertigung. Bei Nicht-Nutzung erfolgt die temporäre Einlagerung des Werkzeugs. Weitere Bestandteile sind die Überarbeitung bzw. Reparatur des Werkzeugs, die in die beiden Phasen „Instandhaltung“ und „Verschleißteile“ subsummiert werden. Abschließend wird unter der „KVP“-Phase eine kontinuierliche Verbesserung des Werkzeugs im Betrieb verstanden.

Abbildung 5-11: Subphasen der Hauptphase "Ausmusterung"[1040]

Abschließend erfolgt die Ausmusterungsphase, die sich in die drei Subphasen Einlagerung, Recycling und Verschrottung des Werkzeugs unterteilen lässt. In den Interviews als auch der schließenden Gruppendiskussion zeigte sich, dass zu dieser Hauptphase bisher wenige Erkenntnisse in der Praxis vorliegen. Dies wurde insbesondere dadurch deutlich, dass kaum Änderungsvorschläge von den Experten zu den vorgeschlagenen Subphasen vorgenommen wurden.

Der Referenzlebenszyklus wird durch vier Hauptphasen beschrieben und durch 21 Subphasen detailliert, die den Lebenszyklus eines Spritzgießwerkzeugs ganzheitlich beschreiben und in nachfolgender Grafik konsolidiert dargestellt sind (vgl. Abbildung 5-12):

[1040] Zum Ausmusterungsbegriff siehe z. B. Bach, F.-W.; Kerber, K.: Prozesskette Präzisionsschmieden, 2014, S. 455

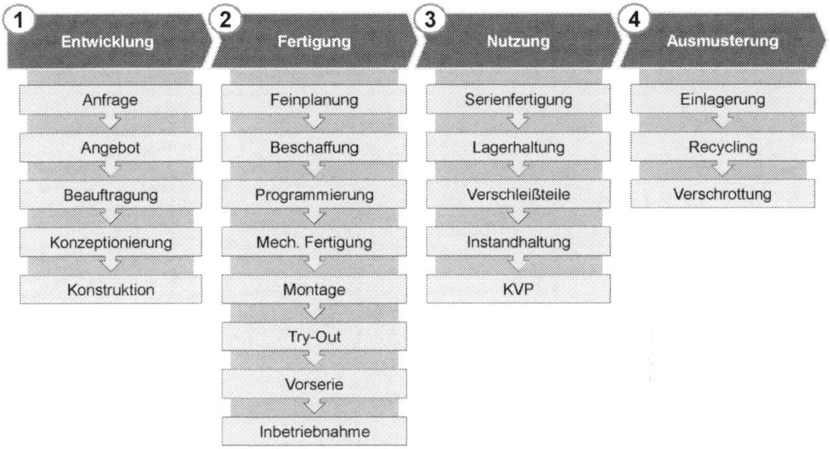

Abbildung 5-12: Referenzlebenszyklus inkl. Subphasen

Es ist anzumerken, dass ein Spritzgießwerkzeug nicht notwendigerweise jede Phase durchlaufen muss (Beispiel KVP- oder Recyclingphase). Im Gegenteil sollte sich jedoch jede Phase eines Werkzeugs in den aufgezeigten Referenzlebenszyklus einordnen lassen.

Kostenpositionen im Referenzlebenszyklus

Um den Referenzlebenszyklus mit seinen Phasen und Subphasen als Grundlagen für eine Betrachtung der Lebenszykluskosten zu befähigen, wurden auf einer dritten Ebene für jede Subphase einzelne, in dieser Phasen hauptsächlich auftretende Kostentreiber in Abstimmung mit den Experten erhoben. Hierzu wurden aus vorangegangen Forschungsprojekten und einer intensiven Literaturrecherche Kostenpositionen im Lebenszyklus von Spritzgießwerkzeugen eruiert. Diese wurden in der Folge von den Experten bewertet, diskutiert und selektiert mit dem Ziel die wesentlichen Kostentreiber einer jeden Lebenszyklusphase zu identifizieren. Abschließend wurden die eruierten Kostenpositionen innerhalb des definierten Referenzlebenszyklus allokiert. In jeder Subphase konnten zwischen zwei und acht Kostentreiber ermittelt werden, welche die Kosten in der jeweiligen Phase signifikant beeinflussen.

Abbildung 5-13: Kostenpositionen in der Entwicklungsphase

Die Kostenpositionen der Entwicklungsphase zeigt Abbildung 5-13. Insgesamt ergeben sich 23 Kostenpositionen, die sich auf die 5 Subphasen verteilen. Exemplarisch setzen sich die Kosten für die Konzeptionierung eines Spritzgießwerkzeugs aus den Kosten für die Ausarbeitung und Detaillierung des Werkzeugkonzepts, der Werkzeugsimulation und der anschließenden Machbarkeitsprüfung zusammen. Hinzu kommen Kosten für den Review der Werkzeuganforderungen und des Angebots. Abschließend werden Reisekosten als weiterer Kostentreiber in dieser Phase identifiziert, die jedoch stark von der Entfernung und dem Anspruch des Kunden abhängig sind.

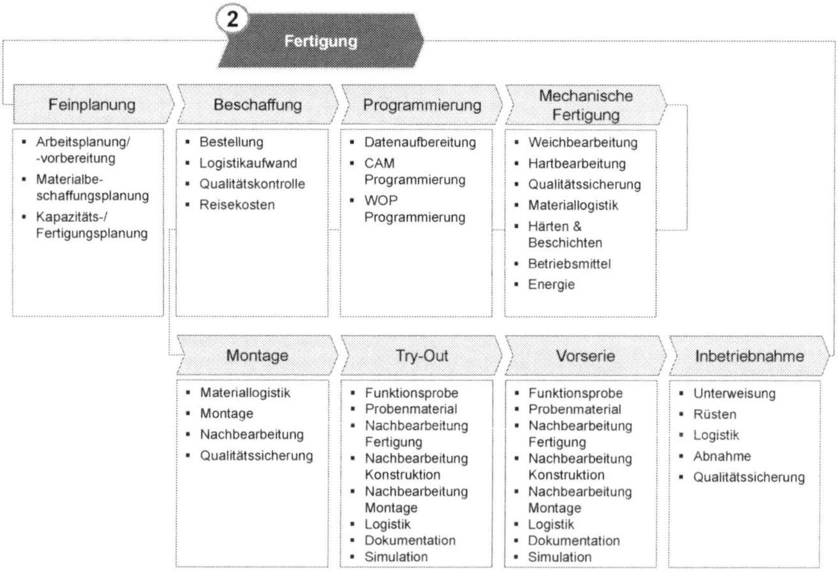

Abbildung 5-14: Kostenpositionen in der Fertigungsphase

In der Hauptphase Fertigung lässt sich der Referenzlebenszyklus nach vorheriger Ausführung in 8 Subphasen gliedern. Deren insgesamt 42 Kostenpositionen sind in Abbildung 5-14 veranschaulicht. Als weiteres Beispiel sei die Zusammensetzung der Kosten für die Montage eines Werkzeugs erläutert. Die Montage von Spritzgießwerkzeugen lässt sich aus Sicht der Experten folgendermaßen unterteilen: Zu Beginn ist es erforderlich, alle notwendigen Materialen bzw. Einzelteile und Baugruppen zur Verfügung zu stellen. Der damit verbundene Aufwand wird in der Materiallogistik konsolidiert. Anschließend erfolgt die Montage der Einzelteile bzw. Baugruppen zum Werkzeug. Während und nach der Montage kann es zu Nacharbeitsaufwand kommen, der in einer separaten Kostenposition erfasst wird. Abschließend fallen innerhalb dieser Subphase Kosten für die Qualitätssicherungsmaßnahmen an. In der Diskussion mit den Experten wurde deutlich, dass die ersten beiden Positionen in der Regel wesentlich umfangreicher sind als die letztgenannten. Der Umstand, dass mitunter wesentliche Unterschiede in dem Umfang einzelner Phasen bestehen, wurde im weiteren Verlauf durch die entsprechende Gewichtung berücksichtigt.

Im Weiteren sind die Kostenpositionen der beiden letzten Hauptphasen Nutzung und Ausmusterung in der Folge in Abbildung 5-15 und Abbildung 5-16 analog dargestellt. Die Nutzungsphase gliedert sich in 23 Kostenpositionen, die sich nach physischem Übergang des Werkzeugs von dem Werkzeugbauer an den Kunden bei letztgenanntem auswirken. Erwartungsgemäß ergeben sich Kostenpositionen, die im Wesentlichen den Betrieb des Werkzeugs abbilden. Der Aufwand für die kontinuierliche Verbesserung des Werkzeugs wurde nicht von allen Experten benannt; allerdings von anderen als vermeintlicher Kostentreiber aufgeführt, sodass dieser entsprechend berücksichtigt wurde.

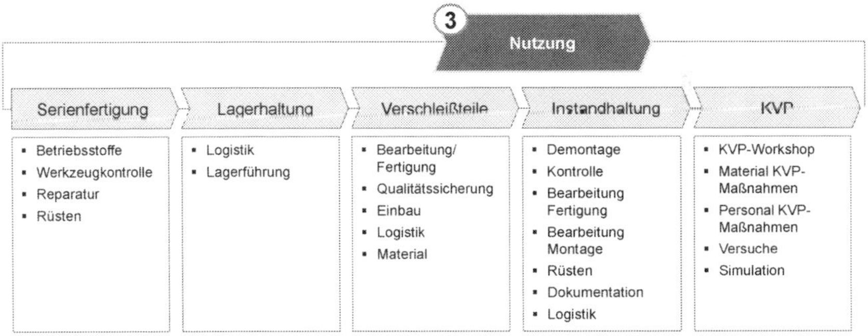

Abbildung 5-15: Kostenpositionen in der Nutzungsphase

Abschließend wurden die 9 Kostenpositionen für die Ausmusterung definiert. Die letzte Phase beginnt, sobald das Werkzeug nicht mehr, auch nicht mehr durch Reparaturmaßnahmen, für die Produktion genutzt werden soll oder kann. Diese letzte Lebenszyklusphase beginnt mit der Einlagerung des Werkzeugs. Nachdem alle Möglichkeiten des Recyclings ausgeschöpft sind wird das Werkzeug verschrottet. Hier zeigte sich, dass es aktuell vergleichsweise wenige praktische Erkenntnisse der Werkzeugbauer über die anfallenden Kosten gibt. Die recherchierten Kostenpositionen entsprechen daher im Wesentlichen Vorschlägen, die sich aus der zugrunde liegenden Literaturrecherche ergaben.

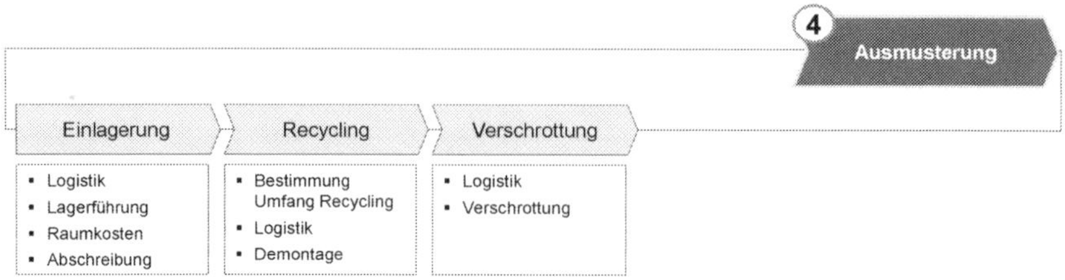

Abbildung 5-16: Kostenpositionen in der Ausmusterungsphase

Der eingeführte Referenzlebenszyklus eines Spritzgießwerkzeugs wird über 4 Hauptphasen auf erster Ebene und 21 Lebenszyklusphasen auf zweiter Ebene beschrieben. Davon ausgehend erfolgt eine weitere Detaillierung durch insgesamt 97 Kostenpositionen, die sich über die einzelnen Phasen des Lebenszyklus verteilen.

Referenzkostenverteilung für Spritzgießwerkzeuge

Nachdem der Referenzlebenszyklus festgelegt und die zugehörigen Kostentreiber in Form von Kostenpositionen definiert worden sind, wurde in einem weiteren Schritt eine durchschnittliche Verteilung der Kosten für ein generisches Spritzgießwerkzeug bestimmt.

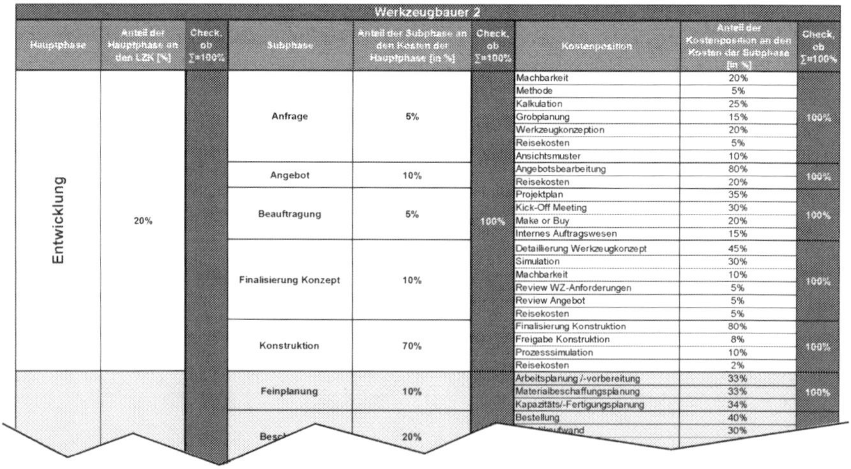

Werkzeugbauer 2								
Hauptphase	Anteil der Hauptphase an den LZK [%]	Check, ob ∑=100%	Subphase	Anteil der Subphase an den Kosten der Hauptphase [in %]	Check, ob ∑=100%	Kostenposition	Anteil der Kostenposition an den Kosten der Subphase [in %]	Check, ob ∑=100%
Entwicklung	20%		Anfrage	5%	100%	Machbarkeit	20%	100%
						Methode	5%	
						Kalkulation	25%	
						Grobplanung	15%	
						Werkzeugkonzeption	20%	
						Reisekosten	5%	
						Ansichtsmuster	10%	
			Angebot	10%		Angebotsbearbeitung	80%	100%
						Reisekosten	20%	
			Beauftragung	5%		Projektplan	35%	100%
						Kick-Off Meeting	30%	
						Make or Buy	20%	
						Internes Auftragswesen	15%	
			Finalisierung Konzept	10%		Detaillierung Werkzeugkonzept	45%	100%
						Simulation	30%	
						Machbarkeit	10%	
						Review WZ-Anforderungen	5%	
						Review Angebot	5%	
						Reisekosten	5%	
			Konstruktion	70%		Finalisierung Konstruktion	80%	100%
						Freigabe Konstruktion	8%	
						Prozesssimulation	10%	
						Reisekosten	2%	
			Feinplanung	10%		Arbeitsplanung /-vorbereitung	33%	100%
						Materialbeschaffungsplanung	33%	
						Kapazitäts/-Fertigungsplanung	34%	
			Besc[illegible]	20%		Bestellung	40%	
						[illegible]ufwand	30%	

Abbildung 5-17: Exemplarischer Auszug des ausgefülltes Templates

Die Experten wurden gebeten die relative Gewichtung der Phasen und Kostenpositionen zueinander vorzunehmen. Hierzu wurde ein Template erstellt, das individuell von Experten ausgefüllt wurde (vgl. Auszug Abbildung 5-17). Die Gewichtung wurde in der Regel ausgehend von den Hauptphasen „top-down" vorgenommen. Demnach erfolgte sie erst in den Hauptphasen (zweite Spalte), weiterhin in den Subphasen (5. Spalte) und abschließend in den einzelnen Kostenpositionen (8. Spalte). Zur Kontrolle erfolgte stets eine Prüfung auf 100 % (dunkelgraue Spalten). Ferner gilt für die Lebenszykluskosten eines Werkzeugs über alle Lebenszyklusphasen folgender Zusammenhang:

$$LZK_{Werkzeug} = \sum_{k=1}^{4} LZK_{HP_k} = \sum_{j=1}^{21} LZK_{SP_j} = \sum_{i=1}^{97} K_i$$

$mit\ LZK_{Werkzeug} = Lebenszykluskosten\ Werkzeug,\ LZK_{HP_k} = Lebenszykluskosten\ Hauptphase\ k,$
$LZK_{SP_j} = Lebenszykluskosten\ Subphase\ j,\quad K_i = Kostenposition\ i$

Der Zusammenhang beschreibt, dass sich die Lebenszykluskosten eines Werkzeugs als Summe der Kosten der 4 Hauptphasen ergeben. Diese setzen sich ihrerseits aus den Kosten der 21 Subphasen zusammen, deren Kosten sich aus den eingeführten 97 Kostenpositionen berechnen.

Insgesamt konnten acht vollständige Expertenbewertungen erfasst werden. Eine vollständige Darstellung des Templates, der konsolidierten Ergebnisse und relevanter statistischen Größen ist Anhang X.II zu entnehmen. Ferner wird im Anhang eine Betrachtung, differenziert nach den vier Hauptphasen aufgezeigt.

Die Einzelergebnisse wurden arithmetisch gemittelt, um eine generische Referenzkostenverteilung für Spritzgießwerkzeuge aufzubauen. Die konsolidierten Ergebnisse der empirischen Exploration, die in das erste Modul des Bewertungsmodells eingehen, sind in Abbildung 5-18 und Abbildung 5-19 dargestellt und werden folgend kurz erläutert. Abstrahiert auf Ebene der 21 Subphasen ergibt sich eine geglättete Lebenszykluskurve (vgl. Abbildung 5-18). Die Kosten einer Subphase ergeben sich als Summe der immanenten Kostenpositionen entsprechend der zuvor angeführten Formel.

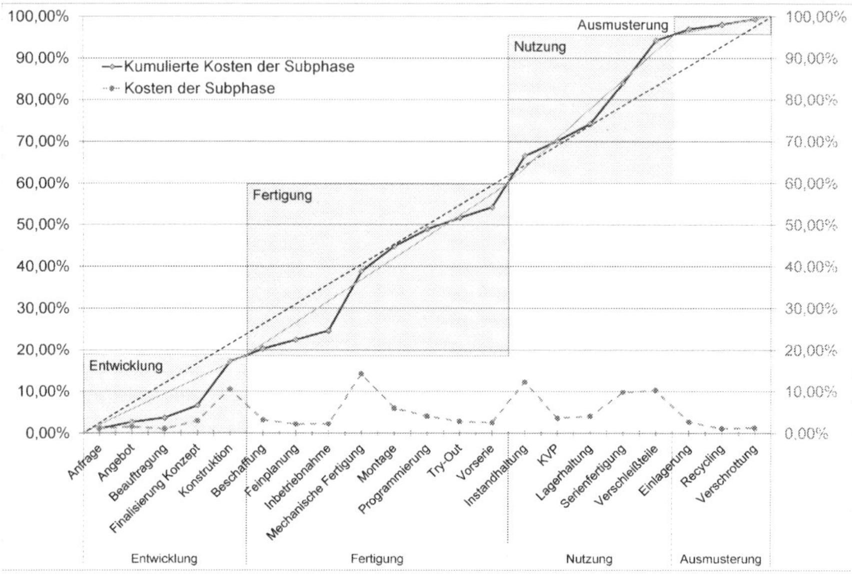

Abbildung 5-18: Lebenszykluskosten auf Ebene der Subphasen[1041]

Die gestrichelte Kurve entlang der Abszisse zeigt den Verlauf des relativen Aufwands einer jeden Subphase. Die Punkte zeigen dabei den relativen Wert der jeweiligen Subphase, der sich als Summe der immanenten Kostenpositionen ergibt. Eine zweite gestrichelte Gerade entspricht der Winkelhalbierenden, die der Interpretation dient: Bei Gleichverteilung der Kosten über alle Subphasen entspräche die Gerade der kumulierten Kostenkurve über den Lebenszyklus. Ferner kann dieser Vergleich auch für die 4 Hauptphasen differenziert vorgenommen werden. Aus der Anzahl der Subphasen und dem relativen Anteil einer Hauptphase wird jeweils ein Rechteck aufgespannt, welches als Indikator für die Gewichtung der Hauptphasen fungiert. Die Fläche kann somit als Maß für die Wichtigkeit der Hauptphase im Lebenszyklus interpretiert werden. Analog findet sich innerhalb eines jeden Rechtecks eine Winkelhalbierende (hellgrau), die entsprechend den Kostenverlauf bei Gleichverteilung innerhalb der jeweiligen Hauptphase darstellt. Die Winkelhalbierenden erleichtern die Interpretation der durchgezogenen dunklen Linie, die die tatsächlichen kumulierten Kosten der Subphasen basierend auf den explorierten Ergebnissen (vgl. Anhang X.II) abbildet. Entsprechend zeigt sich durch den Vergleich der partiellen Steigungen der tatsächlichen Kostenkurve und der der entsprechenden Steigung der Winkelhalbierenden, an welchen Stellen im Lebenszyklus die Zunahme der Kosten über- und unterdurchschnittlich ausgeprägt ist.

Nachstehend zeigt Abbildung 5-19 die Verteilung der Lebenszykluskosten differenzierter auf Ebene der 97 Kostenpositionen. Die höhere Auflösung ermöglicht genauere Aussagen, ist

1041 Die Perspektive der 21 Subphasen wird in der Folge als „kompakte Darstellung" aufgegriffen.

jedoch aufgrund der Menge dargestellter Daten weniger intuitiv zugänglich[1042]. Die Ordinatenskalierung für die Kostenpositionen (rechte Seite) wurde angepasst. Die vorangegangenen Erläuterungen sind darüber hinaus äquivalent auf die dezidiertere Darstellung zu übertragen.

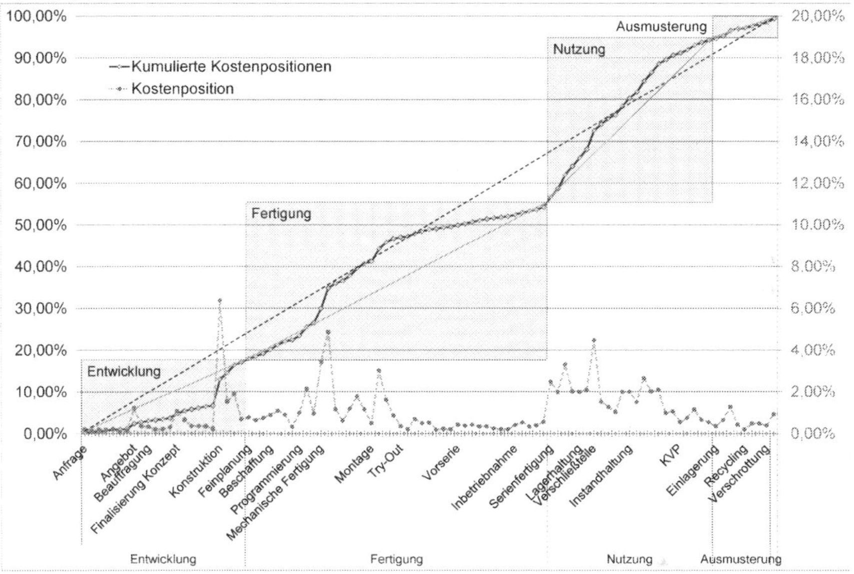

Abbildung 5-19: Lebenszykluskosten auf Ebene der Kostenpositionen[1043]

In der Folge baut das Bewertungsmodell grundsätzlich auf der dezidierten Darstellung auf Die zugrunde liegenden Werte sind dezidiert in Anhang X.II dargestellt. Das Ergebnis ist eine generische Verteilung der Kosten für ein Referenzwerkzeug, im Sinn der „Total Cost of Ownership".

Die empirisch erhobene Referenzkostenverteilung geht als standardisierte Berechnungsgrundlage in das Bewertungsmodell ein. Abbildung 5-20 zeigt auszugsweise die Schnittstelle des implementierten Bewertungsmodells in Microsoft Excel. Die unterste Zeile entspricht dabei der Referenzkostenverteilung, die in die oberen Eingabezeilen dupliziert wird.

[1042] Die Graphen suggerieren, dass die Verteilung der Subphasen zwischen Abbildung 5-18 und Abbildung 5-19 differieren, was allerdings lediglich auf die unterschiedliche Auflösung (Anzahl diskreter Messpunkte) und resultierend abweichende Interpolation zurückzuführen ist.

[1043] Die Perspektive der 97 Kostenpositionen wird in der Folge als „vollständige Darstellung" aufgegriffen.

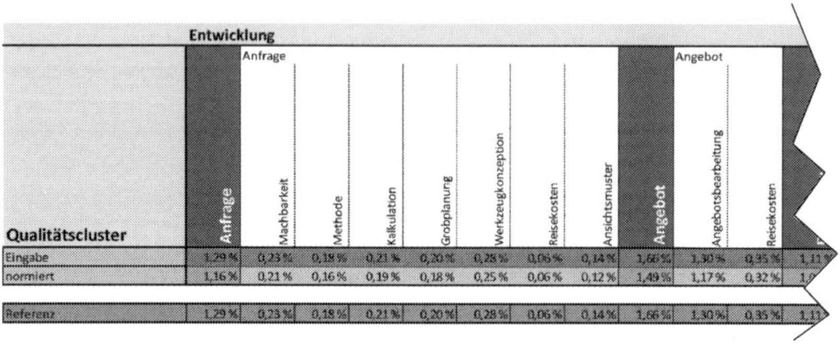

Abbildung 5-20: Auszug der vollständigen Darstellung der Referenzgewichtung

Da die Referenzkostenverteilung auf der Einschätzung von 8 erfahrenen Experten der Branche Werkzeugbau beruht, wird davon ausgegangen, dass diese Verteilung eine gute Näherung für die Kostenverteilung von durchschnittlich komplexen Spritzgießwerkzeugen darstellt. Zugleich sind die einzelnen Verteilungswerte arithmetische Mittelwerte, sodass die Referenzkostenverteilung per se als Heuristik verstanden werden muss. Daher wird die Möglichkeit vorgesehen, die Referenzkostenverteilung durch den Anwender im Bewertungsmodell individuell anzupassen. Dies schafft die Möglichkeit die Berechnungsgrundlage des Bewertungsmodells kontinuierlich zu verbessern bzw. die Referenzkostenverteilungen an spezifische Bedürfnisse anzupassen.

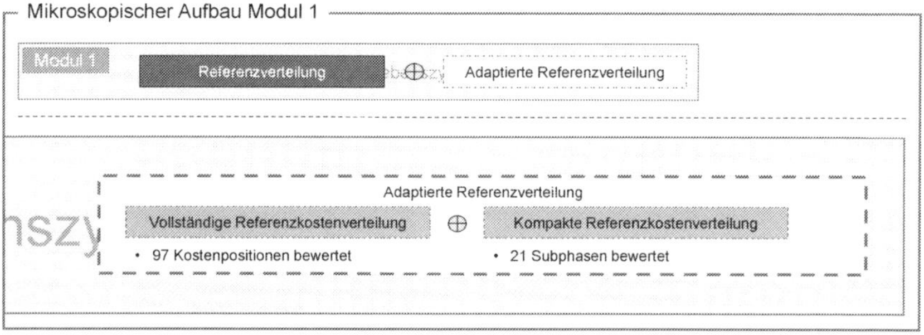

Abbildung 5-21: Mikroskopischer Aufbau von Modul 1

Der mikroskopische Aufbau von Modul 1 zeigt Abbildung 5-21. Neben der eingeführten Referenzkostenverteilung stellt die adaptierte Referenzkostenverteilung ein zweites alternatives Element dar, das die geforderte Anpassung realisiert. Die Anpassung kann dabei ihrerseits in zwei Alternativen erfolgen: Erste Möglichkeit ist die Anpassung der Werte in der Nutzerschnittstelle welche Abbildung 5-20 zeigt. In der Zeile „Eingabe" kann manuell jeder der 97 Verteilungswerte individuell überschrieben werden. Sofern erforderlich, werden die eingegebenen Werte automatisch normiert. Falls der Anwender die Ausgangskonfiguration wieder herstellen möchte, so kann die Referenzverteilung (unterste Zeile in der Darstellung) erneut dupliziert werden.

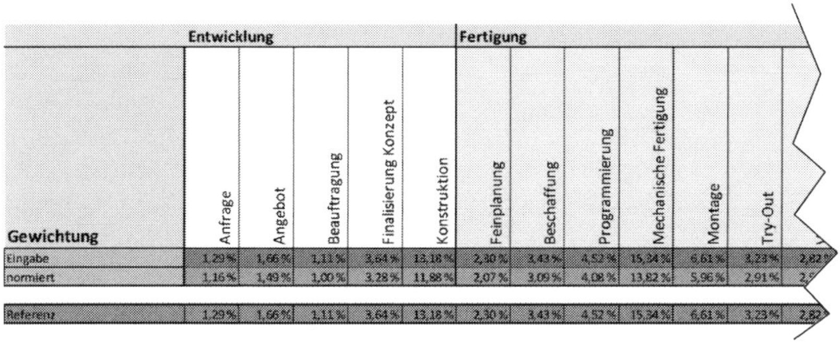

Abbildung 5-22: Auszug der kompakte Darstellung der Referenzgewichtung

Alternativ besteht die Möglichkeit die Adaption auf Ebene der Subphasen vorzunehmen, was den Aufwand für den Anwender um bis zu 4/5 (78 %) reduziert (vgl. hierzu Abbildung 5-22). Die Gewichtung wird dann nicht für bis zu 97 Kostenpositionen angepasst sondern maximal für die 21 Subphasen. Es wird z. B. ein Wert für die Subphase „Anfrage" verändert, anstatt alle 7 immanenten Kostenpositionen anzupassen. Dies hat allerdings im Berechnungsmodell zur Folge, dass der Wert der Subphase „Anfrage" zu gleichen Teilen auf die immanenten Kostenpositionen umgelegt wird; da das Bewertungsmodell grundsätzlich mit den 97 Kostenpositionen kalkuliert. Die verkürzte Adaption der Referenzgewichtung reduziert folglich die Aussagekraft des Bewertungsmodells und sollte daher nur eine alternative Option sein. Sinnvoll ist die Adaption auf Ebene der Subphasen, sofern mit der generischen Referenzgewichtung unzureichende Ergebnisse erzielt werden und zugleich keine detaillierteren Erkenntnisse über den Lebenszyklus auf Seiten des Anwenders vorliegen.

5.3.2 Modul 2 – Qualitätsvektor zur Bewertung von Werkzeuganforderungen

Das zweite Modul erfasst die qualitativen Anforderungen an ein beliebiges Spritzgießwerkzeug und überführt diese in einen reproduzierbaren Operanden, der als weitere Grundlage zur Prognose der Lebenszykluskosten benötigt wird. Hierzu wurden deskriptive Merkmale von Spritzgießwerkzeugen eruiert, die charakteristisch für die resultierende Qualität des Werkzeugs sind. Im Speziellen galt es die Merkmale eines Spritzgießwerkzeugs zu identifizieren, die der Werkzeugbauer durch Expertise, Erfahrung und technische Möglichkeiten beeinflussen kann. Die deskriptiven Merkmale implizieren zum einen qualitative Anforderungen Seitens des Kunden, die unmittelbar aus dem Lastenheft resultieren und zum anderen bewusste Entscheidungen auf Seiten des Werkzeugbauers, die ferner aus der Umsetzung des Lastenhefts in der Konstruktion resultieren. Die Umsetzung kann dabei als Fähigkeit zur Realisierbarkeit der geforderten Anforderungen ausgelegt werden. Da Letzteres im Modell variabel ist – und das Maß für die Leistungsfähigkeit darstellt – fokussiert das zweite Modul die Anforderungen des Kunden. Diese lassen sich in Form der Komplexität der technischen Merkmale bzw. in Form der geforderten Werkzeugqualität objektiv erfassen.

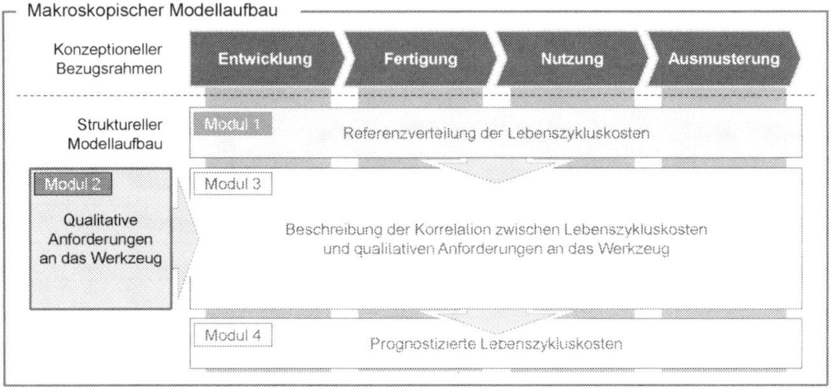

Abbildung 5-23: Strukturelle Verortung von Modul 2 im Bewertungsmodell

Im Explorationsprozess wurden mit den Experten relevante spritzgießwerkzeug-charakterisierende Merkmale eruiert. Darauf folgte eine kritische Reflexion auf Vollständigkeit und eine Nivellierung der Granularität der identifizierten Merkmale.

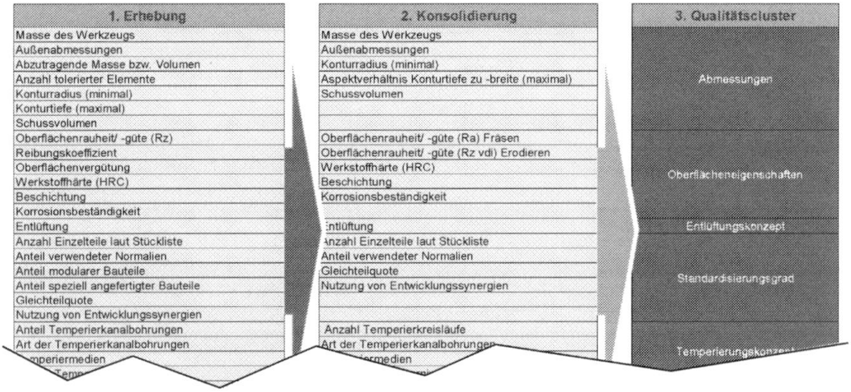

Abbildung 5-24: Auszug der Exploration der Qualitätscluster[1044]

Als Ergebnis wurde eine erste Erhebung mit 45 Merkmalen dokumentiert, die ein Werkzeug über dessen Komplexität beschreiben lässt (vgl. 1. Spalte in Abbildung 5-24). Das Ergebnis wurde auf Redundanz geprüft und auf 34 präzise und disjunkte Merkmale konsolidiert (vgl. Abbildung 5-24, Spalte 2). In einem weiteren Schritt wurden die 34 charakteristischen Merkmale in 11 thematische Qualitätscluster (3. Spalte) konsolidiert, mit Hilfe derer sich die Kom-

[1044] Die vollständige Exploration ist dem Anhang X.III zu entnehmen.

plexität der Anforderungen an ein Werkzeug (und in der Folge damit auch die Qualitätsanforderungen) objektiv erfassen lassen.

Qualitätscluster/Merkmale	Merkmalsausprägungen					
Abmessungen						
Masse des Werkzeugs	< 100kg	< 500kg	< 1000kg	< 5000 kg	>= 5000 kg	
Außenabmessungen	< 250 x 250 mm²	< 500 x 500 mm²	< 1000 x 1000 mm²	< 2000 x 1000 mm²	>= 2000 x 1000 mm²	
Konturradius (minimal)	>= 3 mm	< 3 mm	< 1 mm	< 0,5 mm	< 0,25 mm	
Aspektverhältnis Konturtiefe zu -breite (maximal)	< 0,5	< 1	< 10	< 50	< 100	>= 100
Schussvolumen	< 5 cm³	< 20 cm³	< 100 cm³	< 500 cm³	>= 500 cm³	
Oberflächeneigenschaften						
Oberflächenrauheit/ -güte (Ra) Fräsen	>= 5 µm	< 5 µm	< 3 µm	< 1 µm	< 0,1 µm	< 0,01 µm
Oberflächenrauheit/ -güte (Rz vdi) Erodieren	>= 5 µm	< 5 µm	< 3 µm	< 1 µm	< 0,1 µm	< 0,01 µm
Werkstoffhärte (HRC)	<= 40 HRC	> 40 HRC	> 60 HRC	> 70 HRC		
Beschichtung	Plasmanitrieren	Chemisch Nickel	PVD¹	PACVD²	CVD³	
Korrosionsbeständigkeit	Keine chemische Beständigkeit	Geringe chemische Beständigkeit	Große chemische Beständigkeit	Komplette chemische Beständigkeit		
Komplexitätsgrad Entlüftung						
Entlüftung	In Trennebene und in beweglichen Elementen	Zusammengesetzte Entlüftungselemente	Vakuum Entlüftung			
Standardisierungsgrad						
…zahl Einzelteile la… …ckliste	…Teile	< 10…	…Teile	< 500 Teile		

Abbildung 5-25: Auszug der Morphologie der Qualitätscluster[1045]

Den 34 Merkmalen wurden in der Folge, unter Einbezug der Experten, die möglichen Merkmalsausprägungen zugeordnet. Das Ergebnis zeigt Abbildung 5-25. Für jedes Merkmal wurde die Spannweite, von niedriger Komplexität (→ leicht zu realisierende Qualitätsanforderungen) bis zu hoher Komplexität (→ schwer zu realisierende Qualitätsanforderungen) definiert. Hierzu wurden aus der Literatur Maßeinheiten und Spannweiten als Diskussionsgrundlage entsprechend dem aktuellen Stand der Wissenschaft eingebracht. Die Bildung der Spannweiten sowie der enthaltenden Intervalle wurde durch die Experten determiniert. Dabei entspricht die Mitte der Merkmalsausprägungen einer durchschnittlich komplexen Anforderung. Die Definition der Merkmalsausprägungen variiert darüber hinaus in den Extrema in Abhängigkeit der Expertise, der Erfahrung und den unterschiedlichen Geschäftsmodellen der befragten Experten. Die Beurteilung im Fall des Qualitätsclusters „Komplexitätsgrad Geometrie" erfolgt auf Basis der Kombination von 7 Merkmalen mit insgesamt 34 Merkmalsausprägungen (theoretisch 55296 Kombinationen). Demgegenüber setzt sich das Qualitätscluster „Komplexitätsgrad Entlüftung" aus nur einem Merkmal mit drei Merkmalsausprägungen zusammen. Die definierten Spannweiten in Abbildung 5-25 stellen das Ergebnis der Diskussionen der Experten dar, die als gemeinsamer Nenner verstanden werden müssen. Dies impliziert, dass eine Änderung der Qualitätsanforderung seitens des Kunden – die eine Änderung mindestens einer Merkmalsausprägung eines Merkmals zur Folge hat – nicht auch für jeden Werkzeugbauer eine Änderung der Komplexität des Werkzeugs zur Folge hat.

Im Zwischenergebnis ist festzuhalten, dass die qualitativen Anforderungen an ein beliebiges Spritzgießwerkzeug mit der Komplexität der Kundenanforderungen positiv korrelieren. Mit Hilfe des morphologischen Kastens (Abbildung 5-25) lassen sich anhand des Lastenhefts des Kunden, die qualitativen Anforderungen als Kombination von knapp 200 Merkmalsaus-

---

[1045] Die vollständige Morphologie ist dem Anhang X.III zu entnehmen.

prägungen über 34 Merkmale deklarieren.[1046] Die Merkmale sind zu 11 thematischen Qualitätsclustern konsolidiert worden, die in der Folge für das Bewertungsmodell die qualitativen Werkzeuganforderungen festlegen.

Ausgehend von der Morphologie muss ein objektiv reproduzierbarer Operand definiert werden, der die Qualitätscluster quantitativ abbildet. Die Qualitätscluster aggregieren mehrere disjunkte Merkmale, die sich ihrerseits aus mehreren Merkmalsausprägungen zusammensetzen. Da die Merkmalsausprägungen diskret verteilt sind, ist eine kontinuierliche Skalierung der Qualitätscluster nicht sinnvoll und muss daher ebenfalls diskreten Zuständen folgen. Ferner bedarf es einer normierten Skala, die unabhängig von der Anzahl der Merkmale und der Anzahl der Merkmalsausprägungen Gültigkeit besitzt.

Resultierend wird eine normierte Intervallskala eingeführt, die eine diskrete Verteilung in Abhängigkeit der Anzahl der Merkmalsausprägungen von 0,0 (Minimale Qualitätsanforderung → leichte Realisierbarkeit) bis 10,0 (Maximale Qualitätsanforderung → aufwändig zu realisieren) erfasst[1047]. Der Mittelwert der Skala (5,0) entspricht nach Auslegung der Merkmalsausprägungen demnach einer durchschnittlichen Anforderung an ein Spritzgießwerkzeug. Diese Auslegung wird als Normal definiert. Abbildung 5-26 veranschaulicht den Transfer der Morphologie in den Operanden des Bewertungsmodells exemplarisch. Demnach führen die Anforderungen aus dem Lastenheft zu einer eindeutigen Kombination von Merkmalsausprägungen. Jeder Merkmalsausprägung ist folglich genau ein fixer Wert auf der eingeführten Intervallskala zu geordnet.

Komplexitätsgrad Geometrie						
Geringste Wanddicken	>= 5 mm	< 5 mm	< 4 mm	**< 3 mm**	< 2 mm	<1 mm
Anzahl Löcher/ Bohrungen/ Gewinde	< 5	**< 15**	< 30	>= 30		
Anzahl Rippen	0	< 10	**< 50**	>= 50		
Allgemeine Toleranzen	>= 100 µm	**< 100 µm**	< 50 µm	< 25 µm	< 10 µm	< 5 µm
Querschnittsform	Einfach	**Teilweise komplex**	Überwiegend komplex	Stark komplex		
Stärke der Formplatte	< 30 mm	< 75 mm	**< 150 mm**	>= 150 mm		
Anzahl der Kavitäten	1	2	4	8	16	**> 16**

Komplexitätsgrad Geometrie						5,43
Geringste Wanddicken	0,00	2,00	4,00	**6,00**	8,00	10,00
Anzahl Löcher/ Bohrungen/ Gewinde	0,00	**3,33**	6,67	10,00		
Anzahl Rippen	0,00	3,33	**6,67**	10,00		
Allgemeine Toleranzen	0,00	**2,00**	4,00	6,00	8,00	10,00
Querschnittsform	0,00	**3,33**	6,67	10,00		
Stärke der Formplatte	0,00	3,33	**6,67**	10,00		
Anzahl der Kavitäten	0,00	2,00	4,00	6,00	8,00	**10,00**

Abbildung 5-26: Quantifizierung der Merkmalsausprägungen

[1046] Zum Morphologischen Kasten vgl. Gawlak, M.: Kreativitätstechniken im Innovationsprozess, 2014, S. 94; Pepels, W.: Produktmanagement, 2013, S. 17 ff.; Müller, H.; Esser, F.: Wissenskulturen, 2012, S. 51; Ponn, J.; Lindemann, U.: Konzeptentwicklung und Gestaltung technischer Produkte, 2011, S. 116 ff.; Schneider, Dieter J. G: Einführung in das Technologie-Marketing, 2002, S. 117

[1047] Die Definition des absoluten Maximalwertes zu 10,0 liegt in der Expertenannahme begründet, dass eine Änderung der Qualitätsanforderung <10 Prozentpunkte nicht quantifizierbar sei. Vgl. Hierzu Modul 3.

Der Wert für ein Qualitätscluster berechnet sich entsprechend als arithmetisches Mittel seiner Merkmale (im Beispiel 5,43):

$$QA(C_j) = \frac{1}{n}\left(\sum_{i=1}^{n} QA(M_i)\right)$$

$$mit\ QA(C_j) = Qualitative\ Anforderung\ Cluster\ j,$$
$$QA(M_n) = Qualitative\ Anforderung\ Merkmal\ i$$

Aus den 11 Anforderungen der Qualitätscluster $QA(C_j)$ ergibt sich ein elfdimensionaler Vektor, der die geforderte Qualität des Spritzgießwerkzeugs beschreibt. Der Vektor wird als Qualitätsvektor definiert und bildet den notwendigen objektiven Operanden als unabhängige Variable im Bewertungsmodell:

$$\vec{Q} = \begin{pmatrix} QA(C_1) \\ \vdots \\ QA(C_{11}) \end{pmatrix}$$

$$mit\ \vec{Q} = Qualitätsvektor,\ \ QA(C_j) = Qualitative\ Anforderung\ Cluster\ j$$

Der Betrag des Qualitätsvektors $|\vec{Q}|$ stellt darüber hinaus einen konsolidierenden Indikator dar, der die qualitativen Anforderungen des Werkzeugs in einer mathematischen Größe beschreibt:

$$|\vec{Q}| = \sqrt{\sum_{j=1}^{11} \left(QA(C_j)\right)^2}$$

$$mit\ |\vec{Q}| = Betrag\ des\ Qualitätsvektors$$

Die Morphologie samt eingeführter Intervallskala ist im Bewertungsmodell implementiert. Beim Öffnen des Programms erscheint die Eingabemaske (die auch manuell aufgerufen werden kann), die die 11 Qualitätscluster zeigt. Ferner wird eine Spalte für die Referenz und zwei weitere für Varianten angezeigt (vgl. Abbildung 5-27). Über den Button „Morphologie aufrufen" wird ein Dialog geöffnet, um ein Lastenheft als Referenz in das Bewertungsmodell zu übernehmen. Hierzu wird für jeden Qualitätscluster ein Fenster dargestellt, das über die Reiter auf der linken Seite ausgewählt werden kann. Die jeweiligen Merkmale eines Clusters sind aufgelistet und die entsprechende Merkmalsausprägung können per Dropdown-Menu ausgewählt werden.

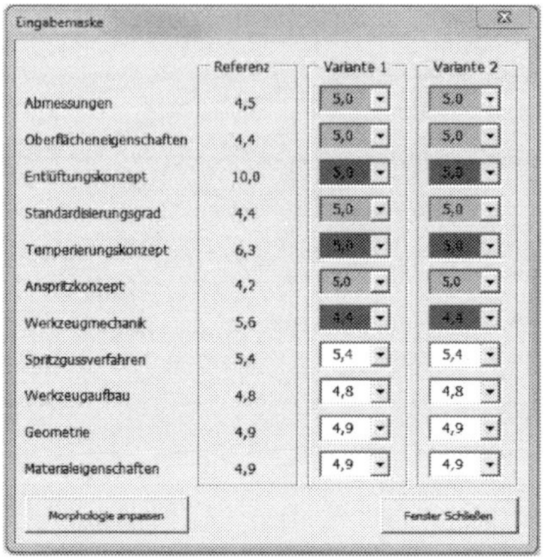

Abbildung 5-27: Qualitätsvektor im Bewertungsmodell

Resultierend ergibt sich der Qualitätsvektor $\vec{Q}_{Referenz}$ in der linken Spalte als objektive reproduzierbare Referenz, die einzig vom Lastenheft eines betrachteten Referenzwerkzeugs abhängig ist. Basierend auf dem Qualitätsvektor $\vec{Q}_{Referenz}$ werden die Lebenszykluskosten für das Referenzwerkzeug berechnet.

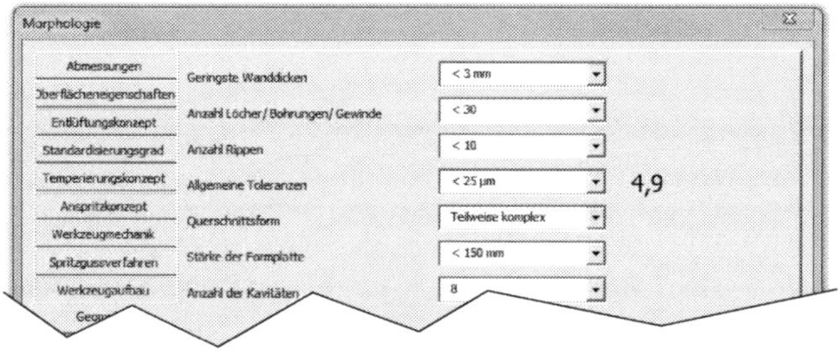

Abbildung 5-28: Qualitätscluster Abmessungen im Bewertungsmodell

Die weiteren Eingabespalten „Variante 1“ bzw. „Variante 2“ dienen der Erfassung der Qualitätsvektoren des Anwenders des Bewertungstools. Diese Qualitätsvektoren $\vec{Q}_{Variante,1/2}$ entsprechen der subjektiven Auslegung des Lastenheftes in max. zwei weiteren Varianten (z. B. zwei unterschiedliche Werkzeugbauer). Die Auslegung erfolgt durch direkte Eingabe (oder Auswahl per Dropdown) der Werte für jedes Qualitätscluster in der Eingabemaske, die sich an der Morphologie orientieren können, dies aber nicht müssen.

Dem liegt die Annahme zugrunde, dass jeder Werkzeugbauer die Anforderungen des Kunden bewusst oder unbewusst beeinflusst bzw. interpretiert. Damit wird eine weitere Grundlage für die Differenzierung der Leistungsfähigkeit von Werkzeugbauern gelegt. Übertragen auf die Logik des zweiten Moduls äußert sich diese Differenzierung konkret in zwei Dimensionen:

1. Differierende Auslegung der qualitativen Anforderungen:
   Aufgrund der Fähigkeit des Werkzeugbauers erfolgt eine Empfehlung, gegenüber dem Kunden, zu abweichender Auslegung des Werkzeugs. Folglich würde basierend auf der vorgestellten Morphologie die Kombination der Merkmalsausprägungen variiert, was eine Änderung des Qualitätsvektors $\vec{Q}_{Variante}$ zur Folge hat:

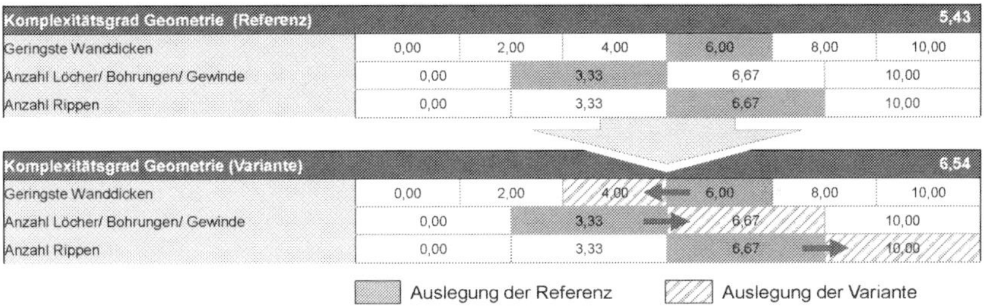

Abbildung 5-29: Illustration der differierenden Auslegung durch den Werkzeugbauer

2. Verschieben der Intervallskala:
   Aufgrund der Fähigkeiten des Werkzeugbauers entspricht die zugrunde gelegte Intervallskala nicht der subjektiven Einschätzung der Komplexität.

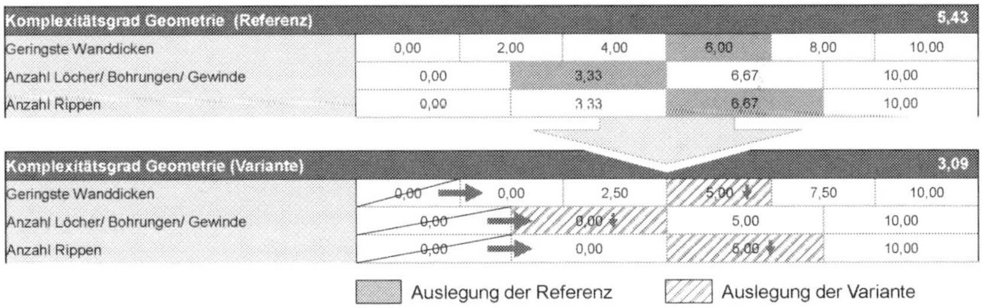

Abbildung 5-30: Illustration der Verschiebung der Intervallskala

Demnach passt die Intervallskala der zugrundliegenden Morphologie nicht zu den Fähigkeiten des Werkzeugbauers. Folglich muss die Intervallskala und die Morphologie relativ zueinander verschoben werden, um den individuellen Fähigkeiten gerecht zu werden.

Abbildung 5-30 zeigt exemplarisch eine Verschiebung der Intervallskala nach rechts für die gezeigten Merkmale. Dies bewirkt zugleich eine Reduktion der relevanten Merkmalsausprägungen und entspricht somit einer Stauchung der Intervallskala. Das Beispiel suggeriert einen Werkzeugbauer, der keinen Unterschied der Komplexität zwischen den Merkmalsausprägungen am linken Ende der Skala ausmachen kann. Infolgedessen werden entsprechende Merkmalsausprägungen konsolidiert.

Der Aufbau von Modul 2 lässt sich in drei wesentlichen Elementen, gemäß Abbildung 5-31, zusammenfassen. Ausgehend von den empirisch erhobenen deskriptiven Merkmalen für Spritzgießwerkzeuge, wurden zugehörige Merkmalsausprägungen abgeleitet. In der Folge wurden diese in 11 Qualitätsclustern zusammengefasst und in einer Morphologie verortet.

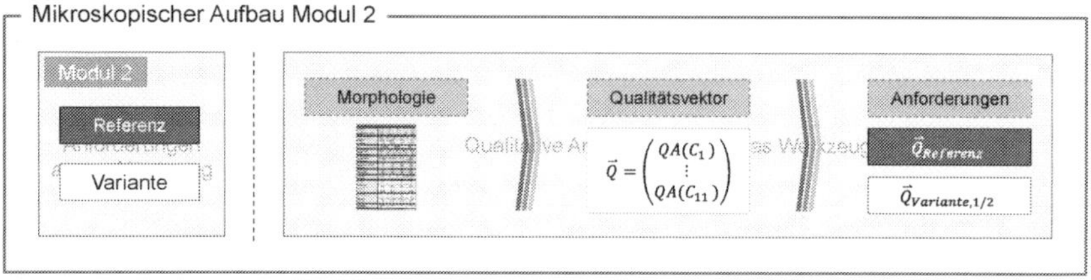

Abbildung 5-31: Mikroskopischer Aufbau von Modul 2

Durch die Einführung einer normierten Intervallskala ist jede Merkmalsausprägung quantifizierbar. Hieraus folgt die Entwicklung des Qualitätsvektors der die Qualität eines Spritzgießwerkzeugs als Kombination von elf unabhängigen Dimensionen beschreibt. Durch Einbringung von Kundenanforderungen lässt sich ein objektiv reproduzierbarer Referenzvektor $\vec{Q}_{Referenz}$ ableiten, der als unabhängige Variable in das Bewertungsmodell einfließt. Letztlich bildet der Werkzeugbauer basierend auf seiner subjektiven Perspektive einen individuellen Qualitätsvektor $\vec{Q}_{Variante,1/2}$, der zum Leistungsvergleich ebenfalls als unabhängige Variable in das Bewertungsmodell eingebracht wird.

5.3.3 Modul 3 – Qualitätselastizität zur Beschreibung von Korrelationen

Dem dritten Modul kommt die Aufgabe zu, die Auswirkung der objektiven Qualitätsanforderungen (Referenzvektor aus Modul 2) bzw. deren individuelle Umsetzung (individueller Qualitätsvektor aus Modul 2) auf die Lebenszykluskosten (Modul 1) eines Spritzgießwerkzeugs abzubilden.

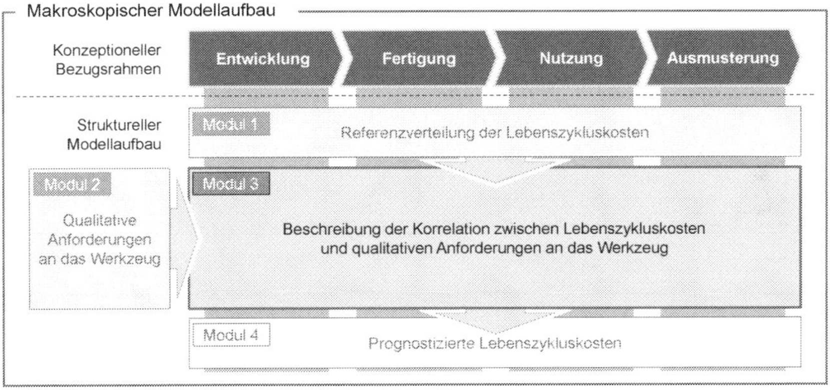

Abbildung 5-32: Strukturelle Verortung von Modul 3 im Bewertungsmodell

Hierzu wird aus den 97 Kostenpositionen des Referenzlebenszyklus und den 11 Qualitätsclustern eine Matrix mit 1067 Feldern aufgespannt. Diese ermöglicht die bidirektionale Verknüpfung einer jeden Kostenposition mit einem jeden Qualitätscluster, sodass die Möglichkeit gegeben ist, die Korrelationen zwischen diesen beiden Dimensionen zu bewerten.

Hierzu wurde den Experten ein Excel-Template erstellt, das auszugsweise für die erste Phase „Entwicklung“ in Abbildung 5-33 dargestellt ist. Die Abbildung veranschaulicht den Aufbau: Die Abszisse zeigt die Kostenpositionen, wohingegen auf der Ordinate die Qualitätscluster verortet sind. Der dargestellte Auszug zeigt 23 der insgesamt 97 Kostenpositionen. Die Korrelationen erheben die relative Änderung der Kosten in Abhängigkeit der relativen Änderung der Qualitätsanforderungen.

	Ent										
Lebenszyklusphasen inkl. Kostenpositionen:	Anfrage							Angebot		Beauftragun	
Qualitätscluster	Machbarkeit	Methode	Kalkulation	Grobplanung	Werkzeugkonzeption	Reisekosten	Ansichtsmuster	Angebotsbearbeitung	Reisekosten	Projektplan	Kick-Off Meeting
Abmessungen											
Oberflächeneigenschaften											
Komplexitätsgrad Entlüftung											
Standardisierungsgrad											
Komplexitätsgrad Temperierung											
Komplexitätsgrad Anspritzkonzept											
Komplexitätsgrad Werkzeugmechanik											
Komplexitätsgrad Spritzgussverfahren											
Komplexitätsgrad Werkzeugaufbau											
Komplexitätsgrad Geometrie											
Materialeigenschaften											

Abbildung 5-33: Template zur Erfassung der Korrelationen

Um ein gemeinsames Verständnis sicherzustellen, wurde im Vorfeld mit den Experten definiert, in welchem Maß sich eine qualitative Anforderung inkrementell ändern muss, damit sie sich signifikant auf die Kosten des Werkzeugs auswirkt. Diese Überlegung nutzt dabei die eruierte Morphologie der Qualitätscluster und die definierte Intervallskala aus dem 2. Modul. Da eine Änderung eines Qualitätsclusters um 1 Prozent aus Sicht der Experten nicht quantifizierbar ist, wurde eine Variation um 10 Prozent als Grundlage für die Bestimmung der Korrelationen definiert. Daraus wurde eine Leitfrage abgeleitet, die die Experten bei der Definition der Korrelationen anleitete:

„Um wie viel Prozent ändern sich die Kosten der betrachteten Kostenposition, wenn die Anforderung des Qualitätsclusters um 10 Prozent steigt?“

Ferner wurde im Vorfeld eine Skala für die Korrelationen definiert, um eine standardisierte Bewertung der prozentualen Änderung zu ermöglichen. Diese wurden basierend auf Literaturrecherchen ausgearbeitet, vorgeschlagen und von den Experten diskutiert. Die Korrelationen lassen sich demnach in 7 Stufen prozentual gemäß Tabelle 5-1 definieren:

Tabelle 5-1: Beschreibung und Elastizitäten der Korrelationen

Korrelation [%]	Beschreibung	Elastizität
-9	Stark negative Korrelation	
-5	Mittlere negative Korrelation	Negativ unelastisch
-1	Schwach negative Korrelation	
0	Keine Korrelation	Vollkommen unelastisch
+1	Schwach positive Korrelation	
+5	Mittlere positive Korrelation	Positiv unelastisch
+9	Stark positive Korrelation	

Insgesamt wurden 10 Expertenmeinungen weitestgehend vollständig erfasst. In Einzelfällen wurden Bewertungen ausgelassen, die in der Folge nicht berücksichtigt werden. Anschließend wurden alle erhobenen Korrelationen arithmetisch gemittelt, um eine Konsolidierung der Expertenmeinung zu erhalten. Es wurde eine Matrix basierend auf dem Median und eine basierend auf Mittelwerten erstellt. Im Falle einer idealen Normalverteilung der explorierten Expertenmeinungen wären beide Werte identisch. Bei starken Abweichungen wäre von enormen Ausreißern bzw. einer schiefen Verteilung auszugehen. Da beides nicht zutrifft, wurde die Korrelationsmatrix basierend auf Mittelwerten als Basis für das weitere Vorgehen definiert.

Für die Korrelation wird der Begriff der Qualitätselastizität eingeführt und wie folgt definiert:

$$\varepsilon_{K_i,QA(C_j)} = \frac{\frac{\Delta K_{i,j}}{K_i}}{\frac{\Delta QA(C_j)}{QA(C_j)}}$$

$$mit\ \varepsilon_{K_i,QA(C_j)} = Qualitätselastizität\ des\ Clusters\ j\ bezogen\ auf\ die\ Kostenposition\ i,$$

$$\frac{\Delta K_{i,j}}{K_i} = relative\ Änderung\ der\ Kostenposition\ i\ in\ Abängigkeit\ der\ Änderung\ des\ Clusters\ j,$$

$$\frac{\Delta QA(C_j)}{QA(C_j)} = relative\ Änderung\ der\ Qualitäts\ des\ Clusters\ j$$

Folglich beschreibt die Qualitätselastizität $\varepsilon_{K_i,QA(C_j)}$ die Änderung der Kosten in Abhängigkeit der Änderung der Qualität. Da den Korrelationen eine Änderung eines Qualitätsclusters um 10 Prozent zugrunde liegt, ist die Qualitätselastizität $\varepsilon_{K_i,QA(C_j)}$ per Definition der Experten im unelastischen Intervall. Das impliziert, dass eine Qualitätsänderung von den Experten per se nicht zu einer elastischen oder gar vollkommen elastischen Änderung einer Kostenposition führt (keine proportionale Verteuerung).

Lebenszyklusphasen inkl. Kostenpositionen: / Qualitätscluster	Entwicklung														
	Anfrage							Angebot		Beauftragung				Finali	
	Machbarkeit	Methode	Kalkulation	Grobplanung	Werkzeugkonzeption	Reisekosten	Ansichtsmuster	Angebotsbearbeitung	Reisekosten	Projektplan	Kick-Off Meeting	Make or Buy	Internes Auftragswesen	Detaillierung Werkzeugkonzept	
Abmessungen	0,27	0,33	0,04	0,20	0,11	0,01	0,62	0,08	0,01	0,13	0,06	0,27	0,08	0,1	
Oberflächeneigenschaften	0,24	0,26	0,11	0,23	0,12	0,01	0,40	0,04	0,01	0,10	0,07	0,37	0,08	0,25	
Komplexitätsgrad Entlüftung	0,08	0,21	0,07	0,19	0,26	0,02	0,13	0,06	0,02	0,10	0,08	0,05	0,03	0,42	
Standardisierungsgrad	-0,16	-0,29	-0,21	-0,29	-0,54	-0,05	-0,26	-0,24	-0,05	-0,19	-0,07	-0,23	-0,19	-0,50	-0
Komplexitätsgrad Temperierung	0,24	0,26	0,15	0,20	0,50	0,03	0,12	0,10	0,03	0,14	0,08	0,12	0,03	0,42	
Komplexitätsgrad Anspritzkonzept	0,32	0,63	0,20	0,27	0,58	0,08	0,22	0,19	0,08	0,19	0,17	0,36	0,16	0,58	
Komplexitätsgrad Werkzeugmechanik	0,40	0,50	0,28	0,44	0,58	0,17	0,34	0,27	0,17	0,31	0,22	0,29	0,16	0,5	
Komplexitätsgrad Spritzgussverfahren	0,32	0,54	0,19	0,31	0,50	0,18	0,32	0,26	0,22	0,22	0,26	0,20	0,11	0,54	
Komplexitätsgrad Werkzeugaufbau	0,20	0,46	0,24	0,24	0,58	0,10	0,34	0,19	0,10	0,19	0,09	0,33	0,11	0,54	
Komplexitätsgrad Geometrie	0,40	0,50	0,28	0,52	0,50	0,06	0,56	0,31	0,06	0,19	0,17	0,25	0,20	0,58	
Materialeigenschaften	0,26	0,32	0,11	0,12	0,21	0,01	0,19	0,09	0,01	0,04	0,02	0,13	0,07	0,3	

Abbildung 5-34: Auszug der Qualitätselastizitäten der Entwicklungsphase

Hierbei ist zu berücksichtigen, dass sich der dargestellte Zusammenhang jeweils auf ein Inkrement im Lebenszyklus des Werkzeugs bezieht. Die Gesamtkosten sind nach eingeführtem Referenzkostenlebenszyklus die Summe der 97 einzelnen Kostenpositionen, sodass bezogen auf die Gesamtkosten, oder einzelne Hauptphasen, sowohl elastische oder gar vollkommen elastische Zusammenhänge resultieren können.[1048] Beginnend mit Abbildung 5-34 ist die empirische Qualitätselastizitätsmatrix basierend auf Mittelwerten der Korrelationen für die Entwicklungsphase auszugsweise gezeigt. In den nachfolgenden Abbildungen sind die Qualitätselastizitäten, ebenfalls auszugsweise, für die weiteren Hauptphasen, abgebildet.

[1048] Zum Elastizitätsbegriff: Vgl. Tietze, J.: Einführung in die angewandte Wirtschaftsmathematik, 2014, S. 380; Mankiw, N. G.: Principles of economics, 2012, S. 90 ff.; Natrop, J.: Grundzüge der Angewandten Mikroökonomie, 2012, S. 105 ff.; Armendariz, B.; Morduch, J.: The economics of microfinance, 2010, S. 247 ff.; Mankiw, N. G.: Macroeconomics, 2010; Haller, S.: Dienstleistungsmanagement, 2001, S. 129 f.; Söllner, F.: Die Geschichte des ökonomischen Denkens, 2001, S. 88 ff.; Stobbe, A.: Volkswirtschaftslehre II, 1983, S. 125 ff.; McEachern, W. A.: Macroeconomics, S. 92 ff.

Lebenszyklusphasen inkl. Kostenpositionen: / Qualitätscluster	Σ Entwicklung	Feinplanung: Arbeitsplanung /-vorbereitung	Materialbeschaffungsplanung	Kapazitäts/-Fertigungsplanung	Beschaffung: Bestellung	Logistikaufwand	Qualitätskontrolle	Reisekosten	Programmierung: Datenaufbereitung	CAM Programmierung	WOP Programmierung	Mechanische Fe…: Weichbearbeitung	Hartbearbeitung	Qualitätssicheru…
Abmessungen	3.03	0,10	0,31	0,20	0,26	0,40	0,13	0,01	0,09	0,19	0,09	0,42	0,54	[illegible]
Oberflächeneigenschaften	3.12	0,08	0,11	0,16	0,22	0,05	0,41	0,01	0,08	0,35	0,12	0,40	0,66	0,38
Komplexitätsgrad Entlüftung	3.36	0,07	0,03	0,11	0,12	0,00	0,21	0,00	0,13	0,17	0,24	0,13	0,21	0,20
Standardisierungsgrad	-4.98	-0,32	-0,15	-0,06	-0,17	-0,07	-0,20	-0,10	-0,30	-0,58	-0,28	-0,31	-0,27	-0,25
Komplexitätsgrad Temperierung	4.63	0,20	0,07	0,20	0,04	0,01	0,22	0,00	0,14	0,30	0,19	0,36	0,22	0,21
Komplexitätsgrad Anspritzkonzept	7.14	0,10	0,16	0,11	0,21	0,05	0,40	0,00	0,17	0,29	0,14	0,24	0,31	0,29
Komplexitätsgrad Werkzeugmechanik	6.39	0,20	0,16	0,30	0,10	0,09	0,50	0,05	0,36	0,49	0,14	0,32	0,35	[illegible]
Komplexitätsgrad Spritzgussverfahren	6.61	0,10	0,03	0,10	0,13	0,02	0,40	0,05	0,23	0,20	0,11	0,25	0,26	[illegible]
Komplexitätsgrad Werkzeugaufbau	6.51	0,20	0,33	0,22	0,22	0,12	0,53	0,10	0,34	0,49	0,19	0,41	0,49	0,46
Komplexitätsgrad Geometrie	7.08	0,23	0,14	0,46	0,09	0,12	0,65	0,01	0,29	0,66	0,16	0,74	0,78	0,66
Materialeigenschaften	2.94	0,07	0,26	0,07	0,21	0,07	0,14	0,01	0,05	0,05	0,03	0,44	0,53	[illegible]

Abbildung 5-35: Auszug der Qualitätselastizitäten der Fertigungsphase

Lebenszyklusphasen inkl. Kostenpositionen: / Qualitätscluster	Σ Entwicklung	Σ Fertigung & Anlauf	Nu… Serienfertigung: Betriebsstoffe	Werkzeugkontrolle	Reperatur	Rüsten	Lagerhl.: Logistik	Lagerführung	Verschleißteile: Bearbeitung/Fertigung	Qualitätssicherung	Einbau	Logistik	Material	Ins…: …montage
Abmessungen	3.03	12.13	0,53	0,23	0,41	0,38	0,51	0,14	0,33	0,21	0,36	0,43	0,36	[illegible]
Oberflächeneigenschaften	3.12	8.14	-0,86	0,30	-0,44	-0,22	-1,25	0,11	-3,66	0,15	0,15	0,08	-0,80	[illegible]
Komplexitätsgrad Entlüftung	3.36	5.45	0,08	0,30	0,39	0,11	0,01	0,04	0,23	0,34	0,49	0,03	0,04	0,29
Standardisierungsgrad	-4.98	-6.77	-0,11	-0,38	-0,48	-0,38	-0,08	-0,09	-0,36	-0,31	-0,46	-0,08	-0,10	-0,49
Komplexitätsgrad Temperierung	4.63	6.79	0,21	0,40	0,26	0,29	0,01	0,04	0,24	0,18	0,19	0,03	0,08	0,15
Komplexitätsgrad Anspritzkonzept	7.14	8.41	0,20	0,39	0,41	0,33	0,04	0,04	0,29	0,34	0,19	0,04	0,13	[illegible]
Komplexitätsgrad Werkzeugmechanik	6.39	13.35	0,21	0,59	0,60	0,28	0,05	0,05	0,29	0,34	0,44	0,14	0,28	[illegible]
Komplexitätsgrad Spritzgussverfahren	6.61	9.44	0,33	0,43	0,38	0,39	0,03	0,03	0,23	0,39	0,28	0,10	0,18	[illegible]
Komplexitätsgrad Werkzeugaufbau	6.51	13.44	0,09	0,44	0,70	0,34	0,13	0,09	0,30	0,50	0,45	0,16	0,15	0,60
Komplexitätsgrad Geometrie	7.08	14.36	0,16	0,24	0,49	0,33	0,08	0,09	0,49	0,44	0,34	0,10	0,19	[illegible]
Materialeigenschaften	2.94	7.65	-0,87	0,05	-0,23	-0,12	-1,23	0,15	-4,25	0,20	0,08	0,11	-0,01	[illegible]

Abbildung 5-36: Auszug der Qualitätselastizitäten der Nutzungsphase

Lebenszyklusphasen inkl. Kostenpositionen: / Qualitätscluster				Ausmusterung									
				Einlagerung				Recycling			Verschr.		
	Σ Entwicklung	Σ Fertigung & Anlauf	Σ Nutzung	Logistik	Lagerführung	Raumkosten	Abschreibung	Bestimmung Umfang Recycling	Logistik	Demontage	Logistik	Verschrottung	Σ Verschrottung
Abmessungen	3,03	12,13	6,96	0,65	0,36	0,70	0,16	0,21	0,54	0,46	0,55	0,73	4,36
Oberflächeneigenschaften	3,12	9,14	-13,51	0,08	0,06	0,00	0,05	0,21	0,03	0,03	0,03	0,30	0,76
Komplexitätsgrad Entlüftung	3,36	6,45	3,63	0,01	0,00	-0,06	0,09	-0,05	0,00	0,15	-0,10	0,01	0,05
Standardisierungsgrad	4,95	8,77	5,94	-0,11	-0,08	0,00	-0,01	0,09	-0,06	-0,08	-0,05	-0,03	-0,33
Komplexitätsgrad Temperierung	4,53	6,79	3,59	0,01	0,00	0,00	0,09	0,04	0,00	0,11	0,01	0,03	0,29
Komplexitätsgrad Anspritzkonzept	7,14	6,41	4,31	0,01	0,00	0,00	0,09	0,01	0,00	0,24	0,03	0,04	0,41
Komplexitätsgrad Werkzeugmechanik	6,38	13,35	7,04	0,01	0,01	0,01	0,09	0,03	0,01	0,21	0,03	0,09	0,49
Komplexitätsgrad Spritzgussverfahren	6,61	9,44	5,34	0,03	0,00	0,00	0,09	0,03	0,01	0,21	0,03	0,03	0,41
Komplexitätsgrad Werkzeugaufbau	6,51	13,44	6,63	0,01	0,01	0,01	0,09	0,03	0,01	0,16	0,04	0,13	0,48
Komplexitätsgrad Geometrie	7,98	14,36	6,13	0,25	0,08	0,08	0,09	0,14	0,08	0,13	0,09	0,14	1,05
Materialeigenschaften	2,94	7,65	-12,86	0,04	0,01	0,03	0,06	0,15	0,10	0,06	0,03	0,39	0,86

Abbildung 5-37: Qualitätselastizitäten der Nutzungsphase

Exemplarisch sei die Bedeutung der Qualitätselastizität am Beispiel erläutert: Erfolgt eine Erhöhung der Anforderungen durch den Kunden oder entscheidet sich der Werkzeugbauer zu einer konstruktiven Änderung, so spiegelt sich dies in einer Veränderung mindestens eines der eingeführten Qualitätscluster wider. Wird zum Beispiel in Folge der Änderung das Qualitätscluster „Anspritzkonzept" um 10 Prozent erhöht (z. B. von 5,0 auf 5,5), so verändern sich alle tangierten Kostenpositionen, entsprechend der erhobenen Qualitätselastizitäten, im Referenzlebenszyklus. Die Kosten für die Kostenposition „Werkzeugkonzept" würden sich im Beispiel um 5,8 % verteuern. Dieser Wert resultiert als arithmetisches Mittel der Experteneinschätzung. Die Qualitätselastizität $\varepsilon_{K_{Werkzeugkonzept}, QA(C_{Anspritzkonzept})}$ ergibt sich folgerichtig zu 0,58 und ist somit unelastisch. Das bedeutet, dass eine Änderung des Qualitätsclusters „Anspritzkonzept" zu einer unterproportionalen Änderung der Kostenposition „Werkzeugkonzept" führt. Innerhalb der Entwicklungsphase würden insgesamt Mehrkosten von 3,1 % entstehen. Über den gesamten Lebenszyklus entspricht die exemplarische 10 % Änderung einer Verteuerung um 2,1 % des betrachteten Spritzgießwerkzeugs. Die empirische Qualitätselastizitätsmatrix stellt somit die Grundlage zur Berechnung der prognostizierten Lebenszykluskosten des Referenzwerkzeugs, indem die Qualitätselastizitäten eine Verknüpfung zwischen Qualitätsclustern des Werkzeugs und dem Referenzlebenszyklus schaffen.

In Analogie zu der individuellen Anpassbarkeit des Referenzlebenszyklus im ersten Modul, kann der Werkzeugbauer auch die Qualitätselastizitätsmatrix an seine eigenen Fähigkeiten individuell anpassen, um auf der adaptierten Basis seine Auslegung einer Anfrage – die Variante – zu kalkulieren. Dies ist wiederum dann empfehlenswert, wenn die empirische Grundlage für den individuellen Anwender unzureichende Aussagen generiert. Abbildung 5-38 zeigt den mikroskopischen Aufbau des dritten Moduls mit beiden Elementen.

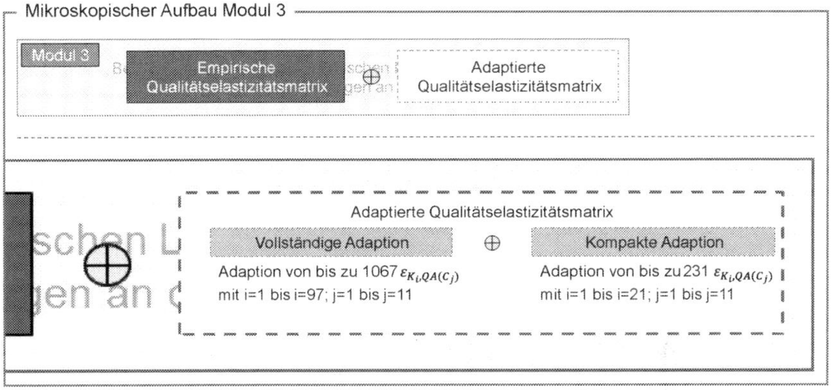

Abbildung 5-38: Mikroskopischer Aufbau von Modul 3

Die adaptierte Qualitätselastizitätsmatrix bietet die Möglichkeit einzelne (maximal alle 1067) Qualitätselastizitäten in der zugrundeliegenden Matrix zu verändern. Ferner ist die Möglichkeit vorgesehen, dass in der kompakten Darstellung die Qualitätselastizitäten auf Ebene der Subphasen angepasst werden. Dies verringert den Aufwand erheblich (maximal 231 Qualitätselastizitäten), reduziert zugleich jedoch erneut die Aussagekraft, da die Qualitätselastizität einer Subphase zu gleichen Teilen auf die immanenten Kostenpositionen verteilt werden (das Bewertungsmodell kalkuliert immer auf Basis von 97 Kostenpositionen und somit auf Basis der Matrix mit 1067 Qualitätselastizitäten).

Das dritte Modul liefert somit die Verknüpfung des Referenzlebenszyklus mit dem Qualitätsvektor eines Werkzeugs auf Basis empirischer Expertenmeinungen. Hierzu wurden die Qualitätselastizitäten eingeführt, die die Korrelationen der Qualitätsanforderungen auf die Lebenszykluskosten eines Spritzgießwerkzeugs beschreiben. Das zentrale Ergebnis ist die empirische Qualitätselastizitätsmatrix, die als standardisierte Berechnungsgrundlage für die Kalkulation der prognostizierten Lebenszykluskosten des Referenzwerkzeugs dient. Diese stellt zugleich auch die Berechnungsgrundlage für die Varianten, kann aber bei Bedarf durch den Anwender für die Varianten angepasst werden, um die Modellaussage zu verbessern.

5.3.4 Modul 4 – Berechnung der Leistungsfähigkeit von Werkzeugbauern

Das vierte Modul beschreibt die Berechnung der prognostizierten Lebenszykluskosten und in der Folge die Bestimmung der Leistungsfähigkeit, die auf den vorangegangenen Modulen aufbaut. Damit wird der quantitative Modellaufbau abgeschlossen und die Struktur des Modells komplettiert (vgl. Abbildung 5-39). Als Eingangsparameter liefert Modul 1 die Referenzlebenszyklusverteilung, die ggf. adaptiert in das Modell einfließt. Ferner wird über Modul 2 der Qualitätsvektor, mit seinen elf Qualitätsdimensionen, als Maß für die Qualität des Werkzeugs eingebracht. Modul 3 verknüpft weiterhin die elf Qualitätscluster mit den 97 Kostenpositionen über 1067 Qualitätselastizitäten. Das abschließende vierte Modul formuliert die Berechnungsgrundlage des Bewertungsmodells. Basierend auf abweichenden Eingangsparametern kann so die prognostizierte relative Verteilung der Lebenszykluskosten in Abhängigkeit der qualitativen Anforderungen an ein Spritzgießwerkzeug berechnet werden. Die Relation aus qualitativen Anforderungen und prognostizierten Lebenszykluskosten stellt in der Folge den Indikator für die Bewertung der Leistungsfähigkeit eines Werkzeugbauers dar.

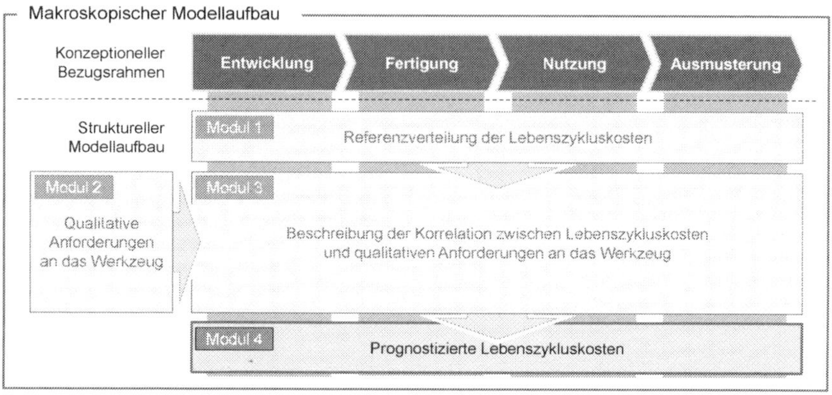

Abbildung 5-39: Strukturelle Verortung von Modul 4 im Bewertungsmodell

Die Differenz der prognostizierten Lebenszykluskosten – und in der Folge auch die Aussage zur Leistungsfähigkeit – zwischen Referenzwerkzeug als Bezug und der Varianten als individuelle Auslegung der Werkzeugbauer, ergibt sich folglich allein aufgrund abweichender Eingangsparameter im Bewertungsmodell. Diese resultieren durch den sich ändernden Qualitätsvektor, die Variation der Referenzkostenverteilung bzw. die Adaption der Qualitätselastizitätsmatrix für die Varianten, wie in den vorangegangenen Modulen erläutert. Diese gehen ihrerseits auf eine abweichende Auslegung des Werkzeugbauers zurück, der sich durch seine Wettbewerbsfähigkeit gegenüber dem durchschnittlichen Werkzeugbauer (Referenzwerkzeug) differenziert. Diese Differenzen gehen auf die individuellen Fähigkeiten zurück, wohingegen die Berechnung der prognostizierten Lebenszykluskosten für das Referenzwerkzeug bzw. die Varianten im Bewertungsmodell stets dem identischen Schema folgen. Im vorliegenden Kapitel 5.3.4 wird daher nicht weiter zwischen Referenzwerkzeug und Varianten differenziert und beide als „Werkzeug" subsumiert, um die Berechnung zu erläutern.

Nachstehend wird die Berechnung des Bewertungsmodells sequentiell dem modularen Aufbau und der Implementierung im Excel-Tool folgend erläutert. Die Realisierung der Module im Excel-Tool zeigt auszugsweise Abbildung 5-40.

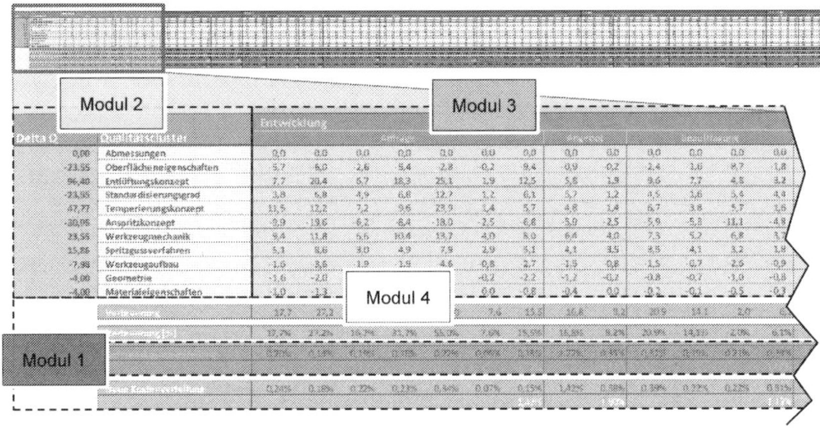

Abbildung 5-40: Realisierung der Module im Bewertungsmodell

Das Bewertungsmodell baut auf einer Referenzkostenverteilung als Heuristik für ein Spritzgießwerkzeug auf (vgl. Modul 1). Die Kosten eines Referenzwerkzeugs ergeben sich als Summe der 97 Kostenpositionen K_i:

$$LZK_{Werkzeug} = \sum_{k=1}^{4} LZK_{HP_k} = \sum_{j=1}^{21} LZK_{SP_j} = \sum_{i=1}^{97} K_i \qquad (1)$$

$mit\ LZK_{Werkzeug} = Lebenszykluskosten\ Werkzeug,\ \ LZK_{HP_k} = Lebenszykluskosten\ Hauptphase\ k,$
$LZK_{SP_j} = Lebenszykluskosten\ Subphase\ j,\ \ K_i = Kostenposition\ i$

Folglich werden die prognostizierten Lebenszykluskosten in Abhängigkeit der qualitativen Abweichung des Werkzeugs (→ sich ändernder Qualitätsvektor) wie folgt definiert:

$$\widehat{LZK}_{Werkzeug} = \sum_{i=1}^{97}(K_i + \Delta K_i) = \sum_{i=1}^{97} K_i * (1 + \frac{\Delta K_i}{K_i}) \qquad (2)$$

$mit\ \widehat{LZK}_{Werkzeug} = Prognostizierte\ Lebenszykluskosten\ Werkzeug,\ \ K_i = Kostenposition\ i,$
$\Delta K_i = Änderung\ der\ Kostenposition\ i$

Da die 97 Kostenpositionen K_i bekannt sind (empirisch erhoben; vgl. Modul 1), verbleiben die relativen Änderungen $\frac{\Delta K_i}{K_i}$ als unbekannt und müssen erschlossen werden. Hierzu wurde in Modul 3 die Qualitätselastizität definiert, die die relative Änderung einer Kostenposition $\frac{\Delta K_{i,j}}{K_i}$ in Abhängigkeit der Änderung eines Qualitätsclusters $\frac{\Delta QA(C_j)}{QA(C_j)}$ (vgl. Modul 2) beschreibt. Durch triviale Äquivalenzumformung lässt sich die Gleichung nach $\frac{\Delta K_{i,j}}{K_i}$ auflösen:

$$\varepsilon_{K_i,QA(C_j)} = \frac{\frac{\Delta K_{i,j}}{K_i}}{\frac{\Delta QA(C_j)}{QA(C_j)}} \Leftrightarrow \frac{\Delta K_{i,j}}{K_i} = \varepsilon_{K_i,QA(C_j)} * \frac{\Delta QA(C_j)}{QA(C_j)} \quad (3)$$

$mit\ \varepsilon_{K_i,QA(C_j)} = Qualitätselastizität\ des\ Clusters\ j\ bezogen\ auf\ die\ Kostenposition\ i,$

$\frac{\Delta K_{i,j}}{K_i} = relative\ Änderung\ der\ Kostenposition\ i\ in\ Abhängigkeit\ der\ Änderung\ des\ Clusters\ j,$

$\frac{\Delta QA(C_j)}{QA(C_j)} = relative\ Änderung\ der\ Qualität\ des\ Clusters\ j$

Die Qualitätselastizitäten $\varepsilon_{K_i,QA(C_j)}$ sind ebenfalls empirisch erhoben und somit für jede Kombination i, j bekannt (Modul 3). Die Qualitätsänderung $\frac{\Delta QA(C_j)}{QA(C_j)}$ stellt die prozentuale Abweichung der Qualitätsanforderung für jedes Qualitätscluster (bzw. jede Qualitätsdimension) gemäß Modul 2 dar und ergibt sich als Eingabe durch den Werkzeugbauer bzw. Anwender. Zugrunde liegt eine Intervallskala von 0-10, auf der die qualitativen Anforderungen für jede Qualitätsdimension unabhängig und linear skaliert werden. Beim Referenzwerkzeug entspricht die Abweichung der Differenz des Qualitätsvektors des Referenzwerkzeugs vom definierten Normal ($QA(C_j) = 5{,}0\ ;\ \forall j$). Bei den Varianten ergibt sich die Differenz folgerichtig aus der Abweichung zum Qualitätsvektor des Referenzwerkzeugs.

Der lineare Zusammenhang zwischen Kosten und Qualitätsänderung erscheint allerdings nur bedingt realitätsnah. Die Diskussionen mit den Experten zeigten, dass für die Qualitätsanforderung $QA(C_j)$ in der Realität ein Grenznutzen zu erwarten ist. Diese Annahme erscheint plausibel, da z. B. eine Steigerung von ohnehin sehr guten Oberflächeneigenschaften im Grenzfall keinen weiteren Nutzen verspricht. Dieser Annahme folgend wird eine exponentielle Gewichtung der Qualitätscluster nach folgender Formel vorgenommen (vgl. hierzu auch Abbildung 5-41):

$$f(x) = 10 * \left[1 + e^{-0{,}8*(x-5)}\right]^{-1} \quad (4)$$

Die logistische Funktion ist punktsymmetrisch zum Normal ($QA(C_j) = 5{,}0$). Der Exponent 0,8 wurde entsprechend der Experteneinschätzungen als Konstante experimentell festgelegt. Im Intervall von 0 bis 2,8 und zwischen 7,2 und 10,0 wird eine Qualitätsanforderung abgewertet. Zwischen 2,8 und 7,2 ist demgegenüber ein nahezu linearer Verlauf angenommen. Abbildung 5-41 verdeutlicht den Zusammenhang der Gewichtung.

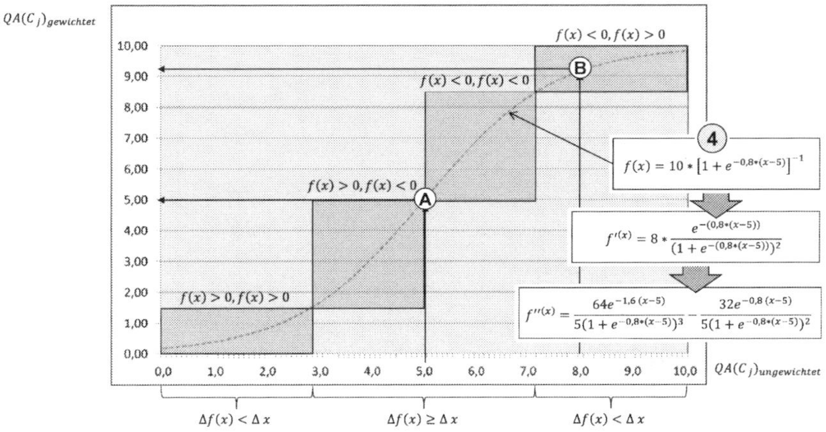

Abbildung 5-41: Gewichtung der qualitativen Änderung

Im Beispiel A geht eine Qualitätsanforderung mit dem Wert $x = 5{,}0$ ein (entspricht dem Normal und damit einer durchschnittlichen Werkzeugauslegung). Die Gewichtung über Formel 4 ergibt ein $f(5{,}0) = 5{,}0$ und somit erfolgt keine Änderung durch die Gewichtungsfunktion.

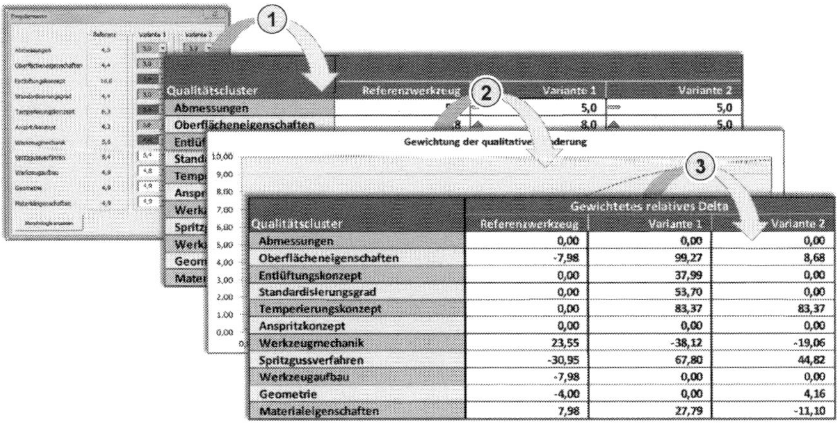

Qualitätscluster	Gewichtetes relatives Delta		
	Referenzwerkzeug	Variante 1	Variante 2
Abmessungen	0,00	0,00	0,00
Oberflächeneigenschaften	-7,98	99,27	8,68
Entlüftungskonzept	0,00	37,99	0,00
Standardisierungsgrad	0,00	53,70	0,00
Temperierungskonzept	0,00	83,37	83,37
Anspritzkonzept	0,00	0,00	0,00
Werkzeugmechanik	23,55	-38,12	-19,06
Spritzgussverfahren	-30,95	67,80	44,82
Werkzeugaufbau	-7,98	0,00	0,00
Geometrie	-4,00	0,00	4,16
Materialeigenschaften	7,98	27,79	-11,10

Abbildung 5-42: Realisierung der Gewichtung des Qualitätsvektors im Bewertungsmodell

Im Beispiel B wird eine Qualitätsanforderung mit dem Wert $x = 8{,}0$ angenommen. Folglich eine überdurchschnittliche hohe Qualitätsanforderung. Durch die Gewichtung ergibt sich der Funktionswert $f(8{,}0) = 9{,}17$. Die qualitative Änderung von A nach B, also das Delta $\Delta QA(C_j)$ würde entsprechend größer gewichtet. Eine weitere Steigerung der Qualität würde jedoch zu einem geringer wachsenden Delta $\Delta QA(C_j)$ führen.

Somit sind alle Variablen bekannt, die zur Berechnung von $\frac{\Delta K_{i,j}}{K_i}$ (Formel 3) notwendig sind. Die Änderung einer Kostenposition $\frac{\Delta K_i}{K_i}$ ergibt sich nun als Summe der Kostenänderungen $\frac{\Delta K_{i,j}}{K_i}$ der 11 Qualitätscluster. Ist die Summe der Kostenänderungen $\frac{\Delta K_{i,j}}{K_i}$ negativ (positiv), so reduzieren (erhöhen) sich die Kosten der betrachteten Kostenposition i entsprechend in der Prognose:

$$\frac{\Delta K_i}{K_i} = \sum_{j=1}^{11} \frac{\Delta K_{i,j}}{K_i} = \sum_{j=1}^{11} \varepsilon_{K_i,QA(C_j)} * \frac{\Delta QA(C_j)}{QA(C_j)} \quad (5)$$

mit K_i = *Kostenposition i*, ΔK_i = *Änderung der Kostenposition i*,
$\varepsilon_{K_i,QA(C_j)}$ = *Qualitätselastizität des Clusters j bezogen auf die Kostenposition i*,
$\frac{\Delta K_{i,j}}{K_i}$ = *relative Änderung der Kostenposition i in Abängigkeit der Änderung des Clusters j*,
$\frac{\Delta QA(C_j)}{QA(C_j)}$ = *relative Änderung der Qualitäts des Clusters j*

Aus den Komponenten der einzelnen Module lässt sich abschließend der funktionale Zusammenhang für die prognostizierten Lebenszykluskosten eines Spritzgießwerkzeugs durch Einsetzen herleiten:

$$\widehat{LZK}_{Werkzeug} = \sum_{i=1}^{97} K_i * (1 + \frac{\Delta K_i}{K_i}) = \sum_{i=1}^{97} K_i * \left(1 + \sum_{j=1}^{11} \varepsilon_{K_i,QA(C_j)} * \frac{\Delta QA(C_j)}{QA(C_j)}\right) \quad (6)$$

mit K_i = *Kostenposition i*, ΔK_i = *Änderung der Kostenposition i*,
$\varepsilon_{K_i,QA(C_j)}$ = *Qualitätselastizität des Clusters j bezogen auf die Kostenposition i*,
$\frac{\Delta K_{i,j}}{K_i}$ = *relative Änderung der Kostenposition i in Abängigkeit der Änderung des Clusters j*,
$\frac{\Delta QA(C_j)}{QA(C_j)}$ = *relative Änderung der Qualitäts des Clusters j*

Theoretisch ist es nun möglich, dass die Summe der Kostenänderungen $\frac{\Delta K_{i,j}}{K_i}$, größer wird, als der Wert der aktuellen Referenzkostenverteilung. Dies ist dann der Fall, wenn die relativen Qualitätsänderungen $\frac{\Delta QA(C_j)}{QA(C_j)}$ über nahezu alle Qualitätscluster stark negativ sind. Dies könnte in Summe zu einer negativen Kostenposition im prognostizierten Lebenszyklus führen. Da dieser – theoretische – Fall zwar abbildbar, praktisch aber nicht plausibel ist, soll dieser Fall ex ante ausgeschlossen werden. Es erfolgt eine Einschränkung der zuvor definierten Formel, sodass eine prognostizierte Kostenposition im Lebenszyklus minimal 0 annehmen kann:

$$\widetilde{LZK}_{Werkzeug} = \sum_{i=1}^{97} MAX_i \left[0, K_i * \left(1 + \frac{\Delta K_i}{K_i}\right)\right]$$
$$= \sum_{i=1}^{97} MAX_i \left[0, K_i * \left(1 + \sum_{j=1}^{11} \varepsilon_{K_i,QA(C_j)} * \frac{\Delta QA(C_j)}{QA(C_j)}\right)\right] \quad (7)$$

$mit\ K_i = Kostenposition\ i,\quad \Delta K_i = Änderung\ der\ Kostenposition\ i,$

$\varepsilon_{K_i,QA(C_j)} = Qualitätselastizität\ des\ Clusters\ j\ bezogen\ auf\ die\ Kostenposition\ i,$

$\frac{\Delta K_{i,j}}{K_i} = relative\ Änderung\ der\ Kostenposition\ i\ in\ Abängigkeit\ der\ Änderung\ des\ Clusters\ j,$

$\frac{\Delta QA(C_j)}{QA(C_j)} = relative\ Änderung\ der\ Qualitäts\ des\ Clusters\ j$

Zusammenfassend zeigt Abbildung 5-43 die Allokation der Berechnung im Bewertungsmodell:

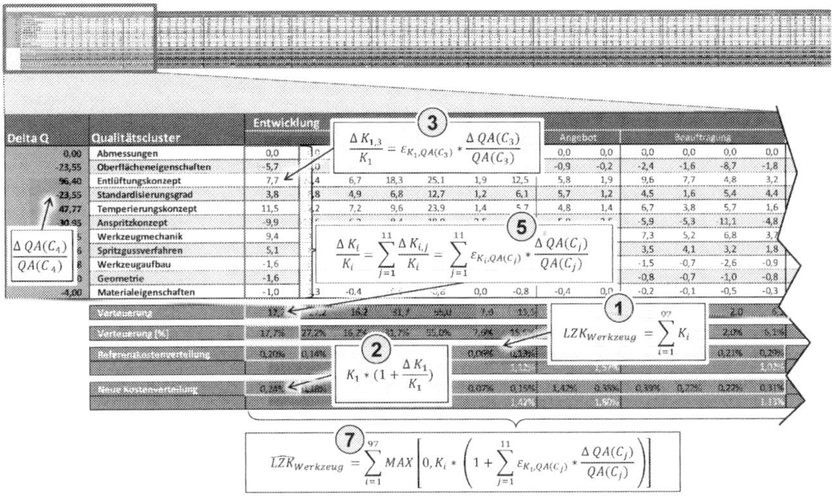

Abbildung 5-43: Berechnung der prognostizierten Lebenszykluskosten

Damit berechnen sich die prognostizierten Lebenszykluskosten eines beliebigen Spritzgießwerkzeugs in Abhängigkeit der Eingabeparameter. Die Bewertung der Leistungsfähigkeit des Werkzeugbauers erfolgt abschließend als Quotient aus dem Betrag des Qualitätsvektors $|\vec{Q}|_m$ und den prognostizierten Lebenszykluskosten $\widehat{LZK}_m$ des Spritzgießwerkzeugs. Damit wird die erzielte Qualität des Spritzgießwerkzeugs ins Verhältnis zu den gesamten Lebenszykluskosten gesetzt. Der Index m steht indes für die betrachtete Referenz bzw. Variante:

$$Lf_m = \frac{|\vec{Q}|_m}{\widehat{LZK}_m} \qquad (8)$$

$$mit\ Lf_m = Leistungsfähigkeit\ Werkzeugbauer\ von\ Werkzeug\ m,$$
$$\widehat{LZK}_m = Prognostizierte\ Lebenszykluskosten\ für\ Werkzeug\ m,$$
$$mit\ m = Referenz \vee Variante\ 1 \vee Variante\ 2$$

Der Vergleich der Leistungsfähigkeitsindizes Lf_m erlaubt in der Folge die qualitative Aussage über den besten Werkzeugbauer für ein betrachtetes Spritzgießwerkzeug. Der beste Werkzeugbauer realisiert folglich die höchste Qualität zu den verhältnismäßig niedrigsten Lebenszykluskosten.

Als Beispiel sei das Normal ($QA(C_j) = 5{,}0$) als Referenz angenommen, so ergäbe sich der Betrag des Qualitätsvektors $|\vec{Q}|_{Referenz,Normal}$ zu:

$$|\vec{Q}|_{Referenz,\ Normal} = \sqrt{\sum_{j=1}^{11} \left(QA(C_j)\right)^2} = \sqrt{5{,}0_1^2 + 5{,}0_2^2 + \cdots + 5{,}0_{11}^2} \qquad (9)$$
$$= \sqrt{11 * 5^2} \approx 16{,}58$$

$$mit\ |\vec{Q}|_{Referenz,\ Normal} = Referenzvektor\ mit\ durchschnittlicher\ Ausprägung\ aller\ Qualitätsanforderungen$$

Da die Lebenszykluskosten des Referenzwerkzeugs – als Bezugsgröße – immer auf 100 % normiert werden, ergibt sich folglich als durchschnittliche Leistungsfähigkeit für das Referenzwerkzeug:

$$Lf_{Referenz,\ Normal} = \frac{|\vec{Q}|_{Referenz,\ Normal}}{\widehat{LZK}_{Referenz,\ Normal}} = \frac{16{,}58}{100{,}00} = 0{,}1658$$

Bei dieser Referenz wäre folglich eine Leistungsfähigkeit Lf_m kleiner 0,1658 eine unterdurchschnittliche Leistung, wohingegen ein größerer Wert auf eine überdurchschnittliche Leistungsfähigkeit hinweisen würde. Entsprechend erfolgt die Beurteilung der Leistungsfähigkeit grundsätzlich immer im Vergleich zur Referenz, weshalb diese auch zwangsläufig kalkuliert werden muss.

Mit Kalkulation der Leistungsfähigkeit ist das Bewertungsmodell strukturell und inhaltlich vervollständigt.

5.4 Zwischenfazit

Das fünfte Kapitel hat das Bewertungsmodell zur Bestimmung der Leistungsfähigkeit von Werkzeugbauern entwickelt. Hierzu wurde zu Beginn aus der System- bzw. Modelltheorie ein Vorgehen abgeleitet und eine modulare Struktur für das zu konstruierende Modell eingeführt. In der Folge wurde im qualitativen Modellaufbau die Grobstruktur auf Modulebene erläutert. In einem weiteren Schritt wurden im quantitativen Modellaufbau die einzelnen Module unter Einbezug der involvierten Experten detailliert.

Die zugrundeliegende Idee des Bewertungsansatzes sieht vor, dass aus einer beliebigen Anfrage für ein Spritzgießwerkzeug das Lastenheft in ein objektiv eindeutiges Anforderungsprofil übersetzt wird. Hierzu erfolgt mit Hilfe der empirischen Morphologie die Bestimmung des Qualitätsvektors, der durch elf Qualitätscluster diese Anforderungen quantifiziert. Ferner wurde eine Referenzkostenverteilung erhoben, die die Kosten eines durchschnittlich komplexen Werkzeugs auf insgesamt 97 Kostenpositionen verteilt. Mit Hilfe der eingeführten Qualitätselastizitäten wurde abschließend eine Verknüpfung zwischen Qualitätsclustern und Kostenpositionen geschaffen. Auf dieser Basis berechnet das Bewertungsmodell prognostizierte Lebenszykluskosten für eine beliebige Anfrage. Durch das Verhältnis der Lebenszykluskosten zum Betrag des Qualitätsvektors, als Maß für die Qualität des Werkzeugs, wird der Leistungsfähigkeitsindex berechnet.

Die schlichte Überführung des Lastenheftes führt dabei zur Berechnung des Referenzwerkzeugs, dessen Leistungsfähigkeit sich ausschließlich durch empirische Parameter berechnet, die als Ergebnis der Zusammenarbeit mit 28 Experten der Branche Werkzeugbau entstanden sind. Somit ist das Referenzwerkzeug stets die Auslegung der Anfrage eines generischen Werkzeugbauers. Der Leistungsvergleich wird erst durch die Berechnung von zusätzlich bis zu zwei Varianten ermöglicht. Varianten stellen dabei abweichende Auslegungen von individuellen Werkzeugbauern dar. Die Berechnung folgt dabei dem gleichen Schema, allerdings werden durch individuelle Änderungen des Werkzeugbauers die Eingangsparameter für die Varianten adaptiert. So sieht das Modell vor, dass der Werkzeugbauer den Qualitätsvektor in Folge einer konstruktiven Änderung variiert, die empirische Referenzkostenverteilung seiner eigenen Kostenstruktur anpasst oder die Qualitätselastizitäten entsprechend seiner firmeninternen Strukturen variiert. Durch die sich ändernden Eingangsparameter berechnen sich abweichende Lebenszykluskosten und abweichende Beträge für den Qualitätsvektor, die zu abweichenden Leistungsfähigkeitsindizes führen.

6 Anwendung und Prüfung in der industriellen Praxis

Im vorangegangenen Kapitel wurde das Bewertungsmodell qualitativ strukturiert und die Module anschließend quantitativ detailliert und erläutert. Das Referenzwerkzeug berechnet sich dabei stets auf der Basis empirischer Parameter. Für die Bestimmung der Leistungsfähigkeit der Varianten des Werkzeugbauers wurde in den Modulen jeweils die Möglichkeit vorgesehen, das Bewertungsmodell basierend auf der empirischen Datenbasis zu verwenden oder es den individuellen Bedürfnissen anzupassen, um die Aussagekraft des Bewertungsmodells zu verbessern. Dies führt zu einer Menge interagierender Modulelemente, die alternativ in das Bewertungsmodell einfließen können. Daher bedarf es einer Erweiterung des Bewertungsmodells um eine prozessuale Ablauffolge, die den Prozess des Bewertungsansatzes erörtert und ein Vorgehensmodell zur Leistungsbewertung aufbaut. Hierzu wurde mit den Experten des Forschungsprojekts ein Leitfaden entwickelt, der die Anwendung des Bewertungsmodells beschreibt. Daran anschließend erfolgt die Prüfung des Bewertungsmodells in der praktischen Anwendung. Zu diesem Zweck wird ein pragmatischer Ansatz zur Gültigkeitsprüfung aus der wissenschaftlichen Theorie abgleitet. Die praktische Anwendung des Bewertungsmodells wird in der Folge anhand zweier Fallbeispiele erläutert und abschließend durch den entwickelten Ansatz zur Gültigkeitsprüfung kritisch reflektiert.

6.1 Leitfadenbasierte Detaillierung zum prozessualen Vorgehensmodell

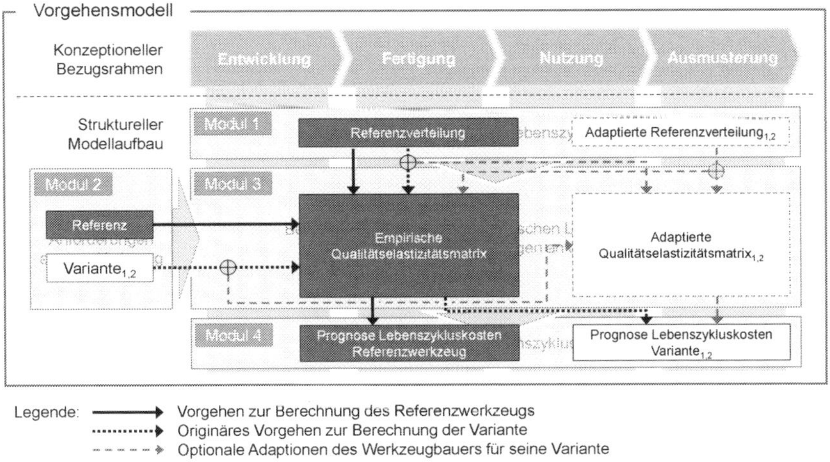

Abbildung 6-1: Interaktion der modulimmanenten Elemente im Vorgehensmodell

Erst durch die individuelle Anwendung des Bewertungsmodells durch einen Werkzeugbauer werden Aussagen über die Auslegung und die Kosten eines fokussierten Spritzgießwerkzeugs in Relation zu der empirischen Referenz ermöglicht. In Abbildung 6-1 ist daher das

Makrokonzept des Bewertungsmodells um seine wesentlichen Modulelemente schematisch erweitert. Durch die ablauforientierte Verknüpfung der einzelnen Modulelemente wird das Vorgehensmodell aufgebaut.

Zum Aufbau eines prozessualen Vorgehensmodells erfolgt zunächst die Konsolidierung aller interagierenden Modulelemente als Zusammenfassung des Bewertungsmodells. Anschließend wird die Nutzerschnittelle im Bewertungsmodell erläutert, in der die Modelleingaben erfolgen. Auf dieser Grundlage wird der Leitfaden anhand prozessualer Ablaufdiagramme und der zugehörigen Beschreibung der Prozessschritte in vier Phasen aufgebaut. Das Ergebnis ist die Darstellung der prognostizierten Lebenszykluskosten sowie der Leistungsfähigkeit Lf_m als Resultat der Bewertung, die das Vorgehensmodell vervollständigen. Nachfolgend listet Tabelle 6-1 dezidiert alle Elemente des Bewertungsmodells gegliedert nach Modulen auf:

Tabelle 6-1: Übersicht der Elemente des Bewertungsmodells gegliedert nach Modulen

#	Element im Bewertungsmodell bzw. Vorgehensmodell	Umfang d. Bewertung	Editierbar	Arbeitsblattbezeichnung im implementierten Tool
Modul 1	Empirische Referenzverteilung	Vollständig	☒	Emp. Referenzverteilung
	Adaptierte Referenzverteilung1		☑	Adapt. Ref. V1 (vollständig)
	Adaptierte Referenzverteilung2		☑	Adapt. Ref. V2 (vollständig)
	Adaptierte Referenzverteilung1	Kompakt	☑	Adapt. Ref. V1 (kompakt)
	Adaptierte Referenzverteilung2		☑	Adapt. Ref. V2 (kompakt)
Modul 2	Qualitätsvektor (Referenzwerkzeug)		☒	Qualitätsvektor
	Qualitätsvektor (Variante 1)		☑	
	Qualitätsvektor (Variante 2)		☑	
Modul 3	Empirische Qualitätselastizitätsmatrix	Vollständig	☒	Emp. Q-elastizität
	Adaptierte Qualitätselastizitätsmatrix 1		☑	Q-elastizität V1 (vollständig)
	Adaptierte Qualitätselastizitätsmatrix 2		☑	Q-elastizität V2 (vollständig)
	Adaptierte Qualitätselastizitätsmatrix 1	Kompakt	☑	Q-elastizität V1 (kompakt)
	Adaptierte Qualitätselastizitätsmatrix 2		☑	Q-elastizität V2 (kompakt)
Modul 4	Konsolidierte Datenbasis Referenz		☒	QE Matrix (Ref)
	Konsolidierte Datenbasis Variante 1		☒	QE Matrix (Var1)
	Konsolidierte Datenbasis Variante 2		☒	QE Matrix (Var2)
	Prog. LZK Referenzwerkzeug		☒	Referenzwerkzeug
	Prog. LZK Variante 1		☒	Variante 1
	Prog. LZK Variante 2		☒	Variante 2

Im Detail vervielfacht sich die Menge relevanter Elemente in den Modulen (gegenüber der schematischen Übersicht in Abbildung 6-1) durch die Betrachtung von bis zu zwei Varianten, die jeweils durch den Werkzeugbauer in vollständiger (auf Ebene der 97 Kostenpositionen) oder in kompakter Darstellung (auf Ebene der 21 Subphasen) adaptiert werden können. Die Tabelle listet in der zweiten Spalte die resultierenden Elemente aus Kapitel 1 auf. In der vierten Spalte wird der Überblick gegeben, auf welche Elemente der Werkzeugbauer Einfluss nehmen kann, um das Werkzeug entsprechend seiner Auffassung auszulegen (Qualitätsvektor) bzw. um die Berechnungsgrundlage des Bewertungsmodells seinen individuellen Bedürfnissen anzupassen (adaptierte Referenzkostenverteilung und adaptierte Qualitätselastizitätsmatrix). Die empirischen Daten dienen immer als Grundlage zur Bewertung des Referenzwerkzeugs und werden nicht variiert. Ferner beinhaltet das 4. Modul die Elemente zur Berechnung und Darstellung der Ergebnisse, die ebenfalls nicht editiert werden. Spalte fünf zeigt die zugehörigen Arbeitsblätter des Excel-Bewertungstools, die die Elemente entsprechend implementieren.

Für den Werkzeugbauer als Anwender ist eine Nutzerschnittstelle implementiert, über die alle Ein- und Ausgaben erfolgen. Damit wird dem Anspruch nach leichter Anwendbarkeit Rechnung getragen. Abbildung 6-2 zeigt die Benutzerschnittstelle auszugsweise, die sich in zwei grundlegende Teile gliedert: Im oberen Bereich befindet sich der Eingabebereich (1) und darunter der Ausgabebereich (2), der der Darstellung der Ergebnisse dient.

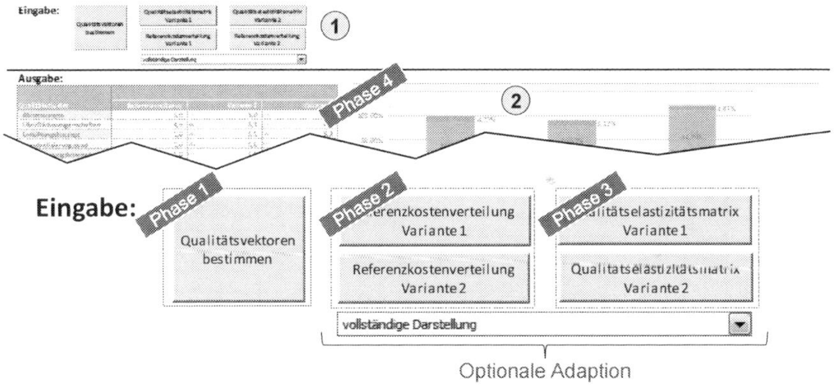

Abbildung 6-2: Phasen des Vorgehens anhand der Nutzerschnittstelle

Anhand der Eingabefelder wird die Sequenz im Vorgehensmodell verdeutlicht: In Phase 1 werden sowohl die Qualitätsvektoren für das Referenzwerkzeug als auch die beiden Varianten festgelegt. Phase 2 und Phase 3 erörtern das Vorgehen zur optionalen Adaption der Referenzkostenverteilung und der Qualitätselastizitätsmatrix, um die empirische Datenbasis den individuellen Anforderungen anzupassen. Die Ausgabe besteht aus der abschließenden 4. Phase, in der die Ergebnisdarstellung erfolgt.

Nachstehend werden die vier Phasen der chronologischen Sequenz im Vorgehensmodell folgend in einen Leitfaden überführt. Hierzu werden die Prozesse der Phasen zu Beginn als

Flussdiagramm, nach Notation der DIN 66001, modelliert.[1049] Die verwendete Symbolik zeigt Abbildung 6-3. Weiterhin wird die Darstellung vertikal durch Swimlanes getrennt: In der linken Bahn werden die Aktivitäten und Entscheidungen für das Referenzwerkzeug (dunkle Symbole) dargestellt. Die zweite Bahn zeigt die Ereignisse und Aktivitäten für die Varianten (helle Symbole). Sofern nicht erforderlich wird auf die Trennung zwischen Variante 1 und 2 verzichtet.

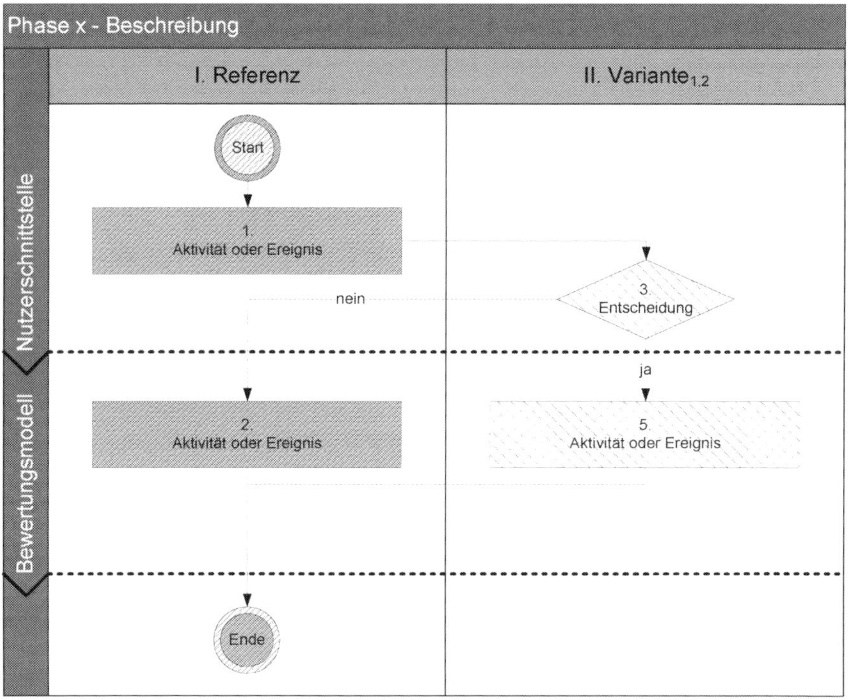

Abbildung 6-3: Datenflussmodellierung nach DIN 66001

Ferner wird eine Trennung durch zwei horizontale gestrichelte Linien vorgenommen. Der obere Bereich zeigt Aktivitäten und Entscheidungen des Anwenders in der Nutzerschnittstelle wohingegen der untere Bereich Vorgänge im implementierten Tool zeigt, die automatisiert ablaufen. Letztere sind durch gestrichelte Pfeile verbunden, um zu suggerieren, dass ab dieser Stelle kein Einfluss mehr durch den Anwender genommen werden kann.

[1049] Zur Notation vgl. z. B. Vgl. Brüggemann, H.; Bremer, P.: Grundlagen Qualitätsmanagement: Von den Werkzeugen über Methoden zum TQM, 2015, S. 19; Basler, D.: Unternehmensorientierte Software-Entwicklung mit Delphi: Anwendungsentwicklung, betriebliche Informationssysteme, Intra- und Internet, 2013, S. 74; Splettstößer, D.: Grobprojektierung von Informationssystemen: Methodenanalyse und Grundkonzeption einer Dialog-Projektierung, 2013, S. 40 f.; Pomberger, G.; Dobler, H.: Algorithmen und Datenstrukturen: eine systematische Einführung in die Programmierung, 2008; Wilhelm, R.: Prozessorganisation, 2007, S. 44 ff.

Die Prozessschritte werden anschließend schriftlich in einem Leitfaden beschrieben. Hierzu werden spaltenweise (von links nach rechts) erst die Prozessschritte für das Referenzwerkzeug (I.), gefolgt von den Erläuterungen zu den Varianten (II.), erklärt. Die Nummerierung der Prozessschritte entspricht dabei der Aufzählung der schriftlichen Erläuterung und erleichtert so die direkte Zuordnung.

6.1.1 Phase 1 – Bestimmung der Qualitätsvektoren

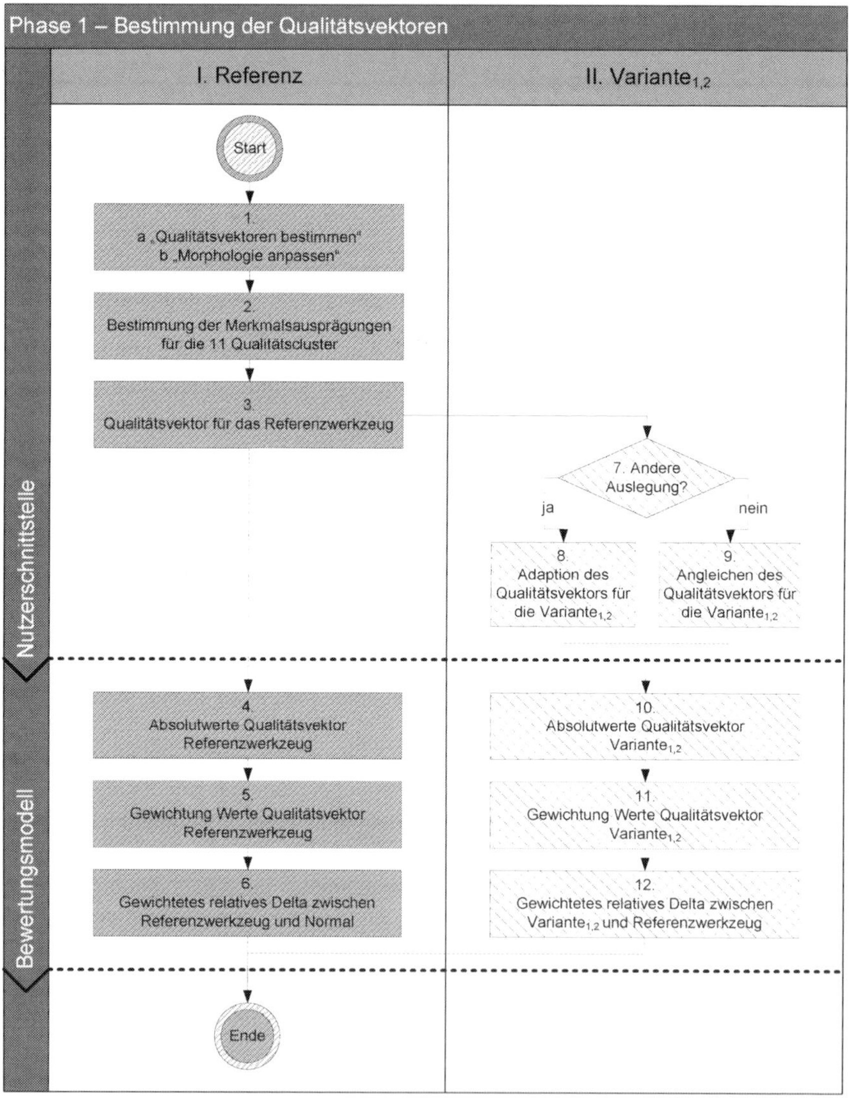

Abbildung 6-4: Prozessvisualisierung zu Phase 1 des Vorgehensmodells

Die erste Phase dient der Identifikation der eingehenden Qualitätsvektoren für das Referenzwerkzeug sowie maximal zwei weiterer Varianten, die abweichend ausgelegt werden.

1. Im Eingabebereich der Nutzerschnittstelle wird über die Schaltfläche „Qualitätsvektoren bestimmen" die Eingabemaske aufgerufen. Der aktuelle Qualitätsvektor $\vec{Q}_{Referenz}$ wird in der linken Spalte angezeigt. Über die Schaltfläche „Morphologie anpassen" können die aktuellen Parameter jedes Qualitätscluster angepasst werden.
2. Die Anpassung erfolgt einzeln für jedes Qualitätscluster, die linksseitig als Reiter ausgewählt werden können. Über die Dropdownfelder werden die Merkmalsausprägungen zu jedem Merkmal definiert. Zugleich berechnet sich daraus die Ausprägung des Qualitätsclusters, die rechtsseitig in der Maske angezeigt wird.
3. Durch Schließen der Maske werden die Eingaben übernommen und der angepasste Qualitätsvektor $\vec{Q}_{Referenz}$ in der Eingabemaske angezeigt.
4. Der Qualitätsvektor $\vec{Q}_{Referenz}$ wird im Bewertungsmodell in das Arbeitsblatt „Qualitätsvektor" übertragen.
5. Entsprechend der eingeführten Annahme des abnehmenden Grenznutzens werden die Absolutwerte des Qualitätsvektors $\vec{Q}_{Referenz}$ gewichtet (vgl. hierzu Kapitel 5.3.4, S. 219 ff.).
6. Berechnung des Deltas für jedes Qualitätscluster zwischen gewichtetem Qualitätsvektor $\vec{Q}_{Referenz}$ und dem definierten „Normal" ($QA(C_j) = 5{,}0\ ;\ \forall j$).
7. Möchte der Werkzeugbauer die Auslegung seiner Variante$_{1,2}$ gegenüber dem Referenzwerkzeug ändern?
8. Falls ja, kann der Werkzeugbauer die Qualitätsvektoren $\vec{Q}_{Variante,1/2}$ manuell per Dropdown anpassen, indem über die Schaltfläche „Qualitätsvektoren bestimmen" die Eingabemaske erneut aufgerufen wird. Dabei wird dem Anwender überlassen, ob er sich bei der Änderung an der Morphologie orientieren möchte oder die Werte nach eigenem Ermessen anpasst.
9. Falls nein, muss der Werkzeugbauer die Qualitätsvektoren $\vec{Q}_{Variante,1/2}$ manuell per Dropdown dem Qualitätsvektor $\vec{Q}_{Referenz}$ angleichen, indem über die Schaltfläche „Qualitätsvektoren bestimmen" die Eingabemaske erneut aufgerufen wird.
10. Die eingetragenen Qualitätsvektoren $\vec{Q}_{Variante,1/2}$ werden im Bewertungsmodell in das Arbeitsblatt „Qualitätsvektor" übertragen.
11. Entsprechend der eingeführten Annahme des abnehmenden Grenznutzens werden die Absolutwerte der Qualitätsvektoren $\vec{Q}_{Variante,1/2}$ gewichtet (vgl. hierzu Kapitel 5.3.4, S. 219 ff.).
12. Abschließend erfolgt die Berechnung des Deltas für jedes Qualitätscluster zwischen den gewichteten Qualitätsvektoren $\vec{Q}_{Variante,1/2}$ und dem gewichteten tor $\vec{Q}_{Referenz}$. Die Delta-Werte werden im Bewertungsmodell den Arbeitsblättern „Variante 1", „Variante 2" und „Referenzwerkzeug" zur weiteren Berechnung übergeben.

6.1.2 Phase 2 – Adaption der Referenzkostenverteilung

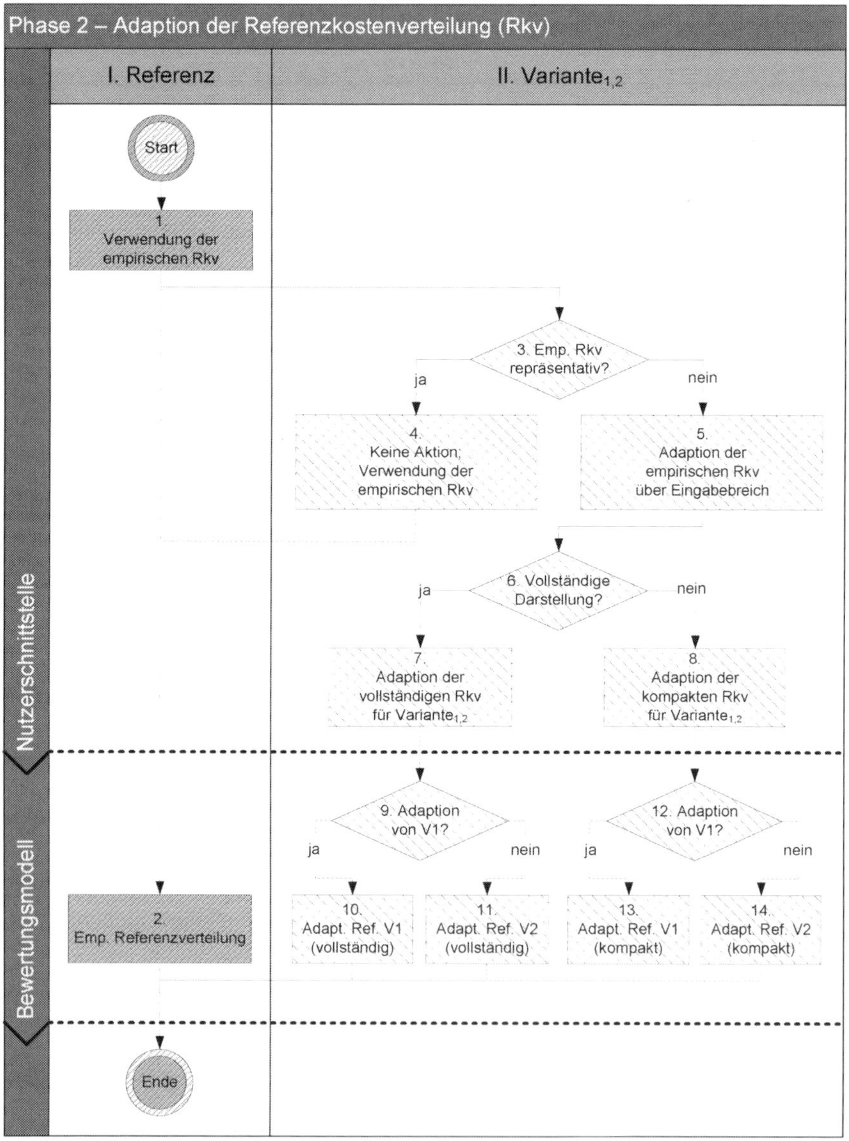

Abbildung 6-5: Prozessvisualisierung zu Phase 2 des Vorgehensmodells

Die zweite Phase dient der optionalen Anpassung der Referenzkostenverteilung (Rkv) für die Varianten der Werkzeugbauer:

1. Die Lebenszykluskosten für das Referenzwerkzeug werden prinzipiell auf Basis der empirischen Datengrundlage prognostiziert.
2. Im Bewertungsmodell wird entsprechend die empirisch erhobene Referenzkostenverteilung als Grundlage für die Prognose der Lebenszykluskosten des Referenzwerkzeugs eingebracht.
3. Ist die empirische Referenzkostenverteilung für den Werkzeugbauer der Variante(n) repräsentativ?
4. Falls ja, erfolgt keine Adaption der Referenzkostenverteilung für die Varianten. Die Varianten werden ebenfalls basierend auf der empirischen Datengrundlage berechnet.
5. Falls nein, so besteht die Möglichkeit die Referenzkostenverteilung der Varianten individuell anzupassen.
6. Möchte der Werkzeugbauer eine Adaption auf Ebene der 97 Kostenpositionen (vollständige Darstellung) vornehmen?
7. Falls ja, muss im Eingabebereich per Dropdown die „vollständige Darstellung“ ausgewählt werden und über die Schaltflächen „Referenzkostenverteilung Variante 1/2“ im Eingabebereich die Adaption vorgenommen werden.
8. Falls nein, muss im Eingabebereich per Dropdown die „kompakte Darstellung“ ausgewählt und anschließend analog über die Schaltflächen „Referenzkostenverteilung Variante 1/2“ im Eingabebereich die Adaption vorgenommen werden. Hierbei erfolgt die Adaption auf Ebene der 21 Subphasen, deren Gewichtung im Bewertungsmodell zu gleichen Teilen auf die Kostenpositionen umgelegt wird.
9. Wird Variante 1 angepasst? (vollständige Darstellung)
10. Falls ja, werden die Werte im Tabellenblatt „Adapt. Ref. V1 (vollständig)“ durch die individuelle Auslegung überschrieben und normiert.
11. Falls nein, werden die Werte im Tabellenblatt „Adapt. Ref. V2 (vollständig)“ durch die individuelle Auslegung überschrieben und normiert.
12. Wird Variante 1 angepasst? (kompakte Darstellung)
13. Falls ja, werden die Werte im Tabellenblatt „Adapt. Ref. V1 (kompakt)“ durch die individuelle Auslegung überschrieben und normiert.
14. Falls nein, werden die Werte im Tabellenblatt „Adapt. Ref. V2 (kompakt)“ durch die individuelle Auslegung überschrieben und normiert.

In Abhängigkeit der Auswahl im Dropdownfeld des Eingabebereichs, „kompakte“ oder „vollständige“ Darstellung, erfolgt daher die Anpassung der Referenzkostenverteilungen für beide Varianten. Eine Berechnung der ersten Variante in der “vollständigen“ und der zweiten Variante in der „kompakten“ Darstellung ist gleichzeitig nicht vorgesehen.

6.1.3 Phase 3 – Anpassung der Qualitätselastizitäten

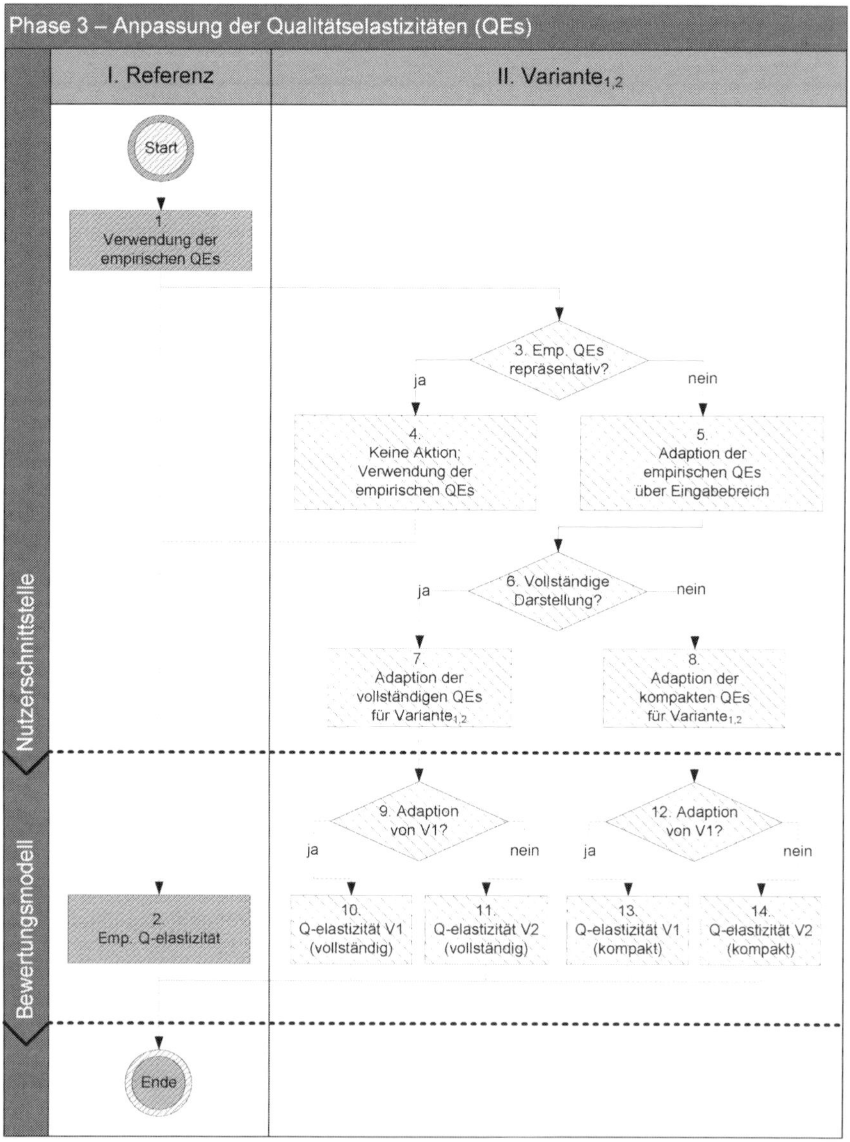

Abbildung 6-6: Prozessvisualisierung zu Phase 3 des Vorgehensmodells

Die dritte Phase dient der optionalen Anpassung der Qualitätselastizitäten (QEs) für die Varianten der Werkzeugbauer. Der Aufbau und das Vorgehen sind strukturell der Adaption der Referenzkostenverteilungen nach Phase 2 ähnlich:

1. Die Qualitätselastizitäten für das Referenzwerkzeug ergeben sich prinzipiell aus der empirischen Datengrundlage.
2. Im Bewertungsmodell werden entsprechend die empirisch erhobenen Qualitätselastizitäten als Grundlage für die Prognose eingebracht.
3. Sind die empirischen Qualitätselastizitäten für den Werkzeugbauer der Variante(n) repräsentativ?
4. Falls ja, erfolgt keine Adaption der Qualitätselastizitäten für die Varianten. Die Varianten werden ebenfalls basierend auf der empirischen Datengrundlage berechnet.
5. Falls nein, so besteht die Möglichkeit die Qualitätselastizitäten der Varianten individuell anzupassen.
6. Möchte der Werkzeugbauer eine Adaption auf Ebene der 97 Kostenpositionen (vollständige Darstellung; 1067 QEs) vornehmen?
7. Falls ja, muss im Eingabebereich per Dropdown die „vollständige Darstellung" ausgewählt und über die Schaltflächen „Qualitätselastizitätsmatrix Variante 1/2" im Eingabebereich die Adaption beliebiger QEs vorgenommen werden.
8. Falls nein, muss im Eingabebereich per Dropdown die „kompakte Darstellung" ausgewählt und anschließend analog über die Schaltflächen „Qualitätselastizitätsmatrix Variante 1/2" im Eingabebereich die Adaption vorgenommen werden. Hierbei erfolgt die Adaption auf Ebene der 21 Subphasen, sodass sich die Matrix auf 231 QEs reduziert. Die Qualitätselastizität einer Subphase wird in der Folge für jede immanente Kostenposition zugrunde gelegt.
9. Wird Variante 1 angepasst? (vollständige Darstellung)
10. Falls ja, werden die Werte im Tabellenblatt „Q-elastizität V1 (vollständig)" durch die individuelle Auslegung überschrieben.
11. Falls nein, werden die Werte im Tabellenblatt „Q-elastizität V2 (vollständig)" durch die individuelle Auslegung überschrieben.
12. Wird Variante 1 angepasst? (kompakte Darstellung)
13. Falls ja, werden die Werte im Tabellenblatt „Q-elastizität V1 (kompakt)" durch die individuelle Auslegung überschrieben.
14. Falls nein, werden die Werte im Tabellenblatt „Q-elastizität V2 (kompakt)" durch die individuelle Auslegung überschrieben.

Obwohl eine Anpassung für die Qualitätselastizitäten unabhängig von der Anpassung der Referenzlebenszykluskosten ist, berechnet das Bewertungsmodell grundsätzlich entweder in der „kompakten" oder der „vollständigen" Darstellung. Deshalb muss phasenübergreifend festgelegt werden, welche Darstellung gewählt werden soll.

6.1.4 Phase 4 – Darstellung der Ergebnisse

Die abschließende vierte Phase zeigt den Prozess der implementierten Modulelemente im Bewertungsmodell zur Berechnung der prognostizierten Lebenszykluskosten sowie der Leistungsfähigkeit Lf_m der Werkzeugbauer. Ferner werden die Ergebnisse der Berechnung im Ausgabebereich der Nutzerschnittstelle für den Werkzeugbauer dargestellt und somit das Vorgehensmodell vervollständigt.

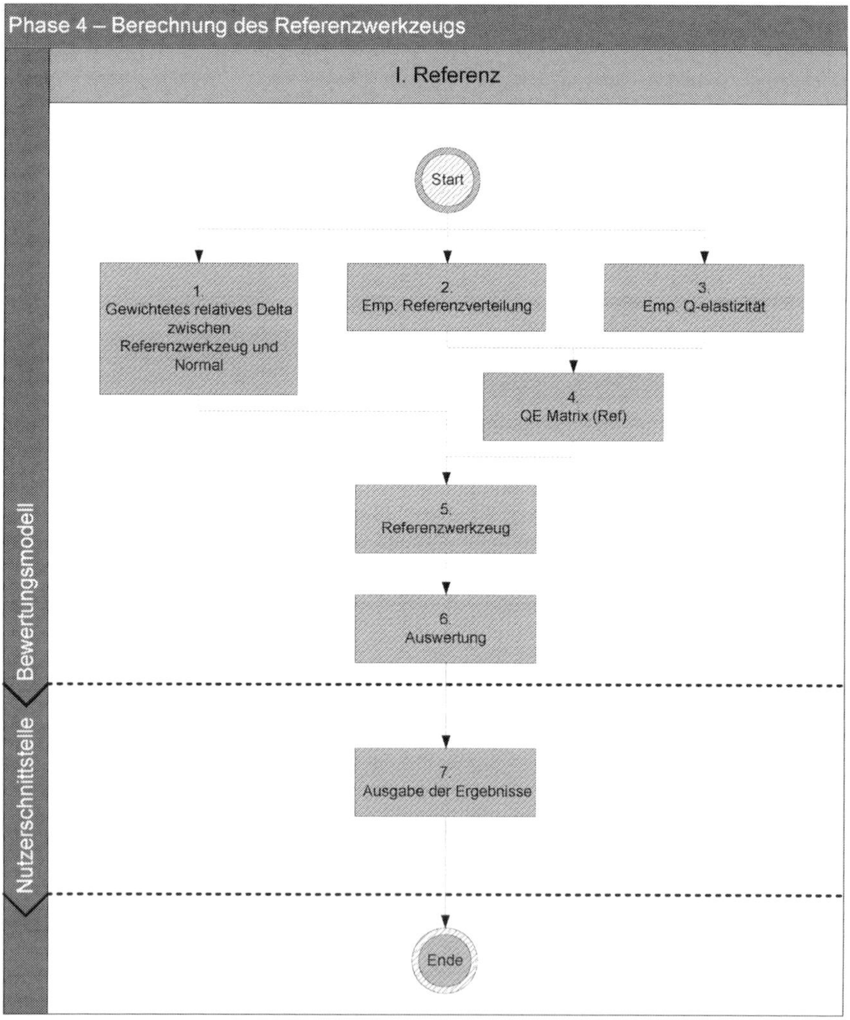

Abbildung 6-7: Prozessvisualisierung zu Phase 4 des Vorgehensmodells (Referenz)

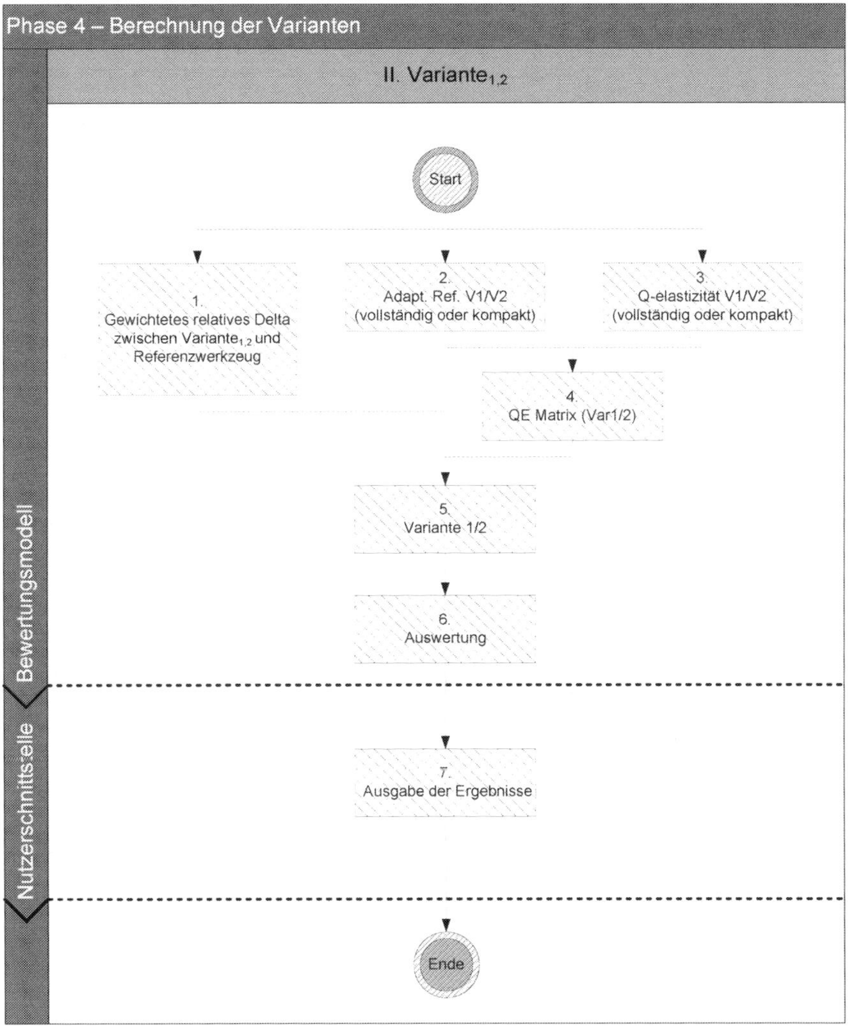

Abbildung 6-8: Prozessvisualisierung zu Phase 4 des Vorgehensmodells (Variante$_{1,2}$)

Abbildung 6-7 zeigt den Ablauf der Berechnung des Referenzwerkzeugs entsprechend der Elemente, die in Tabelle 6-1 aus den Modulen des Bewertungsmodells zusammengefasst worden sind:

1. Die gewichteten Differenzen der Qualitätsvektoren zwischen Referenzwerkzeug und Normal resultieren aus Phase 1.
2. Die empirische Referenzkostenverteilung stellt das Ergebnis der zweiten Phase dar.

3. Die empirischen Qualitätselastizitäten komplettieren die eingehenden Parameter und werden aus der dritten Phase übernommen.
4. Das Tabellenblatt „QE Matrix (Ref)“ konsolidiert die empirische Referenzkostenverteilung und die empirischen Qualitätselastizitäten in einer Bezugsmatrix.
5. Im Tabellenblatt „Referenzwerkzeug“ werden die prognostizierten Lebenszykluskosten für das Referenzwerkzeug kalkuliert. Hierzu werden zunächst die ΔK_i für alle Kostenpositionen berechnet und diese anschließend zu der Referenzkostenverteilung hinzuaddiert (zur Berechnung vgl. Modul 4, Kapitel 5.3.4).
6. Im Tabellenblatt „Auswertung“ werden die Ergebnisse der Berechnung von „Referenzwerkzeug“, „Variante 1“ und „Variante 2“ zusammengeführt und für die Ausgabe aufbereitet.
7. In der Nutzerschnittstelle erfolgt abschließend die Darstellung der Ergebnisse.

Die Berechnung der $\text{Varianten}_{1,2}$ folgt grundsätzlich dem gleichen Schema wie das der Referenz. Unterschiede ergeben sich ausschließlich durch die variierenden Eingangsparameter als Resultat der Entscheidungen des Werkzeugbauers (vgl. hierzu Abbildung 6-8).

Abschließend erfolgt die Erläuterung der Darstellung der Ergebnisse im Ausgabebereich der Nutzerschnittstelle. In Abbildung 6-2 wurde bereits der Eingabebereich erörtert, um die Phasen des Vorgehensmodell herzuleiten. Die folgende Abbildung 6-9 zeigt nun die Nutzerschnittstelle erweitert um den vollständigen Ausgabebereich, so wie der Werkzeugbauer bzw. Anwender das Bewertungstool sieht. Der Ausgabebereich lässt sich in 6 Bereiche (Nummer 2-7 in Abbildung 6-9) aufteilen.

Elementarer Bestandteil der Ausgabe ist die Darstellung der Ergebnisse für die Leistungsbewertung (2), die die Varianten im Vergleich zum Referenzwerkzeug zeigt (vgl. Abbildung 6-10): In der oberen Hälfte sind die Qualitätsvektoren für das Referenzwerkzeug und die beiden Varianten gezeigt. Anhand der Pfeile links von den Qualitätsvektoren der Varianten wird qualitativ angezeigt, ob sich der Qualitätscluster der Variante gegenüber der Referenz erhöht oder verringert. Der Betrag der Qualitätsvektoren $|\vec{Q}|_m$ wurde als Indikator für die Qualität eines Werkzeugs eingeführt (vgl. Kapitel 5.3.2, S. 205 ff.) und wird unterhalb der Qualitätsvektoren berechnet und ausgegeben. In der folgenden Zeile werden die prognostizierten kumulierten Lebenszykluskosten $\widehat{LZK}_m$ als Ergebnis des Bewertungsmodells dargestellt. Die Leistungsfähigkeit Lf_m wird abschließend als Quotient der beiden vorangegangenen Größen als zentrales Ergebnis ausgegeben. Bei der Darstellung unterstützen Pfeile, Sterne und entsprechende farbliche Formatierung der ausgebenden Zellen die direkte Interpretation. So sind die besten Ergebnisse im Excel-Tool stets grün markiert.

Im gezeigten Beispiel weist Variante 1 den höchsten Qualitätsvektor $|\vec{Q}|_{Variante\ 1}$ auf, wohingegen die Referenz den niedrigsten Betrag ausweisen kann. Die prognostizierten Lebenszykluskosten sind bei Variante 1 ebenfalls am niedrigsten. In der Folge berechnet sich auch die Leistungsfähigkeit des Werkzeugbauers von Variante 1 als Höchste, gefolgt von der Referenz und Variante 2.

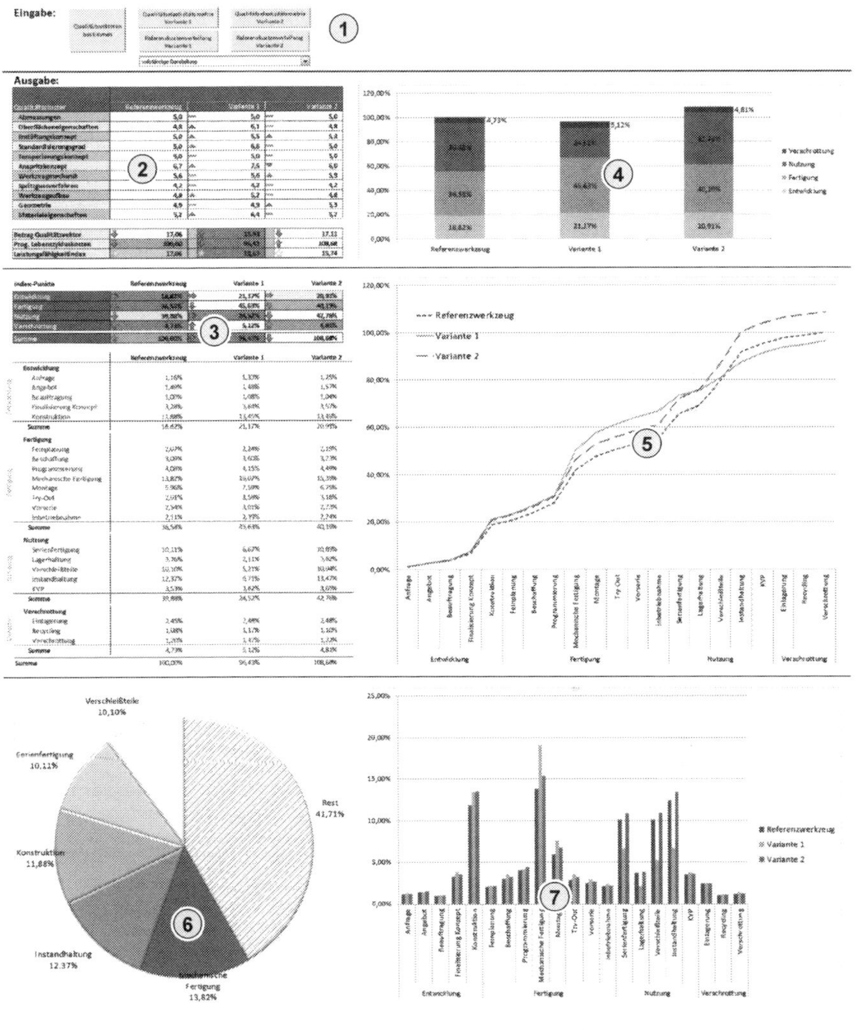

Abbildung 6-9: Darstellung der Nutzerschnittstelle im Bewertungsmodell

Die verbleibenden Darstellungen (Nummer 3-7 in Abbildung 6-9) dienen der detaillierten Betrachtung der prognostizierten Lebenszykluskosten $\widehat{LZK}_m$. Abbildung 6-11 zeigt den Vergleich der Kostenverteilung für die Werkzeuge auf Ebene der vier Hauptphasen und ferner auf Ebene der 21 Subphasen. Dies ermöglicht den direkten Vergleich der relativen Kosten und in der Folge direkte Rückschlüsse auf Verbesserungspotenziale. Das Beispiel zeigt den Fall, dass Variante 1 nach Abschluss der Fertigung das kostenintensivste (und vermeintlich teuerste) Werkzeug darstellt. Über den gesamten Lebenszyklus ist es hingegen das am wenigsten kostenintensive Werkzeug. Die Einfärbung der Zellen erlaubt dem Anwender den direkten qualitativen Vergleich zwischen Hauptphasen und Werkzeugen.

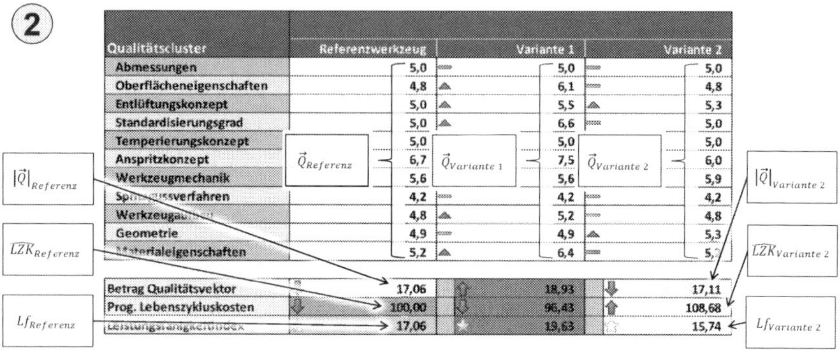

Abbildung 6-10: Qualitätsvektoren und Bewertungsergebnis im implementierten Modell

3	Referenzwerkzeug	Variante 1	Variante 2
Entwicklung	18,82%	21,17%	20,91%
Fertigung	36,58%	45,63%	40,19%
Nutzung	39,88%	24,52%	42,76%
Verschrottung	4,73%	5,12%	4,81%
Summe	100,00%	96,43%	108,68%

	Referenzwerkzeug	Variante 1	Variante 2
Entwicklung			
Anfrage	1,16%	1,33%	1,25%
Angebot	1,49%	1,48%	1,57%
Beauftragung	1,00%	1,08%	1,04%
Finalisierung Konzept	3,28%	3,84%	3,57%
Konstruktion	11,88%	13,45%	13,49%
Summe	18,82%	21,17%	20,91%
Fertigung			
Feinplanung	2,07%	2,24%	2,19%
Beschaffung	3,09%	3,60%	3,23%
Programmierung	4,08%	4,15%	4,49%
Mechanische Fertigung	13,82%	19,07%	15,39%
Montage	5,96%	7,59%	6,75%
Try-Out	2,91%	3,58%	3,16%
Vorserie	2,54%	3,01%	2,73%
Inbetriebnahme	2,11%	2,39%	2,24%
Summe	36,58%	45,63%	40,19%
Nutzung			
Serienfertigung	10,11%	6,67%	[illegible]

Abbildung 6-11: Detaillierte Darstellung der prognostizierten Lebenszykluskosten

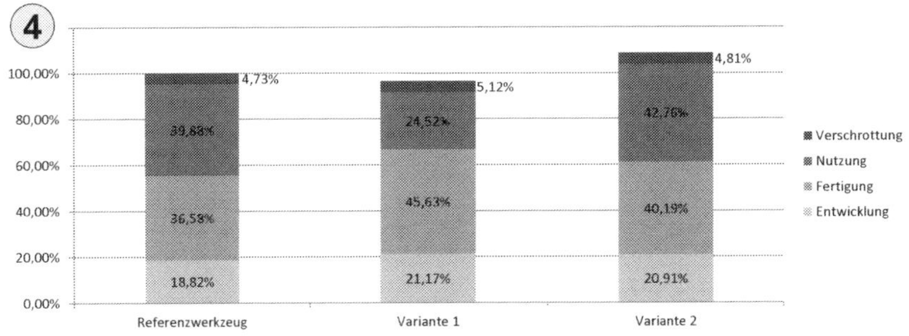

Abbildung 6-12: Verteilung der Lebenszykluskosten auf Ebene der Hauptphasen

Abbildung 6-12 visualisiert die Kostenverteilung der Werkzeuge über die Hauptphasen in einem Säulendiagramm. Dezidierter erfolgt in Abbildung 6-13 die Darstellung der kumulierten 97 Kostenpositionen für jedes Werkzeug. Dies führt zur Darstellung der Lebenszykluskurven, deren Vergleich zur Amortisationsbestimmung hilfreich ist. Das skizzierte Beispiel zeigt ein typisches europäisches Qualitätswerkzeug (Variante 1), das sich in der Nutzungsphase beim Kunden amortisiert, obwohl die Kosten nach der Fertigungsphase am höchsten waren.

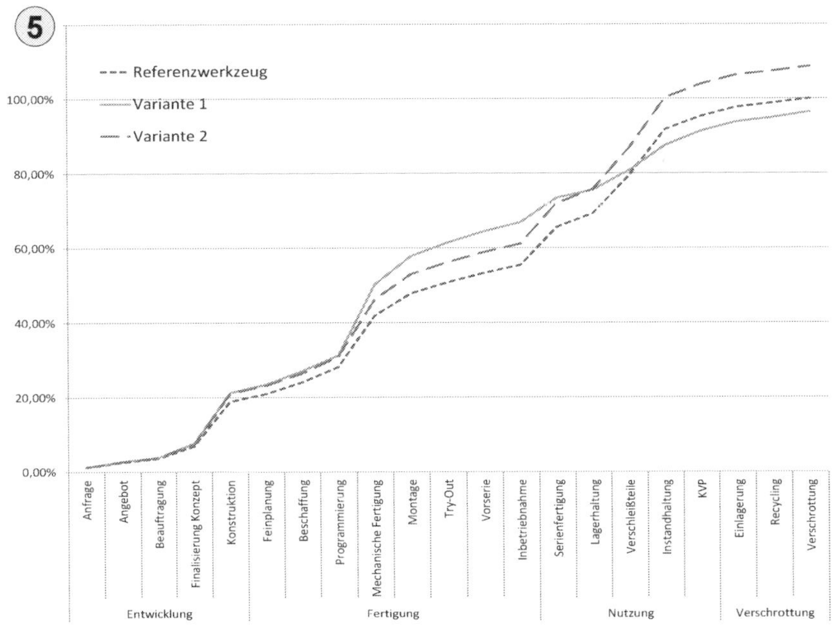

Abbildung 6-13: Vergleich der kumulierten Kosten

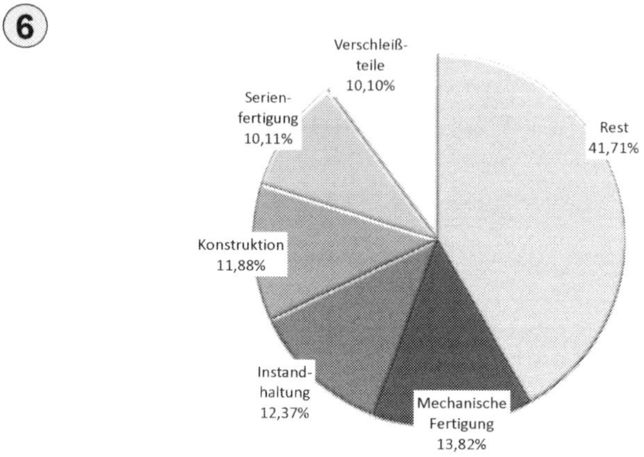

Abbildung 6-14: Die 5 größten Kostenpositionen des Referenzwerkzeugs

Abbildung 6-14 illustriert die Top 5 Kostenpositionen des Referenzwerkzeugs, um die Kostentreiber der betrachteten Werkzeugkonfiguration herauszustellen. Im gezeigten Beispiel erzeugen die Top 5 der insgesamt 97 Kostenpositionen 58,28 % der prognostizierten Kosten. Abschließend wird in Abbildung 6-15 grafisch die Verteilung der prognostizierten Kosten über die 21 Subphasen aller drei Werkzeuge angezeigt.

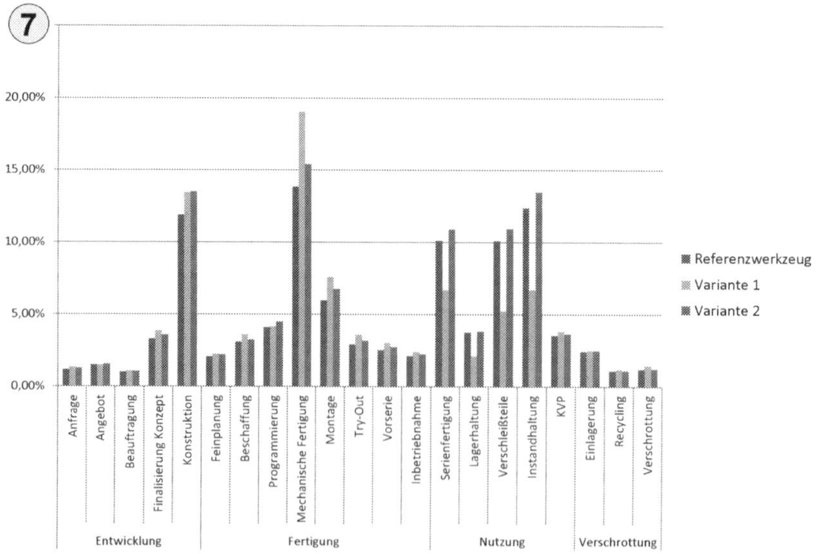

Abbildung 6-15: Vergleich der Kosten der Subphasen

6.2 Gültigkeitsprüfung und kritische Reflexion

Das entwickelte Modell zur Bewertung der Leistungsfähigkeit prognostiziert die Lebenszykluskosten eines Spritzgießwerkzeugs und setzt diese ins Verhältnis zur realisierten Qualität. Die Grundlage stellt ein funktionales Modell, dessen Datenbasis und Wirkzusammenhänge mithilfe repräsentativer Experten der Branche Werkzeugbau entwickelt wurden. Auf Grund des empirischen Charakters dieses Datenfundus bedarf es einer Gültigkeitsprüfung, welche die Transferierbarkeit der Modellierungsstruktur auf die umfassende Branche von Werkzeugbaubetrieben analysiert und eine Prüfung der Modellfunktionalität, im Sinne eines validen Zusammenhangs zwischen Kosten und Qualität vornimmt. Zu Beginn erfolgt die Herleitung eines pragmatischen Ansatzes zur Gültigkeitsprüfung, der aus der wissenschaftlichen Diskussion abgeleitet wird (siehe hierzu auch Kapitel 2.5). In Form einer prozessualen Folge werden Prüfkriterien definiert, an denen das Bewertungsmodell gemessen wird. Daraufhin folgt die Darlegung der praktischen Anwendung des Bewertungsmodells anhand zweier Fallbeispiele. Die Erkenntnisse der Fallbeispiele werden genutzt, um die Gültigkeitsprüfung durchzuführen. Die Ergebnisse werden kritisch reflektiert, um Stärken und Potentiale des Bewertungsansatzes zu identifizieren.

6.2.1 Entwicklung eines pragmatischen Ansatzes zur Gültigkeitsprüfung

Gemäß den Ausführungen BEHNKES bzw. BAURS kann der Begriff der Gültigkeit als Überprüfung, „(...), ob die gebildete Variable in einer Art und Weise mit anderen Variablen zusammenhängt, die durch eine Theorie vorausgesagt wird", aufgefasst werden.[1050] Vor diesem Hintergrund lässt sich eine Gültigkeitsprüfung wie folgt definieren:[1051]

DEFINITION	*Die Gültigkeitsprüfung stellt ein unabhängiges Verfahren mit der Zielsetzung dar, ein System hinsichtlich der Eignung zur Erfüllung gegebener Spezifikationen bzw. der Realisierung eines definierten Zwecks zu prüfen.*

Im Kontext einer Gültigkeitsprüfung identifiziert KRALLMANN die vier Phasen der Verifikation, der Kalibrierung, der Sensitivitätsanalyse sowie der Validierung, die eine schrittweise Überprüfung einer Modellbildung gewährleisten.[1052] Zur detaillierten Erläuterung dieser vier unterschiedlichen Perspektiven erfolgt jeweils zunächst die Schilderung des allgemeinen, branchenübergreifenden Begriffsverständnisses, welches anschließend vor dem Hintergrund der Ingenieurwissenschaften spezifiziert wird. Folgend steht das Aufzeigen eines sequentiellen Prozessablaufs der vier Prüfphasen im Vordergrund. Dabei erfolgt jeweils zunächst die Illustration der theoretischen Grundlagen, bevor anschließend die pragmatische Umsetzung der Prozessphasen zur Gültigkeitsprüfung erörtert wird.

[1050] Vgl. Ziegler, E.: 'Normative Vorstellungen' zur Arbeitsteilung in der Erwerbsarbeit, Hausarbeit und Kindererziehung, 2009, S. 27

[1051] Vgl. Wagner, H.; Grünewald, B., et al.: Zu Kants kritischer Philosophie, 2008, S. 129; Horster, P.: Systemsicherheit, 2000, S. 191; Sander, W.: Effizienz und Emanzipation, 1984, S. 12

[1052] Vgl. Krallmann, H.; Bobrik, A., et al.: Systemanalyse im Unternehmen, 2013, S. 62

6.2.1.1 Verifikation

Die branchenübergreifende Definition der Verifikation zeichnet sich durch eine systematische Analyse der Modellierungsstruktur unter dem Aspekt der Konsistenz aus.[1053] Infolgedessen definiert die VDI Richtlinie 3633 die Verifikation als einen „formalen Nachweis der Korrektheit des Simulationsmodells" bzw. als die Konsistenz zwischen einem implementierten Modell sowie im Vorfeld definierten Spezifikationen.[1054] In Analogie dazu erfasst KRALLMANN unter dem Begriff der „Verifikation" die Prüfung der verwendeten Daten sowie deren korrekte Implementation innerhalb der Modellierungsstruktur.[1055] Dementsprechend beginnt die Verifikation mit einer Untersuchung der Ausgangsdaten, sodass der vorliegende Datenfundus einer Prüfung hinsichtlich Korrektheit und Vollständigkeit unterzogen wird.[1056] Der zweite Untersuchungsschritt innerhalb der Verifikation fokussiert die zweckmäßige Implementation der Daten innerhalb der Modellierungsstruktur, indem eine Überprüfung einzelner Subsysteme bzw. der korrekten Verknüpfung untergeordneter Modellkomponenten erfolgt. Dabei bedient man sich einer Variation unterschiedlicher Eingabeparameter, mit dem Ziel, einen Ausschluss undefinierter Funktionalitäten zu gewährleisten. Die zu verwendenden Testfälle lassen sich systematisch aus dem Anforderungsprofil des Modells generieren. Infolgedessen findet ein Abgleich zwischen dem Modelloutput sowie dem erwarteten Modellverhalten statt. Unter der Bedingung eines maximierten Überdeckungsgrades zwischen gewünschtem und tatsächlichem Modellverhalten kann im Rahmen des dritten Prozessschrittes das Modell als verifiziert erklärt werden.

Folglich müssen im Rahmen der Verifikation, als erster Prozessphase der Gültigkeitsprüfung, die folgenden pragmatischen Fragestellungen beantwortet werden:

a) *Korrektheit und Vollständigkeit* – Ist der zu Grunde liegende empirische Datenfundus repräsentativ für den Modellanwender?
b) *Variation der Eingabeparameter* – Bleibt die Modellaussage durch Variation der Testfälle repräsentativ?
c) *Modelloutput und erwartetes Modellverhalten* – Liegt eine hinreichende Ähnlichkeit zwischen Modellausgabe und der abzubildenden Realität vor?

➔ Lassen sich die obigen Fragestellungen positiv beantworten, so kann das Modell als verifiziert angesehen werden.

6.2.1.2 Kalibrierung

Die allgemeine Definition des Begriffs der Kalibrierung beschreibt diese Phase der Gültigkeitsprüfung als „Tätigkeit, die unter festgelegten Bedingungen in [...] eine Beziehung zwischen den durch die Normale zur Verfügung gestellten Größenwerten mit ihren Messunsicherheiten und den entsprechenden Anzeigen mit ihren beigeordneten Messunsicherheiten

[1053] Vgl. Brüggemann, R.; Drescher-Kaden, U.: Einführung in die modellgestützte Bewertung von Umweltchemikalien, 2003, S. 9; Cerny, D.: Sicherheitsaspekte in der Informationstechnik, 1991, S. 148

[1054] Vgl. Brockhaus, R.; Alles, W., et al.: Flugregelung, 2011, S. 889; Rabe, M.: Verifikation und Validierung für die Simulation in Produktion und Logistik, 2008, S. 14; Scheuchl, M.: Einflussfaktoren und Planungsmethodik für supra-adaptive Logistiksysteme, 2007, S. 134

[1055] Vgl. Krallmann, H.; Bobrik, A., et al.: Systemanalyse im Unternehmen, 2013, S. 62

[1056] Vgl. ebenda

herstellt (...)“[1057]. Das ingenieurswissenschaftliche Begriffsverständnis der Kalibrierung kann im Kontext der VDI/VDE 2600 erfolgen. Dementsprechend kann Kalibrierung als die Generierung und Dokumentation einer Relation zwischen einem Messwert sowie einem konventionell als gültig erklärten Wert des Messparameters festgelegt werden.[1058] Vor diesem Hintergrund basiert der erste Untersuchungsschritt der Kalibrierung auf der Erfassung der vorhandenen Messunsicherheiten. Im folgenden Prozessschritt erfolgt eine sukzessive Dokumentation des Abgleichs zwischen der Modellausgabe sowie des Messnormals, bevor schließlich unter der Bedingung einer hinreichend geringen Abweichung dieser Dimensionen das Modell als kalibriert angesehen werden kann.

Folglich müssen im Rahmen der Kalibrierung, als zweite Prozessphase der Gültigkeitsprüfung, die folgenden pragmatischen Fragestellungen beantwortet werden:

d) *Messunsicherheit* – Kann trotz der eingehenden Messunsicherheiten ein konsistentes und beherrschtes Ausgabeverhalten des Modells gewährleistet werden?
e) *Dokumentation* – Erfolgt eine formal korrekte Dokumentation hinsichtlich der Generierung und der Justierung des Modells?

➔ Lassen sich die obigen Fragestellungen positiv beantworten, so kann das Modell als kalibriert angesehen werden.

6.2.1.3 Sensitivitätsanalyse

Ein umfassendes Begriffsverständnis der Sensitivitätsanalyse beinhaltet die Erfassung der Abhängigkeit der Ausgangsgröße von gezielten Parameterveränderungen.[1059] Gemäß PFNÜR ET AL. stellt die Sensitivitätsanalyse eine Methode dar, welche die Stabilität der Ergebnisgrößen hinsichtlich der Variation verschiedener Eingangsparameter untersucht.[1060] Infolgedessen zeigt sich eine unmittelbare Konsistenz zu einer Definition der Ingenieurswissenschaften, die das „Einflussverhalten jedes einzelnen Parameters“ fokussiert.[1061] Im Kontext dieses Begriffsverständnisses beginnt die Phase der Sensitivitätsanalyse mit der Bestimmung primärer bzw. sekundärer Einflussgrößen, die sich anhand ihres Einflussverhaltens auf den Modelloutput differenzieren lassen.[1062] Dabei weisen primäre Einflussgrößen eine maßgebliche Wirkung auf den Modelloutput auf, während die Variation sekundärer Einflussgrößen die Modellausgabe nur im geringen Maße beeinflusst.[1063] Auf Basis der Abhängigkeit der Modellausgabe von einzelnen Parametern kann im anschließenden Prozessschritt eine kontinu-

---

[1057] Vgl. Brinkmann, B.: Internationales Wörterbuch der Metrologie, 2012, S. 43

[1058] Vgl. Bergmann, K.: Elektrische Messtechnik, 2008, S. 24; Ebert, C.; Dumke, R.: Software-Metriken in der Praxis, 1996, S. 253; Frohne, H.; Ueckert, E.: Grundlagen der elektrischen Meßtechnik, 1984, S. 14

[1059] Vgl. Krallmann, H.; Bobrik, A., et al.: Systemanalyse im Unternehmen, 2013, S. 42; Sudhoff, W.: Methodik zur Bewertung standortübergreifender Mobilität in der Produktion, 2008, S. 42; Neumann, T.: Strategische Informationsplanung, 1992, S. 113; Grochla, E.: Management-Informationssysteme, 1971, S. 476

[1060] Vgl. Pfnür, A.; Schetter, C., et al.: Risikomanagement bei Public Private Partnerships, 2010, S. 77

[1061] Vgl. Wiesel, U.: Hybrides Lenksystem zur Kraftstoffeinsparung im schweren Nutzfahrzeug, 2010, S. 120; Scholz, R. W.: Industrieareal Sulzer-Escher Wyss, 1996, S. 57

[1062] Vgl. Jäger, W.: Mauerwerk-Kalender 2014, 2014, S. 621; Krallmann, H.; Bobrik, A., et al.: Systemanalyse im Unternehmen, 2013, S. 42

[1063] Vgl. Beckmann, H.: Prozessorientiertes Supply Chain Engineering, 2012, S. 195; Niedersächsisches Landesamt für Ökologie, Niedersächsisches Landesamt für Bodenforschung: Altlastenhandbuch des Landes Niedersachsen, 1997, S. 411

ierliche Anpassung modelltheoretischer Relationen stattfinden, die in eine subjektiv genügende Ähnlichkeit zwischen Modell und Original mündet. Diese als empirische Gültigkeit bezeichnete Dimension bestimmt maßgeblich den Grad, in dem ein Modell einer fundierten Sensitivitätsanalyse gerecht werden kann.

Folglich müssen im Rahmen der Sensitivitätsanalyse, als dritte Prozessphase der Gültigkeitsprüfung, die folgenden pragmatischen Fragestellungen beantwortet werden:

f) *Einflussgrößen* – Kann zwischen primären und sekundären Eingabeparametern differenziert werden?
g) *Stabilität der Ergebnisgrößen* – Reagiert das Modell sensibel auf primäre Eingaben und gedämpft auf sekundäre Einflussgrößen?
h) *Empirische Gültigkeit* – Besitzt das Modell die Möglichkeit zur kontinuierlichen Anpassung, um eine hinreichende Ähnlichkeit zwischen Modell und Original zu generieren?

➔ Lassen sich die obigen Fragestellungen positiv beantworten, so kann das Modell als sensitiv angesehen werden.

6.2.1.4 Validierung

Eine universell anwendbare bzw. branchenübergreifende Begriffsfestlegung der Validierung kann im Kontext eines verifizierten und kalibrierten Modells stattfinden.[1064] Dabei zeichnet sich Validierung anhand der Prognosegüte des Modells hinsichtlich gegebener Anforderungsspezifikationen aus.[1065] Basierend auf den Ausführungen der VDI 3633 kann die Phase der Validierung als „Überprüfung der hinreichenden Übereinstimmung von Modell und Originalsystem" definiert werden.[1066] Aufbauend auf den Ergebnissen der Phasen der Verifikation, der Kalibrierung sowie der Sensitivitätsanalyse fokussiert die Validierung die Ermittlung der Güte des verifizierten und kalibrierten Modells. Dabei ist die Güte eines Modells durch die im Vorfeld festgelegte Problemstellung charakterisiert und stellt folglich ein qualitatives Maß für die pragmatische Gültigkeit dar.[1067] Folglich basiert der erste Untersuchungsschritt auf der Ermittlung des Ausmaßes, welches die Abbildung des Problems durch das Modell beschreibt, und der zugehörigen Dokumentation dieser Ergebnisse. Im Anschluss erfolgt die dezidierte Bestimmung der Güte des Modells, die letztendlich mit einer Mindestgüte verglichen wird, sodass bei Überschreiten dieses Mindestwertes ein Modell hinreichender Güte vorliegt.

[1064] Vgl. Krallmann, H.; Bobrik, A., et al.: Systemanalyse im Unternehmen, 2013, S. 42

[1065] Vgl. Everling, O.: Certified rating analyst, 2008, S. 492; Weyers, A.: Güterwagenmanagement, 2007, S. 31; Heitmann, K.: Sichere Prognosen für die Produktionsoptimierung mittels stochastischer Modelle, 1999, S. 41

[1066] Vgl. Rabe, M.: Verifikation und Validierung für die Simulation in Produktion und Logistik, 2008, S. 15; Hartberger, H.: Wissensbasierte Simulation komplexer Produktionssysteme, 1991, S. 58; Fasol, K. H.; Diekmann, K.: Simulation in der Regelungstechnik, 1990, S. 5

[1067] Vgl. Krallmann, H.; Bobrik, A., et al.: Systemanalyse im Unternehmen, 2013, S. 422; a. a. O.; Rabe, M.: Verifikation und Validierung für die Simulation in Produktion und Logistik, 2008, S. 181; Tang, D.; Eversheim, W., et al.: A new generation of cooperative development paradigm in the tool and die making branch: strategy and technology, 2004

Folglich muss im Rahmen der Validierung, als vierte Prozessphase der Gültigkeitsprüfung, die folgende pragmatische Fragestellung beantwortet werden:

i) *Prognosegüte* - Existiert eine hinreichende Übereinstimmung zwischen Modell und Originalsystem, sodass eine geforderte Mindestgüte gewährleistet werden kann?

➔ Lässt sich die obige Fragestellung positiv beantworten, so kann das Modell als validiert angesehen werden.

Vor diesem Hintergrund verdeutlicht die folgende Abbildung die pragmatischen Phasen einer Gültigkeitsprüfung:

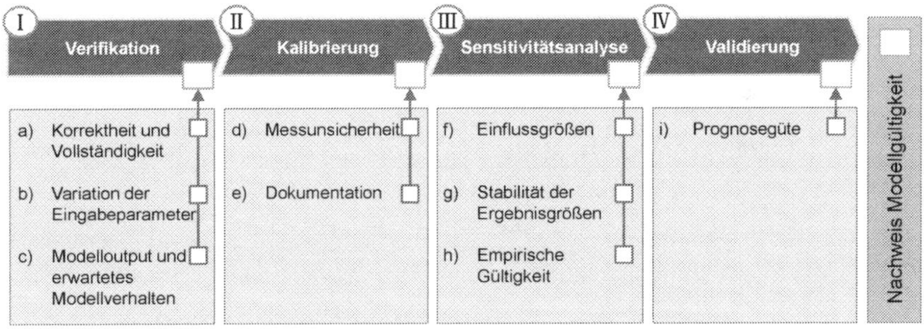

Abbildung 6-16: Pragmatische Phasen der Gültigkeitsprüfung für das Modell

In der Folge wird die Anwendung des Bewertungsmodells anhand von Fallbeispielen dargelegt. Hierzu wurden exemplarisch zwei heterogene Projekte bei zwei Werkzeugbaubetrieben aus dem Forschungskonsortium ausgewählt, die jeweils über einen Zeitraum von ca. einem halben Jahr das Bewertungsmodell angewendet haben. Zunächst erfolgt die kompakte anonymisierte Einführung des Werkzeugbaubetriebes, bevor der Anwendungsfall des Bewertungsmodells skizziert wird. Das Fallbeispiel wird dann in das Bewertungsmodell übertragen und die Erkenntnisse der Fallstudie dargestellt. In der folgenden abschließenden kritischen Reflexion wird Abbildung 6-16 aufgegriffen und anhand der skizzierten Fallbeispiele geprüft, ob die Kriterien der Gültigkeitsprüfung erfüllt sind.

6.2.2 Fallbeispiel Werkzeugbauer A

Eine erste Prüfung des Bewertungsansatzes wurde mit einem externen Werkzeugbaubetrieb durchgeführt, der sich auf die Produktion qualitativ hochwertiger Spritzgießwerkzeuge für die Konsumgüter und Automobilindustrie fokussiert. Das Unternehmen ist inhabergeführt und ist mit weniger als 50 Mitarbeitern strukturell repräsentativ für über 90 % deutscher Werkzeugbauer.[1068]

Als Anwendungsfall wurde ein repräsentativer Auftrag für eine Werkzeugform zur Herstellung eines durchschnittlich komplexen 2-Komponenten Gehäuses für ein Handwerkzeug ausgewählt. Basierend auf dem Lastenheft des Kunden wurde mit Hilfe der Morphologie der Qualitätsvektor für das Referenzwerkzeug abgeleitet. Der Qualitätsvektor für die Variante 1 resul-

[1068] Vgl. hierzu Kapitel 2.2.3 „Struktur der Branche Werkzeugbau“, S. 45

tiert aus der optimierten Auslegung durch den Werkzeugbauer und wurde ebenfalls basierend auf der Morphologie vorgenommen. So erfolgte beispielsweise eine Reduktion der Komplexität der Werkzeugmechanik, die jedoch einen komplizierteren Werkzeugaufbau und eine diffizilere Geometrie nötig machte. Eine zweite Variante wurde im Fallbeispiel nicht berücksichtigt. Die Übertragung in das Bewertungsmodell und die Ergebnisse zeigt Abbildung 6-17. Auf die optionale Adaption der Qualitätselastizitätsmatrix als auch eine Anpassung des Referenzlebenszyklus wurde vorerst verzichtet.

Qualitätscluster	Referenzwerkzeug	Variante 1	Variante 2
Abmessungen	3,8	3,8	3,8
Oberflächeneigenschaften	5,1	6,0	5,1
Entlüftungskonzept	5,0	5,0	5,0
Standardisierungsgrad	2,9	5,0	2,9
Temperierungskonzept	2,9	3,8	2,9
Anspritzkonzept	4,2	4,2	4,2
Werkzeugmechanik	5,6	4,4	5,6
Spritzgussverfahren	2,6	2,6	2,6
Werkzeugaufbau	3,3	5,7	3,3
Geometrie	2,5	3,5	2,5
Materialeigenschaften	4,1	4,1	4,1

Betrag Qualitätsvektor	13,11	14,84	13,11
Prog. Lebenszykluskosten	100,00	89,76	100,00
Leistungsfähigkeitindex	13,11	16,53	13,11

Index-Punkte	Referenzwerkzeug	Variante 1	Variante 2
Entwicklung	7,74%	10,21%	7,74%
Fertigung	19,03%	26,02%	19,03%
Nutzung	65,42%	44,71%	65,42%
Verschrottung	7,80%	8,81%	7,80%
Summe	100,00%	89,76%	100,00%

Abbildung 6-17: Eingabe- und Ausgabewerte des ersten Fallbeispiels

Nach Prognose des Bewertungsmodells ergibt sich für den Werkzeugbauer mit seiner Variante 1 eine höhere Leistungsfähigkeit, als für den Hersteller des Referenzwerkzeugs. Zum einen weist der Qualitätsvektor von Variante 1 einen höheren Betrag aus und zum Zweiten fallen die prognostizierten Lebenszykluskosten um ca. 10 % niedriger aus. Besonders interessant ist die Aussage, dass Variante 1 höhere Entwicklungs- und Fertigungskosten zur Folge hat, die sich nach Prognose in der Nutzungsphase jedoch amortisieren (vgl. hierzu auch Abbildung 6-18). Dies bestätigt das hypothetische Beispiel, das einleitend in Kapitel 1.2 vorgestellt wurde, wonach angenommen wurde, dass sich die Mehrkosten erhöhter Qualität amortisieren können.

Die Aussage des Bewertungsmodells zur höheren Qualität der Variante deckt sich dabei mit der Erwartungshaltung des Werkzeugbauers und der seines Kunden. Um die Güte hinsichtlich der Kostenprognose zu verifizieren, wurden die Kosten von Seiten des Werkzeugbauers, entsprechend der definierten Kostenpositionen im Bewertungsmodell, entlang des Produktentstehungsprozesses aufgezeichnet.

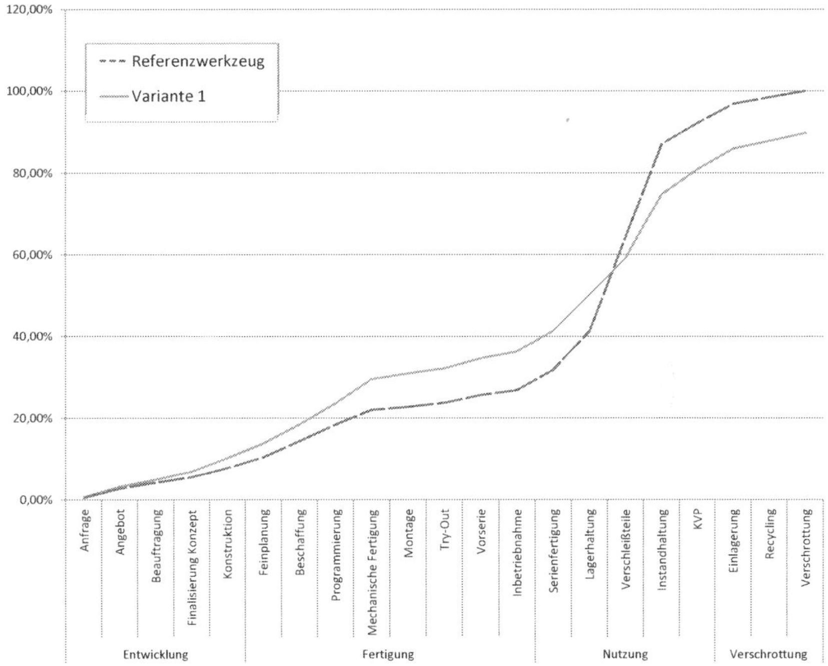

Abbildung 6-18: Vergleich der kumulierten Lebenszykluskosten des ersten Fallbeispiels

Da das Werkzeug mit Abschluss der Inbetriebnahme physisch allerdings nicht mehr in der Verfügungsgewalt des Werkzeugbauers lag, konnten für die Nutzungs- und Verschrottungsphase keine realen Daten generiert werden. Legt man den Abschluss der Fertigungsphase zu Grunde, so weißt das Modell eine 12 % Abweichung der Kosten zu Gunsten des Werkzeugbauers aus. Die dezidierte Aufzeichnung der Kosten erweist sich in diesem Zusammenhang als probate Möglichkeit die Positionen der Abweichungen zu identifizieren. Durch Anpassung der Qualitätselastizitäten für den Werkzeugbauer konnte die Abweichung iterativ auf 4 % reduziert werden. Aus Sicht des Werkzeugbauers ist die Abweichung tolerabel, um das Bewertungstool als Argumentationsbasis für höhere Leistungsfähigkeit einzusetzen. Die intuitiv geführte und aufwandsarme Anwendung samt übersichtlicher Nutzerschnittstelle des Bewertungsmodells wurde sehr positiv hervorgehoben. Verbesserungspotenzial wird in einer branchenendogenen differenzierteren Datenbasis gesehen. Ebenso ist es nach Auffassung dieses Betriebs notwendig, die realen Kosten der einzelnen Kostenpositionen zu erfassen, um die Datenbasis dem eigenen Betrieb anpassen zu können.

6.2.3 Fallbeispiel Werkzeugbauer B

Das zweite Fallbeispiel resultiert aus der Anwendung eines mittelständischen Werkzeugbaubetriebs, der sich auf die Fertigung komplexer Werkzeuge für qualitativ hochwertige Produkte spezialisiert hat. Neben der Automobilindustrie werden Hohlformwerkzeuge für die Medizintechnik und die Luft- und Raumfahrtindustrie hergestellt. Durch horizontale Integration der Wertschöpfung können dem Kunden die Produktion und Montage von Kleinserien und Prototypen angeboten werden.

Qualitätscluster	Referenzwerkzeug	Variante 1	Variante 2
Abmessungen	6,0	6,0	6,0
Oberflächeneigenschaften	4,6	7,0	4,6
Entlüftungskonzept	5,0	5,0	5,0
Standardisierungsgrad	5,6	9,0	6,0
Temperierungskonzept	6,2	7,5	4,2
Anspritzkonzept	6,7	5,8	6,0
Werkzeugmechanik	5,6	5,6	5,6
Spritzgussverfahren	6,7	6,7	6,7
Werkzeugaufbau	6,2	6,2	6,2
Geometrie	5,2	5,2	5,2
Materialeigenschaften	5,2	5,2	5,2

	Referenzwerkzeug	Variante 1	Variante 2
Betrag Qualitätsvektor	19,12	21,21	18,45
Prog. Lebenszykluskosten	100,00	88,12	81,48
Leistungsfähigkeitindex	19,12	24,06	22,65

Index-Punkte	Referenzwerkzeug	Variante 1	Variante 2
Entwicklung	18,93%	17,40%	13,56%
Fertigung	36,50%	49,28%	30,30%
Nutzung	40,72%	17,62%	33,86%
Verschrottung	3,85%	3,83%	3,76%
Summe	100,00%	88,12%	81,48%

Abbildung 6-19: Eingabe- und Ausgabewerte des zweiten Fallbeispiels

Für das Fallbeispiel wurde ein abgeschlossenes Projekt zu einem Auftrag für eine Interieur-Verblendung im Automotive Bereich ausgewählt. Neben der Entwicklung und Fertigung des Werkzeugs, erfolgte die Produktion einer Pilotserie, sodass die Bewertung der Nutzungsphase eingeschlossen werden kann. Die Verblendung weist eine Reihe geometrisch komplexer Hinterschneidungen auf, ist zudem ein Mehrkomponentenprodukt und als Sichtteil mit optimaler Oberflächenbeschaffenheit auszulegen. Diese Faktoren erhöhen den Qualitätsanspruch im zweiten Fallbeispiel gegenüber den Qualitätsanforderungen an das Werkzeug aus dem ersten Fallbeispiel. Analog zum ersten Beispiel wurde die Kundenanfrage als Referenz mit Hilfe der Morphologie übersetzt. Die Interpretation des Werkzeugbauers wurde in zwei Varianten ausgelegt. Variante 1 ist dabei stellvertretend für das tatsächliche realisierte Werkzeug in diesem Betrieb. Hier erfolgte eine Anpassung des Referenzlebenszyklus entsprechend der Auffassung des Werkzeugbauers, der einen wesentlich höheren Anteil der Kosten für die mechanische Hartbearbeitung in seiner Produktion ausmacht. Die Qualitätselastizitäten von Variante 1 wurden indes nicht verändert. Variante 2 simuliert ein kostenminimierendes Produkt, wie es nach Auffassung des Werkzeugbauers aktuell vielfach aus den BRICS-Staaten bezogen werden könnte. Die Qualitätselastizitäten und der Referenzlebenszyklus wurden nicht angepasst. Die resultierenden Qualitätsvektoren sind in Abbildung 6-19 dargestellt.

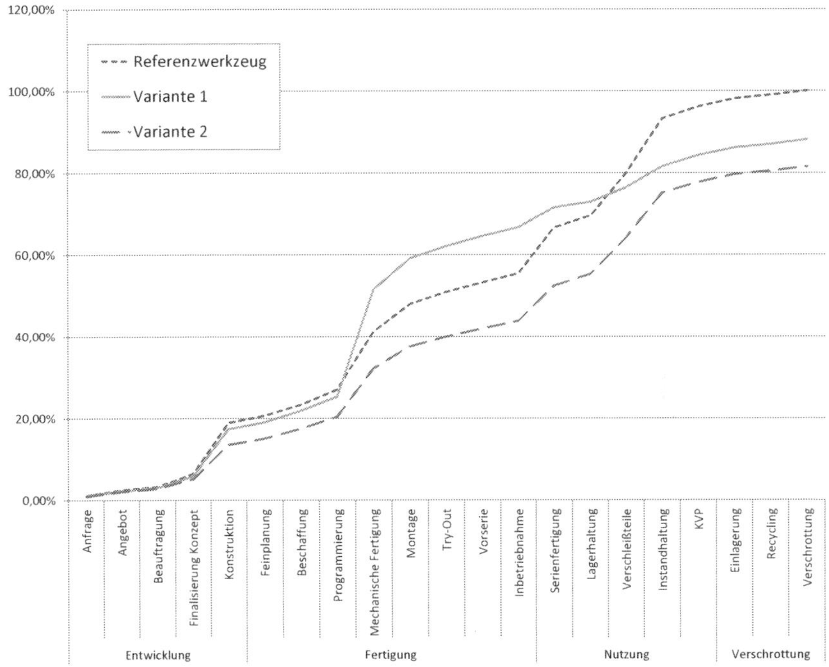

Abbildung 6-20: Vergleich kumulierter Lebenszykluskosten des zweiten Fallbeispiels

Die Gegenüberstellung zeigt, dass Variante 1 den höchsten Betrag des Qualitätsvektors aufweist und damit das qualitativ hochwertigste Werkzeug im Vergleich darstellt. In Relation zum Referenzwerkzeug wurde z. B. der Aufwand reduziert, indem die Länge der Anspritzkanäle gegenüber dem Referenzwerkzeug kürzer ausgelegt werden konnte. Durch einen wesentlich erhöhten Standardisierungsgrad in Folge erhöhter Gleichteilequote konnten ebenfalls Kosten reduziert werden. Verbesserte Oberflächeneigenschaften und ein verbessertes Temperierungskonzept erhöhen die Qualität des Werkzeugs, treiben jedoch zugleich den Aufwand in der Entwicklungs- und Nutzungsphase in die Höhe. Demgegenüber ist Variante 2 mit der vergleichsweise niedrigsten Qualität ausgelegt worden: Mit Ausnahme der Nutzungsphase kann Variante 2 dadurch mit den niedrigsten Lebenszykluskosten in den vier Hauptphasen aufwarten. Folglich sind die kumulierten Lebenszykluskosten von Variante 2 am niedrigsten und liegen fast 20 % unterhalb der Kosten der prognostizierten Referenzkosten. Dies entspricht im Fallbeispiel einer prognostizierten Einsparung von ca. 30.000€ über den gesamten Lebenszyklus des Werkzeugs. Tatsächlich liegt das Einsparpotenzial nach Aussage der Werkzeugbauer vermutlich niedriger. Variante 1 weist im Vergleich die höchsten Kosten in der Entwicklung und Herstellung auf (vgl. hierzu Abbildung 6-20), was nach Expertenaussage zutreffend ist. Daraus resultiert, dass Variante 1 im direkten Vergleich auch das teuerste Werkzeug in der Anschaffung darstellen würde. Die stärkere Gewichtung der mechanischen Fertigung um knapp 2 Prozentpunkte über den gesamten Lebenszyklus ist in

Abbildung 6-20 an einer vergleichsweise stärkeren Steigerung der Kosten dieser Subphasen zu beobachten. Der Abgleich mit aufgezeichneten Daten für die erste Variante zeigte eine gute Prognosegüte des Modells. Nach Abschluss der Nutzungsphase liegen die prognostizierten Kosten ca. 8 % unter den real aufgenommen Kosten des Projekts. Dies erscheint zum einen erwartungsgemäß nach den Erfahrungen im ersten Fallbeispiel und deutet auf eine verlässliche Stabilität des Ansatzes hin. Zum Anderen muss berücksichtigt werden, dass es sich bei der Nutzung um eine fremdvergebene Pilotserienfertigung handelt, deren Kostenstruktur möglicherweise nicht äquivalent zum Betrieb des Werkzeugs in der Serienherstellung ist.

Das zweite Fallbeispiel bringt zwei wesentliche Erkenntnisse hervor: Zum einen zeigt der Verlauf der Kosten, dass ein qualitativ höherwertiges aber kostenintensiveres Werkzeug (Variante 1), sich in der Nutzungsphase durch weniger Verschleiß und resultierend niedrigeren Wartungsaufwand amortisieren kann. Bezogen auf den gesamten Lebenszyklus können so niedrigere Kosten bei höherer Qualität resultieren. Dies bestätigt im Wesentlichen die Erkenntnisse, die bereits im ersten Fallbeispiel gezeigt werden konnten und bestätigt die grundlegende Hypothese dieser Arbeit. Zweitens kann ein qualitativ weniger hochwertig ausgelegtes Werkzeug durchaus eine kostenminimierende Option sein. Im vorliegenden Fallbeispiel ist die Qualität weniger hoch als bei Variante 1, sodass die kostenminimale Option nicht zu der höchsten Leistungsfähigkeit führt. Dennoch übersteigt der Qualitätsvektor die Anforderungen im angefragten Referenzwerkzeug.

6.2.4 Kritische Reflexion der Fallbeispiele

Das Bewertungsmodell zur Bestimmung der Leistungsfähigkeit wurde ex ante als pragmatischer Ansatz für die industrielle Praxis konzipiert. Entsprechend erfolgte der konsequente Einbezug von Experten der Branche Werkzeugbau, zur Konzeption aber vor allem zur Schaffung einer repräsentativen Datenbasis für den Referenzlebenszyklus, die Qualitätsdimensionen und die Matrix der Qualitätselastizitäten. Ferner wurde über das Bewertungsmodell hinaus ein Leitfaden erarbeitet, der die komplexen Zusammenhänge des Bewertungsmodells in einen simplifizierten Anwendungsprozess überführt. Auf dieser Basis ist das Bewertungsmodell bei mehreren Werkzeugbauern eingeführt worden, um es in seiner Funktion zu testen, iterativ zu verbessern und Verbesserungspotenziale zu identifizieren. Zwei Anwendungsbeispiele sind in Form von Fallbeispielen beschrieben worden und dienen der praktischen Erprobung des Bewertungsmodells. Die Erkenntnisse aus der praktischen Erprobung und insbesondere die Erkenntnisse aus den Fallbeispielen werden daher in der Folge kritisch reflektiert. Hierzu wird der zuvor entwickelte pragmatische Ansatz zur Gültigkeitsprüfung aufgegriffen und die Prüfkriterien der vier Phasen (Verifikation, Kalibrierung, Sensitivitätsanalyse und Validierung) sequentiell beantwortet.

Ersten Bestandteil der Gültigkeitsprüfung stellt die Verifikation dar. Im Zuge dessen sind drei Fragestellungen zu beantworten:

a) *Korrektheit und Vollständigkeit* – Ist der zu Grunde liegende empirische Datenfundus repräsentativ für den Modellanwender?
b) *Variation der Eingabeparameter* – Bleibt die Modellaussage durch Variation der Testfälle repräsentativ?

c) *Modelloutput und erwartetes Modellverhalten* – Liegt eine hinreichende Ähnlichkeit zwischen Modellausgabe und der abzubildenden Realität vor?

Um die Frage nach *Korrektheit und Vollständigkeit* beantworten zu können, muss vorab der Adressatenkreis des Bewertungsmodells erörtert werden. Das Bewertungsmodell wurde mit 14 Unternehmen – insgesamt 28 Experten – der Branche Werkzeugbau (vgl. Kapitel 1) für Werkzeugbaubetriebe entwickelt, die sich auf die Herstellung von Spritzgießwerkzeugen fokussieren. Die Datenbasis (dies meint in der Folge stets den Referenzlebenszyklus, die Qualitätsdimensionen und die Matrix der Qualitätselastizitäten) ergibt sich jeweils als empirischer Mittelwert der Experteneinschätzung von mindestens 8 Werkzeugbauern. Daher ist der Datenfundus als repräsentativ für den Adressatenkreis anzusehen, was in den Fallbeispielen durch deren Ergebnisse und Aussagen der anwendenden Experten bestätigt wurde. Zugleich müssen Mittelwerte im Kontext als heuristische Orientierungswerte verstanden werden, sodass das Bewertungsmodell per se keine exakten Aussagen generieren kann. Daher wurde die umfängliche Möglichkeit zur individuellen Anpassung vorgesehen, um das Bewertungsmodell iterativ den individuellen Anforderungen anpassen zu können und die Aussagegenauigkeit sukzessive zu erhöhen. Hinsichtlich der *Variation der Eingabeparameter* verhält sich das Bewertungsmodell erwartungstreu. Im zweiten Fallbeispiel wurden zwei gänzlich unterschiedliche Werkzeug-Varianten ausgelegt, die nach Aussage des anwendenden Werkzeugbauers entsprechend durch das Bewertungsmodell prognostiziert wurden. Vergleicht man die Fallbeispiele miteinander, so ist hier ebenfalls ersichtlich, dass zwei sehr unterschiedliche Werkzeuganfragen zu sehr unterschiedlichen Prognoseergebnissen führen, die jeweils konsistent sind. Da beide Leistungsfähigkeitsprognosen von den Anwendern als treffend eingestuft wurden, ist davon auszugehen, dass die Modellaussage durch Variation der Eingabeparameter repräsentativ ist. Entsprechend belegen beide Fallbeispiele, dass die kalkulierte Leistungsfähigkeit dem erwarteten Modellverhalten entspricht. Damit wird der Forderung nach Realitätsnähe entsprochen. *Modelloutput und erwartetes Modellverhalten* sind damit hinreichend ähnlich (und können iterativ sukzessive verbessert werden).

Die Beantwortung der ersten drei Prüfkriterien erfolgt positiv, sodass das entwickelte Bewertungsmodell für die lebenszyklusorientierte Leistungsfähigkeit von Spritzgießwerkzeugen nach entwickeltem Ansatz zur Gültigkeitsprüfung verifiziert ist.

Im Rahmen der Kalibrierung als zweite Phase der Gültigkeitsprüfung müssen zwei weitere Prüfkriterien beantwortet werden:

d) *Messunsicherheit* – Kann trotz der eingehenden Messunsicherheiten ein konsistentes und beherrschtes Ausgabeverhalten des Modells gewährleistet werden?
e) *Dokumentation* – Erfolgt eine formal korrekte Dokumentation hinsichtlich der Generierung und der Justierung des Modells?

Die eingehende *Messunsicherheit* des Bewertungsmodells resultiert primär aus der breiten empirischen Datenbasis, die je nach Spezialisierung des anwendenden Werkzeugbauers, mehr oder weniger repräsentativ ist. Entsprechend ergibt sich die Höhe der relativen Abweichung der Prognose der Leistungsfähigkeit in Abhängigkeit der Repräsentativität. Weitere Einflussgrößen stellen die Qualitätsvektoren dar, die als Eingabe des Anwenders resultieren. Der Qualitätsvektor für das Referenzwerkzeug wird dabei grundsätzlich mit Hilfe der definierten Morphologie erzeugt und ist eindeutig reproduzierbar. Demgegenüber sind die Qualitätsvektoren der Varianten durch die Werkzeugbauer frei definierbar. Der Anwender verantwortet mit seiner Eingabe die Bewertung der eigenen Expertise, was zu bewusster oder unbewusster Verzerrung der Prognose-Ergebnisse führen kann. Die Messunsicherheit liegt somit allein in eingehenden Parametern, die vom Anwender vorzunehmen sind. Der funktionale Zusammenhang und damit das Ausgabeverhalten zur Prognose der Leistungsfähigkeit sind demgemäß eindeutig und konsistent in Kapitel 5.3.4 definiert. Die Berechnung ist darüber hinaus im Leitfaden *dokumentiert* und kann im implementierten Bewertungstool – entsprechend dem Leitfaden – nachvollzogen werden. Adaptionen im Modell werden durch den Anwender vorgenommen und in separaten Tabellenblättern gespeichert und sind jederzeit nachvollziehbar.

Die Prüfung der beiden Kriterien der Kalibrierung erfolgt ebenfalls positiv, sodass das entwickelte Bewertungsmodell für die lebenszyklusorientierte Leistungsfähigkeit von Spritzgießwerkzeugen nach entwickeltem Ansatz zur Gültigkeitsprüfung als kalibriert angesehen werden kann.

Im Zuge der dritten Phase erfolgt die Analyse der Sensitivität des Bewertungsmodells anhand von drei weiteren Prüfkriterien:

f) *Einflussgrößen* – Kann zwischen primären und sekundären Eingabeparametern differenziert werden?
g) *Stabilität der Ergebnisgrößen* – Reagiert das Modell sensibel auf primäre Eingaben und gedämpft auf sekundäre Einflussgrößen?
h) *Empirische Gültigkeit* – Besitzt das Modell die Möglichkeit zur kontinuierlichen Anpassung, um eine hinreichende Ähnlichkeit zwischen Modell und Original zu generieren?

Die *Einflussgrößen* des Bewertungsmodells lassen sich in primäre und sekundäre Eingabeparameter differenzieren. Primärer Parameter stellen die Werte der Qualitätsdimensionen der Qualitätsvektoren/ des Qualitätsvektors dar. Sekundäre Parameter sind im Bewertungsmodell alle optionalen Adaptionen der empirischen Datenbasis. Eine Anpassung des Referenzlebenszyklus oder aber die Anpassung der eigenen Qualitätselastizitäten würden entsprechende sekundäre Einflussgrößen darstellen. Exemplarisch zeigt Tabelle 6-2 die Sensitivität der Änderung des Ergebnisses des Bewertungsmodells in Abhängigkeit der 5 %igen (10 %, 20 %) Änderung der jeweiligen primären oder sekundären Einflussgröße (eine ausführliche Analyse zeigt Anhang X.III):

Tabelle 6-2: Sensitivität nach primären und sekundären Einflussgrößen

Variation der Einflussgröße um...		-20 %	-10 %	0 %	+10 %	+20 %
Sensitivität der Änderung der Prognose bei Änderung der...	Qualitätsvektoren (Primäre Einflussgröße)	- 7,20%	- 3,74%	+/- 0%	+ 3,74%	+ 7,20%
	Lebenszykluskosten (Sekundäre Einflussgröße)	- 0,06%	- 0,03%	+/- 0%	+ 0,03%	+ 0,06%
	Qualitätselastizitäten (Sekundäre Einflussgröße)	- 0,02%	- 0,01%	+/- 0%	+ 0,01%	+ 0,02%

Die Tabelle veranschaulicht die Auswirkung der Änderung eines Eingabeparameters, bei ansonsten gleichen Einstellungen, auf das Ergebnis des Bewertungsmodells (die prognostizierten Lebenszykluskosten). Es wird deutlich, dass die Änderung einer Dimension des Qualitätsvektors als primäre Einflussgröße den Output im einstelligen Prozentbereich verändert. Damit nimmt sie wesentlich stärkeren Einfluss als die optionale Adaption eines Gewichtungswertes im Referenzlebenszyklus. Wird eine der 97 Kostenpositionen verändert, so wirkt sich dies in Hundertstel Prozent aus. Damit ist der Einfluss der Änderung einer Kostenposition ca. um den Faktor 100 kleiner als die Änderung einer Dimension des Qualitätsvektors. Ähnlich gering fällt die Auswirkung der Adaption einer der insgesamt 1067 Qualitätselastizitäten aus: Deren einzelne Änderung wirkt sich ebenfalls im niedrigen Hundertstel Prozentbereich aus. Entsprechend des mathematischen Zusammenhangs reagiert das Bewertungsmodell folglich sensibel auf Änderungen der primären Einflussgrößen und gedämpft auf Änderungen der sekundären Größen und entspricht somit der Forderung nach *Stabilität der Ergebnisgrößen* der Gültigkeitsprüfung.

Das Bewertungsmodell ist ferner derart konzipiert und implementiert, dass es kontinuierlich angepasst werden kann, um so die geforderte hinreichende Ähnlichkeit zwischen modellhafter Abbildung und Original zu erzeugen. Im Detail kann hier differenziert werden zwischen der Adaption im konkreten Prognosefall und der generischen Anpassung der empirischen Datenbasis. Fallbeispiel 1 zeigte, dass in der konkreten Anwendung die iterative Anpassung der sekundären Einflussgrößen das Prognoseergebnis signifikant verbessern kann und nur um wenige Prozent von der Realität abweicht. Diese Aussagekraft übertrifft die Erwartungen der involvierten Experten. Im vorliegenden Modell ist diese empirische Datenbasis zwangsläufig die Berechnungsgrundlage für das Referenzwerkzeug (und gilt nach Punkt a) als verifiziert. Das Bewertungsmodell ist derart modular aufgebaut, dass zukünftig auch die empirische Datenbasis – die als Grundlage in Form der Qualitätselastizitäten und des Referenzlebenszyklus eingebracht ist – verändert werden kann. Die entsprechenden Schnittstellen sind im Programm vorgesehen. Zukünftig könnte die empirische Datenbasis erweitert werden, um die Repräsentativität für die Branche Werkzeugbau weiter zu erhöhen. Ferner ist denkbar, dass die empirische Datenbasis entsprechend der Geschäftsmodelle der Werkzeugbauer angepasst wird etc. Eine Anpassung der Morphologie ist ebenfalls möglich, wäre aber mit höherem Aufwand verbunden. Somit kann auch das Prüfkriterium nach *empirischer Gültigkeit* für das vorliegende Bewertungsmodell positiv bewertet werden.

Zusammenfassend können die drei Prüfkriterien der Sensitivitätsanalyse positiv bewertet werden, sodass das entwickelte Bewertungsmodell für die lebenszyklusorientierte Leistungsfähigkeit von Spritzgießwerkzeugen nach entwickeltem Ansatz zur Gültigkeitsprüfung auch als hinreichend sensitiv angesehen werden kann.

Abschließend erfolgt die Validierung durch das neunte Prüfkriterium:

i) *Prognosegüte* – Existiert eine hinreichende Übereinstimmung zwischen Modell und Originalsystem, sodass eine geforderte Mindestgüte gewährleistet werden kann?

Die *Prognosegüte* impliziert, dass das Modell zuvor erfolgreich verifiziert ist. Da dies zuvor erörtert wurde, stellt sich im Rahmen der Validierung die Frage nach der Prognosegüte, die durch die Anwender bewertet werden sollte. In den skizzierten Fallbeispielen, wurden jeweils Vergleichsdaten der hergestellten Varianten aufgezeichnet, sodass eine genaue Bestimmung der Abweichung der Modellberechnung zum Original aufgezeigt werden konnte. Der Modelloutput weicht in Abhängigkeit der Adaption durch den Werkzeugbauer (vgl. Verifikation) um wenige Prozentpunkte ab. Diese Aussagegüte übertrifft nach Meinung der Werkzeugbauer der Fallbeispiele die Erwartungen, sodass das Modell als valide angesehen werden kann. Einschränkend muss ergänzt werden, dass die Prognosegüte mithin wesentlich von der Parametrierung durch den Anwender abhängig ist. Entsprechend steigt die Prognosegüte mit zunehmender individueller Anpassung. Folglich verfügt das Bewertungsmodell über die notwendigen Voraussetzungen, um die Prognosegüte ausreichend zu steigern, kann jedoch per se keine Prognosegüte garantieren.

Mit der positiven Bewertung des abschließenden Prüfkriteriums der Prognosegüte ist das entwickelte Bewertungsmodell für die lebenszyklusorientierte Leistungsfähigkeit von Spritzgießwerkzeugen nach entwickeltem Ansatz zur Gültigkeitsprüfung auch als validiert anzusehen.

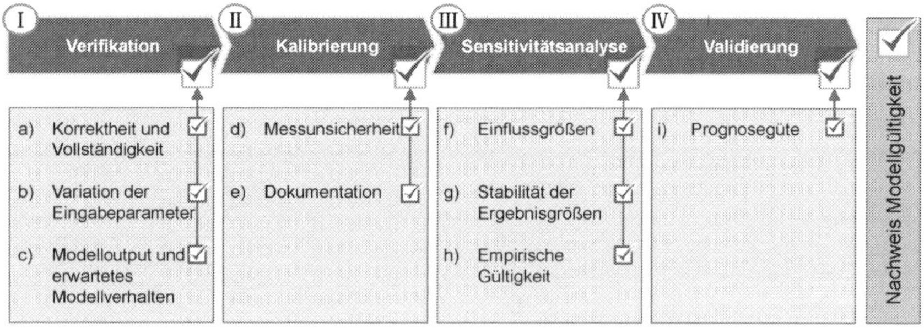

Abbildung 6-21: Zusammenfassung der Prüfkriterien zur Gültigkeitsprüfung

Abschließend zeigt Abbildung 6-21 konsolidierend die Phasen und Prüfkriterien der Gültigkeitsprüfung. Durch die positive Prüfung aller Kriterien ist der Nachweis der Modellgültigkeit für das vorliegende Bewertungsmodell dieser Forschungsarbeit erbracht.

7 Resümee

Das siebte Kapitel schließt diese wissenschaftliche Arbeit mit einer Zusammenfassung des Forschungsprozesses und der resultierenden Erkenntnisse. Ferner wird ein Ausblick gegeben auf neue Handlungsfelder, die sich aus den neuen Erkenntnissen ergeben.

7.1 Zusammenfassung

Ausgehend von der anhaltenden Globalisierung der Märkte, den damit verbunden Vor- und Nachteilen, wurden die Herausforderungen des deutschen Werkzeugbaus herausgestellt. In einem internationalen Preiswettbewerb erschließen Anbieter aus den BRICS-Staaten zunehmend Marktanteile, da sie über günstigere Produktionsfaktoren verfügen. In Folge der nicht kompetitiven Kostenstrukturen in Deutschland ist eine Differenzierung als Kostenführer für deutsche Werkzeugbauer nicht zielführend, sodass es alternativer Positionierungen auf dem globalen Markt bedarf, um der Erosion bestehender Strategien entgegenzuwirken. Ungeachtet dessen weist der deutsche Werkzeugbau eine historisch gewachsene dominante Stellung hinsichtlich der Technologien, des Expertenwissens und der resultierenden Werkzeugqualität auf, die es folglich zu vermarkten gilt. Entsprechend wurde die Hypothese abgeleitet, dass ein qualitativ höherwertiges Werkzeug, das mit einem erhöhten Einstandspreis einhergeht, sich über seinen Lebenszyklus amortisieren könnte, wenn sich durch die erhöhte Werkzeugqualität ein Mehrnutzen in der Nutzungsphase beim Kunden einstellt. Vor diesem Hintergrund wurde die Zielsetzung dieser Arbeit motiviert, ein Bewertungsmodell zu konzipieren und zu implementieren, das die Leistungsfähigkeit von Werkzeugbauern anhand des Verhältnisses von Qualität zu Lebenszykluskosten eines Werkzeugs bewertet. Das Bewertungsmodell unterstützt dabei einerseits den Werkzeugbauer in der Positionierung und erleichtert ferner auf Seiten des Kunden eine transparente Investitionsentscheidung.

Im Rahmen des ersten Kapitels wurde die Zielsetzung dieser wissenschaftlichen Arbeit in einer Forschungsfrage formuliert und um vier Leitfragen ergänzt, die den zielgerichteten Erkenntnisfortschritt strukturierten. Ferner wurden die Objektbereiche, die aus der Zielsetzung resultieren in einen heuristischen Bezugsrahmen in Anlehnung an KUBICEK überführt, der den Betrachtungsraum für den Forschungsprozess aufspannt. Aufgrund der problemorientierten Initiierung aus der industriellen Praxis orientierte sich das wissenschaftliche Vorgehen an der Strategie der angewandten Forschung nach ULRICH.

Im zweiten Kapitel wurden die Terminologie und der Stand der Wissenschaft der relevanten Objektbereiche eingeführt, um das notwendige Grundlagenverständnis aufzubauen. Hierbei wurde differenziert in die inhaltlich relevanten Objektbereiche Qualität, Werkzeugbau, Leistungsfähigkeit und Lebenszyklus sowie den methodischen Objektbereich der Systemtheorie. Innerhalb des Objektbereichs Qualität wurden die heterogenen Perspektiven auf den Qualitätsbegriff erörtert und der objektive bzw. teleologische Qualitätsbegriff nach KAWLATH dieser Arbeit zugrunde gelegt. Dies entspricht dem von SCHMITT definierten Überdeckungsgrad von Kundenforderungen und Unternehmensfähigkeiten des unternehmerischen Qualitätsverständnisses. Darüber hinaus erfolgte die kurze Erläuterung der Entwicklung von TQM und Business Excellence als Ausgangspunkte zunehmender Qualitätsfokussierung produzierender Unternehmen. Der Objektbereich Werkzeugbau erläutert das Erzeugnisspektrum der

Branche, sodass eine Fokussierung auf Spritzgießwerkzeuge als Derivate der Präzisionswerkzeuge vorgenommen wurde. Daran anschließend wurde die Branchenstruktur und die Wettbewerbssituation erläutert, um die Ausgangssituation zu detaillieren. Der Objektbereich Leistungsfähigkeit zeigte ein vielfältiges, vom Anwendungszusammenhang abhängiges, Begriffsverständnis, das gegenüber dem Begriff der Wettbewerbsfähigkeit abzugrenzen war. Leistungsfähigkeit wurde demnach als die Effektivität und Effizienz einer Unternehmung zur Erreichung der eigenen Ziele und der ihrer Stakeholder definiert. Weiterhin wurden Wettbewerbsstrategien und ihre Auswirkungen auf die Leistungsfähigkeit von Unternehmen diskutiert. Im Rahmen des Objektbereichs Lebenszyklus wurden Modelle der Wissenschaft eingeführt, deren generische Anwendbarkeit in der Literatur kritisch bewertet wird. Hieraus resultierte der Bedarf zur Identifikation eines Lebenszyklus für Spritzgießwerkzeuge, der im Anwendungsfall dienlich ist. In der Folge wurde das Thema Produktlebenszykluskosten eingeführt und der bisherige Transfer in den Werkzeugbau aufgezeigt. Der abschließende fünfte Objektbereich der Systemtheorie diente der methodischen Erschließung der Modellbildung. Im Zuge dessen wurden die Theorie der Modellierung von Systemen, anerkannte Methoden und einhergehende Limitationen erläutert. Anhand der theoretischen Erarbeitung der Objektbereiche erfolgte abschließend die Eingrenzung des Untersuchungsbereichs anhand einer morphologischen Darstellung.

Anschließend erfolgte eine Analyse bestehender Ansätze zur Bewertung der unternehmerischen Leistungsfähigkeit im dritten Kapitel. Hierzu wurden 39 Ansätze aus unterschiedlichen wissenschaftlichen Disziplinen eingeführt, die sich zum Teil wesentlich in ihrem Vorgehen, der Fokussierung und der Zielsetzung unterscheiden. Aus der Zielsetzung dieser Arbeit und den erörterten Objektbereichen leitete sich ein gewichtetes Anforderungsprofil ab, durch das eine Eingrenzung auf im Kontext bedeutsame Bewertungsansätze vorgenommen werden konnte. Abschließend wurde eine duale Analyse der verbliebenen Ansätze anhand der Kepner-Tregoe-Matrix und des Auswahlverfahrens nach PUGH durchgeführt. Resultierend zeigte sich, dass die untersuchten Ansätze zur Bewertung der Leistungsfähigkeit von Werkzeugbauern nur bedingt geeignet sind. Insbesondere konnte die geforderte Lebenszyklusorientierung von keinem Bewertungsansatz hinreichend abgedeckt werden. Infolgedessen wurden die Anforderungen an einen zu entwickelnden Ansatz zur Bewertung der Leistungsfähigkeit von Werkzeugbauern konsolidiert, um sie als Grundlage für die Konzeption eines Bewertungsansatzes einzubringen.

Um dem Anspruch eines praxisrelevanten Forschungsprozesses zu entsprechen, wurde mit dem vierten Kapitel die wissenschaftstheoretische Betrachtung um die Grundlagen der empirischen Sozialforschung erweitert. Da die Arbeit im Rahmen eines transnationalen Forschungsprojektes mit 28 Experten der Branche Werkzeugbau entstanden ist, wurden explorativ-empirische Erhebungsmethoden vorgestellt, um das Expertenwissen möglichst effizient in den Erkenntnisprozess zu integrieren. Dabei war es primäres Ziel eine fundierte empirische Datengrundlage für das Bewertungsmodell aufbauen zu können. Ferner sollten die Experten iterativ in den Modellierungsprozess eingebunden werden, um das sekundäre Ziel der notwendigen Praxisrelevanz und –tauglichkeit sicherzustellen. Hierzu wurden potentiell relevante Erhebungsmethoden mit ihren Vor- und Nachteilen diskutiert. Mit dem Experteninterview als Derivat des Leitfaden-Interviews und der Gruppendiskussion konnten zwei explorativ-empirische Erhebungsmethoden identifiziert werden, die zum einen den theoriegenerierten Anforderungen standhalten, inhaltlich zielführend und überdies pragmatisch anwendbar waren.

Das fünfte Kapitel konzipierte und detaillierte das Bewertungsmodell für die Leistungsfähigkeit von Werkzeugbauern basierend auf den erschlossenen Erkenntnissen der vorangegangen Kapitel und unter Einbeziehung der Experten der Branche Werkzeugbau. Beginnend wurde aus dem zuvor eingeführten Objektbereich Systemtheorie das Vorgehen zur Modellkonzeption nach MÜLLER adaptiert, das den Modellierungsprozess in die qualitative Modellbildung und die quantitative Formalisierung gliedert. Die Detaillierung des Vorgehens integriert dabei das Systemkonzept nach ROPOHL. Im Rahmen der qualitativen Modellbildung wurde ex ante der konzeptionelle Bezugsrahmen des Bewertungsansatzes topdown definiert. Hieraus ergaben sich vier Module, die das Bewertungsmodell aufbauen. In der Folge wurden die Module ausgestaltet. Das erste Modul konzipiert hierzu einen Referenzlebenszyklus für Spritzgießwerkzeuge, der mit Hilfe der Experten erarbeitet wurde. Der Referenzlebenszyklus gliedert sich dabei in drei hierarchische Ebenen. Auf der obersten Ebene wurden die vier Hauptphasen Entwicklung, Produktion, Nutzung und Ausmusterung definiert. Auf zweiter Ebene wurden diese Phasen in 22 Subphasen detailliert, die ihrerseits aus insgesamt 97 Kostenpositionen bestehen. Das zweite Modul entwickelte den Qualitätsvektor, der sich aus 11 linear unabhängigen Qualitätsdimensionen zusammensetzt, die die Anforderungen an ein Spritzgießwerkzeug auf einer normierten Skala abbilden. Hierzu wurden insgesamt 34 Merkmale und ihre Merkmalsausprägungen mit den Experten erhoben und durch eine Morphologie erfasst. Die simple Überführung eines Lastenhefts ermöglicht in der Folge die Bestimmung des Qualitätsvektors. Das dritte Modul verknüpft den Qualitätsvektor mit dem Referenzlebenszyklus, indem Korrelationen zwischen den 97 Kostenpositionen und den 11 Qualitätsdimensionen erhoben wurden. Demzufolge wurde die Qualitätselastizität eingeführt, die eine Kostenänderung in Folge einer qualitativen Änderung definiert. Entsprechend entstand eine empirisch fundierte Qualitätselastizitätsmatrix mit 1067 Parametern. Das abschließende vierte Modul erläuterte den funktionalen Zusammenhang der Module und erläutert somit die Berechnung der Leistungsfähigkeit, die sich als Quotient der prognostizierten relativen Lebenszykluskosten zum Betrag des Qualitätsvektors ergibt. Das Bewertungsmodell wurde darüber hinaus in Microsoft Excel implementiert.

Das sechste Kapitel fokussierte die Anwendung und Prüfung des entwickelten Bewertungsansatzes in der industriellen Praxis. Hierzu wurde zu Beginn ein vierphasiger Leitfaden mit den Experten entwickelt, der das Bewertungsmodell in ein prozessuales Vorgehensmodell überführt und die simple Anwendbarkeit durch potentielle Nutzer sicherstellt. Der Leitfaden wurde im Zuge der Anwendung des Bewertungsansatzes durch die involvierten Experten iterativ an die Bedürfnisse der Werkzeugbauer angepasst. In einem zweiten Schritt wurde ein Prozess zur Gültigkeitsprüfung des Bewertungsansatzes in Anlehnung an KRALLMANN erarbeitet. Der Prozess sieht danach die vier Phasen der Verifikation, der Kalibrierung, der Sensitivitätsanalyse und der Validierung mit insgesamt neun Prüfkriterien vor. Darauf folgend wurden zwei exemplarische Fallbeispiele vorgestellt, die das Bewertungsmodell in der industriellen Anwendung beschreiben und den Nutzen sowie Potentiale herausstellen. Aus Anwendersicht wurde die Intention zur weiteren Verwendung des Bewertungsansatzes geäußert, was als Indiz für die Erfüllung der Erwartungshaltung der involvierten Experten gewertet werden kann. Abschließend wurden die Fallbeispiele anhand des definierten Prozesses zur Gültigkeitsprüfung reflektiert, sodass die Gültigkeit des entwickelten Modells zur Bewertung der Leistungsfähigkeit von Werkzeugbauern nachgewiesen werden konnte.

In Kapitel 1.2 wurde, aus der zugrunde liegenden Problemstellung dieser wissenschaftlichen Arbeit, die Zielsetzung formuliert und in einer übergeordneten Forschungsfrage formuliert:

FORSCHUNGSFRAGE	*Wie muss ein empirisch fundiertes Bewertungsmodell konzipiert werden, das die Leistungsfähigkeit von Werkzeugbauern basierend auf Lebenszykluskosten und Qualität der produzierten Werkzeuge berechnet, um es in der Folge in der industriellen Praxis nutzenstiftend zur Anwendung zu bringen?*

Mit Abschluss des sechsten Kapitels sind die aus der Forschungsfrage abgeleiteten Leitfragen sukzessive in den einzelnen Kapiteln dieser Arbeit beantwortet worden, sodass die übergeordnete Forschungsfrage ebenfalls beantwortet werden kann.

Es konnte ein Bewertungsmodell konzipiert und detailliert werden, das dem Anspruch einer Verknüpfung von Produktqualität und Lebenszykluskosten gerecht wird und die eruierten Anforderungen der Wissenschaft und Praxis integriert. Die notwendige Parametrierung der ersten drei Module ist dabei das Resultat des empirisch-explorativen Einbezugs der Werkzeugbauexperten, sodass auch die Forderung nach empirischer Fundierung erfüllt ist. Durch die Überführung in ein prozessuales Vorgehensmodell ist überdies die praktische Implementierung erfolgt, die die nutzenstiftende Anwendung in der Praxis erlaubt. Ergänzend wurde der Bewertungsansatz als Tool implementiert und den involvierten Werkzeugbauern zur Verfügung gestellt. Das Bewertungsmodell erlaubt somit Werkzeugbauern ihre Leistungsfähigkeit (bzw. die ihrer Werkzeuge) gegenüber Kunden darzustellen. Folglich ist die übergeordnete Forschungsfrage in vollem Umfang beantwortet worden.

7.2 Ausblick

Ausgehend von den gewonnen Erkenntnissen im Forschungsprozess dieser wissenschaftlichen Arbeit, ergeben sich neue Handlungsfelder und Potentiale im Themenzusammenhang. Im Wesentlichen lassen sich hierbei zwei Handlungsfelder festhalten.

Jeder Modellierung ist immanent, dass sie ein reduziertes Abbild der Realität darstellt. Folglich weichen die Prognoseergebnisse des Bewertungsmodells, in Abhängigkeit des anwendenden Werkzeugbauers, von den realen Lebenszykluskosten ab. Im vorliegenden Fall waren die involvierten Experten allesamt externe Werkzeugbauer, sodass es fraglich ist, ob die Parametrierung auch für den internen Werkzeugbau aussagekräftig ist. Daher wäre eine Erweiterung der empirischen Datenbasis über die 28 Experten hinaus anzustreben, um die Repräsentativität weiter zu erhöhen. Ferner fokussiert das Bewertungsmodell Hersteller von Spritzgießwerkzeugen, sodass die Anwendung bei anderen Präzisionswerkzeugen nicht sinnvoll erfolgen kann. Da das Modell aber sowohl strukturell als auch funktional beliebige andere Werkzeuge abbilden könnte, bedarf es der Erhebung werkzeugspezifischer empirischer Datengrundlagen, um weitere Werkzeugbaubranchen oder spezifische Geschäftsmodelle zu erschließen.

Im Zuge der Digitalisierung von Produktionen und ganzen Wertschöpfungsketten wird hohes Potential in der automatisierten Erfassung realer Kostenpositionen gesehen, um den Bewertungsansatz aus Sicht eines individuellen Werkzeugbauers kontinuierlich der eigenen Spezialisierung anzupassen. In diesem Zusammenhang wäre sowohl die Integration von Kunden als auch Lieferanten denkbar, um valide Daten über den gesamten Werkzeuglebenszyklus zu generieren. Die automatisierte Erfassung realer Kostenpositionen ließe die Erweiterung zu einem selbstoptimierenden Bewertungsansatz zu, was manuelle Iterationen zur Anpassung überflüssig erscheinen ließe.

IX Literaturverzeichnis

- **Alcalde Rasch, A.**: Erfolgspotential Instandhaltung. Theoretische Untersuchung und Entwurf eines ganzheitlichen Instandhaltungsmanagements. (Duisburger betriebswirtschaftiche Schriften, Bd. 21) Berlin. Erich Schmidt, 2000.
- **Amann, K.**: "Guck mal, Du Experte". Wissenschaftliche Expertise unter ethnographischer Beobachtung und wissenssoziologischer Rekonstruktion. In: Hitzler, Ronald; Honer, Anne; Maeder, Christoph (Hrsgg.): Expertenwissen. Die institutionalisierte Kompetenz zur Konstruktion von Wirklichkeit. Opladen. Westdeutscher Verlag, 1994, 32–43.
- **Amann, M.**: Bedeutung von Produktionskompetenz im Supply Chain Management. Entwicklung einer marktorientierten Steuerungskonzeption am Beispiel der Lebensmittelindustrie. (Gabler Research : Supply Chain Management) 1. Wiesbaden. Gabler, 2009.
- **Amschlinger, M. C.**: Internationalisierung im Mittelstand. Eine empirische Analyse kulturabhängiger Erfolgsfaktoren von Direktinvestitionen deutscher kleiner und mittlerer Unternehmen in Rumänien. (Reihe: Kleine und mittlere Unternehmen, Bd. 21) 1. Lohmar, Köln. Eul, 2011.
- **Anderes, D.**: Benchmarking. Leitfaden für den Vergleich mit den Besten. 2. Düsseldorf. Symposion, 2009.
- **Anderheiden, M.; Huster, S.; Kirste, S.**: Globalisierung als Problem von Gerechtigkeit und Steuerungsfähigkeit des Rechts. Vorträge der 8. Tagung des Jungen Forum Rechtsphilosophie, 20. und 21. september 2000 in Heidelberg. (Archiv für Rechts- und Sozialphilosophie. Beiheft, nr. 79) Stuttgart. Franz Steiner, 2001.
- **Arentzen, U.**: Gabler Wirtschafts-Lexikon. 14. Wiesbaden. Gabler, 1997.
- **Armbrecht, W.**: Innerbetriebliche Public Relations. Grundlagen eines situativen Gestaltungskonzepts. (Beiträge zur sozialwissenschaftlichen Forschung, Bd. 121) Wiesbaden. VS Verlag für Sozialwissenschaften, 2013.
- **Armendariz, B.; Morduch, J.**: The economics of microfinance. 2. Cambridge, Mass. MIT Press, 2010.
- **Armutat, S.**: Differentielles Management. Individualisierung und Organisation in systemischer Kongruenz. (SpringerLink : Bücher) Wiesbaden. Springer Fachmedien Wiesbaden; Imprint: Springer Gabler, 2012.
- **Arnolds, H.; Heege, F.; Tussing, W.**: Materialwirtschaft und Einkauf. Praktische Einführung und Entscheidungshilfe. Wiesbaden. Gabler Verlag, 1985.
- **Arvanitis, S.; Hollenstein, H.; Marmet, D.**: Internationale Wettbewerbsfähigkeit: wo steht der Standort Schweiz? Eine Analyse auf sektoraler Ebene. Zürich [etc.]. vdf, Hochschulverlag AG an der ETH Zürich, op. 2005.
- **Aumayr, K. J.**: Erfolgreiches Produktmanagement. Tool-Box für das professionelle Produktmanagement und Produktmarketing. 2. Wiesbaden. Gabler, 2009.

- **Ayaß, R.:** Qualitative Methoden der Medienforschung. Qualitative Methoden der Medienforschung (2011).
- **Bach, F.-W.; Kerber, K.:** Prozesskette Präzisionsschmieden. (SpringerLink : Bücher) Berlin, Heidelberg. Imprint: Springer Vieweg, 2014.
- **Baier, P.:** Praxishandbuch Controlling: Controlling-Instrumente, Unternehmensplanung und Reporting. MI Wirtschaftsbuch, 2013.
- **Baldi, S.:** Grundlagen der Wirtschaftsinformatik. 2. München. Oldenbourg, 1999.
- **Balzert, S.:** Prozessmanagement. Strategien, Methoden, Umsetzung. 1. Düsseldorf. Symposion, 2010.
- **Bandow, G.; Holzmüller, H. H.:** "Das ist gar kein Modell!". Unterschiedliche Modelle und Modellierungen in Betriebswirtschaftslehre und Ingenieurwissenschaften. Wiesbaden. Gabler Verlag / Springer Fachmedien Wiesbaden GmbH, Wiesbaden, 2009.
- **Bartelheimer, P.; Forschungsverbund Sozioökonomische Berichterstattung:** Berichterstattung zur sozioökonomischen Entwicklung in Deutschland. Teilhabe im Umbruch Zweiter Bericht. (SpringerLink : Bücher) Wiesbaden. VS Verlag für Sozialwissenschaften / Springer Fachmedien Wiesbaden GmbH, 2012.
- **Barth, B.:** Trainingslehre - Trainingswissenschaft. Leistung, Training, Wettkampf. 2. Aachen. Meyer & Meyer, 2011.
- **Basler, D.:** Unternehmensorientierte Software-Entwicklung mit Delphi: Anwendungsentwicklung, betriebliche Informationssysteme, Intra- und Internet. Vieweg+Teubner Verlag, 2013.
- **Beaujean, P.; Kristes, D.; Schmitt, R.:** Entrepreneurial Quality Management – A New Definition Of Quality. Piscataway, 2008.
- **Becker, H. P.:** Investition und Finanzierung. Grundlagen der betrieblichen Finanzwirtschaft. (Lehrbuch) 3. Wiesbaden. Gabler, 2009.
- **Becker, J.; Krcmar, H.; Niehaves, B.:** Wissenschaftstheorie und gestaltungsorientierte Wirtschaftsinformatik. Physica-Verlag HD, 2009.
- **Becker, J.; Rosemann, M.; Schütte, R.:** Grundsätze ordnungsmäßiger Modellierung. Wirtschaftsinformatik 37 (1995), 435–445.
- **Beckmann, H.:** Prozessorientiertes Supply Chain Engineering. Strategien, Konzepte und Methoden zur modellbasierten Gestaltung. (SpringerLink : Bücher) Wiesbaden. Springer Fachmedien Wiesbaden; Imprint: Springer Gabler, 2012.
- **Behrens, C.-U.; Kirspel, M.:** Grundlagen der Volkswirtschaftslehre. Einführung.
- **Behse-Bartels, G.:** Subjektivität in der qualitativen Forschung. Der Forschungsprozess als Reflexionsgegenstand. (Studien zur qualitativen Bildungs-, Beratungs- und Sozialforschung) Leverkusen. Budrich, Barbara, 2009.
- **Benker, A.:** Vor- und Nachteile einer kapitalmarktorientierten Unternehmensführung. Hamburg. Diplomica Verlag, 2008.

- **Bente, G.; Vorderer, P.; Mangold, R.**: Lehrbuch der Medienpsychologie. Hogrefe, 2004.
- **Bergbauer, A. K.**: Die Unternehmensqualität messen - den europäischen Qualitätspreis gewinnen. EFQM-Selbstbewertung in der Praxis. (Kontakt & Studium, Bd. 572) 2. Renningen-Malmsheim. Expert-Verl., 1999.
- **Bergmann, K.**: Elektrische Messtechnik. Elektrische und elektronische Verfahren, Anlagen und Systeme. (Viewegs Fachbücher der Technik) 6. Wiesbaden. Vieweg+Teubner Verlag, 2008.
- **Bergmans, B.**: Banken-Handbuch Firmenkundenmarketing. Erfolgreiche Vermarktungs- und Vertriebskonzepte für Kreditinstitute. Berlin. Erich Schmidt, 2007.
- **Bertalanffy, L. v.**: General system theory. 15. New York. Braziller, 1969.
- **Bertalanffy, L. v.**: Zu einer allgemeinen Systemlehre. In: Bleicher, K. (Hrsg.): Organisation als System. Wiesbaden. Gabler, 1972, 31–47.
- **Bertalanffy, L. v.**: Vorläufer und Begründer der Systemtheorie. In: Kaplan, M. (Hrsg.): Systemtheorie. Berlin. Colloquium, 1984, 17–28.
- **Bertels, T.**: Rath & Strong's six sigma leadership handbook. Recording for the Blind & Dyslexic. Princeton, N.J. (2003).
- **Bertheau, N.**: Handelsblatt Management-Bibliothek. Die besten Checklisten für Manager ; L - Z. (Handelsblatt Management-Bibliothek, Bd. 12) Frankfurt [u.a.]. Campus-Verl., 2005.
- **Beyer, F.**: Wertorientierte Unternehmensführung: Anreizsysteme für das mittlere Management. Igel Verlag RWS, 2014.
- **Bilsing, A.**: Kennzahlengestützte Bewertung der technologischen Leistungsfähigkeit im Werkzeug- und Formenbau. Aachen. Shaker, 2007.
- **Binder, U.**: Schnelleinstieg Controlling - mit Arbeitshilfen online. 5. Freiburg. Haufe Lexware, 2013.
- **Bleicher, K.**: Die Entwicklung eines systemorientierten Organisations- und Führungsmodells der Unternehmung. In: Bleicher, K. (Hrsg.): Organisation als System. Wiesbaden. Gabler, 1972, 235–296.
- **Bleicher, K.**: Organisation als System. Wiesbaden. Gabler, 1972.
- **Blersch, G.**: Deregulierung und Wettbewerbsstrategie. Eine empirische Analyse. (Managementwissen aktuell, Bd. 13) Berlin. Lit-Verl., 2007.
- **Blodig, M.**: Unternehmensnachfolge: Handbuch und Checklisten für eine erfolgreiche Übergabe. Igel Verlag RWS, 2014.
- **Bock, M.; Gellißen, B.**: Werkzeugbau in turbulentem Umfeld. Die Auswirkungen der Krise auf Unternehmen der Branche. wt Werkstatttechnik online 100 (2010), 903–906.
- **Boettcher, E.; Herder-Dornreich, P.; Schenk, K.-E.**: Jahrbuch für neue politische Ökonomie. Tübingen. Mohr, 1986.

- **Bogner, A.; Littig, B.; Menz, W.**: Das Experteninterview. Theorie, Methode, Anwendung. Wiesbaden. VS, 2005.
- **Bogner, A.; Littig, B.; Menz, W.**: Interviewing experts. (Research methods series) Basingstoke [England], New York. Palgrave Macmillan, 2009.
- **Bogner, A.; Menz, W.**: Das theoriegenerierende Experteninterview. Erkenntnisse, Wissensformen, Interaktion. In: Bogner, Alexander; Littig, Beate; Menz, Wolfgang (Hrsgg.): Das Experteninterview. Theorie, Methode, Anwendung. Wiesbaden. VS, 2005, 33–70.
- **Böhm, R.; Fuchs, E.; Pacher, G.**: System-Entwicklung in der Wirtschafts-Informatik. 3. Zürich. vdf, 1993.
- **Böhmdörfer, F.; Kralicek, G.**: Kennzahlen für Geschäftsführer: - Bilanzanalyse und Jahresabschlussszenarien - Controlling und Cash-Management - Investitionsentscheidungen und Unternehmensbewertung. MI Wirtschaftsbuch, 2013.
- **Bohrer, H.**: Erfolgsfaktor Qualität. Einsatz und Nutzen des EFQM-Excellence-Modells. 1. Düsseldorf. Symposion, 2012.
- **Bondorf, C.**: Strategisches Kompetenzmanagement im Unternehmenskontext. Theoretische Zugänge, empirische Umrisse und konzeptionelle Entwürfe. Köln, 2009.
- **Boos, W.**: Methodik zur Gestaltung und Bewertung von modularen Werkzeugen. (Ergebnisse aus der Produktionstechnik Produktionssystematik) Aachen. Apprimus, 2008.
- **Boos, W.; Pitsch, M.; Heeschen, D., et al.**: Tooling in China. Großblech- und Massivumformung. 1. Printclub, 2015.
- **Boos, W.; Pitsch, M.; Komorek, N., et al.**: Tooling in South Africa. Aachen, 2014.
- **Boos, W.; Pitsch, M.; Kuhlmann, T., et al.**: World of Tooling. 1. Printclub, 2015.
- **Borghese, H. P.**: Qualitätsorientierte Gestaltung der innerbetrieblichen Kommunikation. (Berichte aus der Produktionstechnik, Bd. 2007,6) Aachen. Shaker, 2007.
- **Börner, C. J.**: Strategisches Bankmanagement. Ressourcen- und marktorientierte Strategien von Universalbanken. (Lehr- und Handbücher zu Geld, Börse, Bank und Versicherung) München. Oldenbourg, 2000.
- **Bortz, J.; Döring, N.**: Forschungsmethoden und Evaluation. Für Human- und Sozialwissenschaftler. (Springer-Lehrbuch) 4. Heidelberg. Springer, 2006.
- **Bösl, K.**: Praxis des Börsengangs. Ein Leitfaden für mittelständische Unternehmen. 1. Wiesbaden. Gabler, 2004.
- **Bossel, H.**: Systeme, Dynamik, Simulation. Modellbildung, Analyse und Simulation komplexer Systeme. Norderstedt. Books on Demand, 2004.
- **Boutellier, R.; Seghezzi, H. D.**: Qualitätsmanagement an der Schwelle zum 21. Jahrhundert. Festschrift für Hans Dieter Seghezzi zum 65. Geburtstag. München [u.a.]. Hanser, 1998.

- **Brankamp, K.**: Wettbewerbsfaktor Werkzeug- und Betriebsmittelbau. Zürich, Köln. TÜV Rheinland, 1991.
- **Brauer, J.-P.; Kostka, C.**: EFQM. In: Kamiske, G. F. (Hrsg.): Handbuch QM-Methoden. München. Hanser, 2013, 625–643.
- **Breiing, A.; Knosala, R.**: Bewerten technischer Systeme: Theoretische und methodische Grundlagen bewertungstechnischer Entscheidungshilfen. Berlin. Springer, 1997.
- **Brem, S.; Krämer, g.**: Total Cost of Ownership als Instrument des Beschaffungsmanagements. Eine theoretisch-explorative empirische Untersuchung. 1. s.l. Diplomica, 2008.
- **Breyer-Mayländer, T.**: Einführung in das Medienmanagement. Grundlagen, Strategie, Führung, Personal. München. Oldenbourg, 2004.
- **Brinkmann, B.**: Internationales Wörterbuch der Metrologie. Grundlegende und allgemeine Begriffe und zugeordnete Benennungen (VIM) Deutsch-englische Fassung ISO/IEC-Leitfaden 99:2007. (Beuth Wissen) 4. Berlin. Beuth Verlag GmbH, 2012.
- **Brinkmann, C.; Deeke, A.; Völkel, B.**: Experteninterviews in der Arbeitsmarktforschung. Diskussionsbeiträge zu methodischen Fragen und praktischen Erfahrungen. Nürnberg, 1995.
- **Bröckelmann, C.**: Bewegte Schule - ein Konzept für die Sekundarstufe I an Gymnasien? Analyse der Möglichkeiten und Grenzen aus Sicht der Lehrkräfte. Hamburg. Disserta-Verl, 2013.
- **Brockhaus, R.; Alles, W.; Luckner, R.**: Flugregelung. Berlin, Heidelberg. Springer-Verlag Berlin Heidelberg, 2011.
- **Bronner, A.**: Handbuch der Rationalisierung. (Kontakt & Studium, Bd. 331) 2. Renningen. Expert-Verlag, 2003.
- **Bröse, K.**: Konzeption eines Performance Management Systems auf Basis von Key Performance Indicators zur Steuerung von Prozessen und IT in der Telekommunikation. 1. s.l. Diplomica, 2006.
- **Brück, M.**: Steueroptimierter Unternehmenskauf. Wiesbaden. Gabler, 2010.
- **Brüggemann, H.**: Grundlagen Qualitätsmanagement. Wiesbaden. Vieweg+Teubner, 2012.
- **Brüggemann, H.; Bremer, P.**: Grundlagen Qualitätsmanagement: Von den Werkzeugen über Methoden zum TQM. Springer Fachmedien Wiesbaden, 2015.
- **Brüggemann, R.; Drescher-Kaden, U.**: Einführung in die modellgestützte Bewertung von Umweltchemikalien. Datenabschätzung, Ausbreitung, Verhalten, Wirkung und Bewertung. Berlin, Heidelberg. Springer Berlin Heidelberg, 2003.
- **Brunner, F.**: Wertstiftende Strategien im Bankgeschäft. Heidelberg. Springer, 2009.
- **Bruns, A.**: Simultan hybride Qualitätsstrategie im Privatkundengeschäft von Kreditinstituten. Erfolgreiche Synthese von Kosten- und Qualitätsvorteilen. (Gabler Edition

Wissenschaft) Wiesbaden. Deutscher Universitäts-Verlag / GWV Fachverlage GmbH, Wiesbaden, 2006.

- **Bundesministerium des Inneren:** Common Assessment Framework (CAF) Verbesserung der Organisation durch Selbstbewertung. Spangenberg. Werbedruck GmbH Horst Schreckhase, 2002.
- **Bundesministerium für Wirtschaft:** Kleine und mittlere Unternehmen. Technologie und Wettbewerbsfähigkeit. Paris. OECD, 1995.
- **Bundeszentrale für politische Bildung:** Entwicklung des grenzüberschreitenden Warenhandels.
- **Bünte, C.:** Der Marken-Optimizer. Ein integriertes Modell zur Imageoptimierung einer bestehenden Markenerweiterung unter besonderer Berücksichtigung der Familienmarke am Beispiel NIVEA und NIVEA Beauté. (Aktuelle Medien- und Kommunikationsforschung, Bd. 17) Berlin [u.a.]. LIT, 2006.
- **Burghardt, M.:** Einführung in Projektmanagement. Definition, Planung, Kontrolle, Abschluss. Erlangen. Publicis Publishing, 2013.
- **Burschel, C.:** Betriebswirtschaftslehre der nachhaltigen Unternehmung. (Lehr- und Handbücher zur ökologischen Unternehmensführung und Umweltökonomie) München. Oldenbourg, 2004.
- **Busch, A.; Dangelmaier, W.; Seidel, U., et al.:** Marktspiegel Supply Chain Management Systeme. Potenziale - Konzepte - Anbieter im Vergleich. Wiesbaden. Gabler Verlag, 2003.
- **Camphausen, B.:** Strategisches Management. Planung, Entscheidung, Controlling. (Lehrbuch) 12. München [u.a.]. Oldenbourg, 2007.
- **Cerny, D.:** Sicherheitsaspekte in der Informationstechnik. Proceedings der 1. Deutschen Konferenz über Computersicherheit. Wiesbaden. Vieweg+Teubner Verlag, 1991.
- **Chang, C. M.:** Service systems management and engineering. Creating strategic differentiation and operational excellence. Hoboken, N.J. John Wiley & Sons, 2010.
- **Checkland, P.:** Systems thinking, systems practice. Chichester. Wiley, 1981.
- **Chu, Z.:** Neues verkehrswissenschaftliches Journal NVJ - Ausgabe 10. Modellierung der Wartezeitfunktion bei Leistungsuntersuchungen im Schienenverkehr unter Berücksichtigung der transienten Phase. 1. Norderstedt. Books on Demand, 2014.
- **Corbat, P.:** Betriebswirtschaft für die Projektleitung. Norderstedt. Books on Demand, 2012.
- **Corsten, H.:** Lexikon der Betriebswirtschaftslehre. München. Oldenbourg, 2000.
- **Corsten, H.; Corsten, M.:** Betriebswirtschaftslehre. (UTB basics) Konstanz, München. UKV Lucius, 2014.
- **Corsten, H.; Grob, H. L.:** Betriebswirtschaftslehre. München. Oldenbourg, 1994.

- **Cropley, A. J.:** Qualitative Forschungsmethoden. Eine praxisnahe Einführung. 1. Eschborn. D. Klotz, 2002.
- **Crosby, P. B.:** Quality is free. New York. McGraw-Hill, 1979.
- **Curkovic, S.; Melnyk, S.; Calantone, R., et al.:** Validating the Malcolm Baldrige National Quality Award Framework through structural equation modelling. International Journal of Production Research 38 (2000), 765–791.
- **Dahlhaus, C.:** Investitions-Controlling in dezentralen Unternehmen. Anreizsysteme als Instrument zur Verhaltenssteuerung im Investitionsprozess. (Gabler Edition Wissenschaft) Wiesbaden. Gabler Verlag / GWV Fachverlage GmbH, Wiesbaden, 2009.
- **Dambon, O.; Arntz, K.:** Ressourceneffiziente Produktauslegung. In: Eversheim, Walter; Pfeifer, Tilo; Weck, Manfred; Brecher, Christian; Schmitt, Robert; Schuh, Günther (Hrsgg.): Ressourceneffiziente Produktionstechnik. Aachen. Apprimus, 2010, 157–184.
- **Dawidowski, C.; Korte, H.:** Literaturdidaktik empirisch. Aktuelle und historische Aspekte. (Bibliographien zur Literatur- und Mediengeschichte, Bd. 11) Frankfurt am Main, New York. Lang, 2009.
- **Deming, W. E.:** Out of the crisis. Cambridge. MIT, 1988.
- **Dettmer, T.:** Nichtwassermischbare Kühlschmierstoffe auf Basis nachwachsender Rohstoffe. (Schriftenreihe des Instituts für Werkzeugmaschinen und Fertigungstechnik der TU Braunschweig) Essen. Vulkan-Verl., 2006.
- **Dieckmann, J.:** Schlüsselbegriffe der Systemtheorie. München. Fink, 2006.
- **Dietz, T.:** Institutionen und Globalisierung. Eine empirische Untersuchung am Beispiel grenzüberschreitender Softwareentwicklungsverträge. (Neue Staatswissenschaften, Bd. 12) Tübingen. Mohr Siebeck, 2010.
- **Diez, W.:** Die internationale Wettbewerbsfähigkeit der deutschen Automobilindustrie. Herausforderungen und Perspektiven. München. Oldenbourg, R, 2012.
- **Dilger, A.:** Rigor, wissenschaftliche und praktische Relevanz. Münster, 03/2012.
- **Dimitrov, D.; Schutte, C.:** Proceedings - International Conference on Competitive Manufacturing. Stellenbosch, 2013.
- **DIN Deutsches Institut für Normung e.V.:** Qualitätsmanagement - Begriffe. DIN EN ISO 8402:1995-8 (1995).
- **DIN Deutsches Institut für Normung e.V.:** Fertigungsverfahren - Begriffe, Einteilung. DIN 8580 (2003).
- **DIN Deutsches Institut für Normung e.V.:** Qualitätsmanagementsysteme – Grundlagen und Begriffe. DIN 9000:2005 (2005).
- **DIN Deutsches Institut für Normung e.V.:** Mess- und Prüfmittelüberwachung – Planen, Verwalten und Einsetzen von Mess- und Prüfmitteln. DIN 32937 (2006).
- **DIN Deutsches Institut für Normung e.V.:** Begriffe zum Qualitätsmanagement – Teil 11: Ergänzung zu DIN EN ISO 9000:2005. DIN EN ISO 9000:2005 (2008).

- **DIN Deutsches Institut für Normung e.V.:** Qualitätsmanagementsysteme - Anforderungen. DIN EN ISO 9001:2008 (2008).
- **DIN Deutsches Institut für Normung e.V.:** Vorrichtungen für die Fixierung der Lage von Werkstücken während formändernder Fertigungsverfahren – Benennungen und deren Abkürzungen. DIN 6300 (2009).
- **Disch, B.:** Versicherungen mit Beitragsrückgewähr. (Schriftenreihe Versicherungs- und Finanzmathematik, Bd. 37) Karlsruhe. Verl. Versicherungswirtschaft, 2011.
- **Dombret, A. R.:** Übernahmeprämien im Rahmen von MetA-Transaktionen. Bestimmungsfaktoren und Entwicklungen in Deutschland, Frankreich, Großbritannien und den USA. (Gabler-Edition Wissenschaft : Empirische Finanzmarktforschung, Empirical Finance) 1. Wiesbaden. Dt. Univ.-Verl., 2006.
- **Dörner, D.:** Modellbildung und Simulation. In: Roth, Erwin (Hrsg.): Sozialwissenschaftliche Methoden. Lehr- und Handbuch für Forschung und Praxis. München. R. Oldenbourg, 1984, 337–350.
- **Dornes, N.:** Alternative Risikomodellierungs-, Risikoanalyse- und Bewertungsmethode: Risikomanagement ohne komplexe mathematische Modelle. 1. Hamburg. disserta Verlag, 2014.
- **Dressler, H.:** Problemlösen mit Entscheidungstabellen. 1. München, Wien. Oldenbourg, 1975.
- **Dreßler, K.:** Der Lebenszyklus der deutschen Automobilindustrie. Know-how und Überleben von Unternehmen 1886-1939. (Reihe: Industrieökonomik, Bd. 3) 1. Lohmar [u.a.]. Eul, 2006.
- **Drews, G.; Hillebrand, N.:** Lexikon der Projektmanagement-Methoden. (GPM Projektmanagement bei Haufe) 2. Freiburg, Berlin, München. Haufe, 2010.
- **Düsterlho, J.-E.:** Das Shareholder-Value-Konzept. Methodik und Anwendung im strategischen Management. Wiesbaden. Deutscher Universitätsverlag, 2003.
- **Eberlein, J.:** Betriebliches Rechnungswesen und Controlling. 2. München. Oldenbourg, 2010.
- **Ebert, C.; Dumke, R.:** Software-Metriken in der Praxis. Einführung und Anwendung von Software-Metriken in der industriellen Praxis. Berlin, Heidelberg. Springer Berlin Heidelberg, 1996.
- **Effert, D.:** Qualitäts- und Preisimage bei Banken. Strategien zu mehr Ertrag. Wiesbaden. Gabler Verlag / Springer Fachmedien Wiesbaden, Wiesbaden, 2010.
- **EFQM:** Die Grundkonzepte der Excellence. Frankfurt am Main. DGQ, 2003.
- **Engel, S.:** Das Narrative Interview in der qualitativen Sozialforschung. [S.l.]. Grin Verlag, 2013.
- **Englmann, F. C.:** Makroökonomik. Stuttgart. Kohlhammer, 2007.

- **Eser, B.:** Erzielung nachhaltig hoher Büroimmobilienwerte. Ein Entscheidungsmodell für die Planungsoptimierung. (SpringerLink : Bücher) Wiesbaden. Gabler Verlag / GWV Fachverlage GmbH, Wiesbaden, 2009.
- **Everling, O.:** Certified rating analyst. München, Wien. Oldenbourg, 2008.
- **Eversheim, W.:** Prozeßorientiertes Qualitätscontrolling. Berlin. Springer, 1997.
- **Eversheim, W.:** Wettbewerbsfaktor Produktionstechnik. Aachen. Shaker, 1999.
- **Eversheim, W.; Klocke, F.:** Werkzeugbau mit Zukunft. Strategie und Technologie. (VDI-Buch) Berlin. Springer, 1998.
- **Eversheim, W.; Klocke, F.; Schuh, G.:** Werkzeugbau mit Zukunft. Vom Dienstleister in der Produktion zum Partner in der Prozesskette. In: Eversheim, W. (Hrsg.): Wettbewerbsfaktor Produktionstechnik. Aachen. Shaker, 1999, 279–310.
- **Eversheim, W.; Klocke, F.; Schuh, G.:** Orientierung für den Werkzeug- und Formenbau - Mit Benchmarking von den Besten lernen. Aachen, 2002.
- **Eversheim, W.; Pfeifer, T.; Weck, M., et al.:** Ressourceneffiziente Produktionstechnik. Aachen. Apprimus, 2010.
- **Eversheim, W.; Schröder, J.; Weber, P., Wegehaupt, P.:** Mit TOSSCA zum Werkzeugbau der Zukunft. FORM + Werkzeug (2002), 44–46.
- **Ewert, R.; Wagenhofer, A.:** Interne Unternehmensrechnung. (Springer-Lehrbuch) 8. Berlin, Heidelberg. Springer Berlin Heidelberg, 2014.
- **Fackler, M.; Schacht, U.:** Praxishandbuch Unternehmensbewertung. Grundlagen, Methoden, Fallbeispiele. 2. Wiesbaden. Betriebswirtschaftlicher Verlag Gabler, 2008.
- **Fasol, K. H.; Diekmann, K.:** Simulation in der Regelungstechnik. (Fachberichte Simulation, Bd. 12) Berlin, Heidelberg. Springer Berlin Heidelberg, 1990.
- **Faßbender-Wynands, E.:** Umweltorientierte Lebenszyklusrechnung. Instrument zur Unterstützung des Umweltkostenmanagements. (Gabler-Edition Wissenschaft) 1. Wiesbaden. Dt. Univ.-Verl., 2001.
- **Feigenbaum, A. V.:** Total Quality Control. Engineering Managment. 1. New York. McGraw-Hill, 1961.
- **Feigenbaum, A. V.:** Total quality control. 3. New York. McGraw-Hill, 1991.
- **Feigenbaum, A. V.:** Total quality control. Achieving productivity, market penetration and advantage in the global economy. 4. New York, London. McGraw-Hill Higher Education; McGraw-Hill [distributor], 2005.
- **Fiege, R.:** Social Media Balanced Scorecard. Erfolgreiche Social Media-Strategien in der Praxis. (Praxis) Wiesbaden. Springer Vieweg, 2012.
- **Fink, A.:** Grundlagen der Wirtschaftsinformatik. 2. Heidelberg. Physica-Verl, 2005.
- **Fink, A.; Siebe, A.:** Handbuch Zukunftsmanagement. Werkzeuge der strategischen Planung und Früherkennung. 2. Frankfurt am Main [u.a.]. Campus-Verl, 2011.

- **Fischer, M.**: Produktlebenszyklus und Wettbewerbsdynamik. Grundlagen für die ökonomische Bewertung von Markteintrittsstrategien. (Gabler-Edition Wissenschaft Schriftenreihe des Instituts für marktorientierte Unternehmen (IMU), Universität Mannheim) 1. Wiesbaden. Dt. Univ.-Verl. [u.a.], 2001.
- **Fischer, T. E.**: Unternehmenskommunikation und Neue Medien. Das neue Medium Weblogs und seine Bedeutung für die Public-Relations-Arbeit. (Gabler Edition Wissenschaft : Markt- und Unternehmensentwicklung) 1. Wiesbaden. Dt. Univ.-Verl., 2006.
- **Fitzner, D.**: Die Balanced Scorecard. Ein Instrument für das Management im Flottenbereich von Flurförderzeugen. (Diplomarbeit) Hamburg. Diplom.de, 2007.
- **Fleßa, S.; Nickel, S.**: Grundzüge der Krankenhaussteuerung. (Healthcare management) München. Oldenbourg, 2008.
- **Flick, U.**: Handbuch Qualitative Sozialforschung. Grundlagen, Konzepte, Methoden und Anwendungen. München. Psychologie Verlags Union, 1991.
- **Flick, U.**: Qualitative Forschung. Theorie, Methoden, Anwendung in Psychologie und Sozialwissenschaften. 1. Reinbek. Rowohlt, 1995.
- **Flick, U.**: Qualitative Sozialforschung. Theorie, Methoden, Anwendung in Psychologie und Sozialwissenschaften, 2006.
- **Fontius, J.**: Megatrends und ihre Implikationen für die Logistik. Ableitung von Wirkungszusammenhängen. (Schriftenreihe Logistik der Technischen Universität Berlin, Bd. 25) 1. Berlin. Technische Uni Berlin, 2014.
- **Förster, T.**: Verfahren zur Bewertung von Humankapital und ihre Eignung für das Value Reporting. München. GRIN Verlag GmbH, 2007.
- **Frädrich, S. G.; Wuerz, T.**: Günter, der innere Schweinehund, wird Chef. Ein tierisches Führungsbuch. Offenbach. GABAL, 2009.
- **Franz, M.**: Brachflächenentwicklung und die institutionelle Dimension von Nachhaltigkeit. Das Beispiel Oberschlesien. (Schriften des Arbeitskreises Stadtzukünfte der Deutschen Gesellschaft für Geographie, Bd. 6) Berlin, Münster. LIT, 2008.
- **Fravel, D.; Lechitz, H.; Colby-Oizumi, H., et al.**: Tools, Dies, and Industrial Molds. Competititve Conditions in the United States and Selected Foreign Markets. (Investigation No. 332-435) Washington, DC, 2002.
- **Freyer, W.**: Tourismus-Marketing. Marktorientiertes Management im Mikro- und Makrobereich der Tourismuswirtschaft. (Lehr- und Handbücher zu Tourismus, Verkehr und Freizeit) 5. München u.a. Oldenbourg, 2007.
- **Frick, L.**: Erfolgreiche Geschäftsmodelle im Werkzeugbau. (Berichte aus der Produktionstechnik) Aachen. Shaker, 2005.
- **Fricker, I.**: Strategische Stringenz im Werkzeug- und Formenbau. Aachen, 2005.
- **Friedrichs, J.**: Methoden empirischer Sozialforschung. (WV-Studium, Bd. 28) 14. Opladen. Westdeutscher, 1990.

- **Frohne, H.; Ueckert, E.**: Grundlagen der elektrischen Meßtechnik. (Leitfaden der Elektrotechnik) Wiesbaden. Vieweg+Teubner Verlag, 1984.
- **Fuchs, H.**: Systemtheorie. In: Bleicher, K. (Hrsg.): Organisation als System. Wiesbaden. Gabler, 1972.
- **Funk, W.; Rossmanith, J.**: Internationale Rechnungslegung und Internationales Controlling. Herausforderungen - Handlungsfelder - Erfolgspotenziale. 2. Wiesbaden. Gabler Verlag / Springer Fachmedien Wiesbaden, Wiesbaden, 2011.
- **Gardini, M.; Dahlhoff, H.**: Management internationaler Dienstleistungen. Kontext - Konzepte - Erfahrungen. Wiesbaden. Gabler Verlag, 2004.
- **Garvin, D. A.**: What Does "Product Quality" Really Mean? Sloan Management Review 26 (1984), 25–43.
- **Gau, C.**: Geostatistik in der Baugrundmodellierung. Die Bedeutung des Anwenders im Modellierungsprozess. Wiesbaden. Vieweg+Teubner Verlag / Springer Fachmedien Wiesbaden, Wiesbaden, 2011.
- **Gaus, W.; Muche, R.**: Medizinische Statistik. Angewandte Biometrie für Ärzte und Gesundheitsberufe. Stuttgart. Schattauer, 2014.
- **Gawlak, M.**: Kreativitätstechniken im Innovationsprozess. Von den klassischen Kreativitätstechniken hin zu webbasierten kreativen Netzwerken. 1. Hamburg. Diplomica Verlag, 2014.
- **Gebeshuber, R.**: Der Formen- und Werkzeugbau im Wandel der Zeit. Saarbrücken. VDM, 2008.
- **Geiersbach, K.**: Der Beitrag der Internen Revision zur Corporate Governance: Eine ökonomische Analyse vor dem Hintergrund der Mindestanforderungen an das Risikomanagement bei Kreditinstituten (MaRisk) Wiesbaden. Gabler, 2011.
- **Geiger, W.**: Qualitätslehre. Einführung, Systematik, Terminologie ; mit Tabellen. (DGQ-Schrift, 11-20) 2. Braunschweig, Wiesbaden. Vieweg, 1994.
- **Geiger, W.**: Qualitätslehre. Einführung, Systematik, Terminologie : mit 16 Tabellen. 3. Braunschweig [u.a.]. Vieweg, 1998.
- **Geiger, W.; Kotte, W.**: Handbuch Qualität. 4. Wiesbaden. Vieweg, 2005.
- **Geiger, W.; Kotte, W.**: Handbuch Qualität. 5. Wiesbaden. Vieweg, 2008.
- **Geißdörfer, K.**: Total Cost of Ownership (TCO) und Life Cycle Costing (LCC) Einsatz und Modelle: Ein Vergleich zwischen Deutschland und USA. (Controlling und Management, Bd. 7) 1. Münster, Westf. LIT, 2009.
- **Gekle, M.**: Taschenlehrbuch Physiologie. 70 Tabellen. Stuttgart. Thieme, 2010.
- **Gesellschaft für Wirtschafts- und Sozialwissenschaften des Landbaus e.V.**: Wettbewerbsfähigkeit und Unternehmertum in der Land- und Ernährungswirtschaft. R. v. Alvensleben, U. Koester und C Langbehn. Münster-Hiltrup. Landwirtschaftsverlag, 2000.

- **Gessmann, R.**: Ein internetbasiertes Gebäudedatenrepositorium als lebenszyklusorientierte Integrationsplattform. Karlsruhe. Universitätsverlag, 2008.
- **Gessner, T.**: Berufsvorbereitende Massnahmen als Sozialisationsinstanz. Zur beruflichen Sozialisation benachteiligter Jugendlicher im Übergang in die Arbeitswelt. (Pädagogische Beiträge zur sozialen und kulturellen Entwicklung, Bd. 7) Münster. LIT, 2003.
- **Ghobadian, A.; Gallear, D.; Woo, H., et al.**: Total quality management. Impact, Introduction and Intergration Strategies. London. CIMA, 1998.
- **Giebel, M.**: Wertsteigerung durch Qualitätsmanagement. Entwicklung eines Modells zur Beschreibung der Wirkmechanismen und eines Vorgehenskonzepts zu dessen Einführung. (Kasseler Schriftenreihe Qualitätsmanagement, Bd. 1) Kassel. Kassel Univ. Press, 2011.
- **Gillmann, J.-P.**: Performance Measurement in Professional Service Firms. Gestaltungsmodell am Beispiel von Wirtschaftsprüfungs- und Beratungsunternehmen. Wiesbaden. Deutscher Universitätsverlag, 2002.
- **Giudice, F.; La Rosa, G.; Risitano, A.**: Product design for the environment. A life cycle approach. Boca Raton. CRC/Taylor & Francis, 2006.
- **Gladen, W.**: Kennzahlen- und Berichtssysteme. Grundlagen zum Performance measurement. (Lehrbuch) 2. Wiesbaden. Gabler, 2003.
- **Glaser, C.**: Leasing A - Z. Kennzahlen für die Steuerung von Leasing-Gesellschaften. (SpringerLink : Bücher) Wiesbaden. Gabler Verlag, 2012.
- **Gläser, J.; Laudel, G.**: Experteninterviews und qualitative Inhaltsanalyse als Instrumente rekonstruierender Untersuchungen. 1. Wiesbaden. VS, 2004.
- **Gläser, J.; Laudel, G.**: Experteninterviews und qualitative Inhaltsanalyse. Als Instrumente rekonstruierender Untersuchungen. (Lehrbuch) 3. Wiesbaden. VS, 2009.
- **Gläser, J.; Laudel, G.**: Experteninterviews und qualitative Inhaltsanalyse. Als Instrumente rekonstruierender Untersuchungen. (Lehrbuch) 4. Wiesbaden. VS Verlag für Sozialwiss, 2010.
- **Gleich, R.**: Balanced Scorecard. Best-Practice-Lösungen für die strategische Unternehmenssteuerung. (Haufe Fachpraxis) 1. München. Haufe-Lexware GmbH & Co. KG, 2012.
- **Gleich, R.; Sauter, R.**: Operational Excellence. Innovative Ansätze und Best Practices in der produzierenden Industrie. (Haufe Fachpraxis) München. Rudolf Haufe Verlag GmbH & Co. KG, 2008.
- **Göbl, M.**: Die Beurteilung von Dienstleistungen. Grundlage für ein erfolgreiches Marketing am Beispiel Freier Berufe. Wiesbaden. Deutscher Universitätsverlag, 2003.
- **Gondring, H.**: Handbuch Immobilienwirtschaft. 1. Wiesbaden. Gabler, 2001.
- **Goodman, N.**: Sprachen der Kunst. Entwurf einer Symboltheorie. 1. Frankfurt am Main. Suhrkamp, 1995.
- **Göpfert, I.**: Qualitätscontrolling, 2008.

- **Gorden, R. L.:** Interviewing. Strategy, techniques, and tactics. Homewood. Dorsey Press, 1975.
- **Gordon, N. J.; Fleisher, W. L.:** Effective interviewing and interrogation techniques. 3. Burlington, Mass. Academic Press, 2011.
- **Granig, P.:** Innovationsbewertung. Potentialprognose und -steuerung durch Ertrags- und Risikosimulation. (Gabler Edition Wissenschaft) 1. Wiesbaden. Deutscher Universitäts-Verlag, 2007.
- **Graz, D.; Kraimer, K.:** Qualitativ-empirische Sozialforschung: Konzepte, Methoden, Analysen., 1991.
- **Greiling, D.:** Performance measurement in Nonprofit-Organisationen. (Gabler Edition Wissenschaft. NPO-Management) Wiesbaden. Gabler, 2009.
- **Greiner, P.; Stark, K.; Mayer, P.:** Baubetriebslehre - Projektmanagement. Wie Bauprojekte erfolgreich gesteuert werden. (Studium) 3. Wiesbaden. Vieweg, 2005.
- **Greven, M. T.:** Demokratie - eine Kultur des Westens? 20. Wissenschaftlicher Kongreß der Deutschen Vereinigung für Politische Wissenschaft. Wiesbaden. VS Verlag für Sozialwissenschaften, 1998.
- **Grimmer, K.; Kuhlmann, S.; Meyer-Krahmer, F.:** Innovationspolitik in globalisierten Arenen. Neue Aufgaben für Forschung und Lehre: Forschungs-, Technologie- und Innovationspolitik im Wandel. Wiesbaden. VS Verlag für Sozialwissenschaften, 1999.
- **Grochla, E.:** Management-Informationssysteme. Eine Herausforderung an Forschung und Entwicklung. Wiesbaden. Gabler Verlag, 1971.
- **Gunkel, C.:** Sportliche Leistungsfähigkeit unter besonderen klimatischen Bedingungen. GRIN Verlag GmbH, 2010.
- **Gutenberg, E.:** Die Produktion. (Grundlagen der Betriebswirtschaftslehre, Bd. 1) 24, 1974.
- **Haasis, H.:** Mittelstand hat Zukunft. Praxishandbuch für eine erfolgreiche Unternehmenspolitik. Wiesbaden. Gabler, 2007.
- **Haasler, B.:** Hochtechnologie und Handarbeit. Eine Studie zur Facharbeit im Werkzeugbau der Automobilindustrie. Bremen, 2004.
- **Haass, M.:** Rundfunk in Schweden. Historie und Gegenwart ; Medienpolitik und Anbieterstruktur. (Medien & Politik, Bd. 19) Münster. LIT, 2002.
- **Häder, M.:** Empirische Sozialforschung. Eine Einführung. 1. Wiesbaden. VS, 2006.
- **Hahn, D.; Hungenberg, H.:** PuK. Wertorientierte Controllingkonzepte. Planung, Kontrolle, Planungs- und Kontrollsysteme, Planungs- und Kontrollrechnung. 6. Wiesbaden. Gabler, 2001.
- **Haimes, Y. Y.; Steuer, R. E.:** Research and practice in multiple criteria decision making. Proceedings of the XIVth International Conference on Multiple Criteria Decision Making (MCDM), Charlottesville, Virginia, USA, June 8-12, 1998. (Lecture notes in economics and mathematical systems, Bd. 487) Berlin, New York. Springer, 2000.

- **Hain, M.**: Die Performance von öffentlichen Unternehmen am Beispiel von Wohnungsunternehmen in Deutschland. (Gabler-Edition Wissenschaft : Schriften zum europäischen Management) 1. Wiesbaden. Gabler, 2008.
- **Haller, S.**: Dienstleistungsmanagement. Grundlagen -- Konzepte -- Instrumente. Wiesbaden. Gabler Verlag, 2001.
- **Hammer, R.**: Planung und Führung. (Oldenbourgs Lehr- und Handbücher der Wirtschafts- und Sozialwissenschaften) 8. München. Oldenbourg, R, 2009.
- **Hansen, W.**: Qualität und Qualitätssicherung. In: Kern, W.; Schröder, H.-H.; Weber, J. (Hrsgg.): Handwörterbuch der Produktionswirtschaft. (Enzyklopädie der Betriebswirtschaftslehre, Bd. 7) Stuttgart. Schäffer-Poeschel Verlag, 1996, 1711–1723.
- **Hansen, W.; Kamiske, G. F.; Jansen, H. H.**: Qualitätsmanagement im Unternehmen. Grundlagen, Methoden und Werkzeuge, Praxisbeispiele. Berlin, Heidelberg. Springer Berlin Heidelberg, 1995.
- **Hantsch, G.; Schneider, A.**: Strukturelle Situation im Werkzeugbau. Gifhorn. Heizmann, 1997.
- **Hartberger, H.**: Wissensbasierte Simulation komplexer Produktionssysteme. (IWB Forschungsberichte) Berlin, Heidelberg. Springer Berlin Heidelberg, 1991.
- **Hartel, D. H.**: Consulting und Projektmanagement in Industrieunternehmen. Praxisleitfaden mit Fallstudien. Berlin/Boston. De Gruyter, 2009.
- **Hartlieb, P.**: Neue Partner und neue Konkurrenten. Eine empirische Analyse der Entwicklung des deutschen Außenhandels nach dem Zusammenbruch des sozialistischen Systems. Hamburg. Diplomica-Verl, 2015.
- **Haun, M.**: Handbuch Robotik. Programmieren und Einsatz intelligenter Roboter. (VDI-Buch) 2. Berlin, Heidelberg. Imprint: Springer Vieweg, 2013.
- **Haunerdinger, M.; Probst, H.-J.**: BWL leicht gemacht. Die wichtigsten Instrumente und Methoden der Unternehmensführung. (Leicht gemacht) München. Redline Wirtschaft, 2008.
- **Hawlitzky, N.**: Integriertes Qualitätscontrolling von Unternehmensprozessen. Methodische Gestaltung eines Quality-Gate-Konzeptes zur Planung, Messung und Steuerung der Prozessqualität. (Wissenschaft und Praxis, Bd. 20) 1. München. TCW, Transfer-Centrum für Produktions-Logistik und Technologie-Management, 2002.
- **Hedderich, I.; Hecker, A.**: Belastung und Bewältigung in integrativen Schulen. Eine empirisch-qualitative Pilotstudie bei LehrerInnen für Förderpädagogik. (Klinkhardt Forschung) Bad Heilbrunn. Klinkhardt, 2009.
- **Heese, V.**: Aktienbewertung mit Kennzahlen. Kurschancen und -risiken fundiert beurteilen. 1. Wiesbaden. Gabler, 2011.
- **Heesen, B.**: Investitionsrechnung für Praktiker. Fallorientierte Darstellung der Verfahren und Berechnungen. (SpringerLink : Bücher) 2. Wiesbaden. Gabler Verlag, 2012.

- **Heidack, C.**: Betriebspsychologie/Betriebssoziologie. Anwendungsorientierte Grundlagen für Studium und Praxis. Wiesbaden. Gabler Verlag, 1983.
- **Heidemann, A.**: Integrale Planung der Gebäudetechnik. Erhalt der Trinkwassergüte - Vorbeugender Brandschutz - Energieeffizienz. (VDI-Buch) Berlin. Springer Vieweg, 2014.
- **Heise, D.**: Unternehmensmodellbasiertes IT-Kostenmanagement als Bestandteil eines integrativen IT-Controllings. Berlin. Logos-Verl., 2013.
- **Heise, W.**: Das kleine 1 x 1 der Zuverlässigkeit und LCC. Erlensee. Heise, 2009.
- **Heitmann, K.**: Sichere Prognosen für die Produktionsoptimierung mittels stochastischer Modelle. (Forschungsberichte / IWB, Bd. 133) München. Utz, 1999.
- **Henneke, D.**: Personalcontrolling und demografischer Wandel. Welche Instrumente und Strategien für Ihr Unternehmen nützlich sind. Hamburg. Igel Verl. RWS, 2014.
- **Herrmann, C.**: Ganzheitliches Life Cycle Management. Nachhaltigkeit und Lebenszyklusorientierung in Unternehmen. (VDI-Buch) Berlin, Heidelberg. Springer-Verlag Berlin Heidelberg, 2010.
- **Herrmann, J.; Fritz, H.**: Qualitätsmanagement. Lehrbuch für Studium und Praxis. München. Hanser, 2011.
- **Hicks, M. J.**: Problem solving in business and management. Hard, soft and creative approaches. 2. London. Thomson, 2004.
- **Hienzsch, M.; Heine, I.**: Projekte zu Mitarbeitermotivation und Ressourceneffizienz. QZ Qualität und Zuverlässigkeit 58 (2013), 9.
- **Hilgers, D.**: Performance-Management. Leistungserfassung und Leistungssteuerung in Unternehmen und öffentlichen Verwaltungen. (Gabler-Edition Wissenschaft) 1. Wiesbaden. Gabler, 2008.
- **Himpel, F.**: Spektrum des Produktions- und Innovationsmanagements. Komplexität und Dynamik im Kontext von Interdependenz und Kooperation ; Festgabe für Klaus Bellmann zum 65. Geburtstag. (Gabler-Edition Wissenschaft) 1. Wiesbaden. Gabler, 2008.
- **Himpel, F.; Winter, F.**: Arbeitsbuch zum Operations Management. (Gabler-Edition Wissenschaft) 2. Wiesbaden. Betriebswirtschaftlicher Verlag Dr. Th. Gabler / GWV Fachverlage GmbH, Wiesbaden, 2008.
- **Hitzler, R.**: Wissen und Wesen des Experten. Ein Annäherungsversuch - Zur Einleitung. In: Hitzler, Ronald; Honer, Anne; Maeder, Christoph (Hrsgg.): Expertenwissen. Die institutionalisierte Kompetenz zur Konstruktion von Wirklichkeit. Opladen. Westdeutscher Verlag, 1994, 13–30.
- **Hitzler, R.; Honer, A.; Maeder, C.**: Expertenwissen. Die institutionalisierte Kompetenz zur Konstruktion von Wirklichkeit. Opladen. Westdeutscher Verlag, 1994.
- **Hobuss, S.**: Die andere Hälfte der Globalisierung. Menschenrechte, Ökonomie und Medialität aus feministischer Sicht. Frankfurt/Main, New York. Campus, 2001.

- **Hochheimer, N.:** Das kleine QM-Lexikon: Begriffe des Qualitätsmanagements aus GLP, GCP, GMP und EN ISO 9000. Wiley-VCH-Verlag, 2011.
- **Hoerning, A.:** Hybrides Kapital im Jahresabschluss. Zugleich zum Begriff des Eigenkapitals in Insolvenzrecht, Bankaufsichtsrecht und Ratingmethodik. (Schriften zum europäischen und internationalen Privat-, Bank- und Wirtschaftsrecht, Bd. 41) Berlin, Boston. De Gruyter, 2011.
- **Hofbauer, E.:** Kapitalkosten bei der Unternehmensbewertung in den Emerging Markets Europas. (Gabler Research) Wiesbaden. Gabler Verlag / Springer Fachmedien Wiesbaden, Wiesbaden, 2011.
- **Hoffmann, K.-H.; Witterstein, G.:** Mathematische Modellierung. Grundprinzipien in Natur- und Ingenieurwissenschaften. (Mathematik Kompakt) Dordrecht. Springer, 2013.
- **Hofmann, E.; Nothardt, F.:** Logistics Due Diligence. Analyse, Bewertung, Anlässe, Checklisten. Berlin [u.a.]. Springer, 2009.
- **Holmes, J.; Rutherford, T.; Fitzgibbon, S.:** Innovation in the Automotive Tool, Die and Mould Industry. A Case Study of the Windsor-Essex Region. In: Wolfe, D.; Lucas, M. (Hrsgg.): Network Structure of an Industrial Cluster. Electronics in Toronto, 2005.
- **Holz, M.; Da-Cruz, P.:** Demografischer Wandel in Unternehmen. Herausforderung für die strategische Personalplanung. 1. Wiesbaden. Betriebswirtschaftlicher Verlag Dr. Th. Gabler, 2007.
- **Homburg, C.:** Quantitative Betriebswirtschaftslehre. Entscheidungsunterstützung durch Modelle ; mit Beispielen, Übungsaufgaben und Lösungen. (Gabler-Lehrbuch) 3. Wiesbaden. Gabler, 2000.
- **Hönninger, J. A.:** Wertorientierte Steuerung dezentraler Entscheidungsträger im Produktlebenszyklus. Integration von wertorientierter Unternehmenssteuerung und strategischem Kosten - und Erlösmanagement auf Produktebene. (Controlling & business accounting, Bd. 5) Frankfurt, M., Berlin, Bern, Bruxelles, New York, NY, Oxford, Wien. Lang, 2010.
- **Hornbostel, D.:** Methode zu Modellierung der Informationsverarbeitung in Industrieunternehmen. Paderborn, 1995.
- **Horst, Klaus W. ter:** Investition. ([W:]) 2. Stuttgart. Kohlhammer, 2009.
- **Horster, P.:** Systemsicherheit. Grundlagen, Konzepte, Realisierungen, Anwendungen. (DuD-Fachbeiträge) Wiesbaden. Vieweg+Teubner Verlag, 2000.
- **Horváth, P.:** Qualitätscontrolling, 1990.
- **Huber, J.:** Kostenführerschaft – Produktführerschaft – Kundenpartnerschaft. Paketdienstleister auf der Suche nach der optimalen Wettbewerbsstrategie und deren Umsetzung. Wien, 2000.
- **Hubig, L.:** Die Universität: Leistungsmessung und -bewertung in einer komplexen Organisation. (Controlling, Bd. 11) 1. Lohmar. Eul, 2009.

- **Hudson, M.; Smart, A.; Bourne, M.:** Theory and practice in SME performance measurment systems. International Journal of Operations & Production Management 21 (2001), 1096–1115.
- **Hug, T.:** Einführung in die Forschungsmethodik und Forschungspraxis. (Bd. 2) 1. Baltmannsweiler. Schneider, 2001.
- **Hurlebaus, T.:** Strategiekonforme Organisationsgestaltung von Krankenhäusern. Eine theoretische und empirische Analyse. Wiesbaden. Deutscher Universitätsverlag, 2004.
- **Hussmann, C.:** Mass Customization. Möglichkeiten und Grenzen kundenindividueller Massenproduktion im Rahmen von Internetgeschäftsmodellen. 1. s.l. Diplomica, 2010.
- **Hutzschenreuter, T.:** Allgemeine Betriebswirtschaftslehre. Grundlagen mit zahlreichen Praxisbeispielen ; [Bachelor geeignet!]. (Lehrbuch) 3. Wiesbaden. Gabler, 2009.
- **IHK Lüneburg-Wolfsburg:** Preisfrage. Unternehmensbewertung. Lüneburg, 2014.
- **Injac, N.:** Die Entwicklung des Qualitätsmanagements im 20./21. Jahrhunder. In: Pfeifer, Tilo; Schmitt, Robert (Hrsgg.): Masing Handbuch Qualitätsmanagement. München. Hanser, 2007, 15–33.
- **Innerhofer, E.:** Strategische Innovationen in der Hotellerie. Eine ressourcenorientierte Fallstudienanalyse touristischer Dienstleistungsunternehmen. (SpringerLink : Bücher) Wiesbaden. Gabler Verlag, 2012.
- **Ishikawa, K.:** Introduction to Quality Control. Dai-3-pan Hinshitsu Kanri Nyumon. 2. Tokyo. 3A Corp., 1991.
- **Ittner, T.:** Quantitative Bewertung von Kernkompetenzen in der Automobilzulieferindustrie am Beispiel des Presswerkzeugbaus. Darmstadt, 2004.
- **Ittner, T.; Wüllenweber, J.:** Tough times for toolmakers. The McKinsey Quarterly (2004), 14–16.
- **Jacobs, J.:** Produktlebenszyklusorientiertes Controlling am Beispiel des produktbezogenen Businessplans. Köln. Kölner Wissenschaftsverl., 2011.
- **Jäger, W.:** Mauerwerk-Kalender 2014. Bemessen, Bewehren, Bestigen. (Mauerwerk-Kalender (VCH) *) Hoboken. Wiley, 2014.
- **Janzik, L.:** Motivanalyse zu Anwenderinnovationen in Online-Communities. (SpringerLink : Bücher) Wiesbaden. Gabler Verlag / Springer Fachmedien Wiesbaden GmbH, Wiesbaden, 2012.
- **Johannaber, F.; Michaeli, W.:** Handbuch Spritzgießen. (Hanser eLibrary: Backlist 2014) 2. München. Hanser, 2004.
- **Jones, D.:** Decision-making for dummies. (For dummies), 2014.
- **Joos-Sachse, T.:** Controlling, Kostenrechnung und Kostenmanagement. Grundlagen - Instrumente - neue Ansätze. (Lehrbuch) 2. Wiesbaden. Gabler, 2002.
- **Jost, S.:** Moderationsmethode und implizites Wissen in einem Evaluationsworkshop der Helvetia Patria Schweiz. 1. s.l. Diplomica, 2003.

- **Jung, H.**: Allgemeine Betriebswirtschaftslehre. OLDENBOURG WISSENSCHAFTS-VERLAG, 2014.
- **Jung, H.**: Controlling. 4. München. OLDENBOURG WISSENSCHAFTSVERLAG, 2014.
- **Jungmittag, A.**: Internationale Innovationsdynamik, Spezialisierung und Wirtschaftswachstum in der EU. Mit 69 Tab. (Wirtschaftswissenschaftliche Beiträge, Bd. 194) Heidelberg. Physica-Verl, 2006.
- **Junker, T.**: Der Darwinismus-Streit in der deutschen Botanik. [S.l.]. Books on Demand, 2011.
- **Juran, J. M.**: Handbuch der Qualitätsplanung. 3. Landsberg/Lech. Verl. Moderne Industrie, 1991.
- **Juran, J. M.**: A History of Managing for Quality. The Evolution, Trends, and Future Directions of Managing for Quality. 1. Milwaukee. ASQC, 1995.
- **Juran, J. M.; Gryna, F. M.**: Juran's quality control handbook. 4. New York. McGraw-Hill, 1988.
- **Kaluza, B.**: Herausforderung Materialwirtschaft. Zur Bedeutung internationaler und nationaler Beschaffung. (Duisburger Betriebswirtschaftliche Schriften, Bd. 13) Hamburg. S + W, Steuer- und Wirtschaftsverl, 1997.
- **Kaluza, B.; Blecker, T.; Gemünden, H. G.**: Wertschöpfungsnetzwerke. Festschrift für Bernd Kaluza. Berlin. Erich Schmidt, 2006.
- **Kamiske, G. F.**: Handbuch QM-Methoden. München. Hanser, 2013.
- **Kamiske, G. F.; Brauer, J.-P.**: Qualitätsmanagement von A bis Z. 6. München. Hanser, 2008.
- **Kamps, T.**: Systematic chasing for economic success. An innovation management approach for German SME's in drive technology business. Hamburg. Anchor Academic Pub., 2013.
- **Kant, I.**: Kritik der reinen Vernunft. Stuttgart. Reclam, 1966.
- **Kaplan, M.**: Systemtheorie. Berlin. Colloquium, 1984.
- **Karmasin, F.; Karmasin, H.**: Einführung in Methoden und Probleme der Umfrageforschung. Wien. Böhlau, 1977.
- **Kaspar, C.; Hagenhoff, S.**: Differenzierungsstrategien für digitale Medienprodukte. Göttingen, 2003.
- **Kaspar, C. M.**: Individualisierung und mobile Dienste am Beispiel der Medienbranche ; Ansätze zum Schaffen von Kundenmehrwert. Universitätsverlag Göttingen, 2006.
- **Kassner, K.; Wassermann, P.**: Nicht überall, wo Methode draufsteht, ist auch Methode drin. Zur Problematik der Fundierung von ExpertInneninterviews. In: Bogner, Alexander; Littig, Beate; Menz, Wolfgang (Hrsgg.): Das Experteninterview. Theorie, Methode, Anwendung. Wiesbaden. VS, 2005, 95–112.

- **Kastens, U.; Kleine Büning, H.:** Modellierung. Grundlagen und formale Methoden. München [u.a.]. Hanser, 2005.
- **Kaufmann, L.:** China champions. Wie deutsche unternehmen den standort China für ihre globale strategie nutzen. 1. Wiesbaden. Gabler, 2005.
- **Kawlath, A.:** Theoretische Grundlagen der Qualitätspolitik. 1. Wiesbaden. Gabler, 1969.
- **Keitel, D.:** Die Kapitalwertmethode und die Grenzen ihrer Anwendung. Hamburg. Bachelor + Master Publ, 2014.
- **Kelman, H. C.:** Processes of opinion change. Public Opinion Quarterly 25 (1961), 57–78.
- **Kern, W.:** Handwörterbuch der Produktionswirtschaft. Stuttgart. Poeschel, 1979.
- **Kern**, W.; **Schröder**, H.-H.; **Weber**, J. (Hrsg.): Handwörterbuch der Produktionswirtschaft Stuttgart, 1996. **Kern**, W.; **Schröder**, H.-H.; **Weber**, J. (Hrsg.).
- **Kessler, J.; Steiner, C.:** Facetten der Globalisierung. Zwischen Ökonomie, Politik und Kultur. 1. Wiesbaden. VS Verlag für Sozialwissenschaften, 2009.
- **Kesting, S.; Biesecker, A.:** Mikroökonomik. Eine Einführung aus sozial-ökologischer Perspektive. München. De Gruyter, 2003.
- **Kiel, E.:** Antriebslösungen. Mechatronik für Produktion und Logistik. (VDI-Buch) Dordrecht. Springer, 2007.
- **Kimmeskamp, V.:** Konfigurationen von Messelogistikdienstleistern. Eine empirische Untersuchung des weltweiten Marktes. (Logistik und Unternehmensführung) Köln. Kölner Wiss.-Verl, 2011.
- **Kirchgeorg, M.:** Wettbewerbsstrategie. 11. Gabler Wirtschaftslexikon. Springer Gabler Verlag, 2014.
- **Klamar, N.; Sommer, U.; Weber, I.:** Der effiziente MetA Prozess. Die Acquisition Value Chain. 1. München. Haufe Verlag, 2013.
- **Klatte, B.:** Wissensmanagement und Kommunikation in Gruppen. Bestimmungsmerkmale, Ansprüche und… [S.l.]. Grin Verlag, 2013.
- **Kleemann, F.; Krähnke, U.; Matuschek, I.:** Interpretative Sozialforschung. Eine Einführung in die Praxis des Interpretierens. (SpringerLink : Bücher) 2. Wiesbaden. Springer VS, 2013.
- **Klocke, F.:** Werkzeugbau in China - Chance oder Bedrohung? Aachen. WZL Aachen, 2006.
- **Klocke, F.; Arntz, K.:** Technologien für den Werkzeug- und Formenbau von morgen. In: Tagungsband 4. Internationales Kolloquium "Werkzeugbau mit Zukunft". Aachen, 2004.
- **Klotzbach, C.:** Gestaltungsmodell für den industriellen Werkzeugbau. Aachen, 2006.

- **Knechtle, B.**: Aktuelle Sportphysiologie. Leistung und Ernährung im Sport. Basel. Karger, 2002.
- **Knispel, K.**: Qualitätsmanagement im Bildungswesen. Waxmann Verlag, 2008.
- **Knörzer, M.**: Schulentwicklung in Salem. Evaluation eines nachhaltigen Bildungsprozesses an der Schule Schloss Salem. (Forschung) Bad Heilbrunn/Obb. Klinkhardt, 2004.
- **Koch, E.**: Globalisierung: Wirtschaft und Politik. Chancen - Risiken - Antworten. (SpringerLink : Bücher) Wiesbaden. Imprint: Springer Gabler, 2014.
- **Kohl, D.**: Six Sigma leicht gemacht. Ein Lehrbuch mit Musterprojekt für den Praxiserfolg ; [mit 19 Methoden-Templates zum Download]. 1. Düsseldorf. Symposion, 2011.
- **Köhler, R.**: Empirische und handlungstheoretische Forschungskonzeptionen in der Betriebswirtschaftslehre. Bericht über d. Tagung in Aachen März 1976. Stuttgart. Poeschel, 1977.
- **Komorek, C.**: Integrierte Produktentwicklung. Der Entwicklungsprozess in mittelständischen Unternehmen der metallverarbeitenden Serienfertigung. (Duisburger Betriebswirtschaftliche Schriften, Bd. 18) Berlin. S + W Steuer- und Wirtschaftsverlag, 1998.
- **Kopfsguter, M.**: Produktlebenszyklus - Theorie und praktische Anwendung. München. GRIN Verlag GmbH, 2012.
- **Kornmeier, M.**: Wissenschaftstheorie und wissenschaftliches Arbeiten. Eine Einführung für Wirtschaftswissenschaftler : mit 3 Tabellen. (BA Kompakt) Heidelberg. Physica-Verl., 2007.
- **Kornmeier, M.; Schneider, W.**: Wissenschaftstheorie und wissenschaftliches Arbeiten, 2006.
- **Kötzle, A.; Göbel, E.; Bea, F. X.**: Strategisches Management. Theoretische Ansätze, Instrumente und Anwendungskonzepte für Dienstleistungsunternehmen ; [Franz Xaver Bea zum 60. Geburtstag]. Stuttgart. Lucius und Lucius, 1997.
- **Kozielski, S.**: Integratives Kennzahlensystem für den Werkzeugbau. Ergebnisse aus der Produktionstechnik. Aachen, 2010.
- **Krallmann, H.**: Systemanalyse im Unternehmen. München. Oldenbourg, 1996.
- **Krallmann, H.**: Systemanalyse im Unternehmen: Prozessorientierte Methoden der Wirtschaftsinformatik. München, Wien. Oldenbourg, 2007.
- **Krallmann, H.; Bobrik, A.; Levina, O.**: Systemanalyse im Unternehmen. Prozessorientierte Methoden der Wirtschaftsinformatik. 6. München. Oldenbourg-Verl., 2013.
- **Krallmann, H.; Frank, H.; Gronau, N.**: Systemanalyse im Unternehmen. Vorgehensmodelle, Modellierungsverfahren und Gestaltungsoptionen. 4. München, Wien. Oldenbourg, 2002.
- **Kramski, A.**: Herausforderung Asien. Ist der Werkzeugbau in Deutschland überlebensfähig? In: Tagungsband 4. Internationales Kolloquium "Werkzeugbau mit Zukunft". Aachen, 2004.

- **Kräuter, M.; Oberlander, W.; Wießner, F.**: Arbeitsmarktchancen für Geisteswissenschaftler. Analysen, Perspektiven, Existenzgründung. (IAB-Bibliothek, Bd. 320) Bielefeld. Bertelsmann, 2009.
- **Krcmar, H.; Schwarzer, B.**: Prozeßorientierte Unternehmensmodellierung. Gründe, Anforerungen an Werkzeuge und Folgen für die Organisation. In: Scheer, A.-W. (Hrsg.): Prozeßorientierte Unternehmensmodellierung. Wiesbaden. Gabler, 1994, 13–33.
- **Kreutzer, R.**: Praxisorientiertes Marketing. Grundlagen - Instrumente - Fallbeispiele. (Lehrbuch) 3. Wiesbaden. Gabler, 2010.
- **Krieger, D. J.**: Einführung in die allgemeine Systemtheorie. München. Fink, 1996.
- **Kristes, D.**: Produktbezogenes Beschwerdemanagement. 1. Aachen. Apprimus, 2012.
- **Kromrey, H.**: Gruppendiskussionen: Erfahrungen im Umgang mit einer weniger häufigen Methode empirischer Sozialwissenschaft. In: Bogner, Alexander; Littig, Beate; Menz, Wolfgang (Hrsgg.): Das Experteninterview. Theorie, Methode, Anwendung. Wiesbaden. VS, 2005, 109–132.
- **Krupp, T.**: Benchmarking als Controlling-Instrument für die Kontraktlogistik. Prozessbenchmarking für Logistikdienstleister am Beispiel von Lagerdienstleistungen. 1. Lohmar [u.a.]. Eul, 2006.
- **Kruppke, H.; Otto, M.; Gontard, M.**: Human Capital Management. Personalprozesse erfolgreich managen. Berlin, Heidelberg. Springer-Verlag Berlin Heidelberg, 2006.
- **Kruse, J.**: Einführung in die qualitative Interviewforschung, 2009.
- **Kubiak, T.; Benbow, D. W.**: The certified six sigma black belt handbook. 2. Milwaukee, Wis. ASQ Quality Press, 2009.
- **Kubicek, H.**: Heuristische Bezugsrahmen und heuristisch angelegte Forschungsdesigns als Elemente einer Konstruktionsstrategie empirischer Forschung. In: Köhler, R. (Hrsg.): Empirische und handlungstheoretische Forschungskonzeptionen in der Betriebswirtschaftslehre. Bericht über d. Tagung in Aachen März 1976. Stuttgart. Poeschel, 1977, 3–36.
- **Kuder, M.**: Kundengruppen und Produktlebenszyklus. Dynamische Zielgruppenbildung am Beispiel der Automobilindustrie. (Gabler Edition Wissenschaft) 1. Wiesbaden. Dt. Univ.-Verl., 2005.
- **Kühl, S.; Strodtholz, P.; Taffertshofer, A.**: Handbuch Methoden der Organisationsforschung. Quantitative und Qualitative Methoden. 1. Wiesbaden. VS Verlag für Sozialwissenschaften, 2008.
- **Kuhlmann, A. S.**: Konstruktion und Implementierung eines Optimierungsmodells für den Kombinierten Güterverkehr. Mit der Fokussierung auf ein Umschlagterminal. (SpringerLink : Bücher) Wiesbaden. Springer Gabler, 2013.

- **Kuhlmann, K. K.**: Methodik zur Gestaltung von Geschäftsprozessen im industriellen Werkzeugbau. (Edition Wissenschaft Apprimus, Bd. 2011,16) 1. Aachen. Apprimus, 2011.
- **Kühn, T.; Koschel, K.-V.**: Gruppendiskussionen. Ein Praxis-Handbuch. (SpringerLink : Bücher) Wiesbaden. VS Verlag für Sozialwissenschaften / Springer Fachmedien Wiesbaden GmbH, Wiesbaden, 2011.
- **Kutschker, M.; Schmid, S.**: Internationales Management. Mit 100 Textboxen. 6. München. Oldenbourg, 2008.
- **Lachnit, L.**: Bilanzanalyse. Grundlagen - Einzel- und Konzernabschlüsse - internationale Abschlüsse - Unternehmensbeispiele. (Lehrbuch) 1. Wiesbaden. Gabler, 2004.
- **Lamnek, S.**: Gruppendiskussion. Theorie und Praxis. (UTB, Bd. 8303) 2. Weinheim, Basel. Beltz, 2005.
- **Lamnek, S.**: Qualitative Sozialforschung. Lehrbuch. 4. Weinheim, Basel. Beltz, 2005.
- **Lamnek, S.**: Qualitative Sozialforschung. Lehrbuch. 5. Weinheim. Beltz, 2010.
- **Land, S. K.; Smith, D. B.; Walz, J. W.**: Practical support for lean six sigma software process definition. Using IEEE software engineering standards. New York, Chichester. Wiley-IEEE; John Wiley [distributor], 2008.
- **Lattwein, J.**: Wertorientierte strategische Steuerung. Ganzheitlich-integrativer Ansatz zur Implementierung. (Wirtschaftswissenschaft) Wiesbaden. Deutscher Universitätsverlag, 2002.
- **Lauth, H.-J.; Pickel, G.; Pickel, S.**: Methoden der vergleichenden Politikwissenschaft. Eine Einführung. (Lehrbuch) 1. Wiesbaden. VS, Verl. für Sozialwiss, 2009.
- **Lehmann, H.**: Lohnstückkosten und Wettbewerbsfähigkeit. Eine mikroökonomische Untersuchung für Ostdeutschaldn. Halle, 2003.
- **Lenz, A.**: Möglichkeiten zur Förderung der körperlichen Leistungsfähigkeit in der Schule, dargestellt am Beispiel der aeroben Ausdauer 6-8-jähriger Schüler. 1. s.l. Grin Verlag, 2005.
- **Leont'ev, A. N.**: Tätigkeit, Bewußtsein, Persönlichkeit. Stuttgart. Klett, 1977.
- **Levasier, M.**: Globaler Standortwettbewerb und räumliche Fragmentierungsprozesse bei Büroimmobilien-Investitionen am Beispiel São Paulo. (Wirtschaft & Raum, Bd. 21) München. Utz, 2010.
- **Lifka, S.**: Entscheidungsanalysen in der Immobilienwirtschaft. (Wirtschaft & Raum, Bd. 18) München. Utz, VVF, 2009.
- **Linde, R.**: Untersuchungen zur ökonomischen Theorie der Produktqualität. 1. Tübingen. Mohr, 1977.
- **Linß, G.**: Qualitätsmanagement für Ingenieure. München. Hanser, 2002.
- **Lisowsky, A.**: Qualität und Betrieb. Ein Beitrag zum Problem des wirtschaftlichen Wertens. 1. Stuttgart. Poeschel, 1928.

- **Löffler, C.**: Steuerrechtliche Wertfindung aus Sicht der betriebswirtschaftlichen Steuerlehre. Analyse des Besteuerungsproblems fehlender Geldtransaktionen und Entwicklung von Lösungsansätzen. (Neue betriebswirtschaftliche Forschung, Bd. 362) 1. Wiesbaden. Gabler, 2008.
- **London Metal Exchange:** LME Steel Billet. http://www.lme.com/~/media/Files/Brochures/Steel/LME%20Steel%20Billet%20brochure_V7-0313.pdf, 28.06.2013.
- **Lorentz, S.**: Qualität und Kostengestaltung. Zeitschrift für Betriebswirtschaft 8 (1931), 683–686.
- **Luhmann, N.**: Einführung in die Systemtheorie. 5. Heidelberg. Auer, 2009.
- **Lühn, A.**: Quantitative internationale Konzernsteuerplanung. Gestaltungsinstrumente, steuerrechtliche Grundlagen und Entwicklung eines Simulationsmodells. (Neue betriebswirtschaftliche Forschung, nbf, Bd. 367) Wiesbaden. Gabler, 2009.
- **Lukas, A.**: Unternehmensbewertung und intellektuelles Kapital. Preisfindung im Mergers & Acquisitions-Prozess. (Personal, Organisation, Management, Bd. 11) Berlin. Schmidt, 2004.
- **Macharzina, K.; Wolf, J.**: Unternehmensführung. Das internationale Managementwissen ; Konzepte - Methoden - Praxis. (Lehrbuch) 6. Wiesbaden. Gabler, 2008.
- **Malik, F.**: Unternehmenspolitik und corporate governance. Frankfurt. Campus-Verl, 2008.
- **Mankiw, N. G.**: Macroeconomics. 7. New York, NY. Worth Publishers, 2010.
- **Mankiw, N. G.**: Principles of economics. 6. Mason, OH. South-Western Cengage Learning, 2012.
- **Martin, J. W.**: Operational excellence. Using lean six sigma to translate customer value through global supply chains. (Series on resource management) Boca Raton. Auerbach Publications, 2008.
- **Matevska, J.**: Rekonfiguration komponentenbasierter Softwaresysteme zur Laufzeit. (Wissenschaft) 1. Wiesbaden. Vieweg+Teubner Verlag / Springer Fachmedien Wiesbaden GmbH, Wiesbaden, 2010.
- **Matthias Gronholz:** Kulturelle globalisierung und internationale kooperation. Heidelberg. Springer.
- **Matthies, K.**: Anstieg der Rohstoffpreise setzt sich fort. Wirtschaftsdienst 90 (2010), 347–348.
- **Mattmüller, R.**: Integrativ-Prozessuales Marketing. Eine Einführung Mit durchgehender Schwarzkopf&Henkel-Fallstudie. (SpringerLink : Bücher) 4. Wiesbaden. Springer Fachmedien Wiesbaden; Imprint: Springer Gabler, 2012.
- **Matys, E.**: Praxishandbuch Produktmanagement. Grundlagen und Instrumente ; [Produktentwicklung, Markteinführung, Produkt-Lebenszyklus, Markt-Positionierung, Siche-

rung von Marktanteilen]. (Management) 3. Frankfurt/Main, New York. Campus-Verl., 2005.

- **Mayer, H.**: Pflegeforschung anwenden. Elemente und Basiswissen für Studium und Weiterbildung. 2. Wien. Facultas-WUV, 2007.
- **Mayer, H. O.**: Interview und schriftliche Befragung. Entwicklung, Durchführung und Auswertung. (150 Jahre Wissen für die Zukunft) 4. München, Wien. Oldenbourg, 2008.
- **Mayer, H. O.**: Interview und schriftliche Befragung. Grundlagen und Methoden empirischer Sozialforschung. 6. München. Oldenbourg, 2012.
- **Mayntz, R.**: Formalisierte Modelle in der Soziologie. (Soziologische Texte, Bd. 39) Neuwied am Rhein [u.a.]. Luchterhand, 1967.
- **Mayring, P.**: Einführung in die qualitative Inhaltsanalyse. Weinheim. Beltz, 2002.
- **Mayring, P.**: Einführung in die qualitative Sozialforschung. Eine Anleitung zu qualitativem Denken. (Beltz Studium) 5. Weinheim. Beltz, 2002.
- **McEachern, W. A.**: Macroeconomics. A contemporary introduction. 10.
- **Menezes, J.**: European Mould Making. Towards a New Competitive Positioning. In: Tagungsband 4. Internationales Kolloquium "Werkzeugbau mit Zukunft". Aachen, 2004.
- **Menges, G.; Michaeli, W.; Mohren, P., et al.**: Spritzgießwerkzeuge. 6. München. Hanser, 2007.
- **Meran, R.; John, A.; Staudter, C., et al.**: Six Sigma+Lean Toolset. Mindset zur erfolgreichen Umsetzung von Verbesserungsprojekten. (SpringerLink : Bücher) 5. Berlin. Gabler, 2014.
- **Mertins, K.; Siebert, G.**: Prozeßorientiertes Benchmarking. Vorgehensweise für die Durchführung effektiver Benchmarking-Projekte. In: Töpfer, A.; Adams, R. (Hrsgg.): Benchmarking - der Weg zu Best Practice. Berlin. Springer, 1997.
- **Mertins, K.; Süssenguth, W.; Jochem, R.**: Modellierungsmethoden für rechnerintegrierte Produktionsprozesse. München. Hanser, 1994.
- **Mescheder, B.; Sallach, C.**: Wettbewerbsvorteile durch Wissen. Knowledge Management, CRM und Change Management verbinden. Berlin, Heidelberg. Springer Berlin Heidelberg, 2012.
- **Metten, M.**: Corporate Governance. Eine Aktienrechtliche Und Institutionenkonomische Analyse Der Leitungsmaxime Von Aktiengesellschaften. Gabler, 2010.
- **Meuser, M.; Nagel, U.**: Expertenwissen und Experteninterview. In: Hitzler, Ronald; Honer, Anne; Maeder, Christoph (Hrsgg.): Expertenwissen. Die institutionalisierte Kompetenz zur Konstruktion von Wirklichkeit. Opladen. Westdeutscher Verlag, 1994, 180–192.
- **Meuser, M.; Nagel, U.**: ExpertInneninterviews - vielfach erprobt, wenig bedacht. Ein Beitrag zur qualitativen Methodendiskussion. In: Bogner, Alexander; Littig, Beate;

Menz, Wolfgang (Hrsgg.): Das Experteninterview. Theorie, Methode, Anwendung. Wiesbaden. VS, 2005, 71–94.

- **Meuser, M.; Nagel, U.**: Vom Nutzen der Expertise. ExpertInneninterviews in der Sozialberichterstattung. In: Bogner, Alexander; Littig, Beate; Menz, Wolfgang (Hrsgg.): Das Experteninterview. Theorie, Methode, Anwendung. Wiesbaden. VS, 2005, 257–272.
- **Mey, G.; Mruck, K.**: Handbuch Qualitative Forschung in der Psychologie. Wiesbaden. VS Verlag für Sozialwissenschaften / Springer Fachmedien Wiesbaden, Wiesbaden, 2010.
- **Michel, N.**: Finanzierung von KMU unter steuerlichen Aspekten. 1. s.l. Diplomica, 2010.
- **Milberg, J.; Schuh, G.**: Erfolg in Netzwerken. Berlin. Springer, 2002.
- **Möhrle, M. G.; Isenmann, R.**: Technologie-Roadmapping. Zukunftsstrategien für Technologieunternehmen. (VDI-Buch) 3. Berlin, Heidelberg. Springer-Verlag Berlin Heidelberg, 2008.
- **Moll, A.; Kohler, G.**: Excellence-Handbuch. Grundlagen und Anwendung des EFQM Excellence Modells. Düsseldorf. Symposion Publishing GmbH, 2013.
- **Mollenhauer, J.-P.; Lunau, S.**: Design for Six Sigma+Lean Toolset. Innovationen erfolgreich realisieren. (VDI-Buch) Berlin, Heidelberg. Springer-Verlag Berlin Heidelberg, 2007.
- **Moser, H.**: Instrumentenkoffer für die Praxisforschung. 3. Zürich. Lambertus, 2003.
- **Moser, R.**: Ausländische Direktinvestitionen. Neuere Entwicklungen, Entscheidungsinstrumente und führungsrelevante Folgen. (Gabler Edition Wissenschaft mir-Edition) 1. Wiesbaden. Gabler, 2008.
- **Müller, B.**: Porters Konzept generischer Wettbewerbsstrategien. Präzisierung und empirische Überprüfung. (Gabler Edition Wissenschaft) 1. Wiesbaden. Dt. Univ.-Verl., 2007.
- **Müller, H.; Esser, F.**: Wissenskulturen. Bedingungen wissenschaftlicher Innovation. (Studien des Aachener Kompetenzzentrums für Wissenschaftsgeschichte, Bd. 12) Kassel. Kassel University Press, 2012.
- **Müller, J. A.**: Dynamische Modellbildung in der Ökonomie. Systemanalyse. Berlin. Hochsch. für Ökonomie, Bibliothek, Abt. Lehr- und Informationsmaterial, 1990.
- **Müller, N.-D.**: Modell für die Beherrschung und Reduktion von Nachfrageschwankungen. (Forschungsberichte IWB, Bd. 236) München. Utz, 2013.
- **Müller, P.**: Wettbewerbsvorteile für Finanzdienstleister durch die Nutzung des Internet. 1. s.l. Diplomica, 2006.
- **Müller, Joachim F. W**: Organisationsentwicklung und Personalentwicklung im Qualitätsmanagement der Einrichtungen des Sozial- und Gesundheitswesens am Beispiel Altenhilfe. Mering. Rainer Hampp Verlag, 2004.

- **Murray, A.:** A Contingency View of Porter's "Generic Strategies". Academy of Management Review 13 (1988), 390–400.
- **Mütze, M.; Senff, T.:** Immobilieninvestitionen. Die Rückkehr der Vernunft. 1. München. Rudolf Haufe Verlag GmbH & Co. KG, 2009.
- **Nagl, A.:** Der Businessplan. Geschäftspläne professionell erstellen Mit Checklisten und Fallbeispielen. (SpringerLink : Bücher) Wiesbaden. Gabler Verlag / Springer Fachmedien Wiesbaden GmbH, Wiesbaden, 2011.
- **Natrop, J.:** Grundzüge der Angewandten Mikroökonomie. 2. München. Oldenbourg, R, 2012.
- **Nebl, T.:** Produktionswirtschaft. München. Oldenbourg, 2004.
- **Neely, A. D.:** Business performance measurement. Theory and practice. Cambridge. Cambridge University Press, 2002.
- **Neumann, T.:** Strategische Informationsplanung. Wettbewerbsvorteile für Versicherungsunternehmen. Wiesbaden. Gabler Verlag, 1992.
- **Ney, M.:** Wirtschaftlichkeit von Interaktionsplattformen. Effizienz und Effektivität an der Schnittstelle zum Kunden. (SpringerLink : Bücher) Wiesbaden. Deutscher Universitäts-Verlag / GWV Fachverlage GmbH, 2006.
- **Niederauer, C.:** Aktuelle Relevanz der generischen Wettbewerbsstrategien nach Porter. München. GRIN Verlag GmbH, 2007.
- **Niedersächsisches Landesamt für Ökologie, Niedersächsisches Landesamt für Bodenforschung:** Altlastenhandbuch des Landes Niedersachsen. Wissenschaftlich-technische Grundlagen der Erkundung. Berlin, Heidelberg. Springer Berlin Heidelberg, 1997.
- **Niessen, M.:** Gruppendiskussion. Interpretative Methodologie, Methodenbegründung, Anwendung. München. W. Fink, 1977.
- **Nitzsche, F.:** Modell eines lebenszyklusorientierten PPP-Angebotsprozesses. (Europäische Hochschulschriften / 5, Bd. 3337) Frankfurt, M., Berlin, Bern, Bruxelles, New York, NY, Oxford, Wien. Lang, 2009.
- **Nusser, M.; Wydra, S.; Hartig, J., et al.:** Forschungs- und wissensintensive Branchen. Optionen zur Stärkung ihrer internationalen Wettbewerbsfähigkeit. Berlin, 2007.
- **o.V.:** Duden - Die deutsche Rechtschreibung. Das umfassende Standardwerk auf der Grundlage der aktuellen amtlichen Regeln. (Der Duden in zwölf Bänden, Bd. 1) 26. [s.l.]. Bibliographisches Institut, 2013.
- **Obermeier, T.; Gasper, R.:** Investitionsrechnung und Unternehmensbewertung. München. Oldenbourg, 2008.
- **Offenburger, O.:** Patent und Patentrecherche. Praxisbuch für KMU, Start-ups und Erfinder. Wiesbaden. Springer Gabler, 2015.
- **Olbrich, R.:** Marketing. Eine Einführung in die marktorientierte Unternehmensführung. 2. Berlin. Springer, 2006.

- **Orlowski, D.**: Die internationale Wettbewerbsfähigkeit einer Volkswirtschaft. Konzeptionelle Grundlagen und empirische Messung einer wirtschaftspolitischen Zielgrösse. (Weltwirtschaftliche Studien (Hamburg), Heft 19) Göttingen. Vandenhoeck & Ruprecht, 1982.
- **Orth, U.**: Wettbewerbsfähigkeit durch Kundenorientierung. In: Gesellschaft für Wirtschafts- und Sozialwissenschaften des Landbaus e.V. (Hrsg.): Wettbewerbsfähigkeit und Unternehmertum in der Land- und Ernährungswirtschaft. R. v. Alvensleben, U. Koester und C Langbehn. Münster-Hiltrup. Landwirtschaftsverlag, 2000, 257–264.
- **Ossadnik, W.**: Controlling. Aufgaben und Lösungshinweise. (Lehr- und Handbücher der Betriebswirtschaftslehre) 1. München. Oldenbourg, 2006.
- **Oster, M.; Ernst, W.; Gerards, M.**: Performativität und Performance. Geschlecht in Musik, Theater und MedienKunst. (Focus Gender, Bd. 8) Münster. LIT, 2008.
- **Papenhoff, M.; Schmitz, F.**: BWL für Mediziner im Krankenhaus. Zusammenhänge verstehen, erfolgreich argumentieren. (Erfolgskonzepte Praxis- & Krankenhaus-Management) Heidelberg. Springer Medizin Verlag, 2009.
- **Parashkevov, B.**: Wörter und Namen gleicher Herkunft und Struktur. Lexikon etymologischer Dubletten im Deutschen. Berlin, New York. W. de Gruyter, 2004.
- **Paul S. Royer, PMP:** Project Health Assessment. Taylor & Francis, 2014.
- **Pauly-Grundmann, D.**: Markenbewertung. Der objektivierte Markenwert unter besonderer Berücksichtigung des Income Approach. (Gabler research : Rechnungswesen und Unternehmensüberwachung) 1. Wiesbaden. Gabler, 2010.
- **Peiffer, A.**: Discounted Cash Flow-Verfahren versus Multiplikator-Verfahren. Definitionen und Praxisbeispiele. Hamburg. Igel Verl. RWS, 2014.
- **Peitsch, A. L.**: Strategisches Management in Regionen. Eine Analyse anhand des Stakeholder-Ansatzes. (Schriften des Center for Controlling & Management, Bd. 19) 1. Wiesbaden. Deutscher Universitäts-Verlag, 2005.
- **Pekrul, S.**: Strategien und Maßnahmen zur Steigerung der Wettbewerbsfähigkeit deutscher Bauunternehmen. Ein Branchenvergleich mit dem Anlagenbau. (Bauwirtschaft und Baubetrieb, Bd. 32) Berlin. Univ.-Verl. der TU, Univ.-Bibliothek, 2006.
- **Pepels, W.**: Marketing. Lehr- und Handbuch. 4. München. Oldenbourg, 2004.
- **Pepels, W.**: Produkt- und Preismanagement im Firmenkundengeschäft. München [u.a.]. Oldenbourg, 2006.
- **Pepels, W.**: Produktmanagement. Produktinnovation - Markenpolitik - Programmplanung - Prozessorganisation. 6. München. Oldenbourg, 2013.
- **Pergler, R.**: Generation Werkzeugbau 2.0. werkzeug und formenbau (2010), 6–10.
- **Peters, M.; Zelewski, S.**: Wettbewerbsstrategische Konsequenzen von Maßnahmen nachhaltigen Wirtschaftens in der Sachgüterproduktion. Wirtschaftswissenschaftliches Studium 38 (2009), 289–293.

- **Peters, P.**: Entwicklung und empirische Bestätigung eines Selbstbewertungsmodells für das Quality Gates Management. Hamburg. disserta Verlag, 2010.
- **Pfaff, D.**: Competitive intelligence in der Praxis. Mit Informationen über Ihre Wettbewerber auf der Überholspur. Frankfurt/Main, New York. Campus-Verl., 2005.
- **Pfeifer, T.**: Qualitätsmanagement. 3. München. Hanser, 2001.
- **Pfeifer, T.; Schmitt, R.**: Masing Handbuch Qualitätsmanagement. München. Hanser, 2007.
- **Pfnür, A.; Schetter, C.; Schöbener, H.**: Risikomanagement bei Public Private Partnerships. Berlin, Heidelberg. Springer-Verlag Berlin Heidelberg, 2010.
- **Piller, F. T.**: Mass Customization. Ein wettbewerbsstrategisches Konzept im Informationszeitalter. (Gabler-Edition Wissenschaft : Markt- und Unternehmensentwicklung) 4. Wiesbaden. Dt. Univ.-Verl., 2006.
- **Pirscher, F.; Mothes, V.**: Wettbewerbsfähigkeit landwirtschaftlicher Unternehmen in Transformationsländern, dargestellt an Beispielen aus Lettland, Litauen und Polen. In: Gesellschaft für Wirtschafts- und Sozialwissenschaften des Landbaus e.V. (Hrsg.): Wettbewerbsfähigkeit und Unternehmertum in der Land- und Ernährungswirtschaft. R. v. Alvensleben, U. Koester und C Langbehn. Münster-Hiltrup. Landwirtschaftsverlag, 2000.
- **Piser, M.**: Strategisches Performance Management. Performance Measurement als Instrument der strategischen Kontrolle. Wiesbaden. Deutscher Universitätsverlag, 2004.
- **Pohl, J.**: Adaption von Produktionsstrukturen unter Berücksichtigung von Lebenszyklen. (Forschungsberichte IWB, Bd. 284) München. Utz, 2014.
- **Pölert, A.**: Aktionärsorientierte Unternehmensführung. Optionen zur strategischen Positionierung börsennotierter Konzerne im Wettbewerb um Eigenkapital. (Gabler Edition Wissenschaft) Wiesbaden. Deutscher Universitäts-Verlag / GWV Fachverlage GmbH, Wiesbaden, 2007.
- **Pollack, A.**: Entwicklung eines Informationssystems zur strategischen Planung des Werkzeugbaus. (Berichte aus der Produktionstechnik) Aachen. Shaker, 1995.
- **Pollock, F.**: Gruppenexperiment. Ein Studienbericht. Frankfurt. Europäische Verlagsanstalt, 1955.
- **Pomberger, G.; Dobler, H.**: Algorithmen und Datenstrukturen: eine systematische Einführung in die Programmierung. Pearson Studium, 2008.
- **Ponn, J.; Lindemann, U.**: Konzeptentwicklung und Gestaltung technischer Produkte. Systematisch von Anforderungen zu Konzepten und Gestaltlösungen. (VDI-Buch) Berlin, Heidelberg. Springer-Verlag Berlin Heidelberg, 2011.
- **Popper, K. R.**: Logik der Forschung. (Bd. 3) 10. Tübingen. Mohr Siebeck, 2002.
- **Porter, M. E.**: Wettbewerbsstrategie. Methoden zur Analyse von Branchen und Konkurrenten. 10. Frankfurt/Main [u.a.]. Campus-Verlag, 1999.

- **Porter, M. E.:** Wettbewerbsvorteile. 5. Frankfurt am Main. Campus, 1999.
- **Pöschl, H.:** Strategische Unternehmensführung zwischen Shareholder-Value und Stakeholder-Value. (SpringerLink : Bücher) Wiesbaden. Springer Gabler, 2013.
- **Posluschny, P.:** Die wichtigsten Kennzahlen. (New Business Line) 1. München. Redline Wirtschaft, 2007.
- **Prahalad, C.; Hamel, G.:** The core competence of the corporation. Havard Business Review 66 (1990), 79–91.
- **Prefi, T.:** Qualitätsorientierte Unternehmensführung. 1. Aachen. P3, 2003.
- **Preißler, P. R.:** Betriebswirtschaftliche Kennzahlen. Formeln, Aussagekraft, Sollwerte, Ermittlungsintervalle. ([BWL Starter Kit]) München [u.a.]. Oldenbourg, 2008.
- **Prengel, A.:** Handbuch Qualitative Methoden in der Erziehungswissenschaft. Weinheim, München. Juventa, 1997.
- **Prezewowsky, M.:** Demografischer Wandel und Personalmanagement. Herausforderungen und Handlungsalternativen vor dem Hintergrund der Bevölkerungsentwicklung. (Gabler Edition Wissenschaft : Unternehmerisches Personalmanagement) 1. Wiesbaden. Dt. Univ.-Verl., 2007.
- **Printz, T.:** Performance Measurement. Gestaltung eines Werttreibersystems. 1. [Hamburg]. IGEL Verlag, 2008.
- **Probst, G. J.:** Kybernetische Gesetzeshypothesen als Basis für Gestaltungs- und Lenkungsregeln im Management. Eine Methodologie zur Betrachtung von Management-Situationen aus kybernetischer Sicht. St. Gallen, 1981.
- **Probst, H.-J.:** Balanced Scorecard leicht gemacht. Zielgrössen entwickeln und Strategien erfolgreich umsetzen. (Leicht gemacht) 2. Heidelberg. Redline Wirtschaft, 2007.
- **Probst, J.:** Controlling leicht gemacht. Richtig planen, analysieren und steuern. (Leicht gemacht) 4. Heidelberg. Redline Wirtschaft, 2007.
- **Pyzdek, T.; Keller, P. A.:** The Six Sigma handbook. A complete guide for green belts, black belts, and managers at all levels. 3. [New York]. McGraw-Hill Companies, 2010.
- **Raasch, C.:** Der Patentauslauf von Pharmazeutika als Herausforderung beim Management des Produktlebenszyklus. (Gabler Research) 2. Wiesbaden. Gabler Verlag / GWV Fachverlage, Wiesbaden, 2010.
- **Rabe, M.:** Verifikation und Validierung für die Simulation in Produktion und Logistik. Vorgehensmodelle und Techniken. (VDI-Buch) Berlin, Heidelberg. Springer, 2008.
- **Rabl, K.:** Strukturierung strategischer Planungsprozesse. Wiesbaden. Gabler Verlag, 2013.
- **Rademacher, C.:** Deutsche Kommunen im Demographischen Wandel. Eine Evaluation lokaler bevölkerungspolitischer Massnahmen. (SpringerLink : Bücher) Wiesbaden. Springer Fachmedien Wiesbaden; Imprint: Springer VS, 2013.

- **Ramanathan, R.**: An introduction to data envelopment analysis. A tool for performance measurement. New Delhi, Thousand Oaks, Calif. Sage Publications, 2003.
- **Reese, J. F.**: Die Bewertung von Immaterialgüterrechten. (Schriften zum deutschen und internationalen Persönlichkeits- und Immaterialgüterrecht, Bd. 14) Göttingen. V und R Unipress, 2005.
- **Reichel, J.; Müller, G.; Mandelartz, J.**: Betriebliche Instandhaltung. (VDI) Dordrecht, New York. Springer, 2009.
- **Reichle, I.; Siegel, S.; Spelten, A.**: Visuelle Modelle. Paderborn. Verlag Wilhelm Fink, 2008.
- **Reimann, G.**: Moderne Eignungsbeurteilung mit der DIN 33430. Wiesbaden. Springer Fachmedien, 2009.
- **Reinsch, S.; Eger, M.**: LCC - Leitfaden zur Verknüpfung von Angebotskalkulation und Lebenszykluskostenrechnung für Erzeugnisse des Werkzeug- und Formenbau. 1. Frankfurt am Main. FQS, 2006.
- **Reisbeck, T.; Schöne, L. B.**: Immobilien-Benchmarking. Ziele, Nutzen, Methoden und Praxis. 2. Berlin, New York. Springer, 2009.
- **Reschl-Rühling, G.**: Personelle und organisatorische Umstrukturierung in Einrichtungen der stationären Altenpflege. (Dortmunder Beiträge zur Sozial- und Gesellschaftspolitik, Bd. 42) Münster. LIT, 2004.
- **Richter, M.**: Theorie und Praxis der Wirtschaftsprüfung II. Wirtschaftsprüfung und ökonomische Theorie - Prüfungsmarkt - Prüfungsmethoden - Urteilsbildung. Berlin. Erich Schmidt, 1999.
- **Richter, M.**: Modelle wissensintensiver Dienstleistungen. Ansätze einer modernen Produktionstheorie auf Basis der graphischen Aktivitätsanalyse. (SpringerLink : Bücher) Wiesbaden. Gabler Verlag, 2012.
- **Riedl, J.**: Unternehmungswertorientiertes Performance Measurement. Konzeption eines Performance-Measure-Systems zur Implementierung einer wertorientierten Unternehmungsführung. Wiesbaden. Deutscher Universitätsverlag, 2000.
- **Rinck, M.**: Contracting zur Abwärmenutzung auf landwirtschaftlichen Biogasanlagen. Finanziert mit partiarischen Nachrangdarlehen. 1. Berlin. Pro Business, 2014.
- **Röhrich, M.**: Grundlagen der Investitionsrechnung. Darstellung anhand einer Fallstudie. 2. München. De Gruyter Oldenbourg, 2014.
- **Ropohl, G.**: Systemtechnik - Grundlagen und Anwendung. München. Hanser, 1975.
- **Ropohl, G.**: Allgemeine Technologie. Eine Systemtheorie der Technik. 3. Karlsruhe. Universitätsverlag Karlsruhe; Univ.-Verl. Karlsruhe, 2009.
- **Ropohl, G.**: Allgemeine Systemtheorie. Einführung in transdisziplinäres Denken. 1. Berlin. edition sigma, 2012.
- **Rosinski, U.**: Narratives Interview als Methode zum Verstehen von Lebensprozessen. [S.l.]. Grin Verlag, 2009.

- **Rösner, J.**: Service - ein strategischer Erfolgsfaktor von Industrieunternehmen? (Duisburger Betriebswirtschaftliche Schriften, Bd. 16) Hamburg. S und W, Steuer- und Wirtschaftsverl, 1998.
- **Roth, E.**: Sozialwissenschaftliche Methoden. Lehr- und Handbuch für Forschung und Praxis. München. R. Oldenbourg, 1984.
- **Rüegg-Stürm, J.**: Organisation und organisationaler Wandel. 2. Wiesbaden. Westdt.-Verl, 2003.
- **Salzer, E.**: Investor Relations-Management und IPO-Erfolg. Wiesbaden. Deutscher Universitätsverlag, 2004.
- **Sander, W.**: Effizienz und Emanzipation. Prinzipien verantwortlichen Urteilens und Handelns. Eine Grundlegung zur Didaktik der politischen Bildung. Wiesbaden. VS Verlag für Sozialwissenschaften, 1984.
- **Sandt, J.**: Management mit Kennzahlen und Kennzahlensystemen. Bestandsaufnahme, Determinanten und Erfolgsauswirkungen. Wiesbaden. Deutscher Universitätsverlag, 2004.
- **Schätzl, A.**: Analyse des Produktlebenszyklus-Konzepts und sein Anwendungsbereich im Marketing. München. GRIN Verlag GmbH, 2010.
- **Scheer, A.-W.**: Prozeßorientierte Unternehmensmodellierung. Wiesbaden. Gabler, 1994.
- **Scherer, A. G.; Kaufmann, I. M.; Patzer, M.**: Methoden in der Betriebswirtschaftlehre. Gabler Verlag, 2009.
- **Scheuchl, M.**: Einflussfaktoren und Planungsmethodik für supra-adaptive Logistiksysteme. (Fördertechnik, Materialfluss, Logistik) München. Utz, 2007.
- **Scheurer, H.-U.**: Problembereiche des Produktlebenszyklus-Modells. München. GRIN Verlag GmbH, 2009.
- **Schierenbeck, H.; Wöhle, C. B.**: Grundzüge der Betriebswirtschaftslehre. 18. München. Oldenbourg, R, 2011.
- **Schmeisser, W.; Clausen, L.**: Controlling und Berliner Balanced Scorecard Ansatz. München. Oldenbourg, 2009.
- **Schmeisser, W.; Rönsch, M.; Zilch, I.**: Shareholder Value Approach versus Corporate Social Responsibility. Eine unternehmensethische Einführung in zwei konträre Ansätze. (Schriften zum Internationalen Management, Bd. 21) 1. Mering. Rainer Hampp Verlag, 2009.
- **Schmidbauer, K.; Knödler-Bunte, E.**: Das Kommunikationskonzept. Konzepte entwickeln und präsentieren. [Berlin]. university press UMC POTSDAM, 2004.
- **Schmidle, C. M.**: Projektbasiertes Prozessmodell für ereignisorientiertes Wissensmanagement in mittleren und grösseren Bauunternehmen. Zürich. Vdf, Hochsch.-Verl. an der ETH, 2004.

- **Schmidt, R. F.; Lang, F.:** Physiologie des Menschen. Mit Pathophysiologie. (Springer-Lehrbuch) 30. Berlin, Heidelberg. Springer Medizin Verlag Heidelberg, 2007.
- **Schmidt, S.:** Der europäische Werkzeugbau im internationalen Wettbewerb. Benchmarking mit China. Plastikverarbeiter 55 (2004), 26–28.
- **Schmitt, R.:** Qualität in produzierenden Unternehmen Deutschlands 2010. Methoden,Systeme und Erfolgsfaktoren des modernen Qualitätsmanagements. Aachen. IPT, 2011.
- **Schmitt, R.; Lenkewitz, C.; Behrens, C.:** Unternehmerisch umgesetzt. Das neue Aachener Qualitätsmanagement-Modell. MQ (2007), 16–18.
- **Schmitt, R.; Pfeifer, T.:** Qualitätsgerechte Organisationsstrukturen. In: Pfeifer, Tilo; Schmitt, Robert (Hrsgg.): Masing Handbuch Qualitätsmanagement. München. Hanser, 2007, 35–67.
- **Schmitt, R.; Pfeifer, T.:** Qualitätsmanagement. 4. München. Hanser, 2010.
- **Schmitt, R.; Schuh, G.; Hienzsch, M., et al.:** Resource Consumption Calculation Tool to Enhance Efficiency in Production Processes. In: Dimitrov, Dimiter; Schutte, Crone (Hrsgg.): Proceedings - International Conference on Competitive Manufacturing. Stellenbosch, 2013, 371–378.
- **Schneeberger, W.; Peyerl, H.:** Betriebswirtschaftslehre für Agrarökonomen. 1. Wien. Facultas.wuv, 2011.
- **Schneider, Dieter J. G:** Einführung in das Technologie-Marketing. München. Oldenbourg, 2002.
- **Schnell, R.; Hill, P. B.; Esser, E.:** Methoden der empirischen Sozialforschung. 8. München. Oldenbourg, 2008.
- **Schneyder, W. v.:** Kennzahlen für die Personalentwicklung. Referenzmodellbasiertes System zur Quantifizierung erzeugter Wirkungen. (Wirtschaftswissenschaft) 1. Wiesbaden. Dt. Univ.-Verl., 2007.
- **Scholz, R. W.:** Industrieareal Sulzer-Escher Wyss. Umwelt und Bauen: Wertschöpfung durch Umnutzung. (ETH-UNS Fallstudie, Bd. 1995) Zürich. Vdf, Hochschulverlag AG an der ETH, 1996.
- **Schomann, M.:** Wissensorientiertes Performance Measurement. (Wirtschaftswissenschaft) Wiesbaden. Deutscher Universitätsverlag, 2001.
- **Schönefelder, L.:** Unternehmensbewertungen im Rahmen von Fairness Opinions. Eine adressatenbezogene Untersuchung. (Bank- und finanzwirtschaftliche Forschungen, Bd. 383) 1. Bern [u.a.]. Haupt, 2008.
- **Schröder, C.:** Industrielle Arbeitskosten im internationalen Vergleich. IW-Trends - Vierteljahresschrift zur empirischen Wirtschaftsforschung 37 (2010).
- **Schröder, J.:** Benchmarking von Entwicklungsbereichen im Maschinenbau. Aachen, 2003.

- **Schröder, M.:** Benchmarking in der Seniorenpflege. Möglichkeiten und Grenzen. Hamburg. Diplom.de, 2008.
- **Schröder, R. W.; Wall, F.:** Controlling zwischen Shareholder Value und Stakeholder Value. Neue Anforderungen, Konzepte und Instrumente. 1. München. Oldenbourg, R, 2009.
- **Schubert, T.:** Finanzierungsbeschränkungen von Unternehmen in Ostdeutschland. Eine Analyse für Mecklenburg-Vorpommern. 1. s.l. Diplomica, 2011.
- **Schüffler, C.:** Supply Management in der Hotelbranche. Grundlagen, Erfolgsfaktoren und Gestaltungsempfehlungen. (Gabler Edition Wissenschaft : Einkauf, Logistik und Supply-Chain-Management) 1. Wiesbaden. Betriebswirtschaftlicher Verlag Dr. Th. Gabler / GWV Fachverlage, Wiesbaden, 2008.
- **Schuh, G.:** Referenzstrategien in einer vernetzten Welt. In: Milberg, J.; Schuh, G. (Hrsgg.): Erfolg in Netzwerken. Berlin. Springer, 2002, 17–31.
- **Schuh, G.:** Produktkomplexität managen. Strategien, Methoden, Tools. 2. München. Hanser, 2005.
- **Schuh, G.:** Toolmaking for the future. Aachen. WZL, 2009.
- **Schuh, G.:** Operative Exzellenz im Werkzeug- und Formenbau. Aachen. Apprimus, 2010.
- **Schuh, G.:** Produktkomplexität managen. Strategien - Methoden - Tools. München. Hanser, Carl, 2014.
- **Schuh, G.; Boos, W.:** Werkzeugbau Akademie Forschungsbericht 2012/2013. Aachen. Apprimus.
- **Schuh, G.; Boos, W.:** Forschungsbericht 2010/2011. Aachen. Apprimus, 2011.
- **Schuh, G.; Boos, W.:** Forschungsbericht 2011/2012. Aachen. Apprimus, 2012.
- **Schuh, G.; Boos, W.:** Forschungsbericht 2012/2013. Aachen. Apprimus, 2013.
- **Schuh, G.; Boos, W.; Kozielski, S.:** Life Cycle Cost-Orientated Service Models for Tool and Die Companies. Proceedings of the 1st CIRP Industrial Product-Service Systems (IPS2) Conference, 2009.
- **Schuh, G.; Boos, W.; Kuhlmann, K., et al.:** Der Werkzeugbau im Wandel. Kunststoffe (2012), 72–78.
- **Schuh, G.; Frick, L.:** Werkzeugbau in Deutschland. Wer sich bewegt gewinnt! VDWF im Dialog (2005), 64–66.
- **Schuh, G.; Klocke, F.; Zohm, F., et al.:** Härtetest für Werkzeug- und Formenbauer. VDI nachrichten (2004), 18.
- **Schuh, G.; Kubosch, A.; Leffin, T.:** Lebenszyklusorientierte Werkzeugkalkulation. schnell - genau - reproduzierbar. In: VDI (Hrsg.): I2P 2004. Integrierte Informationsverarbeitung in der Producktentstehung. Düsseldorf. VDI, 2004, 177–194.

- **Schuh, G.; Schmitt, R.; Pitsch, M., et al.**: „Kostengünstigere" Werkzeuge durch Lebenszykluskostenbetrachtung. ZWF - Zeitschrift für wirtschaftlichen Fabrikbetrieb (2013), 972–975.
- **Schuh, G.; Stich, V.**: Enterprise-Integration. Auf dem Weg zum kollaborativen Unternehmen. (EBL-Schweitzer) Dordrecht. Springer, 2014.
- **Schuh, G.; Varnhagen, V.; Kuhlmann, K., et al.**: Fokus Automobilindustrie: Digitale Wertschöpfungsnetzwerke im Werkzeugbau. Aachen. Apprimus Verlag, 2013.
- **Schuh, G.; Warschat, J.**: Potenziale einer Forschungsdisziplin Wirtschaftsingenieurwesen. (Acatech Diskussion) München. Utz, 2013.
- **Schulze, M.**: Prozesskostenorientierte Gestaltung von Wertschöpfungsketten. (Wirtschaftswissenschaft) Wiesbaden. Deutscher Universitäts-Verlag / GWV Fachverlage GmbH, 2008.
- **Schumacher, S.**: Die Analyse und Bewertung der Luxus Cars GmbH anhand des Discounted-Cashflow-Verfahrens. Eine Einführung in die moderne Jahresabschlussanalyse und Unternehmensbewertung. Hamburg. Diplomica Verlag, 2012.
- **Schweiger, S.**: Total Cost of Ownership. 1. Wiesbaden. Gabler, 2008.
- **Schweiger, S.**: Lebenszykluskosten optimieren. Paradigmenwechsel für Anbieter und Nutzer von Investitionsgütern. Wiesbaden. Gabler, 2009.
- **Schweizer, M.**: Consumer confusion im Handel. Ein umweltpsychologisches Erklärungsmodell. (Gabler Edition Wissenschaft : Marketing-Management) 1. Wiesbaden. Dt. Univ.-Verl., 2005.
- **Schweizer, P.**: Systematisch Lösungen finden. Eine Denkschule für Praktiker. 3. Zürich. Vdf, Hochsch.-Verl. an der ETH, 2008.
- **Seghezzi, H. D.; Fahrni, F.; Herrmann, F.**: Integriertes Qualitätsmanagement. 3. München. Hanser, 2007.
- **Seidemann, J. S.**: Marktanalyse zum Einfluss der Qualität auf Preise und Absatzmengen im Flaschenweinmarkt in Deutschland. Geisenheim. Gesellschaft zur Förderung der Forschungsanstalt, 2000.
- **Seubert, C.-M. F.**: Build, Ally or Acquire. Die strategische Entscheidung über den Entwicklungsweg. (Reihe: Planung, Organisation und Unternehmungsführung, Bd. 125) 1. Lohmar/Köln. Eul, 2010.
- **Simon, W.**: GABALs großer Methodenkoffer Managamenttechniken. (Business-Reihe) Offenbach. GABAL Verlag, 2005.
- **Slamanig, M.**: Produktwechsel als Problem im Konzept der Mass Customization. Theoretische Überlegungen und empirische Befunde. (Gabler Research) Wiesbaden. Gabler Verlag / Springer Fachmedien Wiesbaden, Wiesbaden, 2011.
- **Söllner, F.**: Die Geschichte des ökonomischen Denkens. (Springer-Lehrbuch) Berlin, Heidelberg. Springer Berlin Heidelberg, 2001.

- **Sommerhoff, B.:** Spezialstudie ExBA QM. Schadet's nur nicht oder nützt es auch?, 2005.
- **Sonnenschein, M.:** Strategien für neue Geschäfte. Ein Konzept zur strategischen Suchfeldanalyse für Umweltdienstleistungen. (Duisburger Betriebswirtschaftliche Schriften, Bd. 24) Berlin. Erich Schmidt, 2001.
- **Specker, A.:** Modellierung von Informationssystemen. Zürich. vdf, 2001.
- **Spennemann, F.:** Gestaltung von Organisationsstrukturen im Werkzeugbau. Aachen. Shaker, 2001.
- **Splettstößer, D.:** Grobprojektierung von Informationssystemen: Methodenanalyse und Grundkonzeption einer Dialog-Projektierung. Physica-Verlag HD, 2013.
- **Spöhring, W.:** Qualitative Sozialforschung. (Bd. 133) Stuttgart. B.G. Teubner, 1989.
- **Sprenger, R. K.:** Krisenprofiteure, 2009.
- **Springer Gabler Verlag:** Gabler Wirtschaftslexikon. http://wirtschaftslexikon.gabler.de/Archiv/3210/system-v12.html, 13.09.2014.
- **Sprondel, W. M.; Grathoff, R.:** Alfred Schütz und die Idee des Alltags in den Sozialwissenschaften. Stuttgart. Enke, 1979.
- **Spur, G.:** Handbuch Spanende Fertigung. (Editon Handbuch der Fertigungstechnik, [3]) 2. München. Hanser, Carl, 2012.
- **Spur, G.; Mertins, K.; Jochem, R.:** Integrierte Unternehmensmodellierung. 1. Berlin. Beuth, 1993.
- **Stachowiak, H.:** Allgemeine Modelltheorie. Wien, New York. Springer-Verlag, 1973.
- **Stachowiak, H.:** Modelle, Konstruktion der Wirklichkeit. (Kritische Information, Bd. 101) München. W. Fink, 1983.
- **Statistisches Bundesamt:** Vergleich der Arbeitskosten und Lohnnebenkosten 2012. https://www.destatis.de/DE/PresseService/Presse/Pressemitteilungen/2012/04/PD12_144_624.html, 17.08.2015.
- **Statistisches Bundesamt:** Preise und Preisindizes für gewerbliche Produkte. https://www.destatis.de/DE/Publikationen/Thematisch/Preise/Erzeugerpreise/ErzeugerpreisePDF/Erzeugerpreise2170200131054.pdf?__blob=publicationFile, 17.08.2015.
- **Statistisches Bundesamt:** Deutscher Außenhandel. Export und Import im Zeichen der Globalisierung, 2015.
- **Staudt, E.:** Kompetenzentwicklung und Innovation. Waxmann Verlag, 2002.
- **Steinbach, F.:** Balanced Scorecard im Corporate Real Estate- und Facility Management. Hamburg. Diplomica, 2006.
- **Stephan, J.:** Finanzielle Kennzahlen für Industrie- und Handelsunternehmen. Eine wert- und risikoorientierte Perspektive. (Gabler Edition Wissenschaft) Wiesbaden. Deutscher Universitats-Verlag GWV Fachverlage GmbH, Wiesbaden, 2006.

- **Stiefl, J.; Westerholt, K. v.**: Wertorientiertes Management. Wie der Unternehmenswert gesteigert werden kann ; mit Fallstudien und Lösungen. München, Wien. Oldenbourg, 2008.
- **Stier, W.**: Empirische Forschungsmethoden. Berlin. Springer, 1996.
- **Stobbe, A.**: Volkswirtschaftslehre II. Mikroökonomik. (Heidelberger Taschenbücher) Berlin, Heidelberg. Springer Berlin Heidelberg, 1983.
- **Stockmann, R.**: Evaluation und Qualitätsentwicklung. (Soziologie) Münster. Waxmann Verlag, 2006.
- **Stoltze, T.**: Werttreiber- versus branchenorientierte Auswahl von Vergleichsunternehmen. Eine empirische Untersuchung von Multiplikatorverfahren. Hamburg. Diplomica-Verl, 2009.
- **Stölzle, W.**: Umweltschutz und Entsorgungslogistik. Theoretische Grundlagen mit ersten empirischen Ergebnissen zur innerbetrieblichen Entsorgungslogistik. (Unternehmensführung und Logistik, Bd. 6) Berlin. Erich Schmidt, 1993.
- **Strutz, H.**: Handbuch Personalmarketing. 2. Wiesbaden. Gabler Verlag, 1993.
- **Stumpf, M.**: Erfolgskontrolle der Integrierten Kommunikation. Messung des Entwicklungsstandes integrierter Kommunikationsarbeit in Unternehmen. (Basler Schriften zum Marketing) Dordrecht. Springer, 2005.
- **Sucky, E.**: Koordination in Supply Chains. Spieltheoretische Ansätze zur Ermittlung integrierter Bestell- und Produktionspolitiken. Wiesbaden. Deutscher Universitätsverlag, 2004.
- **Sudhoff, W.**: Methodik zur Bewertung standortübergreifender Mobilität in der Produktion. (IWB Forschungsberichte, Bd. 208) München. Utz, 2008.
- **Takeda, H.**: Qualität im Prozess. (Mi-Wirtschaftsbücher) 1. München. Mi-Wirtschaftsbuch, 2009.
- **Tang, D.; Eversheim, W.; Schuh, G.**: A new generation of cooperative development paradigm in the tool and die making branch: strategy and technology. Robotics and Computer-Integrated Manufacturing 20 (2004), 301–311.
- **Tauberger, A.**: Controlling für die öffentliche Verwaltung. Walter de Gruyter GmbH & Co KG, 2008.
- **Tautscher, A.**: Die öffentliche Wirtschaft. Duncker & Humblot, 1953.
- **Taylor, Z.; Ranganathan, S.**: Designing High Availability Systems. DFSS and Classical Reliability Techniques with Practical Real Life Examples. 1. New York, NY. John Wiley & Sons, 2013.
- **Tayntor, C. B.**: Six Sigma Software Development. 2. Hoboken. Taylor & Francis Ltd, 2007.
- **Teubner, A.**: Organisations- und Informationssystemgestaltung. Münster. Dt. Univ.-Verl. u.a, 1997.

- **Theilig, O.**: Qualitätscontrolling in der Montage. Essen. Vulkan-Verlag, 1999.
- **Theis, F.**: Lebenszyklusorientierte Betriebskosten bei gebäudetechnischen Anlagen. [S.l.]. Gabler Verlag, 2011.
- **Thomas, P.**: Mass Customization als Wettbewerbsstrategie in der Finanzdienstleistungsbranche. (Gabler Edition Wissenschaft) 1. Wiesbaden. Gabler Verlag / GWV Fachverlage, Wiesbaden, 2008.
- **Tietze, J.**: Einführung in die angewandte Wirtschaftsmathematik. Das praxisnahe Lehrbuch - inklusive Brückenkurs für Einsteiger ; mit mehr als 1700 Übungsaufgaben. (Lehrbuch) 17. Wiesbaden. Springer Spektrum, 2014.
- **Tillack, P.; Epstein, D. B.**: Methodische Ansätze zur Bestimmung der Wettbewerbsfähigkeit landwirtschaftlicher Unternehmen in Transformationsländern. In: Gesellschaft für Wirtschafts- und Sozialwissenschaften des Landbaus e.V. (Hrsg.): Wettbewerbsfähigkeit und Unternehmertum in der Land- und Ernährungswirtschaft. R. v. Alvensleben, U. Koester und C Langbehn. Münster-Hiltrup. Landwirtschaftsverlag, 2000, 45–53.
- **Tomczak, T.**: Forschungsmethoden in der Marketingwissenschaft. Ein Plädoyer für den qualitativen Forschungsansatz. Marketing ZFP 2 (1992), 77–87.
- **Tönshoff, H. K.; Eger, M.**: Lebenszykluskosten in der Angebotskalkulation. Verknüpfung von Angebotskalkulation und Lebenszykluskostenrechnung im Werkzeug- und Formenbau. wt Werkstatttechnik online 93 (2003), 724–728.
- **Töpfer, A.**: Business Excellence. Frankfurt. FA Buch, 2002.
- **Töpfer, A.; Adams, R.**: Benchmarking - der Weg zu Best Practice. Berlin. Springer, 1997.
- **Träger, S.**: Wettbewerbsmanagement. Der Beitrag von Wettbewerbsvorteilen zum Unternehmenserfolg. (Gabler-Edition Wissenschaft : Unternehmerisches Personalmanagement) 1. Wiesbaden. Gabler, 2008.
- **Trinczek, R.**: Wie befrage ich Manager? Methodische und methodologische Aspekte des Experteninterviews als qualitativer Methode empirischer Sozialforschung. In: Bogner, Alexander; Littig, Beate; Menz, Wolfgang (Hrsgg.): Das Experteninterview. Theorie, Methode, Anwendung. Wiesbaden. VS, 2005, 209–222.
- **Troitzsch, K. G.**: Modellbildung und Simulation in den Sozialwissenschaften. Opladen. Westdeutscher Verlag, 1990.
- **Ulrich, H.**: Systemorientiertes Management. Das Werk von Hans Ulrich. Bern, Stuttgart, Wien. Haupt, 2001.
- **Ulrich, H.; Probst, G.**: Anleitung zum ganzheitlichen Denken und Handeln. Bern. Haupt, 2001.
- **Ulrich, P.; Hill, W.**: Wissenschaftstheoretische Grundlagen der Betriebswirtschaftslehre (Teil I) Wirtschaftswissenschaftliches Studium 5 (1976), 304–309.

- **Union of Japanese Scientists and Engineers:** Introduction of The Deming Prize. http://www.juse.or.jp/e/deming/171/attachs/02_Introduction_DemingPrize2013.pdf, 05.07.2013.
- **Untiedt, D.:** Technologie Rating: Modell zur Bewertung der technologischen Leistungsfähigkeit produzierender Unternehmen. Aachen. Wissenschaftsverlag des Instituts für Industriekommunikation und Fachmedien an der RWTH Aachen, 2009.
- **Vahrenkamp, R.:** Produktionsmanagement. 6. München. Oldenbourg, 2008.
- **VDI:** I2P 2004. Integrierte Informationsverarbeitung in der Producktentstehung. Düsseldorf. VDI, 2004.
- **VDMA:** Die Präzisionswerkzeugbaubranche in Zahl & Bild. http://pwz.vdma.org/documents/105957/347220/PK2012_Folien.pdf.
- **Vedung**, Evert (Hrsg.): Evaluation im öffentlichen Sektor. 1945-1955 ; [ein Projekt der Österreichischen Forschungsgemeinschaft] Wien, 1999. **Vedung**, Evert (Hrsg.).
- **Voigt, C.:** Unternehmensbewertung. Erfolgsfaktoren von Unternehmen professionell analysieren und bewerten. (Financial Times Deutschland) 1. Wiesbaden. Gabler, 2005.
- **Völker, M.:** Konzeption ganzheitlicher Produktionssysteme für Werkzeugbaubetriebe. (Produktionssystematik, Bd. 2012,29) 1. Aachen. Apprimus, 2012.
- **Vom Brocke, J.:** Referenzmodellierung. Gestaltung und Verteilung von Konstruktionsprozessen. (Advances in information systems and management science, Bd. 4) Berlin. Logos-Verl., 2003.
- **von Kortzfleisch**, Harald F. O; **Walsh**, Gianfranco; **Loos**, Peter; **Schaarschmidt**, Mario; **Kutsch**, Horst; **Fettke**, Peter (Hrsg.): Produktivität von Customization Services. Messung, Bewertung und Steuerung am Beispiel industrieller Dienstleistungen Lohmar, Rheinl, 2014. **von Kortzfleisch**, Harald F. O; **Walsh**, Gianfranco; **Loos**, Peter; **Schaarschmidt**, Mario; **Kutsch**, Horst; **Fettke**, Peter (Hrsg.).
- **Wagner, H.; Grünewald, B.; Oberer, H.:** Zu Kants kritischer Philosophie. Würzburg. Königshausen & Neumann, 2008.
- **Waldegge, S. H.:** Steigerung des Unternehmenswertes. Wiesbaden. Springer Fachmedien, 2009.
- **Walluschnig, M.:** Produktlebenszyklus und bestandsmanagement in der halbleiterindustrie. Eine analyse spezifischer... [S.l.]. Diplomica Verlag Gmbh, 2013.
- **Wannenwetsch, H.:** Erfolgreiche Verhandlungsführung in Einkauf und Logistik. Praxiserprobte Erfolgsstrategien und Wege zur Kostensenkung. (VDI-Buch) 3. Berlin, Heidelberg. Springer, 2009.
- **Weber, M.:** Schnelleinstieg Kennzahlen. (Haufe-Schnelleinstieg) Freiburg, München u.a. Haufe, 2006.
- **Weigert, J.:** Der Weg zum leistungsstarken Qualitätsmanagement. Ein praktischer Leitfaden für die ambulante, teil- und vollstationäre Pflege. Schlütersche Verlagsgesellschaft, 2010.

- **Weinblat, J.:** Data Envelopment Analysis - Brancheninterne Effizienzanalyse auf Basis von Unternehmensbilanzdaten. 1. Hamburg. Diplomica Verlag, 2014.
- **Weiss, S. I.:** A value approach to product and systems development. [Hoboken]. John Wiley & Sons Inc., 2013.
- **Wellner, K.-U.:** Shareholder-Value und seine Weiterentwicklung zum Market Adapted Shareholder-Value Approach. Entwicklungslinien, Probleme und Lösungsansätze einer Shareholder-Value-orientierten Unternehmensführung. Marburg. Tectum-Verl., 2001.
- **Wendlinger, P.:** Immobilienkennzahlen. Fundierte Immobilienanalyse in der Praxis. (Wirtschaftswoche) Wien. Linde, 2012.
- **Wermke, M.:** Duden in 12 Bänden. Auf der Grundlage der neuen amtlichen Rechtschreibregeln. 12. Mannheim. Dudenverlag, 1998-2002.
- **Werner, F. C.:** Wortelemente lateinisch-griechischer Fachausdrücke in der Biologie, Zoologie und vergleichenden Anatomie. Akademische Verlagsgesellschaft, 1956.
- **Wernet, A.:** Einführung in die Interpretationstechnik der objektiven Hermeneutik. (Qualitative Sozialforschung, Bd. 11) 3. Wiesbaden. VS, Verl. für Sozialwiss., 2009.
- **Westkämper, E.; Warnecke, H.-J.:** Einführung in die Fertigungstechnik. Mit 10 Tabellen. (Lehrbuch : Maschinenbau) 6. Stuttgart, Leipzig, Wiesbaden. Teubner, 2004.
- **Westkämper, E.; Warnecke, H.-J.:** Einführung in die Fertigungstechnik. (Studium) 8. Wiesbaden. Vieweg+Teubner Verlag / Springer Fachmedien Wiesbaden, Wiesbaden, 2010.
- **Weyers, A.:** Güterwagenmanagement. Analyse wesentlicher Potenziale des Eisenbahngüterverkehrs anhand von Simulationen. Köln. Kölner Wiss.-Verl, 2007.
- **Wiehle, U.:** Unternehmensbewertung. Methoden, Rechenbeispiele, Vor- und Nachteile. 2. Wiesbaden. Cometis AG, 2005.
- **Wiener, N.:** Cybernetics or control and communication in the animal and the machine. 2. Cambridge,Mass. MIT Press, 1961.
- **Wiesel, U.:** Hybrides Lenksystem zur Kraftstoffeinsparung im schweren Nutzfahrzeug. Technische und methodische Ansätze. (Karlsruher Schriftenreihe Fahrzeugsystemtechnik, Bd. 1) Karlsruhe. KIT Scientific Publishing, 2010.
- **Wiesner, K. A.:** Strategisches Tourismusmarketing. Erfolgreiche Planung und Umsetzung von Reiseangeboten. Berlin. Schmidt, 2006.
- **Wildmann, L.:** Module der Volkswirtschaftslehre. 2. München. Oldenbourg, 2010.
- **Wilhelm, R.:** Prozessorganisation. (Managementwissen für Studium und Praxis) 2. München. Oldenbourg, 2007.
- **Wirtz, B. W.:** Mergers & Acquisitions Management. Strategie und Organisation von Unternehmenszusammenschlüssen. (Lehrbuch) 1. Wiesbaden. Gabler, 2003.
- **Wittenberg, V.:** Controlling in jungen Unternehmen. Phasenspezifische Controllingkonzeptionen fnr Unternehmen in der Grnndungs- und Wachstumsphase. (Betriebs-

wirtschaftliche Forschung zur Unternehmensführung, Bd. 53) Wiesbaden. Deutscher UniversitSts-Verlag GWV Fachverlage GmbH, Wiesbaden, 2006.

- **Wolfe, D.; Lucas, M.:** Network Structure of an Industrial Cluster. Electronics in Toronto, 2005.
- **Wollenberg, K.:** Volkswirtschaftslehre. 13. München, Wien. Oldenbourg, 2007.
- **Wollersheim, J.:** Dynamic Capabilities im Kontext von Mergers & Acquisitions. Erfolg von Zusammenschlüssen von Organisationseinheiten mit unterschiedlichen Routinen. Wiesbaden. Gabler Verlag / Springer Fachmedien Wiesbaden, Wiesbaden, 2010.
- **Wolski, W.:** PONS grosses Schulwörterbuch Deutsch. Das grosse Rechtschreib- und Bedeutungswörterbuch. 1. Stuttgart. PONS GmbH, 2010.
- **Wolter, P.:** Die monetäre Quantifizierung des personalen Faktors im Rahmen von Unternehmensbewertungen. 1. Mering. Rainer Hampp Verlag, 2011.
- **World Trade Organization** (WTO): International Trade Statistics 2013, 2013.
- **World Trade Organization** (WTO): International Trade Statistics 2014, 2014.
- **Wrona, T.:** Globalisierung und Strategien der vertikalen Integration. Analyse -- empirische Befunde -- Gestaltungsoptionen. (mir-Edition) Wiesbaden. Gabler Verlag, 1999.
- **Wucherer, H.:** Industrielle Qualitätssicherung in der Fertigung elektronischer und elektromechanischer Bauelemente. 1. Würzburg. Vogel, 1981.
- **WZL der RWTH Aachen:** Tagungsband 4. Internationales Kolloquium "Werkzeugbau mit Zukunft". Aachen, 2004.
- **Zapp**, Winfried (Hrsg.): Kennzahlen im Krankenhaus Lohmar, Köln, 2010. **Zapp**, Winfried (I Irsg.).
- **Zdrowomyslaw, N.; Kasch, R.; Brunk, J.:** Betriebsvergleiche und Benchmarking für die Managementpraxis. Untemehmensanalyse, Untemehmenstransparenz und Motivation durch Kenn- und Vergleichsgrössen.
- **Zelewski, S.:** Grundlagen. In: Corsten, H.; Grob, H. L. (Hrsgg.): Betriebswirtschaftslehre. München. Oldenbourg, 1994, 1–141.
- **Zenz, A.:** Strategisches Qualitätscontrolling. Konzeption als Metaführungsfunktion. 1. Wiesbaden. DUV, 1999.
- **Zerres, M.:** Kritische Erfolgsfaktoren von IT-Projekten. Eine empirische Analyse von ERP-Implementierungen am Beispiel der Mineralölbranche. (Hamburger Schriften zur Marketingforschung, Bd. 77) Mering. Rainer Hampp Verlag, 2011.
- **Ziegler, E.:** 'Normative Vorstellungen' zur Arbeitsteilung in der Erwerbsarbeit, Hausarbeit und Kindererziehung. München. GRIN Verlag GmbH, 2009.
- **Zink, K. J.:** TQM als integratives Managementkonzept. 2. Hanser, 2004.
- **Zohm, F.:** Management von Diskontinuitäten. Das Beispiel der Mechatronik in der Automobilindustrie. Wiesbaden. Deutscher Universitäts-Verlag, 2004.

- **Zollondz, H.-D.:** Grundlagen Qualitätsmanagement. 2. München. Oldenbourg, 2006.
- **Zwanzig, F.:** Taktung der Unikatfertigung am Beispiel des Werkzeugbaus. (Bd. 2010) 1. Aachen. Apprimus, 2010.

X Anhang

Im Anhang sind ergänzende Informationen zu den Ausführungen der einzelnen Kapitel gelistet. Die Erörterung erfolgt in den jeweiligen Kapiteln.

X.I K.O.-Analyse der Bewertungsansätze

Die nachfolgenden Abbildungen zeigen die Anforderungsmerkmale gegenüber den betrachteten Methoden, differenziert nach den eingeführten Clustern entsprechend des wissenschaftlichen Ursprungs der Bewertungsmethoden. Die Abbildungen illustrieren dabei qualitativ, in Ergänzung zu Kapitel 3.4.1, die Erfüllung bzw. Nicht-Erfüllung einzelner Anforderungen durch die jeweilige Bewertungsmethode:

■ = Anhand K.O.-Kriterium selektiert

□ = K.O.-Kriterium erfüllt

		Allgemeine Anforderungen						Spezifische Anforderungen				
		Benutzerfreundlichkeit	Anpassungsfähigkeit	Ableitung von Handlungsempfehlungen	Reproduzierb. des Modellierungsergeb.	Vollständige Abbildung	Wirtschaftlichkeit	Erklärung der untern. Funktionsweise	Strategiebezug	Allgemeingültigkeit	Qualitätsbezug	Standardisierung
Strategische Ansätze	Portfolio Analyse	□	□	□	■	□	□	□	□	□	■	■
	SWOT Analyse	□	□	□	■	□	□	□	□	□	■	■
	Balanced Scorecard	□	□	□	□	□	□	□	□	□	□	□
	Data Envelopment Anal.	□	□	□	■	□	□	□	□	□	□	■
	TOSSCA	□	□	□	□	□	□	□	□	□	□	□
	Str. Inf.-syst. Pollack	□	□	□	□	□	□	□	□	□	□	□
	Int. Kennzahlensyst. Koz.	□	□	□	□	□	□	□	□	□	□	□
	3-Säulen-Konz. Nusser	□	□	□	□	■	□	■	□	■	■	□
	Kennzahlensyst. Schott	■	□	□	□	□	□	□	□	□	■	□
	Tableau de Bord	□	□	□	■	□	□	□	□	□	■	■

Abbildung X-1: Ergebnisse der K.O.-Analyse (strategischen Methoden)

■ = Anhand K.O.-Kriterium selektiert

□ = K.O.-Kriterium erfüllt

	Allgemeine Anforderungen						Spezifische Anforderungen				
Kapitalorientierte Ansätze	Benutzerfreundlichkeit	Anpassungsfähigkeit	Ableitung von Handlungsempfehlungen	Reproduzierb. des Modellierungsergeb.	Vollständige Abbildung	Wirtschaftlichkeit	Erklärung der untern. Funktionsweise	Strategiebezug	Allgemeingültigkeit	Qualitätsbezug	Standardisierung
Kapitalwertmethode	□	■	□	□	□	□	■	■	□	■	□
Vermögensendwertmeth.	□	■	□	□	□	□	■	■	□	■	□
Annuitätenmethode	□	■	□	□	□	□	■	■	□	■	□
Substanzwertverfahren	□	■	□	□	□	□	■	■	□	■	□
Liquidationswertverf.	□	■	□	□	□	□	■	■	□	■	□
Ertragswertverfahren	□	■	□	□	□	□	■	■	□	■	□
Mittelwertverfahren	□	□	□	□	□	□	■	■	□	■	□
Stuttgarter Verfahren	□	■	□	□	■	□	■	■	□	■	□
Multiplikatorverfahren	□	□	□	□	□	□	■	■	□	■	□
DSC (Entity Ansatz)	□	□	□	□	□	□	■	■	□	■	□
DSC (Equity Ansatz)	□	□	□	□	□	□	■	■	□	■	□
DSC (Adj. Present Value)	□	□	□	□	□	□	■	■	□	■	□
Sum of the parts-Bewert.	□	□	□	□	□	□	□	□	■	■	■
NOPAT	□	■	□	□	□	□	■	■	□	■	□
Economic Value Added	□	■	■	□	□	□	■	■	□	■	□
Return on Investment	□	■	■	□	□	□	■	□	□	■	□
DuPont-Kennzahlensyst.	■	□	□	□	□	■	□	□	□	■	□
ZVEI-Kennzahlensystem	■	□	□	□	□	■	□	□	□	■	□
RL-Kennzahlensystem	■	□	□	□	□	□	□	□	□	■	□

Abbildung X-2: Ergebnisse der K.O.-Analyse (kapitalorientierten Methoden)

■ = Anhand K.O.-Kriterium selektiert

□ = K.O.-Kriterium erfüllt

Prozess- und Qualitätsorientierte Ansätze	Allgemeine Anforderungen						Spezifische Anforderungen				
	Benutzerfreundlichkeit	Anpassungsfähigkeit	Ableitung von Handlungsempfehlungen	Reproduzierb. des Modellierungsergeb.	Vollständige Abbildung	Wirtschaftlichkeit	Erklärung der untern. Funktionsweise	Strategiebezug	Allgemeingültigkeit	Qualitätsbezug	Standardisierung
Techn. Leistungsf. Untiedt	■	□	□	□	□	■	□	□	□	□	□
Techn. Bewertung Bilsing	□	□	□	□	□	□	□	□	□	□	□
Kernkom. Prahalad/Hamel	□	□	□	■	□	□	□	□	□	□	■
Benchmarking	□	□	□	■	□	□	□	□	□	□	■
EFQM-Modell	□	□	□	□	□	□	□	□	□	□	□
AWFM-Modell	□	□	□	□	□	□	□	□	□	□	□
Common Ass. Framework	■	□	□	■	□	□	□	□	■	□	□
Deming Prize	□	□	□	□	□	□	□	□	□	□	□
MBNQA	□	□	□	□	□	□	□	□	□	□	□
Ludwig-Erhard-Preis	□	□	□	□	□	□	□	□	□	□	□

Abbildung X-3: Ergebnisse der K.O.-Analyse (prozess- & qualitätsorientierten Methoden)

X.II Referenzkostenverteilung

Werkzeugbauer 2								
Hauptphase	Anteil der Hauptphase an den LZK [%]	Check, ob ∑=100%	Subphase	Anteil der Subphase an den Kosten der Hauptphase [in %]	Check, ob ∑=100%	Kostenposition	Anteil der Kostenposition an den Kosten der Subphase [in %]	Check, ob ∑=100%
Entwicklung	20%	100%	Anfrage	5%	100%	Machbarkeit	20%	100%
						Methode	5%	
						Kalkulation	25%	
						Grobplanung	15%	
						Werkzeugkonzeption	20%	
						Reisekosten	5%	
						Ansichtsmuster	10%	
			Angebot	10%		Angebotsbearbeitung	80%	100%
						Reisekosten	20%	
			Beauftragung	5%		Projektplan	35%	100%
						Kick-Off Meeting	30%	
						Make or Buy	20%	
						Internes Auftragswesen	15%	
			Finalisierung Konzept	10%		Detaillierung Werkzeugkonzept	45%	100%
						Simulation	30%	
						Machbarkeit	10%	
						Review WZ-Anforderungen	5%	
						Review Angebot	5%	
						Reisekosten	5%	
			Konstruktion	70%		Finalisierung Konstruktion	80%	100%
						Freigabe Konstruktion	8%	
						Prozesssimulation	10%	
						Reisekosten	2%	
Fertigung	45%		Feinplanung	10%	100%	Arbeitsplanung /-vorbereitung	33%	100%
						Materialbeschaffungsplanung	33%	
						Kapazitäts/-Fertigungsplanung	34%	
			Beschaffung	20%		Bestellung	40%	100%
						Logistikaufwand	30%	
						Qualitätskontrolle	20%	
						Reisekosten	10%	
			Programmierung	10%		Datenaufbereitung	10%	100%
						CAM Programmierung	80%	
						WOP Programmierung	10%	
			Mechanische Fertigung	25%		Weichbearbeitung	20%	100%
						Hartbearbeitung	60%	
						Qualitätssicherung	5%	
						Materiallogistik	2%	
						Härten & Beschichten	5%	
						Betriebsmittel	5%	
						Energie	3%	
			Montage	15%		Materiallogistik	5%	100%
						Montage	60%	
						Nachbearbeitung	20%	
						Qualitätssicherung	15%	
			Try-Out	5%		Funktionsprobe	15%	100%
						Probenmaterial	5%	
						Nachbearbeitung Fertigung	37%	
						Nachbearbeitung Konstruktion	10%	
						Nachbearbeitung Montage	18%	
						Logistik	5%	
						Dokumentation	5%	
						Simulation	5%	
			Vorserie	10%		Funktionsprobe	25%	100%
						Probenmaterial	20%	
						Nachbearbeitung Fertigung	15%	
						Nachbearbeitung Konstruktion	5%	
						Nachbearbeitung Montage	10%	
						Logistik	10%	
						Dokumentation	10%	
						Simulation	5%	
			Inbetriebnahme	5%		Unterweisung	30%	100%
						Rüsten	10%	
						Logistik	10%	
						Abnahme	30%	
						Qualitätssicherung	20%	
Nutzung	30%		Serienfertigung	40%	100%	Betriebsstoffe	20%	100%
						Werkzeugkontrolle	20%	
						Reperatur	40%	
						Rüsten	20%	
			Lagerhaltung	5%		Logistik	70%	100%
						Lagerführung	30%	
			Verschleißteile	20%		Bearbeitung/Fertigung	45%	100%
						Qualitätssicherung	15%	
						Einbau	20%	
						Logistik	10%	
						Material	10%	
			Instandhaltung	20%		Demontage	25%	100%
						Kontrolle	10%	
						Bearbeitung Fertigung	20%	
						Bearbeitung Montage	20%	
						Rüsten	15%	
						Dokumentation	5%	
						Logistik	5%	
			KVP	15%		KVP Workshop	10%	100%
						Material KVP-Maßnahmen	30%	
						Personal KVP-Maßnahmen	30%	
						Versuche	20%	
						Simulation	10%	
Ausmusterung	5%		Einlagerung	90%	100%	Logistik	10%	100%
						Lagerführung	20%	
						Raumkosten	60%	
						Abschreibung	10%	
			Recycling	5%		Bestimmung Umfang Recycling	10%	100%
						Logistik	10%	
						Demontage	80%	
			Verschrottung	5%		Logistik	10%	100%
						Verschrottung	90%	

Abbildung X-4: Exemplarisch ausgefülltes Template der Referenzkostenverteilung

Hauptphase	Subphase	Kostenposition	WZB 1	WZB 2	WZB 3	WZB 4	WZB 5	WZB 6	WZB 7	WZB 8
Entwicklung	Anfrage	Machbarkeit	0,30%	0,20%	0,20%	0,05%	0,15%	0,05%	0,50%	0,14%
		Methode	0,18%	0,05%	0,25%	0,07%	0,23%	0,05%	0,20%	0,09%
		Kalkulation	0,18%	0,25%	0,08%	0,05%	0,23%	0,25%	0,40%	0,07%
		Grobplanung	0,18%	0,15%	0,15%	0,09%	0,30%	0,20%	0,20%	0,14%
		Werkzeugkonzeption	0,18%	0,20%	0,30%	0,11%	0,30%	0,20%	0,30%	0,14%
		Reisekosten	0,06%	0,05%	0,01%	0,02%	0,08%	0,05%	0,20%	0,02%
		Ansichtsmuster	0,12%	0,10%	0,01%	0,07%	0,23%	0,20%	0,20%	0,11%
	Angebot	Angebotsbearbeitung	1,08%	1,60%	0,54%	1,26%	1,80%	1,50%	1,40%	0,48%
		Reisekosten	0,12%	0,40%	0,06%	0,54%	0,45%	0,50%	0,60%	0,12%
	Beauftragung	Projektplan	0,23%	0,35%	0,12%	0,07%	0,56%	0,80%	0,40%	0,04%
		Kick-Off Meeting	0,11%	0,30%	0,12%	0,07%	0,56%	0,10%	0,20%	0,06%
		Make or Buy	0,11%	0,20%	0,04%	0,18%	0,56%	0,30%	0,25%	0,05%
		Internes Auftragswesen	0,30%	0,15%	0,12%	0,14%	0,56%	0,80%	0,15%	0,10%
	Finalisierung Konzept	Detaillierung Werkzeugkonzept	0,75%	0,90%	0,70%	0,60%	1,13%	1,50%	2,00%	0,90%
		Simulation	0,15%	0,60%	0,34%	0,60%	0,68%	1,75%	0,80%	0,27%
		Machbarkeit	0,15%	0,20%	0,06%	0,30%	0,90%	0,50%	0,40%	0,36%
		Review WZ-Anforderungen	0,23%	0,10%	0,20%	0,60%	0,68%	0,50%	0,40%	0,09%
		Review Angebot	0,15%	0,10%	0,40%	0,60%	0,68%	0,50%	0,20%	0,09%
		Reisekosten	0,08%	0,10%	0,30%	0,30%	0,45%	0,25%	0,20%	0,09%
	Konstruktion	Finalisierung Konstruktion	8,28%	11,20%	8,00%	4,65%	1,80%	4,00%	6,60%	6,48%
		Freigabe Konstruktion	1,04%	1,12%	4,80%	1,86%	0,90%	0,50%	1,65%	0,35%
		Prozesssimulation	0,52%	1,40%	1,60%	1,86%	1,35%	5,00%	1,65%	1,73%
		Reisekosten	0,52%	0,28%	1,60%	0,93%	0,45%	0,50%	1,10%	0,09%
Fertigung	Feinplanung	Arbeitsplanung /-vorbereitung	0,44%	1,49%	0,45%	0,56%	1,00%	0,90%	0,75%	0,51%
		Materialbeschaffungsplanung	0,11%	1,49%	0,27%	1,12%	0,40%	0,90%	0,38%	0,32%
		Kapazitäts/-Fertigungsplanung	0,55%	1,53%	0,18%	1,12%	0,60%	1,20%	0,38%	0,45%
	Beschaffung	Bestellung	0,55%	3,60%	0,32%	0,49%	1,20%	0,30%	0,38%	0,26%
		Logistikaufwand	1,65%	2,70%	0,36%	0,74%	1,80%	0,53%	0,38%	0,51%
		Qualitätskontrolle	0,41%	1,80%	0,18%	0,74%	2,40%	0,53%	0,60%	0,45%
		Reisekosten	0,14%	0,90%	0,05%	0,49%	0,60%	0,15%	0,15%	0,06%
	Programmierung	Datenaufbereitung	0,66%	0,45%	0,60%	2,10%	1,32%	1,80%	0,90%	0,11%
		CAM Programmierung	2,86%	3,60%	1,80%	2,45%	1,32%	1,35%	1,80%	1,90%
		WOP Programmierung	0,88%	0,45%	0,60%	2,45%	1,36%	1,35%	0,30%	0,22%
	Mechanische Fertigung	Weichbearbeitung	6,60%	2,25%	4,05%	3,15%	2,50%	3,00%	2,10%	3,84%
		Hartbearbeitung	6,60%	6,75%	5,40%	2,10%	2,50%	3,00%	6,83%	5,76%
		Qualitätssicherung	3,30%	0,56%	0,68%	1,05%	1,50%	0,60%	0,21%	1,28%
		Materiallogistik	1,65%	0,23%	0,68%	0,53%	0,50%	0,60%	0,11%	0,64%
		Härten & Beschichten	1,65%	0,56%	1,35%	1,58%	1,50%	1,20%	1,05%	0,64%
		Betriebsmittel	9,90%	0,56%	0,68%	1,05%	1,00%	0,60%	0,11%	0,38%
		Energie	3,30%	0,34%	0,68%	1,05%	0,50%	3,00%	0,11%	0,26%
	Montage	Materiallogistik	0,66%	0,34%	0,60%	0,70%	0,60%	0,30%	0,30%	0,40%
		Montage	1,32%	4,05%	4,20%	2,80%	3,00%	0,45%	3,60%	4,80%
		Nachbearbeitung	3,30%	1,35%	0,90%	2,80%	1,20%	0,53%	1,20%	1,60%
		Qualitätssicherung	1,32%	1,01%	0,30%	0,70%	1,20%	0,23%	0,90%	1,20%
	Try-Out	Funktionsprobe	0,22%	0,34%	0,45%	0,25%	0,40%	0,15%	0,68%	0,32%
		Probenmaterial	0,22%	0,11%	0,15%	0,12%	0,20%	0,45%	0,23%	0,16%
		Nachbearbeitung Fertigung	0,44%	0,83%	0,15%	0,37%	0,40%	0,60%	1,67%	0,96%
		Nachbearbeitung Konstruktion	0,44%	0,23%	0,75%	0,61%	0,40%	0,60%	0,45%	0,48%
		Nachbearbeitung Montage	0,44%	0,41%	0,60%	0,37%	0,40%	0,45%	0,81%	0,64%
		Logistik	0,22%	0,11%	0,15%	0,25%	0,06%	0,15%	0,23%	0,16%
		Dokumentation	0,11%	0,11%	0,60%	0,25%	0,04%	0,15%	0,23%	0,32%
		Simulation	0,11%	0,11%	0,15%	0,25%	0,10%	0,45%	0,23%	0,16%
	Vorserie	Funktionsprobe	0,28%	1,13%	0,18%	0,18%	0,60%	0,15%	0,38%	0,48%
		Probenmaterial	0,28%	0,90%	0,18%	0,09%	0,60%	0,45%	0,30%	0,16%
		Nachbearbeitung Fertigung	0,55%	0,68%	0,04%	0,26%	0,60%	0,60%	0,23%	0,40%
		Nachbearbeitung Konstruktion	0,55%	0,23%	0,08%	0,44%	0,60%	0,60%	0,08%	0,16%
		Nachbearbeitung Montage	0,55%	0,45%	0,18%	0,26%	0,60%	0,45%	0,15%	0,08%
		Logistik	0,28%	0,45%	0,24%	0,18%	0,40%	0,15%	0,15%	0,08%
		Dokumentation	0,14%	0,45%	0,24%	0,18%	0,20%	0,15%	0,15%	0,16%
		Simulation	0,14%	0,23%	0,06%	0,18%	0,40%	0,45%	0,08%	0,08%
	Inbetriebnahme	Unterweisung	0,22%	0,68%	0,23%	0,16%	0,90%	0,23%	0,45%	0,32%
		Rüsten	0,44%	0,23%	0,45%	0,37%	1,80%	0,45%	0,15%	0,32%
		Logistik	0,44%	0,23%	0,45%	0,21%	0,60%	0,45%	0,15%	0,16%
		Abnahme	0,55%	0,68%	0,23%	0,11%	0,60%	0,15%	0,45%	0,40%
		Qualitätssicherung	0,55%	0,45%	0,15%	0,21%	2,10%	0,23%	0,30%	0,40%
Nutzung	Serienfertigung	Betriebsstoffe	0,63%	2,40%	1,20%	5,51%	3,78%	2,00%	2,25%	2,03%
		Werkzeugkontrolle	0,63%	2,40%	1,20%	2,36%	2,52%	2,40%	2,25%	2,03%
		Reperatur	0,63%	4,80%	1,20%	5,51%	3,78%	1,60%	2,25%	6,75%
		Rüsten	0,63%	2,40%	1,20%	2,36%	2,52%	2,00%	2,25%	2,70%
	Lagerhaltung	Logistik	1,00%	1,05%	1,92%	1,80%	3,15%	1,20%	3,15%	2,70%
		Lagerführung	1,50%	0,45%	2,88%	2,70%	3,15%	2,80%	1,35%	1,80%
	Verschleißteile	Bearbeitung/Fertigung	3,75%	2,70%	7,20%	3,38%	1,26%	3,60%	6,08%	7,88%
		Qualitätssicherung	0,75%	0,90%	1,44%	1,01%	1,58%	1,20%	2,03%	3,15%
		Einbau	0,38%	1,20%	0,72%	0,68%	0,95%	1,20%	2,70%	2,36%
		Logistik	1,13%	0,60%	2,16%	0,34%	0,63%	1,20%	1,35%	0,79%
		Material	1,50%	0,60%	2,88%	1,35%	1,89%	4,80%	1,35%	1,58%
	Instandhaltung	Demontage	1,00%	1,50%	1,92%	2,36%	1,26%	1,80%	3,38%	2,70%
		Kontrolle	1,00%	0,60%	1,92%	2,36%	1,89%	2,40%	1,35%	0,45%
		Bearbeitung Fertigung	2,50%	1,20%	4,80%	3,15%	2,52%	2,40%	2,70%	1,80%
		Bearbeitung Montage	1,00%	1,20%	1,92%	3,15%	2,52%	1,80%	2,70%	1,80%
		Rüsten	1,50%	0,90%	2,88%	3,15%	3,15%	1,80%	2,03%	1,35%
		Dokumentation	1,50%	0,30%	2,88%	0,79%	0,63%	0,60%	0,68%	0,45%
		Logistik	1,50%	0,30%	2,88%	0,79%	0,63%	1,20%	0,68%	0,45%
	KVP	KVP Workshop	0,38%	0,45%	0,72%	0,45%	0,84%	0,60%	0,45%	0,45%
		Material KVP-Maßnahmen	0,38%	1,35%	0,72%	0,45%	0,84%	0,40%	1,35%	0,45%
		Personal KVP-Maßnahmen	1,00%	1,35%	1,92%	0,45%	0,84%	1,40%	1,35%	0,90%
		Versuche	0,38%	0,90%	0,72%	0,45%	0,84%	0,80%	0,90%	0,23%
		Simulation	0,38%	0,45%	0,72%	0,45%	0,84%	0,80%	0,45%	0,23%
Ausmusterung	Einlagerung	Logistik	0,38%	0,45%	0,15%	0,30%	0,18%	0,60%	0,20%	0,54%
		Lagerführung	0,88%	0,90%	0,35%	0,90%	0,36%	0,80%	0,40%	0,54%
		Raumkosten	1,00%	2,70%	0,40%	0,90%	0,63%	2,00%	1,20%	1,35%
		Abschreibung	0,25%	0,45%	0,10%	0,90%	0,63%	0,60%	0,20%	0,27%
	Recycling	Bestimmung Umfang Recycling	0,25%	0,03%	0,10%	0,10%	0,09%	0,75%	0,15%	0,06%
		Logistik	0,88%	0,03%	0,35%	0,30%	0,14%	1,80%	0,15%	0,24%
		Demontage	0,13%	0,20%	0,05%	0,60%	0,23%	0,45%	1,20%	0,90%
	Verschrottung	Logistik	0,63%	0,03%	0,25%	0,30%	0,08%	1,20%	0,15%	0,42%
		Verschrottung	0,63%	0,23%	0,25%	0,70%	0,68%	1,80%	1,35%	1,68%

Abbildung X-5: Konsolidierte Ergebnisse der Referenzkostenverteilung

Hauptphase	Subphase	Kostenposition	max	min	1. Quartil	Median	3. Quartil	Ø	Kumm. Ø	Delta	s
Entwicklung	Anfrage	Machbarkeit	0,50%	0,05%	0,12%	0,18%	0,28%	0,20%	0,20%	0,14%	0,15%
		Methode	0,25%	0,05%	0,06%	0,13%	0,23%	0,14%	0,34%	0,19%	0,08%
		Kalkulation	0,40%	0,05%	0,08%	0,20%	0,29%	0,19%	0,52%	0,18%	0,12%
		Grobplanung	0,30%	0,09%	0,15%	0,17%	0,23%	0,18%	0,70%	0,22%	0,06%
		Werkzeugkonzeption	0,30%	0,11%	0,17%	0,20%	0,30%	0,22%	0,92%	0,06%	0,07%
		Reisekosten	0,20%	0,01%	0,02%	0,05%	0,11%	0,06%	0,98%	0,13%	0,06%
		Ansichtsmuster	0,23%	0,01%	0,09%	0,11%	0,21%	0,13%	1,11%	1,21%	0,07%
	Angebot	Angebotsbearbeitung	1,80%	0,48%	0,95%	1,33%	1,58%	1,21%	2,32%	0,35%	0,48%
		Reisekosten	0,60%	0,06%	0,12%	0,43%	0,56%	0,35%	2,67%	0,32%	0,21%
	Beauftragung	Projektplan	0,80%	0,04%	0,11%	0,29%	0,62%	0,32%	2,99%	0,19%	0,26%
		Kick-Off Meeting	0,56%	0,06%	0,09%	0,12%	0,29%	0,19%	3,18%	0,21%	0,17%
		Make or Buy	0,56%	0,04%	0,10%	0,19%	0,37%	0,21%	3,39%	0,29%	0,17%
		Internes Auftragswesen	0,80%	0,10%	0,13%	0,15%	0,62%	0,29%	3,68%	1,06%	0,26%
	Finalisierung Konzept	Detaillierung Werkzeugkonzept	2,00%	0,60%	0,74%	0,90%	1,63%	1,06%	4,74%	0,65%	0,47%
		Simulation	1,75%	0,15%	0,32%	0,60%	1,04%	0,65%	5,38%	0,36%	0,50%
		Machbarkeit	0,90%	0,06%	0,19%	0,33%	0,60%	0,36%	5,74%	0,35%	0,26%
		Review WZ-Anforderungen	0,68%	0,09%	0,18%	0,31%	0,62%	0,35%	6,09%	0,34%	0,23%
		Review Angebot	0,68%	0,09%	0,14%	0,30%	0,62%	0,34%	6,43%	0,22%	0,23%
		Reisekosten	0,45%	0,08%	0,10%	0,23%	0,34%	0,22%	6,65%	6,38%	0,13%
	Konstruktion	Finalisierung Konstruktion	11,20%	1,80%	4,49%	6,54%	6,95%	6,38%	13,03%	1,53%	2,91%
		Freigabe Konstruktion	4,80%	0,35%	0,80%	1,08%	2,60%	1,53%	14,55%	1,89%	1,42%
		Prozesssimulation	5,00%	0,52%	1,39%	1,63%	2,65%	1,89%	16,44%	0,68%	1,32%
		Reisekosten	1,60%	0,09%	0,41%	0,51%	1,23%	0,68%	17,13%	0,76%	0,49%
Fertigung	Feinplanung	Arbeitsplanung /-vorbereitung	1,49%	0,44%	0,50%	0,66%	0,93%	0,76%	17,89%	0,62%	0,36%
		Materialbeschaffungsplanung	1,49%	0,11%	0,31%	0,39%	0,96%	0,62%	18,51%	0,75%	0,49%
		Kapazitäts/-Fertigungsplanung	1,53%	0,18%	0,43%	0,58%	1,14%	0,75%	19,26%	0,89%	0,47%
	Beschaffung	Bestellung	3,60%	0,26%	0,31%	0,43%	0,67%	0,89%	20,15%	1,08%	1,14%
		Logistikaufwand	2,70%	0,36%	0,48%	0,63%	1,00%	1,08%	21,23%	0,89%	0,86%
		Qualitätskontrolle	2,40%	0,18%	0,44%	0,56%	1,15%	0,89%	22,12%	0,32%	0,78%
		Reisekosten	0,90%	0,05%	0,12%	0,15%	0,52%	0,32%	22,43%	0,99%	0,31%
	Programmierung	Datenaufbereitung	2,10%	0,11%	0,56%	0,78%	1,88%	0,99%	23,43%	2,14%	0,69%
		CAM Programmierung	3,60%	1,32%	1,69%	1,85%	2,04%	2,14%	25,56%	0,95%	0,79%
		WOP Programmierung	2,45%	0,22%	0,41%	0,74%	1,63%	0,95%	26,51%	3,44%	0,75%
	Mechanische Fertigung	Weichbearbeitung	6,60%	2,10%	2,44%	3,08%	3,89%	3,44%	29,95%	4,87%	1,46%
		Hartbearbeitung	6,83%	2,10%	2,88%	5,58%	6,03%	4,87%	34,82%	1,15%	2,01%
		Qualitätssicherung	3,30%	0,21%	0,59%	0,86%	1,34%	1,15%	35,96%	0,61%	0,97%
		Materiallogistik	1,65%	0,11%	0,43%	0,56%	0,65%	0,62%	36,58%	1,19%	0,46%
		Härten & Beschichten	1,65%	0,56%	0,95%	1,28%	1,52%	1,19%	37,77%	1,78%	0,41%
		Betriebsmittel	9,90%	0,11%	0,52%	0,64%	1,01%	1,78%	39,55%	1,15%	3,29%
		Energie	3,30%	0,11%	0,32%	0,59%	1,54%	1,15%	40,71%	0,49%	1,27%
	Montage	Materiallogistik	0,70%	0,30%	0,33%	0,50%	0,63%	0,49%	41,19%	3,03%	0,17%
		Montage	4,80%	0,45%	2,43%	3,30%	4,35%	3,03%	44,22%	1,61%	1,49%
		Nachbearbeitung	3,30%	0,53%	1,13%	1,28%	1,90%	1,61%	45,83%	0,86%	0,95%
		Qualitätssicherung	1,32%	0,23%	0,60%	0,96%	1,20%	0,86%	46,69%	0,35%	0,42%
	Try-Out	Funktionsprobe	0,68%	0,15%	0,24%	0,33%	0,51%	0,35%	47,04%	0,21%	0,16%
		Probenmaterial	0,45%	0,11%	0,14%	0,18%	0,28%	0,21%	47,24%	0,68%	0,11%
		Nachbearbeitung Fertigung	1,67%	0,15%	0,39%	0,52%	1,14%	0,68%	47,92%	0,49%	0,48%
		Nachbearbeitung Konstruktion	0,75%	0,23%	0,43%	0,47%	0,65%	0,49%	48,41%	0,51%	0,16%
		Nachbearbeitung Montage	0,81%	0,37%	0,40%	0,45%	0,68%	0,51%	48,93%	0,17%	0,15%
		Logistik	0,25%	0,06%	0,14%	0,16%	0,23%	0,17%	49,09%	0,23%	0,06%
		Dokumentation	0,60%	0,04%	0,11%	0,19%	0,39%	0,23%	49,32%	0,19%	0,18%
		Simulation	0,45%	0,10%	0,11%	0,16%	0,30%	0,19%	49,51%	0,42%	0,12%
	Vorserie	Funktionsprobe	1,13%	0,15%	0,18%	0,33%	0,51%	0,42%	49,93%	0,37%	0,33%
		Probenmaterial	0,90%	0,09%	0,18%	0,29%	0,49%	0,37%	50,30%	0,42%	0,27%
		Nachbearbeitung Fertigung	0,68%	0,04%	0,25%	0,48%	0,60%	0,42%	50,72%	0,34%	0,23%
		Nachbearbeitung Konstruktion	0,60%	0,08%	0,14%	0,33%	0,60%	0,34%	51,06%	0,34%	0,23%
		Nachbearbeitung Montage	0,60%	0,08%	0,17%	0,36%	0,49%	0,34%	51,40%	0,24%	0,20%
		Logistik	0,45%	0,08%	0,15%	0,21%	0,28%	0,24%	51,64%	0,21%	0,13%
		Dokumentation	0,45%	0,14%	0,15%	0,17%	0,21%	0,21%	51,85%	0,20%	0,10%
		Simulation	0,45%	0,06%	0,08%	0,16%	0,41%	0,20%	52,05%	0,40%	0,15%
	Inbetriebnahme	Unterweisung	0,90%	0,16%	0,22%	0,27%	0,56%	0,40%	52,45%	0,53%	0,26%
		Rüsten	1,80%	0,15%	0,30%	0,40%	0,79%	0,53%	52,97%	0,34%	0,53%
		Logistik	0,60%	0,15%	0,20%	0,33%	0,49%	0,34%	53,31%	0,39%	0,17%
		Abnahme	0,68%	0,11%	0,21%	0,43%	0,49%	0,39%	53,70%	0,55%	0,21%
		Qualitätssicherung	2,10%	0,15%	0,22%	0,35%	0,83%	0,55%	54,25%	2,47%	0,64%
Nutzung	Serienfertigung	Betriebsstoffe	5,51%	0,63%	1,80%	2,14%	4,21%	2,47%	56,72%	1,97%	1,53%
		Werkzeugkontrolle	2,52%	0,63%	1,82%	2,31%	2,43%	1,97%	58,70%	3,31%	0,69%
		Reperatur	6,75%	0,63%	1,50%	3,02%	5,82%	3,31%	62,01%	2,01%	2,23%
		Rüsten	2,70%	0,63%	1,80%	2,31%	2,57%	2,01%	64,02%	2,00%	0,72%
	Lagerhaltung	Logistik	3,15%	1,00%	1,16%	1,86%	3,15%	2,00%	66,02%	2,08%	0,90%
		Lagerführung	3,15%	0,45%	1,46%	2,25%	2,95%	2,08%	68,09%	4,48%	0,95%
	Verschleißteile	Bearbeitung/Fertigung	7,88%	1,26%	3,21%	3,68%	7,37%	4,48%	72,57%	1,51%	2,32%
		Qualitätssicherung	3,15%	0,75%	0,98%	1,32%	2,31%	1,51%	74,08%	1,27%	0,78%
		Einbau	2,70%	0,38%	0,71%	1,07%	2,45%	1,27%	75,35%	1,02%	0,83%
		Logistik	2,16%	0,34%	0,62%	0,96%	1,55%	1,02%	76,38%	1,99%	0,57%
		Material	4,80%	0,60%	1,35%	1,54%	3,36%	1,99%	78,37%	1,99%	1,30%
	Instandhaltung	Demontage	3,38%	1,00%	1,44%	1,86%	2,87%	1,99%	80,36%	1,50%	0,79%
		Kontrolle	2,40%	0,45%	0,90%	1,62%	2,37%	1,50%	81,86%	2,63%	0,76%
		Bearbeitung Fertigung	4,80%	1,20%	2,25%	2,51%	3,56%	2,63%	84,49%	2,01%	1,06%
		Bearbeitung Montage	3,15%	1,00%	1,65%	1,86%	2,81%	2,01%	86,50%	2,09%	0,74%
		Rüsten	3,15%	0,90%	1,46%	1,91%	3,15%	2,09%	88,59%	0,98%	0,87%
		Dokumentation	2,88%	0,30%	0,56%	0,65%	1,31%	0,98%	89,57%	1,05%	0,85%
		Logistik	2,88%	0,30%	0,59%	0,73%	1,62%	1,05%	90,63%	0,54%	0,84%
	KVP	KVP Workshop	0,84%	0,38%	0,45%	0,45%	0,75%	0,54%	91,17%	0,74%	0,16%
		Material KVP-Maßnahmen	1,35%	0,38%	0,44%	0,59%	0,97%	0,74%	91,91%	1,15%	0,41%
		Personal KVP-Maßnahmen	1,92%	0,45%	0,89%	1,18%	1,53%	1,15%	93,06%	0,65%	0,45%
		Versuche	0,90%	0,23%	0,43%	0,76%	0,86%	0,65%	93,71%	0,54%	0,26%
		Simulation	0,84%	0,23%	0,43%	0,45%	0,81%	0,54%	94,25%	0,35%	0,22%
Ausmusterung	Einlagerung	Logistik	0,60%	0,15%	0,20%	0,34%	0,56%	0,35%	94,60%	0,64%	0,17%
		Lagerführung	0,90%	0,35%	0,39%	0,67%	0,83%	0,64%	95,24%	1,27%	0,25%
		Raumkosten	2,70%	0,40%	0,83%	1,10%	1,51%	1,27%	96,51%	0,42%	0,75%
		Abschreibung	0,90%	0,10%	0,24%	0,36%	0,70%	0,43%	96,94%	0,19%	0,27%
	Recycling	Bestimmung Umfang Recycling	0,75%	0,03%	0,08%	0,10%	0,30%	0,19%	97,13%	0,48%	0,24%
		Logistik	1,80%	0,03%	0,15%	0,27%	0,71%	0,48%	97,61%	0,47%	0,59%
		Demontage	1,20%	0,05%	0,18%	0,34%	0,98%	0,47%	98,08%	0,38%	0,41%
	Verschrottung	Logistik	1,20%	0,03%	0,13%	0,28%	0,62%	0,38%	98,46%	0,91%	0,38%
		Verschrottung	1,80%	0,23%	0,53%	0,69%	1,71%	0,91%	99,38%	0,63%	0,62%

Abbildung X-6: Auswertung der Experteneinschätzung

Die nachfolgenden Abbildungen zeigen die Verteilung für jede Hauptphase, indem Spannweiten und Mittelwerte für die Kostenposition dargestellt werden. Auf die Illustration der Quartile wird zu Gunsten einer besseren Übersicht verzichtet.

Hauptphase	Subphase	Kostenposition	WZB 1	WZB 2	WZB 3	WZB 4	WZB 5	WZB 6	WZB 7	WZB 8
Entwicklung	Anfrage	Machbarkeit	0,30%	0,20%	0,20%	0,05%	0,15%	0,05%	0,50%	0,14%
		Methode	0,18%	0,05%	0,25%	0,07%	0,23%	0,05%	0,20%	0,09%
		Kalkulation	0,18%	0,25%	0,08%	0,05%	0,23%	0,25%	0,40%	0,07%
		Grobplanung	0,18%	0,15%	0,15%	0,09%	0,30%	0,20%	0,20%	0,14%
		Werkzeugkonzeption	0,18%	0,20%	0,30%	0,11%	0,30%	0,20%	0,30%	0,14%
		Reisekosten	0,06%	0,05%	0,01%	0,02%	0,08%	0,05%	0,20%	0,02%
		Ansichtsmuster	0,12%	0,10%	0,01%	0,07%	0,23%	0,20%	0,20%	0,11%
	Angebot	Angebotsbearbeitung	1,08%	1,60%	0,54%	1,26%	1,80%	1,50%	1,40%	0,48%
		Reisekosten	0,12%	0,40%	0,06%	0,54%	0,45%	0,50%	0,60%	0,12%
	Beauftragung	Projektplan	0,23%	0,35%	0,12%	0,07%	0,56%	0,80%	0,40%	0,04%
		Kick-Off Meeting	0,11%	0,30%	0,12%	0,07%	0,56%	0,10%	0,20%	0,06%
		Make or Buy	0,11%	0,20%	0,04%	0,18%	0,56%	0,30%	0,25%	0,05%
		Internes Auftragswesen	0,30%	0,15%	0,12%	0,14%	0,56%	0,80%	0,15%	0,10%
	Finalisierung Konzept	Detaillierung Werkzeugkonzep	0,75%	0,90%	0,70%	0,60%	1,13%	1,50%	2,00%	0,90%
		Simulation	0,15%	0,60%	0,34%	0,60%	0,68%	1,75%	0,80%	0,27%
		Machbarkeit	0,15%	0,20%	0,06%	0,30%	0,90%	0,50%	0,40%	0,36%
		Review WZ-Anforderungen	0,23%	0,10%	0,20%	0,60%	0,68%	0,50%	0,40%	0,09%
		Review Angebot	0,15%	0,10%	0,40%	0,60%	0,68%	0,50%	0,20%	0,09%
		Reisekosten	0,08%	0,10%	0,30%	0,30%	0,45%	0,25%	0,20%	0,09%
	Konstruktion	Finalisierung Konstruktion	8,28%	11,20%	8,00%	4,65%	1,80%	4,00%	6,60%	6,48%
		Freigabe Konstruktion	1,04%	1,12%	4,80%	1,86%	0,90%	0,50%	1,65%	0,35%
		Prozesssimulation	0,52%	1,40%	1,60%	1,86%	1,35%	5,00%	1,65%	1,73%
		Reisekosten	0,52%	0,28%	1,60%	0,93%	0,45%	0,50%	1,10%	0,09%

Abbildung X-7: Ergebnis der relativen Kostenverteilung (Auszug Entwicklung)

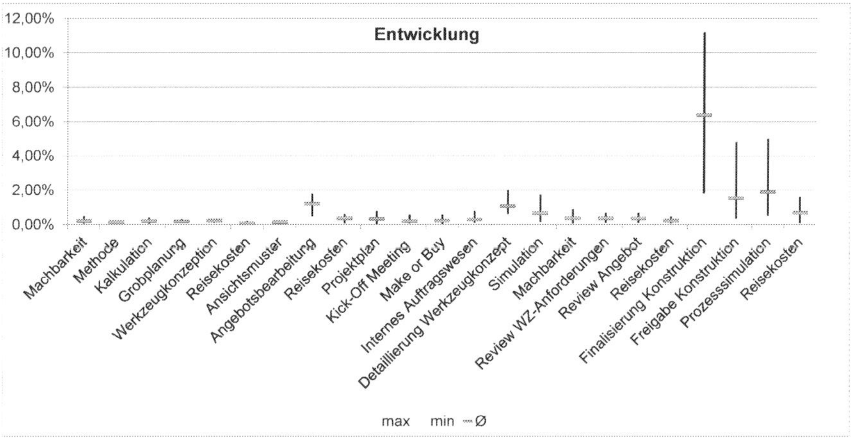

Abbildung X-8: Spannweiten und Mittelwerte (Auszug Entwicklung)

Hauptphase	Subphase	Kostenposition	WZB 1	WZB 2	WZB 3	WZB 4	WZB 5	WZB 6	WZB 7	WZB 8
Fertigung	Feinplanung	Arbeitsplanung /-vorbereitung	0,44%	1,49%	0,45%	0,56%	1,00%	0,90%	0,75%	0,51%
		Materialbeschaffungsplanung	0,11%	1,49%	0,27%	1,12%	0,40%	0,90%	0,38%	0,32%
		Kapazitäts/-Fertigungsplanung	0,55%	1,53%	0,18%	1,12%	0,60%	1,20%	0,38%	0,45%
	Beschaffung	Bestellung	0,55%	3,60%	0,32%	0,49%	1,20%	0,30%	0,38%	0,26%
		Logistikaufwand	1,65%	2,70%	0,36%	0,74%	1,80%	0,53%	0,38%	0,51%
		Qualitätskontrolle	0,41%	1,80%	0,18%	0,74%	2,40%	0,53%	0,60%	0,45%
		Reisekosten	0,14%	0,90%	0,05%	0,49%	0,60%	0,15%	0,15%	0,06%
	Programmierung	Datenaufbereitung	0,66%	0,45%	0,60%	2,10%	1,32%	1,80%	0,90%	0,11%
		CAM Programmierung	2,86%	3,60%	1,80%	2,45%	1,32%	1,35%	1,80%	1,90%
		WOP Programmierung	0,88%	0,45%	0,60%	2,45%	1,36%	1,35%	0,30%	0,22%
	Mechanische Fertigung	Weichbearbeitung	6,60%	2,25%	4,05%	3,15%	2,50%	3,00%	2,10%	3,84%
		Hartbearbeitung	6,60%	6,75%	5,40%	2,10%	2,50%	3,00%	6,83%	5,76%
		Qualitätssicherung	3,30%	0,56%	0,68%	1,05%	1,50%	0,60%	0,21%	1,28%
		Materiallogistik	1,65%	0,23%	0,68%	0,53%	0,50%	0,60%	0,11%	0,64%
		Härten & Beschichten	1,65%	0,56%	1,35%	1,58%	1,50%	1,20%	1,05%	0,64%
		Betriebsmittel	9,90%	0,56%	0,68%	1,05%	1,00%	0,60%	0,11%	0,38%
		Energie	3,30%	0,34%	0,68%	1,05%	0,50%	3,00%	0,11%	0,26%
	Montage	Materiallogistik	0,66%	0,34%	0,60%	0,70%	0,60%	0,30%	0,30%	0,40%
		Montage	1,32%	4,05%	4,20%	2,80%	3,00%	0,45%	3,60%	4,80%
		Nachbearbeitung	3,30%	1,35%	0,90%	2,80%	1,20%	0,53%	1,20%	1,60%
		Qualitätssicherung	1,32%	1,01%	0,30%	0,70%	1,20%	0,23%	0,90%	1,20%
	Try-Out	Funktionsprobe	0,22%	0,34%	0,45%	0,25%	0,40%	0,15%	0,68%	0,32%
		Probenmaterial	0,22%	0,11%	0,15%	0,12%	0,20%	0,45%	0,23%	0,16%
		Nachbearbeitung Fertigung	0,44%	0,83%	0,15%	0,37%	0,40%	0,60%	1,67%	0,96%
		Nachbearbeitung Konstruktion	0,44%	0,23%	0,75%	0,61%	0,40%	0,60%	0,45%	0,48%
		Nachbearbeitung Montage	0,44%	0,41%	0,60%	0,37%	0,40%	0,45%	0,81%	0,64%
		Logistik	0,22%	0,11%	0,15%	0,25%	0,06%	0,15%	0,23%	0,16%
		Dokumentation	0,11%	0,11%	0,60%	0,25%	0,04%	0,15%	0,23%	0,32%
		Simulation	0,11%	0,11%	0,15%	0,25%	0,10%	0,45%	0,23%	0,16%
	Vorserie	Funktionsprobe	0,28%	1,13%	0,18%	0,18%	0,60%	0,15%	0,38%	0,48%
		Probenmaterial	0,28%	0,90%	0,18%	0,09%	0,60%	0,45%	0,30%	0,16%
		Nachbearbeitung Fertigung	0,55%	0,68%	0,04%	0,26%	0,60%	0,60%	0,23%	0,40%
		Nachbearbeitung Konstruktion	0,55%	0,23%	0,08%	0,44%	0,60%	0,60%	0,08%	0,16%
		Nachbearbeitung Montage	0,55%	0,45%	0,18%	0,26%	0,60%	0,45%	0,15%	0,08%
		Logistik	0,28%	0,45%	0,24%	0,18%	0,40%	0,15%	0,15%	0,08%
		Dokumentation	0,14%	0,45%	0,24%	0,18%	0,20%	0,15%	0,15%	0,16%
		Simulation	0,14%	0,23%	0,06%	0,18%	0,40%	0,45%	0,08%	0,08%
	Inbetriebnahme	Unterweisung	0,22%	0,68%	0,23%	0,16%	0,90%	0,23%	0,45%	0,32%
		Rüsten	0,44%	0,23%	0,45%	0,37%	1,80%	0,45%	0,15%	0,32%
		Logistik	0,44%	0,23%	0,45%	0,21%	0,60%	0,45%	0,15%	0,16%
		Abnahme	0,55%	0,68%	0,23%	0,11%	0,60%	0,15%	0,45%	0,40%
		Qualitätssicherung	0,55%	0,45%	0,15%	0,21%	2,10%	0,23%	0,30%	0,40%

Abbildung X-9: Ergebnis der relativen Kostenverteilung (Auszug Fertigung)

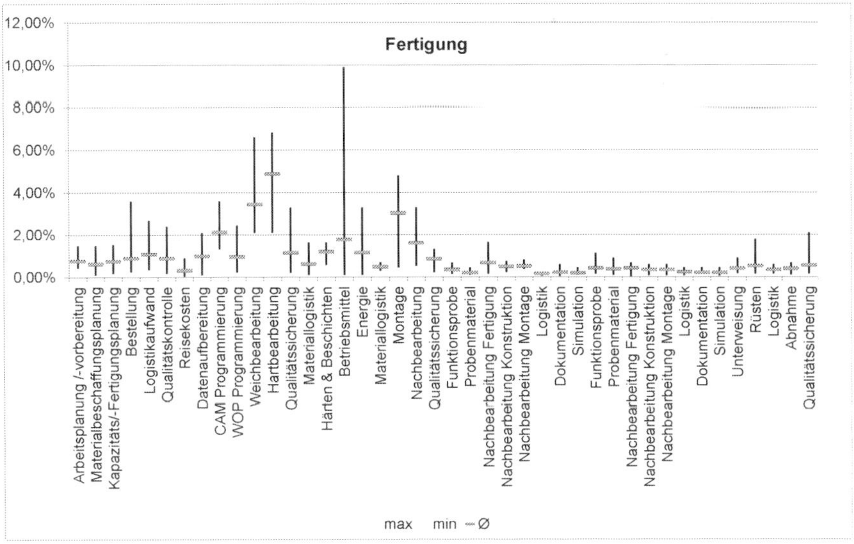

Abbildung X-10: Spannweiten und Mittelwerte (Auszug Fertigung)

Hauptphase	Subphase	Kostenposition	WZB 1	WZB 2	WZB 3	WZB 4	WZB 5	WZB 6	WZB 7	WZB 8
Nutzung	Serienfertigung	Betriebsstoffe	0,63%	2,40%	1,20%	5,51%	3,78%	2,00%	2,25%	2,03%
		Werkzeugkontrolle	0,63%	2,40%	1,20%	2,36%	2,52%	2,40%	2,25%	2,03%
		Reperatur	0,63%	4,80%	1,20%	5,51%	3,78%	1,60%	2,25%	6,75%
		Rüsten	0,63%	2,40%	1,20%	2,36%	2,52%	2,00%	2,25%	2,70%
	Lagerhaltung	Logistik	1,00%	1,05%	1,92%	1,80%	3,15%	1,20%	3,15%	2,70%
		Lagerführung	1,50%	0,45%	2,88%	2,70%	3,15%	2,80%	1,35%	1,80%
	Verschließteile	Bearbeitung/Fertigung	3,75%	2,70%	7,20%	3,38%	1,26%	3,60%	6,08%	7,88%
		Qualitätssicherung	0,75%	0,90%	1,44%	1,01%	1,58%	1,20%	2,03%	3,15%
		Einbau	0,38%	1,20%	0,72%	0,68%	0,95%	1,20%	2,70%	2,36%
		Logistik	1,13%	0,60%	2,16%	0,34%	0,63%	1,20%	1,35%	0,79%
		Material	1,50%	0,60%	2,88%	1,35%	1,89%	4,80%	1,35%	1,58%
	Instandhaltung	Demontage	1,00%	1,50%	1,92%	2,36%	1,26%	1,80%	3,38%	2,70%
		Kontrolle	1,00%	0,60%	1,92%	2,36%	1,89%	2,40%	1,35%	0,45%
		Bearbeitung Fertigung	2,50%	1,20%	4,80%	3,15%	2,52%	2,40%	2,70%	1,80%
		Bearbeitung Montage	1,00%	1,20%	1,92%	3,15%	2,52%	1,80%	2,70%	1,80%
		Rüsten	1,50%	0,90%	2,88%	3,15%	3,15%	1,80%	2,03%	1,35%
		Dokumentation	1,50%	0,30%	2,88%	0,79%	0,63%	0,60%	0,68%	0,45%
		Logistik	1,50%	0,30%	2,88%	0,79%	0,63%	1,20%	0,68%	0,45%
	KVP	KVP Workshop	0,38%	0,45%	0,72%	0,45%	0,84%	0,60%	0,45%	0,45%
		Material KVP-Maßnahmen	0,38%	1,35%	0,72%	0,45%	0,84%	0,40%	1,35%	0,45%
		Personal KVP-Maßnahmen	1,00%	1,35%	1,92%	0,45%	0,84%	1,40%	1,35%	0,90%
		Versuche	0,38%	0,90%	0,72%	0,45%	0,84%	0,80%	0,90%	0,23%
		Simulation	0,38%	0,45%	0,72%	0,45%	0,84%	0,80%	0,45%	0,23%

Abbildung X-11: Ergebnis der relativen Kostenverteilung (Auszug Nutzung)

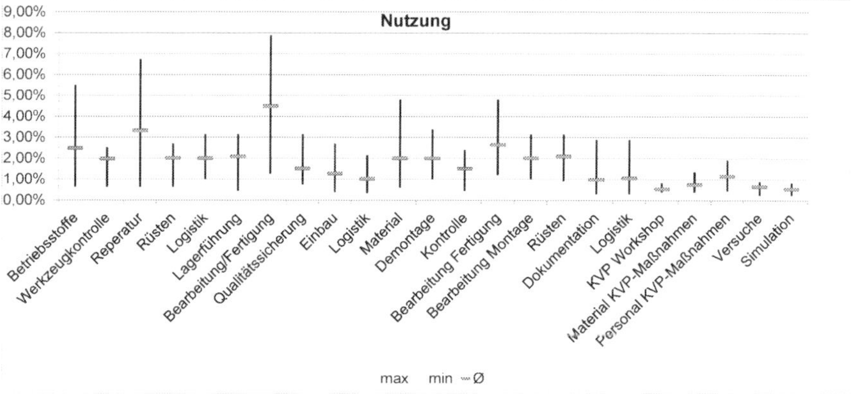

Abbildung X-12: Spannweiten und Mittelwerte (Auszug Nutzung)

Hauptphase	Subphase	Kostenposition	WZB 1	WZB 2	WZB 3	WZB 4	WZB 5	WZB 6	WZB 7	WZB 8
Ausmusterung	Einlagerung	Logistik	0,38%	0,45%	0,15%	0,30%	0,18%	0,60%	0,20%	0,54%
		Lagerführung	0,88%	0,90%	0,35%	0,90%	0,36%	0,80%	0,40%	0,54%
		Raumkosten	1,00%	2,70%	0,40%	0,90%	0,63%	2,00%	1,20%	1,35%
		Abschreibung	0,25%	0,45%	0,10%	0,90%	0,63%	0,60%	0,20%	0,27%
	Recycling	Bestimmung Umfang Recyclin	0,25%	0,03%	0,10%	0,10%	0,09%	0,75%	0,15%	0,06%
		Logistik	0,88%	0,03%	0,35%	0,30%	0,14%	1,80%	0,15%	0,24%
		Demontage	0,13%	0,20%	0,05%	0,60%	0,23%	0,45%	1,20%	0,90%
	Verschrottung	Logistik	0,63%	0,03%	0,25%	0,30%	0,08%	1,20%	0,15%	0,42%
		Verschrottung	0,63%	0,23%	0,25%	0,70%	0,68%	1,80%	1,35%	1,68%

Abbildung X-13: Ergebnis der relativen Kostenverteilung (Auszug Ausmusterung)

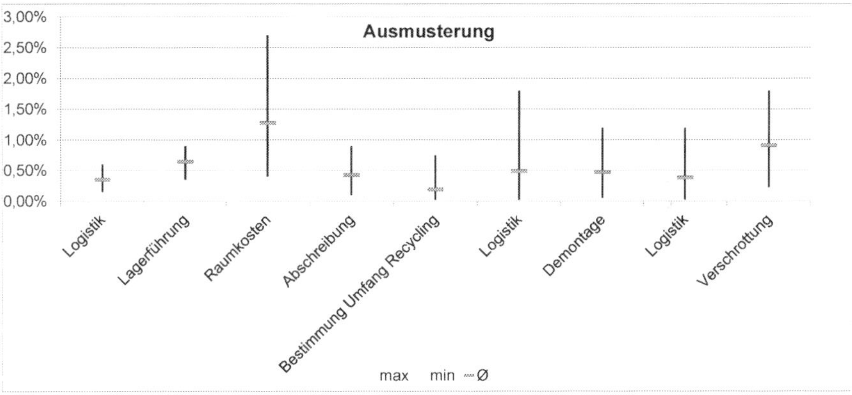

Abbildung X-14: Spannweiten und Mittelwerte (Auszug Ausmusterung)

X.III Qualitätsvektoren

1. Erhebung	2. Konsolidierung	3. Qualitätscluster
Masse des Werkzeugs	Masse des Werkzeugs	Abmessungen
Außenabmessungen	Außenabmessungen	
Abzutragende Masse bzw. Volumen	Konturradius (minimal)	
Anzahl tolerierter Elemente	Aspektverhältnis Konturtiefe zu -breite (maximal)	
Konturradius (minimal)	Schussvolumen	
Konturtiefe (maximal)		
Schussvolumen		
Oberflächenrauheit/ -güte (Rz)	Oberflächenrauheit/ -güte (Ra) Fräsen	Oberflächeneigenschaften
Reibungskoeffizient	Oberflächenrauheit/ -güte (Rz vdi) Erodieren	
Oberflächenvergütung	Werkstoffhärte (HRC)	
Werkstoffhärte (HRC)	Beschichtung	
Beschichtung	Korrosionsbeständigkeit	
Korrosionsbeständigkeit		
Entlüftung	Entlüftung	Entlüftungskonzept
Anzahl Einzelteile laut Stückliste	Anzahl Einzelteile laut Stückliste	Standardisierungsgrad
Anteil verwendeter Normalien	Anteil verwendeter Normalien	
Anteil modularer Bauteile	Gleichteilquote	
Anteil speziell angefertigter Bauteile	Nutzung von Entwicklungssynergien	
Gleichteilquote		
Nutzung von Entwicklungssynergien		
Anteil Temperierkanalbohrungen	Anzahl Temperierkreisläufe	Temperierungskonzept
Art der Temperierkanalbohrungen	Art der Temperierkanalbohrungen	
Temperiermedien	Temperiermedien	
Anzahl Temperaturniveaus	Anzahl Temperaturniveaus	
Länge der Fließnaht	Länge der Fließweg	Anspritzkonzept
Abstand der Heißkanäle zur formgebenden Kontur	Abstand der Heißkanäle zur formgebenden Kontur	
Gasinnendruck	Gasinnendruck	
Anzahl Anspritzpunkte	Anzahl Anspritzpunkte	
Steifigkeit	Schließ- und Zuhaltekräfte	Werkzeugmechanik
Schließ- und Zuhaltekräfte	Maximaler Forminnendruck	
Maximaler Forminnendruck	Formöffnungs- und Auswerferkräfte	
Formöffnungs- und Auswerferkräfte		
Verwendeter Kunststoff	Verwendeter Kunststoff	Spritzgussverfahren
Anzahl Komponenten	Anzahl Komponenten	
Auswerfersystem	Auswerfersystem	Werkzeugaufbau
Anzahl Auswerfer	Anzahl Auswerfer	
Anzahl Schieber	Anzahl Schieber	
Anzahl Hinterschneidungen	Anzahl Hinterschneidungen	
Entformungsschrägen	Komplexität Hinterschneidung	
Anzahl Auswurfstifte	Entformungsschrägen	
Zentrierungsaufwand	Zentrierungsaufwand	
Wanddicken	Geringste Wanddicken	Geometrie
Anzahl gleicher Wanddicken	Anzahl Löcher/ Bohrungen/ Gewinde	
Anzahl Löcher/ Bohrungen/ Gewinde	Anzahl Rippen	
Anzahl Rippen	Allgemeine Toleranzen	
Bandbreite der Radien	Querschnittsform	
Bearbeitungstoleranzen	Stärke der Formplatte	
Querschnittsform	Anzahl der Kavitäten	
Stärke der Formplatte		
Anzahl der Kavitäten		
Fachzahl		
2D/ 3D-Elemente		
Härte des Werkstoffs	Duktulität/ Sprödigkeit	Materialeigenschaften
Duktulität/ Sprödigkeit	Wärmeausdehnung [in 10-6 K-1]	
Wärmeausdehnung [in 10^{-6} K^{-1}]	Wärmeleitfähigkeit (bei 20°C) [W/ m × K]	
Wärmeleitfähigkeit (bei 20°C) [W/ m × K]		

Abbildung X-15: Vollständige Exploration der Qualitätscluster

Qualitätscluster/Merkmale	Merkmalsausprägungen					
Abmessungen						
Masse des Werkzeugs	< 100kg	< 500kg	< 1000kg	< 5000 kg	>= 5000 kg	
Außenabmessungen	< 250 x 250 mm²	< 500 x 500 mm²	< 1000 x 1000 mm²	< 2000 x 1000 mm²	>= 2000 x 1000 mm²	
Konturradius (minimal)	>= 3 mm	< 3 mm	< 1 mm	< 0,5 mm	< 0,25 mm	
Aspektverhältnis Konturtiefe zu -breite (maximal)	< 0,5	< 1	< 10	< 50	< 100	>= 100
Schussvolumen	< 5 cm³	< 20 cm³	< 100 cm³	< 500 cm³	>= 500 cm³	
Oberflächeneigenschaften						
Oberflächenrauheit/ -güte (Ra) Fräsen	>= 5 µm	< 5 µm	< 3 µm	< 1 µm	< 0,1 µm	< 0,01 µm
Oberflächenrauheit/ -güte (Rz vdi) Erodieren	>= 5 µm	< 5 µm	< 3 µm	< 1 µm	< 0,1 µm	< 0,01 µm
Werkstoffhärte (HRC)	<= 40 HRC	> 40 HRC	> 60 HRC	> 70 HRC		
Beschichtung	Plasmanitrieren	Chemisch Nickel	PVD[1]	PACVD[2]	CVD[3]	
Korrosionsbeständigkeit	Keine chemische Beständigkeit	Geringe chemische Beständigkeit	Große chemische Beständigkeit	Komplette chemische Beständigkeit		
Komplexitätsgrad Entlüftung						
Entlüftung	In Trennebene und in beweglichen Elementen	Zusammengesetzte Entlüftungselemente	Vakuum Entlüftung			
Standardisierungsgrad						
Anzahl Einzelteile laut Stückliste	< 50 Teile	< 100 Teile	< 200 Teile	< 500 Teile	>= 500 Teile	
Anteil verwendeter Normalien	<= 50 %	> 50 %	> 60 %	> 70%	> 80 %	
Gleichteilquote	< 10 %	< 20 %	< 30 %	< 40 %	< 50 %	>= 50 %
Nutzung von Entwicklungssynergien	< 10 %	< 20 %	< 30 %	< 40 %	< 50 %	>= 50 %
Komplexitätsgrad Temperierung						
Anzahl Temperierkreisläufe	2	> 2	> 5	> 10		
Art der Temperierkanalbohrungen	Zylinderförmig, gerade	Zylinderförmig, schräg	Spiralförmig	Komplexer		
Temperiermedien	Wasser	Öl	Verschiedene Medien			
Anzahl Temperaturniveaus	1	2	>2			
Komplexitätsgrad Anspritzkonzept						
Länge der Fließweg	< 1 cm	< 5 cm	< 50 cm	>= 50 cm		
Abstand der Heißkanäle zur formgebenden Kontur	< 5 mm	< 10 mm	< 50 mm	>= 50 mm		
Gasinnendruck	~ 1 bar	< 125 bar	< 250 bar	>= 250 bar		
Anzahl Anspritzpunkte	1	< 3	< 5	>= 5		
Komplexitätsgrad Werkzeugmechanik						
Schließ- und Zuhaltekräfte	< 100 kN	< 2000 kN	< 4000 kN	>= 4000 kN		
Maximaler Forminnendruck	< 50 bar	< 325 bar	< 600 bar	>= 600 bar		
Formöffnungs- und Auswerferkräfte	< 50 kN	< 225 kN	< 400 kN	>= 400 kN		
Komplexitätsgrad Spritzgussverfahren						
Verwendeter Kunststoff	Thermoplaste	Elastomere	Duroplaste	Thermoplastschaum	Verbundkunststoffe/ GEF	
Anzahl Komponenten	1	2	3	>3		
Komplexitätsgrad Werkzeugbau						
Auswerfersystem	Einstufig	Zweistufig	Dreistufig	Mehrstufig		
Anzahl Auswerfer	<5	< 10	< 50	>= 50		
Anzahl Schieber	1	< 5	< 10	>= 10		
Anzahl Hinterschneidungen	0	<5	<10	>= 10		
Komplexität Hinterschneidung	schieberlos entformbar	mit Schieber einfach entformbar	mit Schieber komplex entformbar	mit Schieber hoch komplex entformbar		
Entformungsschrägen	0	1	2	> 2		
Zentrierungsaufwand	Keine zusätzlichen Zentrierungen	Konusförmige Zentrierung	Flachzentrierungen	Zentrierung über Formeinsätze realisiert		
Komplexitätsgrad Geometrie						
Geringste Wanddicken	>= 5 mm	< 5 mm	< 4 mm	< 3 mm	< 2 mm	<1 mm
Anzahl Löcher/ Bohrungen/ Gewinde	< 5	< 15	< 30	>= 30		
Anzahl Rippen	0	< 10	< 50	>= 50		
Allgemeine Toleranzen	>= 100 µm	< 100 µm	< 50 µm	< 25 µm	< 10 µm	< 5 µm
Querschnittsform	Einfach	Teilweise komplex	Überwiegend komplex	Stark komplex		
Stärke der Formplatte	< 30 mm	< 75 mm	< 150 mm	>= 150 mm		
Anzahl der Kavitäten	1	2	4	8	16	> 16
Materialeigenschaften Spritzgussform						
Duktilität/ Sprödigkeit	sehr spröde	spröde	duktil	sehr duktil		
Wärmeausdehnung [in 10^{-6} K^{-1}]	>= 20	< 20	< 15	< 10	< 5	< 1
Wärmeleitfähigkeit (bei 20°C) [W/ m × K]	< 0,05	< 1	< 10	< 100	< 200	>= 200

[1]PVD = Physical Vapour Deposition, [2]PACVD = Plasma Assisted Chemical Vapour Deposition, [3]CVD = Chemical Vapour Deposition

Abbildung X-16: Morphologie der Qualitätscluster

X.IV Qualitätselastizitäten

Lebenszyklusphasen inkl. Kostenpositionen: / Qualitätscluster	Entwicklung: Anfrage							Angebot		Beauftragung				Finalisierung Konzept						Konstruktion				
	Machbarkeit	Methode	Kalkulation	Grobplanung	Werkzeugkonzeption	Reisekosten	Ansichtsmuster	Angebotsbearbeitung	Reisekosten	Projektplan	Kick-Off Meeting	Make or Buy	Internes Auftragswesen	Detaillierung Werkzeugkonzept	Simulation	Machbarkeit	Review WZ-Anforderungen	Review Angebot	Reisekosten	Finalisierung Konstruktion	Freigabe Konstruktion	Prozesssimulation	Reisekosten	Σ Entwicklung
Abmessungen	0,27	0,33	0,04	0,20	0,11	0,01	0,62	0,08	0,01	0,13	0,06	0,27	0,08	0,12	0,14	0,10	0,07	0,02	0,01	0,08	0,09	0,13	0,06	[illegible]
Oberflächeneigenschaften	0,24	0,26	0,11	0,23	0,12	0,01	0,40	0,04	0,01	0,10	0,07	0,37	0,08	0,25	0,07	0,16	0,12	0,07	0,02	0,12	0,09	0,17	0,02	[illegible]
Komplexitätsgrad Entlüftung	0,08	0,21	0,07	0,19	0,26	0,02	0,13	0,06	0,02	0,10	0,08	0,05	0,03	0,42	0,28	0,20	0,13	0,17	0,01	0,41	0,17	0,21	0,05	[illegible]
Standardisierungsgrad	-0,16	-0,29	-0,21	-0,29	-0,54	-0,05	-0,26	-0,24	-0,05	-0,19	-0,07	-0,23	-0,19	-0,50	-0,18	-0,29	-0,12	-0,13	0,02	-0,36	-0,29	-0,37	0,01	[illegible]
Komplexitätsgrad Temperierung	0,24	0,26	0,15	0,20	0,50	0,03	0,12	0,10	0,03	0,14	0,08	0,12	0,03	0,42	0,41	0,29	0,13	0,12	0,03	0,50	0,21	0,38	0,04	[illegible]
Komplexitätsgrad Anspritzkonzept	0,32	0,63	0,20	0,27	0,58	0,08	0,22	0,19	0,08	0,19	0,17	0,36	0,16	0,58	0,66	0,41	0,31	0,18	0,06	0,50	0,29	0,58	0,13	[illegible]
Komplexitätsgrad Werkzeugmechanik	0,40	0,50	0,28	0,44	0,58	0,17	0,34	0,27	0,17	0,31	0,22	0,29	0,16	0,54	0,48	0,53	0,40	0,17	0,08	0,78	0,45	0,58	0,26	[illegible]
Komplexitätsgrad Spritzgussverfahren	0,32	0,54	0,19	0,31	0,50	0,18	0,32	0,26	0,22	0,22	0,26	0,20	0,11	0,54	0,38	0,33	0,18	0,17	0,08	0,42	0,35	0,46	0,17	[illegible]
Komplexitätsgrad Werkzeugaufbau	0,20	0,46	0,24	0,24	0,58	0,10	0,34	0,19	0,10	0,19	0,09	0,33	0,11	0,54	0,32	0,37	0,36	0,22	0,11	0,54	0,33	0,40	0,16	[illegible]
Komplexitätsgrad Geometrie	0,40	0,60	0,28	0,62	0,50	0,06	0,56	0,31	0,06	0,19	0,17	0,25	0,20	0,58	0,58	0,48	0,30	0,18	0,08	0,74	0,40	0,38	0,26	[illegible]
Materialeigenschaften	0,26	0,32	0,11	0,12	0,21	0,01	0,19	0,09	0,01	0,04	0,02	0,13	0,07	0,30	0,20	0,16	0,08	0,07	0,06	0,18	0,05	0,16	0,11	[illegible]

Abbildung X-17: Qualitätselastizitäten der Entwicklungsphase

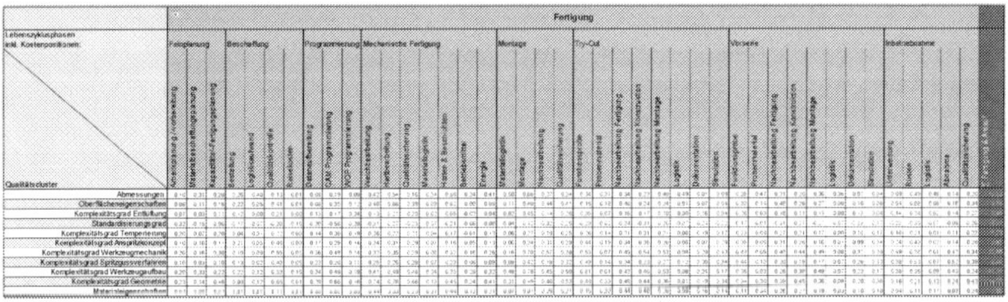

Abbildung X-18: Qualitätselastizitäten der Fertigungsphase

Lebenszyklusphasen inkl. Kostenpositionen: / Qualitätscluster	Nutzung: Serienfertigung				Lagerhlt.		Verschleißteile					Instandhaltung							KVP					Σ Nutzung	Ausmusterung: Entsorgung				Recycling			Verschr.		Σ Verschrottung
	Betriebsstoffe	Werkzeugkontrolle	Reparatur	Rüsten	Logistik	Lagerführung	Bearbeitung Fertigung	Qualitätssicherung	Einbau	Logistik	Material	Demontage	Kontrolle	Bearbeitung Fertigung	Bearbeitung Montage	Rüsten	Dokumentation	Logistik	KVP Workshop	Material KVP-Maßnahmen	Personal KVP-Maßnahmen	Versuche	Simulation		Logistik	[illegible]	[illegible]	[illegible]	[illegible]	Logistik	Demontage	Logistik	Verschrottung	
Abmessungen	0.53	0.23	0.41	0.38	0.51	0.14	0.33	0.21	0.36	0.43	0.36	0.66	0.23	0.39	0.34	0.49	0.06	0.38	0.10	0.15	0.09	0.15	0.06	[illegible]	0.65	0.36	0.70	0.16	0.21	0.54	0.46	0.55	0.73	[illegible]
Oberflächeneigenschaften	-0.86	0.30	-0.44	-0.22	-1.25	0.11	-3.66	0.15	0.15	0.08	-0.80	0.03	-0.50	-3.12	-4.12	0.10	0.10	0.14	-0.11	0.08	0.09	0.10	0.05	[illegible]	0.08	0.06	0.00	0.05	0.21	0.03	0.03	0.03	0.30	[illegible]
Komplexitätsgrad Entlüftung	0.08	0.30	0.39	0.11	0.01	0.04	0.23	0.34	0.49	0.03	0.04	0.29	0.23	0.23	0.23	0.23	0.15	0.08	0.01	0.03	0.04	0.09	0.08	[illegible]	0.01	0.00	-0.06	0.09	-0.05	0.00	0.15	-0.10	0.01	[illegible]
Standardisierungsgrad	-0.11	-0.38	-0.48	-0.38	-0.08	-0.09	-0.36	-0.31	-0.46	-0.08	-0.10	-0.49	-0.44	-0.20	-0.44	-0.43	-0.33	-0.19	-0.15	-0.06	-0.10	-0.14	-0.18	[illegible]	-0.11	-0.08	0.00	-0.01	0.09	-0.08	-0.08	-0.06	-0.03	[illegible]
Komplexitätsgrad Temperierung	0.21	0.40	0.28	0.29	0.01	0.04	0.24	0.18	0.19	0.03	0.08	0.15	0.16	0.19	0.19	0.23	0.03	0.00	0.04	0.13	0.14	0.20	0.24	[illegible]	0.01	0.00	0.00	0.09	0.04	0.00	0.11	0.01	0.03	[illegible]
Komplexitätsgrad Anspritzkonzept	0.20	0.39	0.41	0.33	0.04	0.04	0.29	0.34	0.19	0.04	0.13	0.29	0.29	0.29	0.34	0.23	0.15	0.08	0.04	0.09	0.10	0.28	0.29	[illegible]	0.01	0.00	0.00	0.09	0.01	0.00	0.24	0.03	0.04	[illegible]
Komplexitätsgrad Werkzeugmechanik	0.21	0.59	0.60	0.28	0.05	0.05	0.29	0.34	0.44	0.14	0.28	0.65	0.45	0.45	0.49	0.33	0.34	0.10	0.15	0.14	0.19	0.28	0.24	[illegible]	0.01	0.01	0.01	0.09	0.03	0.01	0.21	0.03	0.09	[illegible]
Komplexitätsgrad Spritzgussverfahren	0.33	0.43	0.38	0.39	0.03	0.03	0.23	0.38	0.28	0.10	0.18	0.34	0.29	0.28	0.29	0.38	0.16	0.09	0.15	0.05	0.16	0.20	0.24	[illegible]	0.03	0.00	0.00	0.08	0.03	0.01	0.21	0.03	0.03	[illegible]
Komplexitätsgrad Werkzeugaufbau	0.09	0.44	0.70	0.34	0.13	0.09	0.30	0.60	0.45	0.16	0.15	0.60	0.45	0.40	0.39	0.39	0.28	0.09	0.08	0.09	0.14	0.19	0.21	[illegible]	0.01	0.01	0.01	0.09	0.03	0.01	0.16	0.04	0.13	[illegible]
Komplexitätsgrad Geometrie	0.16	0.24	0.49	0.33	0.08	0.09	0.49	0.44	0.34	0.10	0.19	0.34	0.39	0.54	0.38	0.28	0.21	0.10	0.20	0.04	0.10	0.30	0.34	[illegible]	0.25	0.08	0.08	0.09	0.14	0.08	0.13	0.09	0.14	[illegible]
Materialeigenschaften	-0.87	0.05	-0.23	-0.12	-1.23	0.15	-4.25	0.20	0.08	0.11	-0.01	0.06	-0.32	-4.26	-3.25	0.05	0.10	0.06	0.09	0.25	0.20	0.15	0.14	[illegible]	0.04	0.01	0.03	0.06	0.15	0.10	0.06	0.03	0.39	[illegible]

Abbildung X-19: Qualitätselastizitäten der Nutzungs- und Verschrottungsphase

X.V Sensitivitätsanalyse

Die nachfolgende Abbildung zeigt die Sensitivität der Modellergebnisse in Abhängigkeit der Änderung einzelner Eingabeparameter um x-Prozent:

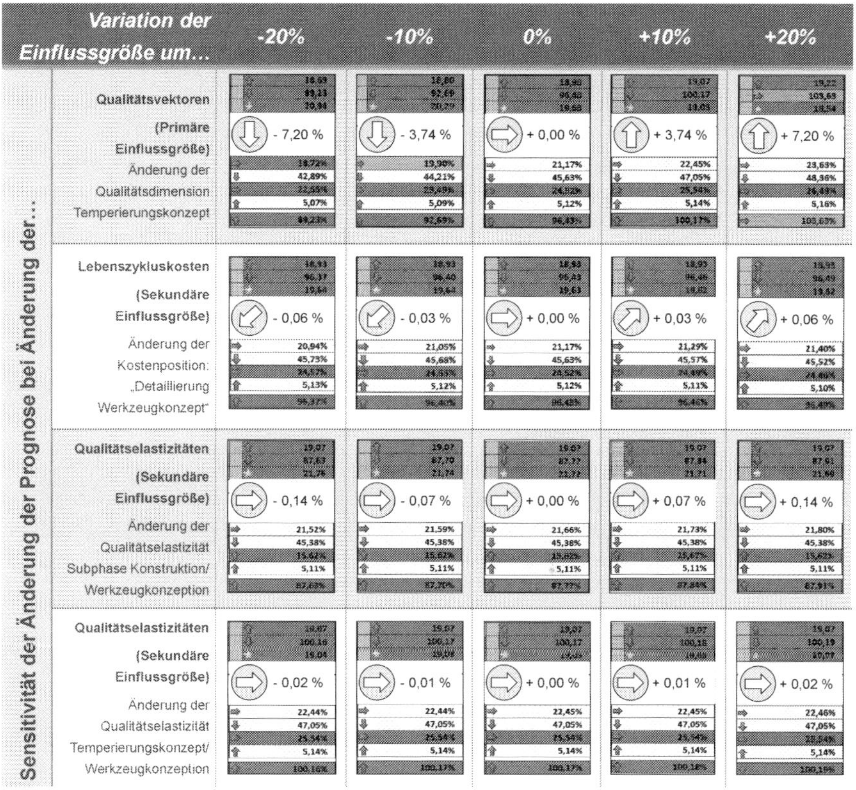

Abbildung X-20: Sensitivität der Modellergebnisse

X.VI Betreute studentische Arbeiten

Nachfolgend sind die studentischen Arbeiten aufgeführt, die von dem Autor im Zusammenhang mit der Entstehung dieser Dissertation definiert, ausgeschrieben sowie inhaltlich betreut wurden:

Tabelle X-1: Betreute studentische Arbeiten

Student	*Thema*	*Jahr*	*Art der Arbeit*
Marc Jakobi	Konzeption eines Quality Backward Chain Modells für die Branche Werkzeugbau	2013	Studienarbeit
Kai Krüger	Entwicklung einer Methodik zur Bewertung der Business Excellence basierend auf der Ressourceneffizienz am Beispiel der Branche Werkzeugbau	2013	Bachelorarbeit
Fran Zivcec	Entwicklung eines Konzepts zur Bewertung des Ressourcenverbrauchs im Werkzeugbau	2013	Studienarbeit
Tobias Sander	Konzeption und Durchführung einer Studie zum Qualitätsmanagement im Werkzeugbau	2014	Diplomarbeit
Jens Kühnapfel	Entwicklung eines Konzepts zum Benchmarking des Qualitätsmanagements in der Branche Werkzeugbau	2014	Masterarbeit
Marc Patzwald	Analyse bestehender Ansätze zur Bewertung der Wettbewerbsfähigkeit kleiner und mittelständischer Unternehmen am Beispiel der Branche Werkzeugbau	2014	Bachelorarbeit
Christoph Speitkamp	Duale Analyse bestehender Ansätze zur Bewertung der Leistungsfähigkeit kleiner und mittelständischer Unternehmen am Beispiel der Branche Werkzeugbau	2015	Bachelorarbeit
Artur Knorr	Konzeption und Implementierung eines Reifegradkonzeptes zur Bewertung der Business Excellence in produzierenden Unternehmen	2015	Bachelorarbeit

In der Reihe **Ergebnisse aus der Produktionstechnik** zuletzt erschienen:

Salmen, Michael:
Gestaltungsmodell für den digital vernetzten Shopfloor im Werkzeugbau
ISBN: 978-3-86359-479-4
Erscheinungsdatum: 27.01.2017

Schumacher, Sven:
Risikomanagement für die qualitätsorientierte Entwicklung industrieller Dienstleistungen
ISBN: 978-3-86359-488-6
Erscheinungsdatum: 13.01.2017

Sommer, Martin:
Produktbaukastengerechte Organisationsstrukturen
ISBN: 978-3-86359-484-8
Erscheinungsdatum: 16.12.2016

Hollstegge, Daniel:
Process-Induced Changes in Optical Properties of Precision Molded Glass Lenses
ISBN: 978-3-86359-474-9
Erscheinungsdatum: 16.12.2016

Gerlach, Max:
Leistungsstaffelung in Produktprogrammen
ISBN: 978-3-86359-478-7
Erscheinungsdatum: 16.12.2016

von Hebel, Sabrina:
Komplexitätskostenrelevante Ursache-Wirkungs-Beziehungen im Werkzeugbau bei Stanz- und Umformwerkzeugen
ISBN: 978-3-86359-473-2
Erscheinungsdatum: 12.12.2016

Schröder, Malte:
Klassifikation von Fehlerereignissen in produzierenden Unternehmen zur Erfüllung von Analysefunktionen im Anlauf
ISBN: 978-3-86359-469-5
Erscheinungsdatum: 30.11.2016

Thiermann, Janis:
Abrichten von Schleifscheiben für das Hochgeschwindigkeitsschleifen
ISBN: 978-3-86359-471-8
Erscheinungsdatum: 28.11.2016

Flore, Jakob:
Optimierung der Genauigkeit fünfachsiger Werkzeugmaschinen
ISBN: 978-3-86359-472-5
Erscheinungsdatum: 28.11.2016

Schenk, Friedrich Walter:
Hochdurchsatz-Mikroskopie von Mikrotiterplatten auf Basis einer kontinuierlichen Objektbewegung
ISBN: 978-3-86359-464-0
Erscheinungsdatum: 11.11.2016

Edition Wissenschaft
Apprimus

Spöcker, Gunter:

Modular Programming of Adaptive CAx Manufacturing Process Chains

ISBN: 978-3-86359-462-6

Erscheinungsdatum: 07.11.2016

Müller, Frank:

Methoden zur Charakterisierung von Werkzeugschnittstellen unter statischer Last

ISBN: 978-3-86359-426-8

Erscheinungsdatum: 17.10.2016

Keitzel, Gunnar:

Präventive Parameteranpassung zur Sicherstellung des Spanabtransports beim Einlippentiefbohren

ISBN: 978-3-86359-449-7

Erscheinungsdatum: 27.09.2016

Sari, Deniz:

Leistungssteigerung des Fertigwälzfräsens unter Berücksichtigung der fertigungsbedingten Bauteileigenschaften

ISBN: 978-3-86359-447-3

Erscheinungsdatum: 18.08.2016

Lüdtke, Bastian:

Lösungsraum-Steuerung in der Produktentwicklung

ISBN: 978-3-86359-443-5

Erscheinungsdatum: 11.08.2016

Stoffel, Markus:

V-Modell zur Auslegung großer Produktionsnetzwerke

ISBN: 978-3-86359-459-6

Erscheinungsdatum: 26.10.2016

Adams, Oliver:

Modellbasierte prädiktive Kraftregelung beim Fräsen

ISBN: 978-3-86359-455-8

Erscheinungsdatum: 17.10.2016

Weiß, Markus:

Einfluss der Spezifikation mehrschichtiger CBN-Schleifwerkzeuge auf das Schleifprozessverhalten

ISBN: 978-3-86359-448-0

Erscheinungsdatum: 13.09.2016

Staudt, Julian:

Funktionsgerechte Bearbeitung von Verzahnungen durch Freiformfräsen

ISBN: 978-3-86359-450-3

Erscheinungsdatum: 18.08.2016

Fürtjes, Tobias:

Echtzeitfähige Machine-Vision-Systeme zur Qualitätssicherung im Faserverbundleichtbau

ISBN: 978-3-86359-439-8

Erscheinungsdatum: 03.08.2016

Edition Wissenschaft
Apprimus

Kolibri 360 GmbH
Ferdinand-Jühlke-Straße 7
99095 Erfurt, Deutschland
produktsicherheit@kolibri360.de